谨以此书献给关心、支持和参加
泰州引江河第二期工程建设的各界人士。

泰州引江河二线船闸(王建春摄)

泰州引江河河道工程

泰州引江河
第二期工程技术总结

泰州引江河二线船闸

泰州引江河二线船闸通航夜景

泰州引江河二线船闸闸首

泰州引江河二线船闸

泰州引江河二线船闸调度中心

泰州水文分局水文基础设施

泰州引江河第二期工程技术总结

江苏省泰州引江河第二期工程建设局等 ◎ 编

河海大学出版社
·南京·

内容提要

经过全体建设者 3 年多的艰苦努力，泰州引江河第二期工程建成了。泰州引江河第二期工程的成功建设凝聚了建设、设计、监理及施工等参建单位的全部心血和汗水。本书正是这些心血和汗水的写照。它详细记录了泰州引江河第二期工程建设管理、工程设计、技术创新、施工管理、监理控制等各个环节，是一部具有实用价值的技术专著，值得广大水利建设者借鉴。全书共分为工程概况、工程设计与关键技术研究、工程施工关键技术措施与研究、建设管理与工程监理、技术研究成果及应用等五部分。

图书在版编目(CIP)数据

泰州引江河第二期工程技术总结／江苏省泰州引江河第二期工程建设局等编．－－南京：河海大学出版社，2019.7

ISBN 978-7-5630-5358-2

Ⅰ.①泰… Ⅱ.①江… Ⅲ.①引水—水利工程—建设—泰州 Ⅳ.①TV67

中国版本图书馆 CIP 数据核字(2018)第 126534 号

书　　名／	泰州引江河第二期工程技术总结
书　　号／	ISBN 978-7-5630-5358-2
责任编辑／	周　贤
特约编辑／	王倪进
特约校对／	彭志诚
装帧设计／	张育智　吴晨迪
出版发行／	河海大学出版社
地　　址／	南京市西康路 1 号(邮编：210098)
网　　址／	http://www.hhup.com
电　　话／	(025)83737852(总编室)　(025)83722833(营销部)
经　　销／	江苏省新华发行集团有限公司
排　　版／	南京布克文化发展有限公司
印　　刷／	虎彩印艺股份有限公司
开　　本／	787 毫米×1092 毫米　1/16
印　　张／	24.5　插页 4
字　　数／	618 千字
版　　次／	2019 年 7 月第 1 版
印　　次／	2019 年 7 月第 1 次印刷
定　　价／	258.00 元

本书编委会

主编单位 江苏省泰州引江河第二期工程建设局

江苏省水利勘测设计研究院有限公司

江苏省水利建设工程有限公司

编写人员
马志华	张晓松	顾明如	张福贵	刘建龙	张政田
陈 石	潘良君	徐莉萍	钱祖宾	王 煦	梁云辉
张加雪	陈卫冲	谢雪锋	刘冬山	季建中	葛年平
肖 强	王 兵	孔祥闻	陆明春	张桂荣	高建初
时殿亮	孙建伟	曹艳华	韦晓蕾	徐 兴	胡其勇
朱国祥	熊佩中	潘华炜	卢光田	徐 刚	李 涛
肖 伟	徐 荣	沈 俊	王 聪	吉 锋	别学清
王艳秋	汤 明	钱 江	姜志新	朱成柏	喻桂成
顾永明	刘 坚	吴宝乾	王小勇	周亚军	姚玉斌
胥仲志	张 鹏				

序 PREFACE

看似寻常最奇崛，成如容易却艰辛。经过全体参建单位3年多的艰苦努力，泰州引江河第二期工程建成了。泰州引江河是一项以引水为主，灌、排、航综合利用，支撑苏北地区和沿海发展的基础设施工程。泰州引江河第二期工程是在一期工程基础上进一步浚深，使其满足总体规划规模、自流引江规模从300 m³/s扩大到600 m³/s，增加引江水源，同时兴建高港二线船闸，满足地区航运发展要求，概算投资6.96亿元。工程于2012年12月开工建设，2015年12月建成并投入运行以来，河道工程已按设计流量600 m³/s实现常态化引水，年平均引水量比建设前增加7亿多 m³，其中2017年引水量增加约14亿 m³；二线船闸年通过能力达8 000余万 t，社会效益和经济效益显著。

在工程建设过程中，建设单位始终围绕"优质、安全、高效、创新、节约、廉政"总体建设目标，按照工程建设总体实施方案稳步推进，坚持"质量创优、科技创新、党建创先"，克服二线船闸与一线船闸中心线太近、工程基础处理复杂、围封截渗及降排水极其困难等不利因素、河道工程不断航施工、弃土区紧张等困难，从招标投标、施工准备、建设实施到投入运行等各阶段，主动沟通协调，精心组织，精心施工，按期完成了工程建设任务，工程标准、质量满足设计和规范要求，工程施工质量优良，财务管理规范，投资控制合理，工程档案达到优良等级。2013年7月底，参建单位顶高温，冒酷暑，不等不靠，历时5天5夜，采取各种有效措施，昼夜连续施工，完成4 000 m³的上闸首底板浇筑任务，为高温下大体积混凝土底板浇筑积累了经验。先后获得了"全国水利建设工程文明工地""江苏省工人先锋号""江苏省水利建设工程文明工地""全省水利工程建设项目廉政文化示范点""江苏省水利优质

工程"等荣誉称号,为提升我省重点水利工程建设管理水平做出了积极贡献。

施工紧密结合工程实际,现场设立"劳模创新工作室",积极推广应用新技术、新工艺、新材料、新设备,在船闸闸室结构逆作法施工、导航墙贴面混凝土浇筑、下闸首止水安装、异形地连墙的整体成型以及河道软体沉排、船舶停靠点滑模作业等方面开展了积极探索。建设单位组织设计、施工、监理、管理等单位及科研院所,完成了三角门空间结构应力计算、高挡土板桩墙整体分析模型与验证、快速泥水分离技术在工程中的应用等关键技术研究。高挡土板桩墙关键技术研究与工程应用获得江苏省水利厅科技进步二等奖,取得了地下防水工程止水结构、高含水率疏浚泥堆场围堰空间排水防渗系统、一种地连墙侧向土压力盒埋设装置、三角门门轴柱同轴度调整方法等多项专利。

泰州引江河第二期工程的建成,凝聚了工程参建各方的全部心血和汗水。这本《泰州引江河第二期工程技术总结》正是对这些心血和汗水的真实记录,包括工程设计与关键技术研究、工程施工关键技术措施与研究、建设管理与工程监理、技术研究成果及应用等诸多内容,以及在扬子江畔所有参建人员凝聚的建设精神和形成的工地文化,既是一部具有实用价值的技术总结,又是一本记录心路历程的著作,值得广大水利工程建设者借鉴。

朱海生

2018 年 8 月

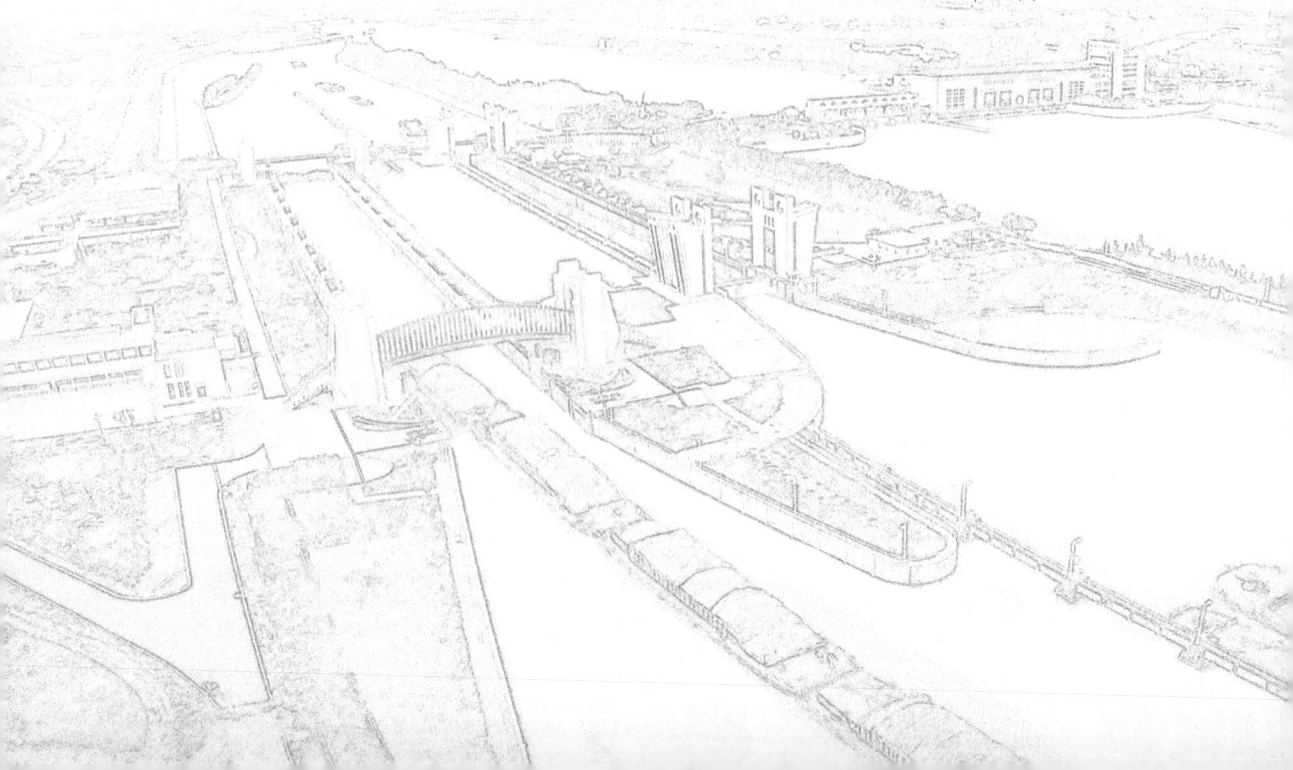

前 言

泰州引江河南起长江，北接新通扬运河，全长 23.846 km，是江苏省苏北东部地区引江供水的两大口门之一，是以引水为主，灌排航综合利用，支撑苏北地区和沿海发展的基础设施工程。泰州引江河规划引江总规模 600 m³/s，分二期实施。第一期工程于 1999 年 9 月底完工；泰州引江河第二期工程在一期工程基础上进一步浚深，使其满足总体规划规模，兴建高港二线船闸，满足地区航运发展要求。

泰州引江河第二期工程时间紧、任务重、地质条件复杂，外界影响因素多，施工技术复杂。为解决工程设计与施工难点，参建单位完成了多项关键技术和创新技术研究。新技术主要包括闸室结构采用逆作法施工、排泥场采用快速泥水分离技术、异形地连墙一次成形技术、后嵌法安装铜片止水技术、地连墙贴面混凝土施工技术等；课题研究包括三角门空间结构应力计算研究、高挡土板桩墙整体分析模型与验证、快速泥水分离技术等。

泰州引江河第二期工程于 2012 年 12 月开工建设，2015 年年底建成，历时 3 年多时间。整个建设过程凝聚了许多水利专家和科研院校、设计、施工、监理等所有参建人员的聪明智慧，并积累了许多有价值的施工技术和先进的管理经验。为系统总结和介绍这些宝贵经验，丰富水利工程技术宝库，为广大从事水利工程建设者提供借鉴，特编辑出版《泰州引江河第二期工程技术总结》一书。

全书共分五部分：工程概况、工程设计与关键技术研究、工程施工关键技术措施与研究、建设管理与工程监理、技术研究成果及应用。编写工作由江苏省泰州引江河第二期建设局主持，并由江苏省水利勘测设计研究院有限公司、江苏省工程勘测研究院有限责任公司、江苏省苏水工程建设监理有限公司、盐城市河海工程建设监理中心、江苏省水利建设工程有限公司、南京市水利建筑工程有限公司、扬州水利建筑工程公司、江苏省水利机械制造有限公司、江苏武进液压启闭机有限公司、江苏江博建设有限公司等单位参与编写。

限于编者水平和时间紧迫，错漏和不妥之处在所难免，恳请读者不吝指正。

编 者

2018 年 8 月

目录 CONTENTS

第一章 工程概况

第一节 综述
一、工程简介 …………………………………………………………… 001
二、二期工程建设缘由 ………………………………………………… 004
三、工程任务与规模 …………………………………………………… 008

第二节 工程水文
一、区域概况 …………………………………………………………… 018
二、周边水系 …………………………………………………………… 018
三、气象 ………………………………………………………………… 019
四、水文特征 …………………………………………………………… 019

第三节 工程地质
一、区域地质地貌 ……………………………………………………… 023
二、地震参数 …………………………………………………………… 023
三、河道工程地质 ……………………………………………………… 024
四、二线船闸工程地质 ………………………………………………… 025
五、主要工程地质问题 ………………………………………………… 026
六、天然建筑材料 ……………………………………………………… 027

第二章 工程设计与关键技术研究

第一节 工程总体布置
一、河道工程布置 ……………………………………………………… 029
二、二线船闸工程布置 ………………………………………………… 034

第二节 河道工程设计
一、河道主体工程设计 ………………………………………………… 035

二、河道防护工程设计 ··· 036
　　三、跨河桥梁防护工程设计 ··· 039

第三节　二线船闸工程设计
　　一、设计基本参数 ··· 039
　　二、总体布置 ··· 040
　　三、工程主要结构设计 ··· 042
　　四、一线船闸导航墙加固 ··· 058
　　五、金属结构设计 ··· 060
　　六、电气及自动化设计 ··· 069

第四节　建筑与环境工程设计
　　一、建筑方案选择 ··· 073
　　二、管理区规划 ··· 076
　　三、水土保持设计 ··· 078

第五节　工程设计关键技术研究
　　一、泥水快速分离技术 ··· 083
　　二、不断航施工条件下河坡防护选型 ································· 084
　　三、船舶停靠点系缆方式 ··· 085
　　四、沿线跨河桥梁桥墩处河床开挖及模袋混凝土防护施工要求 ··········· 086
　　五、二线船闸闸址选择 ··· 086
　　六、闸上公路桥接线连接 ··· 089
　　七、船闸输水系统水力条件研究 ····································· 089
　　八、一、二线导航墙加固连接处理 ··································· 101
　　九、上、下闸首基坑支护 ··· 106
　　十、基坑围封截渗方案 ··· 110
　　十一、大型三角工作门有关技术研究 ································· 114
　　十二、施工期保证一线船闸安全运行措施 ····························· 121

第三章　工程施工关键技术措施与研究

第一节　施工布置
　　一、河道工程 ··· 126
　　二、二线船闸工程 ··· 127

第二节　河道工程施工
　　一、关键部位施工 ··· 130
　　二、滑模施工 ··· 133
　　三、河坡防护（沙土段坡面修整、沉排工艺） ························· 135

四、快速泥水分离 ································· 138
- **第三节　二线船闸工程施工** >>
　　一、临时工程 ····································· 139
　　二、基础工程 ····································· 141
　　三、主体混凝土工程施工 ··························· 154
　　四、一线船闸导航墙加固 ··························· 158
　　五、金属结构加工与安装 ··························· 159
　　六、液压启闭设备加工与安装 ······················· 176
　　七、建筑工程施工 ································· 180
　　八、施工期安全监测 ······························· 182

- **第四节　工程施工重大技术措施** >>
　　一、河道工程 ····································· 190
　　二、二线船闸工程 ································· 196

- **第五节　工程施工关键技术研究** >>
　　一、河道工程 ····································· 208
　　二、二线船闸工程 ································· 219

第四章　建设管理与工程监理

- **第一节　机构设置** >>
　　一、组建项目法人 ································· 243
　　二、成立建设专家组 ······························· 243
　　三、成立服务协调机构 ····························· 244

- **第二节　总体实施方案** >>
　　一、总体目标 ····································· 245
　　二、分标方案 ····································· 245
　　三、工期安排 ····································· 248
　　四、投资计划 ····································· 249
　　五、施工技术难点及措施 ··························· 250
　　六、安全隐患排查 ································· 250

- **第三节　建设管理** >>
　　一、招投标管理 ··································· 251
　　二、施工准备阶段 ································· 255
　　三、建设实施阶段 ································· 257
　　四、工程验收阶段 ································· 276

五、建设管理总结 ………………………………………………… 277
第四节　工程监理
　　一、监理工作总体规划 ……………………………………………… 279
　　二、项目监理过程控制 ……………………………………………… 281
　　三、重点、难点及关键点的监理控制 ……………………………… 287
　　四、监理效果 ………………………………………………………… 305
　　五、监理工作现场管理总结 ………………………………………… 305

第五章　技术研究成果及应用

第一节　课题研究
　　一、快速泥水分离技术研究 ………………………………………… 308
　　二、高挡土板桩墙关键技术研究及工程应用 ……………………… 311
　　三、大型三角门关键技术研究 ……………………………………… 314

第二节　发明专利及实用新型专利
　　一、地下防水工程止水结构 ………………………………………… 319
　　二、高含水率疏浚泥堆场围堰空间排水防渗系统 ………………… 321
　　三、一种地连墙侧向土压力盒埋设装置 …………………………… 325
　　四、三角门门轴柱同轴度调整方法 ………………………………… 327
　　五、一种水利施工物料混合输送装置 ……………………………… 329
　　六、一种水利渠道坡面自动切削成型机 …………………………… 331
　　七、一种水利施工大直径圆形钢板桩围堰装置 …………………… 333
　　八、一种配重式测深仪快速安置架 ………………………………… 335

第三节　补充编制预算定额
　　一、系结混凝土块软体沉排护坡预算定额编制 …………………… 340
　　二、挖掘机船组水下整坡预算定额编制 …………………………… 345

第四节　QC与工法
　　一、提高异形地连墙成墙质量 ……………………………………… 350
　　二、提高软土地基深基坑降水效果 ………………………………… 359
　　三、低渗透高密实表层混凝土施工工法 …………………………… 365
　　四、提高地连墙止水安装质量 ……………………………………… 372

参考文献 / 379

第一章　工程概况

第一节　综　述

一、工程简介

泰州引江河是江苏省发展苏中、振兴苏北、保障沿海开发的战略性工程。它南起长江，北接新通扬运河，全长 23.846 km，是一项引水、排涝、航运等多目标、多功能综合利用的重大水利基础设施(图 1-1-1)。

图 1-1-1　泰州引江河工程位置图

泰州引江河沟通里下河及长江两个水系，是江苏省东部地区引江供水的两大引水口门之一，供水范围涉及整个苏北地区，总面积 6.37 万 km²，耕地 4 440 多万亩*。泰州引江河主要作用是与新通扬运河一起形成两河引水格局，引进长江水源，提供东引灌区及沿海滩涂的灌溉用水，并直接提供部分北调水源，腾出现用于东引灌区江都站的部分水源北调，提高

---

* 1 亩≈667 m²。

整个苏北地区的供水标准。同时泰州引江河,结合形成一条从长江到里下河、通榆河的等级航道,结合里下河腹部洼地排涝,结合提高通南高沙土地区的灌排航标准。

泰州引江河按照设计供水保证率95%的要求,通过对2000年和2020年工农业用水进行水量供需平衡分析,泰州引江河总体规模为1966年型6月上旬自流引江600 m^3/s,设计河底宽80 m,河底高程－5.5～－6.0 m,高港枢纽工程规模与河道配套,枢纽抽水站工程规模为装机300 m^3/s双向抽水泵站,高港枢纽船闸宽16 m,长196 m。工程分二期实施,第一期工程安排满足沿海百万亩滩涂开发和通榆河沿线三四百万亩中低产田改造的供水需求。一期工程于1995年11月开工,于1999年9月底通过江苏省建设委员会组织的竣工初验,并移交管理运行。2004年6月29日工程通过江苏省发展和改革委员会组织的竣工验收。一期工程按自流引江300 m^3/s完成河道工程,高港枢纽按600 m^3/s规模实施完成、泵站按抽水300 m^3/s规模完成、船闸按190 m×16 m×3.5 m(长×宽×槛上水深)的规模建成,工程总投资11.67亿元。一期工程采用宽浅式河道,河道上部按最终断面一次挖成,下部放缓边坡,挖至底高程－3.0～－3.5 m,底宽80 m,主要控制性建筑物为高港枢纽,包括节制闸、泵站、调度闸、送水闸、船闸等。

泰州引江河第一期工程自1999年9月建成投入运行以来,截至2009年10月,累计自流引江近2 400 d,引江水量约201亿m^3,其中冬春季抽引水量约2.23亿m^3,自流引江多年日平均流量近100 m^3/s,最大日平均流量为265 m^3/s。抽排水量约19.74亿m^3,其中,2003年汛期7月2～29日连续抽排28 d,抽排水量约6.02亿m^3,日平均最大流量达到327 m^3/s;2007年7月4～24日累计抽排20 d,抽排水量约4.29亿m^3,日平均最大流量达到376 m^3/s;船舶通过量约3.5亿t。泰州引江河已成为支撑苏北地区和沿海发展引、排、航的重要基础设施,工程效益非常显著。

随着江苏沿海地区经济社会的发展,里下河及沿海地区水资源供给不足的矛盾日益突出。近期实施泰东河、卤汀河拓浚等内部骨干输水河道以后,现有新通扬运河、泰州引江河的水源供给能力仍不能满足里下河及沿海地区用水需求,通榆河北延工程也不能稳定供水。为适应沿海开发战略的实施,满足沿海中部地区城镇、产业、滩涂开发用水,稳定通榆河北延工程向北部沿海地区供水,提高里下河地区的农业用水保证率,改善水生态环境,实施泰州引江河第二期工程,二期工程在一期宽浅式河道断面的基础上进一步浚深,扩大引江能力,使其满足自流引江600 m^3/s的最终规模,并兴建高港枢纽二线船闸满足地区航运发展要求。

2012年11月,江苏省发展和改革委员会批复泰州引江河第二期工程初步设计,主要建设内容包括浚深河道23.476 km,河坡防护25.8 km,现状损坏护砌维修6.371 km,兴建高港枢纽二线船闸等,工程批复总投资6.96亿元,其中,河道工程3.60亿元,二线船闸工程3.23亿元,其他工程0.13亿元,工程总体布置见图1-1-2。工程于2012年12月开工建设,2016年12月竣工。主要参建单位有江苏省泰州引江河第二期建设局、江苏省水利勘测设计研究院有限公司、江苏省工程勘测研究院有限责任公司、江苏省苏水工程建设监理有限公司、盐城市河海工程建设监理中心、江苏省水利建设工程有限公司、南京市水利建筑工程有限公司、扬州水利建筑工程公司、江苏江博建设有限公司、江苏省水利防汛物资储备中心、江苏武进液压启闭机有限公司、江苏省水利机械制造有限公司、合肥三立自动化工程有限公司、江苏清源绿化工程有限公司。

第一章
工程概况

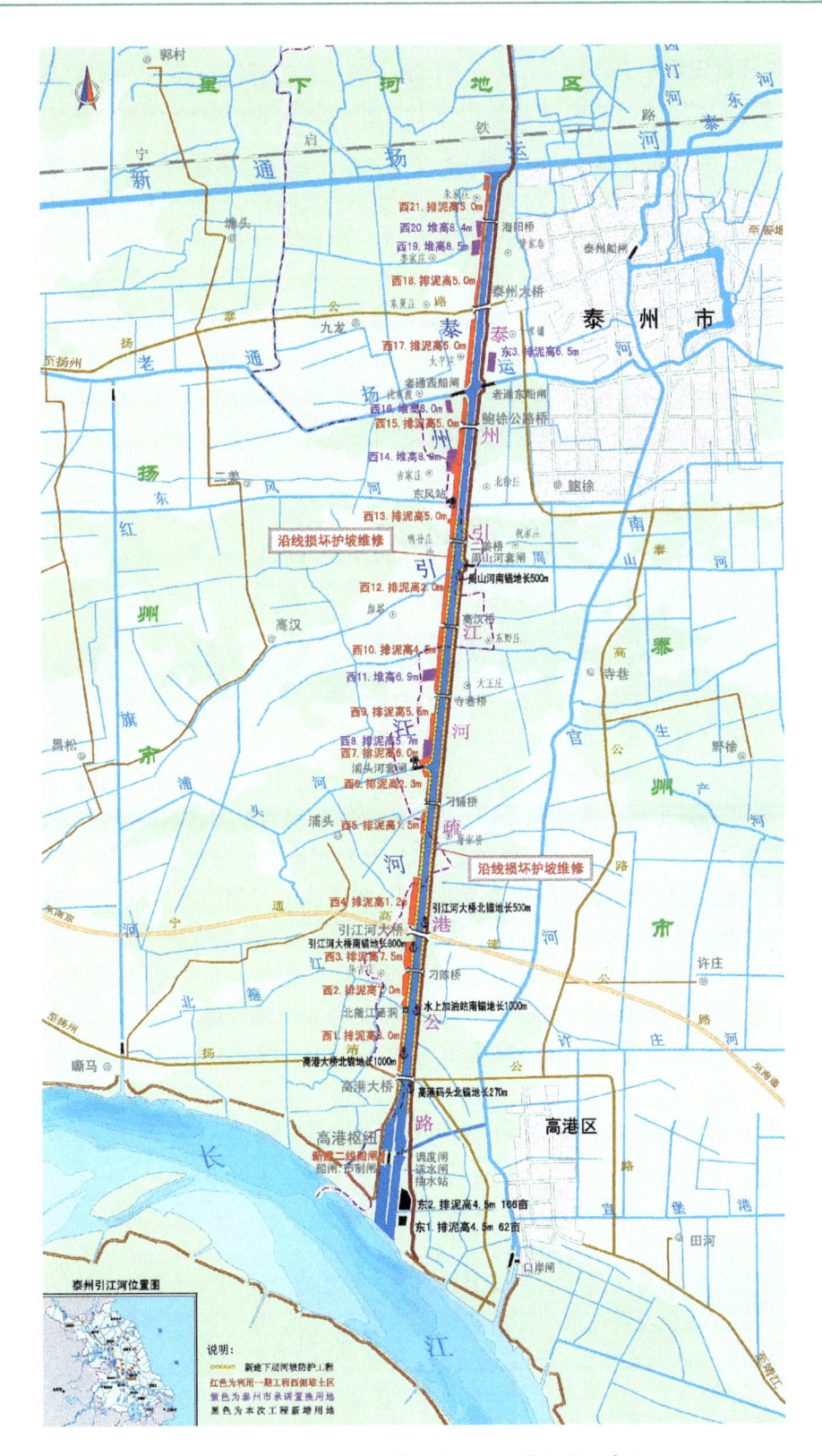

图 1-1-2　泰州引江河第二期工程总体布置示意图

003

二、二期工程建设缘由

（一）实施泰州引江河第二期工程是相关规划的要求

泰州引江河与南水北调工程东线规划、江苏省沿海地区发展规划、江苏省沿海地区发展水利专项规划及江苏省里下河地区水利规划关系密切，在这些规划中均明确泰州引江河工程引江规模为 600 m³/s，需要在第一期工程基础上续建第二期工程。

1. 南水北调东线规划的要求

1983 年，南水北调东线规划《里下河水源调整规划要点》提出东引灌区按"两河引水、三线送水"的规划布局，在新通扬运河引江流量达到 550 m³/s 的基础上，增辟泰州引江河引江流量 600 m³/s，使两河自流引江能力达到 1 150 m³/s；疏通内部河网，形成 3 条送水线路，其中，西线三阳河引水 300 m³/s，中线卤汀河引江 400 m³/s，东线泰东河引水 250 m³/s、新通扬运河引水 50 m³/s，野田河等分散送水 150 m³/s。

2. 江苏省沿海地区发展规划的要求

2007 年 7 月，水利部、国家发展和改革委员会编制的《长三角地区水利基础设施建设专题报告》明确要求"结合里下河治理，实施泰州引江河、泰东河、卤汀河拓浚工程，完善里下河内部及沿海垦区供水网络，增强向沿海地区供水能力"。

2008 年 10 月，国家发展和改革委员会组织编制的《江苏沿海地区发展规划》在重大基础设施建设中提出了水利建设要强化水资源供给的要求。要"立足扩大长江引水，实现三河输水、三区供水，继续完善和扩大京杭运河—淮沭新河供水线、泰州引江河—通榆河供水线的供水规模，规划新辟临海引江供水线，形成三条南北纵向的引江骨干供水线，适当调整供水范围，加强向北调供水区、东引供水区、沿江供水区等三大供水区的供水能力，保障沿海开发水资源供给。近期完成通榆河北延送水工程，抓紧实施泰东河拓浚工程和南水北调一期里下河水源调整工程，完善蔷薇河清水通道工程，积极实施泰州引江河第二期工程，开辟沿海港区供水线路。"

2008 年 10 月，水利部组织编制的《江苏沿海地区发展水利专项规划》明确了沿海地区水利发展加强水资源调蓄和配置工程建设的任务，要"完成通榆河北延送水工程，抓紧实施泰东河拓浚工程和南水北调东线一期里下河水源调整工程，积极实施泰州引江河第二期工程。"

2009 年 10 月，为贯彻落实《江苏沿海地区发展规划》，按照省委、省政府关于明确 2009—2012 年沿海地区发展目标的部署要求，江苏省水利厅编报的《江苏沿海地区水利建设三年实施方案》明确了到 2012 年实现沿海地区增供 10 亿 m³ 水量、向重点开发区域供水的目标。三年期间为扩大里下河江水东引能力向中部沿海供水的水源工程是："2010 年开工建设泰东河、卤汀河及大三王河拓浚工程，2012 年建成；挖掘现有新通扬运河及泰州引江河引江能力，为盐城全境及南通北部沿海地区增供 5 亿 m³ 水量。2010 年完成泰州引江河第二期工程和黄沙港南段拓浚工程前期工作，争取 2011 年开工建设，2015 年前后具备向中部沿海地区再增供 8 亿 m³ 水量的能力，并实现通榆河北延工程向连云港稳定供水。"

3. 江苏省里下河地区水利规划的要求

2004 年 1 月，在总结历次规划的基础上，江苏省水利勘测设计研究院编制完成《里下河地区水利规划》（征求意见稿），提出在里下河地区现有水利工程体系基础上，进一步完善防洪除涝减灾、水资源有效供给、水环境保护三大功能体系的总体方案、主要工程布局。泰州引江河工程作为里下河地区重要的基础设施发挥着重大作用。

在防洪除涝方面，里下河地区水利规划要求继续整治和扩大外排出路，北部地区主要是整治四港恢复自排能力，并借助大套一、二站的抽排能力；南部地区借助江都站、高港站、沿通榆河一线各小站和南水北调东线工程新建宝应站的抽排能力，加强河网沟通，形成抽排配套规模；中部地区结合向垦区送水开辟入海排水专道。在扩大出路，努力降低河网水位的同时，加强湖荡地区的管理，滞蓄面积保证 500 km²，争取 700 km²，为对付稀遇洪水作为滞洪准备。泰州引江河高港枢纽是里下河地区主要抽排站，泰州引江河连接泰东河、卤汀河是抽排入江的主要通道，泰州引江河第二期工程开挖后可以加快排水汇流速度，加大抽水站前的水深，有效降低里下河南部的水位。

在水资源供给方面，里下河地区水利规划要求坚持扎根长江，调整东引水源，解决沿运、沿总渠砍尾部分的水源输送。继续按"两河引水、三线输水"的格局，开辟贯通东、中、西三线骨干输水，内部河网清淤清障，形成分布均匀合理的水位比降，保证北部地区的水位不致降得过快、过低。泰州引江河是"两河引水"的主要口门，二期工程需按规划引江流量600 m³/s 扩大规模，并与已开挖的泰东河、卤汀河工程一道形成进一步扩大自流引江的系统水源工程，为里下河地区提高供水标准和沿海开发提供水源。

在水环境保护方面，里下河地区水利规划要求加强城市饮用水源地及引江水源地的保护和骨干输水通道的水质保护，通过有计划地调度换水，改善全区水环境，保证南水北调的水质。泰州引江河第二期工程在现状基础上扩大了引江水源，提高了调度能力，加大了冬春季低潮位的引江流量，对全区改善水环境的保障作用明显。

（二）泰州引江河第二期工程的必要性和迫切性

1. 江苏沿海区域发展迫切需要增加水源

2009 年 6 月，国务院常务会议通过的《江苏沿海地区发展规划》对沿海地区发展的战略定位：一是我国重要的综合交通枢纽，二是我国沿海新型的工业基地，三是我国重要的土地后备资源开发区，四是环境优美、人民生活富足的宜居区。规划明确了水利基础设施建设任务和水生态环境保护要求，重点是保障沿海开发的淡水资源供给，提高防御洪、涝、潮、台灾害的能力，支撑沿海地区发展。

保障沿海开发水资源供给：一是要重点保障连云港开发的稳定供水，规划水平年农业灌溉 75% 保证率需水约 40 亿 m³，要求由泰州引江河通过通榆河及北延工程稳定增供 30 m³/s 以上；二是要提供滩涂集中开发的水源，规划 2020 年沿海滩涂开发 270 万亩，其中需由泰州引江河增供水源的有 130.1 万亩；三是要求重点保障沿海港口、港城、临港工业区的稳定供水；四是要提高农业灌溉保证率，稳定粮食种植面积。沿海地区农业灌溉要全面达到 75% 保证率以上。

根据《江苏省沿海地区水利规划》现状工情，按沿海发展规划需水，沿海地区 95% 保证率缺水 17.29 亿 m³、75% 保证率缺水 7.66 亿 m³、50% 保证率缺水 3.82 亿 m³，其中泰州引江河新通扬运河供水区里下河及渠北地区 95% 保证率缺水 8.41 亿 m³、75% 保证率缺水 3.67 亿 m³、50% 保证率缺水 1.89 亿 m³。规划南水北调东线二期工程及泰州引江河第二

期工程及相关配套工程实施后,水源供给有很大改善。沿海地区95%保证率缺水6.59亿 m^3、75%保证率缺水3.07亿 m^3、50%保证率缺水1.12亿 m^3,其中泰州引江河新通扬运河供水区,由于泰州引江河第二期工程实施,里下河及渠北地区95%保证率缺水4亿 m^3、75%保证率不缺水,并可由通榆河北延工程向连云港稳定供水保障连云港开发用水。由上分析可见,沿海地区发展水资源形势十分严峻,实施泰州引江河第二期工程,使其引水规模由300 m^3/s 增加到600 m^3/s 是缓解沿海开发的重要区域盐城和连云港水资源紧缺的必办工程。

2. 粮食安全迫切需要水源保障

粮食安全关系国民经济发展和社会稳定的大局,国务院批准的《国家粮食安全中长期规划纲要(2008—2020年)》首次将粮食安全作为重大战略问题进行系统规划,明确要求由国家发展和改革委员会牵头会同农业部、水利部、交通运输部、环境保护部等部门组织编制《全国新增500亿公斤粮食生产能力规划》。加快水利骨干工程建设,是稳步提高粮食综合生产能力重要手段之一。

江苏是农业大省,近年来保持了粮食连续增产、农业持续增效、农民持续增收的良好势头。2007年,粮食总产626亿斤,粮食产量列全国第四位。江苏省发展和改革委员会先后于2008年9月5日及9月26日向国家发展和改革委员会上报了《江苏省粮食产能建设备选县名单及相关预计数据》和《江苏省发展改革委关于粮食产能建设有关事项的补充报告》。规划到2020年江苏省新增粮食生产能力80亿斤*以上。粮食产能建设潜力主要有以下4个方面:一是滩涂后备资源开发,每年改造10万亩滩涂用于发展粮食生产,新增粮食生产能力16亿斤;二是每年改造用于发展粮食生产的中低产田120万亩,新增粮食生产能力30亿斤;三是在2020年前对大型灌区进行全面改造,恢复灌溉面积220万亩,改善灌溉面积1 080万亩,新增粮食生产能力14亿斤;四是实施粮食品种和栽培技术更新,通过提高粮食单产,使粮食总产增加20亿斤以上。

泰州引江河第二期工程实施后能提高灌区农业灌溉保证率以提高中低产田产量,提供大型灌区改造后恢复灌溉面积的用水;提供沿海开发滩涂水源,增加粮食总产。

(1) 提高农业灌溉保证率。

根据南水北调总体规划,淮南设计灌溉保证率95%,淮北设计灌溉保证率为75%。里下河地区现状农业灌溉保证率总体接近75%,其中腹部地区75%,沿海垦区不足75%,没有达到设计95%的要求。渠北滨海、阜宁、响水地区207万亩农田现状灌溉保证率仅为50%左右,也没有达到设计75%的要求。

泰州引江河第二期工程实施后,能稳定兴化水位,为全面提高里下河地区农业灌溉保证率提供水源保障,相关内部河网治理工程实施后可实现里下河地区农业灌溉保证率95%的目标,并通过内部河网输水,提高阜宁水位、保证供给渠北滨阜响地区116 m^3/s,使渠北供给保证率从50%提高到75%。

(2) 为里下河沿海滩涂开发增供水源。

江苏沿海战略规划确定在2020年前再围垦270万亩。每年规划改造10万亩滩涂,到

---

* 1斤=0.5 kg。

2020年新增粮食产能16亿斤。泰州引江河直接供水区滩涂开发130万亩。泰州引江河第二期工程实施后,通过泰东河输水稳定东台水位,保证川东港和通榆河水源,保障泰州引江河盐城沿海滩涂130万亩的开发,通过通榆河北延工程稳定向连云港供水,保障连云港10万亩滩涂开发,新增粮食产能10亿斤以上。

3. 里下河迫切需要改善水环境,保障饮水安全

根据水质监测资料,里下河五大港中除新洋港盐城工业用水区全年期水质达标外,其他四大港及新洋港盐城饮用水水源区,丰水期和全年期都不能达到水功能区目标的要求。据统计,2004年里下河地区饮水不安全人口达316.6万人,占全省24%。从地域分布上看主要是腹部地区北部和沿海垦区比较严重,这些地区处于供水系统末端,水资源总量少,水体交换周期长,环境容量低。

实施泰州引江河第二期工程,扩大了东引灌区引江口门,增强了调水能力,水资源总量增加,特别是扩大了低潮位、冬春季时的引江能力,使水体交换周期加快,增强了水环境承载能力,也为冲淤保港、改善沿海水环境创造了条件。

4. 经济社会发展迫切需要提高区域水运能力

根据《江苏省干线航道网规划》,干线航道网以长江干线、京杭运河为核心,Ⅲ级及以上航道为主体、四级航道为补充,形成"两纵四横"约3 500 km高等级航道组成部分。泰州引江河是"两纵"之一的连申线(泰东线)和"四横"之一的通扬线(建口线)的重要组成部分,航道等级为Ⅲ级,是强化苏南、苏中、苏北地区之间,以及与上海、浙江等周边省市之间的经济联系,加快沿海、沿江产业带的形成和发展,促进地区经济协调发展的骨干航道。

高港枢纽船闸自1999年使用以来,由于泰州引江河河线顺直,通航条件优越,货运量增加很快,年货运量已超4 000万t,远超过原船闸设计水平年即2020年年通过能力2 397万t的预测,现有船闸规模已不能满足航运需要。由于大量船舶待航,上下游引航道内经常堵塞,已成为船舶由泰州引江河进出长江的瓶颈,同时上下游引航道容纳船舶能力有限,滞留船舶对泰州引江河工程的安全和效益发挥也产生了严重影响。长江侧因潮汐变化、台风,特别是汛期洪峰的影响,滞留船舶常发生船舶走锚、漂移、翻船事故,为了避免长江风浪危险,部分滞留船舶常停靠在高港枢纽的口门处,又给高港枢纽的引排水造成严重影响,不仅降低引排水效率,还极易发生船舶被吸事故。内河侧因大量滞留船舶靠岸停泊,西岸长约5 km的护坡严重损坏,已影响泰州引江河的安全运行。

高港枢纽船闸已经投入使用近20年,即将面临断航大修。随着重工业及建筑行业迅速发展,对生产资料的需求也逐步增大,由于水路运输具有费用低廉的优点,已成为生产资料的主要运输方式,全线断航将制约区域经济的发展和社会稳定。

经济社会持续发展迫切需要提高区域水运能力,缓解高港枢纽船闸的交通压力,需尽快实施泰州引江河第二期工程,兴建二线船闸。

5. 实施泰州引江河第二期工程条件已具备

一是在泰州引江河一期工程中已充分考虑并预留二期续建的条件。泰州引江河引水600 m³/s规模在历次流域规划、区域规划及南水北调东线规划中都经论证肯定。1994年6月江苏省水利勘测设计研究院编制的《泰州引江河可行性研究报告》工程规模为600 m³/s,于1995年通过水利部的技术审查。1995年江苏省政府《关于泰州引江河工程建

设有关意见的通报》中已明确泰州引江河总规模 600 m³/s、一期工程规模 300 m³/s，1996 年国家计委请示国务院《关于审批江苏省泰州引江河一期工程项目建议书的请示》（计农经［1996］2317 号）中也明确了泰州引江河引水流量为 600 m³/s，一期工程引水流量为 300 m³/s。一期工程实施时采用了宽浅式河道设计、河道上部已按最终断面一次挖成，高港枢纽已按自流引江 600 m³/s 的规模实施完成，二期工程只需在一期的基础上将河道浚深、护砌接深，增建二线船闸，无永久征地，征迁实物量很小，影响小，增引水源效益很大。

二是与泰州引江河第二期引水规模相适应的里下河内部骨干河道已在陆续整治，里下河内部三线输水工程将逐步完善。泰州引江河第一期工程实施后，里下河内部相关输水骨干河道陆续整治，东线完成了通榆河及通榆河北延工程，实施了泰东河工程；中线通过南水北调里下河水源调整工程，进一步扩大新通扬运河泰州引江河河口至卤汀河段的河道断面，并开挖卤汀河至兴化；西线南水北调东线一期工程兴建宝应站时，三阳河已延伸至杜巷，里下河水源调整工程还将开挖大三王河工程，实现西线贯通。此外，还通过治淮工程在 1991 年后对新洋港的弯道、卡口陆续做了处理，对射阳河阜宁城区段进行了疏浚，并将进一步整治戛粮河、蔷薇河和黄沙港南段，川东港作为里下河排水入海的第五大港同时具备向盐城滩涂供水 50 m³/s 的作用，该工程已通过水利部审查。这些工程的实施，增强了里下河河网输水能力，将与泰州引江河第二期工程共同构成扩大引江能力的系统水源工程。

三是贯彻落实国务院批准的《江苏省沿海地区发展规划》，保障沿海开发的淡水资源，为实施泰州引江河第二期工程提供了条件。江苏省委省政府《关于贯彻落实〈江苏沿海地区发展规划〉实施意见》要求，为保障江苏沿海开发，强化水资源供给，需扩大长江引水，积极实施泰州引江河第二期工程。

三、工程任务与规模

（一）工程任务

1. 一期工程主要任务

根据江苏省江水东引北调规划及南水北调东线规划，泰州引江河的主要任务是引江，与新通扬运河共同承担东引灌区工农业全部用水，并按北调过程线向淮北地区提供水源。由于泰州引江河穿越通南高地，沟通了里下河及长江两个水系，抽排里下河洼地涝水入长江，并形成一条长江到里下河地区的高等级航道。在不影响上述功能前提下，为泰州、扬州两市通南高沙土地区 2 043 km² 的引、排、航服务。

2. 二期河道工程主要任务

泰州引江河第二期工程主要任务是自流引江规模从 300 m³/s 扩大到 600 m³/s，增加引江水源。近期通过拓浚扩大后的泰东河、卤汀河等骨干河道及内部河网输水，增加向中部沿海、渠北地区、通榆河北延的供水水源，稳定兴化、东台、阜宁等节点水位，使里下河北部、渠北地区及中部沿海地区供水保证率提高到 75%，同时初步稳定通榆北延供水；远期通过进一步拓浚里下河内部骨干输水河道，满足江水东引、南水北调、沿海开发供水需求。同时充分利用泰州引江河的通航能力，发挥高港枢纽工程综合效益，缓解泰州引江河入江口门处的交通压力，结合泰州引江河第二期工程的实施，兴建高港枢纽二线船闸，满足地区航运发展要求。

3. 二线船闸工程主要任务

泰州引江河河宽水深,是一条优良的内河航道,现状已达Ⅲ级航道标准,二期工程实施后,航道条件更为改善,航道达到Ⅱ级航道标准,千吨级船队可由长江直抵泰州,对苏中乃至整个苏北地区的工农业生产和区域经济开发,具有十分重要的作用。高港枢纽一线船闸自运行以来,使泰州引江河成为建口线航道南段的复线航道,大大缓解原建口线南段航道南官河的航运压力。随着经济发展,高港枢纽船闸货运量增长很快,远远大于原船闸设计货运量的预测,一线船闸运行 3 年后(2002 年)就基本达到了原船闸的设计通过能力,原船闸规模已不能满足要求,已成为船舶进出长江的瓶颈。部分船舶停泊在高港枢纽的口门区,影响了枢纽的运行安全。

为充分利用泰州引江河的通航能力,发挥高港枢纽工程综合效益,缓解泰州引江河入江口门处的交通压力,结合泰州引江河第二期工程的实施,兴建高港枢纽二线船闸,满足地区航运发展要求。

(二)工程规模

1. 水资源配置方案

水资源配置方案要综合考虑区域内部生产、生活、生态用水需求和南水北调、渠北、滩涂开发、冲淤保港用水要求,贯彻节约用水、水资源保护政策,制订不同时期、不同来水条件、特殊干旱期和突发污染事故等各种情况下的调度安排,促进产业结构的优化调整、水资源的高效合理利用,促进节水防污型社会的建立。具体调度方案制订时,根据本地及外围水情,优先利用本地径流及淮河余水,不足时利用长江高潮自引,必要时辅以泵站抽引。当水量不足时,按紧急调度预案,优先满足生活用水、重要工矿企业用水、基本生态用水需求,实行限额用水、紧急关停等必要措施。

(1)南水北调供水。

南水北调第一期工程完成后,在灌溉高峰期,当第一级泵站抽江北送 400 m^3/s 以下,且淮安站抽水时,视里下河水位情况,由宝应站抽水 60~100 m^3/s,其余由江都站承担;当抽江流量大于 400 m^3/s 时,宝应站抽足 100 m^3/s。南水北调第二期工程完成后,宝应站在不同时期均增加 100 m^3/s,最后抽足 200 m^3/s。

在非灌溉高峰期,只有当第一级抽江流量大于 400 m^3/s 时,超过部分由宝应站承担;在冬春期长江潮位较低时,当新通扬运河、泰州引江河自流引江流量少于 300 m^3/s,宝应站需抽水时,开启高港枢纽补水。

(2)渠北地区供水。

以阜宁水位为控制,当阜宁水位高于 0.2 m 时,满足不同时期的渠北用水;阜宁水位在 0.2~0.0 m 时,以大套站设计规模为控制向渠北送水 100 m^3/s;阜宁水位在 0.0~−0.2 m 时,限制送水,控制渠北送水 70 m^3/s;阜宁水位在 −0.2~−0.5 m 时,控制向渠北送水 50 m^3/s;当阜宁水位低于 −0.5 m 时,不再向渠北送水。通榆河北延工程完成后,大套三站增加 50 m^3/s 抽水北送能力,根据阜宁水位相机送水。

(3)里下河沿海滩涂开发供水。

滩涂开发区供水线目前以通榆河为主要调度干河,川东港以南由东台、安丰、富安、贡家集 4 站抽水向东输送,川东港以北通过入海河道自流供水,调度方案视通榆河沿线水位而定。当东台水位在 1.0 m 以上时,沿线向滩涂供水口门全部开放,满足供水;东台水位在 1.0～0.8 m 时,严格按计划用水;东台水位在 0.8～0.6 m 时,只保证川东港专线和安丰站抽水,入海各闸关闭;当东台水位跌至 0.6 m 以下时,只保证生活、电力及其他重要行业用水。

(4) 生态环境用水调度。

环境用水调度要保证里下河地区的水域、湿地适宜的水位(水深)和流速以及河口生态要求;力求保持河网水质符合功能目标要求,特别要保证新通扬运河西段、泰州引江河、三阳河、潼河、泰东河、通榆河等骨干送水河道达到功能目标要求,避免沿海垦区水质返咸。当河湖水位低于生态适宜水位、河湖水质达不到功能目标要求时,要增加开启引江口门频次,加大引江流量,有计划地开启沿海水闸,形成河网水体有序流动。汛期排水要防止面源污染扩散,加快排放速度,主要骨干河道流速应大于 0.3 m/s。当局部河段发生突发性污染事故时,启用紧急调度预案,控制污染扩散,减轻污染危害,确保生活用水及其他重点行业用水。

(5) 冲淤保港用水调度。

发挥通榆河等河道调度作用,采取各港轮流冲、局部集中冲、机械辅助等多种方式冲淤。汛期要利用好余水,注重解决严重淤积河口的问题。非汛期利用长江高潮位,边引边冲,轮流冲淤,稳定港口断面。汛前采取措施,对淤积严重的港口实施紧急冲淤,保持一定的排水能力。从灌溉用水过程线分析,即使在偏旱年,10 月以后至次年 5 月份以前,灌溉用水较少,也比较稳定,现状工程仍有 100 m³/s 冲淤水源可调度,要充分调度好引江能力。

2. 需水量预测

(1) 东引灌区供水范围。

根据 1983 年里下河水源调整规划要点和里下河地区水利规划,东引供水区供水范围为里下河腹部地区(不包括保留在北调灌区供水的部分面积)、斗北垦区、斗南垦区(栟茶运河以北)、渠北的滨海、响水地区和里下河沿海已围滩涂,现状总耕地 1 555.5 万亩,其中:里下河腹部圩区 776.1 万亩、斗南垦区(栟茶运河以北)302.8 万亩、斗北垦区 303.1 万亩、渠北张弓干渠以北滨海、响水地区 173.5 万亩;规划 2020 年总耕地 1 688.9 万亩,其中:里下河腹部圩区 751.4 万亩、斗南垦区(栟茶运河以北)394.6 万亩、斗北垦区 341.8 万亩、渠北地区 201.1 万亩。东引灌区现状及规划供水面积见表 1-1-1 和图 1-1-3。

表 1-1-1　东引灌区现状及规划供水面积表　　　　　　　　万亩

分区名称	腹部圩区	斗南垦区	斗北垦区	渠北地区	合计
现状	776.1	302.8	303.1	173.5	1 555.5
2020 年	751.4	394.6	341.8	201.1	1 688.9

(2) 2020 年新增滩涂开发 130 万亩供水范围。

原里下河地区水利规划东引灌区的垦区需水量已包含当时规划开发的滩涂需水量,现状滩涂面积 196 万亩,其中:斗南 119 万亩,斗北 77 万亩;原规划 2020 年滩涂耕地面积 257 万亩,其中:斗南 156 万亩,斗北 101 万亩。根据江苏省沿海滩涂围垦规划,盐城沿海新增滩涂面积 130.1 万亩,其中:斗南 120 万亩,斗北 10.1 万亩。里下河地区沿海滩涂供水面积和范围见表 1-1-2 和图 1-1-4。

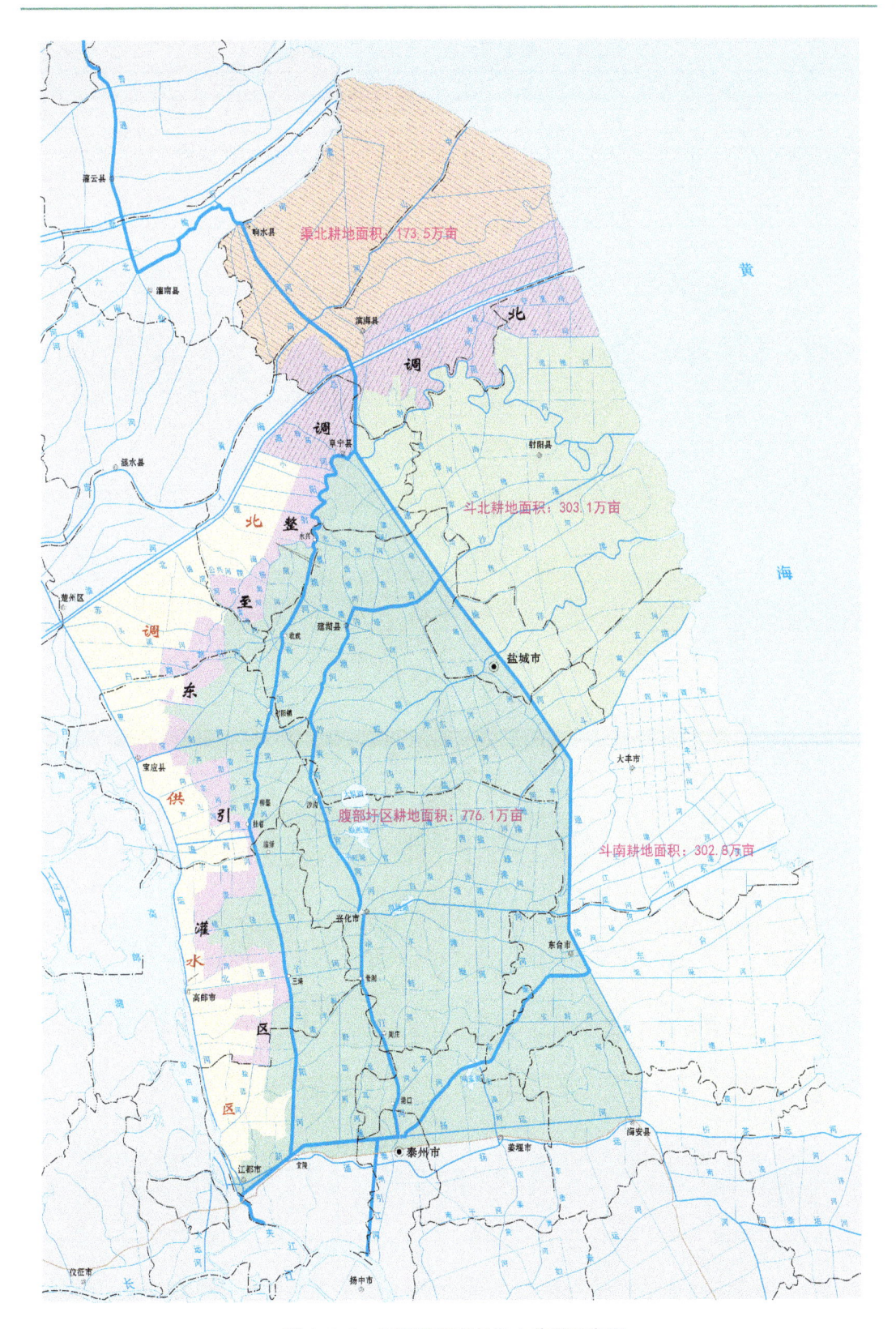

图 1-1-3　东引灌区现状供水范围示意图

表 1-1-2 里下河地区沿海滩涂供水面积表　　　　　　　万亩

分区名称	现状	原规划 2020 年	沿海开发新增
斗南滩涂	119	156	120
斗北滩涂	77	101	10.1
合计	196	257	130.1

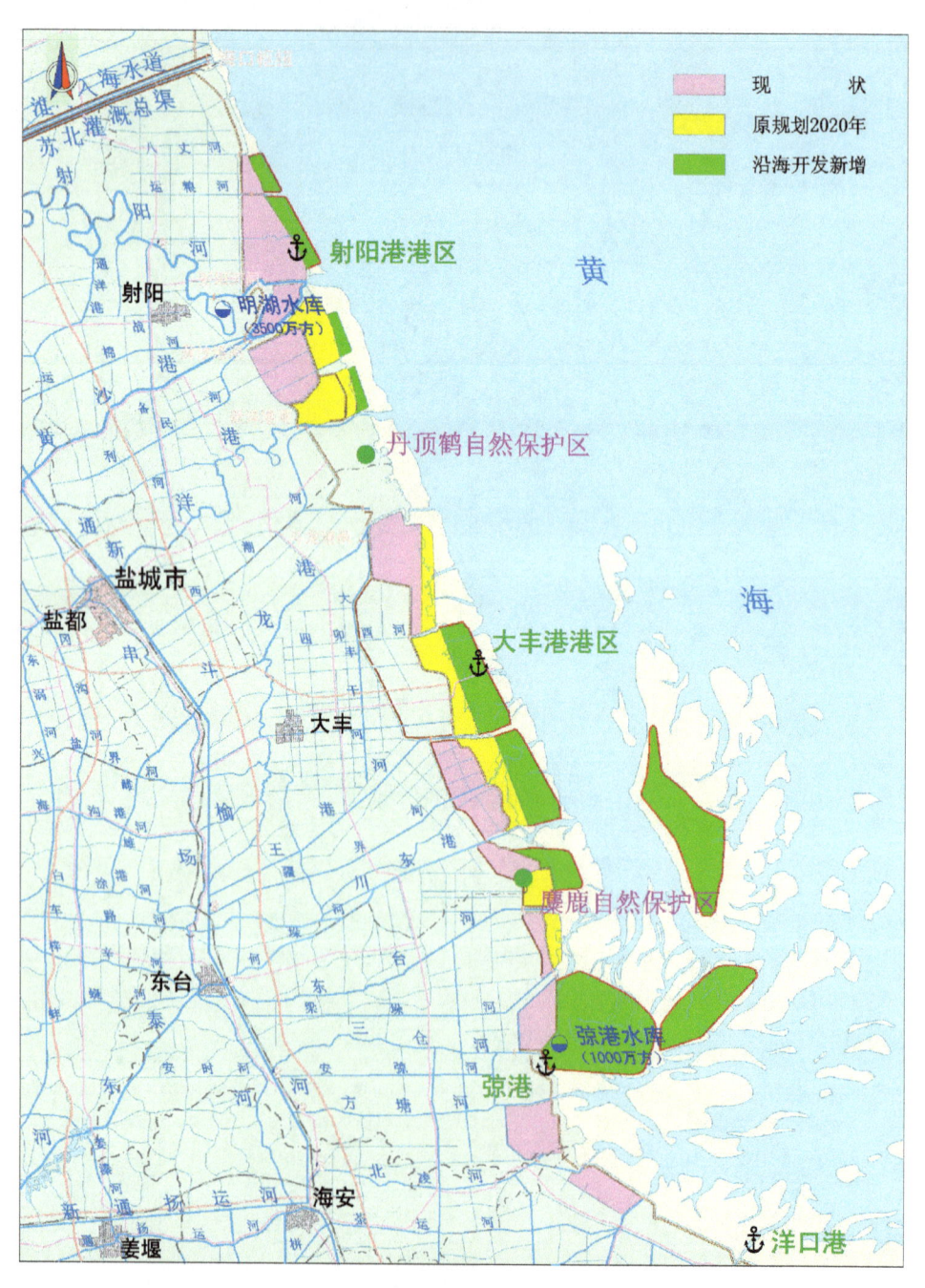

图 1-1-4 里下河地区沿海滩涂供水范围分布示意图

(3) 需水量及分片需水量。

需水量包括生产、生活、生态在不同水平年的需水量。生产需水包括农业、工业；生活需水包括城镇、农村用水；生态用水主要体现在保持在一定水位来满足需水量，冲淤保港尽量利用废弃水和避开用水高峰期。经需水量预测计算，东引灌区需水量及分片需水量详见表1-1-3。

表1-1-3　东引灌区需水量及分片需水量表　　　　　　　　　　亿 m³

分区名称	现状 75%保证率 需水量	%	现状 95%保证率 需水量	%	2020年 75%保证率 需水量	%	2020年 95%保证率 需水量	%
合计	97.98	100	119.74	100	113.56	100	135.60	100
腹部圩区	51.75	52.82	62.99	52.61	62.95	55.43	73.75	54.39
斗南垦区	17.37	17.73	21.49	17.95	20.20	17.79	24.98	18.42
斗北垦区	17.15	17.50	20.86	17.42	18.16	15.99	22.03	16.25
渠北地区	11.71	11.95	14.40	12.02	12.25	10.79	14.85	10.95

(4) 沿海增供水量。

原里下河地区水利规划东引灌区的垦区需水量已包含当时规划开发的滩涂需水量，2020年滩涂耕地面积257万亩，其中斗南滩涂156万亩，斗北滩涂101万亩。根据江苏省沿海滩涂围垦规划，盐城沿海新增滩涂面积130.1万亩。

按里下河水利规划的用水定额，新增滩涂开发面积75%保证率高峰期需水50.8 m³/s，95%保证率高峰期需水59.6 m³/s。按江苏省水资源服务中心《水资源保障能力及配置方案研究》，盐城的港城港区需水为6.02 m³/s，其中：射阳港需水1.9 m³/s，大丰港区需水4.12 m³/s。考虑到沿海滩涂开发的规模和时序具有不确定性，沿海滩涂供水统一按75%保证率计算，新增供水流量最大为56.8 m³/s。

(5) 引江灌溉控制期需水流量。

由于引江灌溉期的控制期在6月中旬，分析不同保证率6月中旬的需水量，作为引江规模的依据。东引灌区6月中旬需水流量见表1-1-4，新增滩涂需水流量见表1-1-5。

3. 现状供水能力分析

东引灌区原是淮河下游灌区的一部分，因淮河水可用而不可靠，而浅层地下水含盐量大，只有开辟长江水源，逐步扩大自流引江能力。目前已形成新通扬运河和泰州引江河两个引江口门，但水源调整没有到位，区域内调水工程线路长，内部河网不畅，贯通南北的骨干河道未全部形成，引江能力受到制约。东引灌区现状供水范围总耕地1555.5万亩，其中里下河腹部、斗北垦区、斗南垦区(栟茶运河以北)的提水灌区1382.0万亩耕地，渠北张弓干渠以北的滨海、响水地区173.5万亩耕地。目前，里下河腹部南部地区农业灌溉保证率为75%，北部及沿海垦区农业灌溉保证率不足75%。

20世纪90年代实施的通榆河工程，将里下河供水范围扩大到渠北滨阜响地区，通榆河北延工程又从里下河地区向北供水50 m³/s。沿海开发，特别是滩涂开发进一步提出了需

表 1-1-4　东引灌区 6 月中旬需水流量表

分区名称		腹部圩区	斗南垦区	斗北垦区	渠北地区	合计
现状	75%需水量(m³/s)	693	163	173	116	1 145
2020 年	95%需水量(m³/s)	706	172	183	118	1 179

表 1-1-5　里下河地区垦区滩涂 6 月中旬需水流量表　　　　　　　　　　　　m³/s

分区名称	现状	东引灌区原规划 2020 年	沿海开发新增
斗南滩涂	45.3	49.3	51.4
斗北滩涂	33.8	42.7	5.4
合计	79.1	92	56.8

水要求,淡水资源供给不足已成为开发沿海滩涂、发展海洋经济、建设"海上苏东"最大的制约因素,并影响到腹部地区北部供水安全。

现状工情,三阳河潼河宝应站一期工程已建成,可抽水北调 100 m³/s,经分析,在 75%保证率宝应站不抽水状况下,现状新通扬运河和泰州引江河引江流量不足 700 m³/s,兴化以北地区水位明显偏低,在中旬减少渠北供水 50 m³/s 的情况下,阜宁最低水位－0.43 m,难以满足设计要求。同等情况下,如宝应站抽水,缺水状况更为严重,兴化水位仅 0.87 m,北部的沙沟、射阳镇、阜宁最低水位分别为 0.02 m、－0.11 m、－0.72 m,远低于引水控制水位。东引灌区现状供水能力见表 1-1-7。

4. 工程规模分析

(1) 河道工程规模。

里下河是一个河网地区,根据多年规划工程实施的基础和拟建的骨干河道工程,按全面满足防洪除涝减灾、水资源有效供给和水资源保护目标要求,里下河地区规划构筑"五纵、六横"区域骨干河网。这些河道均规划成深河、平底。

"五纵"河线是:①三阳河接大三王河、蔷薇河、夏粮河至射阳河。②泰州引江河接卤汀河、下官河、沙黄河至黄沙港。③从卤汀河的港口接茅山河、西塘河、东涡河至新洋港龙岗。④自新通扬运河姜垺接姜溱河、盐靖河、冈沟河至新洋港龙岗。⑤泰东河接通榆河。"六横"河线是:①规划白马湖下游引河穿射阳湖荡区经杨集河、潮河接射阳河。②宝射河接黄沙港。③潼河穿大纵湖接蟒蛇河、新洋港。④兴盐界河接斗龙港。⑤北澄子河接车路河、川东港。⑥新通扬运河接拼茶运河。

根据相关规划,近期即将实施并能够提高引江能力的里下河地区重点工程主要有:南水北调里下河水源调整卤汀河、大三王河工程、泰东河工程、下官河和黄沙港南段工程、蔷薇河和夏粮河工程等。远期开辟贯通东、中、西三线骨干输水通道,内部河网清淤清障,构筑"五纵、六横"腹部地区骨干河网,形成分布均匀合理的水位比降,保证北部地区的水位不致降得过快、过低。里下河地区骨干输水河道包括东、中、西三条输水干线和野田河、上官河、茅山河—西塘港—东涡河、盐靖河—冈沟河。里下河地区水利规划的内部骨干河道规划断面见表 1-1-6。

表 1-1-6 《里下河地区水利规划》内部骨干引水河道断面设计表

河道名称	起止点	长度(km)	河底宽度(m)	河底高程(m)
新通扬运河	宜陵~九里沟	19.6	50	−5.5
	九里沟~卤汀河	3.51	100	−5.5
三阳河	樊川~三垛	16.2	50	−5.5
	三垛~杜巷	29.5	50	−5.5
潼河	杜巷~大汕子	16.4	40	−5.0
大三王河	杜巷~射阳镇	27.8	45	−4.0
蔷薇河	射阳镇~收成庄	21.7	40	−4.0
戛粮河	收成庄~永兴	16.9	40	−4.0
卤汀河	泰州~兴化	49.5	80~60	−5.5
下官河	港口~兴化	42.0	45	−4.0
上官河	兴化~沙沟	27.0	40	−4.0
泰东河	泰州~通榆河	54.9	45~40	−5.5~−4.0
野田河	新通扬运河~武坚	34.0	15	−3.0
西塘港一线	港口~新洋港	97.3	20~15	−3.0~−2.5
盐靖河一线	溱潼~龙冈	77.5	20~15	−3.0~−2.5

经计算，泰州引江河第二期工程在里下河骨干河网规划配套工程全面实施后，75%保证率，全区水位均满足控制水位要求，可以全面满足规划供水需求。95%保证率，自流引江旬平均分别为新通扬运河 475 m³/s 左右，泰州引江河 540 m³/s 左右，合计 1 015 m³/s 左右，加上内部河网调蓄 200 m³/s 左右。在向通榆河北延供水 30 m³/s 时，阜宁旬平均水位 0.25 m，最低水位 0.17 m，东台水位 0.89 m，均能满足规划总体要求。阜宁通榆河北延供水 50 m³/s 时，阜宁旬平均水位达到 0.13 m，东台水位 0.88 m，可以基本满足通榆河北延调水要求。

近期实施的内部输水骨干河道拓浚工程有：南水北调水源调整卤汀河、大三王河工程、泰东河工程、下官河和黄沙港南段工程、蔷薇河和戛粮河工程等。上述工程实施后，75%保证率全区水位满足要求，可以满足供水要求，新通扬运河自流引江 580 m³/s 左右，泰州引江河 400 m³/s 左右，合计 980 m³/s 左右，加上内部河网调蓄 150 m³/s 左右。在向通榆河北延供水 20 m³/s，阜宁旬平均水位 0.23 m，最低水位 0.05 m，东台水位 1.04 m，满足规划要求。

东引灌区灌溉高峰期(6月中旬)供水情况分析见表 1-1-7。

表 1-1-7 东引灌区灌溉高峰期(6月中旬)供水情况分析表   m³/s

		控制水位	现状		近期		远期	
长江潮位保证率			75%	75%	75%	95%	75%	95%
旬平均引江流量	新通扬运河		445	479	583	364	648	473	475
	泰州引江河		219	212	398	446	429	540	541
	合计		664	691	981	810	1 077	1 013	1 016
三阳河、潼河水位(m)	宜陵		2.48	2.45	2.44	1.91	2.13	1.79	1.79
	三垛		2.01	1.75	1.64	1.35	1.48	1.18	1.17
	杜巷	0.79	1.92	1.07	0.84	0.6	1.01	0.71	0.69
	站下	0.17	1.92	0.64	0.32	−0.09	0.68	0.31	0.28
宝应站北调流量(m³/s)			不抽	100	100	100	200	200	200
渠北供水(m³/s)			66	66	116	116	116	116	116
通榆河北延增供(m³/s)					20		50	30	50
盐城滩涂供水(m³/s)			79	79	79	79	92	92	92
盐城滩涂增供(m³/s)					57	57	57	57	57
相应里下河地区水位(m)	兴化	1.1～1.3	1.05	0.87	1.26	1.05	1.31	1.04	1.03
	泰州		2.33	2.31	1.91	1.63	1.79	1.52	1.52
	沙沟		0.25	0.02	0.83	0.63	1.04	0.77	0.75
	射阳镇	0.6	0.08	−0.11	0.46	0.24	0.82	0.53	0.5
	东台	0.85～1.0	0.63	0.47	1.04	0.76	1.21	0.89	0.88
	建湖		−0.23	−0.48	0.24	−0.05	0.69	0.36	0.3
	阜宁 最低		−0.43	−0.72	0.05	−0.26	0.52	0.17	0.05
	阜宁 旬平均	0.2	−0.31	−0.54	0.23	−0.19	0.66	0.25	0.13

注：1. 现状渠北只能供水 66 m³/s，比需水量少 50 m³/s；
2. 滩涂供水均采用 75% 保证率数值。

泰州引江河引水 600 m³/s 的规模在历次规划中都经充分论证。《南水北调东线一期工程里下河水源调整规划要点》中明确，里下河地区供水布局为"两河引水、三线送水"，要求 95% 保证率，在新通扬运河引江流量达到 550 m³/s 的基础上，增辟泰州引江河引江流量 600 m³/s，使两河自流引江能力达到 1 150 m³/s；疏通内部河网，形成 3 条送水线路，其中，西线三阳河引水 300 m³/s，中线卤汀河引江 400 m³/s，东线泰东河引水 250 m³/s，新通扬运河引水 50 m³/s，野田河等分散送水 150 m³/s。此后编制的《里下河地区水利规划》《南水北调总体规划》《江苏沿海地区发展水利专项规划》《江苏省沿海地区水利规划》中对里下河地区供水工程布局均肯定了"两河引水、三线输水"的格局，其中泰州引江河第二期工程规模均为在长江潮位保证率 95% 时、设计流量 600 m³/s。

1994 年编制的《泰州引江河可行性研究报告》中，泰州引江河规模为长江潮位保证率

95%时设计流量 600 m³/s,1995 年通过了水利部的技术审查,1996 年国家计委审批泰州引江河一期工程时向国务院请示《关于审批江苏省泰州引江河一期工程项目建议书的请示》(计农经[1996]2317 号)中,也明确了泰州引江河总规模为引水 600 m³/s、一期引水 300 m³/s。

根据里下河地区水利规划、南水北调总体规划和沿海区域水利专项规划要求,里下河全区农业灌溉供水保证率 95%,需同时保障盐城沿海地区、渠北地区供水和宝应站北调 200 m³/s 的要求,并满足通榆河北延向连云港地区供水 30~50 m³/s。根据相关规划和表 1-1-7 计算结果,泰州引江河设计引水 600 m³/s 规模,可以满足规划的总体要求。

(2)二线船闸工程规模。

根据《船闸总体设计规范》,新建、扩建和改建的船闸级别与建设规模,应根据船闸所在航道的等级或规划等级,近期与远期客货运输量、船型、船队的情况,地形、地质、水文以及施工条件,近期、远期和设计水平年内各个不同时期的运输要求等,通过经济技术比较,综合分析确定。

货运量受很多因素的制约,具有很大的不确定性。货运量预测按照正常、转移、诱发运量的年增长率分别进行估算预测。以 2010 年实际发生的年通过能力 4 327 万 t 为基数进行测算,设计水平年 20 年,其结果见表 1-1-8。

表 1-1-8　二线船闸经济运量预测汇总表　　　万 t(一般水平)

类别		年份					
		2010	2013	2018	2023	2028	2033
一、二线船闸总和	正常运量	4 327	5 009	6 393	7 778	9 017	10 453
	转移运量	0	200	256	311	361	418
	诱发运量	0	200	256	311	361	418
	年通过能力	4 327	5 410	6 904	8 400	9 738	11 289
二线船闸年通过能力		0	1 083	2 577	4 073	5 411	6 962
二线船闸年货运量		0	639	1 521	2 403	3 193	4 108

二线船闸闸室尺度为 230 m×23 m×4.0 m,其设计年通过能力为 4 004 万 t。由表 1-1-8 预测的货运量可以看出,船闸建成后,2023 年其年通过能力将达 4 073 万 t,已超过设计年通过能力 4 004 万 t,最终设计水平年通过能力达到 6 962 万 t。

泰州引江河具有水深、底宽、航线直的特点,达到了Ⅲ级航道设计标准,二期工程实施后,河底高程将达到-6.0 m,基本满足Ⅱ级航道标准,航行条件更为优越。根据对江苏省内河航运情况及发展趋势以及一线船闸过闸船舶的调查,泰州引江河二线船闸等级为Ⅲ级,近期船型主要以 500 吨级、300 吨级顶推船队和 100 吨级拖带船队为主,设计采用的船型及船队尺度见表 1-1-9。为与江苏省航道干河网规划相适应,并为远景发展留有余地,船闸闸室尺度确定为 230 m×23 m×4.0 m(长×宽×槛上水深),通航净空为 7.0 m(与一线船闸相同)。

表 1-1-9　设计采用船型、船队尺度表

船型	驳船尺度(m) (总长×型宽×吃水深度)	船队形式	船队尺度(m) (长×宽×满载吃水深度)
500 吨级分节驳	45×10.8×1.6	一顶二单列式	109×10.8×1.6
300 吨级分节驳	35×9.2×1.3	一顶二单列式	87×9.2×1.3
100 吨级分节驳	26×5.2×1.8	一拖十二单列式	361×5.5×2.0
1 000 吨级分节驳	67.5×10.8×2.0	一顶二单列式	160×10.8×2.0

第二节　工程水文

一、区域概况

泰州引江河是里下河地区主要的引排水口门。里下河地区地处江苏省中部,位于里运河以东,苏北灌溉总渠以南,扬州至南通 328 国道及如泰运河以北,东临黄海,介于东经 119°08′~121°24′、北纬 32°16′~34°06′之间。区域总面积 23 022 km²,人口 1 285 万人。根据地形和水系特点,以通榆河为界,划分为里下河腹部和沿海垦区两部分。其中腹部地区又分为圩区和自灌区,沿海垦区以斗龙港为界,分为斗南垦区和斗北垦区两片。

里下河腹部属水网区,为江淮平原的一部分,由长江、淮河及黄河泥沙长期堆积而成,四周高,中间低,呈碟型,俗称"锅底洼",尤以兴化、建湖、溱潼为最洼。地貌类型为古泻湖堆积平原,以沼泽洼地平原为主,中间分布部分湖滩地和少量垛田。腹部地区总面积 11 722 km²,地面高程 2.5 m 以下的面积占全区总面积的 59%,高程 3.0 m 以下占 80.2%。

沿海垦区,位于通榆河以东地区,总面积 11 300 km²。地面高程 2.5 m 以下的面积占垦区 39.6%,高程 3.0 m 以下占 54.9%。以斗龙港为界,地形南高北低,斗南地面高程 3.0 m 以上,弶港附近地面高程 5.0 m 左右;斗北地区高程 2.0 m 左右,射阳河下游地面高程最低处不足 1.0 m。海堤以东 20~30 km 范围内的海滩,尚未完全脱离海水浸淹,大部分为草滩,部分已围垦开发。

二、周边水系

泰州引江河是南接长江,北通骨干输水干线新通扬运河、卤汀河、泰东河等,这些河道都具备灌溉、排涝、航运等综合功能。

泰州引江河附近水系主要是南北向的引排航河道,其中最靠近泰州引江河的,东有南官河,西有红旗河;东西向河道除通扬运河外,还有老通扬运河、周山河、浦头河、生产河、许庄河、送水河、宣堡河等河道。

泰州引江河周边与其平交河道有送水河、北箍江、浦头河、周山河、老通扬运河,为保证整个泰州引江河的输水、排涝、航运功能,不打乱现有水系,沿线平交河口分别建有送水河

闸、北篮江涵洞、浦头河套闸、周山河套闸、老通扬运河东西船闸等控制性建筑物。

送水河是连接泰州引江河高港枢纽与南官河的一条新开河道，具有引、排水双项功能。引水可通过高港枢纽泵站引江水 100 m³/s，排涝可通过送水河自排 50～80 m³/s 直接入江或相机抽排入江。

北篮江是沿江圩区和高沙土地区之间的高低地分界河道，泰州引江河一期工程开挖后，切断了河道的引排出路，在原北篮江入泰州引江河河口建设北篮江涵洞控制，并安排 7.0 m³/s 涝水排入泰州引江河。

浦头河接通埝河和泰州引江河，入引江河河口建有浦头河套闸，具有引、排、航综合功能，灌溉时可通过浦头河泵站抽 4.0 m³/s 灌溉用水，排涝时可通过浦头河套闸排江都通南地区 40 m³/s 涝水入泰州引江河。

周山河是连接泰州引江河和南官河，入引江河河口建有周山河套闸，具有排涝和通航的综合功能，承担向泰州引江河排涝 100 m³/s。

老通扬运河为历史悠久的航道，泰州引江河开挖后将其切断，为维持老通扬运河通航和与泰州引江河之间水位控制，在泰州引江河两侧的老通扬运河上建东、西船闸，同时 2 套闸同时具有结合通南地区的排涝任务，其中，东套闸结合排涝 35 m³/s，西套闸结合排涝 8.0 m³/s。

三、气象

工程地处淮河下游的里下河地区和长江沿江区，该地区具有寒暑变化显著、四季分明的气候特征，属亚热带季风气候区，影响该地区气候的大气环流是季风环流，冬季盛行来自高纬度大陆内部的偏北风，气候寒冷干燥；夏季盛行来自低纬度太平洋的偏南风，气候炎热多雨。年平均气温介于 14℃～16℃，最高气温 38℃，最低气温 -14℃，无霜期 210～220 d，多年平均日照时数 2 239 h，多年平均蒸发量 960 mm，多年平均降雨量 1 000 mm，降雨年际差异较大，最大 1 858.9 mm(1991 年)，最小 478 mm(1978 年)，且受海洋性季风影响，梅雨、台风等自然灾害频频发生，降雨年内季节间分配也不均匀，6～9 月份降雨占全年雨量的 60%～70%，经常出现先旱后涝，旱涝急转，旱涝交替的天气形势。从形成本地区大洪大涝的天气系统看，虽有台风、涡切变、槽、涡、切变线等 5 大类，但主要是 6 月左右的梅雨和 7、8、9 月间的台风形成的暴雨。江淮之间特有的梅雨，一般在 6 月中旬入梅，由于入梅时间迟早、梅雨期长短、梅雨量多寡以及太平洋上空副高位置等因素影响，均可能形成水旱灾害。1962、1965 年台风暴雨和 1954、1991、2003、2006、2007 年梅雨及 1966、1978、1992、1994、1997 年干旱，给该地区造成很大灾害。

长江潮水位对本区的影响，主要是 6 月份农业大用水期间江潮水位高低而影响到自流引江的能力，而 7、8 月间的海潮高潮位顶托，对自排入海的泄量也有影响。

四、水文特征

（一）区域主要测站及特征水位

里下河地区与工程有关的水文站主要有兴化、泰州、东台、射阳镇、盐城、建湖、阜宁、三垛等，详见表 1-2-1，各水文站的水位情况详见表 1-2-2。

表 1-2-1　区域主要水文站基本情况表

站名	建站时间	河名	水位	降雨	蒸发
兴化	1925	南官河	√	√	√
泰州	1962	泰东河	√	√	
东台	1950	串场河	√	√	
射阳镇	1951	射阳湖	√	√	
盐城	1950	串场河	√	√	
建湖	1951	黄沙港	√	√	√
阜宁	1950	射阳河	√	√	√
三垛	1954	北澄子河	√	√	

表 1-2-2　区域主要水文站水位情况表　　　　　　　　　m

站名	年平均水位	最高水位	出现年份	最低水位	出现年份
兴化	1.14	3.35	1991	0.60	1979
泰州	1.26	3.29	1991	0.57	1978
东台		3.38	1991	0.40	1997
射阳镇	1.16	3.38	2003	0.45	1997
盐城		2.67	1991	−0.55	1997
建湖		2.88	2003	−0.51	1997
阜宁	0.73	2.52	2003	−0.85	1997
三垛	1.28	3.46	1991	0.61	1979

（二）长江三江营潮位

长江潮水位对本区的影响，主要是灌溉用水高峰期间长江潮位高低而影响到自流引江的能力。里下河两个引江水的口门均位于长江干流感潮河段，代表站三江营站有近 80 年统计资料，年最高高潮位 5.85 m（1954 年 8 月 17 日），年最低低潮位 −0.82 m（1933 年 1 月 13 日），最大潮差 2.65 m（1979 年）。根据 1951—2008 年连续 58 年资料统计分析，多年平均年平均潮位为 2.27 m，年际变幅在 1.79～3.05 m；灌溉用水高峰期 5 月下旬～8 月下旬的多年旬平均潮位为 3.19 m，年际变幅在 2.53～4.36 m。多年平均旬平均潮位 6 月上旬为 2.78 m，6 月中旬为 2.88 m，6 月下旬为 3.11 m。

泰州引江河河口无实测潮位资料，高港距上游三江营站约 13 km，距下游江阴站约 48 km，一期工程曾以三江营、江阴潮位内插分析，泰州引江河河口处潮位约低于三江营潮位 0.10 m。

采用皮尔逊（P-Ⅲ）线型进行频率分析，里下河地区灌溉高峰期控制时段为 6 月，引江能力以平均高潮位控制，各旬保证率 95% 潮位分别为 2.12 m、2.20 m、2.29 m，各旬保证率

75%潮位分别为 2.50 m、2.59 m、2.75 m。随着流域治理工程的进展,里下河地区供水已由原淮水供给演变成现在基本靠江水供给,保证引江灌区农业灌溉高峰期用水主要靠控制时段的降雨和长江潮位。本区农业用水约占总用水量的 70%以上,农业灌溉的大用期是水稻泡田栽插期,江淮之间控制时段是 6 月份,应以长江潮位保证率为主兼顾降雨考虑供水标准。为此分析了本区 6 月上、中、下三旬及 6 月全月面均降水量保证率和长江三江营站 6 月各旬平均潮位保证率。东引灌区典型年 6 月各旬降水量频率计算成果见表 1-2-3。长江三江营站典型年 6 月各旬平均潮位保证率计算成果见表 1-2-4。

表 1-2-3　东引灌区典型年 6 月各旬降水量频率计算成果表

年份	全月 雨量(mm)	全月 保证率(%)	上旬 雨量(mm)	上旬 保证率(%)	中旬 雨量(mm)	中旬 保证率(%)	下旬 雨量(mm)	下旬 保证率(%)
1966	108.3	54	21.0	58	31.6	40	55.7	50
1978	62.6	86	15.3	68	8.8	82	38.5	64
1974	128.5	42	60.2	14	65.6	12	2.8	96
1994	80.8	74	51.9	18	3.5	86	25.3	74
1997	105.3	60	38.4	32	1.4	90	65.6	40

注:本表数据采用 1953—2008 年 56 年系列计算的结果。

表 1-2-4　长江三江营站典型年 6 月各旬平均潮位保证率计算成果表

年份	上旬 潮位(m)	上旬 保证率(%)	中旬 潮位(m)	中旬 保证率(%)	下旬 潮位(m)	下旬 保证率(%)
1966	2.19	93	2.19	95	2.20	96
1978	2.70	57	2.77	59	3.02	55
1974	2.52	73	2.20	95	2.53	86
1994	2.42	80	2.99	40	3.95	—
1997	2.51	74	2.51	76	2.92	63

注:据三江营站 1951—2008 年 58 年系列分析。

里下河地区是一个完整的供水系统,中等干旱年的供水主要靠自流引江,分析采用供水保证率应以长江潮位的保证率为主,水利计算分析主要是判断在同一雨型过程遇长江潮位 75%保证率(三江营潮位 2.51 m)或长江潮位 95%保证率(三江营潮位 2.20 m)状况下是否满足控制水位要求。考虑到泰州引江河是南水北调东线工程和里下河水源调整工程的引江口门,为保持与南水北调工程的一致性,雨量过程全部用 1966 年型,并以 1966 年 6 月潮型作为 95%保证率设计潮型,1966 年 6 月各旬的平均潮位分别为 2.19 m、2.19 m、2.20 m,相应保证率为 93%、95%、96%;以 1997 年 6 月潮型作为 75%保证率计算潮型,1997 年 6 月各旬的平均潮位分别为 2.51 m、2.51 m、2.92 m,相应保证率为 74%、76%、63%。

(三) 区域内部河网引水控制水位

里下河的灌溉用水高峰主要是 5 月下旬～8 月下旬,6 月份是整个灌溉期中长江潮位偏低而用水集中的控制时段,长江潮水位和内部河网水位的高低都影响到自流引江的能力。

泰州引江河引江能力与内部河网输水能力和区域主要节点的控制水位有关,主要有:卤汀河兴化水位、泰东河东台水位、新通扬运河泰州水位、三阳河杜巷水位。泰州引江河向北部送水的效益主要通过射阳镇和阜宁水位反映。

根据里下河地区水利规划、三阳河潼河宝应站工程、通榆河、泰东河、里下河水源调整等工程可研报告,泰州引江河引用的里下河地区主要节点引水控制水位见表 1-2-5。

表 1-2-5　里下河地区主要节点引水控制水位表

主要节点	引水控制水位(m)
杜巷	0.79
宝应站(下游)	0.17
兴化	1.1～1.3
射阳镇	0.60
东台	0.85～1.0
阜宁	0.20
泰州	不高于 1.80

(四) 区域防洪除涝设计水位

泰州引江河在里下河地区遭遇洪涝时,可通过高港抽水站帮助抽排 300 m^3/s 入江,防洪除涝水位直接引用《里下河地区水利规划》提出的里下河腹部地区主要代表站防洪设计水位建议值,见表 1-2-6。

表 1-2-6　里下河腹部地区主要代表站防洪排涝控制水位表

代表站	外河网排涝设计水位(m)	圩堤防洪水位(m)	历史最高水位(m)
兴化	2.5	3.10	3.35
泰州	2.5	3.00	3.29
建湖	2.2	2.70	2.87
射阳镇	2.6	3.00	3.38
阜宁	1.8	2.10	2.52

(五) 施工期水位

1. 河道工程

河道疏浚工程施工期设计洪水位选取 10 年一遇的泰州汛期设计洪水位,根据里下河地区水利规划分析成果,现状工情泰州站水位为 2.58 m。

河道防护工程施工期主要在冬春期,施工期泰州引江河水位基本为里下河正常控制水位,考虑到泰州引江河水位是可以控制的,为降低软体排排首锚固难度及减少护砌维修施工临时围堰的填筑量,工程施工期将泰州引江河水位控制在1.2 m左右。因此,河道防护工程施工期水位为1.2 m。

2. 二线船闸工程

高港枢纽二线船闸主体工程施工为平地开挖,护底及上下游导航墙需填筑施工围堰进行干法施工,上下游施工围堰的工程等级依据《水利水电工程施工组织设计规范》规定为5级,其洪水重现期应为10年一遇设计。根据工程进度计划安排,上游围堰需度汛,下游围堰在非汛期11月~次年5月施工,不度汛。

泰州引江河河口处采用相应的三江营潮型,潮位在三江营潮位基础上降低0.10 m。高港枢纽二线船闸下游施工期水位从偏安全的角度考虑,直接采用三江营10年一遇高潮位,根据三江营1954—2008年高潮位系列频率分析,施工期(11月~次年5月)10年一遇高潮位为4.46 m。高港枢纽二线船闸上游施工期水位取10年一遇里下河地区水位,根据里下河地区水利规划分析成果,泰州引江河10年一遇洪水位为2.58 m。

第三节　工程地质

一、区域地质地貌

泰州引江河沿线地貌分属长江下游冲积平原区和里下河浅洼平原区交界,河道沿线地形呈脊背形,分3种地貌类型:长江边至盛兴二圩长约5.3 km,为长江滨江圩区,地面高程2.5~3.0 m;盛兴二圩至扬泰公路长约15.5 km,为高沙土地区,地面高程5.0~6.0 m;扬泰公路至新通扬运河长约3.2 km,为里下河洼地南缘高坡地,地面高程由5.0 m逐渐降至3.0 m。

泰州引江河区域地质构造分区属晚白垩世至第三纪形成的苏北拗陷区,沿程地层土质共分为3种类型:

滨江圩区段约5.0 km,是长江最近代的冲积层,土层松软,且在平面分布和层次变化方面均较复杂。地表为厚度2 m左右的软中、轻粉质壤土层;其下为很松软的壤土质淤泥与粉细砂互夹层,厚度6.0~8.0 m;再下是极细砂、粉砂夹薄层壤土层,土质也较松软。

高沙土段约16 km,为长江近代冲积层,其中南部10 km土层分布比较平稳,地表为厚度2.0~4.0 m轻粉质壤土层,其下为深厚的中等密实度粉砂层;北部6.0 km为高沙土区向里下河区的过渡地层。

里下河段约3.0 km,为河湖相沉积层,土质以含铁锰结核的硬粉质黏土为主,工程地质、水文地质条件均较优越。

二、地震参数

工程区域地质构造稳定性较好,场地区地震活动不强,主要受构造活动控制,具有震中原地重复、强度较低等特征。根据《中国地震动峰值加速度区划图(江苏部分)》(GB 18306—2001),工程沿线地震动峰值加速度为0.10 g,相应地震基本烈度为Ⅶ度。根据《中国地震动反应谱特征周期区划图(江苏部分)》(GB 18306—2001),工程沿线地震动反应谱特征周期图示为 0.35 s。

三、河道工程地质

（一）工程地质条件及评价

根据地层的分布变化、岩性特征及对工程的影响，将本段划分为 4 个工程地质段，分段情况见表 1-3-1。

表 1-3-1　工程地质段分段表

工程地质段	起止位置	长度（km）	工程地质特点
第一工程地质段	0+000～4+900	4.9	开挖层主要以②₂层淤泥质黏性土为主，下伏②上、②下、②₅层砂性土，局部②上层顶面埋深较浅处也在开挖范围内，在 0+000 附近缺失②上层，②下层上部位于开挖范围内
第二工程地质段	4+900～15+000	10.1	河床浅部土层为②上层、②下层砂性土，下伏②₅层砂性土，开挖层以②上层、②下层砂性土为主，局部涉及②₅层
第三工程地质段	15+000～19+500	4.5	河床浅部土层以③层黏性土为主，其上部局部分布②上层砂性土及少量①₁层淤泥质黏性土，下伏④、④₂层黏性土，15+300 附近③层缺失，代之以②₆层软黏性土
第四工程地质段	19+500～24+000	4.5	河床浅部土层以③层黏性土为主，下伏④₂层砂性土，深部分布⑤层黏性土

根据《堤防工程地质勘察规程》（SL 188—2005）附录 C"堤基地质结构分类"，考虑河道沿线各土层对河坡稳定的影响，将沿线岸坡地质结构分类如表 1-3-2。

表 1-3-2　河道地质结构分类表

地质分段	分类名称	亚类	地质结构特征
第一工程地质段	双层结构（Ⅱ）	Ⅱ1	表层为淤泥质黏性土，下部为砂性土
第二工程地质段	单一结构（Ⅰ）	Ⅰ	主要为砂性土
第三工程地质段	双层结构（Ⅱ）	Ⅱ2	表层为砂性土，下部为一般黏性土（15+000～19+500）
第四工程地质段	双层结构（Ⅱ）	Ⅱ3	上部为一般黏性土，下部为砂性土（19+500～22+000）
第四工程地质段	多层结构（Ⅲ）	Ⅲ	表层为一般黏性土，下部为砂性土（22+000～24+000）
备注	各工程地质段内的地质结构分界线均根据剖面图推测确定。		

（二）弃土区地质条件及评价

根据弃土区规划，弃土区场地揭示的土层主要为 A、B、①₂、①₃、②₂、②上、②₅、③土，其中 A 层堆土以黏性土为主，夹杂沙壤土、粉砂等砂性土，土质杂乱，软硬不一；B 层堆土以砂性土为主，夹杂壤土等黏性土，土质杂乱，密实程度相差很大；①₂、②₂层软黏性土，零星分布,质软,压缩性大;①₃、②上₃、②₅层均为砂性土层,其中,①₃、②上₃层较松散,力学强度低,②₅层中密,力学强度较高。第一工程地质段弃土区普遍分布淤泥质土,弃土堆筑时应进行稳定验算,堆筑高度不应超过软土的临界高度,同时填筑围堰时要控制好土料的干密度,并分层认真夯实碾压,第二工程地质段弃土区普遍分布砂性土,抗渗稳定性差,围堰设计时应进行抗渗稳定验算。

四、二线船闸工程地质

(一)闸址地形地貌

二线船闸场地地貌类型属三角洲平原的新三角洲平原,地貌分区属长江下游冲积平原区。场地位于高港枢纽一线船闸西侧,地势较平坦,高程为 3.8～6.5 m。场地向南即为长江,向北为扬靖公路,中间有连接口岸的公路经过,交通较为便利。

(二)闸址土地质分层及特点

勘探成果揭示,闸址土层按其成因类型及土的性状,自上而下分为如下各层:

C 层(Q_4^{ml}):灰黄、灰褐、灰色轻、重粉质沙壤土杂粉质黏土、壤土等,局部互杂,为人工堆土。

①₃ 层(Q_4^{al-pl}):黄灰、灰色轻、重粉质沙壤土、粉砂,夹壤土薄层,局部互层。

②₁ 层(Q_4^{al-pl}):黄灰、灰色粉砂、细砂、重、轻粉质沙壤土,夹壤土薄层,局部互层。

②₂ 层(Q_4^{al-pl}):黄灰、灰褐色淤泥质重粉质壤土、淤泥质粉质黏土,夹沙壤土薄层。

④上₃ 层(Q_4^{al-pl}):灰色重、轻粉质沙壤土,夹壤土薄层,局部互层。

⑤下₃ 层(Q_4^{al-pl}):青灰、灰色粉砂、细砂、轻、重粉质沙壤土,夹壤土薄层,局部互层。

⑥下'₃ 层(Q_4^{al-pl}):灰色重、中粉质壤土。呈透镜体状分布于②下₃层中。

⑦₄ 层(Q_4^{al-pl}):灰色重、中粉质壤土,局部为粉质黏土,夹沙壤土薄层,局部互层。

⑧₄' 层(Q_4^{al-pl}):灰色轻粉质壤土,局部为重、轻粉质沙壤土。呈透镜体状分布于②₄层中。

⑨₅ 层(Q_4^{al-pl}):青灰色粉砂、细砂,局部为轻、重粉质沙壤土,含云母片,夹壤土薄层。

⑩₅' 层(Q_4^{al-pl}):灰色重、中粉质壤土,夹沙壤土薄层,局部互层。呈透镜体状分布于②₅层中。

(三)水文地质特点

场地地下水类型按其埋藏条件分为孔隙性承压水、孔隙性潜水。孔隙性承压水主要分布于沙壤土、粉砂层中,孔隙性潜水主要分布于浅部填土裂隙或孔洞中以及沙壤土、粉砂层中。场地C层堆土,主要成分为沙壤土,且存在孔洞、缝隙,室内垂直向渗透系数 $K=A\times 10^{-5}$ cm/s,具弱透水性,①₃ 层、②₁ 层砂性土,室内垂直向渗透系数 $K=A\times 10^{-3}\sim 10^{-5}$ cm/s,具中等～弱透水性,C层、①₃ 层、②₁ 层共同构成场地的潜水含水层。

②₂ 层、②₄ 层黏性土,室内垂直向渗透系数 $K=A\times 10^{-7}\sim 10^{-6}$ cm/s,具极微～微透水性,为相对隔水层,②上₃ 层为沙壤土、粉砂与壤土、粉质黏土互层,砂性土松散,室内测得平均垂直向渗透系数 $K=A\times 10^{-4}\sim 10^{-3}$ cm/s,具中等透水性,②下₃、②₅ 层砂性土,室内测得其垂直向渗透系数 $K=A\times 10^{-4}$ cm/s,具中等透水性。②₄ 层分布地段,②上₃、②下₃ 层共同构

成场地的上部承压含水层，②$_5$层为下部承压含水层，②$_2$、②$_4$层分别作为其相对隔水顶底板；②$_4$层缺失地段，②$_3^{上}$、②$_3^{下}$、②$_5$层共同构成承压含水层。由于部分地段②$_2$层土层较薄，局部缺失，故潜水和上层承压水水力联系比较密切。

场地南侧即为长江，据历史地质资料，长江河床已被冲刷切割至②$_5$层以下，故场地潜水、承压水与长江地表水的连通性较好。

根据水质分析结果，场地地表水和地下水对混凝土无腐蚀性，对钢筋混凝土结构中的钢筋具弱腐蚀性，对钢结构具弱腐蚀性。

（四）场地地震效应

场地勘探深度范围内各层土按场地建基面（−8.1 m）以下 15 m 深度范围内各土层的允许承载力值估算其剪切波速为 $140 < \nu sm \leqslant 250$ m/s，场地土类型为中软场地土，场地覆盖层厚度 $dov > 80$ m，综合判定场地类别为Ⅲ类。

根据《水工建筑物抗震设计规范》（SL 203—97）和《水利水电工程地质勘察规范》（GB 50487—2008），工程运行时地面下 15 m 深度范围内分布的饱和少黏性土主要为①$_3$、②$_1$、②$_3^{上}$、②$_3^{下}$层，经液化判别，①$_3$、②$_3^{上}$层饱和少黏性土存在液化可能。

五、主要工程地质问题

（一）河道工程

1. 渗透变形问题

根据《堤防工程地质勘察规程》（SL 188—2005）附录 D"土的渗透变形判别"，细粒土与不均匀系数不大于 5 的粗粒土的渗透变形为流土。河道沿线钻探所揭示的土层多为细粒土，渗透变形形式判为流土型。

2. 稳定问题

第一工程地质段河道岸坡沿线广泛分布的②$_2$层淤泥质黏性土，抗剪强度较低，抗滑稳定性差，抗冲刷能力低，易引起河道边坡滑动、坍塌，对河道边坡稳定不利。

第三工程地质段的局部（15+300 附近）分布的②$_6$层软黏性土层，抗剪强度低，工程力学强度较低，压缩性大，排水固结缓慢，固结时间长，加荷变形量大，易产生滑动破坏，故河道堤岸设计时应进行岸坡抗滑稳定验算。

第二、第三工程地质段以及第四工程地质段的部分河段，岸坡普遍分布沙壤土、粉砂等少黏性土，抗水流冲刷能力低，极易引起岸坡因淘蚀而产生的崩塌，对岸坡稳定不利。

3. 沉降变形问题

软土堤基在堤身荷载作用下沉降变形的主要部分为主固结沉降，此外还包括瞬时沉降和次固结沉降。第一工程地质段河道沿线广泛分布的②$_2$层淤泥质黏性土，第三工程地质段的局部（15+300 附近）分布的②$_6$层软黏性土层，力学强度低，压缩性高，设计时应进行沉降变形验算。

（二）二线船闸工程

1. 渗透稳定问题

二线船闸闸底板底高程为 −8.6 m（−8.0 m），闸底板下普遍分布②$_3^{上}$、②$_3^{下}$、②$_4$、②$_{4'}$、②$_5$、②$_{5'}$层等细粒土，其中，②$_3^{上}$、②$_3^{下}$、②$_{4'}$、②$_5$层为少黏性土层，渗透稳定问题为本工程的

主要工程地质问题。

根据《水利水电工程地质勘察规范》(GB 50487—2008)附录 G 土的渗透变形判别,本工程钻探所揭示的大部分土层渗透变形类型为流土型;各土层的临界水力比降 J_{cr} 取决于土的比重 G_s 和土的孔隙率 $n(\%)$,计算公式如下:$J_{cr}=(G_s-1)(1-n)$。以土的临界水力比降除以安全系数为允许水力比降,安全系数取 2.0(表 1-3-3)。

表 1-3-3 土的临界水力比降计算成果一览表

工程部位	层号	渗透变形类型	孔隙比 (e_0)	土粒比重 (G_s)	临界水力比降 (J_{cr})	允许水力比降 (J允许)
二线船闸	②$_3^{上}$	流土型	1.080	2.70	0.82	0.41
	②$_3^{下}$	流土型	0.986	2.68	0.85	0.43
	②$_4$	流土型	1.178	2.72	0.79	0.40
	②$_{4'}$	流土型	0.870	2.72	0.92	0.46
	②$_5$	流土型	1.01	2.68	0.84	0.42
	②$_{5'}$	流土型	0.980	2.72	0.87	0.44
备注	表中孔隙比取各工程地质段中天然孔隙比的最大值,安全系数为 2。					

2. 区域构造稳定问题

场地区域地质稳定性较好,各岩土层分布较稳定,根据区域地质资料,场地周围分布的断裂晚近期以来均未发现活动迹象,场地区域构造稳定性较好。

3. 沉降变形问题

各工程部位或零星或连续分布较软弱的粉质黏土层:②$_2$ 层、②$_3^{下}$ 层、②$_4$ 层、②$_6$ 层,这些土层力学强度较低,中~高压缩性,易产生较大沉降变形。

场地普遍分布的②$_3^{上}$ 层,沙壤土夹壤土薄层,局部互层,壤土薄层的存在也易产生较大沉降变形。

4. 抗滑稳定问题

各工程部位或零星或连续分布较软弱的粉质黏土层:②$_3^{下}$ 层、②$_4$ 层、②$_6$ 层,这些土层力学强度较低,$IL \geq 0.75$,为软弱黏土层,抗剪强度低,为软弱下卧层,建议进行下卧层抗滑稳定验算。

5. 边坡稳定问题

场地地表浅部分布长江冲积层,岸坡土层主要由少黏性土与软质黏性土交替构成,抗滑稳定性及抗渗稳定性差,且易被水流冲蚀,边坡稳定性差。

6. 振动液化问题

根据地质资料,各工程部位均分布液化土层,根据相关规范要求,在设计时,需考虑地震液化对工程的不良影响,需采取合适的抗液化措施。

六、天然建筑材料

工程所在地泰州市和扬州市及沿线的县(市、区),均能供应工程所需的大宗材料水泥、钢材、木材、汽油、柴油等,可通过汽车或船舶运输抵达工地。

工程区附近不产砂石料,但市场上砂石料的供应量很大,为工程建设提供了供货来源。

(一) 河道工程

工程排泥场围堰土方,可从排泥场内取土,结合地质剖面揭示地层情况,各弃土区地面以下 0.3~1.0 m 内土层,据相关试验成果,A 层所取土料多为壤土,部分为粉质黏土,B 层所取土料多为沙壤土,部分为粉砂。A 层土料天然含水率均大于最优含水率,多为壤土,适宜用作弃土区围堰填筑土料;部分粉质黏土土料黏粒含量较高,作为填筑土料,堆筑时应注意土样的晾晒、破垡;B 层土料天然含水率均大于最优含水率,土料多为沙壤土,渗透系数较大,渗透性较强,一般不宜用作填筑土料,若用作排泥场围堰填筑时,需注意防渗。

(二) 二线船闸工程

土料质量:C 层土料为少黏性土与黏性土互杂,其天然含水率 17.1%~47.2%,平均为 29.6%;黏粒含量 7%~30%,平均为 18%;塑性指数 8.0~17.9,平均为 11.6,最优含水率为 18.4%;控制干密度下的渗透系数为 8.6×10^{-5} cm/s。土质不均,在闸室部位上部以少黏性土为主,土料样取自闸室部位上部,故土料样颗分成果为重粉质沙壤土。该层土经充分晾晒使其天然含水率降至最优含水率附近等措施后,可以选作墙后回填土料。

土料储量:船闸建设需开挖至 −5.7 m,现状地面高程 6.0 m 左右,按船闸 230×23 m 的规模,储量在 5.8 万 m³ 以上,能满足墙后填土的需要;弃土区围堰可就近自弃土区内取土或用船闸开挖弃土。

土料运距:由于工程区内土料丰富,本着就地取材、就近使用的原则,工程建筑土料使用时运输距离一般为 0.2~2.0 km。

第二章　工程设计与关键技术研究

第一节　工程总体布置

泰州引江河第一期工程采用宽浅式河道，河道上部按最终断面一次挖成，下部放缓边坡，挖至底高程－3.0～－3.5 m，底宽80 m。主要控制性建筑物为高港枢纽，包括泵站、节制闸、调度闸、送水闸、船闸、110 kV变电所等。

泰州引江河第二期工程在一期工程基础上进一步浚深，使其满足总体规划规模，按1966年型6月保证率95%时可自流引江600 m³/s，增加引江水源，同时兴建二线船闸，满足地区航运发展要求。

一、河道工程布置

泰州引江河工程位于泰州与扬州两市交界，河线呈南北走向，南端在泰州市高港区杨湾闸西侧36.1 m(坐标 $X=75\,389.6$，$Y=84\,894.2$)处沟通长江，北端在海陵区九里沟西380 m(坐标 $X=99\,057.0$，$Y=87\,673.5$)处衔接新通扬运河，全长23.846 km。泰州引江河高港枢纽节制闸和泵站在泰州引江河一期工程中已按最终规模一次建成。泰州引江河第二期工程河道工程总长度为23.476 km，其中，高港枢纽以南段桩号范围为0+000～1+768.75，长度为1.769 km；高港枢纽以北段桩号范围为2+139～23+846，长度为21.707 km。

(一) 河道开挖中心线

泰州引江河第二期河道工程在一期工程的基础上进行扩挖，由于第一期工程河口线已按二期工程设计，因此，泰州引江河第二期工程设计河口线及河道开挖中心线均同第一期工程。

(二) 与长江及新通扬运河衔接布置

1. 与长江衔接

泰州引江河口门区河道淤积的主要原因是长江上游的来水、来沙和引江河口门回流的综合作用，在不改变引江河与长江堤线交角的情况下，仅采取工程措施是不能达到防淤减淤的预期效果的。因此，从减少河道开挖工程量，降低工程投资方面考虑，河道直接与长江顺接。

2. 与新通扬运河衔接

泰州引江河第二期工程实施后，河道的航道标准及沿线水位均维持不变。因此，从减少河道开挖工程量，降低工程投资方面考虑，河道与新通扬运河衔接段按Ⅲ级航道标准相衔接。

(三) 堆土区布置

泰州引江河第二期工程共布置排泥场19处，集中堆土区5处。其中，高港枢纽以南布置2处排泥场;高港枢纽以北布置17处排泥场,5处集中堆土区。

(四)河道防护工程布置

泰州引江河具有双向水流及航道要求。泰州引江河一期工程为防船行波对河坡的冲刷,仅护砌了河坡水位变动部位。高港枢纽以南段河道护砌采用浆砌块石护坡,护砌上限高程为8.5 m,下限高程引江河为−1.0 m,下游引航道−2.0 m;高港枢纽以北段除船闸上游引航道采用干砌块石防护外其余均采用混凝土预制板防护,护砌上限高程为3.0~3.5 m,下限高程为−0.5~0.0 m。

1. 河道现状冲淤情况

(1)口门段。

泰州引江河高港枢纽以南段沿线土质主要以淤泥质黏性土为主,引江河口门区为高港枢纽以南1.9 km河段,平面为两河三堤布置,中间为隔堤,左侧为引江河,右侧为引航道,在原江堤以南合二为一与长江连接,且在靠近长江附近呈喇叭形。

1997年8月底,泰州引江河河口施工围堰拆除,与长江贯通,在长江水流切力的作用下,泰州引江河口门区域内形成较大范围回流,引河一侧回流强度较大,引航道侧为一次生回流,强度较小。当上游来沙进入这一区域时,由于水流的紊动交换,泥沙被带入口门内,而水流流速减缓、挟沙能力显著降低,泥沙在此落淤,河口淤积,从而形成拦门沙,影响泰州引江河的正常引水和通航。

(2)高港枢纽以北段。

根据河道沿线地质情况,高港枢纽以北段河道自南向北分为淤土段、砂土段和黏土段。

淤土段:河道长约2.9 km,现状河底高程为−3.77~−4.2 m,较第一期工程设计底高程−3.0 m冲刷了0.77~1.2 m,河底宽度81~102 m(第一期工程设计底宽80 m),该段河道总体呈冲刷态势;第一期工程预留水下平台宽度桩号4+000以南25 m,以北15 m,水下平台呈冲刷态势,西侧桩号2+800(与船闸内侧引航道交汇处)以北水下平台宽度仅剩5.46~8.79 m,局部基本冲刷殆尽;东侧桩号4+000以南水下平台宽度基本未发生变化,以北水下平台宽度仅剩2.49~7.8 m。高港枢纽闸站内河侧至船闸引河交汇处河道断面基本未发生变化。

砂土段:河道长约10.7 km,现状河底高程为−3.7~−4.2 m,较一期工程设计底高程−3.0 m冲深了0.7~1.2 m,河底宽度75~97 m(第一期工程设计底宽80 m),河道总体呈冲刷态势,其中,河道两侧淤积约0.14~0.59 m。第一期工程预留水下7.5 m宽的平台呈冲刷态势,水下平台宽度仅剩2.72~6.39 m,局部断面已经冲刷殆尽。

黏土段:河道长约7.5 km,现状河底高程为−2.41~−3.85 m(一期工程设计底高程为−3.5 m),河道底宽为76~84 m(一期工程设计底宽为80 m),河道总体冲淤趋势是河道中间略冲(平均冲刷深度0.04~0.37 m),两侧微淤(平均淤积深度为0.23~0.74 m)。一期工程预留水下3.5 m宽的平台呈冲刷态势,河道西侧冲刷强于东侧。现状东侧一期工程预留水下平台宽度仅剩2.13~3.5 m;西侧一期工程预留水下平台宽度仅剩1.32~3.5 m,大部分已经冲刷殆尽。

通过投运以来的冲淤演变情况,一期预留水下平台总体呈冲刷态势,局部已冲刷殆尽,对现有护砌稳定构成了威胁。

2. 二期工程河道冲淤分析

利用数学模型分析泰州引江河第二期河道的过流能力及冲刷情况。

(1) 不同控制流速过流能力分析。

河道边坡及河床上泥沙普动流速及扬动流速，计算公式为：

$$u'_c = k u_c$$

式中：u'_c——斜坡上泥沙普动或扬动流速；

u_c——平底坡上泥沙普动或扬动流速；

k——系数，$k = [-m_0\sin\theta/\sqrt{1+m^2} + \sqrt{(m^2-m_0^2\cos^2\theta)/(1+m^2)}]^{1/2}$；

m——斜坡坡比；

m_0——自然斜坡系数；

θ——水流流向与斜坡的水平线的交角。

对于泰州引江河，河床断面规则且河道顺直，故 $\theta=0$，上式中 k 可改写为：

$$k = (m^2 - m_0^2)/(1+m^2)^{1/4}$$

对于单式规划渠道，断面上最易冲刷的位置出现在渠底及渠角，河道底部及坡角位置的泥沙普动流速及扬动流速计算成果见表 2-1-1。

表 2-1-1 泰州引江河普动流速与扬动流速计算表

引江流量 (m³/s)	水流流速(m/s)			普动流速(m/s)			扬动流速(m/s)		
	河床	坡角	预留平台	河床	坡角	预留平台	河床	坡角	预留平台
500	0.66	0.62	0.40	0.72	0.71	0.6	0.92	0.88	0.77
600	0.72	0.70	0.48	0.73	0.71	0.6	0.94	0.9	0.77
700	0.88	0.85	0.55	0.73	0.72	0.61	0.94	0.9	0.78

由上表可知，当泰州引江河自流引江 600 m³/s 时，底部最大流速略小于普动流速，当流量大于 600 m³/s 时，水流流速无论渠底还是渠角均大于相应普动流速。若泰州引江河按河道流速不超过泥沙普动流速进行控制，1966 年 6 月上旬需控制平均引流流量不超过 504 m³/s；若按河道流速不超过泥沙扬动流速进行控制，1966 年 6 月上旬需控制平均引流流量不超过 562 m³/s。

(2) 控制河道流速的泥沙数学模型分析成果。

① 控制河道断面流速不超过泥沙普动流速。

枯水年：经过枯水年(1979 年型)的水流作用以后，泰州引江河桩号 0+000～5+000 范围内的河床发生冲刷，冲刷自上游逐渐向下游发展，河床平均冲刷深度自上而下分别为 1.6～0.2 m；桩号 6+000～23+846 范围内的河床基本处于微淤状态，淤积厚度为 0.1 m 以下。

平水年：经过平水年(1976 年型)的水流作用以后，泰州引江河桩号 0+000～5+000 范围内的河床发生冲刷，冲刷自上游逐渐向下游发展，河床平均冲刷深度自上而下分别为 1.7～0.35 m；桩号 6+000～23+846 范围内的河床基本处于微淤状态，淤积厚度为 0.1 m 以下。

丰水年：经过丰水年(1983年型)的水流作用以后，泰州引江河桩号0+000～5+000范围内的河床发生冲刷，冲刷自上游逐渐向下游发展，河床平均冲刷深度自上而下分别为2.2～0.15 m；由于上段冲刷较强，桩号5+000～7+000河段发生淤积，淤积厚度为0.3 m；桩号7+000～23+846的河床基本处于微淤状态，淤积厚度为0.15 m左右。

多年水流条件连续作用的河床冲淤计算研究，水流条件为平～丰～枯～平～丰～枯连续6年。河道经过前3年平丰枯水年的作用，泰州引江河桩号0+000～7+000范围内的河床沿程平均冲刷深度为3.0～0.2 m，桩号8+000～16+000的砂土段除局部淤积0.1～0.2 m外，河床基本处于平衡状态；而桩号16+000～23+846的黏性土段上段(2～4 km)河床处于淤积状态，平均淤厚为0.4～0.15 m，下段河床基本不淤。又经过一个平丰枯水年的作用后，冲刷继续向下游进行，至第6年冲刷的尾部已发展至桩号10+000，累计河床沿程平均冲刷深度为3.8～0.2 m，桩号10+000～16+000的砂土段河床处于微冲状态，累计冲刷深度为0.2～0.1 m；而桩号16+000～23+846段的黏土河床仍处于淤积状态，累计沿程河床平均淤积厚度为0.6～0.1 m。

综上研究结论：无论是丰水年还是枯水年，当控制河道水流流速不超过泥沙普动流速时，泰州引江河第二期工程河道砂土段上段发生冲刷。(a)单个水文年的河床冲刷发生在桩号5+000以南的河段，沿程平均冲刷2.2～0.15 m，下段河床处于微冲或微淤状态，冲淤幅度均不大。(b)多个水文年，经过前3年的运行，河道桩号7+000以南河段沿程平均冲刷3.0～0.2 m，桩号8+000～16+000的河段处于微冲状态，而桩号16+000～23+846的河段处于淤积状态，淤积厚度0.4～0.15 m；经过6年的运行，河道桩号10+000以南河段平均冲刷3.8～0.2 m，桩号10+000～16+000的河段处于微冲状态，而桩号10+000～23+846的河段处于淤积状态，淤积厚度0.6～0.1 m。(c)多年运行后，泰州引江河上段河床底部平均冲刷6.9 m，一期预留水下平台平均冲刷2.3 m，边坡由1∶5变为1∶2.9，由泰州引江河泥沙水下休止角为30°可知，泥沙自然水下坡比为1∶1.8。

由此可见，泰州引江河第二期工程在控制河道断面流速不超过泥沙普动流速时，河床冲刷已构成对边坡及平台护坡稳定的威胁。

② 控制河道水流流速不超过泥沙扬动流速。

枯水年：经过枯水年(1979年型)的水流作用以后，泰州引江河桩号16+000以南河床发生冲刷，冲刷自上游逐渐向下游发展，河床平均冲刷深度自上而下分别为2.1～0.2 m，而桩号16+000～23+846的黏土段河床略有淤积，淤积厚度为0.2～0.1 m。

平水年：经过平水年(1976年型)的水流作用以后，泰州引江河桩号16+000以南河床平均冲刷深度为2.3～0.4 m，而桩号16+000～23+846的黏土段河床略有淤积，淤积厚度为0.1 m以下。

丰水年：经过丰水年(1983年型)的水流作用以后，泰州引江河桩号16+000以南河床平均冲刷深度为2.8～0.3 m，由于上段冲刷较强，桩号16+000～23+846黏土段河床发生淤积，淤积厚度0.5～0.2 m。

经过前3年平丰枯水年的作用，泰州引江河桩号16+000以南段河床沿程平均冲刷深度为3.7～1.6 m，而桩号16+000～23+846的黏土段河床未发生淤积，又经过一个平丰枯水年的作用后，河床冲刷继续进行，至第6年累计河床沿程平均冲刷深度为4.6～0.4 m，而桩号 16+000~23+846 的黏土段河床也未发生淤积。

综上研究结论：无论是丰水年还是枯水年，当控制泰州引江河河道水流流速不超过泥沙扬动流速时，泰州引江河第二期工程上段砂土段发生冲刷。(a) 单个水文年的河床冲刷发生在桩号 16+000 以南段的河段，枯水年沿程平均冲刷 2.1~0.2 m，平水年平均冲刷 2.3~0.4 m，丰水年平均冲刷 2.8~0.3 m，下段河床基本处于微冲或微淤状态，冲淤幅度均不大。(b) 多个水文年，经过前 3 年的运行，泰州引江河桩号 16+000 以南沿程平均冲刷 3.7~1.6 m，而桩号 16+000~23+846 的河段未发生淤积；经过 6 年的运行，泰州引江河桩号 16+000 以南沿程平均冲刷 4.6~0.4 m，而桩号 16+000~23+846 的河段仍未发生淤积。(c) 多年运行后，泰州引江河上段河床底部平均冲刷 8.3 m，一期预留水下平台平均冲刷 2.5 m，边坡由 1:5 变为 1:2.7。

由此可见，泰州引江河第二期工程在控制河道断面流速不超过泥沙扬动流速时，河床冲刷必然破坏河床边坡及平台护坡的稳定。

(3) 控制不同河道瞬时流量，河床冲刷数模计算成果分析。

控制泰州引江河瞬时流量不超过 700 m³/s 时，相当于 1966 年型 6 月上旬旬平均引流量 546 m³/s（相当于本次河网计算 1966 年 6 月中旬旬平均流量 446 m³/s）。

河道纵向冲刷：经过前 3 年平丰枯水年的作用，泰州引江河桩号 16+000 以南的砂土段河床沿程冲深 0.9~1.0 m，而桩号 16+000~23+846 的黏土段河床未发生淤积；又经过一个平丰枯水年的作用后，河床冲刷继续进行，至第 6 年累计河床沿程平均冲深 1.4~1.7 m，而桩号 16+000~23+846 的黏土段河床仍未发生淤积。

河道横向冲刷：经过前 3 年平丰枯水年的作用，泰州引江河桩号 10+000 以南段的砂土段河床底部平均冲刷 1.65 m，一期工程预留水下平台平均冲刷 0.55 m；6 年运行后，河床底部平均冲刷 2.9 m，一期工程预留水下平台平均冲刷 1.0 m，河床边坡由 1:5 变为 1:4.1。

3. 河道防护工程

综上分析，泰州引江河高港枢纽以南段主要问题是口门淤积，护底不利于今后清淤；而对高港枢纽以北砂土段，瞬时最大流量控制不超过 700 m³/s 时，河道可能会冲深 0.9~1.0 m。由于二期工程是在一期河道的基础上浚深 3 m，设计断面为底宽 70 m，底高 -6~-6.5 m，航道水深达 7 m，船型波及螺旋桨对河底的影响要小于一期现状河道，本次河道设计中采用有一定调适能力的软体沉排与原护砌接坡，护坡下限为河底，即使发生冲刷也只限于河床中心部，不至于带来严重后果，更重要的是运行期将控制引水瞬时最大流量，近期最大瞬时流量一般不大于 600 m³/s，最大控制不大于 700 m³/s，远期控制引水瞬时流量不大于 1 000 m³/s。根据现状新通扬运河引水情况看，瞬时最大流量已达 1 140 m³/s，土质与本河道相似，河道未护底，未发生河床冲刷事故。从环保角度考虑，护底不利于土壤与水体交换及吸附作用，也不利于鱼类资源发展和水生态环境。因此，二期工程河道未安排护底，今后运行中加强观测，必要时再采取防护措施。

(1) 新建防护工程。

当控制泰州引江河河道水流流速不超过泥沙普动流速时，多个水文年，河床冲刷发生在桩号 16+000 以南段的河段；当控制泰州引江河河道水流流速不超过泥沙扬动流速时，多个水文年，河床冲刷仍发生在桩号 16+000 以南段的河段；当控制泰州引江河瞬时流量不超过

600 m³/s、700 m³/s时,多个水文年,河床冲刷仍然发生在桩号 16+000 以南段河段。考虑到高港枢纽以南段河道年年淤积的实际情况及与高港枢纽二线船闸上游引河的衔接,泰州引江河第二期工程河道防护范围为桩号 2+800～16+000 段,总长度为 25.8 km,其中,东岸 2+800～16+000,长度为 13.2 km;西岸 3+400～16+000,长度为 12.6 km。

新建防护工程总体布置:对河道沿线停船频次较高、现状护砌撞击损坏严重段,增设船舶临时停靠点,供过往船只停靠;其余河段采用软体沉排对护坡下段进行防护,同时设置警示牌,严禁过往船只停靠及抛锚。

船舶临时停靠点:沿线设置船舶临时停靠点 7 处,供过往船舶停靠,总长 3 602.5 m。

系混凝土块软体沉排:船舶临时停靠点以外河段采用软体沉排对护坡下段进行防护,同时在沿线设置警示牌,严禁过往船只停靠及抛锚。

(2) 现状护砌维修范围。

根据全线护砌情况调查,并结合高港枢纽二线船闸及沿线锚地设置,二期工程维修总长度为 6.731 km,其中,东岸 2.502 km(枢纽以南 0.253 km,以北 2.249 km),西岸 2.624 km,高港枢纽隔流导堤 1.606 km(枢纽以南 1.565 km,以北 0.041 km)。

二、二线船闸工程布置

泰州引江河高港枢纽二线船闸位于一线船闸西侧,其顺水流向中心线距一线船闸 70 m,上闸首的上游边缘与一线船闸闸首的上游边缘齐平。船闸尺度为 230×23×4 m,上、下闸首均采用钢筋混凝土整体坞式结构,底板顺水流向长 30 m,宽 53.8 m。上、下闸首边墩内均设短廊道输水,闸首侧边墩顶部设机房控制楼。闸首的头部均设检修门槽。工作闸门均为钢质三角门,采用液压直推式启闭机启闭。廊道阀门为钢质平板门,液压启闭机启闭。上闸首设净宽 6 m、主跨度 25 m 的公路桥,桥下净空为 7 m,荷载标准为公路—Ⅱ级。闸首采用灌注桩基础,上、下闸首底板下采用地下连续墙防渗围封。闸室采用透水底板,闸室墙采用灌注桩拉锚地连墙结构,墙后填土高程 6.0 m。下游西侧导航墙为灌注桩拉锚地连墙结构,上游东侧导航墙为灌注桩拉锚地连墙结构,下游东侧导航墙为对锚式灌注桩排桩结构,上游西侧导航墙为重力式结构。

上下游引航道底宽均为 60.5 m,与一线船闸河底相连,一、二线船闸上下游引航道共用,上下游引航道总底宽均为 121.5 m。导航墙有效长度均为 70 m,引航道上下游 20 m 以内护底为厚 60 cm 的钢筋混凝土护坦,20 m 以外 60 m 以内为 12 cm 厚现浇混凝土护底。

上游引航道河底高程 360 m 范围之内为-4.0 m,之外为-3.5 m,平台高程 4.0 m,堤顶高程 8.5 m(考虑弃土堆高)。高程-3.5～4.0 m 边坡为 1∶4,高程 4.0 m 至堤顶高程 8.5 m 之间边坡为 1∶2.0。引航道直线段长 667 m。航道中心线拐弯半径均为 650 m。上游引航道总长 1 479 m 与主航道连接。引航道 360 m 范围内高程-3.5～4.0 m 边坡采用 12 cm 厚现浇混凝土护砌,360 m 以外高程-1.0～4.0 m 采用厚 10 cm 预制混凝土块护砌。高程 4.0～8.5 m 均采用草皮护坡。上游引航道西侧设靠船墩,长度 280 m,墩距 20 m,墩顶设人行便桥。便桥顶高程 4.0 m。

下游引航道河底高程 360 m 范围之内为-4.5 m,之外为-4.0 m,平台高程 6.0 m,堤顶高程 9.0 m。高程-4.0(-4.5)~6.0 m 为直立式拉锚地连墙,墙顶高程 6.0 m,挡浪板顶高程为 7.2 m,高程 6.0~9.0 m 边坡为 1∶2,采用草皮护坡。引航道中心线总长 1 233 m,以直线形式同长江相连。

第二节 河道工程设计

一、河道主体工程设计

(一) 设计流量及水位

引水期:规模为 1966 年型自流引江 600 m³/s,相应的旬平均水位为 2.0 m(高港枢纽下)~1.51 m(新通扬运河交汇口),断面平均流速 0.61~0.78 m/s。高港枢纽节制闸运行按设计流量控制闸门开启,最大瞬时流量不超过 1 000 m³/s,近期最大瞬时流量不超过 700 m³/s。

排水期:泰州引江河基本无自排机遇,排水主要依靠高港抽水站抽排,设计抽排规模为 300 m³/s,相应站上设计水位为 0.5 m。

非排水期:泰州引江河在不引不排时基本上为里下河正常控制水位 1.0 m 左右。

(二) 河道断面设计

泰州引江河第二期工程河道工程总长度为 23.476 km。其中,高港枢纽以南段为 0+000~1+768.75,长度为 1.769 km;高港枢纽以北段为 2+139~23+846,长度为 21.707 km。

泰州引江河第二期工程设计河口线及河道开挖中心线均同第一期工程;河道设计开挖断面采用在原规划二期工程河道开挖断面的基础上浚深 50 cm、减小底宽的方案,设计河底高程高港枢纽~鲍徐(桩号 0+000~16+000)段-6.0 m,边坡 1∶5,鲍徐~新通扬运河(桩号 16+000~23+846)段-6.5 m,边坡 1∶3,底宽均为 70 m。

(三) 集中堆土区设计

通过弃土方案优化,西 11、西 14、西 16、西 19 和西 20 排泥场调整为预挖一期堆土区的集中堆土场。堆土高度 6.9~8.5 m,边坡 1∶3~1∶3.5。

(四) 排泥场围堰设计

长江~高港枢纽段排泥场为临时占地,排泥高为 4.5 m,排泥场围堰分期填筑,一期填筑高度为 4.0 m,顶宽 2.0 m,外坡 1∶3,内坡 1∶2;二期围堰填筑高度 2.5 m,顶宽 1.5 m,外坡 1∶2,内坡 1∶1.5。

新通扬运河~高港枢纽段排泥场排泥高度为 1.2~7.5 m。排泥场围堰根据实际情况分期填筑,一期围堰填筑高度控制在 4.0 m 左右,顶宽 2.0 m,外坡 1∶3,内坡 1∶2;二、三期围堰填筑高度控制在 3.0 m 左右,顶宽 1.5 m,外坡 1∶2,内坡 1∶1.5。

(五) 支河口影响处理

泰州引江河第二期工程是在一期工程基础上浚深河道,使其自流引江规模由 300 m³/s 提高到 600 m³/s,工程实施后泰州引江河的航道标准及沿线水位均维持不变,对沿线支河影响较小,主要影响是泰州引江河浚深后,河底与沿线支河河底存在 3.5~5.5 m 的高差,采取拉坡的方式进行处理,拉坡坡比1∶20。

（六）闸前河床防护工程

为避免河道进一步浚深后对高港枢纽节制闸和泵站产生影响,需对闸前河床进行适当防护。鉴于闸下河道年年淤积的实际情况,对闸上游（内河侧）防冲槽外20 m范围内的河床进行抛石防护,防护标准为抛石直厚0.6 m,下垫350 g/m² 长丝针刺无纺土工布。

二、河道防护工程设计

（一）新建防护工程

1. 船舶停靠点设计

泰州引江河沿线船舶临时停靠点的设置综合考虑了泰州引江河沿线护坡损坏情况和泰州市地方海事局的意见,共设置7处船舶临时停靠点,其中,东岸设置3处,西岸设置4处,总长3 602.5 m,供过往船只临时停靠。船舶临时停靠点位置见表2-2-1。

表2-2-1　泰州引江河沿线船舶临时停靠点位置表

序号	停靠点名称	起点桩号	终点桩号	长度(m)
1	东1	3+820	4+265	445
2	西1	3+847.5	5+540	1 602.5
3	西2	6+250	6+700	450
4	西3	7+160	7+460	300
5	东2	13+985	14+290	305
6	东3	20+100	20+400	300
7	西4	21+000	21+200	200
总长度				3 602.5

泰州引江河为Ⅲ级航道,根据《内河通航标准》,Ⅲ级航道相对应的船型设计标准为1 000吨级货船,船舶临时停靠点按1 000吨级货船标准设计,停靠点挡墙断面根据工程地质条件经稳定计算取用不同的尺寸,具体如下:

(1) 淤泥质重、中粉质壤土或淤泥质粉质黏土段(东1停靠点3+820～4+265,西1停靠点3+847.5～5+212.5),停靠点采用混凝土重力式挡墙形式,墙顶高程2.50 m,底板面高程－2.00 m,底板宽5.5 m,前趾宽1.30 m,为保证该段停靠点的地基稳定,采用直径50 cm的水泥土搅拌桩处理,搅拌桩顺水流方向间距120 cm,垂直水流方向间距150 cm;停靠点挡墙每15 m分节,每节挡墙中间顶部安装15 t系船柱。

(2) 沙壤土段(西1停靠点5+212.5～5+540,西2停靠点6+250～6+700,西3停靠点7+160～7+460)、粉砂土段(东2停靠点13+985～14+290),停靠点采用混凝土重力式挡墙形式,墙顶高程2.50 m,底板面高程－2.00 m,底板宽4.9 m,前趾宽1.20 m。停靠点挡墙每15 m分节,每节挡墙中间顶部安装15 t系船柱。根据海事部门要求,东2停靠点北端100 m设置为海事艇港池,在港池侧面设置系船钩,方便海事艇系缆。

(3) 粉质黏土段(东3停靠点20+100～20+400,西4停靠点21+000～21+200),东3

停靠点为海陵大桥以南东岸的 300 m 废弃货运码头改造使用；西 4 停靠点因地方政府要求，挡墙顶高程提高至 3.5 m，底板面高程降至 −2.3 m，挡墙采用混凝土扶臂式结构，底板宽 7.0 m，前趾宽 1.50 m，底板厚 0.7 m，直墙厚 0.7 m，直墙后每 4.0 m 设一道扶臂，扶臂顶高程 2.5 m，扶臂厚 0.5 m，西 4 停靠点选用 15 t 系船柱，间隔 15 m 安装于挡墙墙顶。

2. 系混凝土块软体沉排设计

(1) 防护上、下限。

从减少排首锚固施工难度方面考虑，将排首提至常水位以上。通过工程施工期水位分析，防护上限采用 1.6 m，防护下限至河底并外延至河坡坡脚外 5.0 m。

(2) 排首锚固。

软体排排首利用常水位上沟槽加以锚固，将软体排排垫伸入沟槽下面压实，伸入范围从沟槽内侧顶面开始。排首锚固槽位于河坡高程 1.6 m 处，沿河坡 1.6 m 高程处开挖沟槽，槽内采用 C20 现浇混凝土系排梁锚固排首，沟槽开挖深度 60 cm，底宽 60 cm。为防止常水位以上排布的老化，从排首至高程 0.8 m 范围内铺设 10 cm 厚 C20 预制混凝土块。

(3) 排体材料性能及结构形式。

系混凝土块软体排排垫采用重量不小于 230 g/m² 的丙纶长丝机织布和 150 g/m² 的丙纶短纤无纺布（其物理力学特性详见表 2-2-2、表 2-2-3）双层缝制而成，沿排体宽度方向设纵向加筋条，宽 5 cm，长与排长相等，用于加固系结条和增加排垫抗拉强度，纵向加筋条的首尾端缝制成 φ5 cm 的圆环，便于排体间的连接。加筋条中心距除靠外两根为 47.5 cm 外，其余为 50 cm。加筋条与排布之间缝制每两根一组的系结条（用于捆绑预制混凝土块），用于系接压载体，系结条长 100 cm，宽 3 cm，组与组的间距为 30 cm，每组内两根系结条间隔 20 cm。

每块排布宽度为 21 m，长度至河坡坡角外 5.0 m。上下游排体的搭接宽度取 3.0 m，并采取上游排压在下游排之上的搭接方式。

表 2-2-2　230 g/m² 丙纶长丝机织布物理力学特性表

断裂强度(N/5 cm)		顶破强度(N)	垂直渗透系数(cm/s)	等效孔径 O_{90}(mm)
纵向	横向	>5 000	$1×10^{-2} \sim 1×10^{-4}$	≤0.12
≥3 000	≥2 700			

表 2-2-3　150 g/m² 丙纶短纤无纺布物理力学特性表

断裂强度(kN/m)		顶破强度(kN)	渗透系数(cm/s)	等效孔径 O_{90}(mm)
纵向	横向	>0.7	$2.1×10^{-1}$	≤0.10
≥4.5	≥4.5			

(4) 排面压载。

排面压载体采用 C20 混凝土块体，结构设计尺寸 0.4 m×0.26 m×0.1 m（长×宽×高），为与排体系接方便，在两端长边设有两道凹槽，凹槽宽度 3 cm，深度 6 cm，凹槽内与系结条接触处呈圆弧形。

软体沉排设计横断面图、平面图详见图 2-2-1、图 2-2-2。

图2-2-1 软体沉排设计横断面图 1:200

图2-2-2 软体沉排设计平面图 1:200

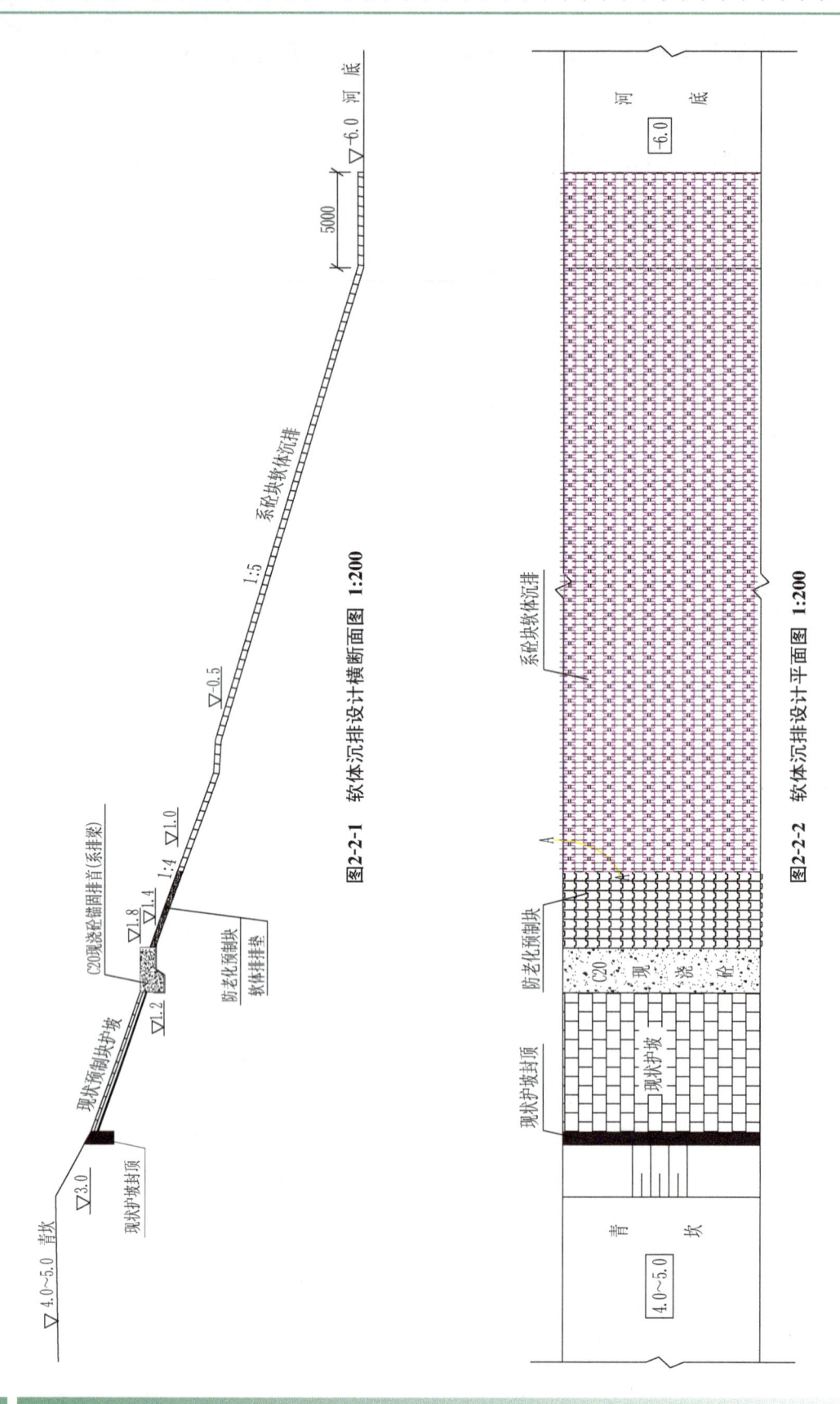

（二）河道护砌维修设计

损坏护砌采用原标准进行维修，护砌维修总面积约 28 129 m²，其中，浆砌块石段约 15 609 m²，预制混凝土块段约 12 520 m²。

三、跨河桥梁防护工程设计

从工程运行安全方面考虑，对沿线 10 座跨河桥梁桥墩周边河床采用模袋混凝土进行防护，避免桥墩处河床冲刷，确保沿线跨河桥梁安全。模袋混凝土防护长度为上游侧 15 m、下游侧 20 m，宽度为内侧 20 m，外侧 15 m，模袋混凝土防护厚度 0.2 m，充填混凝土强度为 C20，模袋采用 500 g/m² 丙纶长丝机织模袋布。

第三节　二线船闸工程设计

一、设计基本参数

（一）工程等别及建筑物级别

高港枢纽为泰州引江河引水、排涝、航运等综合利用功能的控制口门，根据江苏省航运干河网的规划，泰州引江河为Ⅲ级航道，按《内河通航标准》(GB 50139—2004)规定，高港枢纽二线船闸为Ⅲ级通航建筑物，工程等别为Ⅲ等。船闸的下闸首及下游引航道西堤，与高港枢纽一线船闸下闸首及枢纽建筑物一起组成长江堤防的一部分，直接关系到长江防洪，为 1 级水工建筑物，船闸上闸首及闸室为 2 级水工建筑物，上游引航道为 3 级水工建筑物，临时工程为 5 级水工建筑物。

（二）特征水位及水位组合

特征水位：二线船闸上游为泰州引江河水位，下游为长江潮位。上游水位通过枢纽建筑物进行调控。下游潮位根据长江三江营水文站及江阴水文站年潮位系列资料分析内插取用，其特征水位见表 2-3-1。

表 2-3-1　二线船闸特征水位　　　　　　　　　　　　　　　　　m

运行条件	上游泰州引江河	下游长江侧	备注
船闸级别	Ⅲ级	设计最大船舶 1 000 吨级	
校核洪水位	3.0	6.82	内河 20 年一遇，长江 300 年一遇高潮位
设计洪水位	3.0	6.41	内河 20 年一遇，长江 100 年一遇高潮位
设计最高通航水位	3.0	5.48	内河 20 年一遇，长江 1954 年型 7 天平均高潮位
设计最低通航水位	0.5	−0.5	保证率 98%
检修水位	2.0	3.31	上游内河控制水位；下游非汛期 20 年一遇高潮位
正常通航水位	1.0	2.5	长江平均高潮位
施工水位	2.58	4.46	内河 10 年一遇，长江非汛期 10 年一遇高潮位

水位组合：二线船闸的运用情况应考虑最不利水位组合，其水位组合见表 2-3-2。

表 2-3-2　船闸水位组合表

水位组合		上游(m)	下游(m)	设计水头	备注
使用工况	①	3.0	−0.5	3.5	正向内河高水位
	②	1.0	−0.5	1.5	正向内河常水位
	③	5.48	1.0	4.48	反向长江高水位
	④	0.5	2.5	2.0	反向长江平均潮位
检修工况	⑤	2.0	3.31		闸室无水
施工期	⑥	2.58	4.46		
稳定计算	设计 ⑦	1.0	6.41	5.41	
	校核 ⑧	1.0	6.82	5.82	
	检修 ⑨	2.0	3.31		
	7°地震 ⑩	1.0	3.73	2.73	

（三）二线船闸规模及设计船型

根据船闸运行条件和水位组合，二线船闸最大水位级差 4.48 m，二线船闸采用单级船闸。对照预测的货运量、航道标准、设计船型及有关批复，新建二线船闸规模确定为 230 m×23 m×4.0 m(长度×宽度×槛上最小水深)，输水系统采用短廊道对冲消能式集中输水，工作门型为双扇三角门。

二线船闸设计船型、船队近期主要以 1 000 吨级、500 吨级、300 吨级顶推（拖带）船队和 100 吨级拖带（单船）船队为主，具体船型及船队尺度参见表 1-1-9。

二、总体布置

（一）船闸尺度确定

闸室有效长度：$L_x = L_c + L_f = 210 + 2 + 0.03 \times 210 = 218.3$ m

其中：L_x——闸室有效长度；

L_c——设计船队、船舶计算长度，解队过闸的船队为过闸时最大一组船舶长度，取 $L_c = 210$ m；

L_f——富裕长度，对于拖带船队而言 $L_f \geqslant 2 + 0.03 L_c$；

船闸镇静段长度取 9 m，则计算闸室总长为 227 m。设计闸室长度采用 230 m。

闸室有效宽度：$B_x = \sum b_c + b_f = 21.6 + 1.47 = 23.1$ m

其中：B_x——闸室有效宽度；

$\sum b_c$——同闸次过闸船队并列停泊的最大总宽度，根据船闸年货运量预测，通航 1 000 吨级驳船较多，兼顾 300 吨级设计船队，设计时考虑最大宽 1 000 吨级驳船并列通过，取 $\sum b_c = 10.8 + 10.8 = 21.6$ m；

b_f——富裕宽度，$b_f \geqslant 1.2 + 0.025 \times 1 \times b_c$，则 $B_f = 1.47$ m。闸室有效宽取 $B_x = 23$ m。

门槛水深：$H \geqslant 1.6 \times T, H \geqslant 1.6 \times 2.0 = 3.2$ m

其中：H——门槛水深；
T——设计最大船舶、船队的满载吃水，取 $T=2.0$ m。

为满足远景发展需要和非标船型增多及现状槛上水深偏小的情况，槛上水深应适当留有余地，取上游门槛水深为 4.5 m，下游门槛水深为 4.0 m。

（二）通航净空

泰州引江河为Ⅲ级航道标准，根据《内河通航标准》的规定，并与一线船闸、闸站公路桥连接相适应，船闸上闸首公路桥和下闸首人行便桥通航净高均取 7.0 m。

（三）各部位高程

闸室墙顶高程：设计最高通航水位加超高，设计最高通航水位为 5.48 m，船舶空载干舷高度取 1.7 m，闸室墙顶高程取 7.2 m。

上闸首门顶高程：设计最高通航水位加超高，设计最高通航水位为 5.48 m，取门顶超高 0.5 m、浪高 0.7 m，门顶高程取 6.7 m。

下闸首门顶高程：下游校核高水位加超高及波浪高度。下游最高水位为 6.82 m，门顶超高 0.5 m、浪高 0.8 m，下闸首门顶高程取 8.2 m。

上、下闸首墙顶高程：根据闸门顶部高程和结构布置要求，并不得低于闸门和闸室墙顶部高程，故上下游闸首顶高程分别为 8.5 m，7.2 m。

上闸首门槛高程：上游设计最低通航水位减槛上水深，上游设计最低通航水位为 0.5 m，槛上水深 4.0 m，考虑非标船型并留远景发展需要，上闸首门槛高程取 −4.0 m。

下闸首槛上高程：下游设计最低通航水位减槛上水深，下游设计最低通航水位为 −0.5 m，门槛水深 4.0 m，因此下闸首门槛高程取 −4.5 m。

闸室底板面高程：不应高于上、下闸首门槛顶部高程，取 −4.5 m。

上游导航墙墙顶及靠船墩墩顶高程：上游设计最高通航水位加超高，上游东、西侧导航墙墙顶高程取 4.0 m。

下游导航墙墙顶及靠船墩墩顶高程：下游设计最高通航水位加超高，下游东、西侧导航墙墙顶高程取 6.0 m。

（四）引航道尺度

引航道直线段长度：引航道直线段长度包括导航段、调顺段和停泊段，其总长为 $L \geqslant 3.5L_c$。

L_c——对顶推船队为设计最大船队长，对拖带船队或单船，为其中的最大船长；1 000 吨级顶推船队 $L_c=160$ m，则 $L \geqslant 3.5 \times 160=560.0$ m。

结合枢纽布置、现状地形及船舶"曲进直出"引航道的布置形式，上游引航道中心线长度为 1 479 m，直线段 667 m；下游引航道直线段中心线长度 1 233 m，满足要求。

引航道宽度：引航道宽度为最低通航水位时，最大船队满载吃水船底处的引航道宽度。对于双线船闸公用的引航道宽度，其引航道总宽为：

$$B_o \geqslant b_c + b_{c1} + b_c' + b_{c2} + 3\Delta b$$

式中：b_c、b_c'——双线船闸设计最大船队（舶）的船宽；
b_{c1}——一侧等候过闸船队总宽度；

b_{c2}——另一侧等候过闸船队总宽度；

Δb——富裕宽度。

则 $B_o=10.8+10.8+9.2+9.2+3\times10.8=72.4$ m。

根据枢纽布置、形状地形及船舶靠泊要求，设计引航道底宽上下游均为 121.5 m，满足要求。

引航道水深：Ⅲ级船闸标准，引航道最小水深应满足 $h_0\geqslant1.5T$；T 为设计最大船队(泊)满载吃水深(m)，$T=2.0$ m，则 $h_0=3.0$ m。结合泰州引江河引、排水和远景发展需要，二线船闸的上游引航道泥面高程为 -3.5 m，最小水深取 4.0 m，下游引航道泥面高程为 -4.0 m，最小水深为 3.5 m。

弯曲半径：Ⅲ级船闸标准，最小弯曲半径 R 对于顶推船队和机动驳 $R\geqslant4L_c$，则 $R\geqslant4\times160=640$ m，上游引航道中心线两处拐弯半径均为 650 m，下游引航道河道顺直，满足要求。

（五）导航墙布置

二线船闸的上下游导航墙采用"曲进直出"的对称型布置，导航墙有效长度均为 70 m。下游西侧导航墙及上游东侧导航墙为灌注桩拉锚地连墙结构，下游东侧导航墙为对锚式灌注桩排桩结构，上游西侧导航墙为重力式结构。二线船闸总体布置示意见图 2-3-1。

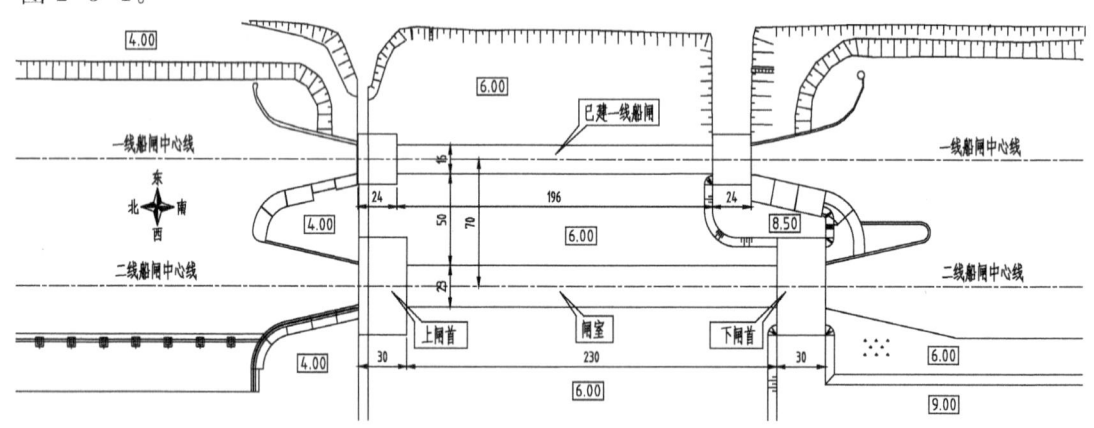

图 2-3-1 二线船闸总体布置示意图

三、工程主要结构设计

（一）上闸首结构设计

结构布置：上闸首为整体坞式结构，底板顺水流向长 30 m，宽度 53.8 m，底板门槛高程 -4.0 m，底板面高程 -5.6 m，底板底高程 -8.1 m，边墩顶高程 7.2 m，闸首两侧设机房控制楼，采用 $\phi100$ cm 灌注桩基础。为防止闸首由于自身收缩不均或沉降不均可能产生的有害裂缝，在底板上设置宽缝。上闸首上游(内河侧)设公路桥，与一线船闸及闸站公路桥相连接，公路桥桥面宽 6.0 m+0.42×2 m，主跨度 25 m，设计荷载为公路-Ⅱ级，桥墩采用 $\phi100$ cm 灌注桩基础。工作闸门为钢质三角门，采用液压直推式启闭机启闭。

输水系统采用短廊道集中输水，廊道闸室侧口门净宽 4.0 m，内河侧廊道进口宽度为

3.5 m。高度均为 3.5 m,阀门处尺寸为 3.5 m×3.5 m,阀门为钢质平板门,液压启闭机启闭。上闸首结构布置见图 2-3-2。

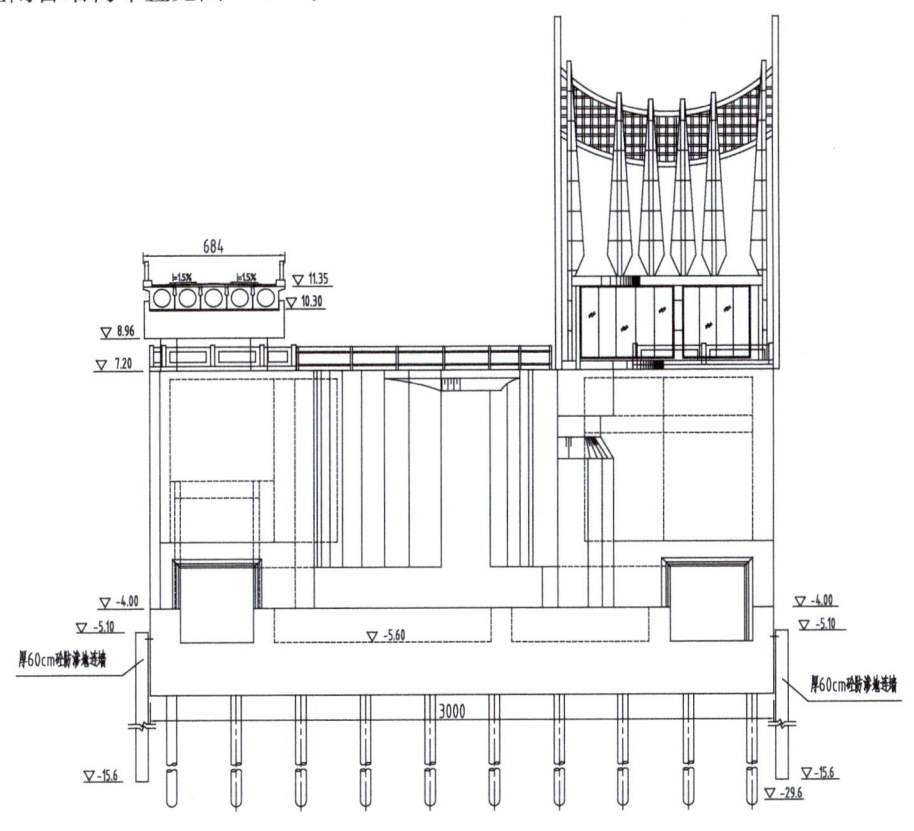

图 2-3-2　上闸首结构布置图

防渗设计:上闸首底板底高程为 −8.10 m,基础坐落于②$_3$土层中,为重、中粉质壤土夹粉砂、沙壤土,渗透系数 $6.6×10^{-5}$ m/s。在闸首底板四周布置深 10.5 m、厚 60 cm 的地下连续墙防渗,兼作防止地基地震液化和基坑支护的作用。上闸首防渗系统见图 2-3-3。

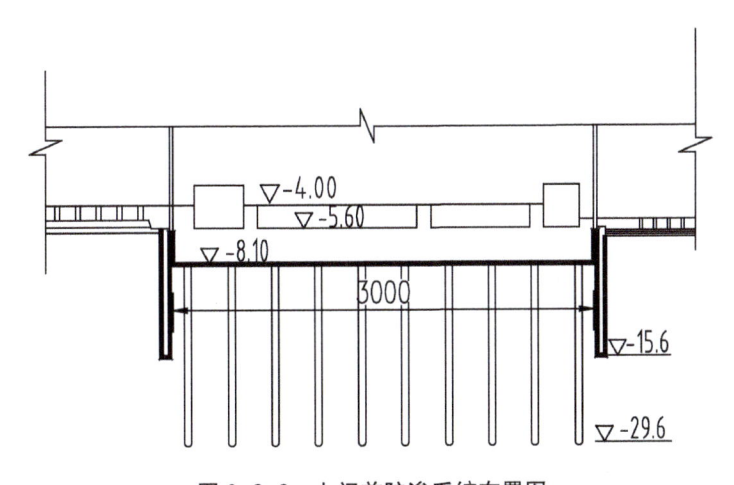

图 2-3-3　上闸首防渗系统布置图

二线船闸为双向水头,以长江侧高水位为主,防渗布置总长度 $L=64.8$ m,设计工况下最大水位差 $\Delta H=4.98$ m(闸室侧 5.48 m,内河侧 0.5 m),闸室检修情况下最大水位差 $\Delta H=5.5$ m(闸室侧 -4.5 m,内河侧 1.0 m),采用改进阻力系数法进行防渗稳定性复核,计算结果闸首基底防渗长度满足要求。且闸室墙、上游导航墙下均设有防渗地连墙,与上闸首底板下地连墙形成交圈,侧向防渗设计也是安全的。

稳定计算:根据上闸首的结构布置、水位组合及防渗系统的设计,上闸首稳定分析工况为底板封绞前、后的边墩,正、反向设计,反向校核,地震及检修等 7 种工况。上闸首底板底面高程为 -8.10 m,处于 ②$_3^{上}$ 层,轻粉质壤土上,地基允许承载力为 90 kPa。其下卧层 ②$_3^{下}$ 层、②$_5$ 层的地基允许承载力分别为 160 kPa 和 180 kPa。在不考虑地基处理的情况下,各工况下最大地基平均反力为封绞前闸首边墩为 195.3 kPa,封绞后上闸首底板下为 155.6 kPa,地基承载力不能满足要求,需进行地基处理,其他稳定计算指标满足要求。

基础处理:通过多方案地基处理形式的比选,确定采用 φ100 cm 灌注桩地基处理方案。根据稳定计算分析成果,按单桩基础承载水平荷载和垂直荷载分别计算所需桩数,取其最大值,并结合桩位布置确定桩数,共需 160 根,沿底板顺水流方向布置 10 排、每排 16 根,设计灌注桩桩长为 21.5 m,桩底高程均为 -29.6 m。

结构强度设计:闸首结构内力计算采用弹性地基梁法,选取了完建期、设计、校核、检修等工况,计算荷载有:结构自重、水重、扬压力、桩力、不平衡剪力、水压力、土压力等。计算选用结构内力分析软件(sgr$_{4.0}$),分门前段(7.9 m)、门库段(11.0 m)、门后段(11.1 m)3 部分进行内力计算。

因闸首底板下为钻孔灌注桩基础,计算时将桩简化为弹性约束,桩的刚性系数 $K=T_C Q_{au}$(T_C 取 145,Q_{au} 为单桩垂直极限承载力),则弹性约束的弹性系数 $k_0=1/K$。

各分部计算成果详见图 2-3-4～图 2-3-6 和表 2-3-3～表 2-3-5。

1. 门前段(7.9 m)

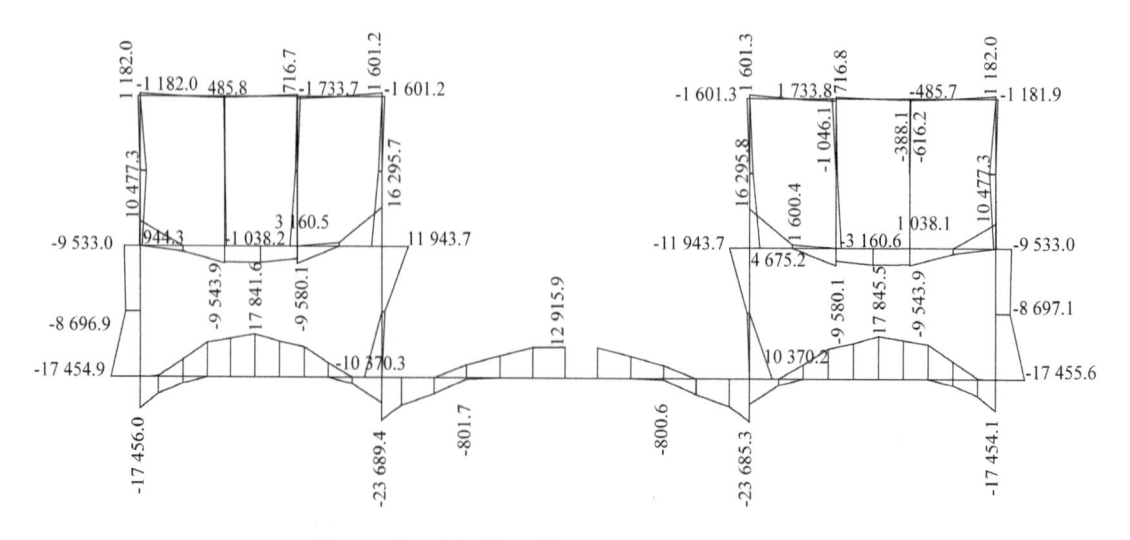

图 2-3-4 上闸首门前段弯矩包络图($B=7.9$ m)

表 2-3-3　门前段内力计算表

部位	底板底层	底板面层	墩墙（经削峰，按压弯计算）
弯矩 M(kN·m/m)	23 689.4/7.9＝2 998	17 841.6/7.9＝2 259	13 075.9/7.9＝1 655 轴力 N＝8 381/7.9＝1 061
配筋（mm²）	10Φ25(4 909)	10Φ25(4 909)	5Φ25(2 454)

2. 门库段（11.0 m）

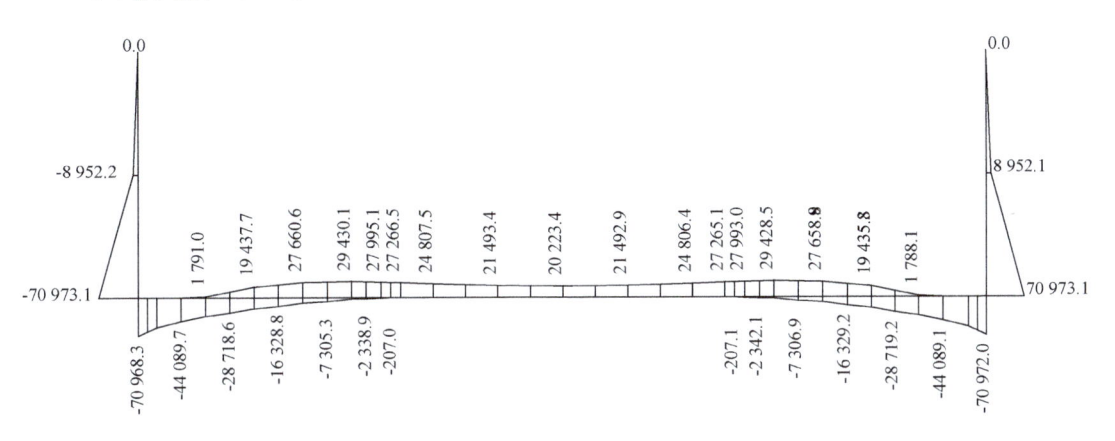

图 2-3-5　上闸首门库段弯矩包络图（B＝11.0 m）

表 2-3-4　门库段内力计算表

部位	底板底层（经削峰，按压弯计算）	底板面层	墩墙（经削峰，按压弯计算）
弯矩 M(kN·m/m)	M＝55 519/11＝5 047 轴力 N＝13 476/11＝1 225	29 430/11＝2 675	51 739.4/11＝4 704 轴力 N＝15 029/11＝1 366
配筋（mm²）	10Φ25(4 909)	15Φ25(7 363)	10Φ25(4 909)

3. 门后段（11.1 m）

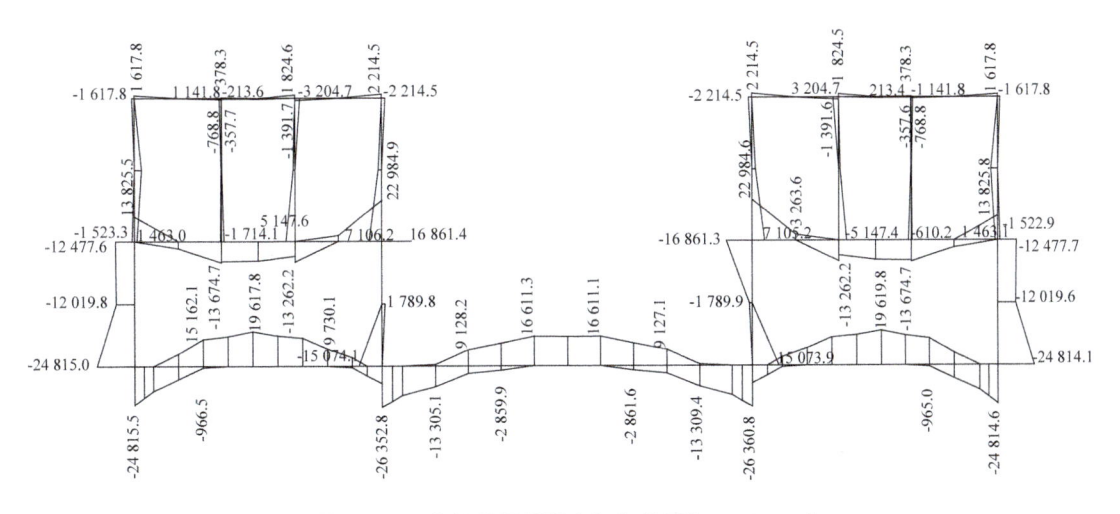

图 2-3-6　上闸首门后段弯矩包络图（B＝11.1 m）

表 2-3-5　门后段内力计算表

部位	底板底层	底板面层	墩墙（经削峰，按压弯计算）
弯矩 M(kN·m/m)	26 360/11.1=2 375	16 611/11.1=1 496	18 418/11.1=1 659 轴力 N=10 303/11.1=928
配筋(mm²)	10⌀25(4 909)	15⌀25(7 363)	5⌀25(2 454)

（二）下闸首结构设计

结构布置：下闸首为整体坞式结构，底板顺水流向长 30 m，宽度 53.8 m，底板门槛高程 −4.5 m，底板面高程 −5.0 m，底板底高程 −7.5 m，边墩顶高程 8.5 m，闸首两侧设机房控制楼，采用 φ100 cm 灌注桩基础。为防止闸首由于自身收缩不均或沉降不均可能产生的有害裂缝，在底板上设置宽缝。下闸首上设宽 2.9 m 钢结构人行便桥。工作闸门为钢质三角门，采用液压直推式启闭机启闭。输水系统采用短廊道集中输水，廊道闸室侧口门净宽 4.0 m，长江侧廊道进口宽度为 3.5 m。高度均为 3.5 m。阀门处尺寸为 3.5 m×3.5 m，阀门为钢质平板门，液压启闭机启闭。下闸首结构布置见图 2-3-7。

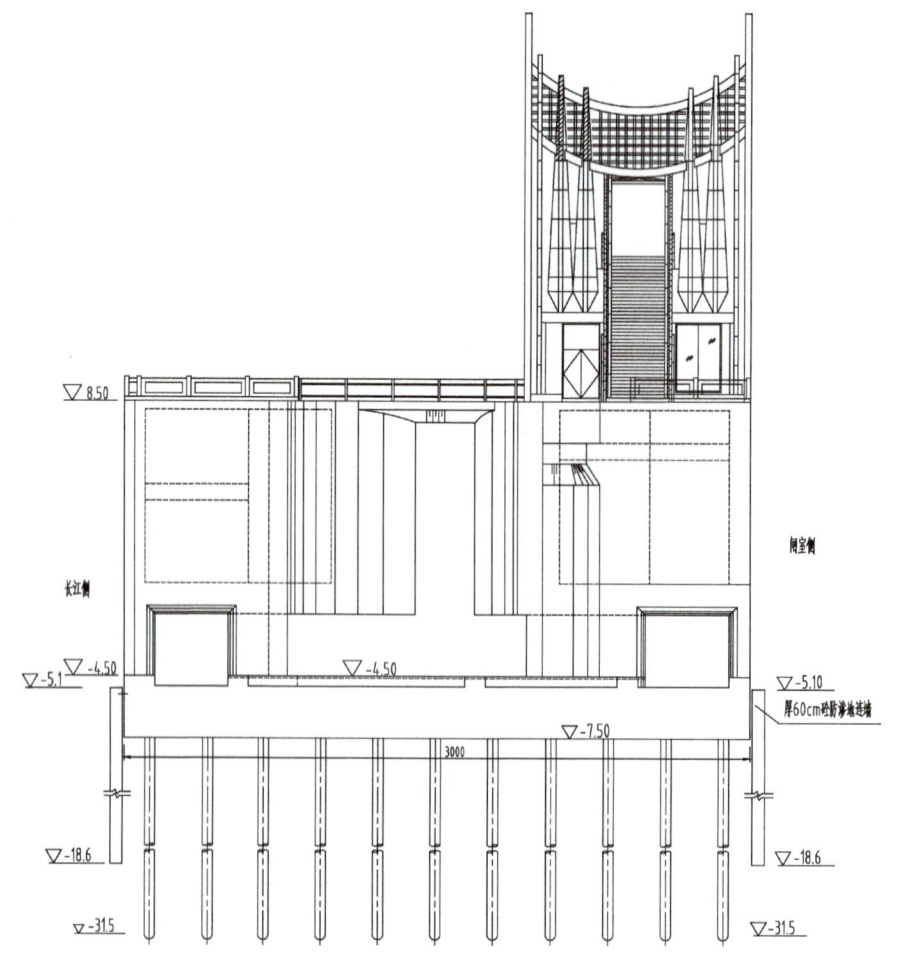

图 2-3-7　下闸首结构布置图

防渗设计:下闸首底板底高程为-7.5 m,基础坐落于②$_3^{上}$土层中,为重、中粉质壤土夹粉砂、沙壤土,渗透系数 $6.6×10^{-5}$ m/s。在闸室底板四周布置深 13.5 m,厚 60 cm 的地下连续墙防渗地连墙,兼作防止地基地震液化和基坑支护作用。下闸首防渗系统见图 2-3-8。

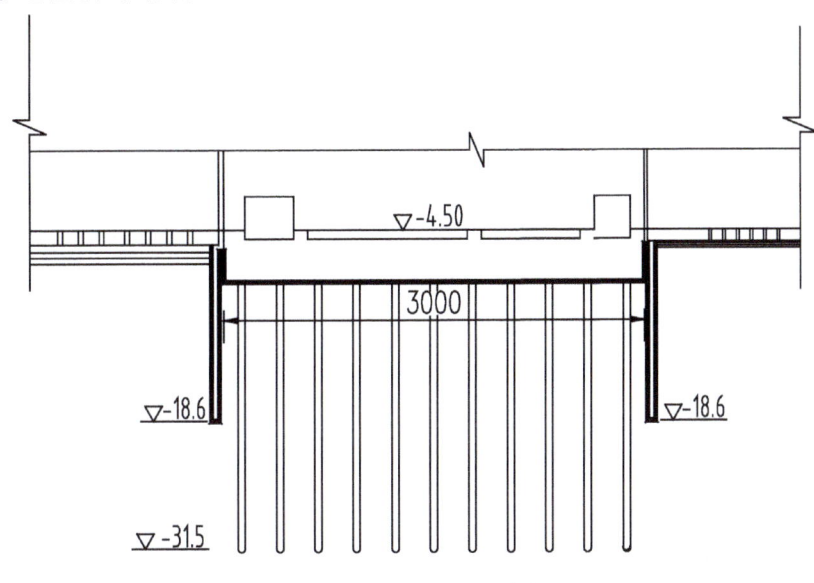

图 2-3-8　下闸首防渗系统布置图

下闸首基底防渗系统总长度 L=78.1 m,设计工况下最大水位差 ΔH=6.32 m(长江侧 6.82 m,闸室侧 0.5 m),检修期最大水位差 ΔH=7.81 m(长江侧 3.31 m,闸室侧-4.5 m),采用改进阻力系数法进行防渗稳定性复核,计算结果表明,闸首基底防渗长度满足要求。下游导航墙及闸室墙下均设有防渗地连墙,与下闸首底板下防渗地连墙形成交圈,侧向防渗设计是安全的。

稳定计算:根据下闸首的结构布置、水位组合及防渗系统的设计,下闸首稳定分析工况为底板封绞前、后的边墩,防洪设计、防洪校核、地震及检修等 6 种工况。下闸首底板底高程为-7.5 m,处于②$_3^{上}$层,轻粉质壤土上,地基允许承载力为 90 kPa,其下卧层②$_3^{下}$层、②$_4$层、②$_5$层的地基允许承载力分别为 160 kPa、90 kPa、200 kPa。在不考虑地基处理的情况下,各工况下闸首底板平均最大地基反力为封绞前闸首边墩底板为 183.4 kPa,封绞后上闸首底板为 147.6 kPa,且下闸首底板下有②$_4$层土为软弱下卧层,地基承载能力不能满足要求,需进行地基处理,其他稳定计算指标均满足要求。

基础处理:通过多方案地基处理形式比选,采用 φ100 cm 灌注桩地基处理方案。根据稳定计算分析成果,按单桩基础承载水平荷载和垂直荷载分别计算所需桩数,取其最大值,并结合桩位布置确定桩数,共需 209 根,沿底板顺水流方向布置 11 排、每排 19 根,设计灌注桩桩长为 23.5 m,桩底高程均为-31.5 m。

结构强度设计:闸首结构内力计算采用弹性地基梁法,选取了完建期、设计、校核、检修等工况,计算荷载有:结构自重、水重、扬压力、桩力、不平衡剪力、水压力、土压力等。计算选用结构内力分析软件(sgr4.0),分别选取完建期、设计工况、校核工况、检修工况等时期分门前段(7.9 m)、门库段(11.0 m)、门后段(11.1 m)进行内力计算。

因闸首底板下为钻孔灌注桩基础,计算时将桩简化为弹性约束,桩的刚性系数 $K=T_C Q_{au}$(T_C 取 145,Q_{au} 为单桩垂直极限承载力),则弹性约束的弹性系数 $k_0=1/K$。

各分部计算成果详见图 2-3-9～图 2-3-11 和表 2-3-6～表 2-3-8。

1. 门前段(7.9 m)

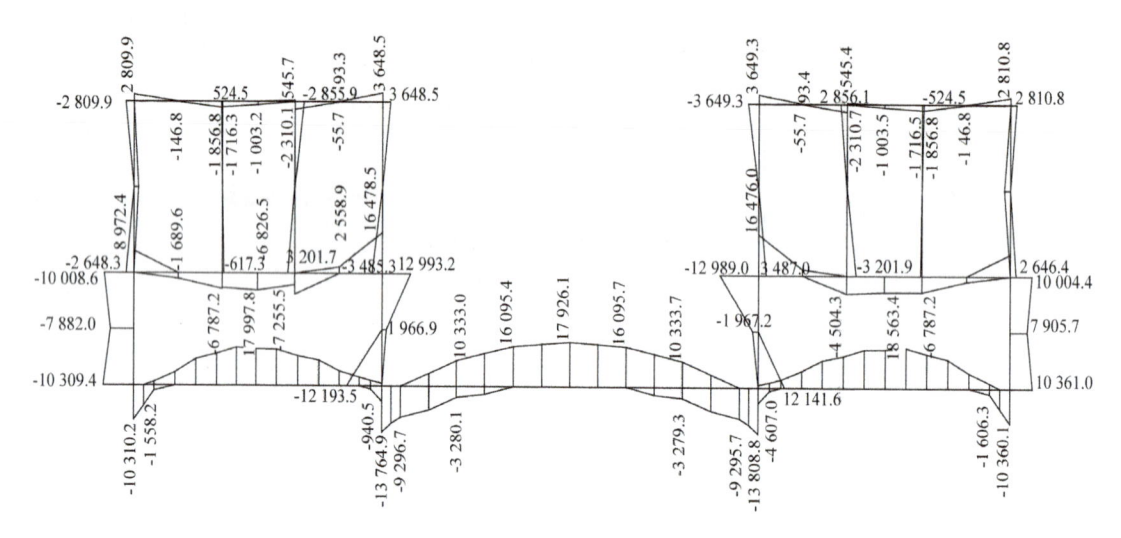

图 2-3-9 下闸首门前段弯矩包络图($B=7.9$ m)

表 2-3-6 门前段内力计算表

部位	底板底层	底板面层	墩墙(经削峰,按压弯计算)
弯矩 M(kN·m/m)	13 808.8/7.9=1 748	17 926/7.9=2 269	9 096/7.9=1 151 轴力 N=7 084/7.9=896
配筋(mm^2)	10⌀25(4 909)	10⌀25(4 909)	5⌀25(2 454)

2. 门库段(11.0 m)

图 2-3-10 下闸首门库段弯矩包络图($B=11.0$ m)

表 2-3-7　门库段内力计算表

部位	底板底层(经削峰,按压弯计算)	底板面层	墩墙(经削峰,按压弯计算)
弯矩 M(kN·m/m)	M=44 155.8/11=4 014 轴力 N=13 360/11=1 215	42 472/11=3 861	48 096/11=4 372 轴力 N=17 756/11=1 614
配筋(mm²)	10⏀25(4 909)	15⏀25(7 363)	10⏀25(4 909)

3. 门后段(11.1 m)

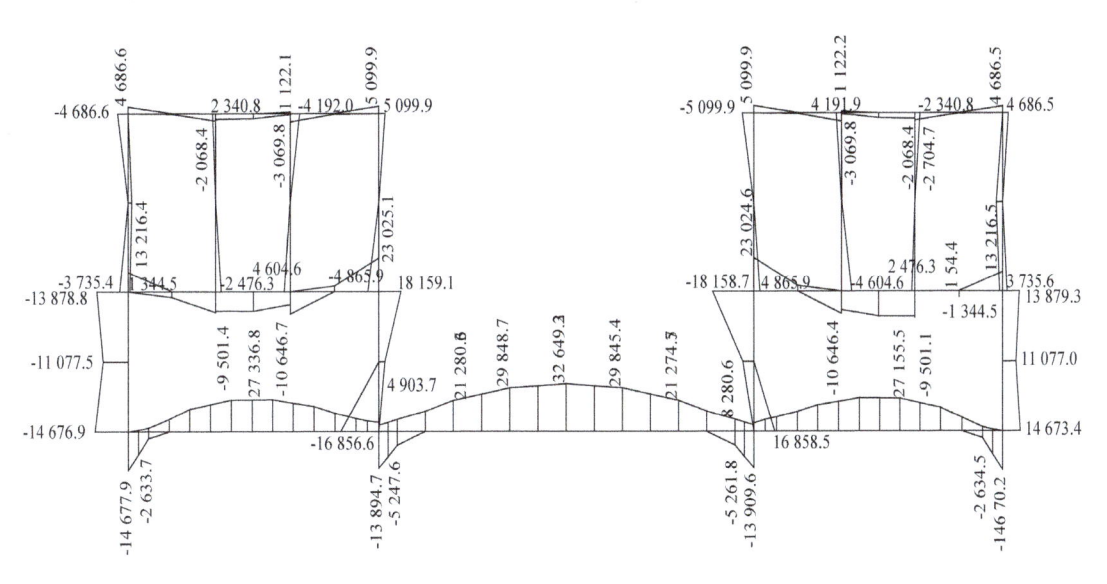

图 2-3-11　下闸首门后段弯矩包络图(B=11.1 m)

表 2-3-8　门后段内力计算表

部位	底板底层	底板面层	墩墙(经削峰,按压弯计算)
弯矩 M(kN·m/m)	14 677.9/11.1=1 322	32 649/11.1=2 941	14 677/11.1=1 322 轴力 N=9 349.8/11.1=842
配筋(mm²)	10⏀25(4 909)	15⏀25(7 363)	5⏀25(2 454)

(三)闸室结构设计

结构布置:闸室采用分离式结构,全长 230 m,分为 12 节,在靠近上下游闸首处镇静段内各设 18 m 长混凝土护坦。闸室边墙为灌注桩拉锚连续墙结构,底高程-15.0 m,墙厚 0.8 m,顶部现浇厚 1.2 m 的钢筋混凝土闸墙,闸墙顶部高程 6.0 m。上设挡浪板,顶高程 7.2 m。墙后填土高程 6.0 m。锚碇灌注桩 ⏀1.2 m,闸室两侧各 3 排,桩底高程-12.9 m,桩顶高程 1.9 m,桩顶设宽 9.8 m,厚 1.2 m 的承台。锚杆直径 7.0 cm。闸室墙每分段设 150 kN 浮式系船柱一组,闸室两侧共 24 组。闸室地连墙临水面在底板面以上设 30 cm 厚的混凝土贴面。

闸室底板为少筋混凝土透水底板,中间设钢筋混凝土纵、横梁兼做格埂,少筋混凝土面高程为－4.5 m。厚30 cm，混凝土纵梁断面为60 cm×120 cm，横梁断面为100 cm×120 cm，横梁兼作对顶撑梁。闸室墙后设排水管，为了降低检修期墙后地下水位，在闸室段墙后设置排水降压井，每侧8口，计16口，检修期间控制墙后地下水位不高于－1.0 m。闸室内设8口排水降压井，在闸室抽干检修时，控制闸室底板承压水水位为－4.5 m。

闸室防渗布置：闸室边墙为拉锚连续墙结构，底板为钢筋混凝土梁格内填30 cm厚的少筋混凝土，面高程－4.5 m，基础坐落于②$_1$土层中，为重、中粉质壤土夹粉砂、沙壤土，渗透系数$6.6×10^{-5}$ m/s。地下连续墙起防渗作用，底高程－15.0 m。闸室防渗稳定性控制工况是施工期及检修期。

闸室施工期，渗流稳定水位组合按闸室开挖水位－5.5 m，一线船闸侧闸室水位取最高通航水位5.48 m计算，水位差为10.98 m。闸室施工期防渗系统布置见图2-3-12。

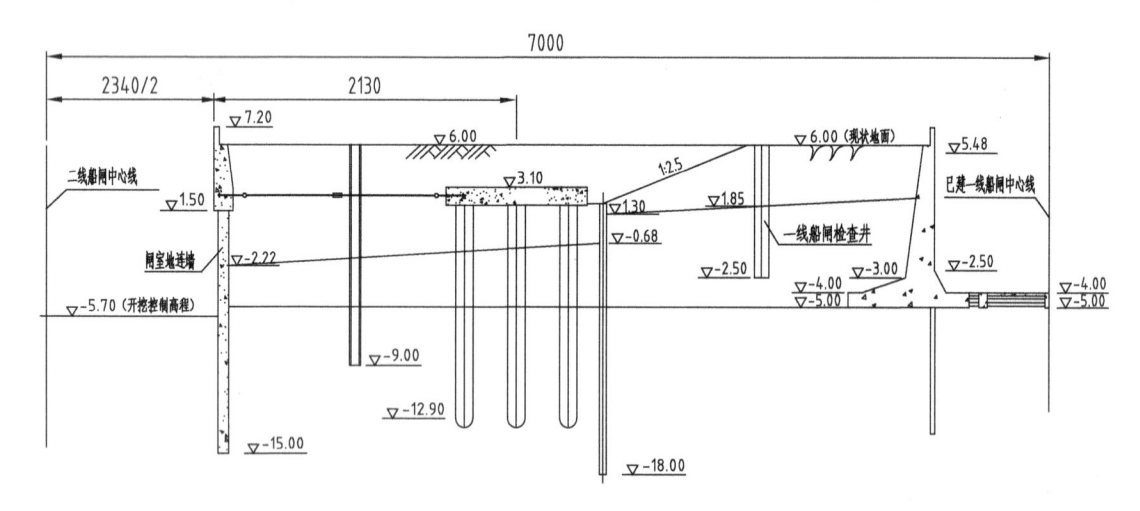

图 2-3-12　闸室施工期防渗系统布置图

闸室检修期，渗流稳定水位组合按闸室水位－4.5 m，墙后水位2.5 m计算，水位差为7.0 m。闸室墙后水位通过距闸室墙后10 m的排水检修井抽水来进行控制。闸室检修期防渗系统布置见图2-3-13。

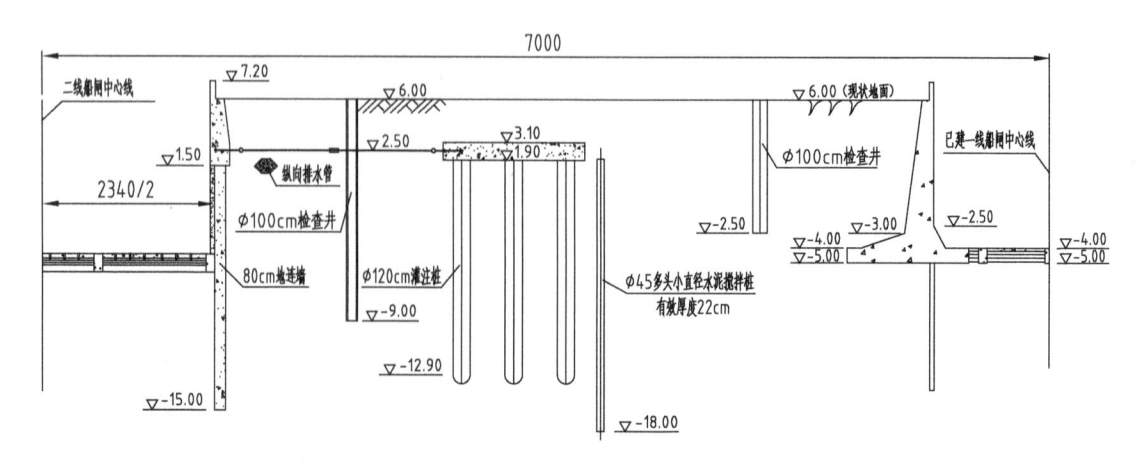

图 2-3-13　闸室检修期防渗系统布置图

采用改阻法进行渗流稳定计算,计算结果闸室渗流稳定在施工期、检修期工况下,渗流稳定均满足规范要求。

闸室整体稳定:闸室墙整体稳定分析采用瑞典圆弧法,由于二线船闸上、下闸首处地质条件相差较大,下闸首处土质指标较差,取靠近下闸首处闸室东侧土层的固结块剪指标,闸室稳定计算按完建期、高水位、正常水位、低水位、检修期、地震期等 6 种工况,进行计算,各种工况稳定计算指标均满足要求。

结构强度:地连墙墙后在高程 3.0 m 以下均为原状土,回填土层可以通过控制回填速率来满足土的固结要求,因此墙后土土质指标采用勘探报告提供的各土层的固结快剪指标。

闸室地连墙结构选用结构内力分析软件(sgr4.0),分施工期和运用期两种模型,施工期模型主要用于自闸室开挖至底板浇筑时结构内力计算和强度复核,其结构形式为单锚地连墙结构;运用期模型主要用于闸室底板浇筑后及投入运行后的结构内力计算和强度复核,由于闸室底板的顶撑作用,其结构模型为顶撑式拉锚地连墙结构。闸室底板的顶撑作用可按弹性杆件考虑。

模型结构的计算宽度取单位宽度 1.0 m。拉杆及锚碇桩呈分离式间隔布置,需换算成单位宽度下的等效截面尺寸,拉杆为正截面受拉构件,可按等截面进行换算;锚碇桩则为弯压构件,可按等刚度进行换算。

弹性杆弹性系数由水平地基反力系数×杆间距确定。模拟弹性杆间距为 1.0 m,地下连续墙地基水平抗力系数随深度增加的比例系数 $m=2\,000$。灌注桩取 $m=8\,000$。

施工期:墙前需降水至 −5.50 m 以下,计算取墙前、墙后水位差为 1.5 m,即控制墙后水位为 −4.0 m。施工期闸室墙结构主要受土压力作用,由于闸室底板浇筑前闸室墙墙后不允许填土,故施工期土压力高程为 2.5 m(闸墙施工开挖面高程)。入土段墙后的主动土压力考虑由计算水底以上地面荷载加土体重产生的土压力。

闸室施工期弯矩如图 2-3-14。

施工期地连墙最大弯矩标准值为 515.3 kN·m/m;

施工期灌注桩最大弯矩标准值为 89.1 kN·m/m;

施工期拉杆最大拉力标准值为 $N=112.7$ kN/m。

运用期:闸室底板底高程为 −4.50 m,运用期闸室墙后填土至高程 6.0 m,以检修期为控制工况进行计算,检修期墙后水位为 2.5 m。由于闸室两侧地连墙运用期有闸室底板的支撑作用,其内力根据闸室底板形成顶撑作用前后的两个阶段,按不同计算模型及其相应荷载进行计算,而后按各阶段的内力叠加。前阶段为施工期荷载,后阶段为运用期荷载增量,叠加后为运用期的结果。

在闸室的运用期各种工况中,船闸检修期为墙前无水,是最危险工况,故选择检修期计算运用期闸室地连墙内力。检修期弯矩图见图 2-3-15。

检修期地连墙最大弯矩标准值为 −627.3 kN·m/m;

检修期灌注桩最大弯矩标准值为 139.7 kN·m/m;

检修期拉杆最大拉力标准值为 $N=178.6$ kN/m。

闸室地连墙最终弯矩为施工期与检修期弯矩叠加值,见图 2-3-16;闸室结构内力及配筋计算见表 2-3-9。

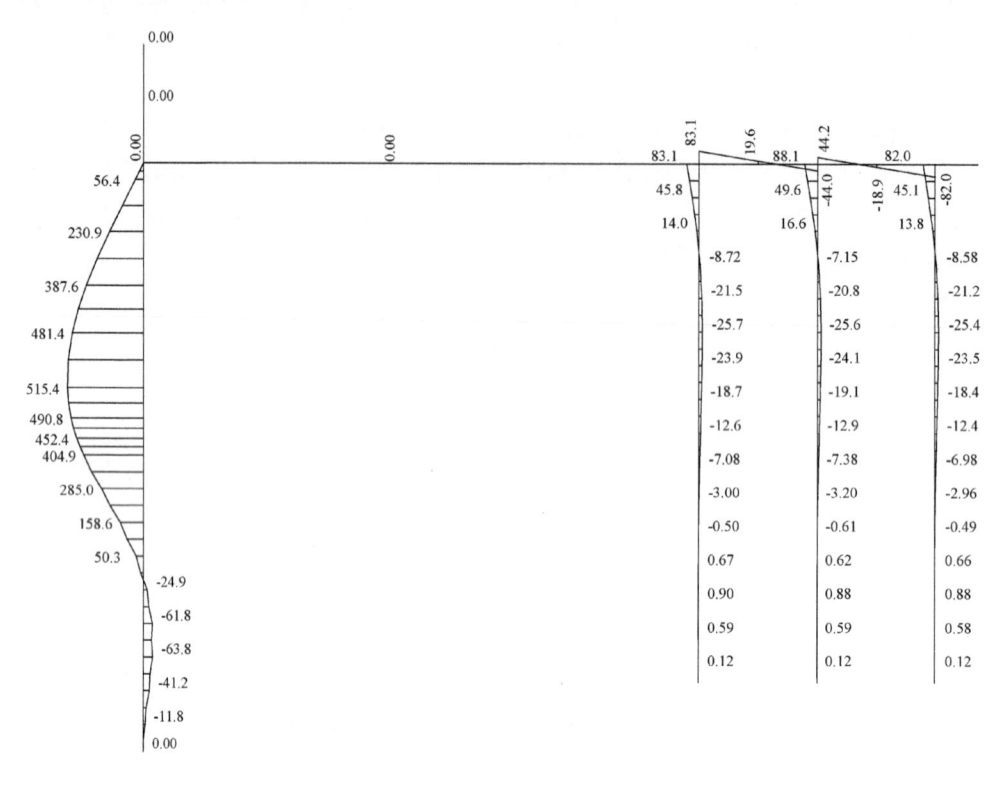

图 2-3-14　闸室施工期弯矩包络图

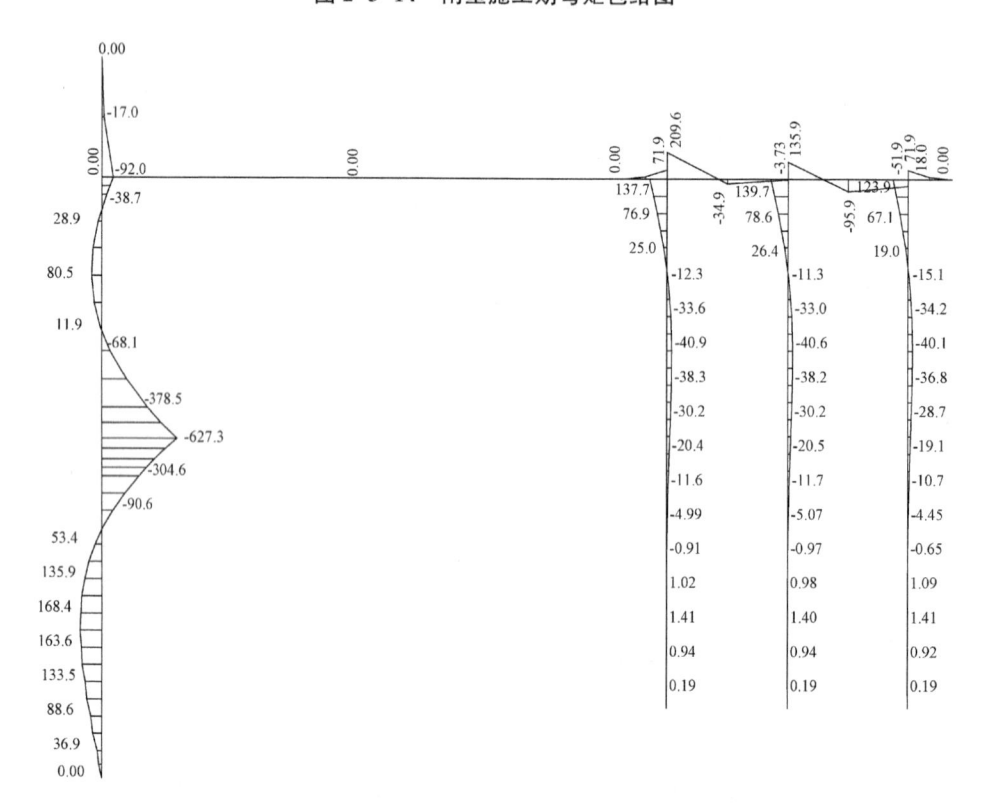

图 2-3-15　检修期弯矩图

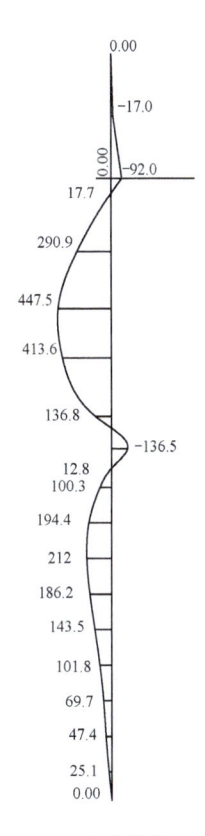

图 2-3-16　地连墙弯矩包络图

表 2-3-9　闸室结构内力及配筋计算表

工况	水位		锚杆拉力	墙身最大弯矩标准值	灌注桩最大弯矩标准值
	闸室侧	闸室外侧	(kN/m)	(kN·m/m)	(kN·m)
施工期	−5.7	−4.2	112.7	515.3	89.1
检修期	−5.1	2.0	178.6	−627.3	139.7
叠加后			291.3	447.5	227.8
配筋(mm²)	须配		2 877.2 mm²		4 523.9 mm²
	实配		3 142 mm²(Φ20@10)		6 282 mm²(20Φ20)

锚杆选用：经计算，锚杆直径为 70 mm，采用 Q345 低合金钢。

（四）上下游导航墙结构设计

导航墙布置：上下游导航墙均采用直线段与圆弧段相结合的对称布置形式，有效长度均为 70 m。下游东、西侧导航墙和上游东侧导航墙采用灌注桩拉锚地连墙结构，上下游东侧导航墙与一线船闸上下游西侧导航墙相连接。上游西侧导航墙为钢筋混凝土扶壁结构，上游导航墙顶高程 4.0 m，下游导航墙顶高程 6.0 m。根据工程布置，一、二线船闸为上下游共同引航道的双线船闸，两船闸内侧导航墙需连接，并需对原一线船闸的导航墙进行加固。

1. 上游东侧导航墙

结构设计：上游东侧导航墙限于场地条件，采用拉锚地连墙结构，墙身厚 80 cm，与一线船闸导航墙末端连接采用 6 根灌注桩排桩相接，桩顶与一线船闸导航墙加固空箱固结。上游东侧导航墙墙前泥面高程 -4.0，墙后地面高程 4.0 m，锚杆高程 2.0 m，采用两排 ϕ80 cm 灌注桩进行锚碇（近闸首部位采用灌注桩与地连墙整体钢筋混凝土卸荷板组合结构）（结构见图 2-3-17）。导航墙边坡稳定分析采用瑞典圆弧法，土质指标取固结块剪指标，计算结果，满足整体稳定要求。

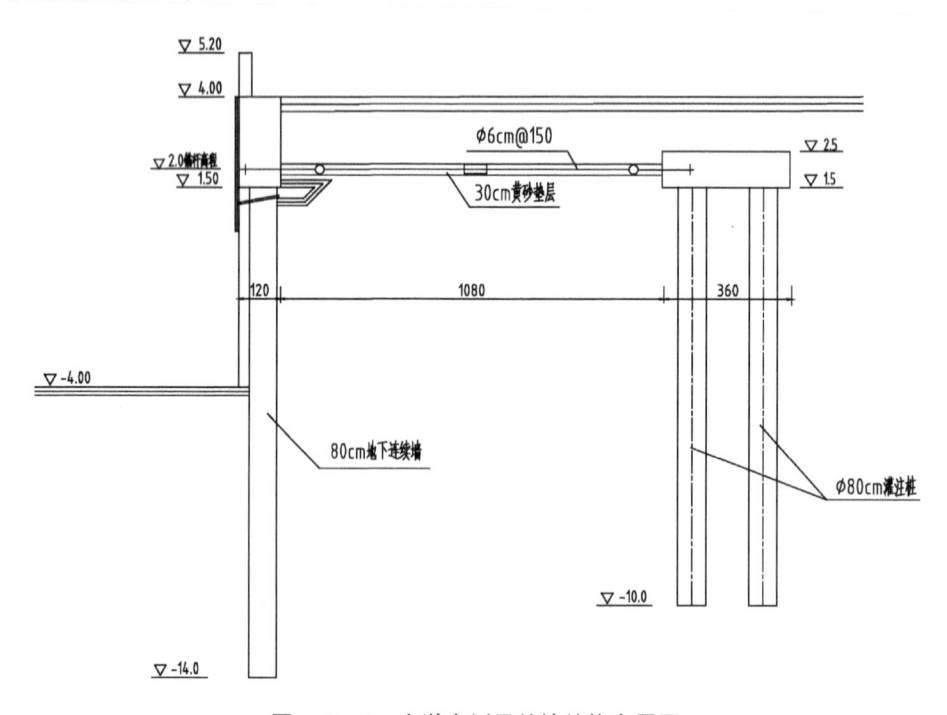

图 2-3-17　上游东侧导航墙结构布置图

2. 上游西侧导航墙

稳定计算：上游西侧导航墙采用钢筋混凝土扶壁结构，墙后填土高程为 4.0 m（结构见图 2-3-18）。为了与上闸首防渗体系交圈，第一至五节导航墙下设厚 30 cm、深 6.8 m 的素混凝土防渗地连墙。上游西侧导航墙底板底面高程为 -5.1 m，坐落于 ②$\frac{1}{3}$ 灰色重、中粉质沙壤土中，地基允许承载力 90 kPa。稳定计算结果表明，地基承载力不能满足要求，其他稳定指标满足要求，采用 ϕ60 cm 灌注桩进行加固处理，桩距以 1.5 m×1.6 m，桩长 10.8 m。

3. 下游东侧导航墙

下游东侧导航墙布置：下游东侧导航墙分为两部分。近闸首部分（结构见图 2-3-19）采用灌注桩与地连墙钢筋混凝土整体卸荷板组合结构，卸荷板双向受力，顶高程为 3.5 m，底高程为 -18.1 m，地连墙厚 80 cm。远闸首部分施工场地较为狭窄，且部分在水上施工，采用单排灌注桩排桩围封结构，灌注桩桩径 ϕ80 cm，灌注桩中心线间距 0.9 m，灌注桩桩顶高程 2.5 m，底高程 -15.0 m，灌注桩成排后，排桩后填土并在其接缝部位采用高压旋喷。旋喷顶高程 2.5 m，底高程 -15.0 m。灌注桩顶部设空箱，空箱顶部填土高程 7.0 m（结构见图 2-3-20）。

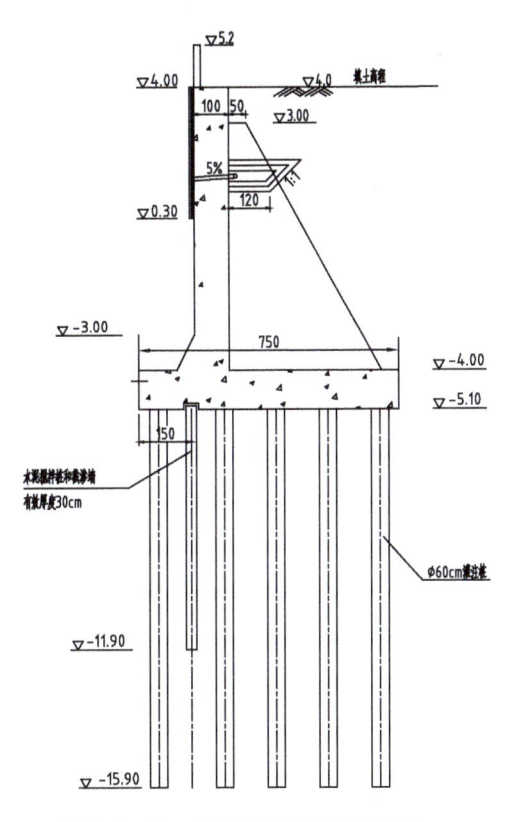

图 2-3-18　上游西侧导航墙结构图

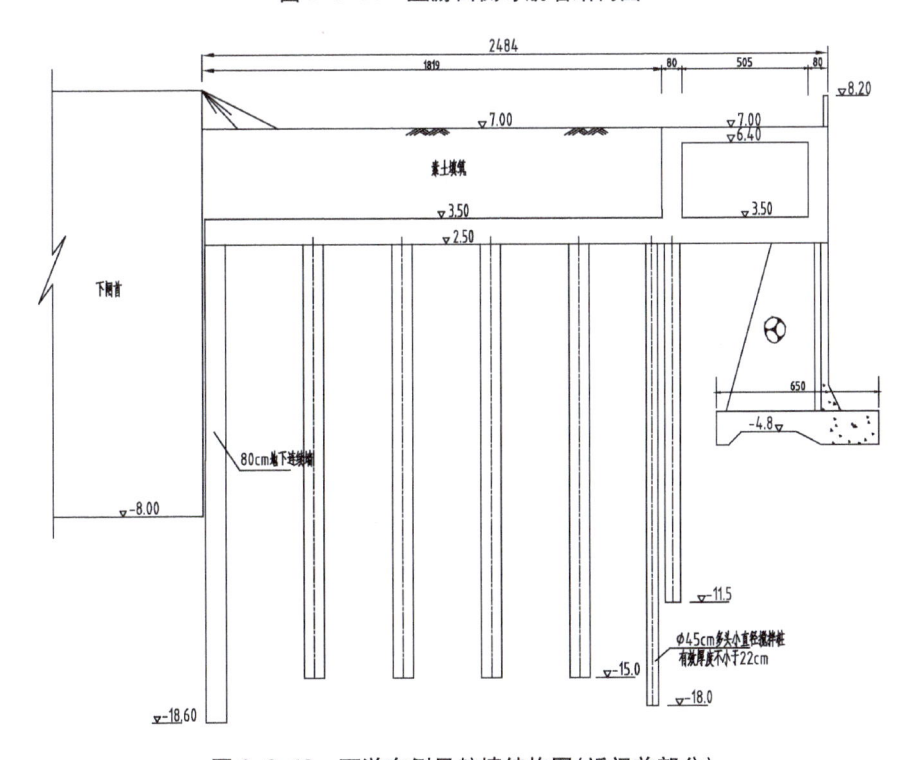

图 2-3-19　下游东侧导航墙结构图（近闸首部分）

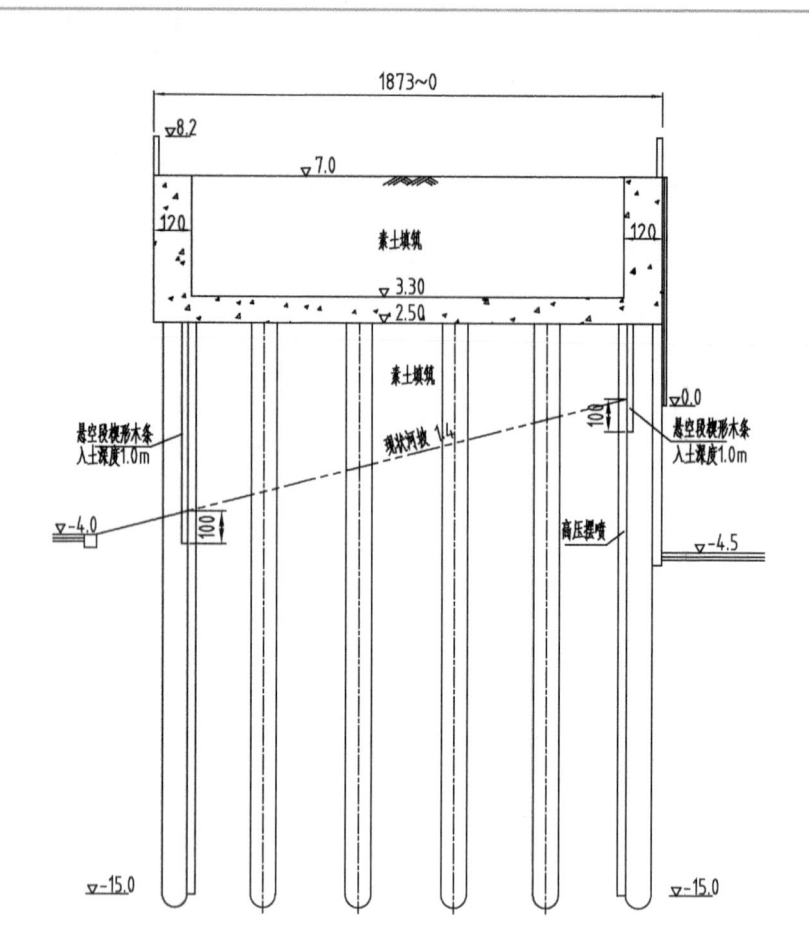

图 2-3-20　下游东侧导航墙结构图(远闸首部分)

4. 下游西侧导航墙

下游西侧导航墙布置：下游西侧导航墙采用灌注桩拉锚地连墙结构,地连墙厚 80 cm,地连墙底高程－15.0 m,锚碇结构为双排 φ120 cm 灌注桩,间距 3.6 m,顶高程 2.7 m,底高程－12.3 m。墙前泥面高程－4.5 m,墙后地面高程 6.0 m。锚杆中心高程 3.3 m,直径 65 mm,间距 1.5 m。

(五)上下游靠船设施设计

在上游引航道西侧导航墙以外 280 m 范围内布置 14 只靠船墩,中心间距 20 m,分为甲、乙两种形式。甲种为曲线型大靠船墩,安置首端;乙种为直线型。墩身采用混凝土重力式结构,甲、乙种靠船墩混凝土底板尺寸分别为 5.0 m×5.9 m,6.3 m×14.5 m。墩顶设预应力空心板梁人行便桥,并与导航墙顶相连接。甲、乙种靠船墩采用 φ60 cm 灌注桩处理,甲种靠船墩桩距为 2.0 m×2.0 m,桩底高程为－15.0 m;乙种靠船墩桩距为 1.5 m×1.8 m,桩底高程亦为－15.0 m。

下游靠船设施利用引航道西侧护岸地连墙结构,在地连墙结构上安装系船柱(钩),供待闸船只停泊。

(六)上下游引航道设计

根据工程的总体布置及现状的地形条件,上下游引航道布置底宽均为 60.5 m,与一线船闸河底相连,一、二线船闸上下游引航道总底宽均为121.5 m。上游引航道底高程为-3.5 m,高程-3.5 m至平台4.0 m之间边坡为1:4,高程4.0 m至弃土高程8.5 m之间边坡为1:2,引航道中心线拐弯半径均为650 m。上游引航道总长1 479 m与主航道连接。

下游引航道河底高程为-4.0 m,平台高程6.0 m,堤顶高程9.0 m。高程-4.5～6.0 m为直立式拉锚地连墙,墙顶高程6.0 m,挡浪板顶高程7.2 m,高程6.0～9.0 m边坡为1:2。引航道中心线总长1 233 m,以直线形式同长江相连。

(七)下游引航道地连墙护岸设计

护岸布置:下游引航道西侧护岸采用灌注桩拉锚地连墙结构(结构见图2-3-21),护岸与主江堤交圈。高程-4.5～6.0 m的护岸采用灌注桩拉锚地连墙结构,墙身厚60 cm,地连墙底高程-15.0 m,锚碇结构为双排φ120 cm灌注桩,间距3.6 m,顶高程2.7 m,底高程-12.3 m。锚杆中心高程3.3 m,直径60(65)mm,Q345钢拉杆,间距1.5 m。高程6.0～8.0 m边坡为1:2采用草皮护坡。

护岸整体稳定:下游直立墙护岸边坡稳定分析采用瑞典圆弧法,土质指标取用土层固结块剪指标,按完建期、最高、最低、正常通航水位及地震期等5种工况,计算结果整体稳定满足要求。

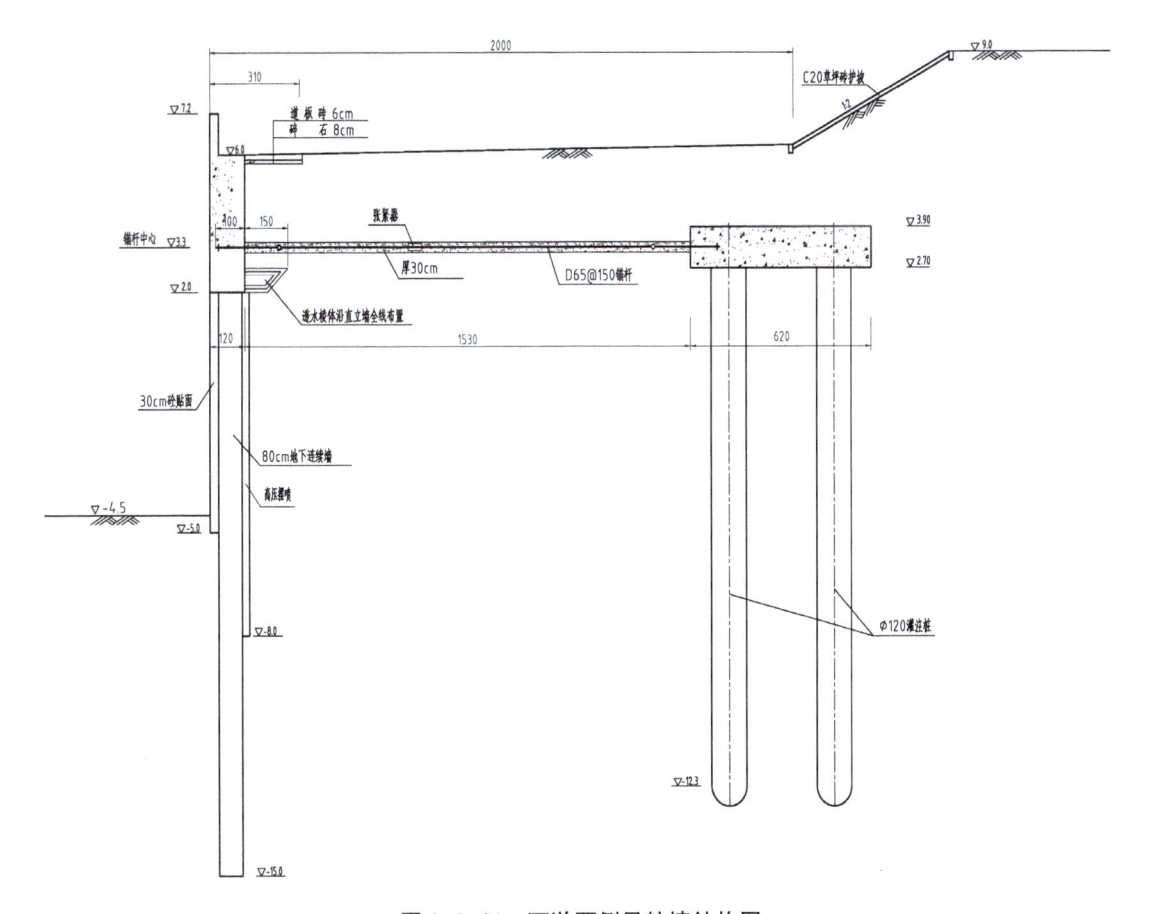

图2-3-21 下游西侧导航墙结构图

四、一线船闸导航墙加固

（一）一线船闸上游西侧导航墙加固

一线船闸上游导航墙墙后填土高程原设计由 4.0 m 过渡到 0.5 m，而二线船闸实施后上游东侧导航墙与一线船闸上游西侧导航墙交圈，墙后填土高程统一抬高至 4.0 m，需进行加固。原一线船闸上游西侧共 5 节导航墙，均为浆砌块石重力或半重力式结构，前 5 节翼墙下地基处理方式为地连墙防渗及搅拌桩处理。与二线船闸上游东侧导航墙交圈后，第一节导航墙没有改变其受力状况，无须进行加固。而第二节导航墙墙后填土为斜坡，其受力状况改变较小，第二节导航墙墙后回填土范围采用水泥搅拌桩加固，以提高墙后土体的物理力学指标，减小土压力。第三、四、五节导航墙其墙后填土从高程 0.5 m 抬至 4.0 m，受力状况改变较大，需进行加固。采用在原有翼墙顶部增设空箱减载的方案，空箱底部高程为 0.5 m，与原设计地面一致，空箱顶高程为 4.0 m。加固后填土高程 0.5 m 以上部分土压力由空箱承担，而空箱下采用 ϕ60 cm 灌注桩基础，空箱的受力通过桩基传入土中，不会产生超载而增加墙后土压力，从而保证了原翼墙稳定安全。上游西侧第三、四、五导航墙加固结构见图 2-3-22。

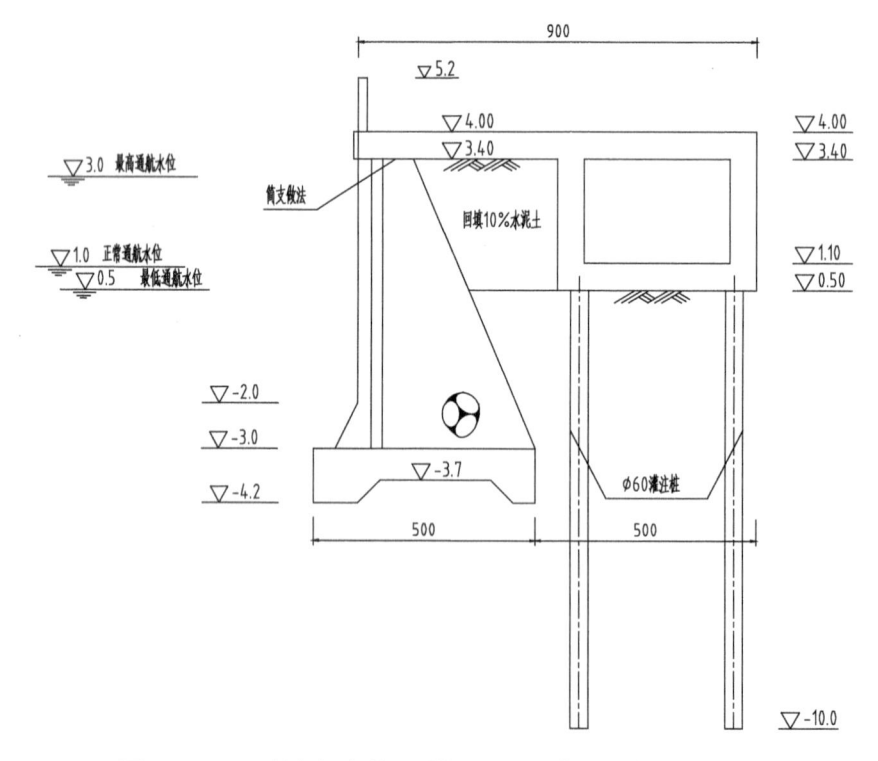

图 2-3-22 一线船闸上游西侧第三、四、五节导航墙加固结构图

（二）一线船闸下游西侧导航墙加固

一线船闸下游西侧导航墙墙后填土高程原设计由 4.0 m 过渡到 0.5 m，二线船闸实施后下游东侧导航墙与一线船闸下游西侧导航墙交圈，墙后填土高程调整为 8.5～6.0 m，其墙后受力状况改变较大，原一线船闸下游西侧导航墙不满足稳定要求，必须进行加固。

原一线下游西侧共 5 节导航墙,均为浆砌块石重力式结构,前 4 节翼墙基础处理采用了地连墙防渗及搅拌桩处理。加固方式基本与原一线船闸上游西侧导航墙相同,采用在原有翼墙顶部增设空箱减载的方案,一线船闸下游西侧第一、二、三节导航墙加固见图 2-3-23,第四节导航墙加固见图 2-3-24。

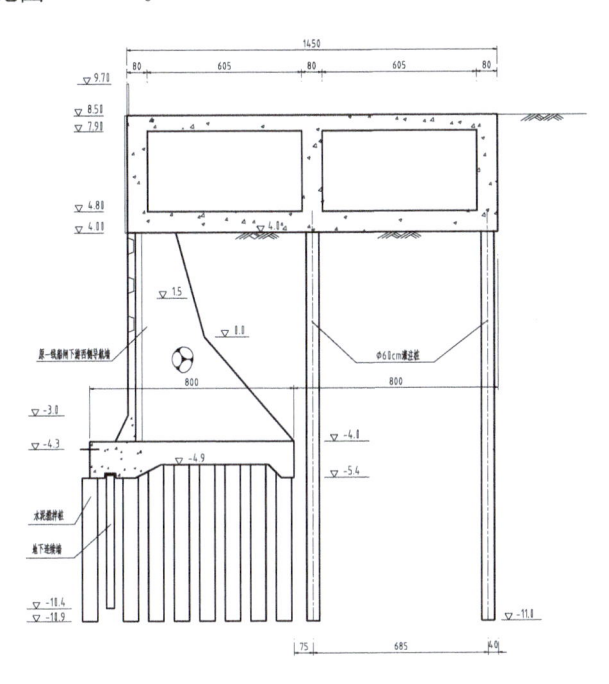

图 2-3-23　一线船闸下游西侧第一、二、三节导航墙加固图

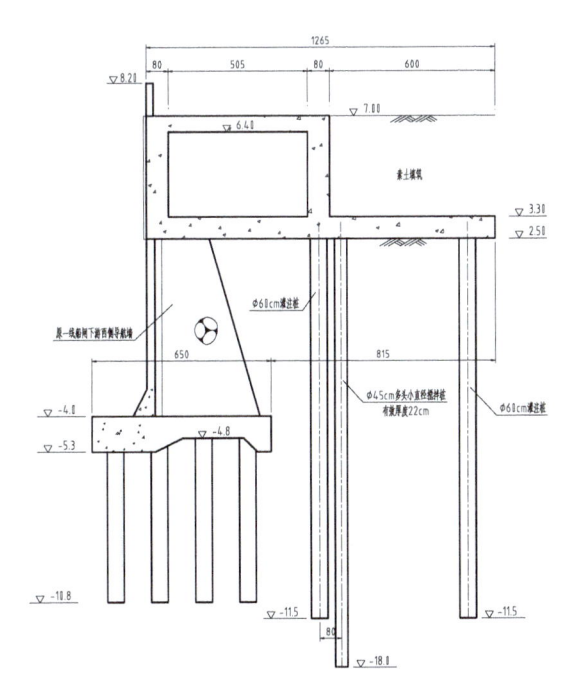

图 2-3-24　一线船闸下游西侧第四节导航墙加固图

五、金属结构设计

(一) 金属结构布置

船闸上、下闸首工作闸门选用双扇对开三角门型,使船闸能够在合适的条件下开通闸。上闸首闸门门顶高程6.7 m,闸门门槛面高程−4.0 m,闸门高度为10.7 m;下闸首闸门门顶高程8.2 m,闸门门槛面高程−4.5 m,闸门高度为12.7 m。输水采用集中短廊道对冲消能输水,阀门采用平面直升定轮钢闸门,上、下闸首左右廊道共布置4扇输水阀门,上闸首廊道底高程为−5.6 m,廊道顶高程为−2.1 m,净高3.5 m,廊道孔口净宽3.5 m。下闸首廊道底高程为−5.0 m,廊道顶高程为−1.5 m,净高3.5 m,廊道孔口净宽3.5 m。

船闸闸、阀门启闭机采用直推式液压机型,闸门启闭机布置在闸首边墩的空箱内,阀门启闭机布置阀门井上方。每个闸首设2个泵站,每侧的闸门和阀门启闭机共用1台泵站控制系统。三角门选用QRWY-300 kN-4.6 m液压启闭机。上闸首启闭机油缸中心高程6.0 m,下闸首启闭机油缸中心高程7.5 m。阀门启闭机选用QRWY-200 kN-4.0 m液压启闭机。上闸首启闭机油缸安装平台高程7.2 m,下闸首启闭机油缸安装平台高程8.5 m。

为便于船闸检修维护,上、下闸首外口均布置开敞式检修门槽,船闸大修时,采用检修门挡水。

二线船闸是承受双向水头的通航建筑物。二线船闸的闸、阀门设计水位组合见表2-3-10。

表2-3-10 船闸闸、阀门特征水位与设计水位组合表

工况		水位组合(m)		水头(m)	备注
		上游	下游		
特征水位	最高水位	3.0	6.82		
	最高通航水位	3.0	5.48		
	最低通航水位	0.5	−0.5		
上游闸、阀门	正向设计	1.0	−0.5	1.5	
	正向校核	3.0	−0.5	3.5	
	反向设计	1.0	5.48	4.48	
	检修	2.0	闸室抽干检修	7.6	阀门底槛高程−5.6
下游闸、阀门	正向设计	1.0	6.41	5.41	
	正向校核	0.5	6.82	6.32	
	反向设计	1.0	−0.5	1.5	
	反向校核	3.0	−0.5	3.5	
	检修	闸室抽干检修	3.31	8.31	阀门底槛高程−5.0

(二) 三角门结构设计

船闸工作闸门采用双扇对开三角门,闸门由门体结构、支承系统、止水系统、润滑系统、

防护系统等几大部分组成。门体结构采用空间钢网架结构,主要包括有面板系、顶、底片钢架,自重钢架,空间联系钢架,端柱,浮箱,防撞结构和工作便桥等几部分。支承系统采用上、下两支承静定结构,闸门的水平力由上下拉杆承受。垂直力（闸门自重）及闸门上的动荷载由底枢蘑菇头承受,上支承采用花篮螺母拉杆,便于安装调试,下支承采用楔块式拉压杆以减小拉压杆的长细比和提高杆件的承压能力。轴套采用新型复合材料以提高轴套的承载力和使用寿命,闸门侧止水及底止水采用橡塑复合止水橡皮以加强止水橡皮的强度和耐磨性,中缝止水采用尼龙承压条兼止水。为减轻闸门自重的影响,上下闸首闸门在常水位以下设置浮箱增加浮力。为防止船舶对闸门的碰撞,在闸门迎水面设置防护板。为延长闸门使用寿命,改善运转件的润滑条件,设置集中润滑系统,每扇闸门设1台润滑泵分别对顶、底枢等部位进行定时供油润滑。

1. 门体结构

门体结构包括面板系、顶底片桁架,自重钢架,空间联系钢架,端柱,浮箱和工作桥等几部分组成。面板系采用多主梁式弧形结构,纵向布置有纵隔板和纵向"T"型次梁,水平向在主横梁之间布置有横向"T"型次梁,用以增强面板的刚度。各钢架部分采用空间网架结构,杆件采用无缝钢管,部分节点采用空心焊接球节点。端柱承受闸门自重并将网架传来的水压力传递给支承结构。通过端柱将上、下几榀水平网架连接在一起,使闸门形成整体。由于门体结构的重心位置远离支承中心,而对于面板,对顶、底枢的受力不利,因此在面板附近设浮箱,可有效地减少门体面板系在水中的下垂量,减少顶枢拉杆在运行过程的拉力。

2. 止水布置

三角门止水共包括3部分,分别采用3种结构形式。三角门底止水采用双向止水,安装双"L"型止水橡皮,能够适应三角门头部面板系的下垂量；侧止水采用双向止水,在边羊角安装V4型橡皮,采用贴靠式止水结构；中间羊角设门缝止水兼作门缝支承。

3. 支承系统

对应于三角门上、下两片水平桁架位置的端柱布置上下拉杆,拉杆夹角60°,端柱底部布置底枢,底枢采用蘑菇头支承。

三角门上支承顶枢采用花篮螺母结构,便于安装调整,为防止螺母拉杆松动,在拉杆两端设锁紧螺母,在锁紧螺母外侧增加夹卡,保证拉杆螺母可靠锁紧。拉杆与花篮螺母采用"T"型螺纹以增强传力能力。下支承底枢考虑到支承受力较大,且在水下调整较难,采用整体式结构配楔形块微调,减短拉杆的长度,以达到减少拉杆的长细比,提高抗压承载能力,而且能防止底枢拉杆的松动。考虑到工作环境的影响,底枢与顶枢均处于室外,特别是底枢长期处于水下,要求具有较高的承载能力,顶枢、底枢的轴套采用具有较高承载能力的自润滑复合材料。

4. 防护系统

三角门考虑动水启闭,船舶可在一定的水流速度下航行,易碰到闸门迎水面的拉杆,因此在闸首墙迎水面布置安装防撞护板。

5. 工作便桥

为方便三角门在关闭时过闸行走,在门顶设工作便桥,由旋转中心至面板系中心再分向两羊角,连接闸首两侧,工作便桥宽 1.0 m。

6. 闸门结构布置

船闸闸室口门净宽 23.0 m,上闸首闸墩顶高程 7.20 m,底板面顶高程－5.60 m,底槛顶高程－4.00 m;下闸首闸墩顶高程 8.50 m,底板面高程－5.00 m,底槛顶高程－4.50 m。上闸首门顶高程 6.70 m,门底高程－3.90 m;底枢安装面高程－4.18 m,底枢拉杆中心高程－3.59 m,顶枢上拉杆中心高程 6.03 m,顶枢上拉杆中心高程 5.81 m;下闸首门顶高程 8.20 m,门底高程－4.40 m;底枢安装面高程－4.68 m,底枢拉杆中心高程－4.09 m,顶枢上拉杆中心高程 7.53 m,顶枢上拉杆中心高程7.31 m。三角门全关时,中缝羊角中心与顶底枢中心连线,与闸室垂线的夹角为 20°;闸门中心与顶底枢中心连线,与闸室垂线的夹角为 70°;顶底枢中心至面板中心的垂线的弧面半径为 12.225 m。

上闸首单扇闸门尺寸 15.743 m×10.7 m(宽×高),下闸首单扇闸门尺寸 15.743 m×12.70 m(宽×高)。

7. 闸门有限元计算分析

船闸三角门的结构布置简图如图 2-3-25 所示,三角闸门面板展开后中心角 70°,半径 12.39 m,所用材料为 Q235。

底主梁、主梁、纵横次梁、甲乙丙隔板、浮箱各梁均为"T"型梁截面梁,面板为 10 mm 钢板,其余钢架构件均为钢管。

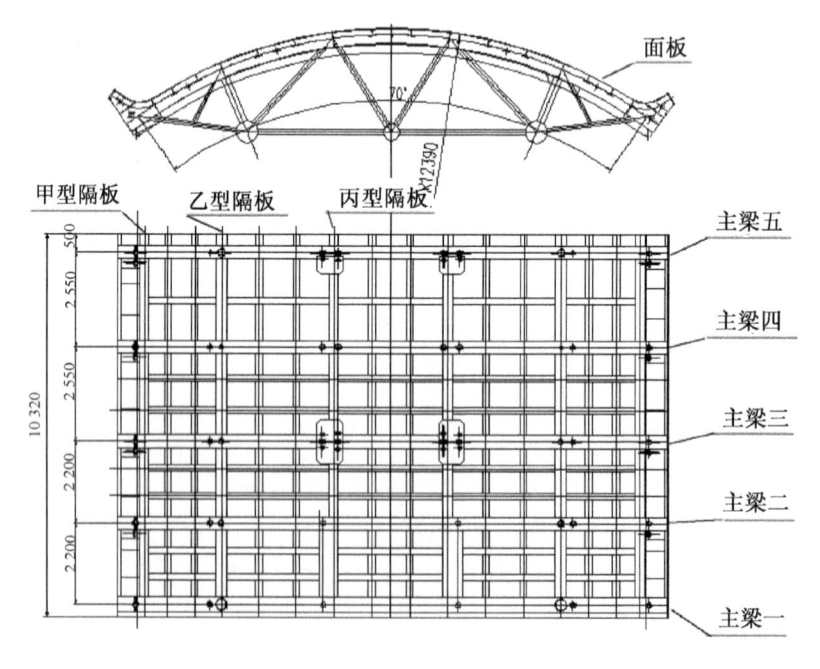

图 2-3-25 闸门总体结构及尺寸(单位:mm)

闸门的面板、浮箱面板可以用面来表示;梁可以用位于面上的梁来表示;空间中的杆件用线表示(线通过关键点产生,部分可以镜像生成),为了确保节点能耦合,传递载荷,用来建立梁的线必须建在面上。

三角闸门单元类型包括面板的壳单元、梁两种单元,其中壳与梁之间按刚结处理,杆与梁和壳之间按铰结处理。

在有限元软件 ANSYS 中建立上、下闸首三角门有限元模型，闸门的面板、主梁、浮箱面板、端柱可以用壳单元 shell63 来模拟；隔板、纵横次梁、空间钢架结构使用梁单元 beam188 来模拟，其中上闸首三角门的有限元模型如图 2-3-26 所示。

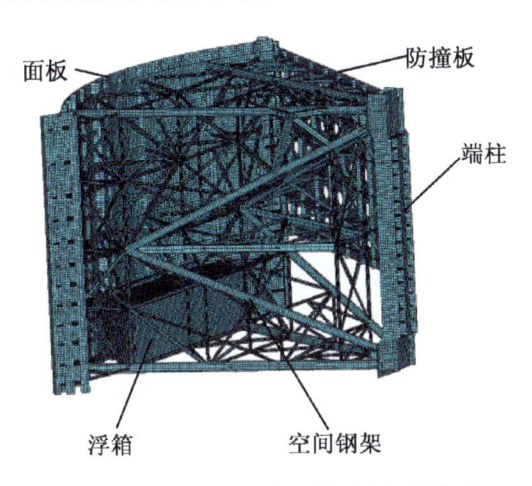

图 2-3-26　上游三角门模型空间结构图

作用在闸门上的荷载，在关门状态下需要考虑闸门自重、上下游水压力差、风荷载；根据船闸三角门的防洪、通航运行、检修等工作工况将上下闸首各分为特殊的计算工况。按最危险工况计算，即上游闸门按反向设计（工况三）进行计算，下游闸门按正向校核（工况二）进行计算。上下游闸门计算工况见表 2-3-11。

表 2-3-11　上下游闸门计算工况列表

	上游闸门	下游闸门
工况一	内河侧水位为 1.0 m，闸室侧水位为 −0.5 m	闸室侧水位为 1.0 m，长江侧水位为 6.41 m
工况二	内河侧水位为 3.0 m，闸室侧水位为 −0.5 m	闸室侧水位为 0.5 m，长江侧水位为 6.82 m
工况三	内河侧水位为 1.0 m，闸室侧水位为 5.48 m	闸室侧水位为 1.0 m，长江侧水位为 −0.5 m
工况四	内河侧水位为 2.0 m，闸室侧无水	闸室侧水位为 3.0 m，长江侧水位为 −0.5 m
工况五		闸室侧无水，长江侧水位为 3.31 m

三角闸门的约束情况比较复杂。根据三角闸门的上下游结构布置、运行和制造安装工况情况，三角闸门的边界约束条件为：

顶枢：顶枢施加 x、y 位移约束；底枢：施加 x、y、z 方向位移约束。

闸门中缝纵轴线处的约束：中缝羊角接触面施加对称约束。

边羊角与闸室边接触处的约束（侧止水处）：在接触的羊角线上施加切线方向的位移约束。

图 2-3-27 所示为最危险工况下，上游整体三角门模型的应力云图，三角门局部发生了应力集中现象，最大应力为 175 MPa，发生在浮箱结构下端。

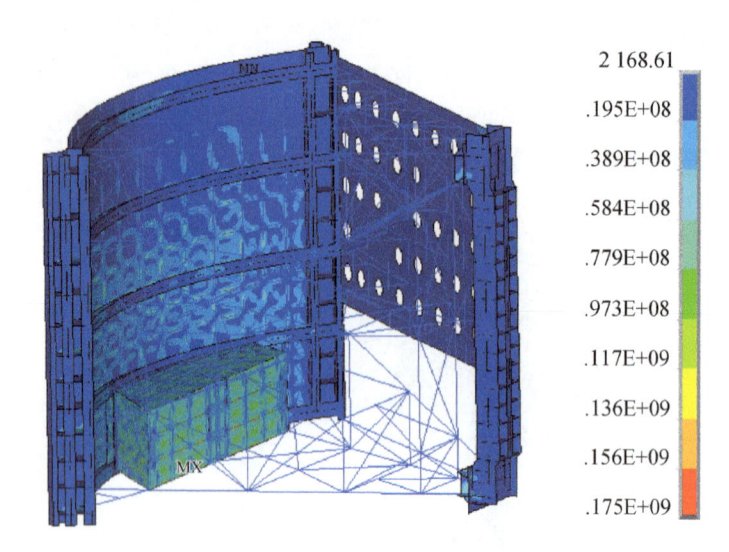

图 2-3-27　上游三角门整体应力云图（单位：Pa）

图 2-3-28 所示为最危险工况下，上游整体三角门模型的变形云图，三角门最大变形为 6.768 mm，发生在浮箱结构上。

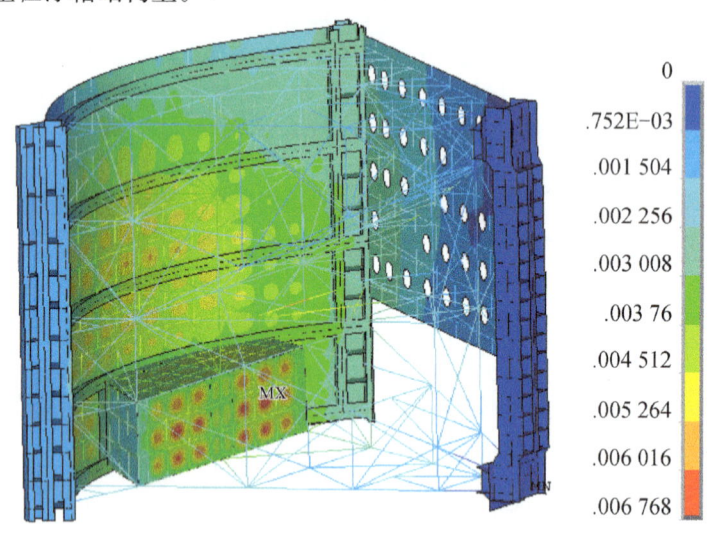

图 2-3-28　上游三角门整体变形云图（单位：m）

图 2-3-29 所示为最危险工况下，下游整体三角门模型的应力云图，三角门结构局部有应力集中，最大应力为 189 MPa，发生在面板与次梁连接处。

图 2-3-30 所示为工况二下游整体三角门模型的变形云图，三角门最大变形为 9.778 mm，发生在面板中部浮箱位置。

三角闸门的支承反力主要包括顶枢、底枢和启闭机处的反力。分析计算以及约束情况，顶枢的支座反力沿水平面 x 和 y 方向；底枢的支座反力为 x、y 和 z 3 个方向。坐标系的方向如图 2-3-31 所示。

上、下闸首三角门的顶枢、底枢及启闭杆处的反力如表 2-3-12、表 2-3-13 所示。

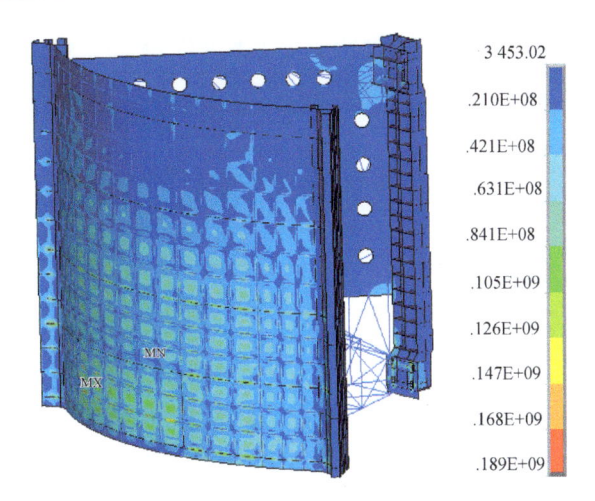

图 2-3-29　下游三角门整体应力云图（单位：Pa）

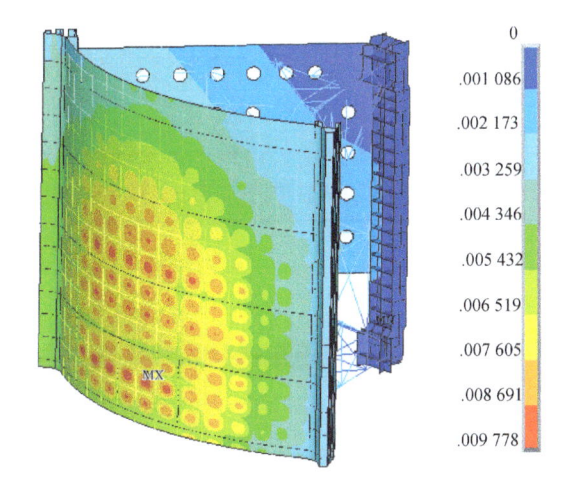

图 2-3-30　下游三角门整体变形云图（单位：m）

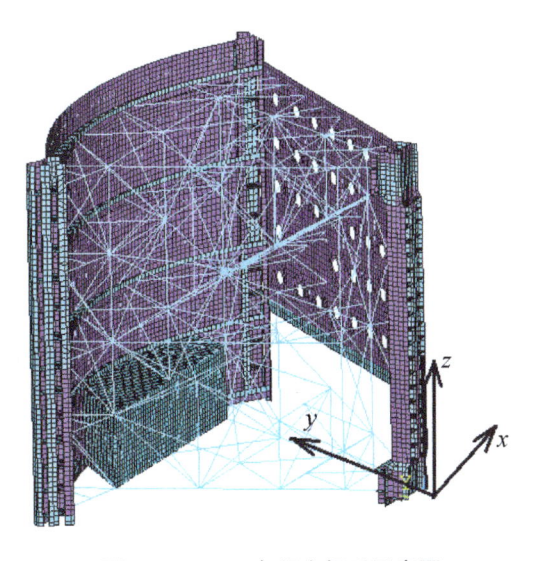

图 2-3-31　三角门坐标系示意图

表 2-3-12　上闸首各种工况下顶枢、底枢及启闭机吊点处的反力表　　　　　　kN

工况	反力	顶枢	底枢	启闭杆
工况一	F_x	15.388	6.36	−33.05
	F_y	−153.71	888.62	−61.08
	F_z		426.92	
工况二	F_x	45.81	18.983	−34.172
	F_y	161.22	1 842.4	−34.577
	F_z		443.61	
工况三	F_x	−121.58	−54.687	61.035
	F_y	−1 453.8	−1 940.5	−125.9
	F_z		530.44	
工况四	F_x	4.335	3.724	33.506
	F_y	−348.89	2 274.1	−58.223
	F_z		858.41	

表 2-3-13　下闸首各种工况下顶枢、底枢及启闭机吊点处的反力表　　　　　　kN

工况	反力	顶枢	底枢	启闭杆
工况一	F_x	131.1	73.983	−63.707
	F_y	1 198.8	3 372.2	83.82
	F_z		553.86	
工况二	F_x	153.53	86.787	−70.075
	F_y	1 458.5	3 386.0	110.83
	F_z		563.34	
工况三	F_x	−7.844	−0.684	−43.438
	F_y	−397.04	−284.1	−68.123
	F_z		470.45	
工况四	F_x	−37.732	−13.479	−46.753
	F_y	−720.7	−1 345.6	−93.608
	F_z		446.0	
工况五	F_x	66.325	21.776	−42.054
	F_y	49.955	3 184.7	−76.156
	F_z		786.0	

注：1. 表中"−"表示与坐标轴正向相反；
　　2. F_x、F_y、F_z 分别表示沿轴 X、Y、Z 方向的反力。

从上表中可以看出浮箱的存在使闸门在静水中的重力减小了40%左右,增设浮箱十分有必要。

（三）输水阀门结构设计

上、下闸首左右廊道共布置4扇输水阀门,上闸首廊道底高程为－5.60 m,廊道顶高程为－2.1 m,下闸首廊道底高程为－5.0 m,廊道顶高程为－1.5 m,净高3.5 m,廊道孔口净宽3.5 m。阀门采用平面定轮钢闸门,上下闸首门顶高程分别为－1.98 m和1.38 m,门槽宽52 cm,深28.5 cm。

阀门采用钢质平板提升实腹式板梁结构,阀门主梁按等间距布置,阀门启闭机起吊支座与顶横梁连接。阀门门体外形尺寸为3.66 m×3.62 m×0.40 m(宽×高×厚),阀门主要有门体结构、支承系统和止水系统等组成。

阀门采用多主梁等高连接,按双向水头的要求,阀门采用双向贴靠式止水形式,面板布置在上游面。顶、侧止水均采用"P"型橡胶,底止水采用平板橡皮。阀门两侧各设有2个支承主滚轮,承受水压力,主滚轮采用铸钢ZG 310—570,轴套采用高强度自润滑材料。

（四）闸、阀门启闭机布置与设计

1. 启闭机布置

船闸闸、阀门启闭机采用直推式液压机型,闸门启闭机布置在闸首边墩的空箱内,阀门启闭机布置在阀门井上方。每个闸首设2个泵站,每侧的闸门和阀门启闭机共用1台泵站控制系统。

上闸首三角门最大启门力约286 kN,启闭机选用QRWY-300 kN-4.6 m液压启闭机。下闸首启闭容量比上闸首的小,但为便于运行管理和维护,下闸首启闭机按上闸首的容量配置。上闸首启闭机油缸中心高程7.5 m,下闸首启闭机油缸中心高程6.0 m,均高于最高通航水位5.48 m之上。

阀门动水启门,平水闭门,阀门启闭最大启门力约186 kN,自重闭门,启闭机选用QRWY-200 kN-4.0 m液压启闭机。上闸首启闭机油缸安装平台高程10.5 m,下闸首启闭机油缸安装平台高程8.5 m。

2. 启闭机技术要求、外形尺寸及主要技术参数

上、下闸首三角闸门液压启闭机型号为QRWY-350/350-4.73。启门力为350 kN,闭门力为350 kN,油缸工作行程为4.635 m,全行程为4.735 m。

三角门油缸主要技术参数见表2-3-14。

表2-3-14　三角门油缸主要技术参数

序号	项目	参数	单位	备注
1	型号	QRWY-350/350-4.7		
2	额定启门力	350	kN	
3	额定闭门力	350	kN	
4	工作行程	4.635	m	
5	最大行程	4.735	m	

续表

序号	项目	参数	单位	备注
6	启闭速度	0.5~1.0	m/min	
7	启闭速度	~1.0	m/min	反向水头
8	油缸缸径	250	mm	
9	活塞杆直径	180	mm	
10	杆腔计算压力	14.8	MPa	
11	无杆腔计算压力	13.8(差动)	MPa	
12	杆腔试验压力	22.2	MPa	
13	无杆腔试验压力	20.6	MPa	
14	操作条件	动水启闭		
15	形式	单吊点、双作用、摇摆式		

输水廊道阀门液压启闭机型号为 QRWY-300/100-3.75。启门力为 300 kN，闭门力为 100 kN，油缸工作行程为 3.65 m，全行程为 3.75 m。

输水廊道阀门油缸主要技术参数见表 2-3-15。

表 2-3-15　输水廊道阀门油缸主要技术参数

序号	项目	参数	单位	备注
1	型号	QRWY-300/100-3.8-00		
2	额定启门力	300	kN	
3	额定闭门力	100	kN	
4	工作行程	3.65	m	
5	最大行程	3.75	m	
6	启门速度	0.7~1.5	m/min	可调
7	闭门速度	~1.0	m/min	自重
8	闭门速度	~2.0	m/min	强压
9	油缸缸径	250	mm	
10	活塞杆直径	180	mm	
11	启门压力	12.7	MPa	
12	闭门压力	4.0	MPa	强压
13	杆腔试验压力	19.0	MPa	
14	无杆腔试验压力	6	MPa	

液压控制系统设有溢流阀、压力控制元件(压力传感器、压力表)及其他检测装置等安全

保护设备。

油缸所采用的动密封件为 MERKEL 公司产品,静密封件为 PARKER 公司产品。

每台液压站配置 2 台油泵电机组(一用一备),油泵采用 PARKER 公司的电比例泵,其技术指标满足设计图纸及相关规定的要求。阀件采用 PARKER 公司产品,阀件电磁铁输入电压为 24V;电机与机座,油泵与管路、油箱等连接采用避震措施。

（五）闸阀门防腐设计

根据本工程闸门的规模及运行条件,所有船闸闸门门叶材料为 Q345b,埋件材料为 Q235b,踏面材料为 16Mn,轨道采用 ZG 230—450,镶踏面采用 38CrMoAl,运转件材料为铸钢 ZG 310—570,止水面粘焊不锈钢板。从闸门的维护条件以及所处的环境,防腐材料选用具有良好的耐候性和耐蚀性的防腐蚀涂层系统。即闸门制作完成后,闸门表面喷砂处理,达到 Sa2.5 级,然后采用喷锌防腐,外加涂料封闭。喷锌厚度 160 μm,涂封闭环氧底漆 30 μm,改性耐磨环氧漆 80 μm,氯化橡胶面漆 50 μm。

六、电气及自动化设计

（一）概述

二线船闸上下游采用三角工作闸门和平面输水阀门,工作闸门、阀门通过液压启闭机开关,液压启闭机配套 2 台液压泵,配套 2 台 18.5 kW 电机,一用一备。船闸工程电气包含:船闸供配电、自动化监控系统、收费调度管理信息系统、视频监视系统、通讯广播系统、信号和标志系统、照明系统、防雷系统、消防系统等。

（二）供配电

1. 供电电源、线路及电气主接线

工作闸门启闭机、工作阀门启闭机、控制系统、通信系统、信号系统和生产照明等主要负荷为二级负荷,其他用电负荷为三级负荷。本船闸负荷等级按二级负荷设计,主供 10 kV 电源船闸西侧 10 kV 滨西线支接,备供电源采用柴油发电机组。主供电源与备用电源互为闭锁,电源采用高供高计方式计量。主要回路包括:上下闸首动力柜回路;照明回路、操作电源回路、消防回路、检修回路、备用回路等。

2. 电气设备选择

高压设备选择:变压器选用 SCB‑10‑400 kVA,10/0.4 kV;高压柜采用环网负荷柜,配高压进线柜、计量柜、主变柜;10 kV 电缆选用 YJV—3×70;负荷开关选用 12 kV/630 A。

低压设备选择:低压进线柜(内设计量和双电源自动切换装置)、动力柜和照明柜采用 GCS 抽屉式开关柜,无功补偿柜采用固定式开关柜。上下闸首各设 1 台动力柜。无功补偿装置采用智能型免维护产品,具备自动过零投切、分相补偿功能。补偿容量按变压器容量的 30% 配置。补偿后功率因数不低于 0.9。

3. 自动化监控系统

(1) 监控对象。

二线船闸上、下闸首机房室内外各机电设备。主要包括:高低压供配电系统、液压泵站电机、液压泵站电磁阀、各类传感器、水位计、闸/阀门(开度仪、限位开关等)、交通信号灯以及室外照明灯等设备。其中,船闸启闭机采用直推式液压机型,每个闸首一侧的闸门和阀门启闭机共用1套液压泵站控制系统,4套液压泵站分别安置在闸首机房内。

(2) 系统结构与组成。

上位机由船闸监控中心的监控主机、数据库服务器、交换机、打印机等组成,实现对二线船闸的集中控制、数据管理、统计报表及打印功能等;下位机由2套PLC组成,分别实现现地对上、下闸首闸、阀门、路灯等设备的现地控制,每套PLC系统由1个主站和1个远程站组成。PLC主站和远程站之间采用冗余环网链接。

(3) 自动化系统网络结构及协议。

自动化监控系统采用冗余光纤工业以太网交换机,控制系统网络为环网结构,网络通信协议采用TCP/IP以太网协议,通过100 Mbps全双工交换式多模光纤环网实现船闸监控中心监控主机和上、下闸首机房现地PLC之间及上、下闸首机房现地PLC与I/O子站之间的网络通信。

(4) 控制管理模式。

船闸控制管理模式分为3个层次:现地设备层、现地分散控制层、集中控制层。

① 现地设备层。为船闸上、下闸首机房室内外的机电设备。主要包括:电动机、液压泵站、水位计、闸/阀门传感器、交通信号灯以及室外照明灯具等设备。

② 现地分散控制层。为船闸上、下闸首机房内的控制及显示设备。主要包括:PLC及远程IO、现地控制操作台、现地控制触摸屏、电机控制柜等。现地控制层平时主要实现船闸闸首机房监控设备的调试、维护等功能,当船闸监控中心设备或控制系统网络发生故障时,用于现地分散控制操作闸、阀门,确保船闸运行安全畅通。

③ 集中控制层。由总控制中心和上下闸首控制室监控主机、数据库服务器、交换机等组成,实现船闸的集中控制、协调管理。同时对船闸的运行情况、控制操作情况及故障情况进行数据管理,形成日、月、年报表。同时将有关报表及时通过网络系统上传上级管理部门。

分散的控制中心可在总控室、上下闸首分别拥有所有的控制权限。或者上闸首计算机单独控制上闸首设备,下闸首计算机单独控制下闸首设备。

自动化监控系统见图2-3-32。

4. 视频监视系统

(1) 概述。

设置200万像素全数字视频高清监视系统及报警系统用于对船闸重点区域进行实时视频监视和音频监听,应具有视频和音频采集、传输、切换控制、显示、存储和重放、远程浏览等功能。在总控制室配置3×5块55寸无缝液晶拼接屏,以显示各个摄像机的视频图像。

(2) 视频监控点的布设位置。

上下游远调站室内登记及售票室;上下游远调站室外;船闸监控中心;船闸上右、下右闸首机房;船闸上左、下左闸首机房室外房顶;船闸上、下闸首机房外侧;船闸上、下闸首机房内侧(闸室一侧)室外;配电房的配电室和发电机室内;4个闸首机房内。

(3) 系统功能。

全天候监视船闸收费、登记及调度人员的工作过程,监视收费大厅、远调站、监控中心及闸首机房室内外附近区域人员活动状况,监视各闸首闸门及机械设备运行情况,船闸靠船墩船舶停靠情况以及公用引航道船舶通航情况;

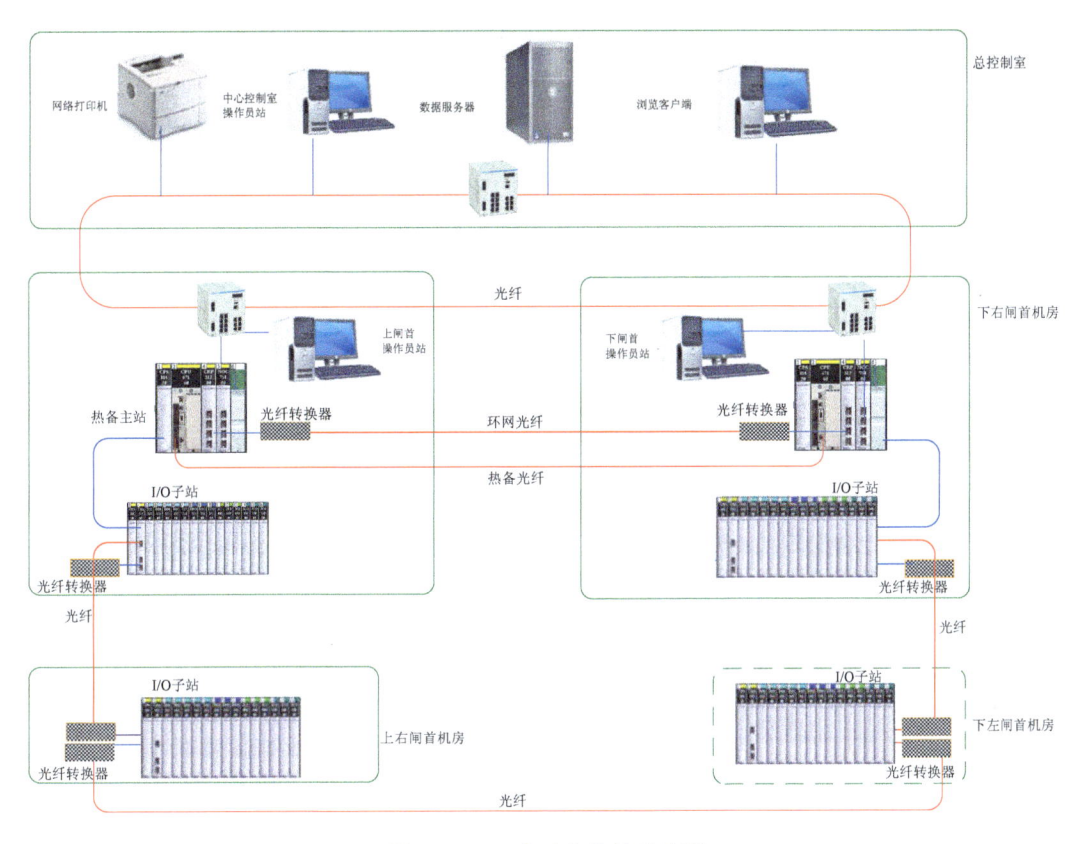

图 2-3-32　自动化监控系统图

监控中心设置监控管理终端,可对系统内每个摄像机画面调用和控制;

画面监视、多画面分割和画面切换功能;

事件联动告警功能;

画面记录、事件查询、回放功能,结合画面记录、回放功能。

系统具有可扩展功能,同时考虑远程浏览功能,视频图像预留网络接口,可供上级管理部门实时调用和查看。

（4）系统构成及数据传输方案。

远调站、闸首机房、配电房等处摄像机经过光端机将视频及控制信号通过单模光纤传输到船闸监控中心机房;视频信号由视频分配器组分配和放大后分别传送至视频切换矩阵和网络视频存储磁盘阵列中。通过视频切换矩阵等设备,将视频图像送至监控中心视频监视屏幕墙的终端监视器上,便于管理及操作人员任意切换和调用现场图像,实现对船闸控制、船闸收费、调度区域的实时监督和管理。

（5）设备配置。

设备主要包括网络视频存储设备、视频解码器、15 台 55 寸液晶拼接屏、视频管理软件、室外球形摄像机、室内固定摄像机等,通过星型网络连接。

5. 船闸收费调度系统

高港船闸收费调度管理信息系统满足高港船闸一线和二线收费和调度运行要求。整体需求综述如下：

实现船闸每周 7×24 小时计算机调度管理。

远调站登记船舶信息，自动计算过闸费，打印登记单。

远调站售票处根据船民提供的登记单缴费，打印过闸发票。

闸口根据调度规则，利用船舶调度模型从已调库中选择船舶进闸。

稽查岗提供违章查补等稽查功能。

远调股、所长室提供审核管理功能。包括数据的维护、提放、违章等非正常流程的审核。

系统提供当日生成的各类数据的查询、统计、汇总、报表及打印，尤其是费用的汇总和打印功能以及日、月、年的费用统计功能。

系统提供管理员角色，负责系统的日常维护和权限配置等系统功能。

6. 船闸广播系统

在船闸总控制室配置 1 台 8 路节目选择器，上下闸首和上下游远调收费站各配置 1 台 240 W 功放和 4 只高音喇叭，指挥船队（只）的进闸、出闸、报号以及当天的天气预报等情况。

7. 航道标志和信号指挥系统

在船闸引航道和船闸进口处设置航道信号灯，指挥船队（只）航行。本船闸的信号指挥主要包括上下闸首和闸室内设置红绿交通指挥灯 4 组，船闸界限灯 4 组（红灯），上下闸首设航道中心灯 2 只（红灯）。上下闸首和闸室内设置的交通指挥灯采用 PLC 控制，用编程的方法以方便地实现与船闸运行流程的逻辑关系，不采用继电器实现控制逻辑关系。

8. 通信系统

本船闸上下闸首上下游远调站与总控室之间的通信采用固定电话。室外指挥人员配置双通道对讲机。

9. 照明系统

照明系统工程分为两大部分，其一为一般照明，包括上下闸首室内照明、船闸路灯照明、上下游靠船墩照明、上下游远调站照明。其二为美化船闸环境设置的亮化工程照明，包括闸区道路、上下闸首泛光照明等。上下闸首室内每层设置事故照明灯（直流照明时间 1 小时）。在上下左右侧闸首和远调站内设置照明箱各 1 只。

交通桥上路灯高度 6 m，不可倾倒，LED 光源，12 盏；闸室内路灯高度 6 m，可倾倒，双头，LED 光源，间距 20 m/档，24 盏；

闸室外侧引航道靠船墩路灯高度 6 m，可倾倒，LED 光源，18 盏；上下游远调站道路路灯杆高 8 m，不可倾倒，LED 光源，间距 30 m/档，100 盏。路灯通过 PLC 控制或者手动控制，具有全开或者间隔半开控制功能。

10. 防雷接地系统

系统采用 TN-C-S 接地系统。在上下闸首房屋顶部设置避雷带，并与船闸接地网相连。在上下闸首底板下设置水平接地网，并指定闸室底板中的两根钢筋（直径大于 12 mm）与闸首下接地网相连，接地电阻要求小于 1 Ω，接地网与电气合用。

在各个支架和设备位置处应将接地支线引出地面。所有电气设备底脚螺丝、构架、电缆支架和预埋铁件、照明灯杆与室外摄像机支柱等均应可靠接地。各设备接地引出线必须与主接地网可靠连接。

11. 设备布置

船闸电气设备布置安装使用要求布置,设置中央控制室、高低压配电室、上下闸首控制室。中央控制室布置监控、视频、收费调度、广播系统设备,主要有控制台、计算机服务器设备、大屏幕系统、交换机、防火墙、视频主机设备等。

配电室布置高压开关柜、低压进线柜、低压动力柜、照明柜、电容补偿柜。变压器布置在室外。现场设备:上下闸首控制室布置控制台、现场动力(PLC)柜以及照明箱等。

第四节 建筑与环境工程设计

一、建筑方案选择

泰州引江河第二期工程二线船闸与一线船闸毗邻,如何协调好老建筑与新建筑之间的关系,既保留泰州引江河管理所的自身特色,又发展出适应时代的新水利建筑,发掘其建筑文化是设计之初需要谨慎考虑的,也是设计难点。

作为长江之滨崛起的高港枢纽一线船闸,气势磅礴,蔚为大观,北调东引,旱涝兼治,泽被后世,是一块永远耸立在人们心中的丰碑。二期工程是在其基础上扩大原有功能,在建筑设计方法上存有两种方向,一种是低调和谐,一种是反其道而行。在此出发点上衍生出3个不同的方案,一是"方盒子"方案,二是"沃特龙"方案,三是"叠帆月影"方案。"叠帆月影"方案强调与一期融合,区别于"盒子"方案的低调,又不同于"沃特龙"方案的瞩目,在造型上与一期相似又有所创新与突破,用"叠"字来突出"二线",并在泰州引江河高港枢纽塑造了新的建筑形象,为管理区提升了建筑品位,体现了现代水利建筑的技术与创新。

(一)方案一:方盒子(图 2-4-1)

图 2-4-1 "方盒子"方案图

"方盒子"方案是将整个泰州引江河高港枢纽看作一个群体,在此基础上建立一个与自然环境、人工环境相融的群体。作为新建的二线船闸,它既有自身的作用,也承担着在建筑群体中特定组群的作用。出于对环境的"认同性",建筑自身以简洁的"方盒子"作为设计语言频频出现,对建筑的形态构成、空间结构、组织方式等产生了较为积极的作用。将"方盒子"形态进行重复、叠加、缩放等变化组合,营造水利建筑,强化建筑的表现力与生命力。上闸首用纯粹的六面体来演绎,下闸首则用几个六面体和圆柱体的叠加并结合工作桥,强化其几何轮廓。"方盒子"代表着纯粹和理性,是一种静态的、中性的图形,没有主导方向。因此,此方案是静止的形式,缺乏明显的运动感和方向性。与一线船闸形成鲜明对比,尊重了一线船闸"帆的动感和方向性",整体造型上也更为自谦。

在管理用房的建筑方案中,用"方盒子"划分出简单干净而明确的空间,通过加法和减法的手法,打造出必要的界面以及由界面所围合起来的两部分空间。管理用房方案见图2-4-2。

图 2-4-2 方案一管理用房图

(二)方案二:沃特龙(图2-4-3)

图 2-4-3 "沃特龙"方案图

"沃特龙"方案则是另辟蹊径。在这个方案设计中,不再循规蹈矩,以一种场地中从未出现的流线型、动感的设计语言来进行组织。"沃特龙"是英文 water 的音译,也就是水,它的流动性是我们对其最直接的感受。传统中一直认为建筑是静态的,因而具有动感的建筑更容易引起关注,标识性强。此建筑设计方案,在立面上动感十足,从船闸上游来看宛如游动的白色巨龙,而两对船闸则像 4 颗散落的夜明珠。长短不一的竖线条传递出一种欣欣向荣的动感,与此同时,重复的韵律中也洋溢着平和、安宁的格调。克制谨慎的白色构件与玻璃相间,突出了高品质的材质质感,精心种植的植物与建筑景观融为一体。

不同于盒子方案,在这个方案中,将管理用房与工作桥相结合,位于闸室中部,使原本小巧的管理用房得到延伸,整个造型轻巧、跳跃,具有流动感。群体建筑既有大的合奏,又有小的分奏。每个环节都有诗意的象征,整合成美的篇章,同时也呼应了"沃特龙"的主题,其崭新、超前、流动的形象成为管理区独特的靓丽风景。管理用房方案见图 2-4-4。

图 2-4-4 方案二管理用房图

(三)方案三:叠帆月影(图 2-4-5)

图 2-4-5 "叠帆月影"方案图

由于一线船闸的造型是"帆",所以,二线船闸的造型则以"叠帆"为载体。一方面,较好地体现出水利功能要求,另一方面,也与一线船闸相呼应。

在进行具体设计时,采用现代简洁的设计手法,强调建筑的高度与形态。正立面线条挺拔、刚毅,极具张力,建筑姿态鲜明;侧立面则以弧线作为形式和轮廓上的指引。

整组建筑与一线船闸相统一,均是以蛋青色为基调,通过韵律变化使建筑形成丰富、细腻的肌理效果。立面上排列的"帆"强化了体量,也使得整体建筑简洁大气,更具现代性。正立面的"实"与侧立面的"虚"形成虚实对比,轮廓线的曲与立面的直线形成曲与直的碰撞,于是,二线船闸的"叠帆"形式与一线船闸的"帆"创造了一种即时对话。

下闸首之间的工作桥作为一个亮点进行设计,整座桥好似一弯明月,横跨在两组"叠帆"之间,成为一座"月桥"。该设计总体比例合理、协调。立面上渐变的竖向线条,形成丰富的光影效果,将"月影"的概念隐含其中。

管理用房的造型则给人以水平向的延展感,退台式的设计使造型更加简洁明快,功能更为合理。突出了主体建筑,同时形成了鲜明的场所意义。管理用房方案见图2-4-6。

图 2-4-6　方案三管理用房图

"叠帆月影"的设计具有很强的识别性,同时也重新塑造了这片区域的天际线,是一个既有味道,又富含语意的设计。整组建筑给场所带来了微妙的变化,其现代的外形,简洁大气的立面,使得整组建筑既和谐又不同,形成无须言语的优雅。达到与一线船闸"和而不同"的效果。

二、管理区规划

二线船闸位于一线船闸的西侧,与一线船闸中心线距离约为70 m,一线船闸东侧建有节制闸、泵站、送水闸、控制中心、沃特龙酒店等,这些建筑形式现代简洁,是一群优秀的水利建筑,经过多年努力,已建设成一个环境优美并与水工程和水文化相结合的国家级水利风景区。上闸首上游(内河侧)设公路桥,桥面宽7 m。本项目区域规划范围见图2-4-7。

在整个大规划的设计中,主要的难点有两个,一个是由于高差较大所引起的道路规划问题,另一个是管理区与船闸之间关系的规划。整个规划工程共分为两个部分,一个是一线船闸与二线船闸之间的中心绿岛,另一个是二线船闸西侧的管理区。

一线船闸与二线船闸之间的中心绿岛,需要一个单独的入口,但是绿岛与公路桥之间的

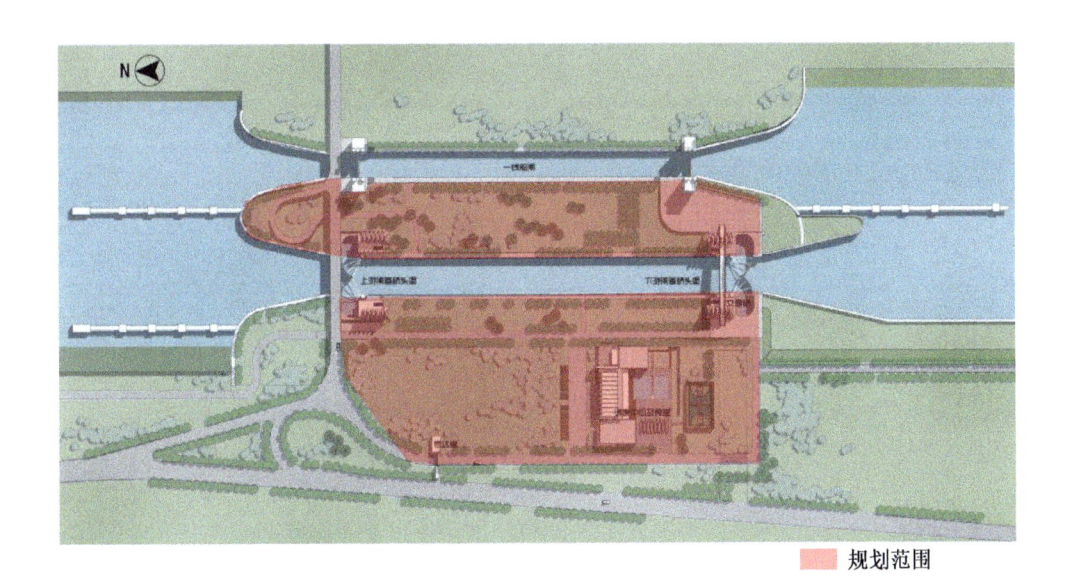

图 2-4-7　区域规划范围

高差达到 5.38 m,如采用直线放坡处理,50 多米的坡长将占据绿岛一半的长度,对周边的景观产生非常大的破坏,同时也对船闸的整体效果有很大的不利影响。经研究确定利用公路桥北边的小块绿岛做成环状道路,不仅满足了交通的功能,而且不影响绿岛的总体景观布置。绿岛入口方案见图 2-4-8。

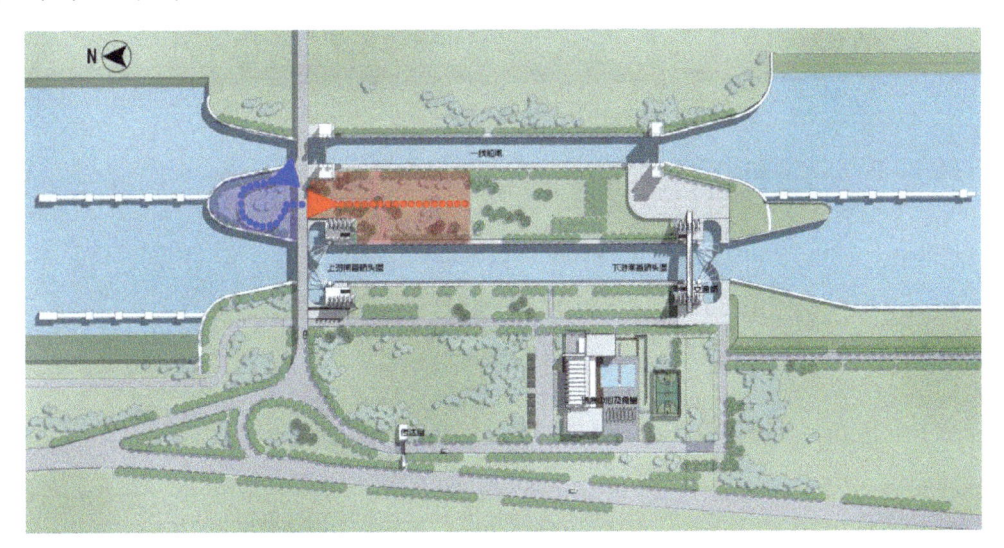

图 2-4-8　绿岛入口方案

一个好的独立的入口,对于水利管理区的整体设计有着很大的影响。在管理所的布置中,入口的设计依旧是一个难题,由于周边的地形高差比较大,道路分叉也较多,经多次讨论与调整,形成了图示的交通入口路线。不仅不互相干扰,而且将原来混乱的道路理顺成现在的从桥上下来只有两条路,一条是通往城市干道,另一条直接通往管理区的传达室。道路交通方案见图 2-4-9。

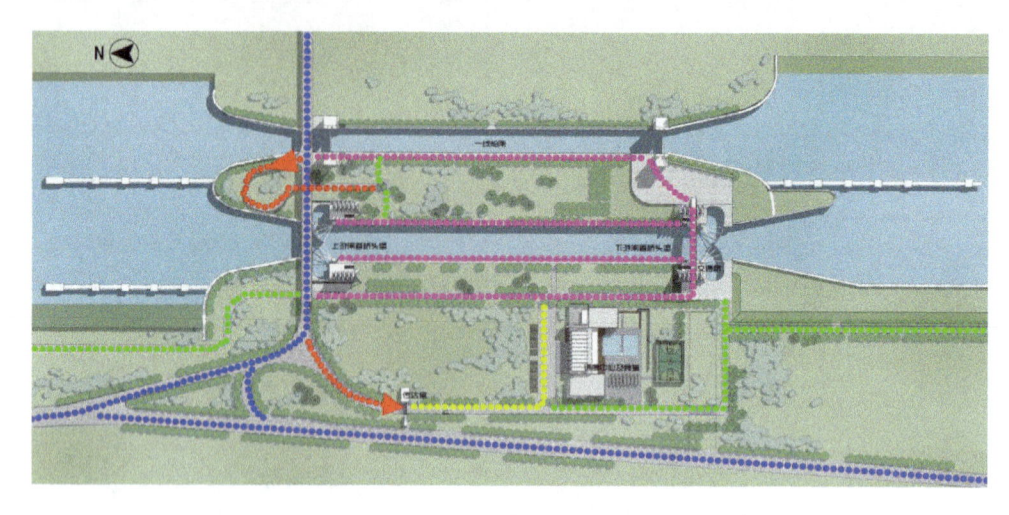

图 2-4-9　道路交通方案

整个管理所包括管理区与生产区，规划做到管理区与生产区分区明确，东边为二线船闸，中间有工作桥连接东西两岸，西边为管理区。管理区有办公与生活两个部分，功能齐全。管理区北侧空地主要以景观绿化为主，结合停车。同时整个规划明确两个控制轴线，一个是以二线船闸河道中心线为基础的轴线，另一条是以工作桥连接两岸的轴线。最终做到功能分区明确、交通流线通畅、景观布置合理得当。规划分区见图 2-4-10。

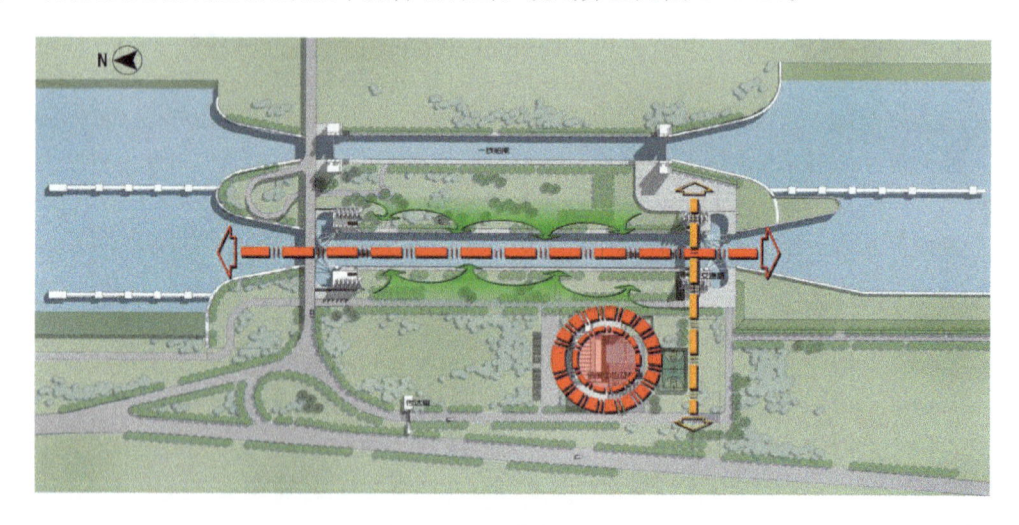

图 2-4-10　规划分区图

整个二线船闸及管理所在与区域道路连接合理，既紧密联系，又有一定的区分。在内部功能布置上，总体分区明确，生产区与生活区分开，东西两岸有工作桥连接，交通顺畅、便利。

三、水土保持设计

泰州引江河第二期工程水土保持工程分为两大部分，一是河道工程部分，另一个是枢纽工程部分。其中河道工程部分全长约 23.846 km，北端距泰州市中心约 5 km；南端距高港区中心约 3 km，地理位置优越。同时，泰州引江河又是全国水利风景区，工程地位显著。优越的地理位置与显著的工程地位,决定了泰州引江河第二期工程的水土保持设计的不一般——除了满足应必要的防治要求外,还应当考虑植物措施的景观效果。

(一)方案一:"四季方案"

"四季方案"是将整个工程由北至南依次划分为"春、夏、秋、冬"4个区域,同时在重要的交通节点增加重点展示区。结构见图 2-4-11。

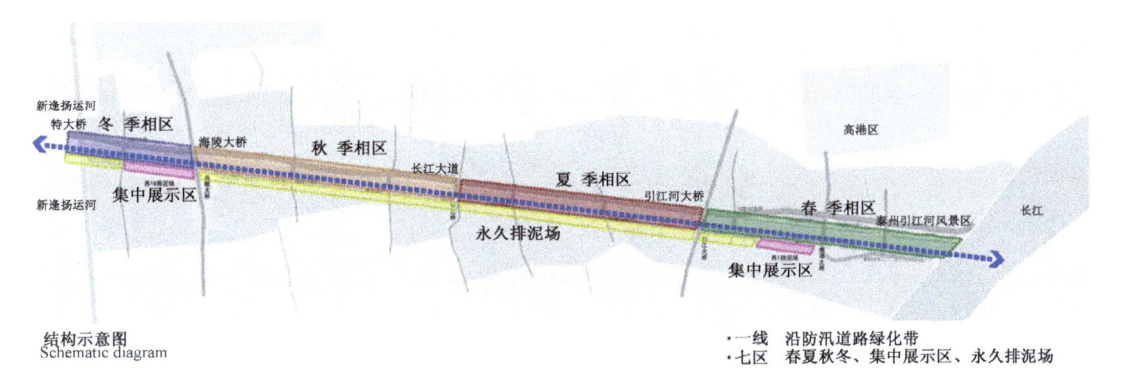

图 2-4-11 "四季"方案结构示意图

1."四季"区域水土保持设计

在"四季"区域内以种植各季具有代表性、观赏效果好的植物为主体,辅以其他适生植物。例如,春季的主题植物有蔷薇科的桃、李、梨、樱花,木兰科的紫玉兰、白玉兰,其他适生植物为垂柳、水杉、银杏、鸢尾、金鸡菊等,而冬季则以常绿植物为主,辅以松、梅、竹、菊、蜡梅、紫荆等。春季植物示意见图 2-4-12。

图 2-4-12 春季植物示意图

2. 重点展示区水土保持设计

在重要的交通节点增加重点展示区。重点展示区一共有两处，一处为西18排泥场(水土保持设计见图2-4-13)，位于海陵大桥西北，占地面积约为12.5 hm²*；另一处为西1排泥场(水土保持设计见图2-4-14)，位于高港大桥西北，占地面积约为8.3 hm²。重点展示区的水土保持设计，充分考虑植物的景观效果，注意植物的高矮搭配以及乔灌草多层次的打造。除此而外，重点展示区还着重考虑了周边居民的参与性，设置了可以下至排泥场的台阶和可以信步游览的人行小道。

图2-4-13 西18排泥场水土保持设计示意图

图2-4-14 西1排泥场水土保持设计示意图

---

* 1 hm² = 10 000 m²。

3. 沿线永久排泥场水土保持设计

沿线永久排泥场水土保持设计的思路是在满足水土保持最基本防治要求的基础上,仅做适当提高,乔灌草相结合,形成沿河道的大尺度景观。乔木选用意杨、法桐、桑树、构树等速生树种,灌木选用海桐球、石楠球、云南黄馨、丝兰等。水土保持设计见图2-4-15。

图 2-4-15 沿线永久排泥场水土保持设计示意图

(二)方案二:"凤凰引江"(采用方案)

方案二是着重在枢纽工程内营造水土保持植物景观,河道工程仅在水土保持最基本防治要求的基础上适当提高。由于工程投资限制,本着集约化建设精品的原则,拟采取本方案,在河道工程满足基本水土保持功能的基础上,局部提升,并重点打造精品枢纽。

1. 河道工程

(1)河道水土保持设计。

河道西侧堤顶巡查道路旁间隔种植高秆女贞和紫薇,株距3 m。女贞枝叶清秀,终年常绿,夏日满树白花;紫薇花色鲜艳美丽,花期长,寿命长,枝干多扭曲,小枝纤细,略成翅状。这两种乔木组合色彩多变,错落有致,形成岸边特有的临水风景线。

(2)排泥场水土保持措施。

排泥场的水土保持设计分工程措施和植物措施。

工程措施主要为排泥场排水设计,排水沟尺寸根据扬州市暴雨强度公式:

$$q = \frac{8\,248.13(1+0.641*\lg P)}{(t+40.3)^{0.95}}(l/s.\,hm^2)$$ 进行设计。

二期工程排水系统设计时同时考虑了与一期工程排水设施的衔接以及修复工作,以保证排泥场区域内排水通畅。

排泥场植物措施主要为:

顶部种植意杨或者女贞,黏土段排泥场顶面和坡面每20 m分片撒播白三叶和红三叶草防护;砂土段铺植狗牙根草皮防护。其中,重砂土段排泥场的植物措施是设计中的难点和重点,沙土段排泥场土壤沙化严重,土壤肥力差,设计采取铺植草坪恢复植被,在施工中协同乔木种植,先固沙再植树,并采取保水措施,加密后期养护,以保证成活率。

同时为美化工程区环境,树立良好的水利工程形象,对宁通高速公路桥南北两侧西3、西4-1排泥场坡面增设飘带状模纹色块,采用大面积的色块,增加河坡色彩的多样性;以便于后期管理单位对暖季型草坪冬季防火的管控,对弃土区种植灌木防火隔离带,靠近村庄日常火情突出段西4-1、西9排泥场、西10、西11排泥场内分别布置30 m宽红叶石楠防火隔离带。

2. 枢纽工程

按照使用功能和地形地貌,将本次水土保持实施区域化为7个分区:文化区、闸室两侧、引航道西岸、上游樱花林、下游樱花林、中心岛及弃土区。仔细研究江苏省泰州引江河管理处以"凤凰引江"为主题的总体生态环境规划(以下简称《总规》),本次水土保持具体设计如下(整体规划见图2-4-16)。

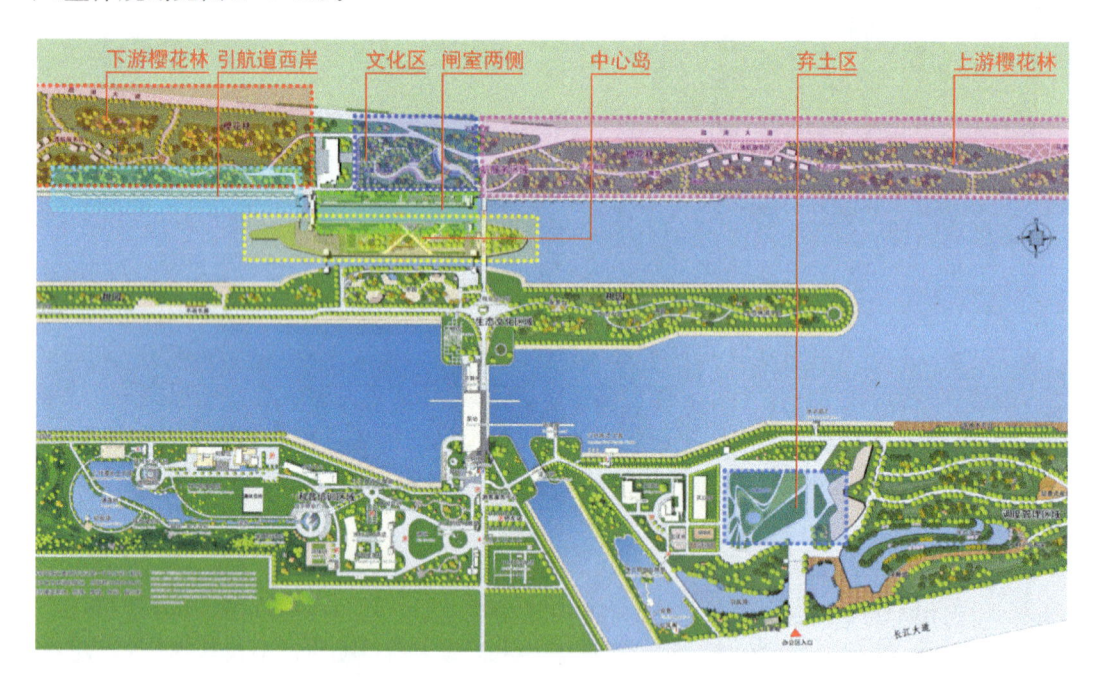

图2-4-16 泰州引江河管理处整体规划

文化区:《总规》中的"画园",与一期工程的"琴、棋、书"园相呼应,建有"凤凰引江赋"文化园,是二期工程管理区的核心区域,亦是本次水土保持设计的重点。文化园入口植物低矮而色彩艳丽,强调入口却又不与园内主景争势;中段休憩铺地的四周使用金桂,不仅四季常青,秋季幽香还能沁人心脾;末端廊架攀爬紫藤等藤本植物,可以浓荫蔽日,也能给游览者带来安全感和隐秘感;南侧区域带状栽植碧桃等开花小乔木,配合地被植物形成隔断,将南侧道路对园内游览的影响降到最低。

闸室两侧:闸室两侧的生产通道在必要时刻要担当消防通道,因而此处的植物布置十分简洁,方便消防车进入;考虑到船民在船闸内为仰视角度,闸室两侧使用了树体挺拔、叶色多彩的银杏。

引航道西岸：若是船民由长江侧驶向船闸，首先映入眼帘的是一、二线船闸高大的桥头堡，再就是引航堤上的植物，引航堤上的植物在一定程度上有着船闸象征意味。此处使用了规格较大的栾树和合欢，两种树均能在强河风环境下正常生长，且景观效果突出。栾树和合欢成排栽植形成序列，还能起到引导船只的作用。

上游樱花林：以樱花为主题成林是《总规》中确定的。此区域内着重以染井吉野樱和大岛樱为主要树种，构成绚烂多姿的樱花主题园，空出画园及上游通航服务区位置，待后期分步实施。

下游樱花林：此分区面积最大，是本次水土保持设计的又一个重点。首先是塑造地形，场地不再是平整无趣，而是有节奏的起伏，配合后期园路和植物设计，在林中畅游，仿佛欣赏音乐一般。植物设计仍然是以樱花为主题，植物多以组团形式出现，注重植物空间的营造，北入口首先采用欲扬先抑的手法展开叙事，中段用大片樱花林的繁华将游览情绪推向高潮，末端则选用常绿植物营造安逸空间来平复游览心情。此分区离海螺水泥厂最近，因此在场地南侧有意堆高地形，再辅以高大植物密植，形成自然屏障。

第五节　工程设计关键技术研究

一、泥水快速分离技术

泰州引江河第二期工程排泥场布置在一期工程堆土区的顶部，二期工程主要在河道西侧堆土区，弃土用地异常紧张，使得排泥高度和排距大幅增加（最大排高达 12 m，最大排距达 2.2 km），施工过程中，排泥场内外水头差达 9.5~10.5 m。特别是长约 10.1 km 的砂土段，以砂性土为主，厚度在 4.5~8.0 m，土质杂乱，渗透系数较大，渗透性较强，吹填过程中，可能会形成稳定渗流。针对河道疏浚排泥高度偏高，内外水头差大，临时征地难等特点，开展了泰州引江河第二期工程疏浚淤土泥水快速分离模拟试验和现场试验。

砂性土排泥场试验结论：在沿排泥场围堰周边布设泥水快速分离排水系统后，排泥场吹填过程中，围堰中不会形成水头高度，能够保证围堰的渗流安全；采用泥水快速分离底部排水技术处理的排泥场，疏浚土的松散系数可以降低至 1.06；泥水快速分离排水系统能够快速地排除排泥场表面水，从理论上讲，在排泥场围堰设计中可以不考虑富裕水深和风浪超高；泥水快速分离排水系统能够在吹填期间快速排除吹填泥浆中的水分，并能够在 24 h 内将含水率降低至液限附近；吹填结束后 1 d，地基承载力就超过 7 t，达到正常上人的承载力要求；泥水快速分离排水系统中的垂直盲沟对 3.0 m 范围的土体最能发挥排水效果，盲沟布设间距不宜大于 6.0 m。

黏性土排泥场试验结论：沿排泥场围堰周边布设泥水快速分离排水系统后，可大幅度降低围堰内的浸润线高度。布设在围堰外坡上的测压管基本测不到水头；泥水快速分离排水系统能够在吹填过程中快速地排除疏浚土中含有的大量的自由水，快速降低疏浚土的含水率，会大大减少疏浚土中的水分渗入围堰内，提高了围堰的渗流稳定；建议泥水快速分离排水系统垂直盲沟间距围堰附近不大于 3.0 m，远离围堰区域间距控制在 3~5 m。

根据排泥场泥水快速分离试验结论，砂性土段调整两项排泥场设计参数，分别为排泥区容积计算中的土壤松散系数 K_s（由1.2调整为1.1）和取消排泥场围堰高度设计中的参数 h_2（风浪超高）；黏土段仅取消风浪超高。结合排泥场设计参数调整情况，在采用泥水快速分离方案解决施工期排泥场渗流安全问题的基础上，对排泥场进行优化调整，充分利用砂土段排泥场有效容积，降低淤土、黏土段排泥高度。

为此，采取泥水快速分离技术对为砂土段排泥场和淤土、黏土段渗流不安全的排泥场进行处理。共计处理16个排泥场，其中砂土段10个排泥场，淤土段1个排泥场，黏土段5个排泥场。

（一）淤土、黏土段排泥场处理方案

淤土、黏土段排泥场按削减堰内水头高度，确保围堰渗流稳定的原则布设泥水快速分离排水系统。处理的排泥场分别为西2、西15、西17、西18、西21、东3排泥场。

排泥场优化调整后，淤土、黏土段排泥场排泥高度均小于6.0 m，采用一层处理的方式，沿排泥场西侧和退水口两侧布设，个别采用分段集中布设，未处理区域围堰通过吹填口的移动使粗颗粒在此区域堆积，与围堰产生共同作用，围堰基本不会产生破坏。

淤土、黏土段排泥场泥水快速分离方案排水系统布设见图2-5-1。

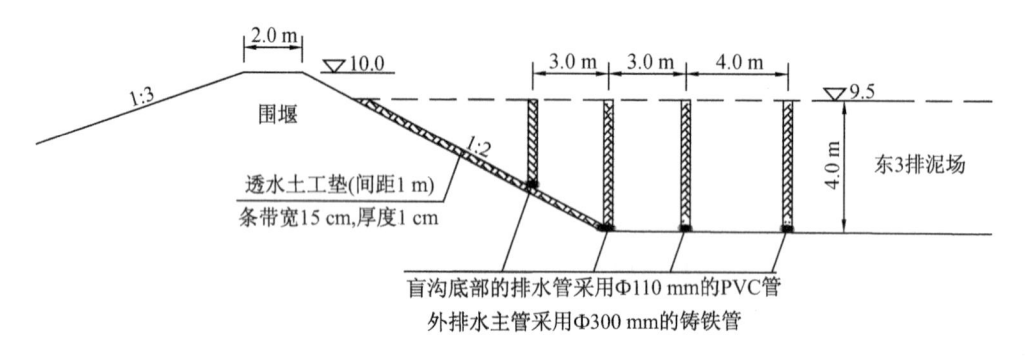

图 2-5-1　淤土、黏土段排泥场泥水快速分离方案示意图

（二）砂土段处理方案

砂土段排泥场按4倍水头高度布设泥水快速分离排水系统。处理的排泥场分别为西3、西4、西5、西6、西7/8、西9、西10、西12、西13排泥场。

排泥高度在6.0 m以上的6个排泥场（西3、西4、西7/8、西9、西12排泥场）采用二层处理的方式，排水系统沿排泥场周边布置；第一层处理高度在3.5～4.5 m，第二层处理高度在2.5～3.0 m。

排泥高度小于6.0 m的4个排泥场（西5、西6、西10、西13排泥场）采用一层处理的方式，排水系统沿排泥场周边布设。砂土段排泥场泥水快速分离方案排水系统布设见图2-5-2。

二、不断航施工条件下河坡防护选型

泰州引江河是江苏省干线航道网的"两纵"之一的连申线（泰东线）和"四横"之一的通扬线（建口线）的重要组成，航道等级为Ⅲ级，年货运量已超过4 000万t，工程施工期间，必须保证24 h通航，经多方案比选，采用具有一定调适能力的系混凝土块软体沉排对河坡进行

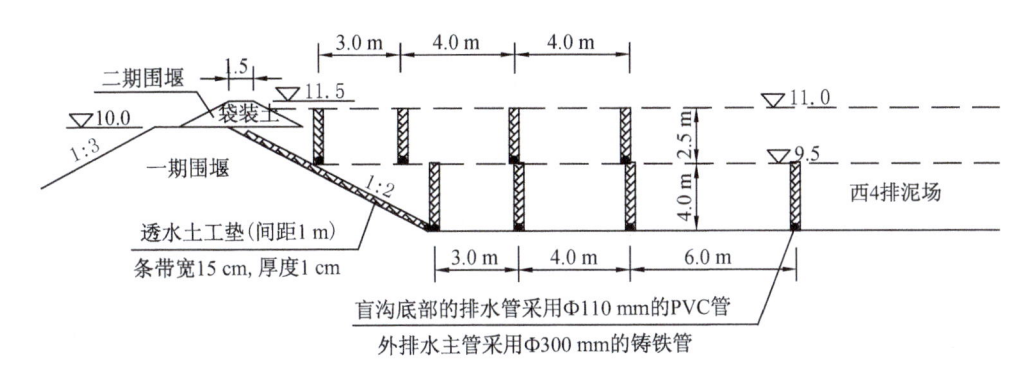

图 2-5-2　砂土段排泥场泥水快速分离方案示意图

防护，与原护砌接坡。

河坡坡面修整：河道采用挖泥船进行开挖，软体沉排防护段河坡开挖首先加强对挖泥船的控制，采用阶梯形开挖边坡，按欠挖控制；其次采用抓斗挖泥船进行修坡，提高河坡坡面平整度。

软体排在长江等大江大河护岸利用较多，但内河的水流流速、风浪均较长江小，在内河进行软体排施工要比长江上施工难度小。系块软体排施工可由一条船完成，船上设有拼排台、拉排梁、卡排梁等，并配备卷扬机、起重机及供船上所有动力的发电机。混凝土压载块用运输船运到铺排船边，再用人工运上沉排船。沉排船船宽 12 m，船长 30 m，可通过引江河船闸进入施工现场，泰州引江河河宽 140 m 左右，沉排船施工对河道通航的影响不大。

根据软体排的类型、大小、地形、气候和水情，水下作业和现有机具能力等确定软体沉排施工方法。主要工序包括：场地准备、排体制作、系块压载及水上沉排等。

排体制作及系块压载：软体排排体选择不小于 250 g/m² 的聚丙烯编织布，将织物按规定尺寸裁剪好，拼成大块。选择单体宽 21 m，长度按照河岸实际所需护坡长度确定，长 35～40 m。将布卷成 21 m 长的布卷，人工抬运至工作平台，按排体单元长度展开，平铺在平台上。在铺好的排体上由人工系混凝土块，使混凝土块与排布连成一体。

沉排施工采用船上沉排，依次自下游向上游逐块沉放。首先采用地锚的锚固方式将排首固定在岸坡上；然后在沉排船上将混凝土压载块与排布连好，用卷扬机和滑动轮组及陆上锚固装置将排体缓慢从平台滑出，当排体滑出平台上剩一排混凝土块时，放下卡排梁，将排卡住，继续系混凝土压载块并逐步沉排，直至将全部排长落在岸坡上；最后将排首与岸上预埋的编织布缝接，则一个单体排铺设完成。

三、船舶停靠点系缆方式

泰州引江河为Ⅲ级限制性航道，船舶停靠要求是三柱带缆顺靠，严禁并靠或者丁靠，船舶临时停靠点完工后并投入使用，从实际使用情况看，泰州引江河超过航道设计标准吨级的船舶较多，且存在多船系在同一个系船柱，甚至多船并靠后再系在同一个系船柱的不规范停靠。系船柱荷载已远远超过设计标准的荷载，影响临时停靠点挡墙的稳定安全。为解决船舶不规范系缆而影响挡墙稳定的问题，需采取工程措施，系船柱与停靠点挡墙分开并移至挡墙后。

系船柱后移需设独立基础,独立基础根据所处地质条件分别采取不同的形式。对于粉质壤土、粉质黏土、沙壤土段停靠点,地基摩擦系数小,土层渗透系数也小,适宜灌注桩基础,该段系船柱独立基础采用单根直径80 cm的灌注桩,系船柱距离临时停靠点前沿线10.0 m,灌注桩桩底高程−9.50 m,桩顶高程2.90 m,桩长12.40 m,桩顶现浇1.0 m的正方体桩帽,桩帽上安装15 t系船柱,系船柱沿水流方向的布置间距为20.0 m;对粉砂土段停靠点,地基摩擦系数大,土层承载力较高,但渗透系数大,因灌注桩钻孔过程中的泥浆水位高于河道水位,容易引起挡墙底板下地基土流失而引起挡墙失稳,不适合采用灌注桩基础,较适宜浅层扩大基础,扩大基础长3.0 m、宽3.0 m、厚0.5 m,底面高程2.00 m,基础上现浇长1.0 m、宽1.0 m、高1.5 m的承台,承台上安装15 t系船柱,系船柱沿水流方向的布置间距为20.0 m。

系船柱后移彻底解决了船舶不规范系缆危及挡墙稳定安全的问题。

四、沿线跨河桥梁桥墩处河床开挖及模袋混凝土防护施工要求

为避免河道开挖对沿线跨河桥梁的安全产生影响,沿线跨河桥梁桥墩周边5.0 m范围内的河床采用抓斗挖泥船开挖。同时在桥梁上游侧15 m,下游侧20 m范围内河床采用模袋混凝土防护,防护厚度0.2 m,充填混凝土强度为C20,模袋采用500 g/m² 丙纶长丝机织模袋布。

模袋混凝土防护施工工序要求:施工准备、水下铺设模袋以及模袋混凝土充灌等。

施工准备:包括备足所需材料和设备、现场就位、放线定位、开挖桩基处土方、测量水下施工水深和流速等。泵送施工主要设备是混凝土(砂浆)搅拌机和混凝土(砂浆)泵等。

水下铺设模袋:首先在模袋端部增设穿管布,在穿管上加压重,顺流将一端沉入水底,然后由潜水员牵引至设计位置,在充灌前采用砂卵石压重防止浮移,为防止铺设异形模袋产生错位问题,可先以实测桩基的最大边点和最小边点为特征点在模袋上找出相应点并做标记,潜水员根据标记准确定位。

模袋混凝土充灌:受桩基上部承台等条件限制,混凝土的泵送和灌注存在较大困难,尤其是不能直接采用硬管而需使用软管,当在水下变换灌口时,水泥浆的流失容易发生堵塞。施工者采取措施尽量缩短泵送软管长度,中间以短硬管相连,变换灌口时将管口堵上以减少水泥浆流失,并尽量减少软管的弯折和颤动,保证变换处的顺利泵送。为防止一次充灌不满,在每个模袋单元设4个灌口的基础上加设2个备灌口,若一次充灌不满,打开备灌口再充,至符合设计院要求为止。

五、二线船闸闸址选择

(一)闸址方案及布置

根据高港枢纽一期工程建筑物的布置及现状地形,二线船闸有两个闸址方案可供选择,方案比选示意如图2-5-3所示。西线方案:位于一线船闸西侧,考虑与枢纽一期工程建筑物上公路桥的顺直布置及一、二线船闸引航道共用,上游引航道总长1 479 m,下游引航道

总长1 233 m，下游引航道两岸采用直立式拉锚地连墙护岸。上闸首的上游边缘与一线船闸闸首的上游边缘齐平，其顺水流向中心线与一线船闸中心线相距70 m。中隔堤方案：位于一线船闸东侧、节制闸西侧，介于一线船闸与节制闸之间，上闸首的上游边缘与一线船闸闸首的上游边缘齐平，其顺水流向中心线也与一线船闸中心线仅可布置65 m，一、二线船闸引航道共用。上游引航道总长740 m，采用河坡护岸，下游引航道总长1 230 m，采用直立式拉锚地连墙护岸。两闸址方案均采用短廊道集中输水，工作闸门为钢质三角门，廊道阀门为钢质平板门。

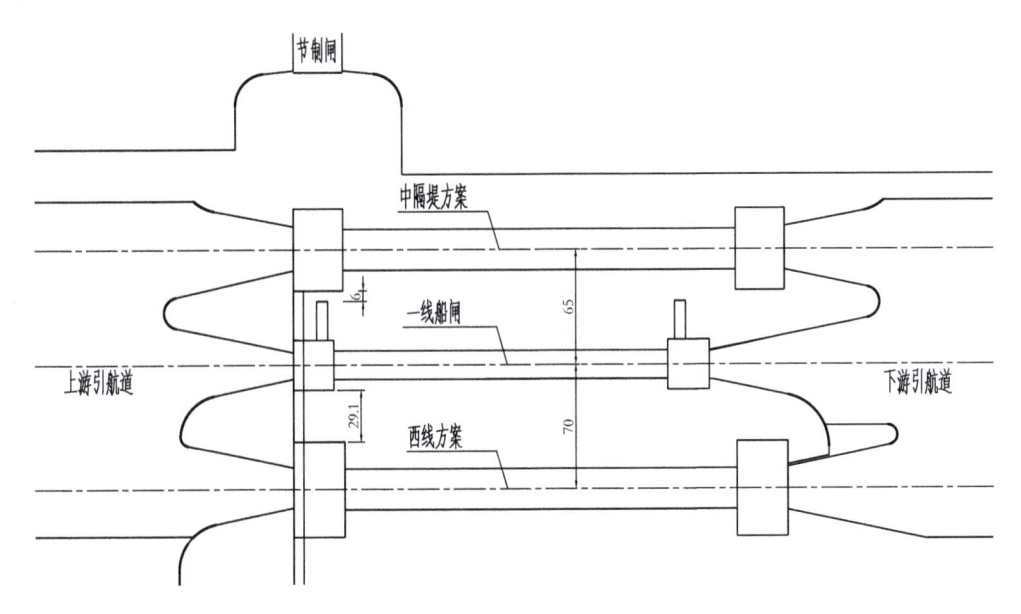

图 2-5-3 闸址方案图

（二）方案比选

高港枢纽二线船闸闸址选择，从技术可行、投资节省、施工方便、运行管理安全可靠及施工期对周围建筑物的影响等方面综合进行比较。

技术上，西线方案与中隔堤方案船闸中心线与一线船闸平行布置，上下游共用引航道，均能满足设计船闸规模的总体布置要求，两方案技术上均可行。

施工上，中隔堤方案场地狭窄，根据方案布置，二线船闸上闸首至一线船闸横拉门门库之间的距离仅6.0 m，不可能进行完全基坑开挖，需进行基坑支护，但基坑四周临水，施工期的防渗要求高，加大了施工期技术难度，且需增加较多的基坑支护投资。基坑支护的设计方案为基坑外围施打厚80 cm钢筋混凝土地连墙，部分兼作闸室墙，其外侧通过厚80 cm的钢筋混凝土地连墙进行对拉锚，闸首、闸室施工时通过80 cm钢筋混凝土地连墙进行挡土施工，同时外侧厚80 cm的钢筋混凝土地连墙也兼起闸站侧导水墙及围堰作用，如图2-5-4所示。西线方案场地相对较宽阔，根据总体布置，二线船闸上闸首至一线船闸上闸首距离为29.1 m，只需局部进行基坑支护，即可进行施工，而闸首西侧可放坡进行大开挖，如图2-5-5所示，以节省基坑支护的投资。施工期技术难度和风险相对较小。

运行管理上，一、二线船闸上下游共用引航道，根据总体布置一、二线船闸均采用曲线进闸、直线出闸的方式,上下游均设置远调站,船只检查、登记、进出闸均安全可靠。

对周围建筑物的影响上,中隔堤方案上闸首基坑开挖时由于一、二线船闸之间距离太近,可能导致一线船闸门库因受力条件变化而产生倾斜,影响一线船闸的正常运行。若二线船闸中心线继续向东侧偏移,将影响节制闸西侧翼墙安全,节制闸的运行和安全也难以保证。施工期间对周围建筑物的安全运行存在风险。而西线方案上闸首与一线上闸首有29.1 m,通过局部的保护,可以保证施工期间一线船闸正常的运行安全。

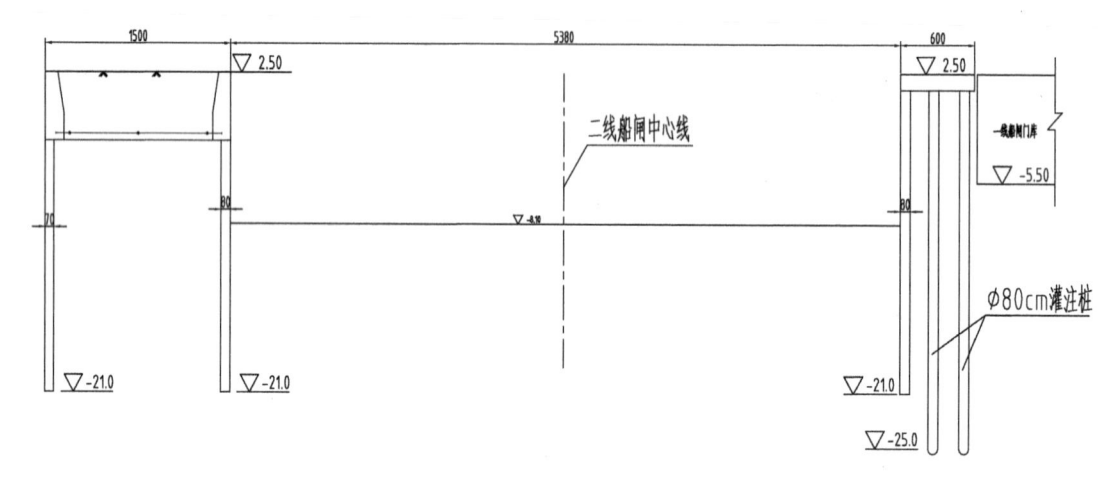

图 2-5-4 中隔堤方案

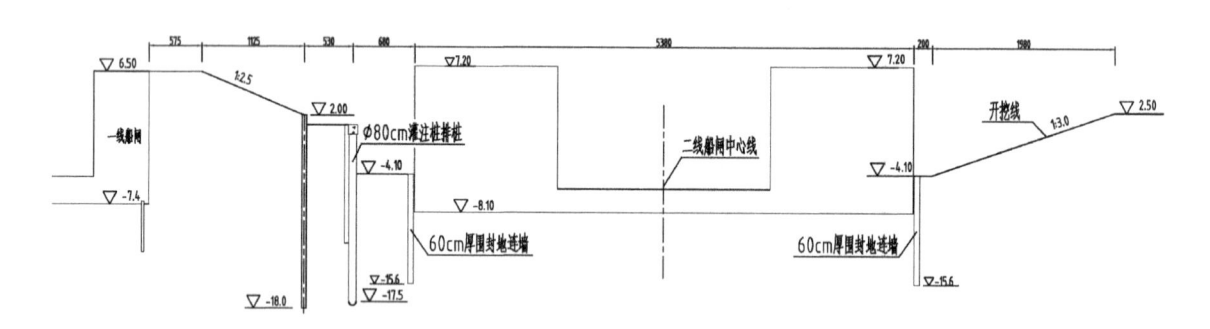

图 2-5-5 西线方案

投资上,中隔堤方案增加了大范围的基坑支护,投资增加较多;西线方案虽增加了上下游引航道的土方开挖,但通过船闸中心线优化调整,可适当减少土方开挖。经综合估算西线方案总投资约需 32 687 万元,中隔堤方案总投资估算约需 35 824 万元。

综合比较,两闸址方案均能满足设计规模船闸的总体布置要求,中隔堤方案投资较高,施工难度大,对一线船闸的安全运行存在风险;而西线方案实施可靠度高,施工技术简单,投资较省。为此,高港枢纽二线船闸闸址选择西线方案。

(三) 西线方案船闸中心线确定

二线船闸闸址为西线方案,上闸首的上游边缘与一线船闸上闸首的上游边缘齐平。二线船闸中心线位置确定主要从船闸总体布置、施工期间对周围建筑物的影响、减小上下游引航道的土方开挖及所有建筑物必须在征地红线范围内等方面综合分析确定。

二线船闸闸址为西线方案,中心线距离一线船闸确定为70 m,满足了二线船闸各建筑物的总体布置要求。虽然船闸上游公路桥与泰高公路的西接线距离较小,但西接线采用"Y"形平面形状与泰高公路连接,其纵坡达4%以下,并控制车速40 km/h,转弯半径$R=30$ m,也满足规范的最小极限要求。

一、二线船闸上闸首最近距离为29.1 m,距离虽较近,通过基坑的上、下两层支护和水泥搅拌桩的围封,二线船闸施工期间可保证一线船闸的安全运行。因征地红线的确定,下游引航道的护岸选择直立地连墙单锚方案,在下游引航道中段长约243 m,其锚碇结构建筑物的边线,距征地红线仅4.5 m,距离较小,若中心线西移4.5 m,需增加上下游引航道土方开挖约15万 m^3,需征用临时弃土区约60亩,临时征地费约400万元。

综上分析,二线船闸闸址西线方案,中心线距离一线船闸确定为70 m,并通过加强技术措施,确保施工期间一线船闸安全运行。

六、闸上公路桥接线连接

高港枢纽现有公路交通为一线船闸、节制闸和泵站公路桥横穿枢纽东西,东接高港区内道路,西连泰高公路,公路等级为三级。现状一线船闸公路桥净空高度7.0 m,主跨20 m,最大纵坡3%,桥面净宽6.0 m,路面高程11.08 m。新建二线船闸后,切断了两岸现有的交通,需建跨二线船闸公路桥,以维持两岸交通。

桥线设计方案在平面上受到泰高公路和枢纽建筑物的限制,且需与原枢纽上的公路桥相衔接;在纵断面上受到通航净空要求的控制,使得平面线形交点多、转弯半径小,纵曲线坡长短,纵坡大。路线的设计标准采用三级路的技术指标,设计速度为40 km/h。

设计中考虑两种道路接线方案进行比较。

方案一:二线船闸公路桥东接线与一线船闸公路桥的西桥台相连接,加固一线船闸公路桥西边跨,桥面适当加厚抬高至二线船闸公路桥面的11.20 m;西接线按纵坡4%,与泰高公路"Y"形连接。

方案二:二线船闸公路桥东接线与方案一相同,西接线采用高架桥跨越泰高公路,在泰高公路的西侧拐弯接入泰高公路,西接线按纵坡3%。

两种方案均能满足设计速度为40 km/h的三级路的设计指标。方案一、二东侧接线相同,方案二西侧接线虽纵坡较缓,但工程投资较大,需征用土地,施工期还影响泰高公路的行车。方案一西侧接线纵坡4%采用"Y"形路线接入泰高公路,对行车有一点影响,但控制车速,还是可以安全通行的。因此,闸上公路桥道路接线选择方案一。

七、船闸输水系统水力条件研究

二线船闸具有双向水头,采用短廊道和三角门门缝联合输水方式,根据总体布置与《船闸输水系统设计规范》(JTJ 306—2001)的有关规定及要求,对船闸输水系统进行水力条件分析研究,提出输水系统布置形式,并优化各部位细部尺寸,以确保输水系统运行安全及船舶安全快速过闸。

(一) 水位资料

二线船闸设计上下游特征水位见表2-5-1。主要有以下3种水位组合：

(1) 上游最高通航水位3.0 m～下游最低通航水位－0.5 m,水头3.5 m；
(2) 上游正常水位1.0 m～下游最高通航水位5.48 m,水头－4.48 m；
(3) 上游最低通航水位0.5 m～下游正常水位2.5 m,水头－2.0 m。

表 2-5-1　船闸设计水位表

工况	水位(m) 上游	水位(m) 下游	备注
最高通航水位	3.0	5.48	5.48 m 为 1954 年 8 月连续 7 d 高潮平均值
正常水位	1.0	2.5	
最低通航水位	0.5	－0.5	

由水位资料可知,正向最大水头略小于反向最大水头,但正向最大水头时闸室初始水深小于反向最大水头时的闸室初始水深,因此需对正、反向最大水头情况均进行输水系统水力分析研究。

(二) 设计船型及船队尺度

根据对航运的发展趋势以及一线船闸过闸船舶的调查,二线船闸工程近期船型主要以1 000吨级、500吨级、300吨级顶推(拖带)船队和100吨级拖带(单船)船队为主,设计采用的船型及船队尺度参见表1-1-9。

(三) 输水系统形式和布置

1. 输水系统形式

根据《船闸输水系统设计规范》(JTJ 306—2001),输水系统类型的选择公式为：

$$m = \frac{T}{\sqrt{H}}$$

式中：T——输水时间(min)；
　　　H——最大水头(m),$H=4.48$ m；$T=8$ min。

可得：

$$m = \frac{8}{\sqrt{4.48}} = 3.78$$

根据《船闸输水系统设计规范》,m值大于3.5,可采用集中输水系统方案。

集中输水系统船闸在水力特性上的弱点在于,首先充水初期较强的非恒定波浪运动会对船舶产生较大的波浪作用力,其次中期较大的水流能量集中进入闸室,导致较强烈的局部水流作用力。考虑到二线船闸为双向水头,其输水闸门采用可以动水启闭的三角门,在输水临近结束时可开启闸门输水以缩短输水时间；而消减波浪作用力和局部水流作用力,并通过合适的阀门开启速度及消能布置加以控制,同时考虑在高水头条件下可适当延长输水时间。因此,二线船闸采用短廊道和三角门门缝联合输水的集中输水系统。

2. 输水系统主要尺寸

在进行输水系统的布置时,首先要确定短廊道输水阀门处廊道断面尺寸,由于是联合输水,计算十分复杂。将短廊道输水和三角门门缝输水分开考虑,即上下游水位差 $H_k \geqslant 0.4$ m 时,由短廊道输水;上下游水位差 $H_k \leqslant 0.4$ m 时,由短廊道和三角门门缝联合输水,初步估算短廊道输水阀门处廊道断面尺寸时只考虑三角门门缝输水,并通过输水流量不均匀系数加以调整。

首先,计算上下游水位差 $H_k \leqslant 0.4$ m 时三角门门缝输水的时间。由于三角门门缝输水控制的水力指标为闸室流速 $v_k \leqslant 0.25$ m/s,因此其要求的输水时间 T_k 为:

$$T_k \geqslant \frac{C \cdot H_k}{\beta \cdot v_k \cdot (H - H_k + H_s) \cdot B}$$

式中:C——计算闸室水域面积(m^2),$C = 23 \times 253 = 5\,819\ m^2$;

H——水头(m),正、反向最大水头分别为 $H = 3.5$ m 和 $H = 4.48$ m;

β——输水流量不均匀系数,考虑到闸室水位上升及短廊道输水等因素,取 $\beta = 1.5$;

H_s——闸室初始水深(m),正向最大水头时 $H_s = 4.0$ m,反向最大水头时 $H_s = 5.5$ m;

B——闸室宽度(m),$B = 23.0$ m。

计算得正、反向最大水头时分别需要 $T_k \geqslant 38$ s 和 $T_k \geqslant 28$ s,因此要求短廊道输水系统的输水时间分别为:正向最大水头时 $T_d \leqslant T - T_k = 480 - 38 = 442$ s,反向最大水头时 $T_d \leqslant T - T_k = 480 - 28 = 452$ s。

对于短廊道输水系统,根据《船闸输水系统设计规范》(JTJ 306—2001),输水时间为:

$$T = \frac{2C\sqrt{H}}{\mu\omega\sqrt{2g}[1-(1-\alpha)k_v]}$$

式中:ω——输水阀门处廊道断面面积(m^2);

μ——阀门全开时的流量系数,根据已有采用类似输水系统布置的船闸的物理模型试验研究成果,取 $\mu = 0.73$;

α——系数,可按《船闸输水系统设计规范》(JTJ 306—2001)中的表 3.3.2 选用,$\alpha = 0.55$;

k_v——阀门开启时间与输水时间之比,暂取 0.8;

g——重力加速度(g/s^2)。其余符号意义同前。

要求的为水头由 H 至 H_k 的输水时间,因此上式需要改为:

$$T_d = \frac{2C\sqrt{H}}{\mu\omega\sqrt{2g}[1-(1-\alpha)k_v]} - \frac{2C\sqrt{H_k}}{\mu\omega\sqrt{2g}}$$

由此可得:$\omega = \dfrac{2C}{\mu \cdot T_d \sqrt{2g}} \cdot \left[\dfrac{1}{1-(1-\alpha)k_v}\sqrt{H} - \sqrt{H_k}\right]$

经计算,正向最大水头时 $\omega = 18.7\ m^2$,反向最大水头时 $\omega = 21.3\ m^2$。考虑计算时相关系数为根据经验取值或暂定值,因此为了留有一定余地,取短廊道阀门处廊道断面尺寸及面积为 $2 \sim 3.5$(高)$\times 3.5$ m(宽),$= 24.5\ m^2$。

上闸首由短廊道侧面进、出水,出水口外设消力槛,进水口廊道底高程为 -5.60 m,廊道顶高程为 -2.10 m;下闸首采用反向布置,以充分利用门库进行消能,其短廊道也由侧面进、出水,出水口外设消力槛,进水口廊道底高程为 -5.00 m,廊道顶高程为 -1.50 m。

3. 阀门开启方式的确定

阀门开启方式关系到船舶纵向波浪力及闸室的输水时间,通常设计时首先由船舶初始波浪力确定允许的阀门匀速开启的全开时间,然后再核算其输水时间能否满足要求。若输水时间过长,则应采用先慢后快的变速开启方式以满足其输水时间的要求;若输水时间过短,则说明原设计的阀门段廊道断面面积太大,应予以缩小。

(1) 充水阀门的开启时间。

充水阀门的开启时间分正向和反向水头两种条件分别计算分析。根据《船闸输水系统设计规范》(JTJ 306—2001),匀速开启的允许阀门全开时间 t_v 可由下式确定

$$t_v = \frac{k_r \omega D W \sqrt{2gH}}{P_L(\omega_c - \chi)}$$

$$D = \frac{1 + 2a\sqrt{\alpha} + 4b(\sqrt{\alpha} - \alpha\beta)}{1 + 2a}$$

其中:$a = l_B/l_C$;$b = l_H/l_C$;$\alpha = \dfrac{\omega_C - \chi}{\omega_C}$;$\beta = \dfrac{4\sqrt{\alpha}}{(1+\sqrt{\alpha})^2}$

上列各式中:k_r——系数,对锐缘平面阀门可取值 0.725;

P_L——船舶允许纵向力,对 1 000 t 船舶 $P_L = 32$ kN;

ω——阀门处廊道断面面积(m²),$\omega = 24.5$ m²;

H——设计水头(m),正向 $H = 3.5$ m,反向 $H = 4.48$ m;

W——船舶(队)排水量(t),取设计最大船队 $2 \times 1\,000$ t,$W = 2\,700$ t;

ω_c——闸室初始过水横断面面积(m²);

正向水头:$\omega_c = 23 \times 4.0 = 92.0$ m²;

反向水头:$\omega_c = 23 \times 5.5 = 126.5$ m²;

χ——船舶浸水横断面面积(m²),以双列 $2 \times 1\,000$ t 船队计算;$\chi = 10.8 \times 2.0 \times 2 = 43.2$ m²;

t_v——输水阀门开启时间(s);

α——断面系数,以双列 $2 \times 1\,000$ t 船队计算;

正向水头:$\alpha = \dfrac{92.0 - 43.2}{92.0} = 0.530$;

反向水头:$\alpha = \dfrac{126.5 - 43.2}{126.5} = 0.658$;

β——系数,正向水头:$\beta = \dfrac{4\sqrt{0.53}}{(1+\sqrt{0.53})^2} = 0.975$;

反向水头:$\beta = \dfrac{4\sqrt{0.658}}{(1+\sqrt{0.658})^2} = 0.989$;

l_C——船舶(队)换算长度(m),$l_C = 2\,700/(10.8 \times 2.0) = 125$ m;

l_B——船首离上闸首距离,取 $l_B = 6.0$ m;因此 $a = l_B/l_C = 0.048$;

l_H——船尾离下闸首距离,$l_H = 99$ m;因此 $b = l_H/l_C = 0.792$。

由此可得,正向水头双列船队的波浪力系数 $D=1.587$,相应的充水阀门全开时间约为 $t_v = 404$ s。反向水头双列船队的波浪力系数 $D=1.447$,相应的充水阀门全开时间约为 $t_v=244$ s。

(2) 泄水阀门的开启时间。

对于泄水阀门的开启方式,主要受下游引航道船舶停泊条件及引航道流速条件的控制。二线船闸上游引航道宽度为 61.5 m,底高程为 -4.0 m(停船段);下游引航道宽度为 61.5 m,底高程为 -4.5 m。

船闸泄水时引航道内停泊的船舶所受的波浪力可采用简化计算公式分析,即:

$$P = \frac{k_r \beta \omega W \sqrt{2gH}}{t_v(\omega_n - \chi)}$$

式中:β 为经验系数,根据已有研究成果,β 随阀门开度及流量增加而由 1.0 变化到 1.6;ω_n 为引航道过水断面面积,其余符号意义同前。由上式,根据 1 000 t 船舶(队)允许的波浪力值,可计算得出满足船舶系缆力要求的泄水阀门开启时间分别为 86 s(正向最大水头)和 79 s(反向最大水头)。

考虑到必须满足船闸泄水时引航道的水流条件,即根据《船闸输水系统设计规范》(JTJ 306—2001)下游引航道流速不应大于 0.8~1.0 m/s,因此二线船闸泄水时引航道船舶所受波浪力不是泄水阀门开启方式的控制条件,需考虑泄水时引航道内流速条件等各种因素后再确定。

(3) 结论。

根据对充、泄水阀门开启时间的水力计算分析结果,同时由于船闸具有双向水头,在综合考虑船舶停泊条件、输水时间要求、闸室及引航道水流条件等多种因素的前提下,尽量简化阀门运行方式,从而便于船闸运行及操作管理。因此,确定二线船闸上闸首输水阀门开启时间为 390 s,下闸首输水阀门开启时间为 300 s,见表 2-5-2。

表 2-5-2 船闸输水阀门开启方式

项目	水头(m)	充水阀门开启时间(s)	泄水阀门开启时间(s)
正向最大水头	3.50	390(上闸首)	300(下闸首)
反向最大水头	4.48	300(下闸首)	390(上闸首)
反向常水头	2.00	300(下闸首)	390(上闸首)

该输水系统的形式和阀门开启方式还需经输水系统水力学数学模型计算进一步验证。

(四) 数学模型和计算方法

船闸输水过程仿真数学模型按不同的处理方法可分为两类:即总流法和分流法。前者将船闸出水孔段概化为单孔情况进行分析计算,用于研究确定船闸输水过程中的总流量、闸室水位、输水时间等水力特征值；后者则直接考虑出水孔段各支孔的流量分配规律。

1. 短廊道输水过程数学模型

根据 Bernoulli 方程，可以写出描述单级船闸输水时的非恒定流方程组，即

$$H_1 - H = (\zeta_1 + \zeta_{v1}) \frac{Q_1 |Q_1|}{2g\omega_1^2} + \frac{L_1}{g\omega_1} \frac{dQ_1}{dt}$$

$$H - H_2 = (\zeta_2 + \zeta_{v2}) \frac{Q_2 |Q_2|}{2g\omega_2^2} + \frac{L_2}{g\omega_2} \frac{dQ_2}{dt}$$

$$Q_1(t) = S \frac{dH(t)}{dt}$$

$$Q_2(t) = -S \frac{dH(t)}{dt}$$

式中：H_1、H、H_2——上游水位、闸室水位和下游水位(m)；

ζ、ζ_v——输水廊道阻力系数和阀门阻力系数；

ω——输水阀门处廊道断面面积(m^2)；

Q——闸室输水流量(m^3/s)；

S——闸室水域面积(m^2)；

L——廊道换算长度(m)；

下标 1、2 分别代表充水和泄水。

2. 三角门输水过程数学模型

三角门门缝输水其水流流态十分复杂，美国一般采用下式计算：

$$Q_k = \mu_d \omega_k \sqrt{2gh}$$

式中：Q_k——三角门门缝输水流量；

μ_d——三角门门缝输水流量系数，根据美国的试验资料，可取 0.55；

ω_k——三角门门缝过水断面面积，计算中取三角门匀速全开时间为 240 s；

h——门缝上下游水位差。

3. 数值方法

用迭代和差分法求解上述方程组，就可得到船闸联合输水过程的水力特征值，如流量过程线、水位过程线等。

（五）输水水力特性

二线船闸具有双向水头，上、下闸首布置基本相同，仅槛的高度及底高程有所差别，因此上、下闸首输水系统流量系数基本相同，水力特性计算时上、下闸首输水系统采用相同的充、泄水流量系数，根据已有采用类似输水系统布置的船闸输水系统模型试验研究成果，取高港二线充、泄水流量系数分别为 0.73 和 0.75。

按推荐的阀门开启方式，计算得出正向最大水头、反向最大水头及常水头充、泄水水力特性曲线如图 2-5-6～图 2-5-11 所示，水力特征值见表 2-5-3。

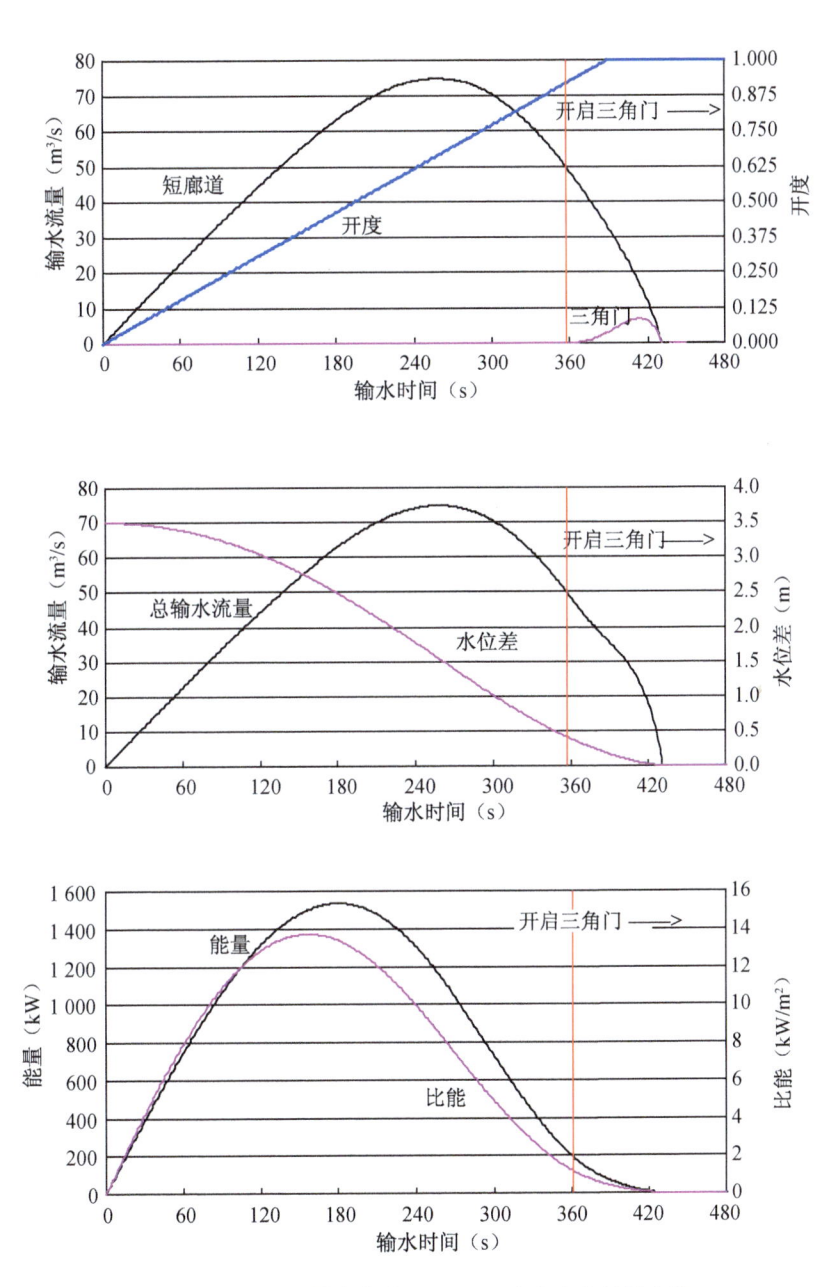

图 2-5-6　正向最大水头 $t_v=390$ s 充水水力特性曲线

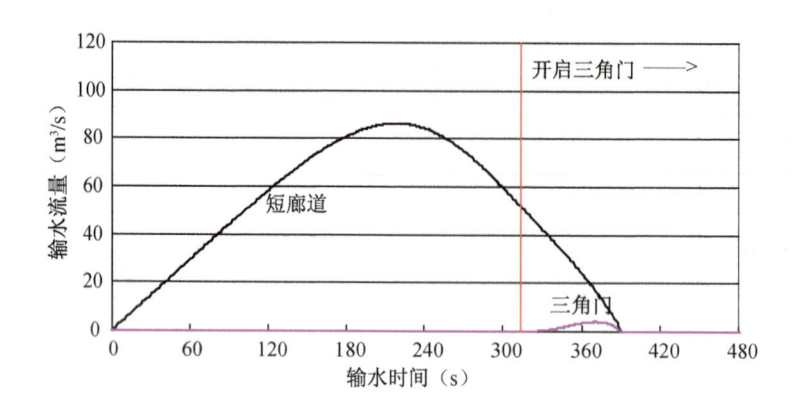

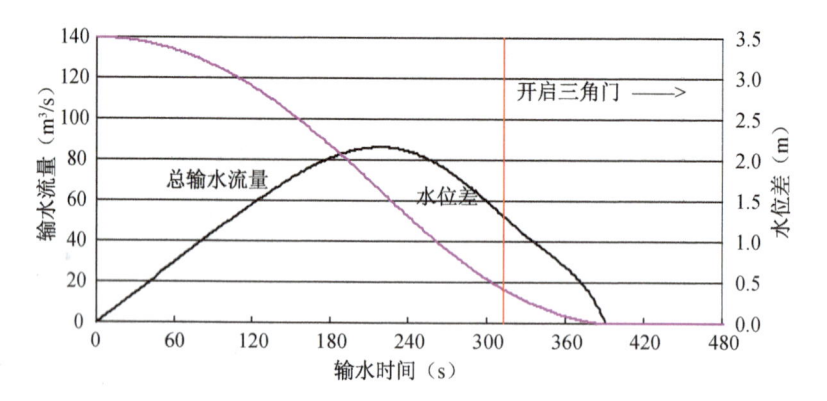

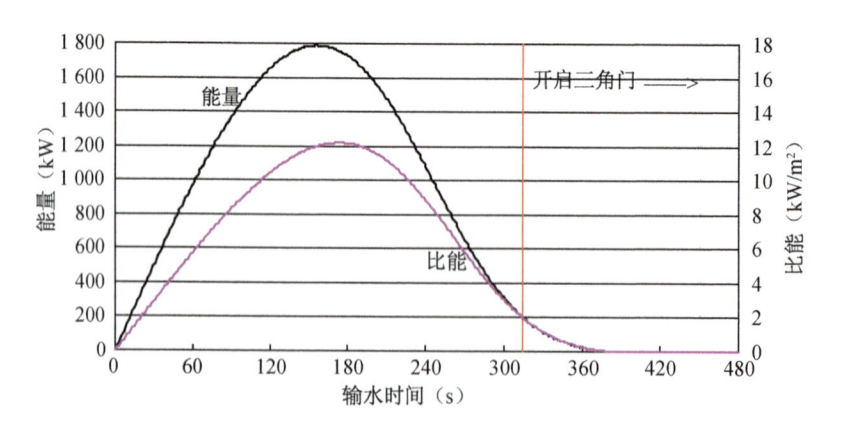

图 2-5-7　正向最大水头 $t_v=300$ s 泄水水力特性曲线

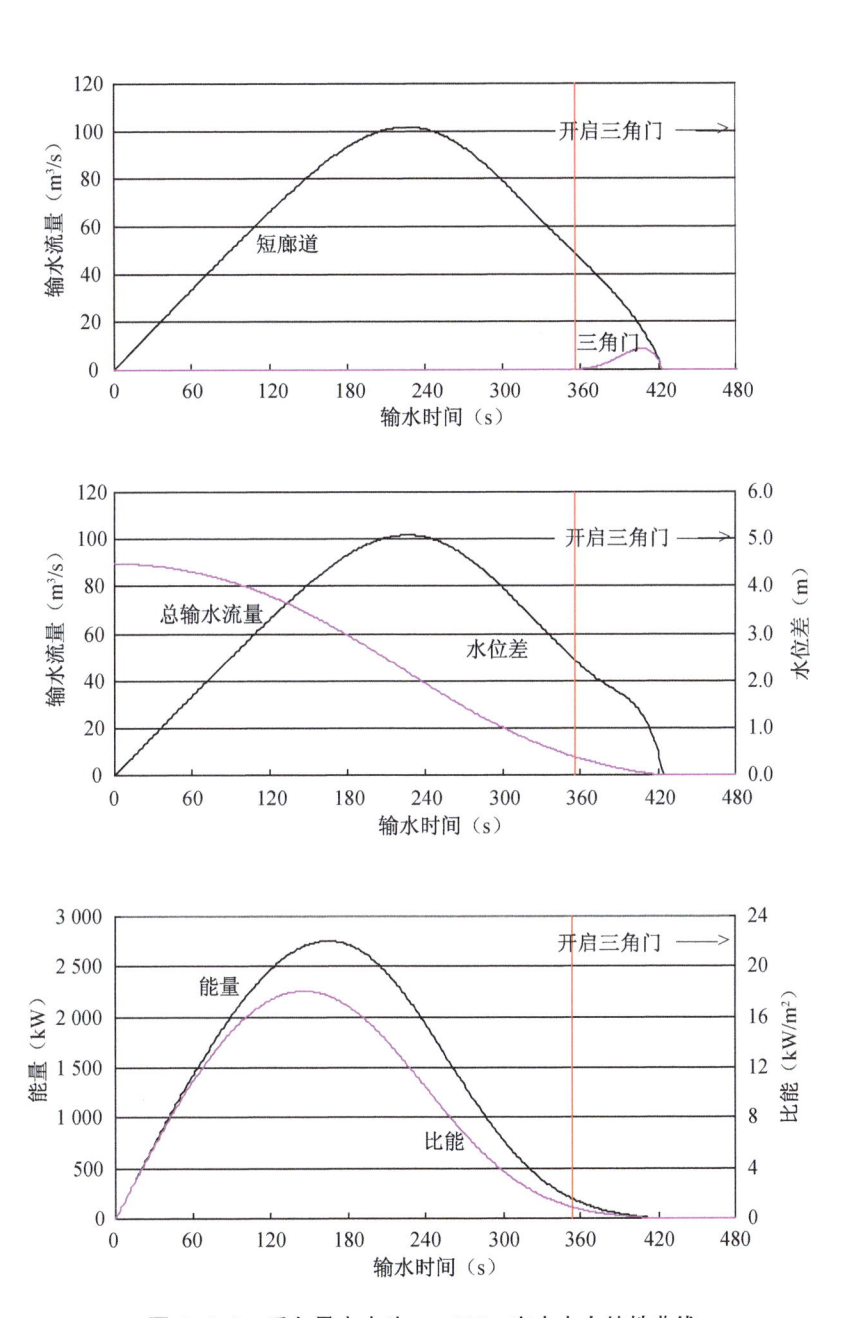

图 2-5-8　反向最大水头 $t_v=300\ \text{s}$ 充水水力特性曲线

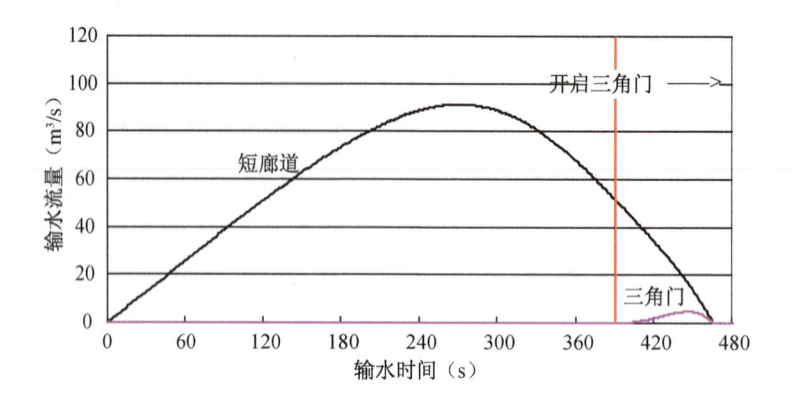

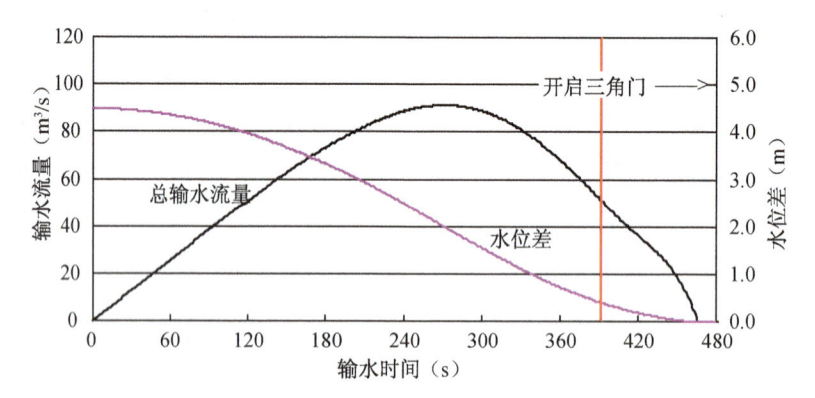

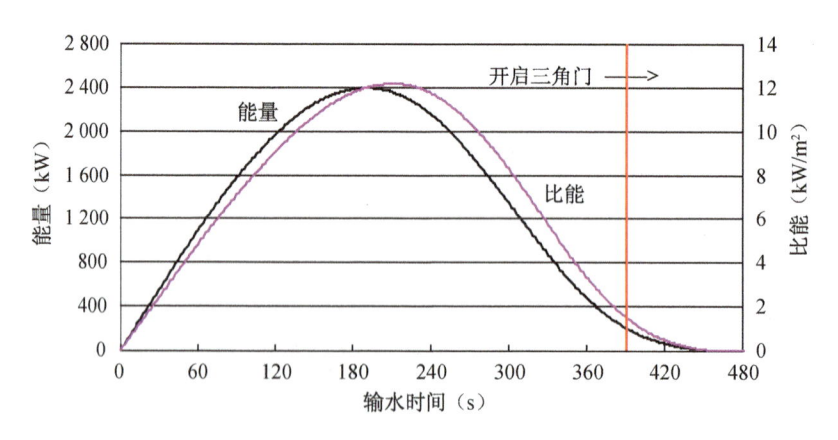

图 2-5-9　反向最大水头 $t_v = 390$ s 泄水水力特性曲线

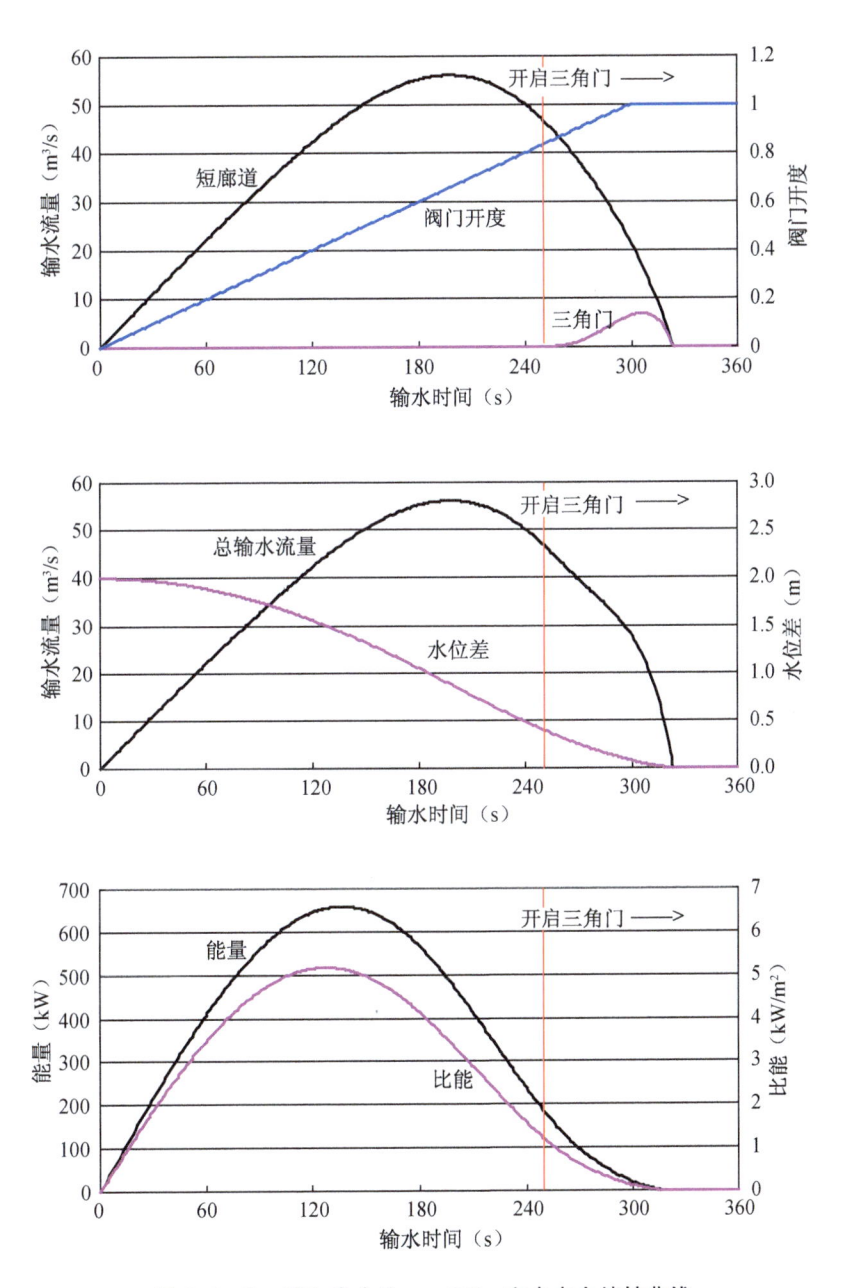

图 2-5-10　反向常水头 $t_v=300$ s 充水水力特性曲线

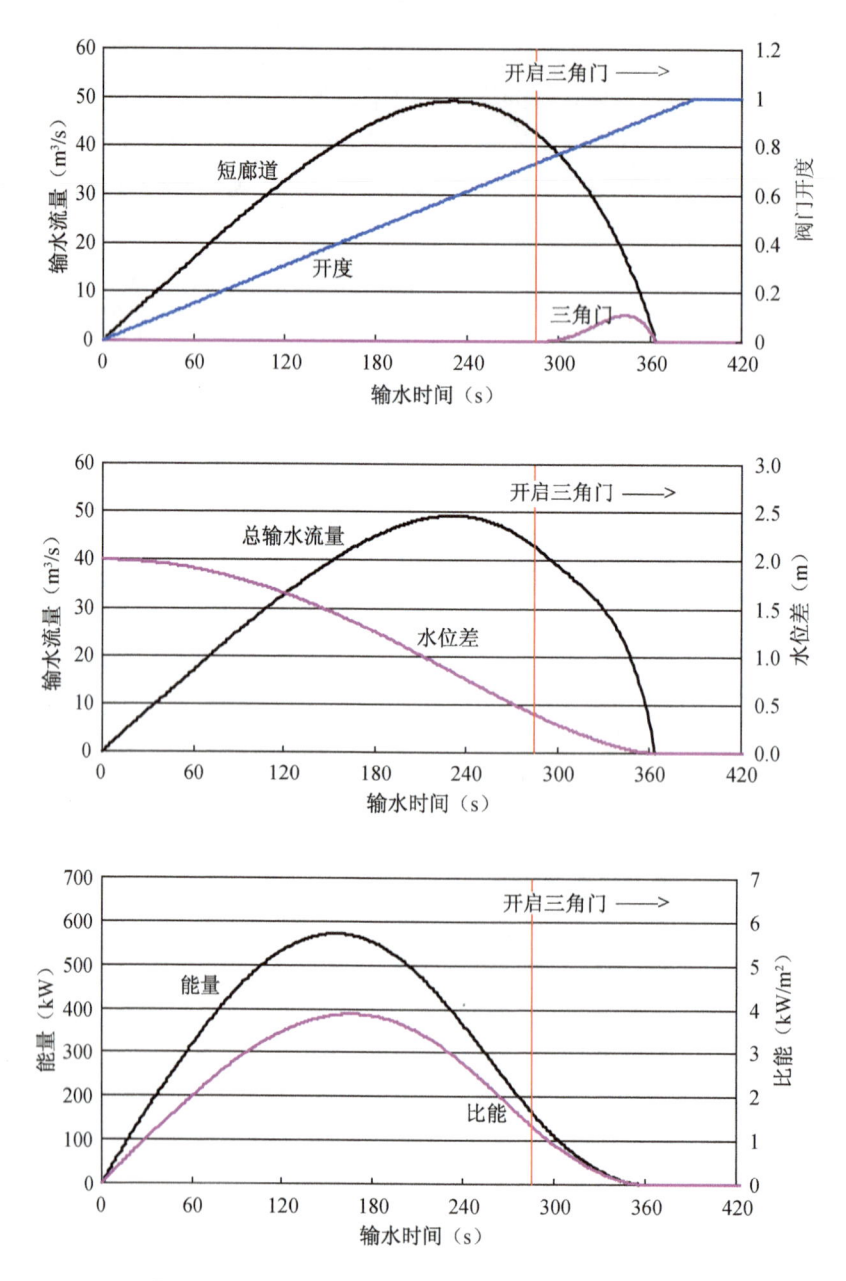

图 2-5-11　反向常水头 t_v＝390 s 泄水水力特性曲线

表 2-5-3　闸室输水时最大水力特性值表

工况	水头 (m)	t_v (s)	T (min)	Q_{max} (m³/s)	E_{max} (kW)	E_{pmax} (kW/m²)	v_{max1} (m/s)	v_{max2} (m/s)
充水	正向 3.50	390	7.15	75	1 536	13.70	0.57	0.04
	反向 4.48	300	7.04	102	2 753	18.05	0.59	0.04
	反向 2.00	300	5.40	56	658	5.17	0.40	0.04
泄水	正向 3.50	300	6.49	86	/	/	0.39	/
	反向 4.48	390	7.73	91	/	/	0.33	/
	反向 2.00	390	6.04	49	/	/	0.18	/

注：v_{max1} 充水指闸室断面最大平均流速，泄水指下游引航道断面最大平均流速；v_{max2} 为三角门门缝充水产生的闸室断面最大平均流速。

由图表可见：正向最大水头充水阀门 t_v=390 s 开启时的最大充水流量为 75 m³/s，闸室断面最大平均流速为 0.57 m/s，充水时间为 7.15 min；反向最大水头充水阀门 t_v=300 s 开启时的最大充水流量为 102 m³/s，闸室断面最大平均流速为 0.59 m/s，充水时间为 7.04 min；正向最大水头泄水阀门 t_v=300 s 开启时的最大泄水流量为 86 m³/s，下游引航道断面最大平均流速为 0.39 m/s，泄水时间为 6.49 min；反向最大水头泄水阀门 t_v=390 s 开启时，上述相应值分别为 91 m³/s、0.33 m/s 和 7.73 min。正、反向最大水头充泄水平均时间分别为 6.82 min 及 7.39 min，常水头充、泄水平均时间小于 6 min。三角门门缝输水产生的断面最大平均流速小于 0.25 m/s。以上指标均满足设计和规范要求。

根据计算的充泄水水力特性结果可以发现，正向最大水头以及反向常水头充水时，短廊道输水阀门尚未开启完毕水位差变已达到 0.40 m，此时三角闸门也开始开启；而反向常水头泄水运行时，输水结束后短廊道输水阀门尚未开启完毕。因此，在设计液压启闭机和电气系统中也考虑了短廊道输水阀门和三角闸门同时运行的情况。

八、一、二线导航墙加固连接处理

（一）一、二线船闸导航墙布置

高港枢纽二线船闸位于一线船闸西侧，其顺水流向中心线距一线船闸中心线 70 m，上闸首的上游边缘与一线船闸闸首的上游边缘齐平。二线船闸与一线船闸上下游共用引航道，应按双向过闸布置导航和靠船建筑物，两船闸内侧导航墙需连接。引航道的布置为对称形，采用双向曲线进闸，直线出闸的过闸方式如图 2-5-12。

1. 一线船闸导航墙的布置

一线船闸上下游导航墙有效长度均为 70 m，采用直线段与圆弧段结合的喇叭口布置形式。与二线船闸相连的为上下游西侧导航墙：一线船闸上游西侧共有 5 节导航墙，均为浆砌块石重力或半重力式结构，前 2 节导航墙下地基处理方式为地连墙防渗及搅拌桩加固，第三、四、五节导航墙采用天然地基，墙后填土高程为 4.0～0.5 m；一线船闸下游西侧共有 5 节导航墙，均为浆砌块石重力式结构，前 4 节导航墙基础处理采用了地连墙防渗及搅拌桩加固，第五节导航墙采用天然地基，墙后填土高程为 4.0～0.5 m。

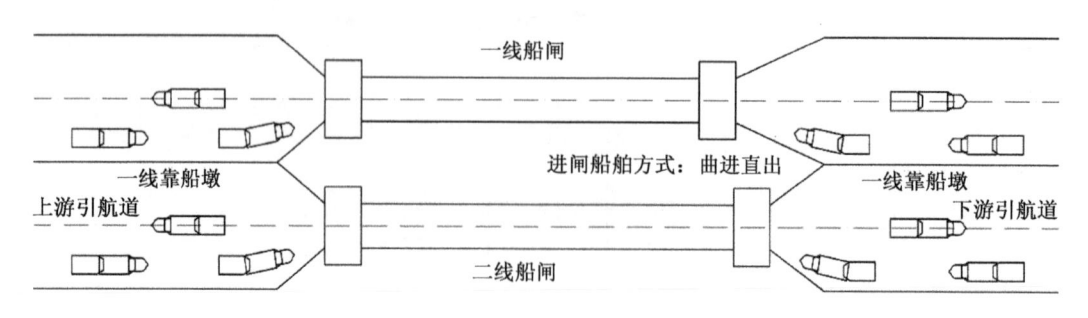

图 2-5-12 一、二线船闸引航道平面布置示意图

2. 二线船闸导航墙的设计方案

二线船闸上下游导航墙有效长度均为 70 m,采用直线段与圆弧段结合的喇叭口布置形式。与一线船闸相连的为上下游东侧导航墙:上游东侧导航墙需与一线船闸上游西侧导航墙相连接,由于场地狭小,为保证一线船闸导航墙的安全,采用卸荷板整体锚碇地连墙和锚碇承台拉锚地连墙结构,地连墙厚 80 cm,胸墙顶高程 4.0 m,桩基承台锚碇;下游东侧导航墙与一线船闸下游西侧导航墙相连接,为卸荷板整体锚碇地连墙和对锚灌注桩排桩结构,地连墙厚 80 cm,灌注桩排桩直径 80 cm,填土高程为 7.0 m。

(二) 一、二线船闸导航墙连接方案与加固设计

1. 连接方案

根据《船闸总体设计规范》,共用引航道的双线船闸,一线船闸的灌、泄水及船只进、出闸不应影响另一线船闸的正常运行,故两船闸内侧的导航墙需连接。

(1) 一、二线船闸上游导航墙连接方案。

限于施工条件,二线船闸上游东侧导航墙为拉锚地连墙结构,墙身厚 80 cm,与一线船闸导航墙末端为圆弧连接,故采用 6 根直径 80 cm 的灌注桩排桩相接,桩顶与一线导航墙加固空箱固结。图 2-5-13 为一、二线船闸上游导航墙连接段平面图。

由于原一线船闸上游西侧导航墙墙后填土高程由 4.0 m 过渡到 0.5 m,而二线船闸实施后上游东侧导航墙与一线船闸上游西侧导航墙交圈,墙后填土高程统一抬高至 4.0 m,第一节导航墙没有改变其受力状况,第二节导航墙受力状况改变较小,需进行复核验算,其复核结果表明,第二节翼墙在地震期时地基应力不均匀系数比较大,但未出现拉应力,对第二节导航墙后回填土范围采用水泥搅拌桩加固,以提高土体的物理力学指标,减小土压力。其余 3 节导航墙的受力状况改变较大,需进行加固处理。

(2) 一、二线船闸下游导航墙连接方案。

二线船闸下游东侧导航墙近闸首处为卸荷板拉锚地连墙,卸荷板结合一线导航墙加固空箱布置,远闸首处采用对锚灌注桩排桩结构与一线船闸导航墙相连。图 2-5-14 为一、二线船闸下游导航墙连接段平面图。由于一线船闸下游西侧第一、二、三节墙原墙后填土高程为 4.0~0.5 m,第四、五节墙原墙后填土高程为 0.5 m,二线船闸实施后下游东侧导航墙与一线船闸下游西侧导航墙交圈,第一、二、三节墙后填土至高程 8.5 m,第四、五节墙填土至 7.0 m 高程,所有导航墙受力状况均发生了较大改变,因此,原一线船闸下游西侧导航墙不能满足稳定要求,需进行加固处理。

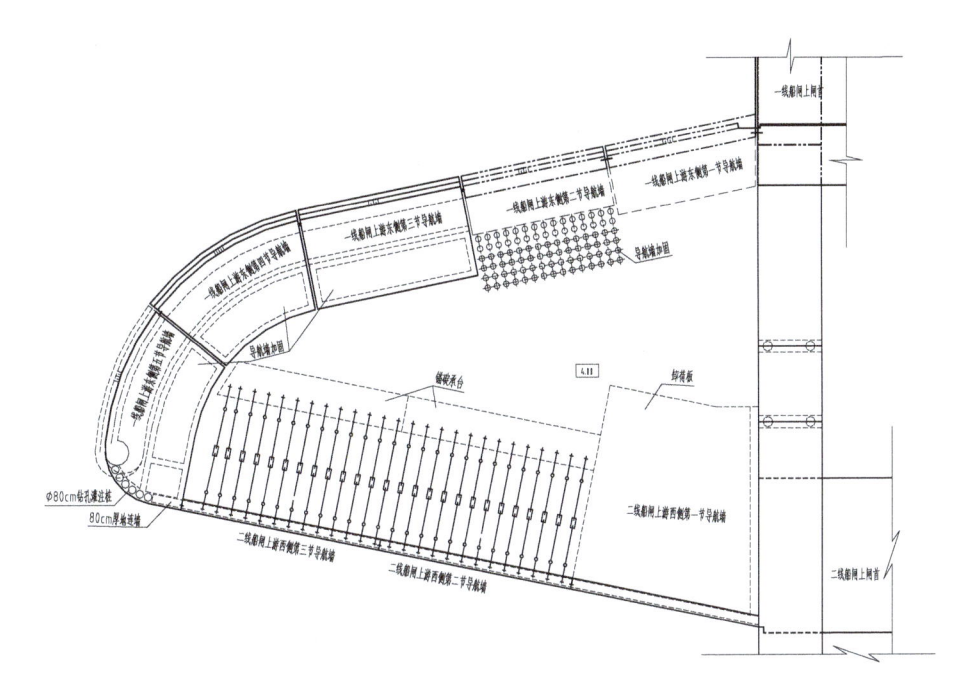

图 2-5-13　一、二线船闸上游导航墙连接段平面图

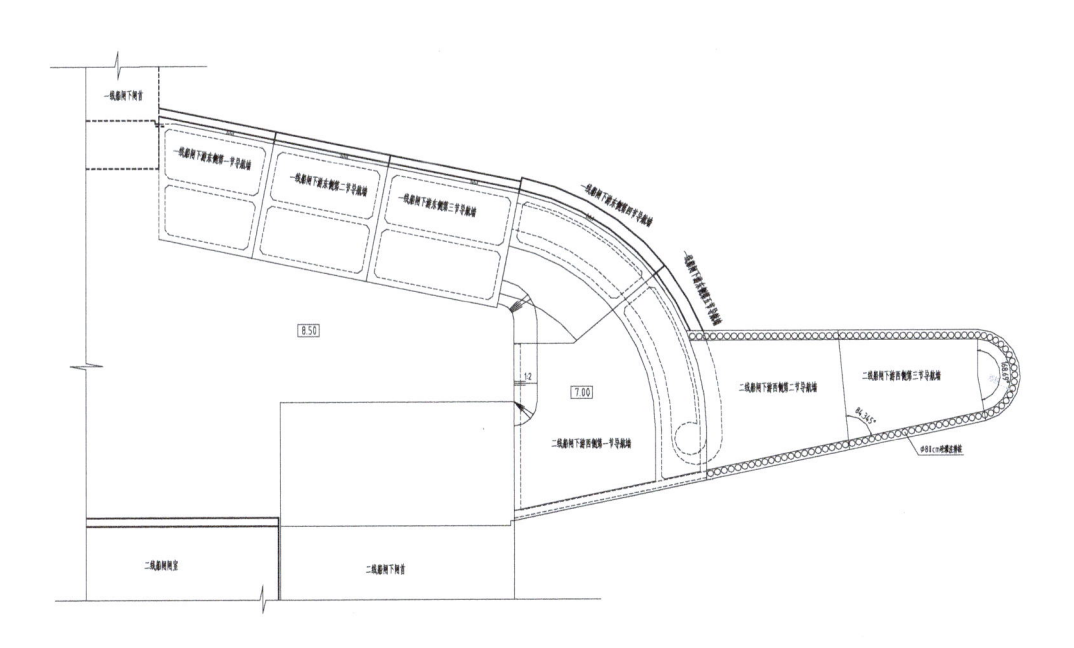

图 2-5-14　一、二线船闸下游导航墙连接段平面图

2. 加固设计

一线船闸导航墙的加固是在一线船闸不断航的基础上进行的,既要确保一线船闸的安全运行,又要保证工程的顺利实施。由于无法打围堰进行加固施工,设计采用在原有导航墙顶部增设空箱减载的方式进行加固处理。利用空箱承担原地面以上部分土压力,空箱受力通过桩基传入土中,不会因超载而增加土压力,从而保证了原导航墙的稳定和结构安全。

(1) 一线船闸上游西侧导航墙加固。

一线船闸上游西侧加固的导航墙为第三、四、五节,均在原导航墙顶部增设空箱减载。将原导航墙盖顶凿除至高程 3.4 m,浇筑空箱顶板,与浆砌块石导航墙墙身简支连接,空箱底部高程为 0.5 m,与原设计地面一致,底板下设 2 排直径 60 cm 的灌注桩,空箱与原导航墙墙身之间采用 10% 水泥土回填。加固后高程 0.5 m 以上部分的土压力由空箱承担,并通过灌注桩传入土中,保证了导航墙的稳定(图 2-5-15)。

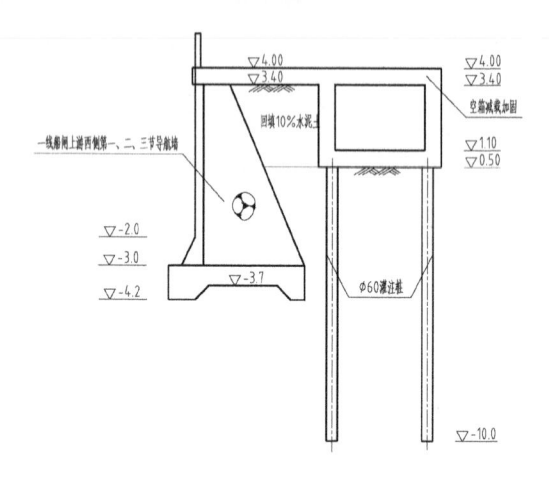

图 2-5-15　一线船闸上游西侧导航墙加固图

(2) 一线船闸下游西侧导航墙加固。

一线船闸下游西侧所有导航墙受力状况均发生了较大改变,均需加固处理。下游西侧第一、二、三节导航墙原墙顶高程为 7.0 m,二线船闸实施后,墙顶高程需抬高至 8.5 m,故设计将空箱底部高程 4.0 m(与原设计地面一致)以上的原导航墙墙身全部凿除做成空箱结构减载,空箱下设 2 排直径 60 cm 的灌注桩。加固后原地面高程 4.0 m 以上填土所产生的土压力由空箱承担,而空箱受力通过桩基传入土中,从而保证了导航墙稳定安全(图 2-5-16);第四节导航墙加固时将高程 2.5 m 以上的原墙身凿除后做成空箱和卸荷板卸载,空箱和卸

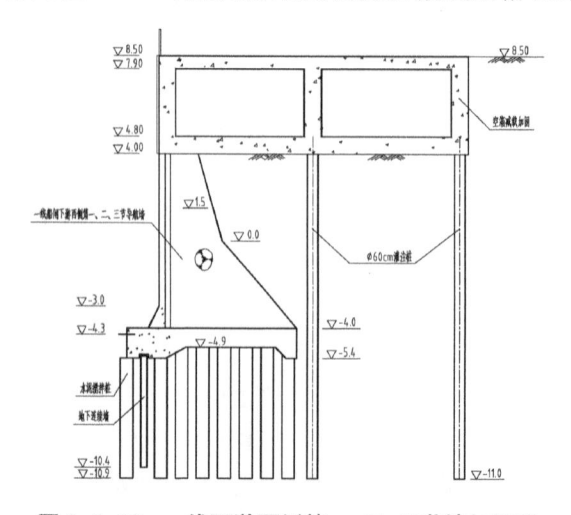

图 2-5-16　一线下游西侧第一、二、三节墙加固图

荷板下设灌注桩受力(图2-5-17);第五节导航墙为与二线船闸导航墙的连接段,采用空箱加固结合卸荷板的形式布置,卸荷板底高程为2.5 m,卸荷板下利用灌注桩承担上部土重和土压力,确保了导航墙的稳定(图2-5-18)。

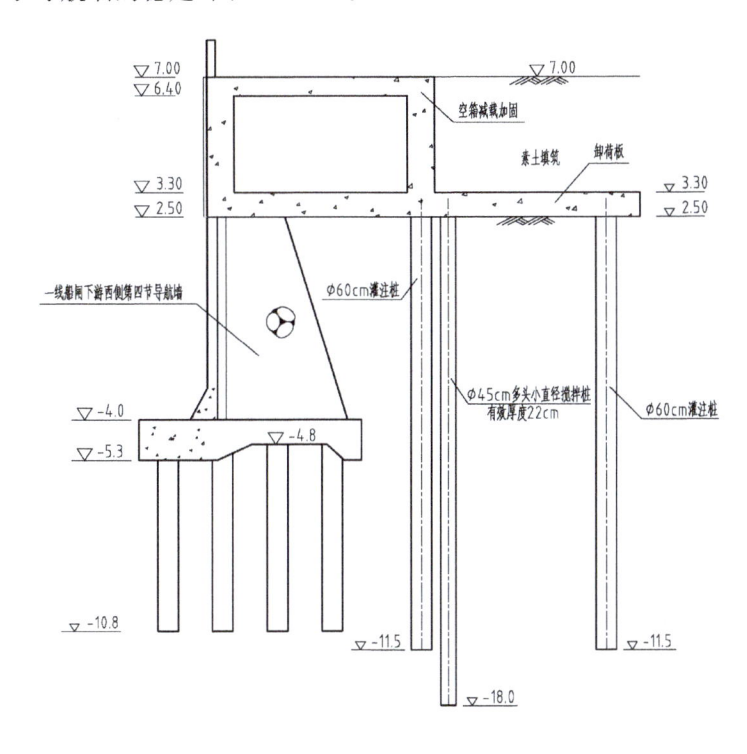

图 2-5-17　一线下游西侧第四节墙加固图

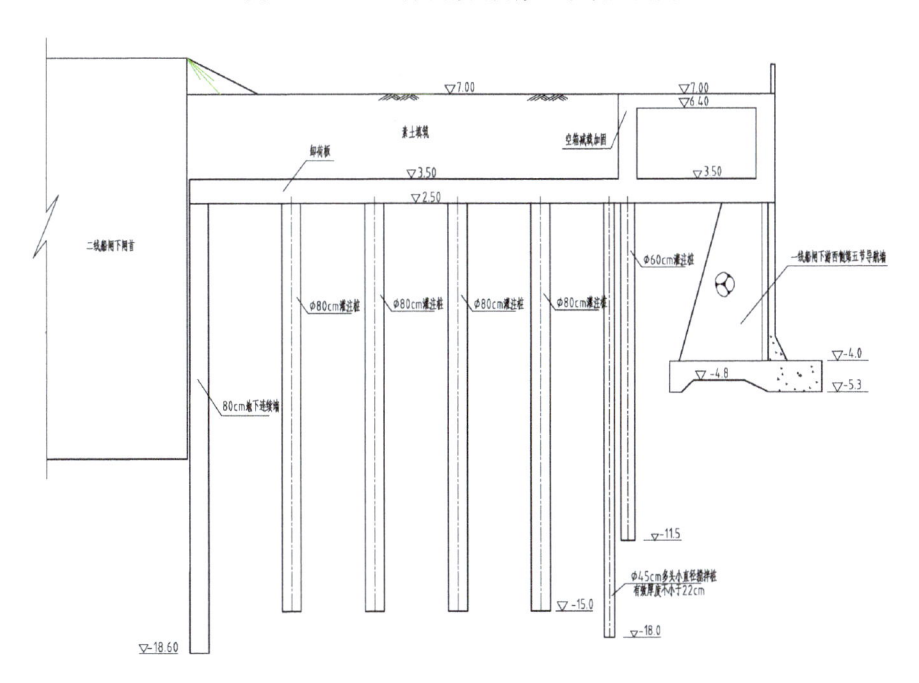

图 2-5-18　一线船闸下游西侧第五节导航墙加固图

（三）实施效果

二线船闸开工后，在保证一线船闸正常通航的情况下，先加固一线船闸西侧导航墙，后实施二线船闸导航墙，最后对上部结构局部进行整体连接，保证了导航墙连接的顺利实施。在施工过程中，对一线船闸导航墙的位移和沉降进行了监测，情况良好，没有引起原一线船闸导航墙的较大变形。

九、上、下闸首基坑支护

（一）简述

高港枢纽二线船闸位于已建一线船闸西侧，一、二线船闸中心线之间的距离70 m，二线船闸上闸首距一线船闸上闸首间仅29.1 m；二线船闸下闸首距一线船闸下游导航墙前沿仅25.8 m（图2-5-19）。二线船闸上、下闸首底板底高程分别为－8.1 m和－7.5 m，而现状地面高程分别为6.5 m和6.0 m，上、下闸首基坑开挖深度分别为14.6 m和13.5 m，基坑开挖面均低于一线船闸相邻建筑物的底板高程。为保证施工期一线船闸的安全运行，必须对二线船闸上、下闸首基坑实行支护。

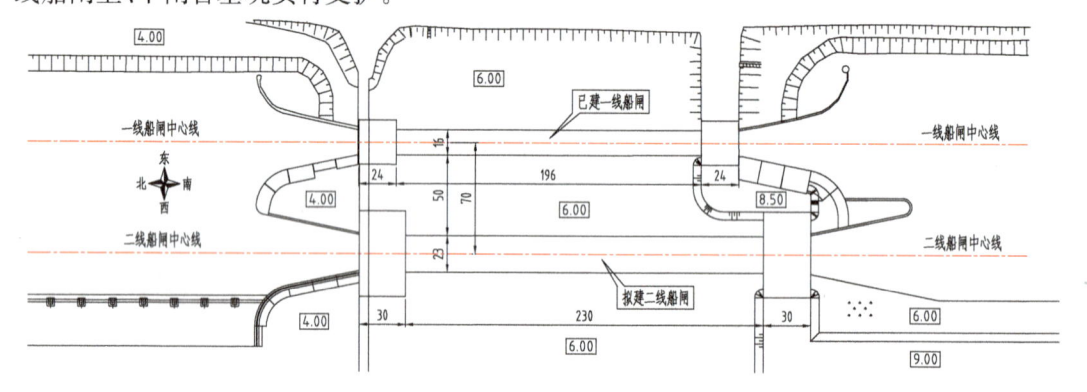

图 2-5-19　船闸平面示意图

（二）工程地质

根据工程地质勘察报告，本工程闸址地基土层多为砂性土层，渗透性强，渗流稳定性差，极易发生渗流破坏。表2-5-4为场地各土层颗粒组成及渗透系数汇总表，土层分布如图2-5-20和图2-5-21所示。

表 2-5-4　场地土层颗粒组成及渗透系数汇总表

土层号	土的类型	颗粒组成（%） 0.5～0.25（mm）	0.25～0.075（mm）	0.075～0.005（mm）	<0.005（mm）	渗透系数 k(cm/s)
C	轻粉质壤土，为人工堆土	1.5	22.8	65.7	10	9.37E－4
①$_3$	轻粉质沙壤土，夹壤土薄层	5.5	39.5	50.4	4.6	1.54E－3
②$_1$	粉砂、细砂，夹壤土薄层	6.8	54.7	36.2	2.3	4.05E－3
②$_2$	淤泥质重粉质壤土，夹沙壤土薄层	/	0.5	72.8	26.7	5.00E－6

续表

土层号	土的类型	颗粒组成（%） 0.5～0.25 (mm)	0.25～0.075 (mm)	0.075～0.005 (mm)	<0.005 (mm)	渗透系数 k(cm/s)
②$_3^{上}$	重粉质沙壤土，夹壤土薄层	1.0	30.4	62.5	6.1	8.93E−4
②$_3^{下}$	粉砂、细砂，夹壤土薄层	8.9	55.2	34.2	1.7	4.67E−3
②$_4$	重粉质壤土，夹沙壤土薄层	/	1.2	70.3	28.5	5.23E−6
②$_5$	粉砂、细砂，夹壤土薄层	10.6	64.7	24.5	0.2	4.77E−3

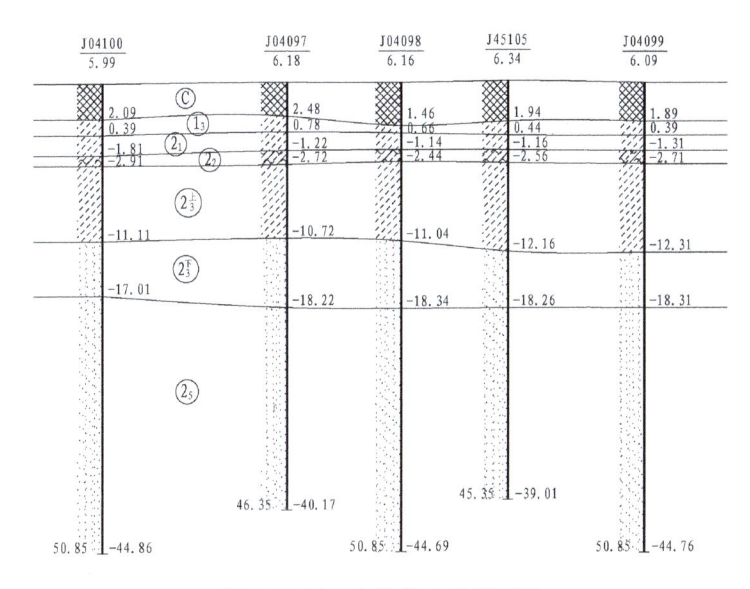

图 2-5-20 上闸首土层剖面图

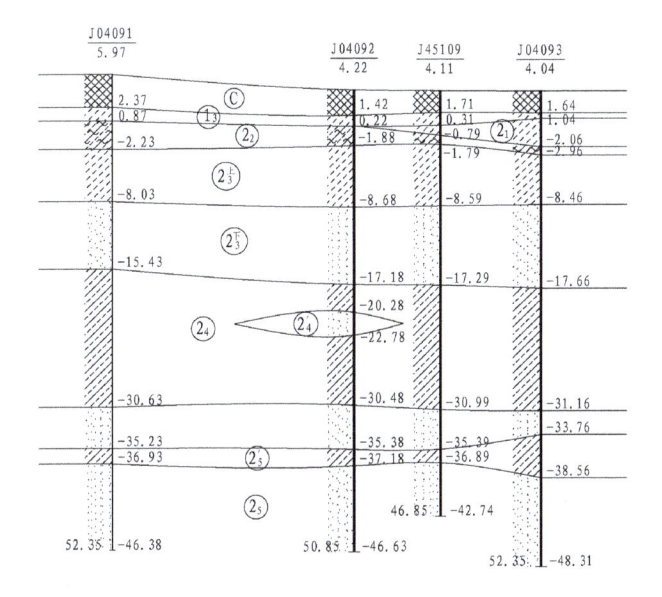

图 2-5-21 下闸首土层剖面图

表 2-5-5 显示,除②$_2$ 层和②$_4$ 层外,其余各土层黏粒含量均小于 10%,而粉粒和砂粒含量均达到 90%以上,各土层的渗透系数也均达到 A×10^{-4}～10^{-3}量级,因此,渗透稳定问题为本工程的主要工程地质问题,不利于闸首基坑的开挖和支护。此外,场地各土层中又多富含壤土薄层,该薄层渗透系数相对较小(A×10^{-7} cm/s),从而使得地基具有较强的水平渗透性,而垂直渗透性相对很弱,并将直接影响到基坑降水的效果。一线船闸基坑开挖时,曾发生基坑降水无法到位,基坑开挖后地下水沿水平透水层渗流,由开挖临空面逸出,从而导致基坑边坡的大面积滑塌的情况,给基坑开挖和支护造成了极大的困难。

(三) 上、下闸首基坑支护方案

由于二线船闸具有距离近、开挖深、地质条件差等特点,上、下闸首的基坑开挖难以满足常规放坡开挖的要求,为避免或减小基坑开挖对一线船闸的影响,需对基坑采取必要的支护措施,以确保一线船闸的正常运行与安全。

1. 基坑支护方案

上、下闸首基坑支护均采用垂直支护与自然放坡相结合的支护方案,并就垂直支护的灌注桩排桩方案和钢板桩方案进行了比较。

(1) 灌注桩排桩方案。

灌注桩排桩方案即为围封地连墙与灌注桩排桩相结合的垂直支护方案,以上闸首基坑支护为例,即利用围封地连墙垂直挡土 4.0 m、利用灌注桩排桩垂直挡土 5.1 m、利用多头小直径水泥搅拌桩排桩垂直挡土 1.0 m、放坡开挖深度 4.5 m 的支护方案。如图 2-5-22 所示,围封地连墙顶高程−4.1 m,底高程−15.6 m,厚 60 cm;灌注桩排桩顶高程 0.0 m,底高程−17.5 m,桩径 80 cm,桩顶设 100×100 cm 钢筋混凝土帽梁以增强灌注桩排桩的整体性,桩间采用高压摆喷封闭;搅拌桩排桩主要用于一、二线船闸间截渗,桩顶高程 2.0 m,底高程−18.0 m,桩径 45 cm,有效厚度 22 cm。

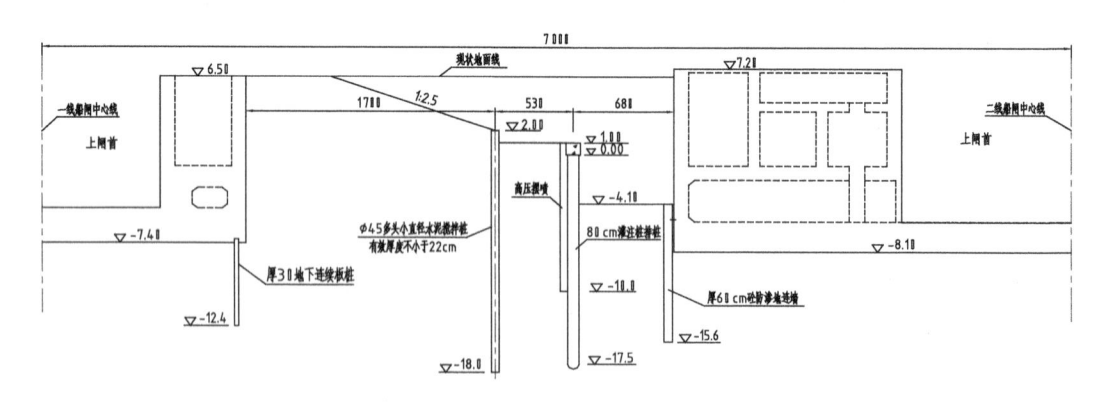

图 2-5-22 灌注桩排桩方案

(2) 钢板桩方案。

钢板桩方案即为围封地连墙与钢板桩相结合的垂直支护方案,即利用围封地连墙垂直挡土 4.0 m、利用钢板桩垂直挡土 5.1 m、利用多头小直径水泥搅拌桩排桩垂直挡土 1.0 m、放坡开挖深度 4.5 m 的支护方案。如图 2-5-23 所示,围封地连墙顶高程−4.1 m,底高程−15.6 m,厚 60 cm;钢板桩选用 NSP-25H 型钢板桩,顶高程 1.0 m,底高程−17.5 m;搅拌桩排桩顶高程 2.0 m，底高程-18.0 m，桩径 45 cm，有效厚度 22 cm。

闸首围封地连墙既是基坑支护承载受力构件，又是基坑截渗和闸首防渗体系的一部分，并与上、下导航墙及闸室防渗地连墙封闭交圈，综合功效较为显著。一方面利用围封地连墙的垂直支护作用减小闸首基坑开挖面，另一方面利用地连墙的截渗功能截断外围地下水向闸首基坑的水平渗流通道，并利用地基土层水平渗透性较强、垂直渗透性较弱的特点，迫使地基产生垂直绕渗以延长渗径、减小地基综合渗透系数，以达到减小地基渗透坡降、降低基坑降水难度的目的。

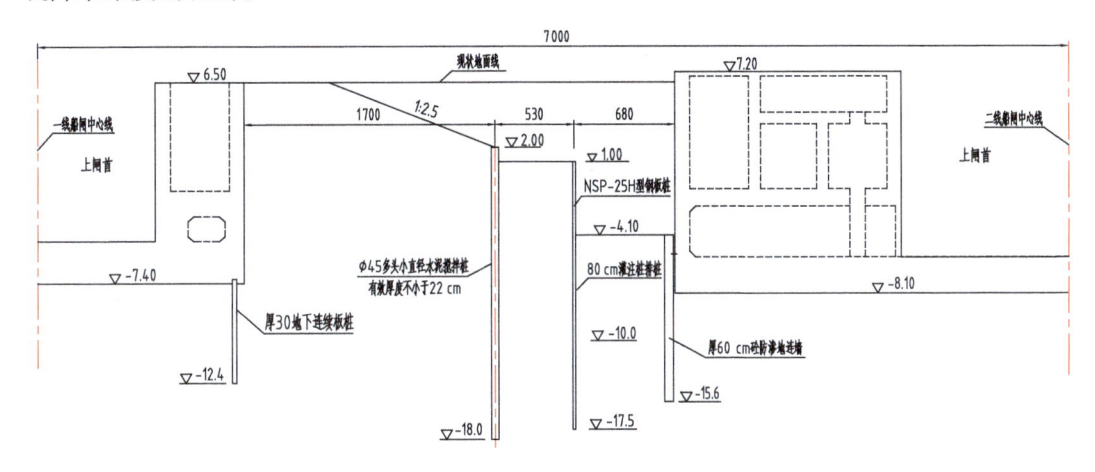

图 2-5-23 钢板桩方案

2. 方案比选

方案一和方案二的基坑支护方式基本相同，一级支护均采用围封地连墙支护，所不同的是二级支护方案一为灌注桩排桩支护，方案二为钢板桩支护。地连墙、灌注桩排桩及钢板桩均为基坑支护常用的结构形式，且在基坑支护中运用广泛。基坑整体稳定采用瑞典圆弧法进行复核，安全系数为 2.192，满足规范要求；地连墙、灌注桩排桩及钢板桩的结构内力均按竖向弹性地基梁进行复核，经计算，地连墙及灌注桩排桩截面最大弯矩分别为 105.9 kN·m、227.1 kN·m，结构内力较小，按构造配筋即可满足强度要求；钢板桩桩身最大弯矩为 135.1 kN·m，小于钢板桩允许抵抗力矩（260 kN·m），故方案一和方案二均为可行方案。

在工程投资方面，钢板桩方案的工程投资约 175 万元，灌注桩排桩约为 210 万元，钢板桩方案虽投资略省，且可回收利用，但由于钢板桩结构较薄、刚度较小，故桩顶位移相对较大（150 mm），不利于墙后土体的稳定和一线船闸的安全，若采用钢板桩加拉锚结构，除工程投资增加外，拉锚结构的布置将受到施工场地的限制和主体建筑物布置的限制。灌注桩排桩虽投资略大，但桩顶位移相对较小（23 mm），有利于一线船闸的正常运行和安全。为有效保证一线船闸施工期安全，确保工程顺利实施，故上、下闸首基坑支护采用方案一，即采用围封地连墙与灌注桩排桩相结合的垂直支护方案。

（四）实施效果

为确保一线船闸施工期安全，上、下闸首基坑开挖采用先支护、后开挖的"逆作法"施工工艺。在基坑开挖过程中，根据工程监测有关要求，对围封地连墙、灌注桩排桩及相邻建筑物的变形、地基渗流和沉降以及地下水位变化情况进行了跟踪观测和监控。根据工程监测成果,闸首基坑围封地连墙及灌注桩排桩桩顶累计位移量分别为 18 mm 和 26 mm,与计算位移量(22 mm 和 23 mm)较为接近;通过对一线船闸检查井水位观测,墙后水位变幅约50 cm,墙后水位基本稳定,一线船闸运行正常;闸首基坑开挖期间,地基渗流稳定,基坑降水和基坑截渗效果良好,未发生任何不良渗流状况(上下闸首基坑支护如图 2-5-24 所示)。

图 2-5-24　上、下闸首基坑支护图

本工程闸首基坑采用双层垂直支护有效降低了每级支护的挡土高度,不仅有利于支护结构的布置和基坑稳定,更有利于支护结构的位移控制。另一方面,闸首基坑采用双层垂直支护,等于在一、二线船闸间增加了一道垂直截渗,有利于增强闸首基坑的截渗功能,并利用围封地连墙、灌注桩排桩及水泥搅拌桩截渗墙的垂直截渗作用对一、二线船闸间地下水位实行分级控制,以维持一线船闸墙后水位基本稳定。

十、基坑围封截渗方案

(一)简述

高港枢纽二线船闸位于一线船闸西侧,其顺水流向中心线距一线船闸 70 m,上闸首的上游边缘与一线船闸闸首的上游边缘齐平。上、下闸首均为钢筋混凝土整体坞式结构,闸首底板平面尺寸 30×53.8 m,口门净宽 23.0 m;上闸首底板底高程−8.1 m,闸首顶高程 7.2 m,下闸首底板底高程−7.5 m,闸首顶高程 8.5 m。闸室墙采用灌注桩拉锚地连墙结构,地连墙厚 80 cm,底高程−15.0 m,顶高程 1.5 m,胸墙顶高程及填土高程均为 6.0 m,桩基承台锚锭,锚锭桩采用 ϕ120 cm 钻孔灌注桩,3 排。

一线船闸施工时,先期施打了 36 口降水井普遍出水量偏少,单井最大出水量 27.9 m³/h,最小的仅 0.4 m³/h,平均出水量不足 4.5 m³/h,降水效果不理想。随后改进了成井工艺和补井等综合措施,最终施打了 79 口管井,才保证了基础工程的实施。

二线船闸的土质与一线船闸类似,土质以粉质沙壤土为主,渗透系数大,且地下水量丰富,局部互层,土质水平渗透系数较大,垂直渗透系数较小,不易形成降水漏斗,降水难度大。

二线船闸闸址下地下水位受长江潮汐影响,场地潜水、承压水与长江地表水的连通性较好,水量补给较快。

二线船闸上闸首边墩相距一线船闸上闸首只有 29 m,上闸首基坑开挖最深处高程为−8.3 m,开挖深度达 15 m。二线船闸基坑开挖为干法施工,施工前必须降低地下水至开挖面以下，二线船闸降水势必对一线船闸安全运行造成潜在风险，工程施工基坑必须截断外部来水，采用围封截渗方法，控制各部位的地下水位。

（二）基本参数

1. 水文地质

根据二线船闸地质勘探资料，地下水类型按其埋藏条件分为孔隙性潜水、孔隙性承压水。孔隙性承压水主要分布于沙壤土、粉砂层中，孔隙性潜水主要分布于浅部填土裂隙或孔洞中以及沙壤土、粉砂层，其土层分布见表2-5-5。

表 2-5-5 二线船闸土层分布情况

层号	土分类	土层分布高程（m）层顶 最高～最低 层底 最高～最低	渗透系数 Kv(cm/s) 20℃	土层描述
C	轻粉质壤土	6.34～4.04 2.48～−0.95	9.37E-4	灰褐、灰色轻粉质壤土、重粉质沙壤土与重粉质壤土互杂，为人工堆土
①₃	轻粉质沙壤土	2.48～1.35 1.09～−0.54	1.54E-3	黄灰、灰色轻、重粉质沙壤土，粉砂，夹壤土薄层，局部互层
②₁	粉砂	1.09～−0.54 −0.79～−2.06	4.05E-3	黄灰、灰色粉砂、细砂，夹壤土薄层，局部互层
②₂	重粉质壤土	0.87～−2.06 −1.64～−2.96	5.00E-6	黄灰、灰褐色淤泥质重粉质壤土、淤泥质粉质黏土，夹沙壤土薄层
②₃ᵘ	重粉质沙壤土	−1.33～−2.96 −8.03～−13.84	8.93E-4	灰色重、轻粉质沙壤土，夹壤土薄层，局部互层
②₃ᶠ′		−11.60～−13.55 −14.00～−15.75		灰色重、中粉质壤土
②₃ᶠ	粉砂	−8.03～−15.75 −15.43～−21.66	4.67E-3	青灰、灰色粉砂、细砂、轻、重粉质沙壤土，夹壤土薄层，局部互层
②₄	重粉质壤土	−15.43～−24.62 −17.54～−31.16	5.23E-6	灰色重、中粉质壤土，局部为粉质黏土，夹沙壤土薄层，局部互层
②₄′	轻粉质壤土	−20.28～−21.82 −22.78～−24.62	8.85E-5	灰色轻粉质壤土，局部为重、轻粉质沙壤土
②₅	粉砂	−15.85～−38.56 −24.28～−48.31	4.77E-3	青灰色粉砂、细砂，局部为轻、重粉质沙壤土，含云母片，夹壤土薄层
②₅′	重粉质壤土	−28.80～−35.39 −30.35～−38.56		灰色重、中粉质壤土，夹沙壤土薄层，局部互层

船闸上、下闸首底板底高程分别为−8.1 m、−7.5 m，闸室底板面高程−4.5 m，都分别坐落于②₃ᵘ 土层中，下卧层为②₃ᶠ 层。

2. 水位

二线船闸施工期一线船闸侧闸室水位取最高通航水位5.48 m计算；检修期，墙后水位按 2.5 m 计算,水位差分别达 14.08 m 和 10.60 m(表 2-5-6),两种工况水位差都较大,都属于施工期危险工况。

表 2-5-6　施工期、检修期水位差汇总表　　　　　　　　　　　　　　　　　　m

部位	施工期开挖控制水位	一线船闸最高通航水位	施工期水位差	检修期	墙后水位	检修期水位差	备注
上闸首	−8.60	5.48	14.08	−8.10	2.50	10.60	两种工况水位差都较大,都属于危险工况
闸室	−5.50		10.98	−4.50		7.00	
下闸首	−8.00		13.48	−7.50		10.00	

为了保证工程降水成功、基坑开挖顺利,确保一线船闸安全运行,截渗是本工程成败的关键因素之一。

(三) 截渗方案

1. 截渗方案比选

二线船闸共设两道防渗体系,第一道防渗体系为一、二线船闸之间一道截渗墙,与上(下)游导航墙(结构地连墙)形成交圈。第二道防渗体系为上、下闸首底板四周布置地下连续墙,兼作防地基地震液化和基坑支护的作用,闸室墙、上(下)游导航墙下的结构地连墙,形成交圈。

(1) 多头小直径深层搅拌桩。

多头小直径深层搅拌桩工艺优点:墙体介于刚性体与柔性体之间,适应地基变形效果好;价格便宜,一般市场价格 140 元/m²(有效厚度 22 cm);施工质量可靠,施工进度快,单台正常的日工作量在 400 m²/d 左右。

但多头小直径深层搅拌桩成桩深度有一定限制,目前一般的极限施工深度在 25 m 左右;且不适应含大量杂填土的地层及地层含有大块孤石与地下障碍的地层。

(2) 地下连续墙。

地下连续墙工艺优点:质量可靠,墙体材料可选择刚性或柔性材料,成墙深度可达 40 m 以上;地层适应性好,可适应地质条件较复杂的地层。

但地下连续墙造价较高,薄壁(有效厚度 22 cm)射水法成槽地下连续墙工艺目前一般市场价格 240 元/m²;抓斗成槽(厚 30 cm)地下连续墙工艺目前一般市场价格 450 元/m²;施工进度较慢,单台射水法成槽地下连续墙工艺日工作量在 80 m²/d 左右;单台抓斗法成槽地下连续墙工艺日工作量在 160 m²/d 左右。

(3) 高压摆喷。

喷墙工艺优点:施工质量可靠,墙体有效厚度 20 cm 左右,帷幕深度可达 50 m;地层适应性好,尤其适合地质条件复杂的地层;经济性较好,目前一般市场价格 240 元/m²;施工进度较快,单台高压摆喷防渗工艺日工作量在 250 m²/d 左右。但高压摆喷施工时须排放大量废气浆液,影响环境。

2. 方案确定

考虑到地质分布、降水井不穿过②$_4$相对不透水层,并防止浸润线越过截渗墙,对一线船闸造成影响等情况,截渗墙深度不宜穿过②₄层。从技术可行、适用范围、投资、工期等方面综合比选,采用多头小直径深层搅拌桩截渗墙。截渗范围从二线船闸上游导航墙翼墙、上闸首段、闸室段到下闸首段、二线船闸下游导航墙,形成封闭圈。上闸首段顶高程1.0 m,闸室及下闸首段高程2.0 m,距二线船闸中心线均为42 m。φ450 mm,有效厚度22 cm,底高程-18.0 m,长度410 m,具体布置见图2-5-25。

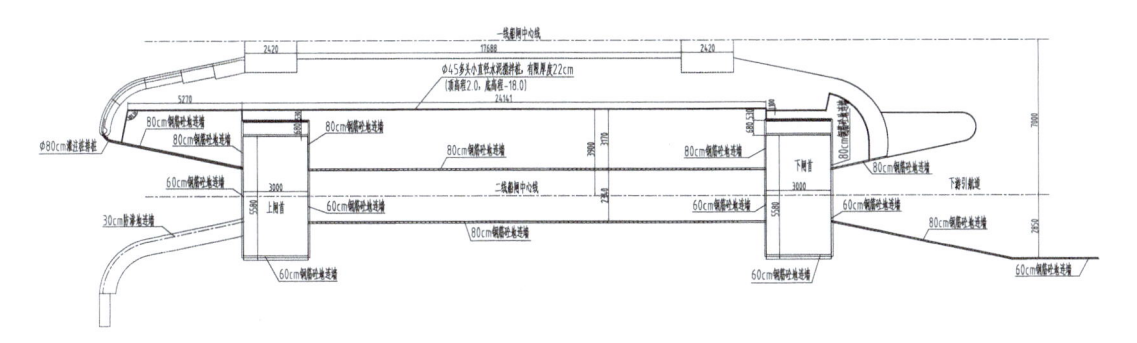

图 2-5-25 截渗墙布置图

（四）成墙效果检测及实践检验

截渗墙施工完成后,任意选取2根桩进行钻芯取样,每根桩按上、中、下位置选取水泥土芯样,抗压、抗渗试样各1组,共6组水泥土芯样抗压强度在2.00～6.59 MP,大于设计值1.20 MP;6组水泥土芯样渗透系数在 9.14×10^{-7} cm/s～2.13×10^{-6} cm/s,均不大于设计值 $A \times 10^{-5}$ cm/s。现场墙体注水试验24小时也未发现渗漏现象,见图2-5-26。

图 2-5-26 截渗墙注水试验

主体工程范围内共布置86口降水井,单井最大出水量60 m³/h,平均出水量30 m³/h。上、下闸首基坑验槽时,基坑内场地也比较干燥,截渗和降水都取得了较好的效果,见图2-5-27。

图 2-5-27 基坑开挖后的现状

二线船闸施工期间,一线船闸最大位移发生在基坑开挖时,闸首局部沉降位移为 5 mm,闸室沉降位移最大为 4 mm,保证了一线船闸的安全运行。截渗墙的实施也为以后的一、二线船闸的分期检修、加固等创造了条件。

十一、大型三角工作门有关技术研究

(一)浮箱结构优化设计

为了提高闸门防船舶等撞击能力,在闸门中轴线侧添加了防护板。由于三角闸门的重心远悬于门体的支座外,当添加防护板后,原闸门的重心偏离,形成偏心矩,加剧了顶枢与底枢的磨损,会降低闸门的使用寿命。对称性浮箱的设计,减小了闸门在水中的自重,却不能减小闸门重心偏离形成的偏心距,故需对对称性浮箱结构作相应优化。浮箱结构优化前后对比情况如图 2-5-28。

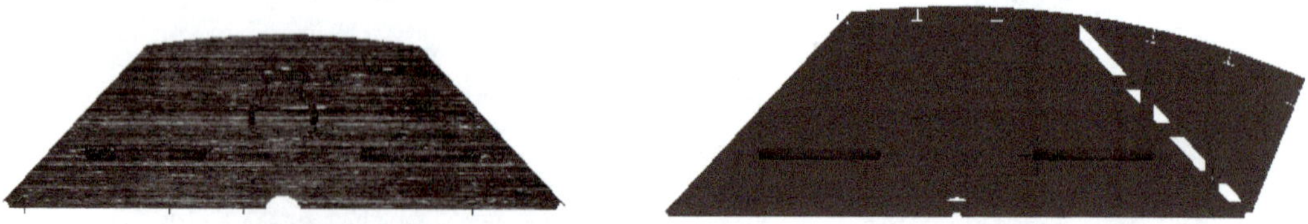

原先浮箱设计　　　　改进后浮箱设计

图 2-5-28 浮箱结构优化前后比较

改进后的浮箱结构为非对称,浮箱所产生的浮力和重力不在中轴线上,均向右侧偏移,由浮力产生的力矩会和由重力产生的重力矩相互抵消,从而达到减小偏心矩的目的。

1. 原闸门对称浮箱设计结果的分析

利用 SolidWorks 软件建立闸门三维图,并利用相关操作,尽量减少各个组件的体积干涉,并添加材料的密度等相关信息。以闸门底片钢架所在的平面与顶枢、底枢所在回转的中轴线交点,建立坐标系,X、Y 与 Z 的方向如图 2-5-29 所示。

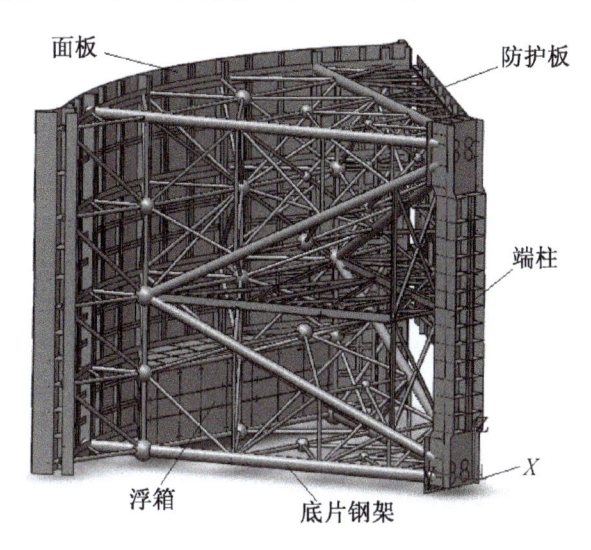

图 2-5-29　闸门(对称浮箱)结构布置图

通过 SolidWorks 软件计算,可以得出安装防护板后的闸门重心坐标及质量属性,计算结果如表 2-5-7。

表 2-5-7　上、下游三角门(对称浮箱)质量属性列表

	X	Y	Z
重心坐标(m)	上游:0.452 27	上游:7.935 04	上游:4.497 55
	下游:0.441 04	下游:8.020 27	下游:5.319 33
闸门体积(m³)	上游:11.305		
	下游:12.422		
材料密度(kg/m³)	7 850		
闸门质量(t)	上游:88.744		
	下游:97.51		

安装防护板后,计算上下游闸门重力产生的重力矩为

上游:$M_{重} = 88.744 \times 9.8 \times 0.452\ 27 = 393.335 \text{ kN} \cdot \text{m}$

下游:$M_{重} = 97.51 \times 9.8 \times 0.441\ 04 = 421.469 \text{ kN} \cdot \text{m}$

闸门正常工作时,由于闸门大部分实体浸入水中,水体会对闸门产生浮力作用,进而产生浮力矩(方向与闸门重力矩相反),在一定程度上抵消了由闸门自重引起的偏心距。

在利用 SolidWorks 软件求闸门在水体中受到的浮力及其浮力矩时,要将浮箱、圆钢等空心部件改为实心,将所有零部件的密度统一,计算各工况下闸门浸没在水体下的体积和浮心坐标,进而求解得到浮力矩。

以工况一为例,计算闸门浮力及其浮力矩。三角门工况一,上游闸门浮箱侧水位 −0.5 m,下游闸门浮箱侧水位 1.0 m,浸没在水体中体积如图 2-5-30 所示。

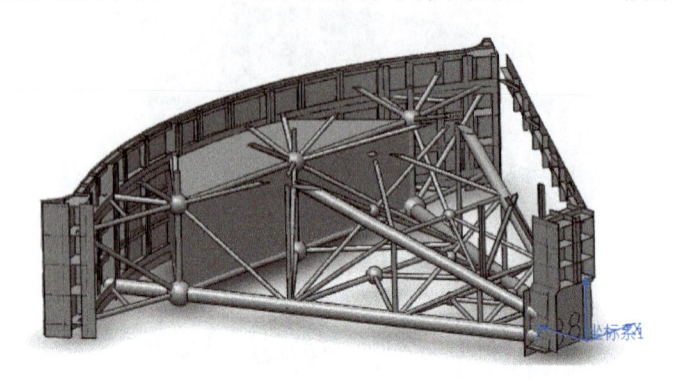

图 2-5-30　工况一闸门浸没在水体中体积图

通过 SolidWorks 软件计算,可以得出闸门产生浮力大小及其位置坐标,计算结果如表 2-5-8。

表 2-5-8　上、下游三角门(对称浮箱)工况一浮力属性列表

	X	Y	Z
浮心坐标(m)	上游:0.006 61	上游:10.102 02	上游:1.073 92
	下游:0.022 16	下游:10.060 69	下游:1.396 86
闸门浸没体积(m^3)	上游:40.773		
	下游:48.576 9		
水体密度(kg/m^3)	1 000		
浮力(kN)	上游:399.575		
	下游:476.05		

计算上下游闸门浮力产生的浮力矩为

上游:$M_{浮} = -399.575 \times 0.006\ 61 = -2.641$ kN·m

下游:$M_{浮} = -475.05 \times 0.022\ 16 = -10.550$ kN·m

故,上下游闸门在正常运行时的偏心矩为

上游:$M_y = M_{重} + M_{浮} = 393.335 - 2.641 = 390.694$ kN·m

下游:$M_y = M_{重} + M_{浮} = 421.469 - 10.550 = 410.919$ kN·m

分别计算其他几种工况下,上下游闸门的偏心矩大小,整理结果如表 2-5-9。

表 2-5-9　上游三角门各工况下偏心矩计算列表

	浮心坐标(m)			闸门浸没体积(m³)	浮力(kN)	浮力矩(kN·m)	重力矩(kN·m)	偏心距(kN·m)
	X	Y	Z					
上游工况一	0.006 61	10.102 02	1.073 92	40.773	399.575	−2.641	393.335	390.694
下游工况一	0.022 16	10.060 6	1.396 86	48.576 9	476.05	−10.55	421.469	410.919
上游工况二	0.006 61	10.102 02	1.073 92	40.773	399.575	−2.641	393.335	390.694
下游工况二	0.000 54	10.158 9	1.231 66	46.060 0	451.39	−0.244	421.469	421.225
上游工况三	0.082 46	9.669 84	1.961 30	49.985	489.853	−40.393	393.335	352.942
下游工况三	0.022 16	10.060 6	1.396 86	48.576 9	476.05	−10.55	421.469	410.919
上游工况四	0	0	0	0	0	0	393.335	393.335
下游工况四	0	0	0	0	0	0	454.228	454.228
上游工况五	0.046 74	9.945 15	1.377 17	45.018	441.176	−20.621	393.335	372.714
下游工况五	0	10.180 6	0.965 34	37.639 5	368.867	0	421.469	421.469

对称浮箱结构的设计,产生的浮力矩很小,不能有效减小闸门在安装防护板后的偏心距,故需对浮箱结构进行优化设计。

2. 闸门非对称浮箱设计结果分析

通过 SolidWorks 软件计算,可以得出安装防护板后的闸门重心坐标及质量属性,计算结果如表 2-5-10。

表 2-5-10　上、下游三角门(非对称浮箱)质量属性列表

	X	Y	Z
重心坐标(m)	上游:0.488 30	上游:7.959 40	上游:4.468 16
	下游:0.472 96	下游:8.034 35	下游:5.299 10
闸门体积(m³)	上游:11.399		
	下游:12.484		
材料密度(kg/m³)	7 850		
闸门质量(t)	上游:89.482		
	下游:98.0		

安装防护板后,计算上下游闸门重力产生的重力矩为

上游:$M_重 = 89.482 \times 9.8 \times 0.488\ 3 = 428.202 \text{ kN} \cdot \text{m}$

下游：$M_重 = 97.51 \times 9.8 \times 0.441\,04 = 421.469$ kN·m

在利用 SolidWorks 软件求闸门在水体中受到的浮力及其浮力矩时，要将浮箱、圆钢等空心部件改为实心，将所有零部件的密度统一，计算各工况下闸门浸没在水体下的体积和浮心坐标，进而求解得到浮力矩。

以上游计算工况一为例，计算闸门浮力及其浮力矩。在工况一条件下，上游闸门浮箱侧水位为 −0.5 m，下游闸门浮箱侧水位 1.0 m，浸没在水体中体积如图 2-5-31 所示。

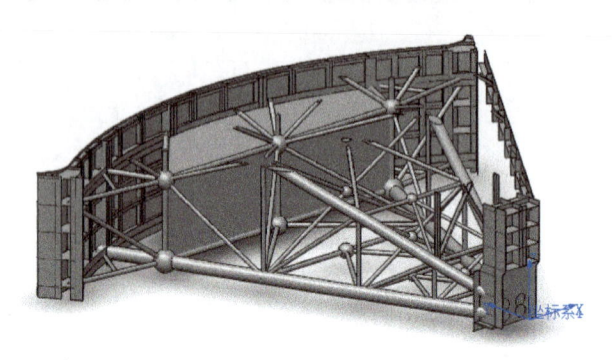

图 2-5-31　工况一闸门（非对称浮箱）浸没在水体中体积图

通过 SolidWorks 软件计算，可以得出闸门产生浮力的大小及其位置坐标，计算结果见表 2-5-11。

表 2-5-11　上、下游三角门（非对称浮箱）工况一浮力属性列表

	X	Y	Z
浮心坐标(m)	上游：0.541 80	上游：10.267 94	上游：1.078 00
	下游：0.022 16	下游：10.060 69	下游：1.396 86
闸门浸没体积(m³)	上游：48.327		
	下游：48.576 9		
水体密度(kg/m³)	1 000		
浮力(kN)	上游：473.605		
	下游：476.05		

计算上下游闸门浮力产生的浮力矩为

上游闸门：$M_浮 = -473.605 \times 0.541\,80 = -256.599$ kN·m

下游闸门：$M_浮 = -476.05 \times 0.022\,16 = -10.550$ kN·m

故上下游闸门在正常运行时的偏心矩为

上游闸门：$M_y = M_重 + M_浮 = 428.202 - 256.599 = 171.606$ kN·m

下游闸门：$M_y = M_重 + M_浮 = 421.469 - 10.550 = 410.919$ kN·m

分别计算其他几种工况下，上下游闸门的偏心矩大小，整理结果如表 2-5-12。

表 2-5-12　上、下游闸门(非对称浮箱)各工况下偏心矩计算列表

	浮心坐标(m)			闸门浸没体积(m³)	浮力(kN)	浮力矩(kN·m)	重力矩(kN·m)	偏心距(kN·m)
	X	Y	Z					
上游工况一	0.541 80	10.267 94	1.078 00	48.327	473.605	−256.599	428.202	171.603
下游工况一	0.539 64	10.228 09	1.374 61	57.254 5	561.090	−302.789	454.228	151.441
上游工况二	0.541 80	10.267 94	1.078 00	48.327	473.605	−256.599	428.202	171.603
下游工况二	0.540 81	10.269 59	1.295 54	55.983	548.633	−296.706	454.228	156.522
上游工况三	0.522 00	9.865 93	1.848 22	57.540	563.892	−294.352	428.202	133.850
下游工况三	0.539 64	10.228 09	1.374 61	57.254 5	561.090	−302.789	454.228	151.441
上游工况四	0	0	0	0	0	0	428.202	428.202
下游工况四	0	0	0	0	0	0	454.228	454.228
上游工况五	0.532 95	10.120 20	1.337 34	52.572	515.206	−274.579	428.202	153.623
下游工况五	0.551 65	10.340 39	0.979 09	44.928 6	440.30	−242.89	454.228	211.318

非对称浮箱结构的设计,产生的浮力矩比对称浮箱结构产生的浮力矩大很多,可以有效减小闸门在安装防护板后的偏心距,浮箱结构优化设计方案可行。

3. 上下游三角门浮箱结构优化前后分析结果对比

对称浮箱结构和非对称浮箱结构产生的浮力矩,均可以部分抵消闸门的重力矩,从而减小闸门偏心距,降低闸门运行过程中顶枢和底枢蘑菇头的磨损。但抵消重力矩的效果大不相同,具体情况见表 2-5-13。

表 2-5-13　上、下游三角门各工况下浮箱结构优化前后偏心矩计算结果

	对称浮箱结构			偏心距降低百分比(%)	非对称浮箱结构			偏心距降低百分比(%)
	浮力矩(kN·m)	重力矩(kN·m)	偏心距(kN·m)		浮力矩(kN·m)	重力矩(kN·m)	偏心距(kN·m)	
上游工况一	−2.641	393.335	390.694	0.67	−256.599	428.202	171.603	59.93
下游工况一	−10.55	421.469	410.919	2.50	−302.789	454.228	151.441	66.66
上游工况二	−2.641	393.335	390.694	0.67	−256.599	428.202	171.603	59.93
下游工况二	−0.244	421.469	421.225	0.06	−296.706	454.228	156.522	65.32
上游工况三	−40.393	393.335	352.942	10.27	−294.352	428.202	133.850	68.74
下游工况三	−10.55	421.469	410.919	2.50	−302.789	454.228	151.441	66.66
上游工况四	0	393.335	393.336	0	0	428.202	428.202	0
下游工况四	0	421.469	421.469	0	0	454.228	454.228	0
上游工况五	−20.621	393.335	372.714	5.24	−274.579	428.202	153.623	64.12
下游工况五	0	421.469	421.469	0	−242.89	454.228	211.318	53.47

由上表可知,非对称浮箱结构的设计,减小闸门由于安装防护板后的偏心矩情况明显,

降低百分比均在50%以上,而原对称浮箱结构设计几乎不能减小闸门偏心距,其最大降低百分比为10.27%;比较不同工况(工况四除外,其为检修工况)闸门偏心距降低百分比可知,随着闸门浸没水位上升,偏心距减低百分比增大,即闸门浸没深度越大,产生的浮力矩越大,对闸门安全运行越有利。

非对称浮箱结构的设计有效地减小了闸门的偏心距,提高了闸门顶枢、底枢的使用寿命,维护了闸门的操作运行,浮箱结构优化方案可行。

(二)止水优化设计

1. 常规闸门止水方式

(1)侧止水。

常规船闸闸门侧止水采用V4型橡皮止水,如图2-5-32。由于闸门侧止水安装在羊角上,在与侧止水埋件接触时容易造成压缩量不够的问题,安装调试比较困难,闸门长时间运行后止水情况不太良好。

(2)中缝止水。

常规船闸闸门中缝止水对接处采用两块合金塑料承压条兼作止水,合金塑料与闸门羊角之间用H型橡皮水封,如图2-5-33。这种止水方式由于没有压缩量,安装调试后,经过一段时间的运行容易漏水,止水效果不理想。

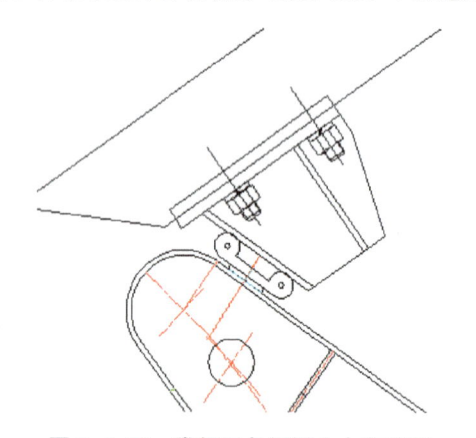

图2-5-32 常规三角门侧止水布置图

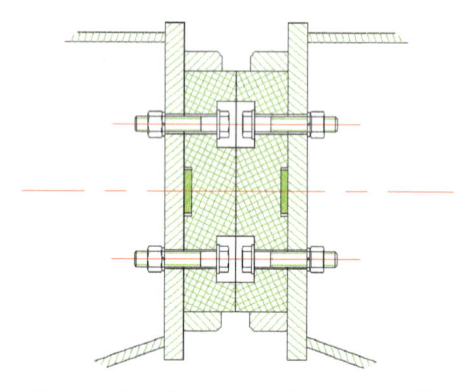

图2-5-33 常规三角门门缝止水布置图

2. 优化后止水方式

(1)侧止水。

本工程采用V1型橡皮替代原V4型橡皮,如图2-5-34。V1型橡皮在结构方面的特点是,其止水橡皮的悬臂更长,可调节的余量更大,使得其运用在三角门侧止水上比V4型橡皮有更好的止水效果。

(2)中缝止水。

本工程闸门中缝止水对接处采用两块尼龙承压条兼做止水,在一侧尼龙块与闸门羊角连接之间加O型橡皮止水,另一侧尼龙块与闸门羊角连接之间加Ω型橡皮止水,如图2-5-35。O型橡皮比H型橡皮有更大的压缩量,Ω型橡皮露出的尼龙部分在与另一侧尼龙止水接触时有一定压缩量,止水效果比常规方式有一定的提升,止水效果能得到保证。

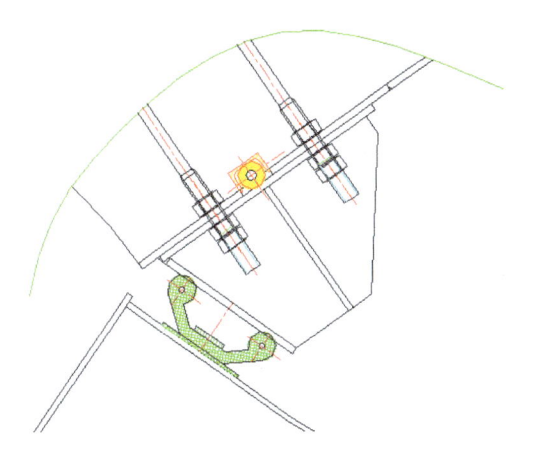

图 2-5-34　优化后三角门侧止水布置图 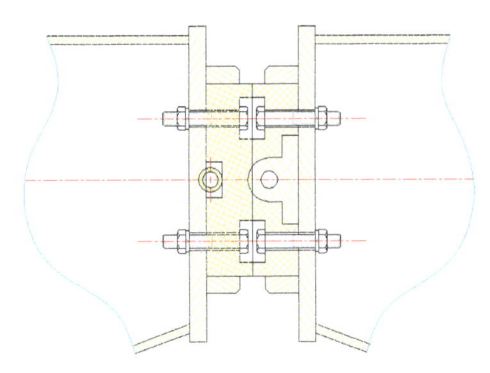　　　　图 2-5-35　优化后三角门门缝止水布置图

（3）其他措施。

考虑到工程实际运用时，闸门关闭时由于水压力的作用和水流冲击，闸门可能存在关不严的情况，闸门门缝易出现漏水，门缝止水中间增加 Ω 型橡皮，在没有压力的情况下，其自身也会反弹，也就是在没有预压力的情况下，门缝就不能实现止水，故在液压启闭机设计时考虑增加了锁定预紧力，防止门缝止水反弹出现漏水现象。闸门全关后由油缸提供一定的预紧力，中缝止水处尼龙止水与另一侧 Ω 型橡皮的压缩量能达到图纸设计的要求，同时侧止水与埋件之间也能有相应的压缩量，从而保证了止水效果。

十二、施工期保证一线船闸安全运行措施

（一）简述

高港枢纽二线船闸位于一线船闸西侧，其顺水流向中心线距一线船闸 70 m，上闸首的上游边缘与一线船闸闸首的上游边缘齐平。上、下闸首均为钢筋混凝土整体坞式结构，闸首底板平面尺寸 30 m×53.8 m。上闸首底板底高程－8.1 m，闸首顶高程 7.2 m；下闸首底板底高程－7.5 m，闸首顶高程 8.5 m。根据工程布置和开挖放线，上闸首基坑边缘距一线上闸首边墩只有 29 m，上闸首基坑开挖最深处高程为－8.2 m，开挖深度达15 m。二线船闸的施工对一线船闸的安全运行存在较大的安全隐患，必须从工程技术、安全监测、调度管理等方面采取措施，确保施工期一线船闸安全运行和工程的顺利实施。

（二）工程技术措施

1. 基坑支护

二线船闸位于已建一线船闸西侧，根据总体布置，二线船闸上闸首距一线船闸上闸首仅 29.1 m，下闸首距一线船闸下游导航墙前沿仅 25.8 m，二线船闸上、下闸首底板底高程分别为－8.1 m 和－7.5 m，上、下闸首基坑开挖深度分别为 14.6 m 和 13.5 m，基坑开挖面均低于一线船闸相邻建筑物的底板高程。由于距离近、开挖深、地质条件差等特点，上、下闸首的基坑开挖难以满足放坡开挖的要求，为保证施工期一线船闸的安全运行，必须对二线船闸上、下闸首基坑实行支护。

上、下闸首基坑支护均采用垂直支护与自然放坡相结合的支护方案，垂直支护采用灌注桩排桩和闸首围封防渗地连墙相结合的双层支护。上闸首基坑支护方式为围封防渗地连墙

垂直挡土4.0 m,利用灌注桩排桩垂直挡土5.1 m,利用多头小直径水泥搅拌桩截渗墙垂直挡土1.0 m、放坡开挖深度4.5 m。如图2-5-36所示,围封防渗地连墙顶高程-4.1 m,底高程-15.6 m,厚60 cm;灌注桩排桩顶高程0.0 m,底高程-17.5 m,桩径80 cm,桩顶设100×100 cm钢筋混凝土帽梁以增强灌注桩排桩的整体性,桩间采用高压摆喷封闭,上、下两级支护间距为7 m。下闸首基坑支护方式为围封防渗地连墙垂直挡土3.4 m,利用灌注桩排桩垂直挡土5.1 m,放坡开挖至高程2.5 m(场地大开挖高程)。如图2-5-37所示,下闸首防渗围封60 cm厚地连墙,地连墙顶高程均为-4.1 m,地连墙底高程-18.6 m,灌注桩排桩顶高程0.0 m,底高程-18.0 m,桩径80 cm,桩顶设100×100 cm钢筋混凝土帽梁以增强灌注桩排桩的整体性,桩间采用高压摆喷封闭,上、下两级支护间距为6.8 m。

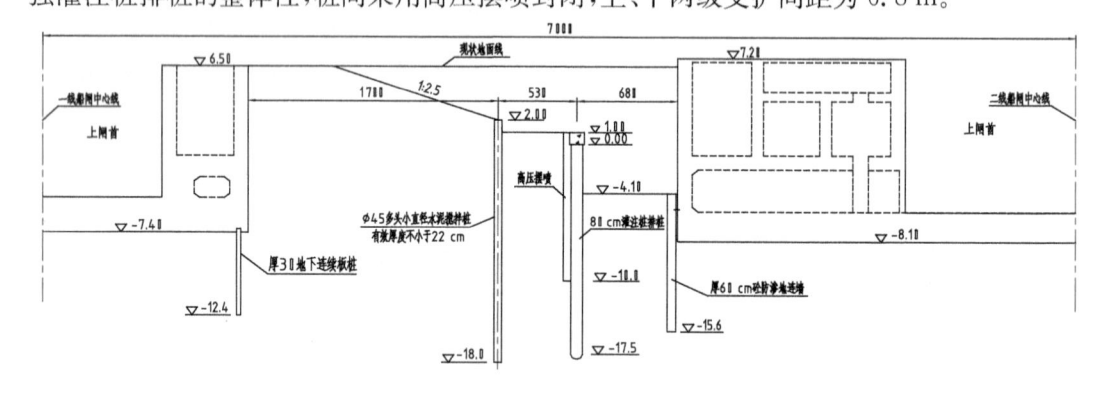

图2-5-36 上闸首支护

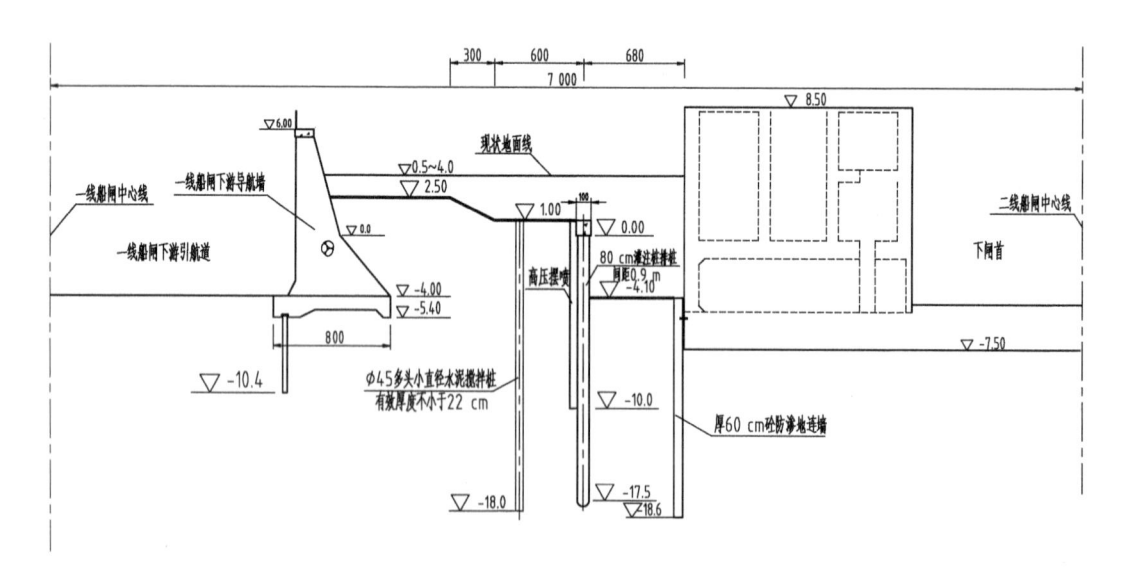

图2-5-37 下闸首支护

2. 围封截渗

二线船闸与一线船闸中心线相距仅70 m,上闸首边墩相距只有29 m,上闸首基坑开挖最深处高程为-8.3 m,开挖深度达15 m。二线船闸基坑开挖为干法施工,施工降水势必对一线船闸安全运行造成潜在风险,采用围封截渗方法,控制各部位的地下水位。

二线船闸共设两道防渗体系,第一道防渗体系为一、二线船闸之间一道截渗墙,与上(下)游导航墙(结构地连墙)形成交圈。第二道防渗体系为上、下闸首底板四周布置地下连续墙,兼作防地基地震液化和基坑支护的作用,闸室墙、上(下)游导航墙下的结构地连墙,形成交圈。截渗采用多头小直径深层搅拌桩截渗墙。截渗范围从二线船闸上游导航墙翼墙、上闸首段、闸室段到下闸首段、二线船闸下游导航墙,形成封闭圈。上闸首段顶高程1.0 m,闸室及下闸首段高程2.0 m,距二线船闸中心线均为42 m。多头小直径深层搅拌桩直径450 mm,有效厚度22 cm,底高程−18.0 m,长度410 m。

为防止二线船闸施工期降水对一线船闸闸首、闸室等部位及周围建筑物的影响,应控制各部位的降水位(图2-5-38～图2-5-40),既保证基坑降水的施工要求,又要确保周围建筑物不受影响。基坑周围需控制地下水位,基坑东侧一线船闸检查井水位1.3 m,第一道围封截渗墙内−5.6 m(闸首排桩支护墙后水位,通过深井降水控制),上闸首底板下−9.0 m,闸室−5.5 m,下闸首−8.5 m;基坑西侧第一道围封截渗墙外应低于正常地下水位,第一道围封截渗墙内−5.6 m。

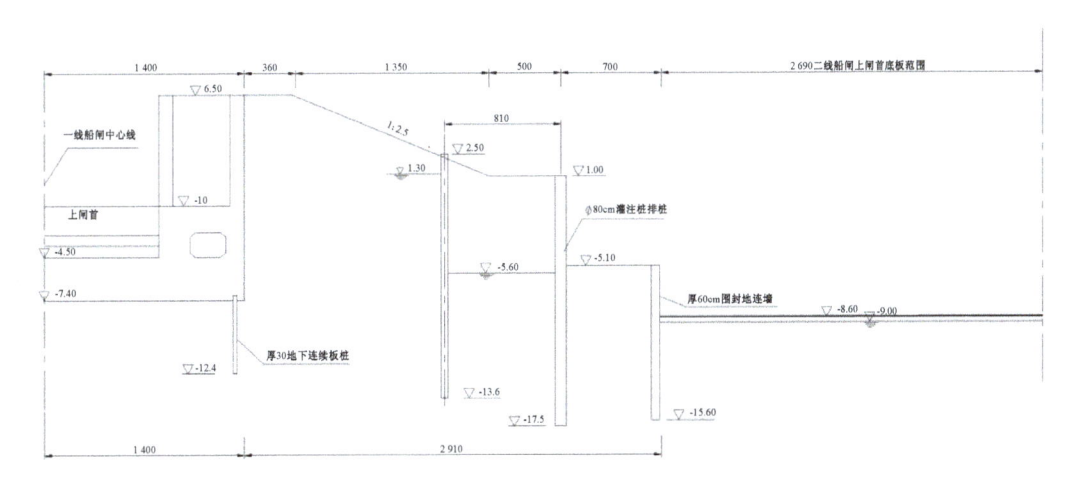

图2-5-38 上闸首施工期控制水位

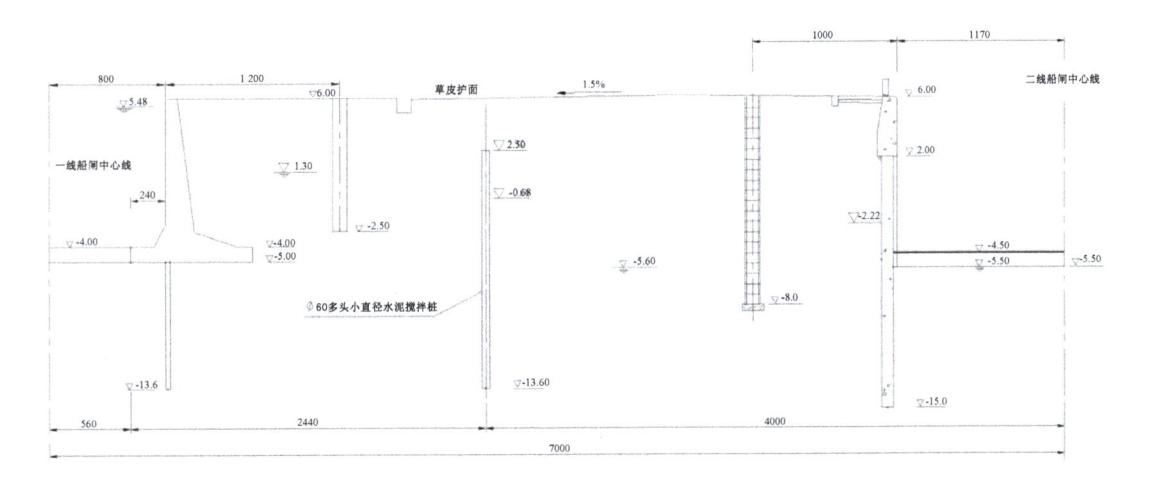

图2-5-39 闸室施工期控制水位

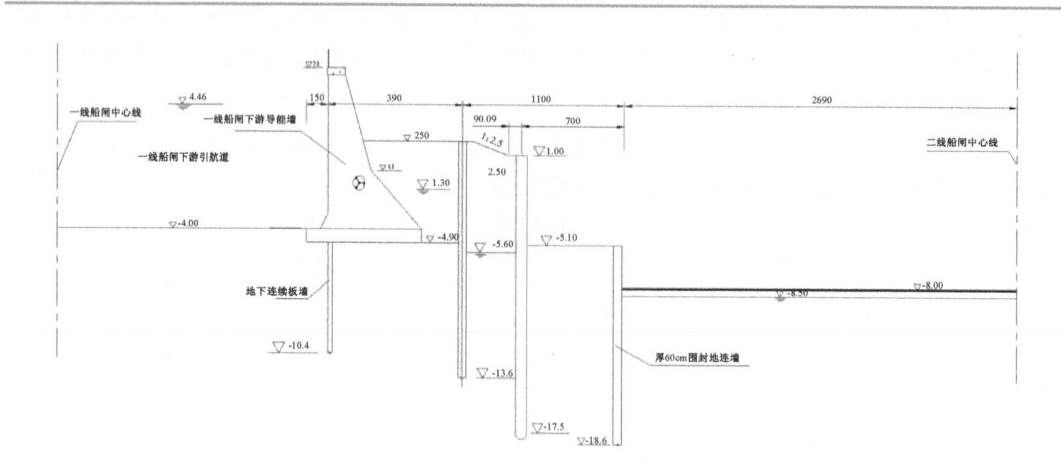

图 2-5-40　下闸首施工期控制水位

3. 一线船闸墙后补水措施

为防止二线船闸的施工降水对一线船闸的安全运行造成影响，在一、二线船闸之间并与上（下）游导航墙连接（结构地连墙）设置一道围封截渗，控制一线船闸的墙后地下水位。但二线船闸的施工降水或多或少还是对一线船闸有一点影响。要求加强各部位的地下水位观测，严格控制各部位的地下水位，基坑东侧一线船闸 8 口检查井水位控制在 1.3 m，若水位偏低，采用回灌方式，确保一线船闸墙后地下水位。

（三）安全监测措施

1. 监测目的

二线船闸的实施须不影响一线船闸的正常运行。根据工程总体布置及工程地质勘察报告，一、二线船闸中心线相距甚近，场区土层又多为轻、重粉质沙壤土或粉砂，透水性较强，抗渗能力较差；地基持力层及其下卧层又具有中～高压缩性，易产生较大沉降变形。二线船闸基坑开挖及基坑降水将可能对一线船闸相邻结构的稳定、位移控制和防渗等产生不利影响。二线船闸的实施过程中，要求对一线船闸的各结构部位进行全过程的监测。

通过监测可获得一线船闸的水平位移和沉降、支护结构变形、地表沉降、地下水等参数，并结合周边建筑物沉降、倾斜、裂缝情况进行安全性分析，将其成果及时提供，做到信息化施工，保证工程结构及周边环境的安全，减少施工对周边建（构）筑物、路面及管线等周围环境的影响，从而有效地将施工控制在安全范围之内。同时结合与本工程有关的科研、监测、测试工作，通过对工程监测并采取相应的过程措施，以便及时发现和消除工程隐患，为工程的安全提供依据。

2. 项目周边环境

上游侧为与原一线船闸导航墙连接，新建东侧导航墙并与钢板桩围堰形成止水围封，改造原西侧导航墙；上闸首为与原一线船闸平行设计，采用局部悬臂和卸荷板支护；闸室距一线船闸中心线为 70 m，东侧开挖面距一线船闸西墙约 13 m，基坑边线设有原一线船闸检修井 6 口；下闸首东侧采用悬臂支护，东侧上下游采用卸荷板支护；下游侧为改造东侧导航墙 1～4 节，第 5 节形成卸荷板，下游新建导航墙位于钢板桩围堰内；西侧为开放式地形，无相邻建筑物。

3. 监测工作内容和对象

位移沉降观测：观测重点为一线船闸上、下闸首，闸室墙与上下游导航墙等。

地下水位观测：观测范围为基坑开挖和基坑降水影响范围，施工期一、二线船闸间地下水位变化（含上下游引河水位观测）；确保在二线船闸施工降水过程中，一线船闸地下水位不发生变化，保证一线船闸结构安全。

土体内部变形观测：观测范围为施工期一、二线船闸间的土体内部。在一线船闸沿线布置3个、上下闸首位置各布置1个测斜管，埋深至-10 m左右。土体内部变形观测有两个目的，一是防止降水和开挖过程中截渗墙因土体变形过大造成破坏，二是从土体的位移速率和累计值中提前获得二线船闸施工对一线船闸的影响。

施工期基坑地表的位移沉降观测：为确保基坑开挖过程中的安全，必须对基坑进行监测，发现问题，及时反馈并分析，采取相应的抢救措施，使基坑不发生意外破坏和变形。

主要测点布置数量见表2-5-14。

表 2-5-14　测点数量一览表

监测项目	位移沉降	水位井	土体内部变形
数量	21	30	5

4. 预警数值

坑外地下水位动态监测：坑内降水或开挖引起坑外水位下降达到350 mm，或日变化量大于100 mm/d时，立即报警。

墙体沉降：累计沉降超过10 mm，或变形速率达到2 mm/d，且不收敛时，立即报警。

坑外地表沉降：累计沉降超过15 mm，或变形速率达到2 mm/d，且不收敛时，立即报警。

5. 监测结果

二线船闸施工期间，一线船闸最大位移发生在基坑开挖时，闸首局部沉降位移最大为5 mm，闸室沉降位移最大为4 mm；土体沉降最大46 mm，发生在上闸首西侧位置。监测数据显示：二线船闸实施未对一线船闸的安全运行构成威胁。

（四）运行调度管理

二线船闸施工期间一线船闸正常运行，为保证一线船闸安全运行和船只的安全过闸，以及二线船闸的顺利实施，必须加强船闸的运行调度管理。在施工区域航道范围内设置警示标志，过往船闸减速慢行，加强海事的执法巡逻和施工区域巡视，制订了各监测项目发生异常时的应急预案，确保施工期期间一线船闸的安全运行。

第三章　工程施工关键技术措施与研究

第一节　施工布置

一、河道工程

河道工程划分为3个施工标段,分别为施工Ⅰ标,河道桩号范围为0+000~7+460;施工Ⅱ标,河道桩号范围为7+460~14+800;施工Ⅲ标,河道桩号范围为14+800~23+846。具体标段划分及主要工程量汇总见表3-1-1。

表3-1-1　河道工程标段划分及主要工程量汇总表

标段	开挖范围	长度(km)	疏浚方(万 m³)	系混凝土块软体沉排 长度(km)	系混凝土块软体沉排 软体排(万 m²)	船舶临时停靠点(m)	排泥位置
Ⅰ标	0+000~7+460	7.09	206.5	5.40	29.26	2 970	东1、东2、西1、西2、西3排泥场
Ⅱ标	7+460~14+800	7.34	201.6	13.63	68.04	500	西4~西10、西12排泥场
Ⅲ标	14+800~23+846	9.046	238.4	2.27	11.64	500	东3;西13、15、17、18、21排泥场
合计		23.476	646.5	21.30	108.94	3 970	

工程区水陆交通极为便利。泰州引江河沟通长江与新通扬运河,水运交通发达。南端的长江,可连通沿江各港口,江南运河、锡澄运河及沪宁铁路,发挥水铁联运的优势;北端新通扬运河,西至江都芒稻河,东抵海安与通榆河沟通,由新通扬运河向北,可连通卤汀河、泰东河、三阳河等骨干河道,水运直达里运河腹部。河道东侧沿线有长江大道与河道平行,陆路已形成国道、省道和乡镇公路的交通网络,南段有扬靖公路,北段有扬泰公路,中段有宁通一级公路,均与泰州引江河相交。工程现状的水陆交通构成的运输网络,已具一定的规模,通连全省及全国各地,为本工程施工所需的施工机械、工程设备、建筑材料提供了有利的交通运输条件。

3个标项目部均设于河道西侧,分别位于高港大桥、高寺桥和海陵大桥附近,位置示意详见图3-1-1。现场布置按满足文明工地的创建标准要求设有:办公、宿舍、食堂、医务室和公共卫生等房屋建筑及设施,文化娱乐和体育场地及设施。房屋布置应成排成行,排列有序,间距符合消防安全要求,房屋用材、建筑风格、房屋高度、外墙颜色均一致。周边进行绿化美化,种植常绿植被和树木。

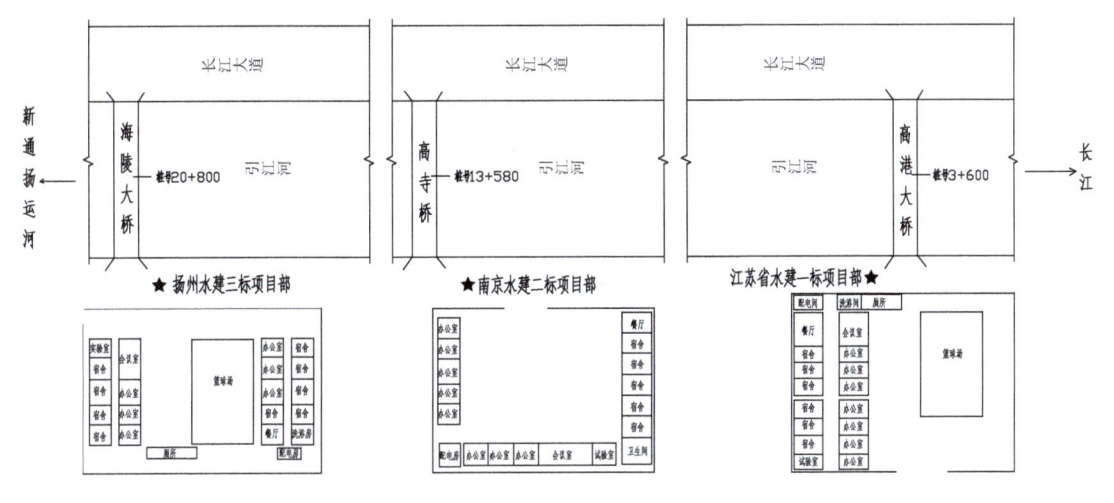

图 3-1-1　河道工程三个标项目部位置及办公生活区示意图

二、二线船闸工程

二线船闸工程施工任务紧,要求高,工程量大,其中水上土方开挖约 93 万 m^3,疏浚约 101 万 m^3,土方回填约 26 万 m^3,弃土约 163.9 万 m^3,砌石及垫层工程约 11 260 m^3,现浇混凝土(含地连墙及灌注桩)约 120 563 m^3,预制混凝土约 3 285 m^3,钢筋约 1 万 t。工程涉及的基础及防渗工程种类繁多,有地下连续墙工程、灌注桩工程、高压摆喷、旋喷、多头搅、钢板桩、管桩等;施工工艺复杂,衔接要求高,涉及上下游导航墙与钢板桩围堰的施工顺序、上下游闸首与闸室连接、上下游导航墙与闸首的连接等;闸室结构采用锚碇地下连续墙结构,"逆作法"施工,对施工顺序的控制要求高。

二线船闸工程施工场地布置因地制宜,按照生产便利、方便生活、易于管理、安全可靠的原则进行。场地布置主要分生产区和办公生活区两大部分,其中生产区分为混凝土生产系统、木工加工场、钢筋加工场、仓库、试验室、码头等。各功能区之间、功能区与现场均以临时道路相连。主要布置详见图 3-1-2。

（一）施工场地布置

1. 施工道路

根据船闸工程的特点,本工程施工主干道主要沿船闸西侧河口线布置,其中上下闸首各铺设一条斜坡道至闸首开挖高程。主干道与各功能区均相连,并连接施工场地西侧泰高公路。生产区道路采用泥结石路面,生活区道路采用混凝土路面。

2. 生产区布置

二线船闸混凝土生产系统布置在二线船闸闸室西南侧,由搅拌站、水泥粉煤灰储存罐、砂石堆放场组成,总占地面积约 8 000 m^2;钢筋场布置在下闸首西侧,占地约 3 000 m^2;木工场布置在钢筋场南侧,占地约 3 000 m^2;仓库及试验室布置在钢筋场与混凝土生产系统之间,搭设彩板房 10 间;码头布置在下游导航墙中间位置。工程中的大型预制构件均在后方

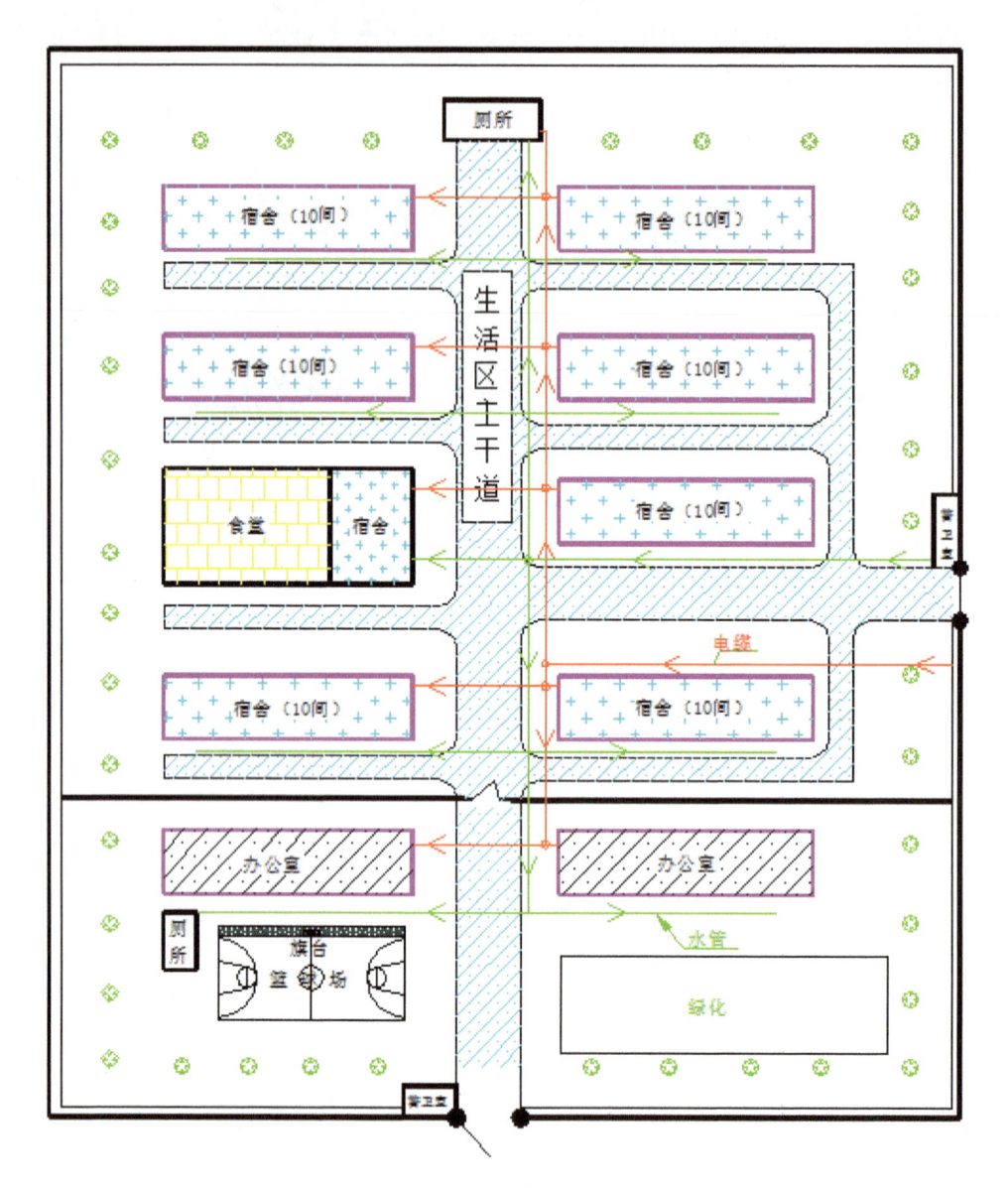

图 3-1-2　二线船闸工程办公生活区平面布置图

基地生产直接运至现场安装。

3. 办公、生活区布置

项目部办公区、生活区布置在闸室西北侧与泰高路之间的位置,与生产区采用安全通道相隔。

主出入口设置大门及警卫值班室,并在门口醒目位置树立六牌一图。办公区共搭设彩板房 40 间,设项目经理室、总工室、工程科、质检科、安全科、办公室、财务科、会议室、活动室、医务室、资料室、卫生间等。项目经理部、会议室门前种植常绿植被,并栽种紫薇等花期较长的植物;办公及生活区内设置升旗台、篮球场(结合停车场),办公及生活区其他裸露部分均栽种草皮。职工生活区共搭设彩板房 160 间,包括宿舍、食堂、浴室、厕所、文体活动室等。

（二）资源配置

在对施工场地合理布置的同时，施工单位对工程资源进行合理配置。

1. 管理资源

成立二线船闸工程项目经理部具体实施本项目，抽调具有多年类似工程施工经验的人员组成项目核心成员。项目经理部在总公司各职能部门的支持、监督下开展工作，项目经理对全部工程的施工集中管理，统一调度指挥土建、金属结构、机电安装等专业施工。发挥本公司专业齐全的优势，配备了有限公司各专业分公司和专业人员，抽调具有同类型工程施工管理和施工作业经验的人员。配备高级工程师4人、工程师12人、助理工程师12人、技师5人、高级工15人。

2. 人力资源

劳动力资源是控制工程进度和影响工程成本的重要因素，特别是近几年来国家对农民工权利的重视和关注，加上建筑市场的持续红火，造成劳动力资源的过度紧缺。本工程高强度施工的持续时间长、作业点多、面大，而且很分散，施工中需要大量的劳动力资源。

公司对劳动力资源相当重视，安排了大量的成熟技术工种和劳动力资源参加本工程建设。为了确保本工程的施工进度满足业主提出的要求，项目部加强内部管理力度，做到协调有力政令畅通、落实责任分解到人，制订措施确保农忙、工假日施工力量的稳定，使施工进度、质量一直处于受控状态，满足业主的要求。

3. 设备材料资源

本工程工期紧，工程量大。在施工过程中，在保证施工质量和工期的前提下，积极引用同行业新型技术装备，以促进施工，加强质量，降低成本。

混凝土的施工从生产、运输、入仓等，采用大型搅拌站集中拌制，罐车运输，泵车入仓，现场进行道路硬化，以满足机械化施工的要求。根据混凝土的总量和工期的要求，结合最大单块结构的体积，配置75 m^3/h 的强制式搅拌站2台，8 m^3 的混凝土运输车8辆，43 m和46 m的混凝土泵车各1台，同时配置80 m^3/h 的混凝土拖泵2台，作为其他多点作业和主体施工的备用设备。

地下连续墙的施工是本工程施工的关键，采用成熟、先进、高效的液压抓斗成槽设备。工程基础工程施工高峰期间配置德国产宝蛾GB—34液压成槽机2台，上海金泰35A液压成槽机1台。

混凝土灌注桩施工设备考虑传统设备与新型装备相结合。在闸首深基坑和其他场地狭小以及水上施工平台的部位，采用传统螺旋式钻机10台，在地表施工面特别是下游西侧的导航墙直立墙施工部位，采用2台上海金泰旋挖钻机进行施工。

为确保工程实施，公司配备充足的施工周转材料，总计投入钢管800 t，钢模板8 000 m^2，扣件8万只，满足施工进度对周转材料的要求。

4. 技术资源

施工中的所有施工方案、技术措施都要事先经过周密研究，充分发挥本公司技术人员的集体智慧。重点、关键部位的技术方案及时向江苏省水利系统的老专家咨询，听取他们的意见。编制施工作业指导书，经公司总工室审批、报监理工程师批准后发放到各相关部门和作业组,同时逐层进行施工技术交底,现场监督,以确保各施工部位的施工质量。

第二节　河道工程施工

一、关键部位施工

在河道工程施工中主要解决以下重点:排泥区围堰高,工程施工安全风险大。本工程排泥场集中堆土区顶高程为 11.5 m,拓浚河道底高程-6.5 m,高差达 18 m,因排泥区距现场河口线在 15 m 左右,施工期保证河道边坡稳定是工程关注的重点。河道开挖后需进行系混凝土块软体沉排护坡,控制河坡开挖断面是施工期质量控制的关键。待闸区河段河面停靠、过往船只较多,多年沉积的障碍物多,不断航施工的安全施工的是工程重中之重。停靠点施工处于河岸线,地处渗水丰盛的砂土区,保证结构干式施工的控制是保证本工程质量的重点。针对以上关键部位,施工中主要采取以下措施。

(一)排泥场快速固结措施

针对这种情况采取快速固结泥水分离措施,主要方法是在排泥场中布置纵横滤水管,加速排泥场中泥水分离,土体快速固结,水分短期快速排出土体,减少排泥场堆积高度,有效减少荷载。从实施过程中看,此效果明显,施工中未发生河坡塌滑事件。泥水分离布置详见图 3-2-1 和图 3-2-2。

图 3-2-1　吹填前泥水分离布置图

(二)砂土段河坡的开挖质量控制

本工程河道边坡开挖后,需进行河道边坡软体沉排防护,对河坡的开挖边坡要求较高。正常水下绞吸船开挖采用阶梯上欠下超开挖的方法,无法满足沉排的坡面设计要求,同时采用该法施工时因绞吸船开挖的梯级较大,砂土段在动水中易形成边坡塌坡,动水中形成河口

图 3-2-2　吹填后泥水分离图

青坎塌陷。经现场试验,最终采取 2.5 m 铰刀直径绞吸船开挖河槽底宽内土方,采用 1 m 铰刀直径小绞吸船开挖边坡土方,施工中分阶不超过 50 cm,且开挖时不伤及边坡。操作台配置 GPS 测深操作仪。最后采用水上抓斗配吹泥船精确修坡,达到软体排铺设对边坡的质量要求。同时采用"抓+吹"的施工方法,在吹泥船土斗处的上口布设滤栅网,有利于河道边坡处多年沉积的生活垃圾在吹送前分离,保证了吹泥船的正常施工。绞吸船施工见图 3-2-3,抓斗船施工见图 3-2-4。软体沉排铺排施工见图 3-2-5,系混凝土块软体沉排施工见图 3-2-6。

图 3-2-3　绞吸船施工图

图 3-2-4　抓斗船施工图

图 3-2-5　软体沉排铺排施工图

（三）不断航施工的安全措施

不断航施工是本工程的最大难点：河岸待泊区较多，不断航，在施工中积极与海事沟通，做好水上各项警示标识。同时采取河道分幅施工，在分幅区，工程施工沿河道中心线布设安

图 3-2-6 系混凝土块软体沉排施工图

全警示标识,施工区段上下游围封与中心标识连接,确保作业区域内无行船,保证施工区域外船舶正常通行。

在停靠点施工时,围堰外侧禁止船舶停靠,派专人巡护,保证了围堰的作业安全。

（四）停靠点施工方法

本工程停靠点施工解决了两个难题,一是水中砂土围堰的构筑,二是渗透性较强的砂土区基础降水处理。

（1）针对水中砂土围堰的构筑:构筑水中围堰时采用砂土直填,易造成河道河床抬高,施工中围堰构筑采用沙袋吹填填筑,免除了砂土在水下易散阻塞河床的风险,同时也减少了围堰临水侧堰体的防护,有力地保证了工程的安全实施。

（2）渗透性强砂土区基础干式施工:本工程临时停靠点处于渗透性较强的砂土区,且一侧临水,一侧处于排泥场渗水。采取通常的轻型井点降水无法达到干式基础施工的要求。施工中根据两侧渗水强度的特点,在基坑两侧分别采用深井降水(详见图 3-2-7),井点间距 6 m,井深 10 m,井直径 30 cm,从实施来看效果比较理想,有力地保证了工程质量。

二、滑模施工

本工程沿河停靠点混凝土挡墙支模采用滑模施工,见图 3-2-8。

（一）模板施工

待底板混凝土强度达到设计强度的 75% 后,即进行墙身模板的拼装施工。模板通过钢丝绳悬挂在门架上,整体移动。因考虑模架拼装时间较长,小龙门和大面模板同时进行了拼装,利用汽车吊和滑轮组合进行。

迎水面大面钢模根据图纸设计的断面尺寸划分为 1.2×2.25 m、1.2×1.5 m 2 种规格的标准模板和 2 种异形模板拼装而成;迎土面大面钢模由新加工的 0.6×1.5 m、0.3×1.5 m 2 种规格的标准建筑钢模拼装而成。

图 3-2-7　深井降水施工

图 3-2-8　滑模施工图

移动模架结构见图 3-2-9。

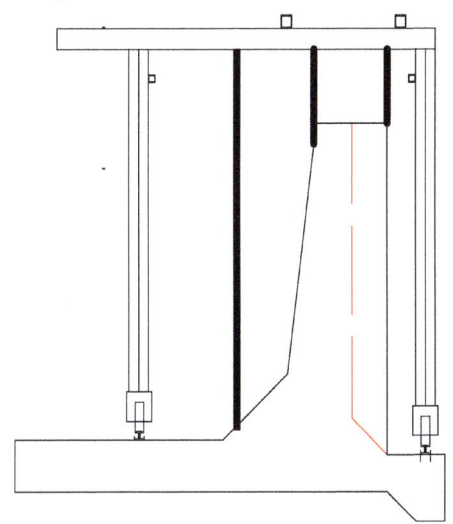

图 3-2-9　移动模架结构示意图

（二）模板滑移施工

模板在混凝土施工完 20 h 后,进行模板的拆除和吊装施工,同步进行轨道前移施工。

模板在拉条拆除后,通过手拉葫芦反吊在小龙门上,然后通过电机牵引前行,移到位后再把大面模板松下就位。

（三）混凝土施工

为保证混凝土的外观质量和加快施工进度,墙身混凝土采取分层一次浇筑到顶的方法。分层厚度控制在 40 cm 左右。

混凝土振捣主要采用插入式振捣器,插点间距 50 cm 为宜,振捣时间一般控制在 20～30 s 左右,并以混凝土表面呈水平、泛浆、不再出现气泡和不再显著下沉为度。

（四）混凝土养护

墙身混凝土分段长度为 15 m,混凝土外露面较大,容易产生裂缝,养护时配置专人进行定点定时养护。在墙身浇筑结束后,采用透水土工布整体覆盖、保湿养护。

三、河坡防护（沙土段坡面修整、沉排工艺）

软体沉排铺设在河道疏浚完成后进行,铺排前进行河道整坡。软体沉排施工包括水下沉排施工及上部防老化预制混凝土块铺设。

（一）边坡修整

施工前,进行施工区域内的水下测图,如发现有突出的尖状物则立即采取措施进行处理,防止排体遭受破坏。对于砂性土河坡,绞吸船或挖掘机开挖易造成塌坡,为保证河坡整理的平整度,引进了瑞士徕卡公司 3D 挖掘引导系统,其余河段采用挖掘机整坡。瑞士徕卡公司 3D 挖掘引导系统在水下修坡中的运用,把不可视的水下修坡变成了"可视",大大提高了修坡精度,避免了漏挖现象,提高了施工效率。3D 挖掘机施工方法为:

（1）3D 设备安装、调试。

(2) 开挖区域坐标、高程及坡比等设计断面参数导入3D挖掘引导系统。

(3) 水上挖掘机移至施工区域,操作手将3D引导系统显示屏调至开挖状态,下定位桩定位。

(4) 施工过程中在3D系统的引导下,根据系统控制面板上的显示屏,操作手控制水上挖掘机削坡顺向开挖,开挖土方装船外运。

(5) 与传统施工方法对比,未使用3D引导系统,一次施工后的测量断面的坡面距与设计标准存在较大差距。使用3D引导系统一次挖掘后坡面就达到设计标准。未使用3D引导系统挖掘机水下整坡是采用岸上设定位桩、水下设浮标、控制机臂上设刻度的方法施工,在施工过程中,除测量人员配合,还需要在相应位置设置水尺来标示水位等,检测强度大,对挖掘机操作人员要求高,采用3D引导系统后,不需再投入其他设备和人员参与,改变了原来的施工流程,提高了效率,质量和经济效益明显提高。

(二) 沉排施工工艺

水上沉排施工立面如图3-2-10所示。

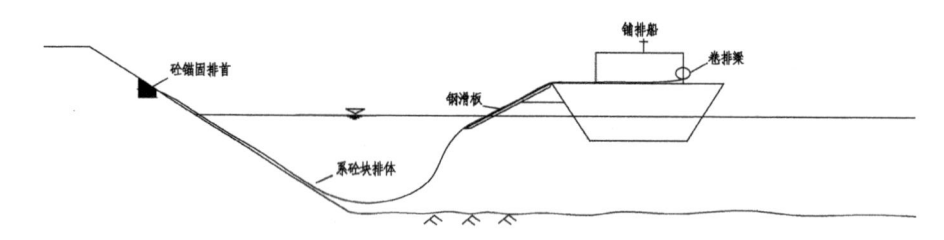

图3-2-10 水上沉排施工立面示意图

1. 排体制作

根据设计的规格尺寸和质量要求,委托有资质的排布生产厂家和预制混凝土块加工厂制作排体。

2. 铺排船定位

水上铺排作业根据设计软体排防护范围,划分为若干沉放条块,根据水深、流速等参数确定水面定位坐标。水上沉排采用GPS跟踪沉排船的位置进行定位,确保排体按设计要求的位置入水,并保证符合排体搭接要求。沉排时,铺排船由6个电动绞关和6根钢缆绳控制其定位和移位,其中船头中部为主缆,承受整个船舶下漂拉力,同时控制船舶的前后移动;船头船尾左右各设2根边缆,控制船舶左右位移,沉排时要求船体能平行移位。施工中沉排船由岸上设立的施工导标、GPS实时跟踪指挥其定位,由下游向上游逐块沉放,并由GPS动态控制沉排轨迹和搭接宽度,实时绘出沉排轨迹,并校核轨迹与排布的实际长度、设计范围是否相符合,同时与理论轨迹对照,出现误差超出允许范围时,立即校正船位,防止沉排船偏离计划线,保证护底范围和搭接宽度满足设计要求。

3. 排头排尾固定

沉排的排头固定在护坡上,先在岸上在排首位置打钢管桩,再将排头固定在钢管桩上。排尾在每通条沉排结束时用尼龙绳沉放到河底。

4. 排体铺设

(1) 卷排:将预先加工好的排布卷入铺排船卷排梁,排布卷紧卷匀。

(2) 展布：将排布展开于船体甲板工作平台上，采用钢管桩固定排首。

(3) 系结混凝土块：用船、吊机将运输船上的混凝土块吊运至铺排船的工作平台，在工作平台上铺排工人将混凝土块绑系于排布上。

(4) 移船：根据已系结混凝土块的排布长度，采用铺排船外侧的 2 台卷扬机绞动锚缆向外移动，排布经铺排船的活动钢滑板缓慢沉入河底。

(5) 重复上述展布、系结混凝土块、移船步骤，直至全部排布系结混凝土块沉入河底。

5. 主要施工技术措施

(1) 系结混凝土块沉排施工，完成试验段施工，取得一定经验后再逐步推广实施。

(2) 沉排前河坡经检验合格后进行沉排施工。

(3) 为防止排体向中间收缩，影响搭接宽度，将铺排船滑板加工成中高边低的拱形。并将滑板尽量放低，减小排体悬空高度。

(4) 在沉排过程中，为防止叠排现象，坚持先移船后放排的原则，使船与排之间有一个后倾角，并使移船速度与放排速度相匹配。

系结压载软体沉排制作及铺设工序质量检验项目与标准详见表 3-2-1、表 3-2-2。

表 3-2-1　系结压载软体沉排制作工序质量检验项目与标准

项次		检验项目	质量要求（允许偏差）	检验方法	检验数量
主控项目	1	软体沉排材料质量	符合设计和规范要求	试验	每批每 10 000 m² 取样 1 组，且不少于 1 组
	2	软体沉排及其连接质量	符合设计要求	试验、检查	每批取样 1 组
一般项目	1	幅长	±0.33%L_1	钢卷尺	每幅测 2 点
	2	幅宽	±0.50%B	钢卷尺	每幅测 2 点
	3	充填袋或砂肋长度	±2%L_2	钢卷尺	每条测 1 点
	4	充填袋或砂肋周长	±30 mm	钢卷尺	每条测 2 点
	5	加筋带间距	±50 mm	钢卷尺	每条测 1 点
	6	系结条间距	±20 mm	钢卷尺	每条测 1 点
	7	砂肋套环间距和周长	±50 mm	钢卷尺	每个测 1 点

注 1：参照 JTS 257。
注 2：L_1 为软体沉排幅长；B 为软体沉排幅宽；L_2 为充填袋或砂肋长度。

表 3-2-2　系结压载软体沉排铺设工序质量检验项目与标准

项次		检验项目	质量要求（允许偏差）	检验方法	检验数量
主控项目	1	填充材料	符合设计要求	检查，试验	全数，土、砂每料源取样 1 组，砂浆、混凝土每班组或 50 m³～100 m³ 取样 1 组
	2	搭接宽度	不小于设计值	钢卷尺	每条搭接缝或沿缝每 30 m 测 1 点
	3	软体沉排厚度	±5%	探针	每幅测 2 点

续表

项次		检验项目	质量要求（允许偏差）	检验方法	检验数量
一般项目	1	轴线位置	1 m	全站仪	每幅测 2 点
	2	铺设长度	−1 m～+2 m	测距仪	每幅测 1 点
	3	单片连锁块间距	纵横向边长的 10%	钢卷尺	10% 连锁块相邻边
	4	砂肋饱满度	75%～85%	检查	全数
	5	铺放高程	0.5 m	水准仪	护岸 50 m～80 m 测 1 个断面，每个裹头或弯道部位测 3 个断面
	6	充灌压力	符合设计要求	检查	每小时检查 2 次
	7	沉排船定位	符合设计和 SL 260 要求	观察	全数
	8	铺排程序	符合 SL 260 要求	观察	全数

注：依据 SL 260、SL 634；参照 JTS 257。

四、快速泥水分离

（一）施工布置

1. 砂性土段排泥场快速泥水分离排水系统布设

砂性土段排泥场排泥最大高度 8.7 m，快速泥水分离排水系统沿排泥场周边布置，排泥高度大于 6.0 m，排水系统可分 2 层进行布设，第一层设置高度为 4.0 m，第二层设置高度为 4.0～4.7 m。

排泥场快速泥水分离垂直排水体布设 3 排，排距 4.0 m；泄水口门两侧 150 m 范围内增设 2 排垂直排水体，排距 6.0 m。垂直排水体间距 3.0～4.0 m，其中排泥场围堰内坡脚处的 1 排垂直排水体间距 3.0 m，其余排的垂直排水体间距 4.0 m。同时采用防渗排水复合体对排泥场围堰内坡进行防护。

2. 淤土段排泥场快速泥水分离排水系统布设

淤土段排泥场分别为西 1、西 2 排泥场。快速泥水分离排水系统沿排泥场周边布置，其中西 1 排泥场仅布置沿河侧。排泥高度小于 6.0 m 的西 1（一半）、西 2 排泥场，排水系统一次布设到位；排泥高度大于 6.0 m 的西 1（一半）排泥场，排水系统可分 2 层进行布设，第一层设置高度为 4.0 m，第二层设置高度为 2.5～4.0 m。

排泥场快速泥水分离垂直排水体布设 2 排，排距 4.0 m；泄水口门两侧 150 m 范围内增设 2 排垂直排水体，排距 6.0 m。垂直排水体间距 3.0～4.0 m，其中排泥场围堰内坡脚处的 1 排垂直排水体间距 3.0 m，其余排的垂直排水体间距 4.0 m。同时采用防渗排水复合体对排泥场围堰内坡进行防护。

3. 底部排水管

底部排水支管布置在防渗排水复合体下端和垂直排水体底部，采用 φ110 mmPVC 管；底部排水主管采用 φ200 mmPVC 管；穿堤时穿围堰排水管采用直径 325 mm 的钢管或波纹管，并填筑水泥土压实；水泥土填筑厚度高于穿堤管顶 50 cm，水泥掺量 10%。

4. 排水体材料

垂直排水体骨架直径 200 mm，设置高度高于排泥场最终排泥面 20 cm 以上。

(二) 快速泥水分离的工艺原理

快速泥水分离工艺是沿排泥场内侧周边布设泥水分离排水系统，使疏浚土体的泥、水快速分离，实现疏浚土体中的自由水体快速排出，消除了风浪超高，降低了疏浚土体含水量，缩小疏浚土体的体积，达到疏浚土体的快速固结、提高周边土体的承载力和提高排泥场库容利用率。

(三) 坡面防渗排水复合体工艺原理

坡面防渗排水复合体施工工艺原理是：沿排泥场围堰内侧坡面上铺设专用的防渗排水复合体材料，其下端与坡脚排水管路连接，形成具有防渗、排水等的多功能防护体，有效隔离水体浸入围堰体内，降低围堰渗流水头压力，达到围堰渗流稳定安全的目的。

(四) 快速泥水分离过程监测

沿排泥场围堰布设测压管，实时监测围堰堰身浸润线变化曲线。

第三节　二线船闸工程施工

一、临时工程

(一) 施工围堰

施工围堰是本工程施工的一大重点，围堰成功实施为工程顺利进行打下了牢固的基础。本工程围堰包含上游围堰、下游围堰及下闸首处预留围堰。上、下游围堰为双排钢板桩结构，预留围堰为土体围堰。

1. 上游围堰

(1) 上游围堰设计。

根据设计提供的围堰参考数据，上游围堰施工期设计水位取泰州引江河 10 年一遇的洪水标准 2.58 m。风浪高度经计算取 0.5 m，安全超高取 0.5 m，考虑与高程 4.0 m 河道青坎相连。上游围堰顶高程取 4.0 m。围堰结构为双层钢板桩围堰，钢板桩间距 10 m，钢板桩底部高程 −12.0 m。

(2) 上游围堰内力计算。

上游围堰采用 OZ40 型钢板桩对拉结构，桩顶高程为 4.0 m，桩前泥面高程 −4.0 m，锚杆高程 1.5 m，直径 40 mm。拉锚结构取单宽计算。外侧为施工期水位 2.58 m，内侧是干地施工，水位 −4.00 m。经计算，上游围堰内力计算结果见表 3-3-1。

表 3-3-1　上游围堰内力计算表

部位		工况		锚杆拉力 (kN/m)	钢板桩最大弯矩标准值 (kN·m/m)
		水位			
		桩前侧	桩后侧		
施工期	外侧	2.58	−0.70	139.0	284.4
	内侧	−4.0	−0.70		256.5

由以上计算得知,上游钢板桩围堰稳定性、钢板桩及拉杆强度满足施工期挡水要求。

2. 下游围堰

(1) 下游围堰设计。

根据设计提供的围堰参考数据,下游围堰施工设计水位取10年一遇非汛期高潮位即4.46 m,风浪高度取0.5 m,安全超高取0.50 m。下游围堰顶高程取5.5 m。围堰结构为双层钢板桩围堰,钢板桩间距12 m,钢板桩底部高程−14.9 m。

(2) 下游围堰内力计算。

下游围堰采用OZ40型钢板桩对拉结构,桩顶高程为5.5 m,桩前泥面高程−4.5 m,锚杆高程3.0 m,拉杆直径40 mm。拉锚结构取单宽计算。外侧为一线船闸施工水位4.46 m,内侧是干地施工,水位−4.50 m。经计算,下游围堰内力计算结果见表3-3-2。

表3-3-2　下游围堰内力计算表

部位		工况		锚杆拉力 (kN/m)	钢板桩最大弯矩标准值 (kN·m/m)
		水位			
		桩前侧	桩后侧		
施工期	外侧	4.5	0.0	155.1	628.4
	内侧	−4.5	0.0		662.3

由以上计算可知,下游钢板桩围堰稳定性、钢板桩及拉杆应力满足施工期挡水要求。

3. 下闸首预留围堰的设计

为能在下游钢板桩围堰闭合前进行闸室施工,在下闸首处预留土体围堰(原防洪交圈大堤)。围堰顶宽10 m,顶高程8.2 m(现状堤顶高程),内侧(闸室侧)控制边坡1∶3,在高程2.5 m处设有平台,平台宽5.0 m;外侧(长江侧)边坡1∶3.5(现状坡比),坡脚高程0.5~4.0 m。

(二) 基坑支护和围封截渗墙

1. 基坑支护

(1) 基坑支护的设计概况。

二线船闸上下游闸首底板埋置较深,上闸首两侧地面高程6.0 m左右,底板底高程−8.1 m,下闸首两侧地面高程亦为6.0 m左右,底板底高程−7.5 m,若基坑大开挖会危及东侧一线船闸的安全,为此,上、下闸首的东侧进行基坑支护施工,辅以局部土方开挖。

上、下闸首的基坑支护采用上、下两级支护方案,上、下两级支护间距为7 m,下级支护结合闸首底板防渗围封60 cm厚地连墙进行基坑支护;上、下闸首围封地连墙顶高程均为−4.1 m,地连墙底高程分别为−15.6 m、−18.0 m;上闸首底板开挖面为−8.20 m,下闸首底板开挖面为−7.6 m,地连墙墙后挡土高程为−4.1 m;上、下闸首挡土高度分别为4.1 m、3.5 m,为无锚结构。

上、下闸首基坑的上级支护采用$\phi 80$ cm灌注桩排桩,为无锚结构,上、下闸首闸基坑的上级支护顶高程均为1.0 m,排桩墙前高程均为−4.1 m,挡土高度为5.1 m;桩底高程−17.5 m。灌注桩排桩桩后采用2排$\phi 45$ cm水泥搅拌桩套打截渗。

(2)基坑支护施工。

① 灌注排桩施工。

灌注排桩主要考虑桩的施打顺序,如桩编号为1、2、3、4、5、6、7等连续编号,先打1、3、5、7……单号,然后再打2、4、6……双号。

② 多头小直径深层搅拌桩防渗墙施工。

防渗墙施工是在移动支撑机上的三支点垂直立柱导杆上装载着挖掘搅拌装置,多根掘削搅拌轴将回转动力传至下面的挖掘头,同时通过3孔送浆、2孔送气、三轴掘搅、三维作业、跟踪监控,在原有位置将基土和水泥混合搅拌成均匀的施工技术。水泥土搅拌桩截渗墙是以水泥做固化剂,通过桩机在地基深处就地将土体和固化剂强制拌和,利用固化剂、土体和水之间所产生的一系列物理、化学反应,使土体硬结成具有良好整体性、水稳定性、不透水性,并具有一定强度的水泥土防渗墙,以达到截渗的目的。

③ 下级支护中的地连墙施工。

本工程中地连墙对基坑支护起到了关键性作用,有效地减小了土方开挖面积,对施工中一线船闸的安全起到了关键性作用。

(3)基坑支护维护和监测。

基坑支护是基坑开挖成功与否的关键,基坑开挖和基坑施工的过程中要加强对基坑支护的维护与监测。支护墙完成后在灌注桩顶和地连墙顶埋设观测仪器,做好观测仪器原始记录。基坑开挖期间,每6 h对埋设的仪器观测一次,做好记录,一旦发现墙体位移超过允许范围,立即停止开挖,分析原因,处理后再进行开挖。基坑开挖形成、支护墙体稳定后,每24 h对埋设的仪器进行观测,做好记录,并及时提交给监理审查。

2. 围封截渗墙

本工程采用两道围封截渗墙。第一道主要为一线船闸与二线船闸基坑之间采用φ45 cm多头小直径水泥搅拌桩截渗墙,周围总长约526 m,底高程-13.6 m,顶高程2.5 m。东侧距二线船闸中心线42 m,上、下游距上、下闸首底板边缘20 m,西侧打降水井,不围封。第二道围封截渗为上下游导航墙、闸首、闸室等部位的永久性地连墙结构。

二、基础工程

二线船闸基础工程主要包括:地连墙工程(约2.5万 m³)、灌注桩工程(约2.9万 m³)、水上灌注桩工程(约850 m³)、高压摆喷、高压旋喷、水泥搅拌桩以及多头小直径水泥搅拌桩工程等。基础工程施工是船闸工程施工的灵魂。

(一)地连墙工程

1. 地连墙工程总体布置

本工程地连墙包含60 cm厚和80 cm厚二种结构,地连墙分块接缝处墙后增加高压摆喷,拐点处增加高压旋喷,从而增加防渗效果。为了更好地达到成槽效果,工程中异形地连墙均采用2台成槽机同时施工。地连墙施工设备安排:闸室、闸首部分安排2台液压抓斗成槽机,施工顺序为闸室部分→上闸首部分→下闸首部分,下游引航道专门设1台液压抓斗成槽机进行施工。

(1) 闸室部分。

闸室部分地连墙为 80 cm 厚,施工的重点与难点在于浮式系船柱处"L"型分块施工,以及与闸首交接处"T"型接头施工。另外,由于闸室地连墙与闸首地连墙墙顶高程不一致,施工中对与闸首交接的 1# 闸室地连墙的施工采用特殊施工处理。

(2) 闸首部分。

闸首部分地连墙有 60 cm 厚和 80 cm 厚两种结构,施工难点是施工界面比较低,大约 −4.0 m 左右;且上下闸首地连墙也存在着与闸室地连墙的交圈问题,下闸首地连墙还存在着与下游导航墙及引航道的连接问题。

(3) 下游引航道部分。

下游引航道地连墙有 60 cm 厚和 80 cm 厚两种结构,轴线位置在现有下游防汛主大堤路肩。由于施工期间主汛期防汛主大堤不允许施工,故只能避开汛期进行施工,所以施工强度大大增加。

2. 液压抓斗成槽地连墙(80 cm、60 cm)施工

(1) 施工工艺流程见图 3-3-1。

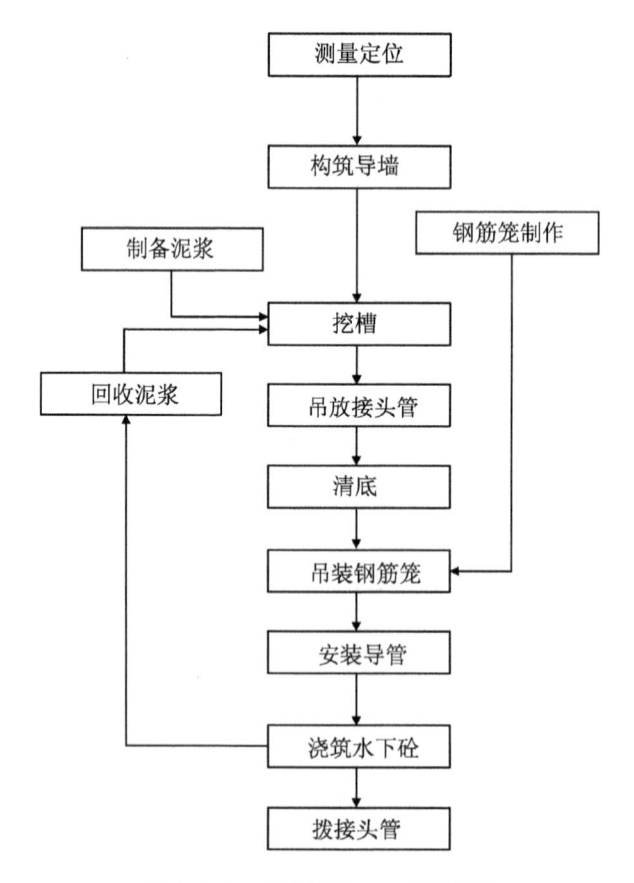

```
测量定位
  ↓
构筑导墙
  ↓
挖槽 ← 制备泥浆    钢筋笼制作
  ↓        ↑
吊放接头管   回收泥浆
  ↓
清底
  ↓
吊装钢筋笼 ←
  ↓
安装导管
  ↓
浇筑水下砼
  ↓
拔接头管
```

图 3-3-1 地连墙施工工艺流程图

(2) 导墙施工。

导墙的施工顺序:平整场地→测量定位→导墙土方开挖→测量放线→绑扎钢筋→支模

板→浇筑 C20 混凝土→拆模并设置横撑→土方回填。导墙施工的技术及操作要求：

① 导墙采用"┐ ┌"型整体式钢筋混凝土结构，深 1.5 m，配筋采用竖向配筋为 $\phi 12@200$，水平配筋为 $\phi 12@200$，导墙侧壁厚 200 mm，顶部厚 300 mm。开挖至 1.5 m 后，观察土层情况，如果是黏土层并且不出水，导墙外模采用土模；外模板采用厚度 120 mm 的砖模；土质条件很差的部分换填处理。导墙剖面如图 3-3-2 所示。

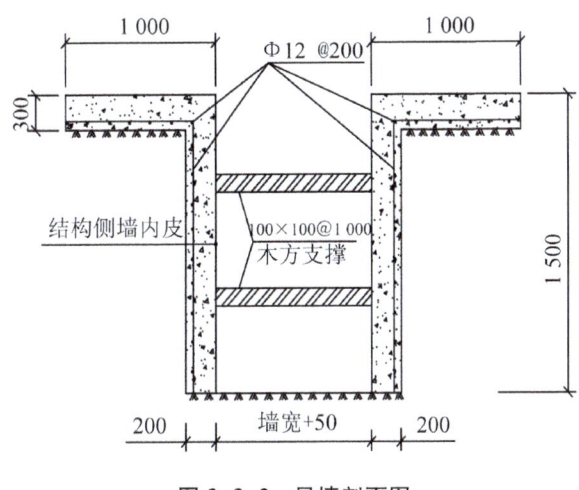

图 3-3-2　导墙剖面图

② 导墙施工允许偏差应按下列规定控制。
内墙面与地下连续墙纵轴线平行度为 ±10 mm；内外导墙间距为 ±10 mm；导墙内墙面垂直度为 0.3%；导墙内墙面平整度为 3 mm；导墙顶面平整度为 5 mm。

（3）泥浆护壁的制备和使用。

① 泥浆制备。
泥浆材料采用膨润土泥浆护壁。主要材料为膨润土，外加剂的用量可根据具体情况适当选择。制浆的投料顺序为：水、膨润土、纤维素、分散剂、外加剂。
泥浆的拌制。使用泥浆搅拌器进行泥浆拌制。投料顺序为：水、膨润土等。拟定护壁泥浆配合比见表 3-3-3。

表 3-3-3　泥浆拌制参数表

材料名称		膨润土	水	纯碱	纤维素
一般槽段用新配置泥浆	配合比（%）	7	100	0.4~0.5	0.05~0.08
	每立方米用量（kg/m³）	70	1 000	4~5	0.5~0.8
使用后再生泥浆	配合比（%）	—	100	1.5	0.2
	每立方米用量（kg/m³）	—	1 000	15	2
特殊情况使用泥浆	配合比（%）	14	100	1.5	0.2
	每立方米用量（kg/m³）	140	1 000	15	2

通过试配,达到规定的性能指标后,再进行泥浆拌制。搅拌均匀的泥浆放入储浆罐或储浆池,静置 24 h 后使用。泥浆的性能指标见表 3-3-4。

表 3-3-4 泥浆指标参数表

泥浆性能	新配置 黏性土	新配置 砂性土	循环泥浆 黏性土	循环泥浆 砂性土	废弃泥浆 黏性土	废弃泥浆 砂性土	检验方法
相对密度	1.04~1.05	1.06~1.08	<1.10	<1.15	>1.25	>1.35	比重计
黏度(s)	20~24	25~30	<25	<35	>50	>60	500/700 mL 漏斗法
pH 值	8~9	8~9	>8	>8	>14	>14	pH 试纸

② 泥浆循环使用及处理。

护壁泥浆必须循环使用,并及时检测其性能指标,使之满足施工要求。泥浆循环系统见图 3-3-3。

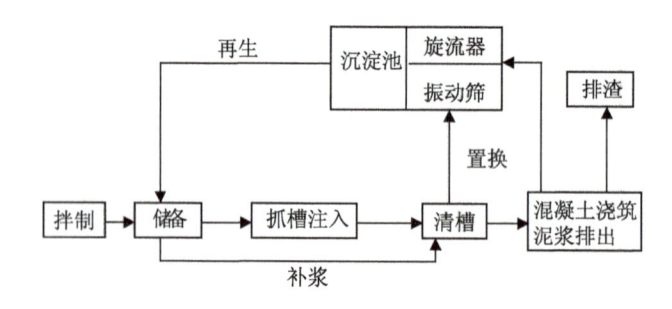

图 3-3-3 泥浆循环系统图

使用后的泥浆回收时,如达不到规定的性能指标,可经过振动筛和旋流器处理后,流入沉淀池,经沉淀处理后,检测其性能指标,必要时再补充掺入材料进行再生。再生后的泥浆放入储浆罐中待用。

(4) 成槽施工。

本工程穿越地层较为复杂,根据现场地质情况,采用挖槽机成孔。

连续墙单元槽段开挖顺序。连续墙单元槽段的开挖主要分 3 步进行,采用挖槽机进行挖槽。

槽段按先后施工顺序分为首开槽、顺开槽、闭合槽 3 种。首先施工首开槽,根据具体情况多挖首开槽,首开槽浇注混凝土完成之后,养护 3 d,开挖相邻的顺开槽,最后形成几个闭合槽段。连续墙成槽质量标准见表 3-3-5。

(5) 关键工序的质量控制措施。

① 连续墙成槽控制。

a. 成槽时机械履带应与槽段平行。设专人观测导杆钢丝绳的偏差,及时纠偏;成槽过程中进行垂直度跟踪观测,严格做到随挖随测随调正。

表 3-3-5　成槽质量控制标准

项目	允许偏差	检验方法
槽宽	0～+50 mm	2 m 检测尺
垂直度	0.3%	线锤或测斜仪
槽深	比设计深度深 100～200 mm	测绳

b. 合理安排一个槽段中的挖槽顺序,使抓斗两侧的阻力均衡。

c. 消除成槽设备的垂直度偏差。根据钻机和成槽机的仪表控制垂直度。

d. 槽段挖至设计高程以后,采用超声波测井仪检查槽深、槽宽垂直度,合格后方可进行清底。

② 钢筋笼及接头吊放的质量控制。

a. 起吊应缓慢,保持笼底离地面在 0.5 m 左右。

b. 保证入槽角度垂直,中心及左右位置摆放正确。

c. 笼子入槽应平顺,不得强行下放及摔笼。

d. 控制钢筋笼顶标高不超过±5 cm。

e. 吊放中应防止预埋件碰落。

③ 接头清刷的质量控制。

用外形与接头相吻合的接头刷,紧贴接头面,上下反复刷动 5～10 次。

④ 混凝土防绕流的质量控制。

混凝土绕流现象产生的原因主要是:槽壁土体塌方,混凝土通过槽壁塌方处穿流到预制混凝土接头后侧,导致相邻槽段成槽困难,针对该现象做到以下预防及纠正措施:

a. 采用性能优良的护壁泥浆,以减少槽壁土塌方,减少混凝土绕流的可能性。

b. 在锁口管与槽段空间,接头与相邻槽迎土面空隙,满填装土袋子,使绕流无空间可流。

c. 严格控制槽孔开挖深度,在下钢筋笼前必须量测槽深,接头底端落在槽底。

d. 加快成槽的周期,合理安排槽段的施工顺序等。

⑤ 水下灌注混凝土的质量控制。

a. 混凝土坍落度控制在 18～22 cm,初凝时间 6～8 h。

b. 控制混凝土的初灌量、初灌时放置隔水球胆或混凝土塞。

c. 混凝土浇筑过程中控制导管埋入深度 2～6 m,避免导管拔空。

d. 控制混凝土面上升速度,混凝土上升要均匀,两根导管混凝土面控制在 30 cm 之内。

e. 混凝土浇筑必须连续进行。

f. 计算每期槽的混凝土灌注量,在混凝土灌注时进行核实。

g. 墙顶混凝土标高控制在比设计标高高 30～50 cm,避免烂头现象出现。

⑥ 地连墙接头渗漏水控制措施。

a. 接头部位刷槽时必须清理干净,不得夹泥。

b. 泥浆指标控制在合格范围内。

c. 混凝土必须合格,坍落度在 18~22 cm 内。

d. 沉渣厚度小于 100 mm。

e. 导管之间间距不大于 3 m,距离接头部位不大于 1.5 m;在灌注过程中,混凝土不得间断。

f. 挖槽垂直度必须控制好。

g. 在钢筋笼外侧预先放置注浆管,在发生渗漏时进行注浆。

h. 一旦出现渗漏现象,需要在渗漏点处凿除清理干净,用堵漏灵封堵,同时在渗水处设引水管,把水引导到基坑底部以下。

⑦ 清底。

槽段清底采用二次清底。清底先利用成槽机撩抓法初步清沉渣,再用压缩空气法(空吸法)吸渣清底,如清底后浇灌混凝土间隔时间较长,可利用混凝土导管在顶部加盖,用泵压入清水稀释或压入新鲜泥浆将槽底密度和含砂量大的沉渣置换悬浮出来,以保证墙体混凝土质量。清底结束后,要测定距槽底 20 cm 处泥浆比重,泥浆比重不应大于 1.2,沉渣厚度应小于 10 cm。

⑧ 刷槽。

两槽段混凝土接头上的淤泥用刷槽器,认真细致地清刷干净。

⑨ 地下连续墙验收标准。

基坑开挖后进行地下连续墙验收,验收标准见表 3-3-6。

表 3-3-6　地下连续墙验收表

项目	允许偏差 单一或复合结构墙体
平面位置	+30 mm 或 0
平整度	30 mm
垂直度	0.3%
预留孔洞	30 mm
预埋件	30 mm
预埋连接钢筋	30 mm
变形缝、诱导缝	±20 mm

(二) 灌注桩基础工程

1. 灌注桩施工总体布置

本工程灌注桩有上下闸首基础、闸室地连墙锚锭、上下游导航墙锚锭、上游西导航墙基础、下游引航道护岸工程锚锭、一线船闸导航墙加固、靠船墩及下游东侧新建导航墙部分,总方量约 3 万 m³,施工强度非常大,组织协调要求高。本工程灌注桩施工的主体原则是:结合相应部分地连墙同步施工,同时具备上部结构施工要求。

2. 灌注桩施工方案

(1) 施工准备。

① 组织有关人员熟悉和审阅施工图并进行施工技术交底。

② 调查和收集所需的气象资料、地质资料等。

③ 专业测放人员做好桩位放样工作,并画出具体桩基的放样图。

④ 钻机进场和调试。

⑤ 桩基施工用的临时设施、供水、供电、道路的安排,保证机械能正常作业。

(2) 施工工艺。

施工中按如下工艺流程进行控制:

测放桩位→机架就位组装→埋设护筒→造浆钻孔→清孔→安放钢筋笼→下导管→灌注混凝土→拆除护筒→成桩→桩头处理。

(3) 质量控制。

由于本工程地质较为复杂,为保证施工质量,严格按照操作要点和顺序进行。在施工过程中主要通过以下4个方面来进行控制。

① 成孔施工。

a. 按图纸或监理工程师指定的尺寸和长度进行施工。

b. 护壁泥浆材料使用的膨润土,严把质量关,必须确认符合规范要求后方可使用。

c. 所用护筒长度要适应地基条件,保证孔口不坍塌及不使表面水进入孔内,并保证孔内混凝土高程。护筒平面位置的偏差<5 cm,桩轴线垂直度偏差<1%。

d. 钻孔连续施工,桩中心距在5 m内的桩待混凝土灌注完成24 h后,才允许施工下一根桩。由于本工程土层中含有淤泥质土,为防止缩孔,施工中严格控制泥浆浓度及地下水位。

e. 用孔规测孔的垂直度及对孔径进行检查。

f. 确保清孔泥浆的相对密度在 $1.05\sim1.2$ t/m³,黏度 $17\sim20$,含砂率<4%。必要时进行二次清孔。

② 成桩施工。

a. 保证桩的完整性、桩位、桩长符合设计要求。

b. 严格控制钢筋笼质量,不符合规范和设计要求的钢筋笼禁止使用,钢筋笼底面高程允许偏差为±50 mm,钢筋笼外侧用水泥块控制钢筋保护厚度。吊放钢筋笼应尽量不碰孔壁。

c. 保证钢筋笼节与节之间的搭接长度,单面焊>10d(d为主筋直径),焊接时上下钢筋笼同轴度。

d. 灌注桩的实际浇筑混凝土量不少于计算体积,混凝土面高程应高出桩顶设计高程至少500 mm。

e. 灌注时保证首批混凝土量能使导管底口埋置深度达到1 m以上,灌注过程中,导管底口埋深在 $2\sim4$ m以内,灌注连续进行。

f. 桩头与底板结合部,清除表面浮渣和松动石子,调整钢筋的位置,确保桩体和底板的良好结合。

③ 加强施工原始记录数据的管理。

a. 钻孔灌注桩成孔施工记录。

b. 钻孔灌注桩水下混凝土施工记录。

c. 隐蔽工程验收记录,确保及时验收。

d. 混凝土配合比、坍落度抽查,试块编号记录。

④ 加强每道工序的质量检查工作。规定每道工序须通过"三级检查",即班组自检、质检员复检、监理终检。在每道工序检查合格后,方可进行下一道工序的施工。

(三)水泥搅拌桩、多头小直径水泥搅拌桩施工

二线船闸水泥搅拌桩、多头小直径水泥搅拌桩主要用于一线船闸上游导航墙加固、基坑围封防渗墙处理。

1. 水泥搅拌桩施工

(1) 施工准备。

① 详细研究施工场地的工程地质条件。

② 水泥掺量参数的确定。

水泥搅拌桩加固软土地基的效果,很大程度上取决于水泥掺量的选择,以及是否适合现场的地质条件等。

根据多年水泥搅拌桩的施工经验,水泥浆液中水泥用量与软土地基天然体积之比一般为12%~18%(通过现场水泥土强度试验确定),水灰比一般选用0.4~0.55比较合适,但水泥等原材料及施工气候、环境对水灰比有一定影响,施工时视实际情况做适当调整。最终施工参数通过配合比试验和试桩确定。水泥采用42.5级的普通硅酸盐水泥,工地贮存时间不超过2个月。

③ 施工前标定水泥搅拌机械的灰浆泵输浆量、灰浆经输浆管到达搅拌机喷浆口的时间和起吊设备提升速度,并根据设计要求通过成桩试验,确定搅拌桩的配合比和施工工艺,报监理工程师审批。

a. 依据设计图纸要求,确定搅拌桩施工方案,做好现场平面布置,安排施工供水,布置水泥制浆及泵送系统,且控制送浆距离不大于100 m,保持操作人员相互通视良好。

b. 按设计要求,进行现场测量放样,定出轴线及桩位。

c. 现场布置安排制浆操作间,制浆池及供排水设施。

d. 安排好劳动组合,配备好各工种人员。

e. 初步设定水泥浆水灰比后,在建筑物底板的外侧进行试打,确定喷浆压力、成桩时间和最终确定水灰比。

(2) 施工工艺流程。

根据以往的施工经验及标书中的要求,采用"四搅两喷",具体的流程如下:

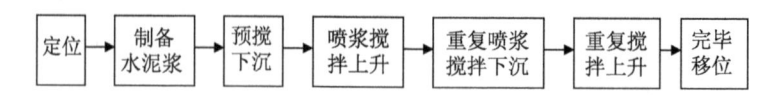

定位 → 制备水泥浆 → 预搅下沉 → 喷浆搅拌上升 → 重复喷浆搅拌下沉 → 重复搅拌上升 → 完毕移位

(3) 施工质量控制。

水泥搅拌桩的施工质量是保证工程质量的关键。为了保证水泥搅拌桩的施工效果,按照有关规范规定,并结合类似工程的施工实践,按下列程序,严把质量控制关。

① 预先控制。

在该部位施工前,首先组织技术工人学习有关技术规范,提高人员的业务水平;其次进行技术交底,根据设计要求和试桩确定的搅拌桩各项技术参数,明确施工人员的工作要点和质量责任,以保证桩基质量。

② 过程控制。

搅拌机喷浆提升的速度和次数必须符合施工工艺的要求,每台设备每班明确一名技术人员负责现场施工记录(按招标文件要求)和各工序间的协调,确保按施工方案实施。搅拌机每米下沉或提升的时间,深度记录误差不得大于 50 mm,时间记录误差不得大于 5 s。每班明确一名质检人员跟班旁站,抽查和监督施工质量。

施工中应经常检查机具磨损情况,为保证成桩直径,根据挖掘头齿片磨损情况定期测量齿片的外径,当磨损达到 2 cm 时立即对其修复。

③ 操作质量控制。

在桩架上,用明显标记标明每米刻度和达到相应桩长的终止位置。

预搅:软土应完全预切碎,以利于水泥浆均匀搅拌。

按经计算确定的每根桩所需水泥量和水量配制水泥浆,每根桩一桶浆。

水泥浆不离析:水泥浆要不断搅动,待压浆前慢慢放入集料斗中。

压浆阶段不允许发生断浆现象。严格按设计确定的数据,控制喷浆和搅拌提升速度,以保证每一深度均匀地得到搅拌。

保证垂直度:搅拌桩施工过程中,对于防渗搅拌桩的施工,必须保证机架的平整度和导向架的垂直度,才能保证桩与桩之间的咬合搭接。搅拌桩的垂直度偏差不得超过 5.0‰,桩位偏差不大于 50 mm,成桩直径和桩长不小于设计值,以保证咬合搭接宽度(桩圆心之间的连线方向)在沿桩长的任意处都不小于 10 cm;对于基础搅拌桩,垂直偏差不超过 1%,桩位偏差不大于 50 mm,成桩直径和桩长不小于设计值。

搅拌均匀程度的控制:我们根据不同土质、含水量、塑性及各个操作手的施工经验,用不同的搅拌速度来控制桩的搅拌均匀程度。

④ 喷浆均匀程度的控制。

喷浆均匀程度的控制是对深层搅拌桩喷浆质量的控制。桩机应配套经过国家计量部门认证的自动监测记录的仪器,我们采用目前国内较先进的上海产 SJC 型浆量监测记录仪器按要求安装在深层搅拌桩机操作平台上,开钻前把各种参数设置进去,如桩号、日期、桩长、水灰比、段浆量、总浆量等,校对正确无误后开始钻进,在钻进过程中借助 SJC 型浆量监测记录仪可以在光标上清晰地看到浆量注入的数据,如低于段浆量仪器会自动报警,提示操作人员补浆,全桩施工结束后通过打印出的各种参数及喷浆曲线图可以判定喷浆均匀程度。如有不足之处可以及时补浆,完全达到喷浆均匀程度。两次喷浆的曲线图经电脑叠加后,可打印出完整的喷浆曲线图。

搅拌桩施工允许偏差见表 3-3-7。

表 3-3-7　搅拌桩施工允许偏差

序号	项目	允许偏差	检查方法及说明
1	桩位偏移	±30 mm	用经纬仪检查
2	桩体垂直度	1‰	线锤或测斜仪
3	最小桩体直径	不小于 500 mm	用钢尺或其他仪器
4	桩长	不小于设计规定	喷浆前检查钻杆长度
6	桩体喷浆量	8%～12%	计量仪或其他计量装置
7	桩体无侧限抗压强度	不小于 1.8 MPa(90 d)	桩头或桩身取样

2. 多头小直径水泥搅拌桩施工

多头小直径水泥搅拌桩施工顺序为：闸室截渗墙施工→上闸首基坑支护灌注桩后多头搅拌施工→下闸首基坑支护灌注桩后多头搅拌施工。施工工艺流程见图 3-3-4。

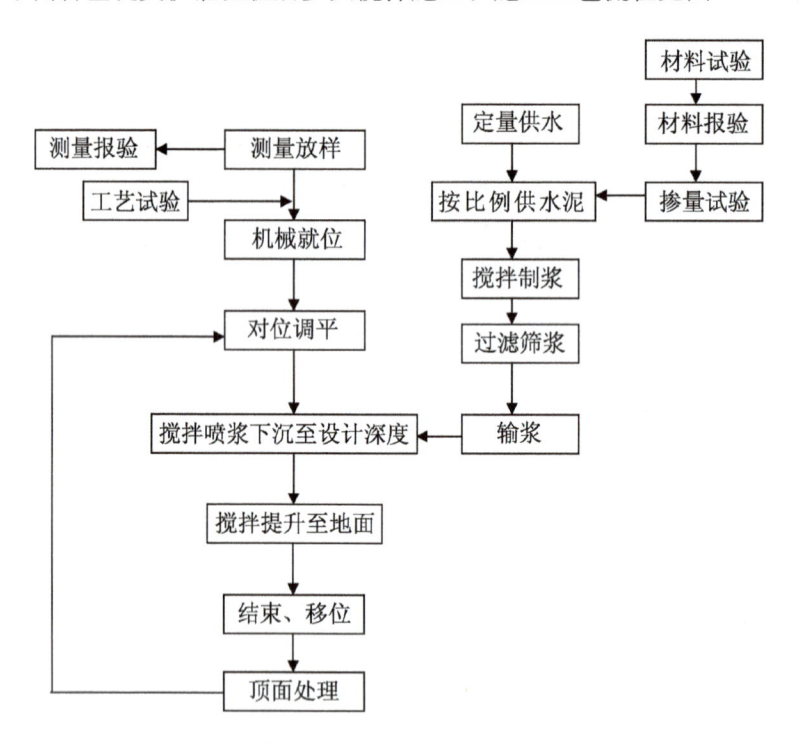

图 3-3-4　多头小直径水泥搅拌桩施工工艺流程图

（1）工艺流程。

① 按设计图纸测量放样，确定防渗墙的轴线。

② 对机械行走的作业面承压力进行确定，然后做出相应的处理。

③ 测放具体孔位，设置钻机标志。

④ 移动主机至设计钻孔位置，并进行机械调平，水平对中孔位，确保符合设计要求。

⑤ 启动钻机，桩机钻头搅拌下沉——同时开启喷浆泵送浆——至设计深度，记录输浆量。控制搅头下沉的速度均匀，速率符合其技术规定。

⑥ 重复搅拌提升,同时喷浆直至孔口。

⑦ 关闭搅拌桩机。桩机横向平移就位调平后,重复上述过程,进行下一个单元墙的施工。

(2) 工艺性试验。

① 试验目的。

水泥搅拌桩防渗墙正式开工前进行水泥土截渗墙工艺性试验,通过试验确定供浆供气压力、搅拌下沉速度、搅拌提升速度、工序工作时间等工艺性参数,作为后期施工的依据。

② 试验安排。

a. 施工机械在规定的试验地点组装调试完成,所有原材料检验和报验手续齐全后,先在原位预搅适当深度进行试车,待试车检验合格后,报知监理及业主。

b. 按照监理试验通知,根据事先编制好并报监理工程师审批的详细试验方案,进行工艺试验实施。

c. 记录过程参数,分析搅拌桩施工的效果。

③ 试验确认。

根据现场试验记录数据进行分析整理,选择合适的各项工艺参数。整个试验过程在监理工程师的监督下进行。

(3) 施工方法。

根据工程特点采用顺槽式单孔全套复搅式标准形,单孔全套复搅式见图 3-3-5。

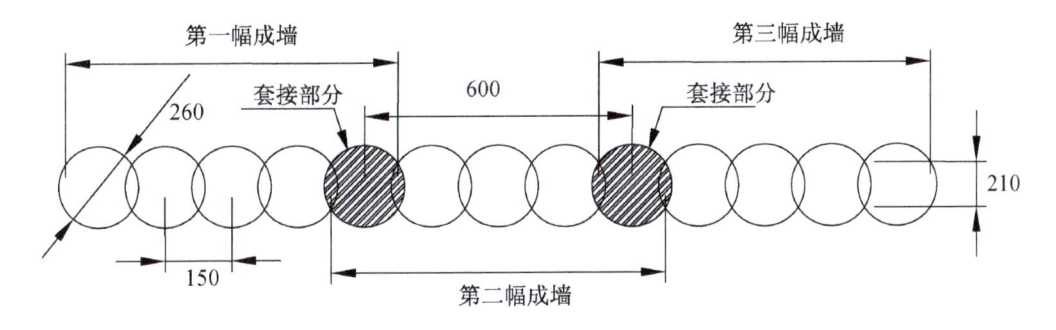

图 3-3-5 单孔全套复搅式示意图

(4) 截渗成墙控制。

① 成墙质量控制。

为保证成墙厚度,应根据挖掘头齿片磨损情况定期测量齿片外径,当磨损达到 2 cm 时,必须进行修复;为确保墙体均匀度,应严格控制掘进过程中的注浆均匀性以及由气体升扬置换墙体混合物的沸腾状态;幅间墙体的联结是水泥土防渗墙施工最关键的一道工序,在施工时应严格控制桩位和垂直度,保证幅间套接质量和墙体的整体连续性。按试验确定的水泥掺入比、提升、下降搅拌速度、水泥浆液等参数施工,确保施工质量。

② 难工段质量控制。

因多头小直径水泥搅拌桩施工设备突破障碍物的能力稍差,施工过程中,在地层较深处遇到大块石或其他大块状障碍物,使得搅拌桩设备无法穿越而形成难工段时,采用了高压喷射灌浆的方法对难工段进行有效处理,使高喷墙与深搅桩墙有效搭接后形成紧密结合体,确保截渗墙的整体防渗效果。

(四)高压摆喷施工

本工程高压摆喷主要包含上下闸首支护灌注桩后高压摆喷、地连墙板块接缝高压摆喷处理等。

1. 工艺原理

高压摆喷施工采用三重管法施工工艺,即利用钻机钻孔至设计孔深下 0.3 m 左右。高喷台车就位将喷管、喷具下设至设计深度后,接水、气试喷,调整施工参数与摆角,满足要求后,开始摆喷作业。利用高压水及其外侧环绕的压缩空气在喷射范围内喷射破土,同时利用调速电机控制缓缓提升喷管,并从高压水喷嘴下部约 30 cm 出喷注入一定压力的水泥浆液,使之与原地层切割、破碎的混合浆液充分拌和、充填、置换后形成水泥土凝结体,从而改变原地层的结构和组成,提高地层防渗及承载力。通过两序间隔施工,使每根高压摆喷桩最终联结形成连续的防渗墙。

高压摆喷防渗墙施工示意见图 3-3-6,工艺示意图见图 3-3-7。

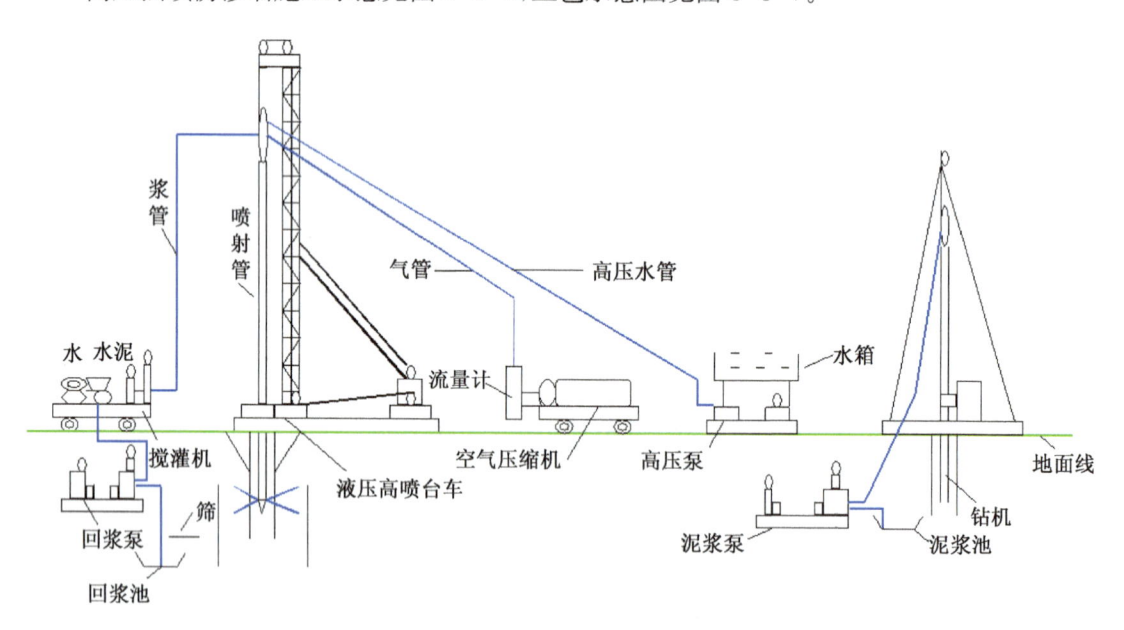

图 3-3-6 高压摆喷防渗墙施工示意图

2. 工艺流程

高喷(摆喷)注浆施工工艺流程见图 3-3-8。

3. 施工质量控制

(1)钻孔质量控制。

高喷钻孔由地质钻机进行,钻进过程中泥浆护壁,确保孔形完成不坍塌,满足摆喷施工需要。钻孔拟采用全断面取土,以进一步探明堤基③$_2$层的分布情况。施工时,严格控制高喷段的顶底高程,使之满足设计要求。钻孔施工质量按以下技术要求进行控制:

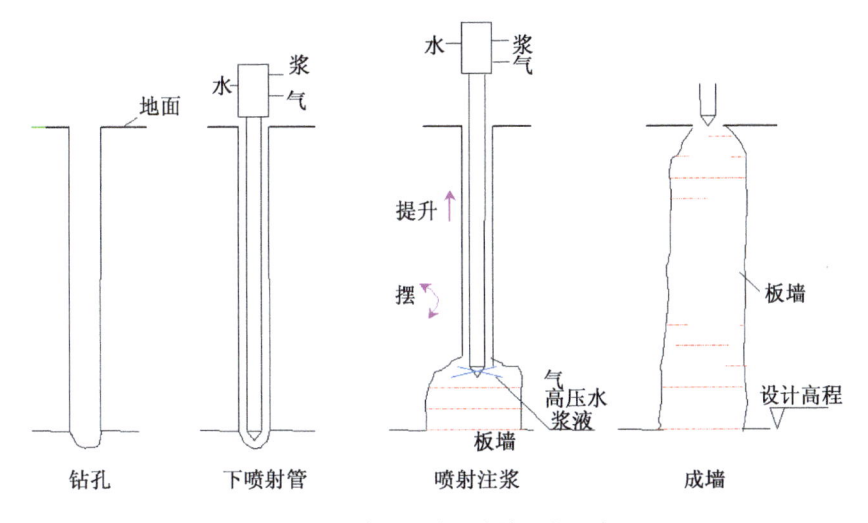

图 3-3-7　高压摆喷防渗墙工艺示意图

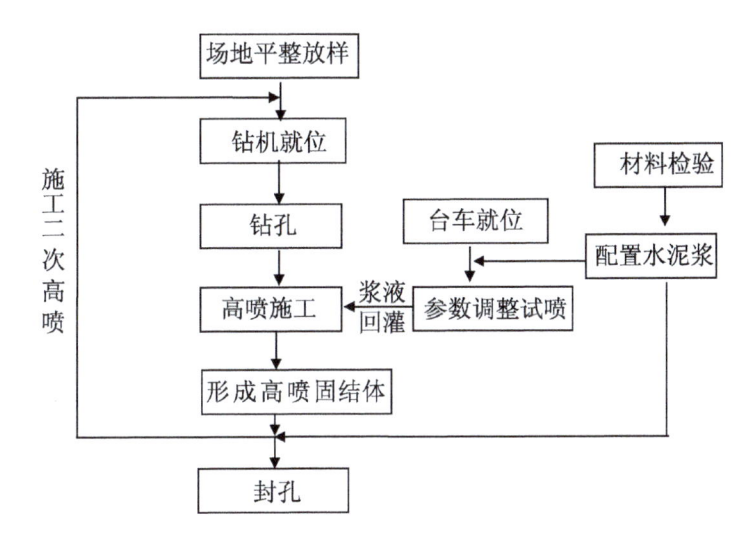

图 3-3-8　高喷(摆喷)注浆施工工艺流程图

① 根据施工图纸规定的桩位进行钻孔定位,其中心误差不得大于 2 cm。

② 钻机架设平稳,保证钻机在钻进过程中不移位,控制钻孔垂直度不超过 1/100。钻进中用钢尺测量校核钻具长度,控制终孔深度达到设计深度。

③ 仔细察看土层,认真做好钻孔记录,记录要求正确反映地层情况,为高喷提供可靠的依据。每钻完一孔,及时盖住孔口,防止孔内掉入异物。

④ 施工中细心观察,一有异常情况即采取必要措施,防止松散段钻孔坍塌影响施工质量及施工安全。

⑤ 钻孔位置及进度按摆喷桩施工进度计划及施工需要进行,钻孔、摆喷密切配合,有序施工。

(2) 原材料质量控制。

施工用水泥符合规范及设计要求,采用 42.5 硅酸盐水泥,在使用过程中确保每批都有质保书,并按规范要求数量抽样试验合格。高压喷射浆液拌和用水的水质符合《混凝土拌和用水标准》(JQJ 63—89)的规定。

(3) 浆液质量控制。

按确定的施工水灰比,机械搅拌水泥浆液,水泥均匀放料,浆液使用前过筛。喷射浆液应遵守 DL/T 5200—2004 第 6 章的有关规定。定期用比重称检测水泥浆液密度,确保浆液质量。配制好的水泥浆用滤网过滤。浆液存放时间:当环境气温在 10℃ 以上时,不超过 3 h;当浆液存放时间超过有效时间时,按废浆处理。

(4) 现场高喷灌浆试验。

① 在现场高压喷射灌浆作业开始前,按施工图纸的要求和监理人指示,选择地质条件具有代表性的地段,进行高压喷射灌浆的现场工艺试验,确定高喷灌浆的方法及其适应性,确定有效桩径(或喷射范围)、施工参数、浆液性能要求、适宜的孔距、墙体防渗性能等。并将试验成果提交监理人批准后用于正式施工。

② 试验结束后,根据监理人的指示检查固结体的均匀性、整体性、强度和渗透性等试验指标,并将试验成果提交监理人。

(5) 高喷质量控制。

高压摆喷施工是多台机械设备联合作业,各设备操作人员之间要统一口令,相互沟通,按试验确定的技术参数控制设备的运行参数。高压喷射灌浆施工应遵守 DL/T 5200—2004 的有关规定。高喷质量控制如下:

① 严格按既定水灰比配置合格浆液过筛后,存放于储浆桶内。

② 试喷,调整高压水、注浆压力、空压机供气压力、摆幅、摆速、提升速度达到设计和规范要求。

③ 按确定的施工技术参数开始高喷作业。控制施工注浆压力偏差不小于试验确定的压力。

④ 喷管提升至要求墙顶高程后,停止高喷作业,提出喷管,并对高喷段以上孔及时回灌。

⑤ 摆喷过程中因故中断或加接喷射管后恢复施工时,重复摆喷灌浆搭接长度不小于 0.5 m。

⑥ 施工中要经常检查泥浆泵的压力、浆液流量、提升速度和耗浆量。

⑦ 施工宜分序进行,分序施工时相邻孔施工间隔时间不少于 24 h。

⑧ 停机超过 3 h 时,应对泵体输浆管路进行清洗后方可继续施工。

⑨ 喷射作业完成后,应连续将冒浆回灌至孔内,直到浆液面稳定为止。

⑩ 封孔。采用高压摆喷浆液进行封孔,封孔后浆液收缩留下的空孔部分将进行二次复封。

三、主体混凝土工程施工

本工程混凝土工程包括上下闸首、闸室、地连墙锚锭、上下游导航墙、靠船墩、上下游护坦、公路桥、路堤墙、上下游护底护坡、一线船闸导航墙加固、道路、排水沟等永久工程建筑物与临时建筑物的常态混凝土、预制混凝土、预应力混凝土等混凝土工程。

（一）施工分层分块

本工程建筑物主体混凝土施工平面分块以设计图分块为依据，立面分层根据各部位的结构特点进行分层。

船闸闸首：分为底板、过水廊道层、闸首下空箱、闸首上空箱等4层；

船闸闸室：分为胸墙、30 cm地连墙护面、挡浪板等3层；

上游西侧导航墙：分为底板、胸墙、挡浪板等3层；

上游东侧导航墙：分为底板、空箱、面板等2层；

下游导航墙：分为底板、胸墙、面板等3层；

下游引航道：分为胸墙、护面、挡浪板等3层。

（二）模板及脚手架工程

模板及脚手架工程施工前先进行施工放样图设计，经公司技术部门及报监理工程师审核后实施。本工程闸室墙、墩墙等外露面部位采用钢模板，弧形廊道等其他异形部位采用配置定型模板。支撑架采用钢管脚手架，承重脚手架经进行受力计算后，绘制脚手架施工图，审核后现场实施。

（三）钢筋工程

本工程钢筋用量约1万t。为了确保原材料的质量，对到工的每批钢筋，根据规格、数量按有关规范、规定分批做机械性能抽样试验。试验合格后使用，不合格者严格禁用并立即清理出场，进场的钢筋按规格、型号分开堆放，并有明显标识，以防混用。

1. 钢筋原材料的控制

钢筋为甲供材，到工后，根据规格、数量按有关规范、规定分批做机械性能抽样试验，试验合格后使用。

2. 钢筋的放样

根据会审过的施工图纸，深刻理解设计意图，根据施工规范要求进行施工放样，将经质检科审核后的钢筋放样图报监理人审批，通过后再付诸实施。

3. 钢筋的制作

根据下达的钢筋配料单在钢筋加工场进行回直、断配，并对成型钢筋进行标识，不同规格、品种的钢筋分别堆放。焊接采用对接电弧焊，对接焊后按规范、规定取样做对焊强度试验，合格后进行现场施工。

4. 钢筋的现场绑扎和安装

钢筋的现场安装按批准后的施工放样图有序进行，采用人工绑扎，现场接长采用搭接焊，搭接长度按施工规范规定的标准进行控制。垂直插筋，除绑扎外，再用电焊搭接牢固。钢筋架立除设计另有要求外，底层钢筋保护层采用预制混凝土垫导体，面层钢筋用预制混凝土撑柱或钢支撑进行控制，为了使面层钢筋在浇注过程中保持不变形，采用型钢（或钢管）架立和铅丝吊起，待浇到面层时再拆除型钢或钢管，侧面钢筋控制保护层用带铅丝的混凝土垫块或圆钉固定。

（四）钢拉杆工程

1. 原材料质量控制

（1）钢拉杆均符合GB/T 20934—2007和GB/T 3957—2004的规定，并应满足本合同技术条款和施工图纸的要求。

（2）每批钢拉杆的同类组件为同一牌号材料制造，且附有产品质量证明书及出厂检验单，每批钢拉杆进场入库前应会同监理人进行验点，并应将产品质量证明书及出厂检验单提交监理人。

（3）每批钢拉杆使用前，分批进行钢拉杆的机械性能检测。检测合格者才准使用，检测记录提交监理人。

（4）钢拉杆直径允许偏差、不圆度及弯曲度应满足 GB/T 29034—2007 标准的要求。

2. 钢拉杆的加工和安装要点

（1）钢拉杆表面洁净无损伤，使用前将钢拉杆表面的油漆污染和铁锈等清除干净，带有颗粒状或片状老锈的钢拉杆不得使用。

（2）钢拉杆的相同组件应保证互换性。

（3）钢拉杆组装时应注意表面护层和螺纹的保护。

（4）对钢拉杆施加张力时，辅助以应力或变形测试，应力最终满足施工要求。钢拉杆的组装完毕后，首先施加 10% 杆体屈服强度的拉力，检查各组件是否正常并测量钢拉杆的长度 L_0，接着缓慢加载到 K 倍杆体的屈服强度的拉力，持荷 10 min，然后卸荷至 10% 杆体屈服强度的拉力，再次测量长度 L_1，并按此计算残余变形率 $\delta=(L_1-L_0)/L_0\times100\%$，最后完成卸载，检查各组件。

（5）根据图纸所示的要求，在规定部位的钢拉杆上安装应力应变仪器，以测试钢拉杆的拉力。

（6）对钢拉杆进行施工后期的防护，重点是螺纹处的防腐。钢拉杆的后期防腐采用沥青煤焦油玻璃丝布包裹，规格三布四油。

（五）混凝土工程

本工程采用自拌混凝土，结构混凝土约 7 万 m³，基础混凝土约 5.5 万 m³。

1. 原材料选用

水泥、骨料、外加剂在进场前，先进行材料分承包方评定，选择泰州杨湾海螺水泥厂等进行本工程的材料供应。混凝土拌和用水采用长江水。

2. 混凝土配合比设计

具体混凝土配合比设计如下。

水泥。本工程混凝土强度等级大部分为 C25，二期混凝土等级为 C30，基础工程混凝土按 C35 配置，因此水泥标号选用 42.5 级硅酸盐水泥；公路桥预制梁板等级为 C50，采用 52.5 级硅酸盐水泥。水泥进场后进行抽样试验，在水泥的各项指标试验合格后方可用于本工程。

骨料。骨料除满足普通混凝土骨料要求外，还要符合以下条件：最大骨料粒径与输送管径之比不大于 1∶3；根据用于本工程的泵管直径（125 mm），本工程石子的最大粒径选用不大于 4 cm。黄砂选用中粗砂，细度模度控制在 2.4～3.0。

配合比。泵送混凝土配合比根据混凝土的原材料、运输距离、混凝土泵与混凝土输送管径、气温条件等具体情况，通过试配及泵送试验确定。入泵时的混凝土坍落度在 14 cm 左右，砂率控制在 38%～42%。

3. 混凝土拌和

按经监理人审批的混凝土配合比进行配料。采用搅拌站集中拌和，混凝土配料计量采用自动控制系统。在过程中经常进行投料检校，确保计量准确。混凝土搅拌站采用强制式拌和，拌和时间满足规范要求，以确保混凝土的和易性、均匀性。

4. 混凝土运输

本工程采用2台泵车、8辆运输罐车进行混凝土运输，另外配备1台80 m³/h的固定泵加强施工时的浇筑能力。在混凝土运输过程中，保持混凝土的均匀性及和易性，不发生漏浆、分离和严重泌水现象，并使坍落度损失较少，尽量缩短运输时间和减少倒运次数。在不同的气温条件下，均在允许的时间内将混凝土运到浇筑仓内，并保证在混凝土初凝以前被新入仓的混凝土所覆盖。

5. 混凝土浇筑、振捣

混凝土浇筑根据监理人批准的浇筑分层分块和浇筑程序施工。相邻块浇筑间歇时间不小于72 h，混凝土浇筑保持连续性，同一部位的混凝土浇筑间隙时间符合试验要求，若超过允许间歇时间，将按施工缝处理；浇筑混凝土时，严禁在仓内加水。发现混凝土和易性较差，将采取加强振捣等措施，以保证质量。混凝土浇筑期间，表面泌水较多时，采用小型真空泵抽吸。

混凝土浇筑、振捣时间以混凝土不再显著下沉，不出现气泡，并开始泛浆时为准，避免过振。振捣器距模板的垂直距离不小于振捣器有效半径的1/2，并不得触动钢筋及预埋件。浇筑的第一层混凝土以及在两次混凝土卸料后的接触处加强平仓振捣。凡无法使用振捣器的部位，辅以人工捣固。

6. 混凝土养护

本工程主体工程混凝土采用塑料薄膜、土工布等对混凝土表面加以覆盖，并及时浇水养护，保持混凝土表面湿润，冬季采用塑料膜覆盖外盖土工布保温养护法。养护在混凝土浇筑完毕后12~18 h内开始进行，其养护期时间不少于14 d，在干燥、炎热的气候条件下，延长养护时间至少21 d以上，养护用水管沿脚手架布置到混凝土面，重要部位采用流水养护。

闸首底板、墩墙、闸室墙身等部位拆模时间不少于10 d，拆模时保证混凝土内外温差在13℃以内，混凝土表面温度与外界气温的温差控制在6℃内。拆模后为使混凝土保持良好的潮湿状态，避免干缩裂缝，用土工布或塑料薄膜覆盖，并洒水养护28 d。另外，对已浇筑成型的混凝土由专人做好养护和保护工作，加强对棱角和突出部位的保护。

7. 二期混凝土施工

施工前，一期混凝土表面打毛、冲洗干净，并浇水保持湿润至少24 h，使一期混凝土表面呈饱和湿润状态，使两期新老混凝土可靠结合。二期混凝土浇筑空间一般较小，施工较困难，应增加混凝土坍落度，减少骨料的粒径，采用软轴式振捣器振捣，适当延长振捣时间。同时为避免二期混凝土模板与一期混凝土间产生漏浆现象，模板与一期混凝土间的缝隙用玻璃胶封闭。

二期混凝土中掺入适量微膨胀外加剂。

贴面施工时，在地连墙表面进行了钢筋植筋，间距尺寸为45 cm×45 cm。

（六）闸首大体积混凝土施工措施

船闸施工以上下闸首施工为主线，先安排施工上闸首，汛后施工下闸首。上下闸首底板预留宽缝分为 3 块,但每块浇筑体积都比较大,边块面积 30 m×17.7 m＝531 m²,板厚 2.5 m,体积 30 m×17.7 m×2.5 m＝1 327.5 m³;中块面积 30 m×16.4 m＝492 m²,板厚 2.5 m,体积 30 m×16.4 m×2.5 m＝1 230 m³。

二线船闸上闸首底板,浇筑时间正好在 7 月底 8 月初,气温较高。浇筑时实时天气温度 37℃,地表温度 41℃,混凝土入仓温度 35℃,10 h 后实测混凝土内部温度 78℃,覆盖层下温度 46℃,后又加盖一层泡沫板,实测覆盖层下温度 58℃。

施工时采取以下措施,对大体积混凝土裂缝进行控制。

(1) 选用水化热较低的水泥(泰州海螺牌 P.O42.5 普通硅酸盐水泥),增加掺入一定比重的粉煤灰(胶凝材料用量的 17.5%)。

(2) 严格控制水灰比。选用水灰比 0.48,严格控制混凝土拌和时的加水量,在浇筑过程中勤测混凝土的坍落度,防止混凝土过稀造成表面干缩裂缝,混凝土的坍落度控制在 16±2 cm。

(3) 优化混凝土配合比,满足混凝土的强度、耐久性、和易性。尽量减少单位水泥用量,降低水化热,提高混凝土初期的抗拉强度(C25 混凝土,单位水泥用量 292 kg/m³;水胶比 0.48 左右)。延缓混凝土水化热峰值时间。

(4) 掺入抗裂多组分复合材料,以提高混凝土的抗裂性能。

(5) 在输水廊道圆弧段混凝土较厚部位砌筑素混凝土芯墩。

(6) 严格控制原材料入仓温度。控制黄砂、石子的入仓温度,并在材料进料斗顶部搭设遮阳棚,减少外界气温的影响。在加水的水池中加入冰块,使温度控制在 18.5℃。控制到厂水泥在厂内存放不超过 3 d,温度不大于 60℃。

(7) 混凝土运输控制:混凝土运输用混凝土灌车;浇筑用混凝土汽车泵,将混凝土直接泵送到浇筑部位,缩短出机到入仓的距离。

(8) 浇筑过程控制:输水廊道在浇筑前对模板外不断淋水降温;混凝土分层浇筑厚度不大于 30 cm;仓面采用轴流鼓风机吹风冷却降温。严格控制混凝土入仓温度,将入仓温度控制在 32℃左右。

(9) 尽可能在晚上开仓浇筑混凝土,避免阳光暴晒。

(10) 温升、内外温差和降温速率控制在合理范围。

上闸首底板浇筑完成后,采用两层塑料纸,两侧泡沫板进行全覆盖。专人对混凝土内部温度进行检测。根据预埋的测温系统测量可知,底板混凝土内部温度的峰值为 78℃,同时期混凝土表面温度为 60℃,有效地将温差控制在 20℃内。后经检测,底板混凝土没有出现裂缝,达到了较好的效果。

四、一线船闸导航墙加固

一线船闸导航墙加固是二线工程施工中的一个难点。整个加固工程分为新建接长下游导航墙和一线船闸导航墙改造两个部分。

(一) 新建接长导航墙施工

新建接长下游导航墙为半椭圆形结构,一边与一线船闸旧导航墙相连接。原施工计划为搭设水上平台,在水上下钢护筒打灌注排桩,灌注桩达到设计强度后,在灌注排桩内填土,再用高压旋喷对桩与桩之间的间隙进行补充,最后在桩顶浇筑底板和墙身。经研究,发现该方案有如下几个缺点。

1. 施工周期太长，影响整个工程工期

水上灌注桩施工，比陆上普通灌注桩施工周期增加许多。水上灌注桩首先需要搭设施工平台，然后再下钢护筒至一定深度的土中，最后才进行成孔，每个步骤均占用较长时间。由于原方案下游钢板桩围堰连接新建导航墙，所以导航墙施工完毕后才能进行围堰合龙，严重影响下闸首开工时间。

2. 施工难度大，安全风险高

水上灌注桩施工难度非常大，从搭设平台到下钢护筒，均要用船进行，水上施工历来都是高危工序。二线船闸施工时，一线船闸不断航，施工船闸与过闸船闸互相干扰，形成许多不确定因素。再有，工人在水上平台操作，灵活性均不如平地。

3. 施工质量难保证

灌注排桩内用高压旋喷进行桩与桩之间的加固。高压旋喷需要泥土介质，必须要等灌注桩完成后，在围成的结构中进行填土后再高喷。这种做法存在质量隐患，一是内部填土时，对桩的稳定性有一定影响；二是引江河下游属于潮汐区，潮汐变化会让填充土方顺着桩缝流失，对高喷效果产生影响。

根据对以上原因的分析，结合以往江边施工的经验，项目部决定改变施工方法，采用钢板桩临时围封填土，在钢板桩里面进行灌注桩施工。该钢板桩跟下游钢板桩围堰相连，这样，导航墙施工时间和下游钢板桩围堰施工时间可以有机地连接在一起，陆上施工灌注桩时间也会大大缩短。且高压旋喷完全在土体中施工，质量有保证。

（二）一线船闸导航墙加固

一线船闸导航墙加固主要有两个难点。一是旧导航墙块石墙拆除，二是航道侧的施工安全。

1. 原导航墙块石拆除

拆除前，先在块石墙外侧钻孔，植入钢筋，用脚手板铺设约1 m宽的平台，在平台外侧架设安全防护网。平台外侧采用醒目标志，并安排专职人员引导周边船只通行。该平台包括防护网的主要目的是防止拆除的块石掉入航道中。拆除时，先用小型破碎机对上部结构进行拆除，有块石掉落平台板，立即清除。剩余两三层块石时，先用风镐将块石松动，然后人工搬离。

2. 导航墙加固

利用外侧平台进行底板施工，在施工底板时，外侧埋设工字钢，伸出水面1 m，间距1 m。底板施工时间较短，混凝土浇筑完成达到一定强度后，利用埋设的工字钢进行外侧平台和外脚手架搭设。施工时，先进行内侧钢筋绑扎、立模，外侧施工时，增加劳动力进行抢工，尽量缩短外侧施工时间。外侧有人施工时，不间断安排两个安全员进行船只引导和监督，发现潜在危险时，让外侧工人立即转移至内侧。

混凝土施工完成，脚手架拆除完成后，用船从外侧将工字钢割除，将混凝土表面修复。

五、金属结构加工与安装

（一）设计概况

二线船闸上、下闸首均为三角闸门，上、下闸首三角闸门中心角70°，闸门曲率半径（最大外圆)为 12.39 m,三角闸门主要由门叶、空间网架结构、端柱和顶底枢组成。上闸首闸门高度 10.5 m(面板高度),单扇重约 104.7 t;下闸首闸门高度 12.5 m(面板高度),单扇重约 112 t,防腐面积 10 300 m²。上闸首左、右岸三角闸门分别布置 1 台 QRWY-350 kN-4.735 m 卧式液压启闭机,启闭机容量 350 kN,最大行程 4.735 m;下闸首左、右岸三角闸门分别布置 1 台 QRWY-400 kN-4.735 m 卧式液压启闭机,启闭机容量 400 kN,最大行程 4.735 m。

上、下闸首输水阀门门型选用潜孔式平面定轮钢闸门,孔口尺寸 3.5 m×3.5 m(宽×高)。门体结构采用实腹式焊接构件,主材 Q345B,闸门尺寸 3.66 m×3.62 m(宽×高)。上、下闸首输水阀门启闭设备选用 QRWY-300 kN/100 kN-3.75 m 液压启闭机,液压泵站与三角闸门共用。

浮式系船柱布置于船闸闸墙内,共 20 套。系船系缆力 150 kN,系船柱由浮筒、行走装置、系船架 3 个部分组成,采用钢结构焊接制作,总高度 5 814 mm,浮筒直径 1 310 mm,高度 3 824 mm,浮筒材料采用 Q235B,轴套采用铜合金镶嵌自润滑材料,浮筒淹没水深 3.0 m。行走装置由横向、纵向各 6 个滚轮组成,滚轮在闸墙导槽内随水位升降而上下滚动,系船架上放置 2 层系船柱,层距 1.3 m。

(二)主要施工方法

钢闸门及预埋件采购项目,在厂内整个制作过程中,按照施工图纸及经审查的《施工组织设计》进行施工,严格执行《水利工程施工质量检验与评定规范》(DB32/T 2334.3—2013)的有关要求。

1. 闸门制作

(1)按招标文件和技术规范以及施工图纸的要求,编制好闸门的加工工艺、生产工序流程和分段方案图等,并报请监理批准。闸门分片原则方案见表 3-3-8。

表 3-3-8　闸门分片原则方案表

序号	名称	说明
1	面板单元	上游分 3 段,下游分 3 段,于胎架内整体拼焊,按工地接缝解体
2	桁架系	在厂内放样配料、放地样预拼装,按左上片桁架、左下片桁架、右上片桁架和右下片桁架拼装,编号并按工地接缝解体;门体上的桁架杆件与门叶拼焊,并按闸门分段的要求解体转防腐
3	端柱	全闸共 4 件,制作结束转金加工,钻支座和底枢螺栓连接螺孔并将底枢、支座调整好轴孔同心度之后,用螺栓将底枢、支座与端柱连接
4	防护板	每扇闸门 1 块,全闸共 4 块,各分 2 节制作
5	工作桥	桥面板分块制作,栏杆分片制作,支撑构件下料后现场拼装
6	止水构件	左右对称制作,全闸共 4 件

(2) 门叶各部件拼装、焊接、矫正。

① 根据施工详细图纸、制作工艺以及拼接工艺图等编制好下料构件明细表，进行放样，注明尺寸、形状、放足焊接、矫正收缩余量，做好相关部位样板、编号，然后划线下料。

② 构件在下料过程中进行标记移植，注明材料牌号、规格、批号及数量，按区存放，余料上也做相关标记。

③ 以闸门关门位置为基准，放出门叶的整体大样，门叶部分因钢板较薄，且焊缝密集，因此在放样下料时，考虑预放收缩余量。

④ 划线时，合理排料，对于羊角、横梁腹板等弧形或不规则形状的板料，用样板进行预排，合理套料，最大程度地节约材料。

⑤ 主梁腹板下料按图纸放出 1∶1 的大样，分段位置相互错开。并按构件长度的 1‰ 放出焊接收缩余量。

⑥ 横梁腹板、各纵梁腹板、端柱腹板以及所有板厚＞16 mm 的板材等，采用 PDT201SL 数控切割机气割下料；翼缘板、端柱筋板、止水压板以及所有板厚≤16 mm 的板材等采用剪板机剪切下料；各种型钢采用型材切割机和手割刀气割下料。所有气割件在气割前对割缝左右 50 mm 范围内的锈斑、油污进行处理，对气割产生的熔渣和飞溅物应全部清除，经质检人员检查合格后转下道工序矫正。

⑦ 下料后的毛口均需打磨光顺，并对下料所产生的变形进行矫正。号料后凡有拼接焊缝的坡口部位，均需打磨平整，露出金属光泽。采用刨边机加工的坡口，实际的刨边线（下料线）的偏差要≤1 mm。

⑧ 各构件分别用压平机和 200 t 撑直机矫正平直。横梁翼缘板、各纵梁翼缘板等矫正合格后，放翼缘板和腹板拼装位置中心线，采用 400 t 冲床和专用模具进行焊接变形预处理，其预变形量根据施工详细图纸，视其板厚、板宽及焊缝大小而确定。

⑨ 面板配料按面板拼接工艺图进行下料，面板拼缝与各梁平行焊缝错开且不小于 200 mm，放足对接坡口余量和焊缝收缩余量及角方余量。按面板大样图用卷板机预卷制面板轧弧，上弧形胎架进行面板对接。

⑩ 以上各下料件和金加工件加工完成后，经质检人员检查合格，符合图纸尺寸及有关规范要求后转入下道工序拼装。

(3) 胎模制作。

① 在厂区内 20 t 门机下，在硬质基础上搭建整体拼装胎模，拼装胎模设置多档支撑，分别设在纵向次梁和中边羊角的位置。

② 胎模制作完成后，经检验合格后投入使用，门叶拼装胎模见图 3-3-9。

(4) 门叶整体拼装焊接。

① 划出面板十字中心线，并以十字中心线为基准，按焊接收缩量划出各零部件的拼装位置控制线，打出标记后报检。门叶分段见图 3-3-10 及图 3-3-11。

② 将面板依次吊放在拼装胎模内，操作人员严格按拼装工艺顺序进行拼装。先主横梁、纵梁，再顶、底梁等，依次拼装、报检。门叶各部件全部组装结束后，质检人员按图纸尺寸、工艺要求进行全面检查，做好检测记录，转入下道工序焊接。

③ 严格按照焊接工艺及图纸规范要求施焊，分段处梁格区域内的焊缝暂不焊接，待现

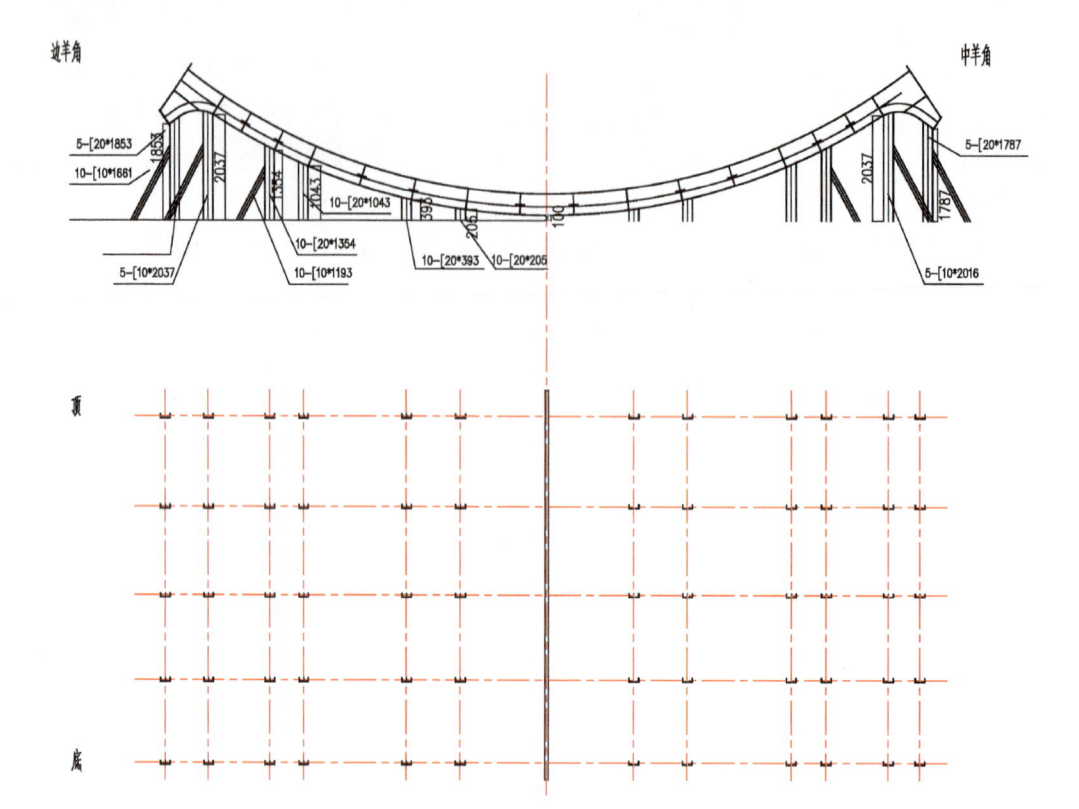

图 3-3-9　门叶拼装胎模

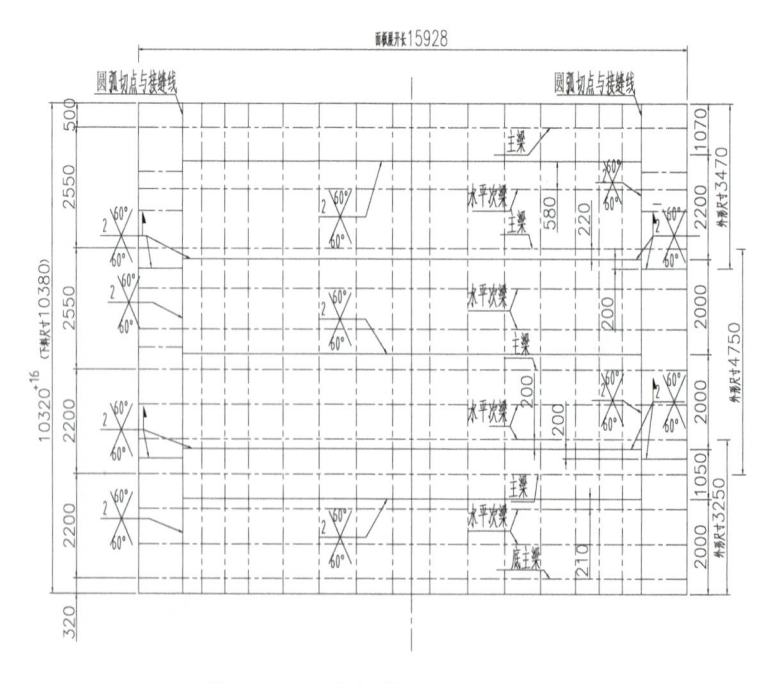

图 3-3-10　上闸首闸门门叶分段图

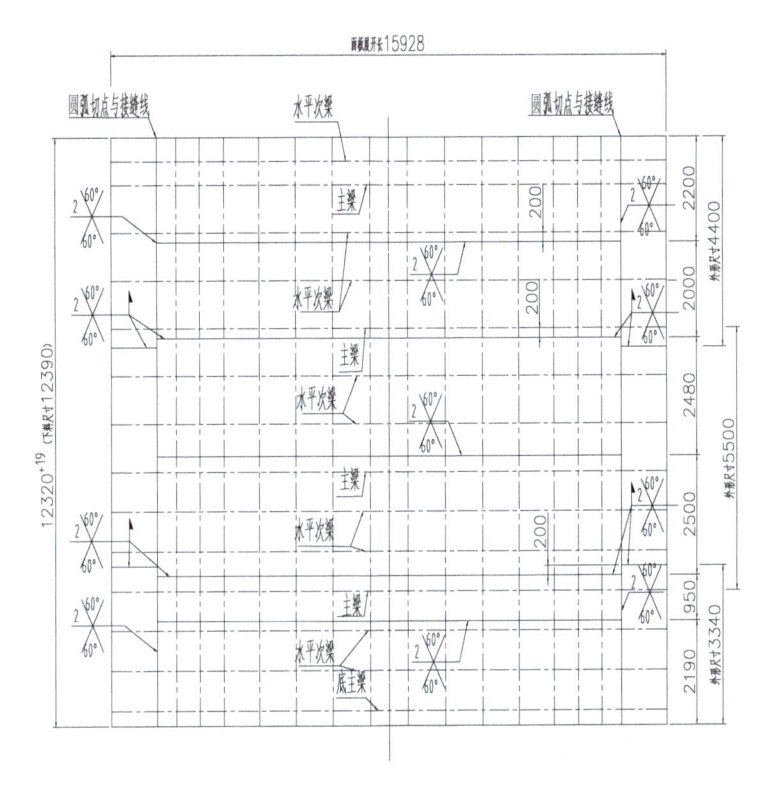

图 3-3-11　下闸首闸门门叶分段图

场拼装好后随分段接缝一起施焊,以便现场拼装完成后对门叶的矫正。焊接检验人员现场跟踪,按工艺规范进行检查,详见《焊接工艺》。为了减小焊接变形,门叶焊接采用CO_2气体保护焊,同时控制好焊接电流。

④ 以上焊接结束后,清除所有焊缝表面药皮、飞溅物,质检人员按图纸及有关规范条款检查。检查门体的弧面度,并对门叶进行整体矫正。

同时对浮箱进行气密性检查,检查方法应符合图纸要求,试验时将压力升至 0.12 MPa 以上,在保压 24 h 后,压力下降不低于 0.12 MPa 可确认合格,确保浮箱不渗漏。

⑤ 以闸门中心线为基准测量闸门半宽,修割中羊角、边羊角两端。拼焊及矫正结束,分别将分节门叶吊出拼装胎模,翻身施焊部分焊缝,并对门叶进行整体矫正,矫正采用火焰矫正法。

⑥ 面板面划线拼搭侧止水压板、小面板上划线拼搭底止水压板,分别用摇臂钻配钻孔,钻孔后做好永久性编号标识,拆除打磨。

⑦ 闸门中羊角止水挡板与止水座板拼焊成"∏"型梁,然后与尼龙止水实配、划线,用钻模钻孔,左右两扇门的止水座于工地现场与门体及埋件实配(关门位置),以保证止水座面的垂直度和平面度。

⑧ 以上工序全部完成后,经质检人员进行全面检查,外形尺寸、焊缝均符合招标文件技术条款、施工详细图纸尺寸要求,以及有关规范要求后,做好检测记录。

(5)桁架制作。

① 三角门桁架系是一个由多种规格钢管和节点球拼接而成的空间立体结构,需通过每

个平面内的杆件所在的正面视图来放大样、计算杆件实长并划出杆件端部的实际形态,找准理论中心线。

② 放样下料,连接型杆件两端都是平直头,这类杆件划线后放收缩量,保证杆件的准确长度,用型钢切断机或氧乙炔切割下料,料下好之后进行矫正。

杆件直径≥140 mm 的均做气密性检查,检查方法符合图纸要求,用钢板封头,试验时将压力升至 0.1 MPa 以上,在保压 24 h 后,压力下降不低于 0.1 MPa 为确认合格,确保杆件不渗漏。

③ 单件拼装,按左上片桁架、左下片桁架、右上片桁架和右下片桁架的正面视图放样立拼装胎模,在胎模中拼焊成 4 个平面桁架。

④ 将部分空间杆系以平面为单元组装成网架结构,其余杆件编号、打包后发工地拼装。自重钢架见图 3-3-12、图 3-3-13。

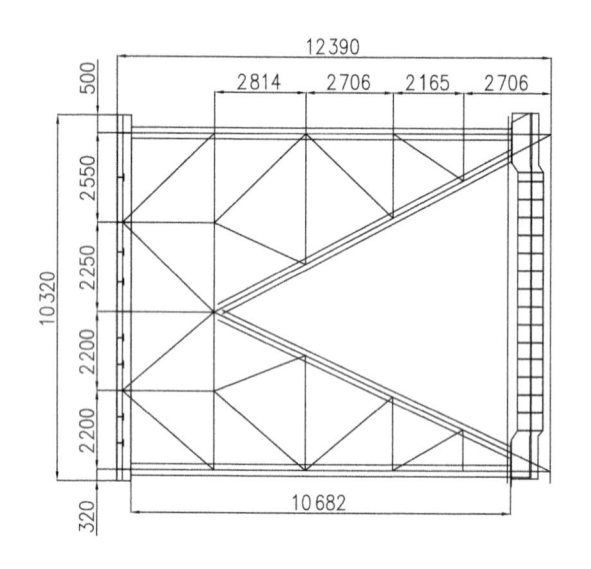

图 3-3-12　上闸首自重钢架结构图

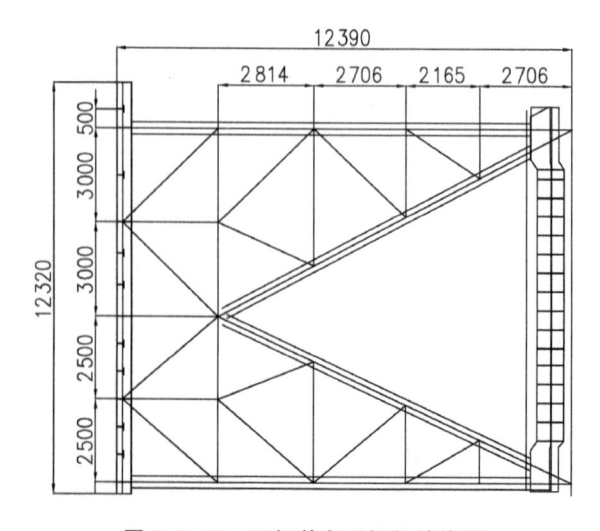

图 3-3-13　下闸首自重钢架结构图

(6) 端柱。

① 端柱的腹板料下好之后，转金加工车间加工焊接坡口，并进行削斜处理。

② 两侧翼缘预弯，腹板对接，端柱背面中间立板与翼缘板拼焊成梁系。

③ 端柱整体组拼，拼装时控制好桁架中心线和螺栓孔相对位置，焊接并矫正。

④ 放好端柱中心线和安装控制线，并打好样冲印。端柱与顶枢座和底枢座实配划螺栓孔线，转金加工车间钻孔。

⑤ 检验合格后，转防腐车间防腐，工地拼焊的位置暂不防腐。

⑥ 装配顶枢座和底枢座，调整并控制好顶、底枢座轴孔的同心度后，用螺栓将其固定并拧紧。

2. 运转件加工

严格按施工图纸技术要求、《金加工工艺卡片》和《热处理工艺》要求进行，分别进行粗加工、精加工、热处理（调质、氮化等）、镀铬等工序施工。

3. 闸门安装

(1) 闸门安装工艺流程。

放样→承轴台安装→底止水埋件安装→顶、底枢安装→端柱安装→搭设闸门拼装平台→下部桁架安装→下片闸门安装→中片闸门安装→上片闸门安装→上部桁架安装→焊接→气密试验→矫正→试运行→侧止水埋件安装→工作桥结构→防护结构安装→焊接→防腐→联合调试。

(2) 闸门安装工艺。

闸门安装应符合《水利工程施工质量检验与评定规范》(DB32/T 2334.3—2013)。闸门安装技术具体要求：

① 闸门安装前进行测量放样，控制好闸门中心线，上下闸首设置永久性水准点。

② 闸门以底枢蘑菇头中心为中心进行放样。

③ 底枢蘑菇头高程偏差不大于±2.0 mm，中心偏差不大于±1.0 mm，左右两蘑菇头高程偏差不大于2 mm。

④ 底枢拉杆与调整锲块保证良好的接触，拉杆两端的高差不大于1 mm。

⑤ 顶枢中心高程根据闸门实际高度、蘑菇头实际高程推算，保证上拉杆与门体顶枢拉座之间的安装要求。拉杆两端的高差不大于1.5 mm。

⑥ 两拉杆中心线的交点与顶枢中心偏差不大于2 mm，顶枢轴线和底枢轴线保证在同一轴线上，顶枢、底枢轴孔同轴度偏差控制在0.5 mm以内。

⑦ 闸门底止水在闸门调整好后安装，底坎止水预埋件与底止水间隙控制在3 mm以内。

⑧ 中缝止水支撑板与边缝止水橡皮平整垂直，关门时边缝止水橡皮压缩量控制在2 mm以内，间隙不大于0.2 mm，中缝止水两轴压板之间间隙不大于0.1~0.2 mm，上小、下大均匀过渡。

⑨ 闸门底坎保证平直，平直度控制在2 mm以内，表面横向扭曲控制在1.5 mm以内。

(3) 闸门安装过程。

① 安装前对闸首进行清理，检查埋件、开(关)门位置。根据埋件安装时放的大样线，放

闸门安装大样和控制线。

② 以旋转中心控制安装底枢承轴台、门端下拉杆座和门端上拉杆座。严格控制好底枢在承轴台的四角水平及高程。保证门端上下拉杆的高程与承轴台旋转中心的同轴度后，吊装端柱。

③ 端柱吊装到位，装拉杆穿好拉杆轴，调整端柱，使端柱、拉座轴同心并转动灵活。将端柱固定在开门位置12.5°后，将三角门分片按顺序吊装。

④ 先吊装下部桁架系，底片垫实，然后由下而上依次吊装门叶下分段、门叶中分段（下游）、门叶上分段、上部桁架，确保整个吊装过程互不干涉。

⑤ 门体整体拼装结束自检合格后，报请监理工程师检验认可后，对闸门整体施焊。焊接结束，门叶矫正好之后，测试门体运行的情况。

⑥ 分片构件现场拼装缝不大于2 mm，板厚错位不大于1 mm。

⑦ 门叶拼装后，检查主尺度，达到要求后进行定位焊，定位焊间距150～200 mm，焊缝长50 mm，定位焊焊脚高为正式焊缝的一半。

⑧ 焊接结束后，对因焊接引起的变形进行矫正，其火焰矫正温度控制在723℃左右。焊接结束后对浮箱进行试压。在浮箱盖上开孔，将连接压力表的三通焊到浮箱盖上，用空压机进行充气。浮箱试验压力0.12 MPa，保压24 h。用肥皂水涂刷焊缝。如发现有渗漏，做好标记，卸压后进行补焊，直至保压24 h无渗漏。

⑨ 闸门跳动量调整。

主要方法：先用专用扳手调整顶枢拉杆2花兰螺母，微量改变顶枢中心的位置，使顶底枢中心与蘑菇头中心重合，从而控制门体跳动量。检测方法：首先在闸门叶中间上端面固定1根用来观测跳动量的铟钢尺，然后在基本等高处架设水准仪，分别观测闸门在开门位置、中间位置、关门位置的水平跳动量，通过调节花兰螺母，反复开关门叶、跟踪测量，掌握门叶跳动规律，直到闸门的水平跳动量达到规范要求的≤2.0 mm为止。

闸门调试完毕后，复测斜接柱止水面的垂直度偏差，并做好记录，为后续的斜接柱中缝间隙、边缝止水橡皮调整做好准备工作。

跳动量调整合格后，将花兰螺母和六角螺母点焊防止松动，同时用直径30 mm的圆钢将2个大螺母之间焊接固定，确保永不松动。

⑩ 止水安装。中缝、边缝及底止水的调整在闸门安装中是关键的工序，它直接关系到闸门止水效果和支承的可靠性，必须严格按规范要求进行控制。承压条的调试必须在门体跳动经过认真地调试、检测认可后进行。

中缝、边缝止水安装调整需在关门位置进行，首先门在全开状态时，以船闸中心线放出闸门中缝承压条边线，以两底枢中心连线至中缝止水板中心点的距离确定闸门中缝止水板中心点位置，左、右闸门应对称于闸室中心线布置，量取中缝各构件到中缝承止水板线及中心的距离，做好记录，与设计图尺寸进行比较，确定中缝止水板位置。使闸门处于关门状态，进行中缝的止水板调整。

止水调整选择固定调试时间段进行，做好温差变化记录。监理复测的时间与调整时间段相同，且温度条件基本相同。

闸门与液压启闭机联动可试运行后，再精确调整好闸门的跳动量，并控制在规范要求之内,将左右两扇闸门重新运转到关门位置安装门中止水垫板。安装好后进行防腐处理。边羊角与侧止水座、门中止水保证良好的接触,于中部形成一条止水线,偏离值不大于2 mm。

⑪ 安装侧止水座、防撞板、工作桥。面板横向的止水压板的螺孔,采用同一样板划线,用旋转法钻孔,止水橡皮孔径比螺栓直径小1 mm。安装止水橡皮。止水橡皮安装时精确牢靠地固定在门体上,在施工过程中采取保护措施。

金属结构的所有预埋螺栓及紧固螺栓位置安装准确,符合图纸要求,并留有2～3圈螺纹余量。启闭机安装,运行闸门并调试止水。将闸门整体报监理工程师检验。

⑫ 闸门防腐(工地部分)。

工地防腐施工时,对门叶分段接缝和杆件工地接缝两侧预留的200 mm进行防腐,并对门叶和杆件整体进行一道面漆出新防腐。施工时按防腐工艺要求进行。

(4)润滑装置安装。

① 安装技术要求。

a. 润滑油管的铺设按工程师的指示,在现场按实际情况配置。管路弯曲处平滑无弯陷,弯曲半径大于3倍管子外径。管路设于墙上或地上用支架或管夹固定,转弯处适当增加管夹,将管子固定牢固。

b. 集中润滑装置本身的安装位置,可根据现场实际的空间位置安装,并按工程师的指示现场调整后确定,安装牢固,周围留有一定的操作及维修空间。

c. 在甘油润滑泵加润滑脂前,松开各润滑点的油管用液压油冲洗管路,并检查甘油润滑泵的出油点数与所需润滑点数目是否相同,各油口出油是否顺畅。

② 润滑设备。

a. 电动润滑泵:三角门顶、底枢润滑配套所用的多点甘油润滑泵,其产品质量可靠,性能优越。电机功率为250 W、电压380 V。

b. 分配器:每套系统配置的分配器满足润滑点的需要。每个出油口供油量可以调节,贮油桶内装有刮油板,以确保泵元件的吸入孔无吸空现象。集中润滑系统在出厂时进行检验,每一润滑点的出油压力在10 MPa以上。

c. 油管:每套润滑系统根据现场安装情况配足油管,底枢中设有回油管路,油管材料为不锈钢管。集中润滑系统在出厂时,各润滑点用闷头闷死。

d. 润滑脂:各轴承润滑油采用符合GB 7324的ZL-4锂基润滑脂。

(5)调试验收。

① 闸门调试。

闸门门体与桁架焊接结束后,拆除所有辅助支承架,投入闸门调试工作。确保轻松自如,没有卡阻响声或异常现象。测试门中处的水平跳动量,使之达到规范要求。

② 阀门调试:做到运行平稳,无异常响声,主侧滚轮运转要灵活。

(三)施工质量管理

1.施工过程质量控制

二线船闸钢闸门制作项目,上下闸首闸门及预埋件具有外形尺寸大、单构件重量重、桁架杆件放样成型难、运转件加工精度要求高等特点,为了保证工程质量,从原材料的采购、材料放样下料、部件拼装、焊接、总体拼装等方面加以控制。

（1）闸门制作开工前，进行了技术交底，施工过程中不间断地进行质量活动，做到施工一线人员能熟悉图纸并按照工艺指导书的要求施工。严格控制下料尺寸，采用数控切割机及自动切割机下料，放好大样（做出基准和中心线洋冲点）、留足收缩余量；门体拼装胎模及主横梁胎模经厂部质检员认可并报监理检验合格；梁格装配和施焊按照"分中对称"的原则进行，较好地控制了焊接变形和不均匀收缩量。

（2）对重要构件和部件（如闸门主横梁、主桁架等）实行首件制作检验制度。首件制作严格按标准执行，发现问题及时分析，查找原因，为后续同类构件的制作积累经验、避免返工。

（3）承轴台、蘑菇头和各类运转件等，厂内加工按工艺卡片要求进行，从粗车、无损探伤、精加工到热处理等工序加以控制。外协加工有专人负责跟踪，及时掌握进度和质量控制动态，厂部质检员与驻厂监理多次去有关加工点检测下拉杆、楔块的加工精度和调质硬度，检测主轴、蘑菇头的镀铬层厚度等。

（4）桁架系：严格按照图纸尺寸进行拼装，经过预拼装后再分解并做好标记。在钢架安装前对门体做进一步检测，确保尺寸准确无误。

在预埋件、钢闸门和运转件等项目的施工过程中，认真执行合同中有关质量要求的条款和监理通知中对质量预控的意见。及时落实并整改在中间检查过程中提出的意见。闸阀门及预埋件各单元工程，整体质量一直处于受控状态。

2. 质量控制措施

工作中突出"事前控制、强化过程监督与测量"的指导思想，将整个工程质量目标分解控制，控制单元工程质量达到优良，以单元、分部、单位工程逐级创优，确保工程整体质量达到优良。创优工作过程中，项目部侧重采取了以下一些措施。

（1）建立质量管理网络，强化质量保证体系。

实行"三级"检验制度，配备专职的质检人员，同时充分发挥监理的现场见证和跟班旁站作用，确保工程质量时时处于受控状态。

（2）认真消化图纸，努力避免返工。

组织工艺和技术人员对所有图纸进行细化分析，及时与设计单位进行沟通磋商，不断完善工艺和方案，保证制作时刻处于预控状态。

（3）严把进货关，严格抽复检。

所有进厂的材料都是合格厂家的产品，都具有合格证和质保书，进厂后投入使用前都进行了抽样送检，合格后才下料，确保从源头上杜绝质量问题的发生。

（4）认真制订工艺方案，实行技术交底。

在认真消化图纸的基础上，结合以往的经验，由生产、技术、工艺和车间相关人员共同研究，制订工艺方案。在工程施焊前，确定各种焊接参数。并对所有操作人员进行技术交底，确保操作人员对工艺要求、检验标准做到心中有数。

（5）选配优良技工，实行持证上岗。

为了确保工件的质量，对关键工序、关键部位从下料到整拼、焊接、矫正，都安排技术熟练的技工操作，最大限度地避免制作过程中人为误差的发生，为工程的总体质量优良提供坚实的基础。

(6) 反复测量，严控偏差，确保精度。

闸门门叶及桁架杆件拼装就位前，由专业人员测放出拼装就位的施工大样，并按1∶1比例进行复核。对拼装尺寸反复测量、做到精确定位。

(四) 施工难点及对策

1. 三角门胎架制作控制难点及措施

胎架是三角门成型的"模具"，制作精度要求高，胎架的水平误差应≤±1 mm，标高误差应≤±1 mm。

(1) 以硬实水泥地基为基础，加设支撑板，与胎架焊接牢固。

(2) 用水准仪将支撑板纵向找平，控制水平误差≤±1 mm。

(3) 按照面板弯曲的圆弧标高，用水准仪横向确定各个节点的标高，控制标高误差≤±1 mm(图 3-3-14)。

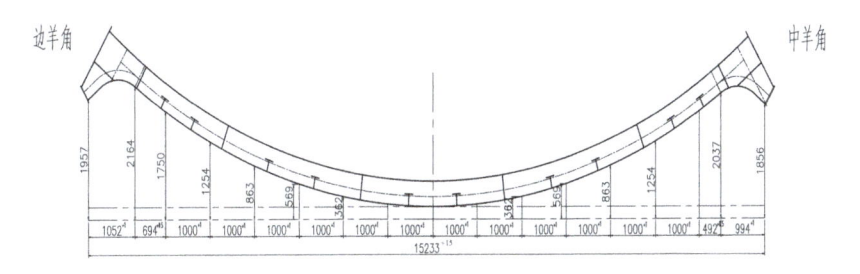

图 3-3-14 胎架截面标高布置图

(4) 将闸门面板铺在支撑板上，定位焊接牢固，以此作为制作平台，定位支撑节点板，布置密度横向间隔 1 000 mm，纵向间隔≤2 000 mm。胎架实物见图 3-3-15。

图 3-3-15 胎架实物图

2. 三角门面板制作控制难点及措施

面板由主弧面板（主弧 $R=12\ 390$ mm，夹角 64.25°，弧长 13 889 mm）、边羊角弧形面板（$R=700$ mm，夹角 67.15°，弧长 833 mm＋边羊角直边 345 mm）和中缝羊角弧形面板（$R=700$ mm，夹角 67.15°，弧长 833 mm＋中缝羊角直边 230 mm）组成。面板制作见图 3-3-16。

图 3-3-16　现场面板制作

（1）主弧面板制作，采用先拼焊后弯制的方式，由于曲率较小（每米弯曲矢高为 10 mm），使用弧形胎架并施加外力进行弯制。

（2）边羊角弧形面板（$R=700$ mm，弧长 833 mm）和中缝羊角弧形面板（$R=700$ mm，弧长 833 mm）由于弯曲曲率较大采用三星滚分段进行弯曲。

3. 三角门梁格制作控制难点及措施

梁格构件放样允许偏差：

当样线长度 1～5 m 时，允许偏差±0.5 mm；

当样线长度 5～10 m 时，允许偏差±1 mm；

当样线长度 10～15 m 时，允许偏差±1.5 mm。

（1）"T"型梁制作。

根据大样，丈量好尺寸，下料。所有横梁、竖梁、竖直次梁焊接成型并整形，检验合格后进入总拼装工序。

（2）弧形主横梁制作。

按施工工艺图放好大样，下料。主梁腹板分段见图 3-3-17，分为主弧主梁腹板（每根 3 段，在上下主梁之间错开接缝位置）、边缝羊角腹板（大）、中缝羊角腹板（小）。

① 放样 1：计算机制图，排版放样、下料，使用氧乙炔数控切割机，进行切割下料。

② 放样 2：主梁在放样平台上整体放样，焊接限位板，将下好料的主梁腹板部件进行拼接，焊缝为Ⅰ类焊缝。主横梁制作见图 3-3-18。

4. 三角门桁架系制作控制难点及措施

三角门桁架系是一个由钢球与钢管连接的空间立体结构，需通过每个平面内的杆件所在的正面视图来放大样、计算杆件实长及划出杆件端部的相贯线形态。桁架系制作见图 3-3-19。

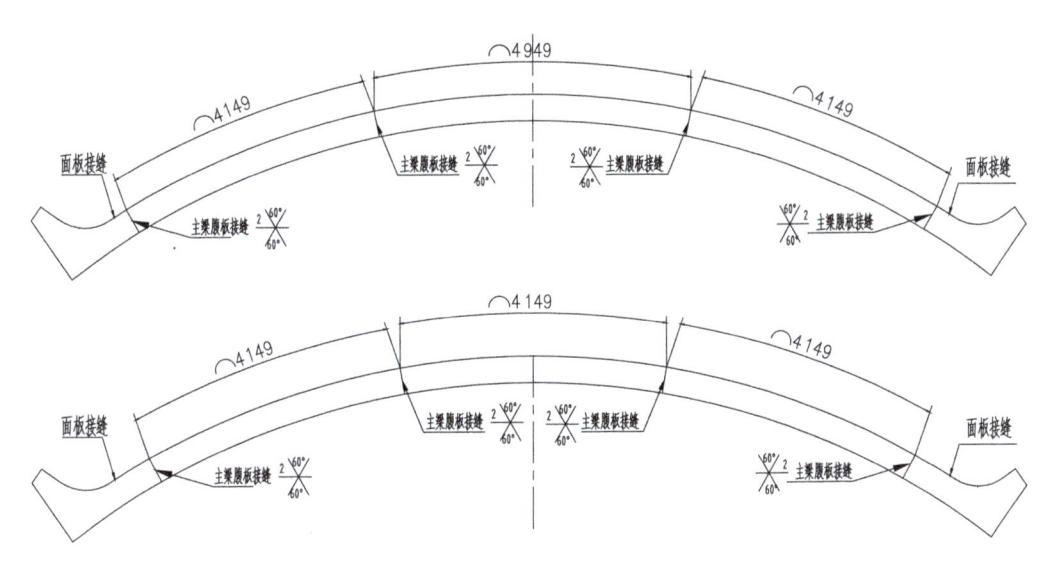

图 3-3-17　主梁腹板分段图

图 3-3-18　主横梁制作

（1）放样下料。球—球连接型杆件，两端都是平直头，这类杆件划线后，用数控相贯线切割机进行下料，并进行坡口加工；球—面型及球—管型连接杆件的端头用数控相贯线切割机进行下料，成型坡口，并控制好杆件的长度；管—管型连接杆件划线时，注意保证杆件的长度，在管件上弹好中心线控制好杆件两端的相贯线切口的角度。

图 3-3-19　桁架系制作

（2）所有管件两端用-8 mm 钢板封头，做密封处理，确保不渗漏。其中管件尺寸≥140 mm 的均需做密封性试验，试验压力 0.1 MPa，保压 24 h。检验时，主支臂杆端部封焊后，逐根做气密性试验，缓慢升至工作压力 0.1 MPa，保压 24 h。压力下降不低于 0.1 MPa 可确认合格，确保杆件不渗漏。

5. 三角闸门端柱同轴度控制难点及措施

顶枢、底枢和端柱，同轴度控制误差应小于 0.5 mm。

（1）端柱调平。

选择合理的吊点 2 个，将端柱吊放在刚性平台或混凝土地面上，用水准仪测量，使端柱的上下拉杆支座的座面在同一水平面上。

（2）放支座安装控制线。

根据施工图纸放出上下拉杆支座的控制线，用样冲打上标识（图 3-3-20）。

（3）加工辅助工艺圆板。

加工辅助圆板并固定在上下拉杆支座上，见图 3-3-21。

将上下拉杆支座吊放在端柱相应位置。由顶枢拉杆支座的侧面做延长线，到旋转中心等距离，由底枢铰座的侧面做延长线，到旋转中心等距离，形成矩形，悬挂钢丝，并用小花篮固定。测量钢丝和轴间距，控制误差小于 0.5 mm。用以控制水平方向的同轴度。

（4）用水准仪和钢尺测量，使钢丝水平。将拉杆支座的中心线对准端柱中心线，垫铜皮，调整高度，用水准仪检测，控制标高差小于 0.5 mm。用以控制高度方向的同轴度。

（5）上下拉杆支座的同心度调整完成后，支座与端柱固定，转金加工车间预配钻端柱与顶枢拉杆支座和底枢铰座的连接螺孔，再配铰支座底平面上的螺孔。

（6）安装并紧固上下拉杆座的螺栓及螺母，注意对称紧固，用力均匀。同时在过程中检测钢丝，监测同心度并及时调整，确保两支座的同心度（详见图 3-3-22 端柱同轴度调整方法图）。

此端柱同轴度调整方法大大提高了现场安装的精度要求，缩短了现场安装的时间，是切实可行的一种新型方法。端柱同轴度控制见图 3-3-23。

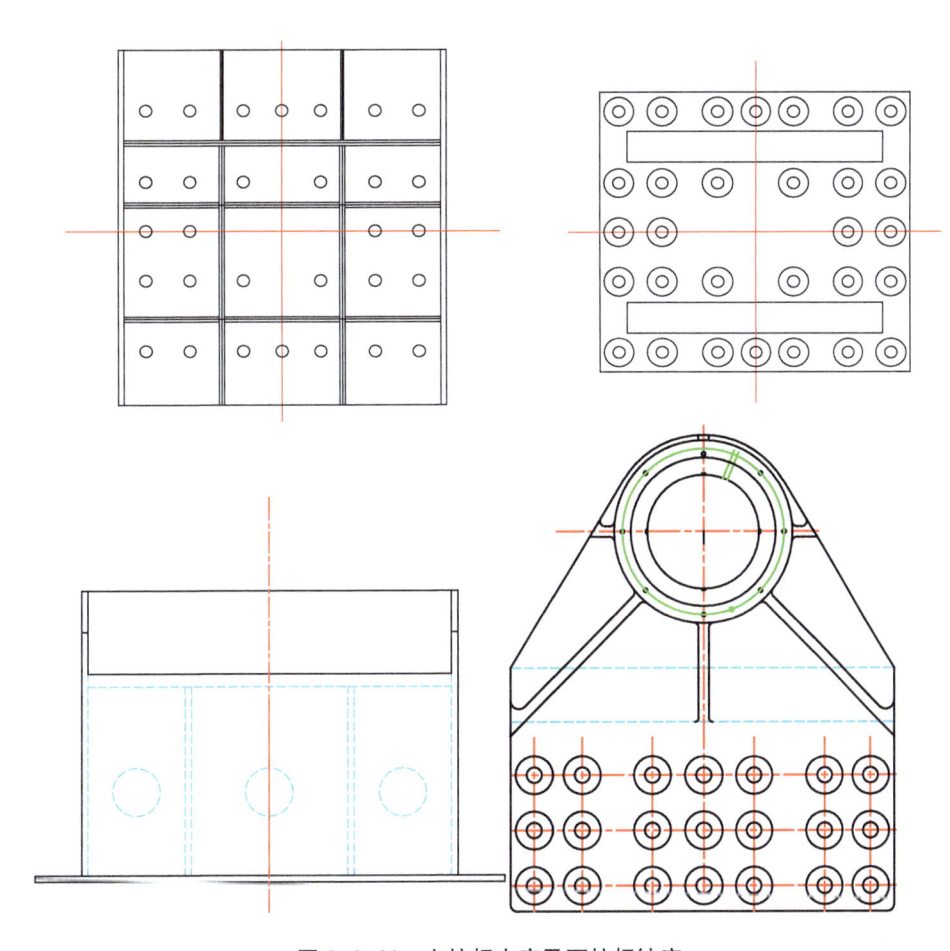

图 3-3-20 上拉杆支座及下拉杆铰座

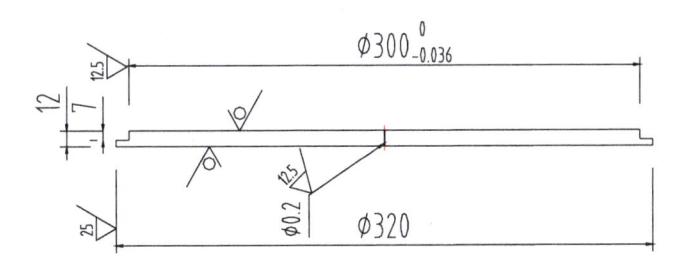

图 3-3-21 工艺圆板

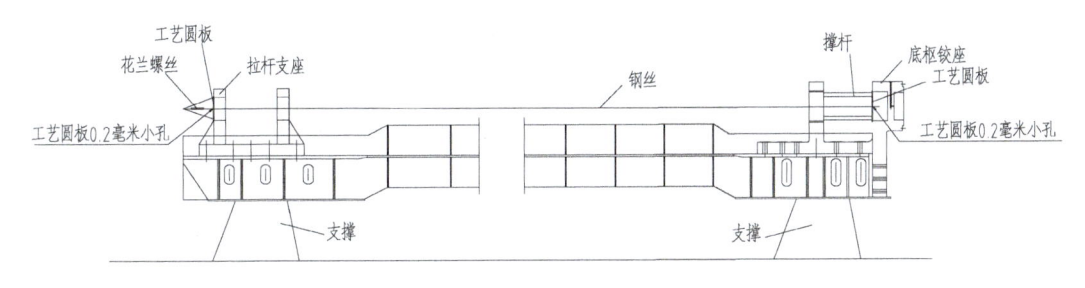

图 3-3-22 端柱同轴度调整方法图

图 3-3-23　端柱同轴度控制

6. 三角门止水施工精度控制难点及措施

中缝、边缝及底止水的施工,在闸门制作安装工序中是关键的工序,它直接关系到闸门止水效果和支承的可靠性,必须严格按规范要求进行控制。承压条的调试必须在门体跳动经过认真的调试、检测认可后进行。

中缝、边缝止水安装调整需在关门位置进行,首先门在全开状态时,以船闸中心线放出闸门中缝承压条边线,以两底枢中心连线至中缝止水板中心点的距离确定闸门中缝止水板中心点位置,左、右闸门应对称于闸室中心线布置,量取中缝各构件到中缝止水板线及中心的距离,做好记录,与设计图尺寸进行比较,确定中缝止水板位置。使闸门处于关门状态,进行中缝的止水板调整。

止水调整选择固定调试时间段进行,做好温差变化记录。复测的时间与调整的时间段相同,且温度条件基本相同。

闸门与液压启闭机联动试运行后,再精确调整好闸门的跳动量,并控制在规范要求之内,将左右两扇闸门重新运转到关门位置安装门中止水垫板。安装好后进行防腐处理。边羊角与侧止水座、门中止水保证良好的接触,于中部形成一条止水。门中止水安装见图3-3-24。

7. 三角闸门安装精度的控制难点及措施

三角闸门的安装精度最终体现在三道缝的止水效果和门体跳动量上,对于三角闸门安装精度的控制,涉及整个三角门的运行效果。

对于闸门跳动量的调整,主要方法是先用专用扳手调整顶枢拉杆两花兰螺母,微量改变顶枢中心的位置,使顶底枢中心与蘑菇头中心重合,从而控制门体跳动量。检测方法:首先在闸门门叶中间上端面固定一根用来观测跳动量的铟钢尺,然后在基本等高处架设水准仪,分别观测闸门在开门位置、中间位置、关门位置的水平跳动量,通过调节花兰螺母,反复开关门叶、跟踪测量,掌握门叶跳动规律,直到闸门的水平跳动量达到规范要求为止。

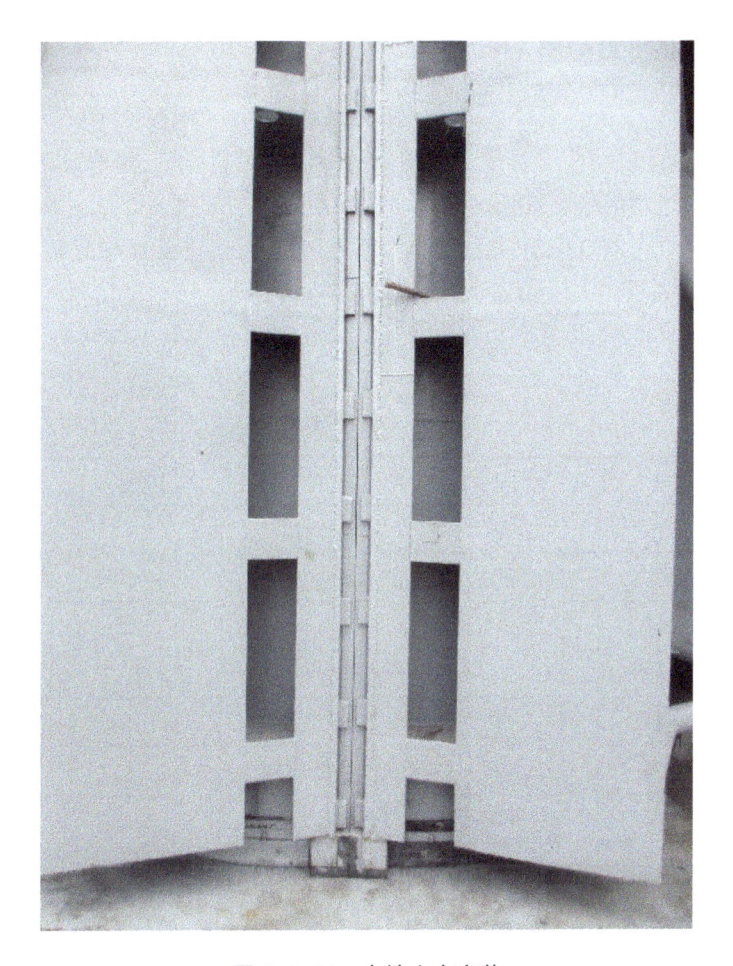

图 3-3-24 中缝止水安装

闸门调试完毕后,复测边缝止水面的垂直度偏差,并做好记录,为后续的中缝间隙、边缝止水橡皮调整做好准备工作。闸门调试见图 3-3-25。

图 3-3-25 闸门调试

跳动量调整合格后,将花兰螺母和六角螺母点焊防止松动,同时用直径 30 mm 的圆钢将 2 个大螺母之间焊接固定,确保永不松动。

六、液压启闭设备加工与安装

(一)设计概况

本工程液压设备包含上、下闸首三角闸门的液压启闭机 4 套、输水廊道阀门液压启闭机 4 套、液压动力站、开度传感器、电控设备以及管路等附件。

启闭机采用液压动力站集中供压,每个闸首一侧各设置 1 套液压泵站,每套液压泵站控制上、下闸首同岸侧的三角门与输水阀门 2 只液压启闭机。每套液压泵站包括 2 套油泵电机组(1 用 1 备),1 套油箱,2 套阀组(包括 1 套控制阀组和 1 套溢流阀组),油管、管间阀及其附件。设备主要技术参数见表 3-3-9。

表 3-3-9 设备主要技术参数

序号	项目	参数		单位	备注
1		三角门	廊道门		
2	泵站控制类型	一站两孔(一孔三角门,一孔廊道门)			
3	泵站数量	4		套	
4	额定启门力	350	300	kN	
5	额定闭门力	350	100	kN	
6	工作行程	4.635	3.65	m	
7	最大行程	4.735	3.75	m	
8	启门活塞速度	1.0(最大)	1.5(最大)	m/min	可调
9	闭门活塞速度	1.0(最大)	2.0(强压)	m/min	可调
10	油缸缸径	250	250	mm	
11	活塞杆直径	180	180	mm	
12	杆腔计算压力	14.8	12.7	MPa	
13	无杆腔计算压力	13.8(差动)	4.0(强压)	MPa	
14	启门杆腔流量	23.6(最大)	35.4	L/min	
15	闭门无杆腔流量	25.4(差动、最大)	45.8	L/min	
16	油泵型号	PV046R1K1T1NUPR			PARKER
17	油泵排量	46		ml/rev	
18	电机型号	QA180M4A-B35			ABB
19	电机参数	18.5 kW 1 470 rpm			
20	油箱容积	1 000		L	

(二)厂内制作(制造)

1. 优化制造图纸及工艺

制作过程中召开了多次设计联络会及协调会,对本工程所有生产图纸进行细致的校对

和审核,确定了方案,优化和完善了图纸。主要优化内容有:

端盖连接螺栓不直接在缸筒上钻孔,采用法兰式连接。

阀门油缸和闸门油缸一样采用回转架的结构。

回转架由焊接结构调整为铸钢件一体式结构。

回转架处的复合轴承均增加油嘴。

优化阀门拉杆的结构,并增加检修时用于固定的翼板。

吊头的材质采用锻件。

闸门的推拉座增加抗剪板。

优化了阀门油缸机架、预埋件结构。

优化了闸门油缸的预埋件。

2. 缸体加工工艺

液压缸缸体内孔加工工序为关键工序质量控制点。为保证其全过程受控,专门编制了《工序控制点明细表》《工序质量分析表》《作业指导书》《机械加工工序卡》《深孔加工质量监控记录》,并严格按照要求实施作业,加工全过程在严格受控状态下进行。

(1) 缸体的精镗。

组合刀具内孔切削加工的稳定性和可靠性,直接影响到加工缸体的母线直线度、孔加工精度及表面粗糙度。缸体内孔加工切削的稳定性主要靠刀具本身结构的合理设计。当刀具支承长度小于内孔直径时,刀具加工时的切削稳定性较差;当刀具支承长度等于缸体直径时,刀具的切削稳定性明显提高;当组合刀具支承长度大于2倍缸体内孔直径时,其切削稳定性就更可靠。本工程设计的组合刀具有效支承长度是加工缸体内孔直径的2倍以上,整个组合刀具切削加工过程平稳,刀具按导向套的引导进行缸体深孔加工,保证了缸体加工精度、表面粗糙度和母线的直线度。

(2) 缸体内孔珩磨工艺。

内孔珩磨主要是为了进一步提高内孔精度及降低表面粗糙度,采用的是美国善能公司进口的专用数控强力珩磨机,善能珩磨机是世界著名的珩磨设备,其工艺特点如下:

① 采用柔性可调节专用珩磨头,其特点是珩磨头外径处的磨削尺寸可随前道加工内孔的尺寸而进行变化调节,因此具有较强的适应能力。

② 采用善能专用磨条,根据珩磨需要分粗磨条和精磨条,磨头共有4块磨条组成,每块磨条 102 mm×8.5 mm×8.5 mm(长×宽×高),它的主要优点是耐磨强度高、切削性能好、磨粒度均匀,对于缸体内孔的磨削精度极有保证,经珩磨后的缸体内孔表面粗糙度<Ra0.4。由于强力珩磨时的转速与进给速度均很高,因此采用善能专用冷却液,以及时而有效地降低磨削处温度,从而便于及时检测与控制所加工处的内径变化。

根据内径所需加工的余量要求,通过选择合理的冲程速度和转速,以及合理的进给量和珩磨时间,不仅能保证磨削内孔表面的质量,而且有利于提高加工的效率。

根据检测需要购置了 GYF-1 内孔光学测径仪,能检测 ϕ200~800 mm 的缸体,测深 12 m,精度 0.01 mm;还有 GL 86—01 窥镗仪,能直观地检查缸体中的任何部位质量。美国进口的数显式表面粗糙度测量仪 EMD—1500-32 能准确迅速地测出缸体内孔的表面粗糙度。

由于有以上工艺工装的可靠保证，缸体加工完全可以符合精度 H9，表面母线直线度不大于 1 000∶0.15 且在全长上不大于 0.3 mm 及粗糙度 Ra0.4 的图纸要求。

（3）油缸组装工艺。

① 检查缸体内孔，去除及修光孔口毛刺，去除法兰内螺孔油污并用丝攻回攻，以清除切屑、杂物。缸体架放在专用工装上，用高压煤油清洗缸体内表面并用自制长柄毛刷来回拖动，直至符合清洁度要求为止。

② 检查活塞杆并去除螺纹处防锈脂，修光及去除毛刺；活塞杆架放在专用工装架上，表面各处用煤油清洗并满足清洁度要求。其他零件在专用清洗池分二道工序清洗完工，清洁度符合规定要求，各零件清洗后均用绸布擦干待用。

③ 在专用的工装架上将活塞与活塞杆按要求组合，组合时先在活塞杆及活塞的倒角处涂上一层润滑脂，以便于密封圈的装配，调整好密封圈的张度，拧紧、锁紧螺母和其他锁定装置。

④ 缸体、活塞杆组件均水平架放于专用工装架上并调整对中，缸体内孔倒角处涂一层润滑脂，缓慢推进小车，使活塞部分慢慢进入缸体至预定位置。

⑤ 将下盖套装上活塞杆并在倒角处重新涂上润滑脂，将密封件装入下盖并装上密封端盖，依次拧紧连接螺栓。

⑥ 检查并依次拧紧所有连接螺栓，封堵进、出油口，整理装配现场和工具。

⑦ 将油缸总成吊放至规定地点，油缸总成处待检验状态。

3. 油缸试验工艺

整机装配质量检验合格后的液压缸总成吊放在试验台前专用工装架上，试验按规定检查试验台各仪表和控制按钮，检查并满足试验用油要求，随后按照要求进行空载运行试验、最低启动压力试验、内泄漏试验、外泄漏试验以及耐压试验，试验完毕后将有关数据记录在表以备检查。

本项目加工件大都为精加工件，其中缸体、活塞杆等的加工为重中之重，无论是加工难度、加工精度、加工工序还是其在设备中的地位都是举足轻重的，因此，在设计图纸进行工艺性审查的基础上，对重要加工件都有针对性地制订了完善的工艺方案。并按工艺方案制订了相应的工艺规程和作业指导书，下发有关部门和车间，对于明确的关键部位和操作方法，进行重点控制、重点检查，沿用成熟的加工设备和工艺工装来确保产品的加工质量。

4. 质量控制方面

为确保本项目液压启闭机设备质量的受控，质量采用三检制度。根据合同要求、规范要求、设计图纸要求，编制了质量控制计划。对生产过程中的设计、工艺、外购、外协、检验、涂装、装配等一系列工序流程提出了要求，并明确关键零件的质量要求和措施计划，如缸体的拉镗、珩磨，活塞杆的精车、磨削、镀铬处理、最终磨削，埋件的焊接，油缸的组装、试验等。以确保对产品的全过程实施有效地检验监督，质量控制主要分以下几类：

（1）加工件的质量控制。从备料开始，包括加工制造的每一个工序，直到加工成品的入库，全程跟踪检测，不留死角，保证流转到下道工序的均是已经过上道工序并检验合格的。

（2）外购、外协件的质量控制。明确外购、外协件的检验控制项目和相关要求，加强入库检验，对有关关键件的外协，会同驻厂监理工程师争取不定期前往检查质量，并按有关规定和标准进行进厂检验。

（3）装配试验的质量控制。要求严格按照有关要求进行装配、试验和验收，并及时做好相关记录。

（三）现场安装工艺和方法

1. 推拉杆机架及推拉杆的安装

机架安装前首先对预埋地脚螺栓进行校正，根据施工图纸采用墨斗弹出机架的安装位置，用火焰校正使其满足机架的安装技术要求。机架的安装高程控制，纵向、横向的距离均控制在设计要求范围，机架安装完成经自检及现场监理人员验收合格进行二期浇筑，二期混凝土浇筑过程中必须振捣严实，保证推拉过程中不出现问题。

推拉杆安装的前提是在二期混凝土达到凝固期后方能进行安装。现场采用吊车和拉链葫芦，将推拉杆吊起与机架用螺栓及锁定板连接安装，达到使用要求。

2. 液压油缸的安装

液压油缸为厂家整体组装发到施工现场，采用整体吊装将液压油缸吊放到施工图纸设计的位置（基础槽钢）上，将油缸机架与预埋槽钢焊接固定，在吊装的过程中严格按照厂家说明书进行吊装，避免损坏缸体上的活塞杆、阀门等配件。

3. 不锈钢管路安装

液压启闭机的所有管路均按照施工图纸进行配管，为便于油路的流通顺畅及清洗，一般采用不锈钢焊条进行焊接，尽量减少管件的连接。管路焊接时，两管之间的同心度偏差保证在小于管壁厚度的1/10，焊缝不得有裂纹、咬口及未焊透等缺陷，配管时用砂轮切割机进行切管，保证管口的切割质量，管口清理干净后方能进行焊接，尽量避免残留物留在管内。

洗管、配管完成后，利用细钢丝、棉纱及厂家配备的管路清洁材料将管路内的残留物清理干净，避免其进入液压油缸内，对油缸的使用产生影响及缩短油缸的使用寿命。

管路安装按照施工图纸进行安装，安装过程中不得出现漏装密封件、阀门等情况；管路的固定主要采用厂家配备的管卡进行牢固固定，管件的数量及间距排列须满足施工图纸要求。

4. 液压缸注油

液压缸注油前进行油样检查，合格后经滤油机将油注入液压缸内，主要采用油压循环进行油缸及管路清理，清理前将通往油缸的进、出油管路直接与液压缸连通，使液压缸与系统分离，并将安全检修阀在其入口处临时断开，清洗时使油缸在清洗回路过程中自动循环清洗。为加强清洗效果，可使用换向阀做换向调节，油泵做间歇性运转以保证油缸及管路全部清洗干净。

全部清洗完成后进行调试，调试前将液压缸加入所需的全部用油，用空运转的方式断续开机，使液压油全部进入油循环系统。

5. 联合调试

联合调试前先进行空载全行程试运行，以排除液压系统内的全部空气，空载运行3次后，将推拉杆吊头与三角门拉杆座进行连接，通过手动的方式将三角门全行程运行几次后再安装三角门限位器,保证三角门在全开及全关的位置动作准确可靠。阀门同样如此。

七、建筑工程施工

(一) 主要施工内容

(1) 上下闸首启闭机房:上下闸首基础,上下闸首一层主体结构,上闸首11.55~23.8 m屋面构架(NALC板),下闸首主体结构12.85~27.3 m屋面构架(NALC板),上下闸首装饰装修,上下闸首给水、排水,上下闸首建筑电气等。

(2) 上下远调站:上下远调站地基与基础,上下远调站主体结构,上下远调站建筑屋面,上下远调站装饰装修,上下远调站给水、排水,上下远调站建筑电气等。

(3) 调度中心:调度中心地基与基础,调度中心主体结构,调度中心建筑屋面,调度中心装饰装修,调度中心给水、排水,调度中心建筑电气等。

(4) 传达室:传达室地基与基础,传达室主体结构,传达室建筑屋面,传达室装饰装修,传达室给水、排水,传达室建筑电气等。

(5) 室外工程:场内道路工程,给排水工程,室外电气等。

(二) 主要施工方法

1. NALC板施工

上下闸首NALC板材使用部位为外墙板,NALC板施工用量330 m^3,NALC板材厚度及安装类型AQB-150,AQB-100外墙板竖装。

(1) 施工工艺流程。

① NALC板的垂直运输。

上下闸首工期非常紧迫,特别是东面的两个桥头堡在围堰拆除后,材料的进出受到很大影响。为了保证整个工地按期顺利完成,将NALC板运至各作业面附近,提前做好施工准备工作。

② 施工顺序。

施工从每面由下而上或从左至右开展。

③ 工艺流程。

桥两边NALC外墙板工艺流程:主体结构验收合格后→施工部位确认→清扫、清理→放线→验线→人工竖板→NALC板材就位→板材校正→板材固定(上、下部采用管板固定做法)→板材修补→外缝勾缝→自检→报验。

桥头堡NALC外墙板工艺流程:主体结构验收合格后→施工部位确认→清扫、清理→放线→验线→NALC板两端扩孔→起吊安装→NALC板材就位→板材校正→板材固定(上、下部采用钩头螺栓节点做法)→板材上端按照弧度进行切割→板材修补→填实、勾缝→自检→报验。

外墙板安装具体工艺流程如下:

a. 混凝土柱与NALC板交接面清理干净。施工部位经验收后,清理墙板与地面墙面的结合部,将浮灰、沙、土、酥皮等物清除干净,凡突出墙面的砂浆、混凝土块等必须剔除并扫净,结合部清理干净。

b. 放线。根据现场提供的双向控制线(或轴线),弹出 NALC 板的位置线。

c. NALC 板配板及倒角。桥头堡位置 NALC 板吊装前,按实测尺寸对 NALC 板配板、修板,板的长度应按结构净高尺寸减去 30 mm。桥头两边位置 NALC 板吊装前,按实测尺寸对 NALC 板配板,有缺损的板应及时修补。

d. 起装、就位、校正、固定。将板运到需安装位置线附近,将板上部缓缓推起,用专用撬棍挪至安装的位置,或用起重机吊至所需安装位置附近,微调挪至安装位置线,并用 2 m 靠尺及塞尺测量墙面的平整度,用 2 m 托线板检查板的垂直度,检查 NALC 板是否对准预先弹好的定位线,左右的板是否在一条水平线上,无误后,将管板用射钉枪固定或勾头螺栓固定。

e. 板材修补、专用勾缝。专用勾缝剂要随配随用,配置的勾缝剂应在 30 min 内用完。竖缝再用勾缝剂勾平。靠近柱的 NALC 板要留 1~2 cm 缝隙,然后采用发泡剂离表面 3 cm 刷底涂,再用专用勾缝剂勾平或用专用勾缝剂填实。在墙体粘缝没有产生一定强度前,严禁碰撞振动。若加固材料为钢材须对钢材采取防锈防腐处理。

(2)质量标准。

本工程施工质量检查、验收参照《蒸压轻质加气混凝土板(NALC)构造详图国标图集》和《苏 J01—2002 蒸压轻质加气混凝土板(NALC)构造图集》(上册)。NALC 板材安装允许偏差及检验方法见表 3-3-10。

表 3-3-10 NALC 板材安装允许偏差及检验方法

序号	项目名称	允许误差	检验方法
1	墙面轴线位置	3 mm	经纬仪、拉线尺量
2	层间墙面垂直度	3 mm	2 m 托线板,吊垂线
3	板缝垂直度	3 mm	2 m 托线板,吊垂线
4	板缝水平度	3 mm	拉线、尺量
5	表面平整度	3 mm	2 m 靠尺、塞尺
6	拼缝误差	1 mm	尺量
7	洞口位移	±8 mm	尺量

2. 悬挑脚手架施工

上、下闸首房屋结构、装饰构架为局部悬挑和机件双排落地式脚手架。上闸首房屋:地面标高为 7.20 m,建筑物标高为 23.80 m,实物标高为 16.60 m,单体面积约 200 m²。下闸首房屋:地面标高为 8.5 m,建筑物标高为 27.30 m,实物标高为 18.80 m,单体面积约 200 m²。

落地脚手架为双排脚手架,搭设高度为上闸首实物高度 16.60 m+1.5 m,下闸首实物高度 18.80 m+1.5 m,立杆采用单立管。搭设尺寸为:立杆的纵距 1.5 m,立杆的横距 1.05 m,立杆的步距 1.8 m。采用的钢管类型为 φ48 mm×3.0,连墙件 2 步 3 跨,竖向间距

3.6 m,水平间距4.5 m。施工均布荷载为2 kN/m²,同时施工2层,脚手板共铺设2层。整个高度、长度连续设置剪刀撑。

悬挑脚手架为双排脚手架,搭设高度为20 m,立杆采用单立管。搭设尺寸为:立杆的纵距1.5 m,立杆的横距1.05 m,立杆的步距1.8 m。采用的钢管类型为 ϕ48 mm×3.0,连墙件2步3跨,竖向间距3.6 m,水平间距3.9 m。施工均布荷载为3 kN/m²,同时施工2层,脚手板共铺设2层。悬挑水平钢梁采用16#工字钢,整个高度、长度连续设置剪刀撑。

悬挑脚手架分两次搭设,第一次搭设悬挑脚手架高度为4.25 m+1.5 m、8.5 m～12.85 m、7.2 m～11.55 m。第二次搭设悬挑脚手架高度为16.6 m～18.8 m,在11.5 m、12.85 m处楼面每根16#工字钢预埋2只 ϕ14 mm圆钢吊环,离剪力墙300 mm处预埋第一只,距16#槽钢末端200 mm处预埋第二只吊环,吊环底部勾入楼板下皮钢筋中,并与下皮钢筋焊接,并且在吊环底部增加4根 ϕ16 mm螺纹钢,长度为700 mm。

八、施工期安全监测

（一）监测的目的与任务

根据本工程设计的要求,二线船闸的实施不影响一线船闸的正常运行。根据工程总体布置及工程地质勘察报告,一、二线船闸纵向中心线距离仅70 m;相距甚近,场区土层又多为轻、重粉质沙壤土或粉砂,透水性较强,抗渗能力较差;地基持力层及其下卧层又具有中～高压缩性,易产生较大沉降变形。二线船闸基坑开挖及基坑降水将可能对一线船闸相邻结构的稳定、位移控制和防渗等产生不利影响,通过监测可获得一线船闸的水平位移和沉降、支护结构变形、地表沉降、地下水等的参数,并结合周边建筑物沉降、倾斜、裂缝的情况进行基坑安全性分析,将其成果及时提供给业主、设计、施工、监理,做到信息化施工,保证工程结构及周边环境的安全,减少施工对周围建(构)筑物、路面及管线等的影响,从而有效地将施工控制在安全范围之内。同时,进行与本工程有关的科研、监测、测试工作。通过对该工程基坑及其邻近建筑物的位移沉降、渗透变形、边坡稳定、地下水位的变化等进行全程监测,以便及时发现和消除工程隐患,为工程的安全实施提供依据。

（二）监测依据

《基坑工程施工监测规程》（DG/TJ 08—2001—2006）、《建筑基坑工程监测技术规程》（GB 50497—2009）、《建筑基坑支护技术规程》（DB 11/489—2007）、《建筑变形测量规范》（JGJ 8—2007）、《国家一、二等水准测量规范》（GB 12897—2006）、《工程测量规范》（GB 50026—2007）、《建筑基坑支护技术规程》（JGJ 120—2012）、《混凝土结构设计规范》（GB 50010—2002）、相关图纸及资料、2013年1月30日初步方案讨论意见。

（三）监测内容

(1) 位移沉降观测。观测重点为一线船闸上下闸首、船闸闸室墙与上下游导航墙、施工期基坑地表的位移沉降观测。

(2) 地下水位观测。观测范围为基坑开挖和基坑降水影响范围,重点观测施工期一、二线船闸间地下水位变化(含上下游引航道内水位观测)。

(3) 土体内部变形观测。观测范围为施工期一、二线船闸间的土体内部。在一线船闸沿线布置2个、上下闸首位置各布置1个测斜管,埋深至-15 m左右。土体内部变形观测有两个目的:一是防止降水和开挖过程中,截渗墙因土体变形过大造成破坏;二是从土体的位移速率和累计值中提前获得二线船闸施工对一线船闸的影响。

（4）拉杆初始张力确定。根据设计要求拉杆安装时应达到一定的初始张力,设计要求闸室段拉杆拉力为5 t,引航道段拉杆拉力为4 t。

（5）基坑巡视。通过巡视及时、直观地观察到地表裂缝、塌陷等表象,对基坑局部稳定性的判断起着不可替代的作用。

（四）监测报警值

各监测项目的警报值：

（1）坑外地下水位动态监测。坑内降水或开挖引起坑外水位下降达到1 000 mm,或日变化量大于500 mm时,立即报警。

（2）墙体沉降。累计沉降超过10 mm,或变形速率达到2 mm/d,且不收敛时,立即报警。

（3）坑外地表沉降。累计沉降超过20 mm,或变形速率达到2 mm/d,且不收敛时,立即报警。

（4）土体深层侧向位移。累计位移超过35 mm,或变形速率达到3 mm/d,且不收敛时,立即报警。

（5）现场巡视。当观察到地表裂缝、塌陷等现象,立即报警并安排专职安全员对其进行记录,严密观察其变化情况。

（五）监测点的布置及监测频率

根据二线船闸施工实际情况,参考有关规范及专家意见,本次监测采用分阶段、分区域监测。施工首先开挖的是上闸首,上闸首基坑也是距离一线船闸最近的区域,对该区域的监测是本次监测的关键点,所以在该区域靠近二线船闸深基坑的右侧控制室周围布设了4个建筑物控制点、2个土体沉降监测点、1个土体深层位移监测点和3个水位监测点。上闸首施工结束后进行的是下闸首施工和闸室内开挖,由于后来施工的2个区域距离一线船闸较远,根据部分专家意见,在下闸首基坑和一线船闸下游右侧导航墙之间布置了1个深层位移监测点和2个水位监测点,在一线和二线船闸闸室中部和下游1/4区域布置了2个土体深层位移监测点。

监测项目的频率考虑到二线船闸施工对一线船闸不同区域的影响程度不同,不同区域的监测频率也有所区别。上闸首施工的平均监测频率为1 d 1次;下闸首和闸室施工时,监测频率为2~3 d 1次。

（六）监测方法及相关原理

1. 位移沉降监测

一线船闸沉降监测基准点采用省勘测院测设的E03、E04为基准点。将一线船闸的监测点和基准点纳入在一起构成闭合环或形成由附和路线构成的结点网。根据现场实际情况,采用附和或闭合导线形式,起始并闭合于基坑精密导线上。水平位移监测基准点和沉降监测基准点相同,基准网由水平基准点和工作基点组成,基准点根据场地围挡条件及基坑位置合理分布,与观测点一起布设成监测网。

数据网的建立:在进行第一次测量时,根据绘制好的测点布置图,将一线船闸所能利用的测点进行编号,在现场进行标识,并采取有效保护措施。在进行首次观测时,需协同监理共同完成,并与管理处测量小组进行对接,将首次观测取的数据作为施工零点。测量控制点的建立按二等测量标准进行,施工过程中测量按三等测量标准进行。施工中应采取多点闭合的方式,定期复核测量控制点的精准度。

位移沉降观测:在基坑施工影响范围之外,分别建立两个基准点(可与沉降基准点共用),利用两个工作基点,采用极坐标或交会的方法测量水平位移测点的水平位移。依据现有沉降基准点,采用水准仪或全站仪进行设定的关键点位移沉降观测。

基坑开挖前即进行2~3次观测,开挖期间2 d一次,基坑开挖至设计深度后每3 d观测一次,二线船闸闸室底板结构完成后每7 d观测一次,观测期至二线船闸主体工程水下验收或观测数据表明的建筑物稳定。

根据每次的观测结果,以时间为横坐标,位移沉降值为纵坐标,绘制成时间—位移沉降曲线图,同时附上同期的上下游水位、施工开挖情况。对可能出现的险情及时进行预报,并及时提交墙体变形报告。

2. 地下水位观测

利用机械引孔方法,钻孔直径100 mm,成孔后将孔内泥浆清洗干净,再安装直径50 mm,厚度3 mm的专用水位测量PVC塑料管。管间用套管接头,自攻螺丝加固,然后用绿豆砂将孔壁与管壁之间的空隙填充密实。

坑外水位观测井成井施工时,应切实做好监测水位目标层与其他层的有效隔离,确保监测数据如实反映监测目标水位的变化。在进行水位监测之前,埋设水位监测管。地下水用SC-50型水位监测仪器直接测试其变化值。

通过对降水井内水位的观测可以掌握地下水的变化情况,为施工的进行提供最直观的数据。

使用水位管和测绳进行测量。同时使用水准仪进行管口标高测量。大面积降水开始后,每天进行地下水位的观测。开挖至设计深度后每3 d观测一次,直至船闸主体工程水下验收或现场停止降水。

及时对观测数据进行分析整理,对降水效果进行评价,当降水效果达不到设计要求时,对降水方案提出建议。

3. 土体内部变形观测

深层土体水平位移采用测斜仪进行监测,其测点埋设方法分别如下:基坑外侧土体测斜管埋设采用地质钻机成孔,将底端密封好的测斜管下到孔底,在测斜管与孔壁间用干净细砂填实。

在地连墙、灌注桩和锚碇墙内埋设测斜管及沉降观测点,监测其在施工期的水平变形曲线、位移和整体沉降情况。这一变形参数可预报墙体和桩体的整体稳定性及结构的安全性。墙体和桩身的变形是指结构体侧向变位情况,通常采用测斜仪进行监测。

(1)测斜仪工作原理。

在基坑施工变形监测工作中,地表及地上结构物的变形监测因其在施工过程中是持续可见的,测量其变形和位移相对简单。但是,对于地下连续墙、深层土体、灌注桩等地下隐蔽结构物的变形监测要困难得多,采用较多的是预先埋设测斜管,使得测斜管和所要测量的地连墙、土体、灌注桩等同步变形,通过在施工时定期测量测斜管的变形来获取不同深度处的水平位移。该方法具有施工方便、操作简单、对施工干扰小的特点,只要严格控制测斜管埋设时的质量,就可以保证后期监测数据的可靠性。

测斜测量原理见图 3-3-26。

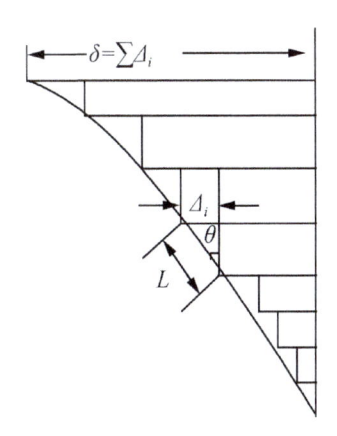

图 3-3-26　测斜测量原理图

测斜的第一步是设定基准点,变形观测的基准点一般设在测斜管的底部。当被测结构产生变形时,测斜管轴线产生挠曲,用测斜仪确定测斜管轴线各段的倾角,结合测斜探头 0.5 m 的固定长度,便可计算出土体的水平位移。当测头的敏感轴与基准轴(地球的重力轴)有一个角度时,测头中的加速度计就有一个输出值,如下式所示:

$$U = A + KG\sin\theta$$

式中：A——加速度计的偏值(零偏);

　　　K——加速度计的标度因数;

　　　G——地球重力加速度;

　　　θ——倾角。

为了消除加速度计零偏的影响,在测试时采用正反两次测试,比如分别在东西两个方向上进行测试,可以先测试东方向上的数据,记作 U_1,再进行西方向上的测试,记作 U_2,将 $U_1 - U_2$ 得到下式：

$$U_1 - U_2 = 2KG\sin\theta$$

从图 3-3-27 中可以看出

$$\sin\theta = \Delta_i / L$$

式中：L——导轮轮距,500 mm;

　　　Δ_i——水平位移,mm;

　　　θ——倾斜角。

综合上式可以得到

$$\Delta_i = (U_1 - U_2)L/(2KG)$$

对于一个测孔,在确定的方向上,各测试点的位移总和即为

$$\Delta_{总} = \sum \Delta_i$$

(2) 现场安装和量测。

在结构体内布置变形观测管,管口加保护盖。在钢筋笼下放前埋设测斜管是用绑扎法将测斜管固定在钢筋笼上,调整测斜管十字测槽方向平行和垂直于位移方向,钢筋笼放入后进行1次初测,初测结果正常后方可进行混凝土浇筑。测量时,移动式测斜仪每0.5 m设1个观测点,每次测量时每个测点平行测读2次,同一观测方向正反各测1次,以减小测斜时产生的误差。实践经验表明,经平行测读2次可使读数误差不大于5%。

(3) 拉杆应力的测试。

在拉杆上安装拉杆应变计,首先进行拉杆初始应力测试,然后在施工过程中监测拉杆力的变化情况。测量拉杆拉力采用拉杆应变计,然后根据测量出的拉杆应变,用应变测量值乘以拉杆的截面积反算拉杆的拉力。

① 工作原理。

在地连墙和后锚碇板之间的拉杆上安装拉杆应变计,如图3-3-27。当拉杆结构应力发生变化时,将带动应变计产生变形,变形通过前、后端座传递给振弦转变为振弦应力的变化,从而改变振弦的振动频率。电磁线圈激振振弦并测量其振动频率,频率信号经电缆传输至读数装置,即可测出拉杆的应变量。同时可同步测量出布设点的温度值。

图3-3-27 拉杆应变计安装

② 计算方法。

拉杆应变计受到轴向变形时,其应变量 ε_m 与输出的频率模数 ΔF 具有线性关系,用于长期监测时还要考虑温度的影响,此时的温度修正系数为应变计的温度修正系数与拉杆的线膨胀系数之差,计算的一般公式为

$$\varepsilon_m = k\Delta F + b'\Delta T = k(F - F_0) + (b - \alpha)(T - T_0)$$

式中：ε_m——拉杆的应变量，10^{-6}；
   k——应变计的测量灵敏度，$10^{-6}/F$；
   F——应变计实时测量值；
   F_0——应变计的基准值；
   b——应变计的修正系数，$10^{-6}/℃$；
   α——拉杆的线膨胀系数，$10^{-6}/℃$；
   T——温度的实时测量值，℃；
   T_0——温度的基准值，℃。

(4) 基坑巡视。

基坑巡视是基坑安全必不可少的辅助手段。通过巡视，可以及时、直观地观察到地表裂缝、塌陷等表象，对基坑局部稳定性的判断起着不可替代的作用。因此，在基坑开挖及维护期间，应安排专职安全员对基坑周边进行巡视，并对巡视结果进行记录，一旦发现地表有裂缝或漏水等异常，应做好记录，严密观察其变化情况，同时及时向项目部汇报。项目部接到报告后应立即做出反应，分析其原因，并根据对基坑安全的影响程度制订有效的控制措施，以防止形势恶化，危及基坑的安全。

(七) 监测成果及分析

1. 监测结果

(1) 一线船闸建筑物上关键点沉降监测。

自 2013 年 7 月 1 日进行第一次观测至 2013 年 8 月 15 日进行最后一次观测，在此期间共进行了 20 次沉降观测，沉降最大值及最终沉降量见表 3-3-11。

表 3-3-11   一线船闸建筑物上关键点沉降监测

测点	H1	H2	H3	上闸室 1-3
累计沉降最大值(mm)	/	3.0	3.5	1.0
最终累计沉降量(mm)	/	1.5	1.5	1.0

(2) 一线船闸和二线船闸基坑之间地表关键点沉降监测。

自 2013 年 7 月 1 日进行第一次观测至 2013 年 8 月 15 日进行最后一次观测，在此期间共进行了 20 次沉降观测，沉降最大值及最终沉降量见表 3-3-12。

表 3-3-12   一线船闸和二线船闸基坑之间地表关键点沉降监测

测点	G1	G2
累计沉降最大值(mm)	44	46
最终累计沉降量(mm)	44	46

(3) 一线船闸和二线船闸基坑之间土体关键点深层侧向位移监测。

自 2013 年 7 月 1 日进行第一次观测至 2014 年 6 月 5 日进行最后一次观测，在此期间共进行了 43 次土体深层水平位移观测，土体深层水平位移最大值及最终位移量见表3-3-13。

表 3-3-13　一线船闸和二线船闸基坑之间土体关键点深层侧向位移监测

测点	CX01	CX02	CX03	CX04
最大累计位移量(mm)	56.1	19.6	20.5	8.3
最终累计位移量(mm)	56.1	19.6	18.2	4.5

（4）一线船闸和二线船闸基坑之间地下水位监测。

自 2013 年 6 月 30 日进行第一次观测至 2014 年 10 月 6 日进行最后一次观测，在此期间共进行了 30 次一、二线船闸之间土体内地下水位监测，二线船闸施工期间，一、二线船闸之间土体地下水位最大累计变化值和最终变化量见表 3-3-14。

表 3-3-14　一线船闸和二线船闸基坑之间地下水位监测

水位孔号	SW01	SW02	SW03	SW04	SW05
累计变化最大值(mm)	−6 300	−5 180	−4 160	−2 900	−3 000
最终变化量(mm)	−4 570	−3 600	−2 980	−1 100	−1 200

注："−"为下降，"+"为上升。

（5）拉杆初张力的标定及典型拉杆内力的监测。

在闸室右侧第二号地连墙和后锚碇板之间的 13 根拉杆中，任选 10 根安装拉杆应变计。通过拉杆应变计测定拉杆初拉力对施加力的扭矩扳手进行标定。当拉杆初拉力达到设计荷载 50 kN 时，对应的施力扭矩扳手的扭力在 100~120 N·m。通过标定闸室段拉杆施力扭矩取 120 N·m，引航道导航墙的拉杆施力扭矩取 125 N·m。

观测期内拉杆 9#、10#、11#、12#、13#、14#、15#、16#、17#、18# 内力变化观测结果见图 3-3-28、图 3-3-29。结果表明：从 2014 年 1 月 1 日—2014 年 2 月 9 日的观测断面可看出，拉杆内力基本没有发生变化，从 2014 年 2 月 9 日—2014 年 2 月 26 日是拉杆内力的一个快速增加期，拉杆内力平均增加了 372 kN，而这一时期正是观测断面内闸室土体开挖的时期，从 2014 年 2 月 26 日以后拉杆内力基本稳定。根据观测结果用材料力学公式计算得出，拉杆在拉力作用下的拉伸长度平均为 7.3 mm，加上拉锚平台 20 mm 的水平位移，得到拉锚端(2.5 m 高程)闸室墙的位移为 27.3 mm，最终通过测斜结果得到闸室顶 6.0 m 高程处水平位移，左侧位移为 30 mm，右侧位移为 37 mm，该值和施工单位提供的观测断面闸室墙的总位移为 35 mm 基本接近。图 3-3-29 中 9# 拉杆在 3 月 10 日—3 月 12 日发生了 186 kN 的突变，是因为这期间 9# 杆北侧闸室段刚好在填土，10#、11# 杆数值未发生较大变化说明 9# 拉力的增加主要是由其北侧填土的侧向压力引起的。

从下游引航道拉杆内力观测结果可以看出，在 4 月 24 日观测断面开挖到最大开挖深度时拉杆平均拉力约为 300 kN，在 4 月底底板达到一定强度以后，靠近观测断面的侧向支撑卸去以后，拉杆内力达到最大，约为 400 kN，随后趋于稳定。

2. 监测结果分析

（1）一线船闸建筑物上关键点沉降监测数据显示，一线船闸建筑物上所有监测点的累计沉降值和沉降变化速率均未达到报警值，累计沉降变化在 4 mm 内。观测结果表明，二线船闸施工未对一线船闸结构造成显著影响。

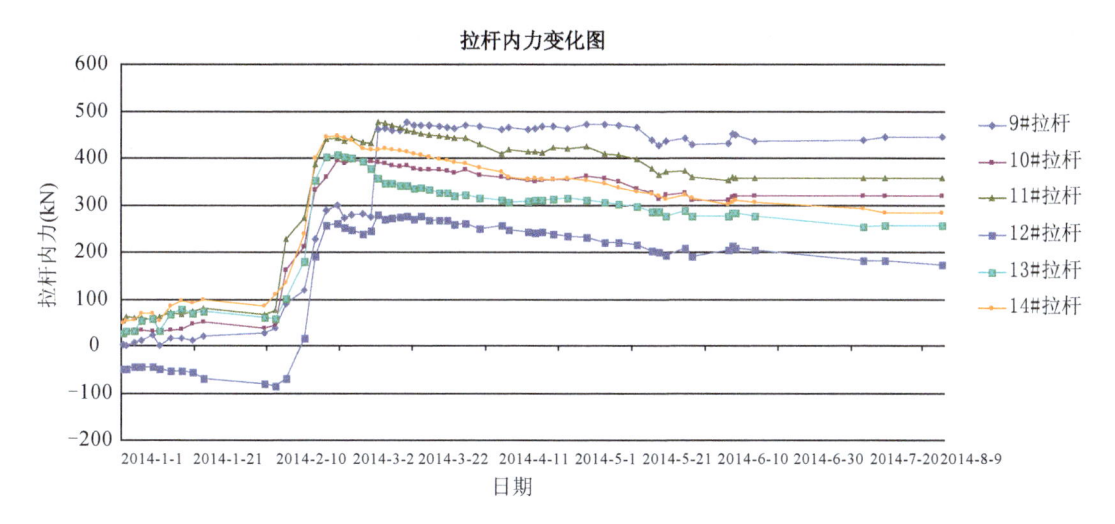

图 3-3-28　拉杆 9♯、10♯、11♯、12♯、13♯、14♯内力变化图

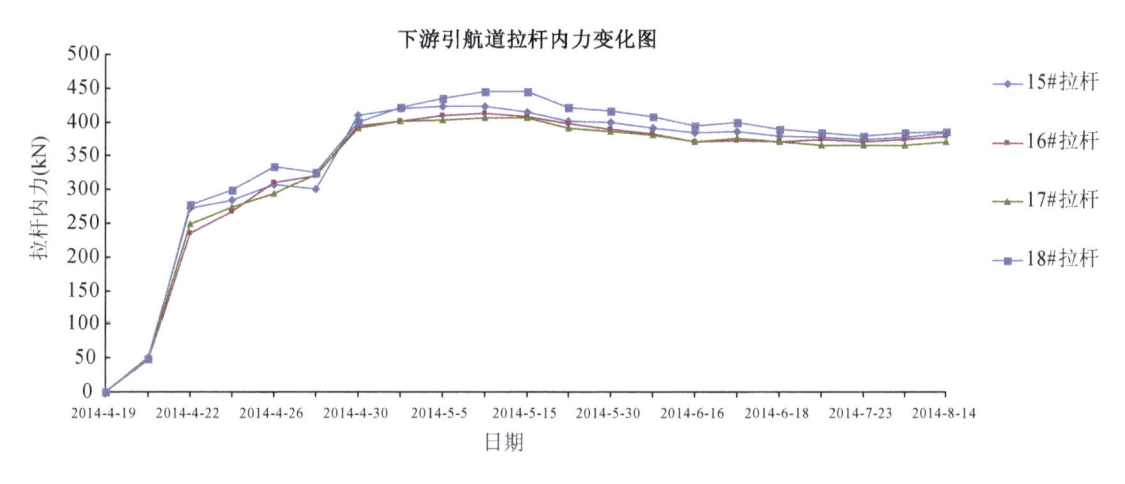

图 3-3-29　拉杆 15♯、16♯、17♯、18♯内力变化图

（2）一线船闸和二线船闸基坑之间地表关键点沉降监测数据表明，二线船闸上闸首施工造成一线船闸上闸首右侧控制室周边土体发生较大沉降，其中 G1、G2 测点的累计沉降量分别为 44 mm 和 46 mm。土体地面的沉降主要是由地下水位下降引起的，由于地下水位并没有降到一线闸室结构基础的埋设深底面，所以一线闸室结构并未出现大的沉降。

（3）一线船闸和二线船闸间土体深层侧向位移观测结果显示，随着基坑内土方的开挖，各监测点的深层水平位移逐渐增加，各受监测区域出现位移明显增大及变化速率明显增快的情况均与其周围的施工工况相对应：二线船闸上闸首基坑开挖造成靠近该区域的 CX01 测斜管最大水平位移为 56 mm。在基坑底板浇筑养护完成后，各监测点的深层水平位移变化均呈收敛趋势，变化速率总趋势逐渐减小。由于下闸首和闸室区域的测斜管 CX02、CX03 和 CX04 距离二线船闸基坑相对较远，所以该区段的施工对这几根测斜管影响较小，所测数值要小于上闸首的 CX01 观测数值，但不同施工期的变化规律和 CX01 测值一致。

（4）一线船闸和二线船闸基坑之间地下水位监测显示，施工期基坑周围水位下降较大，距离降水点不同的水位监测点水位不同,具有明显的水力坡降。当闸室施工完成后水位有所上升,限于现场施工条件(水位管被填)观测期末水位仍然未回到基坑降水前的高程。观测期内虽然水位变化很大,但周围土体深层位移、周边建筑物沉降变化均不大,综合以上情况分析,认为该降水未对一线船闸产生明显影响。

(5)拉杆监测结果表明,拉杆内力的变化和施工开挖关系紧密,施工结束时拉杆的平均拉力:闸室段为37.2 t,下游引航道段为36.2 t,该值基本与设计值相当。

(6)通过整个施工期巡视观测,一线船闸未发现新增加的、大的结构裂缝,只是在上闸首和闸室衔接段右侧出现了最大约为3 mm的错位,该错位没有给一线船闸的运行带来不良影响。

3. 监测结论

二线船闸施工期,监测获得的建筑物关键点的沉降、建筑物周边土体沉降和深层水平位移、地下水位变化等数据显示:二线船闸的实施未对一线船闸的安全构成威胁,施工现场未出现明显塌方、滑移等异常情况,施工期一线船闸运行正常。

对比建筑物沉降和土体沉降及位移监测结果发现,建筑物周边土体变形要先于建筑物本身,对建筑物周边土体变形的监测可对建筑物的安全起到提前预警作用。

第四节　工程施工重大技术措施

一、河道工程

(一)完善施工期排泥场防渗及稳定安全的综合处理措施

泰州引江河第二期河道工程因工程弃土用地紧张,导致了排泥场排泥高度大、内外水头差大、部分排泥场围堰填筑高度大且土源紧张、排泥场维护难度大以及社会矛盾突出等一系列问题。施工期排泥场围堰的安全问题是事关河道工程成败的关键问题。

1. 排泥场快速泥水分离技术

本工程采用了排泥场快速泥水分离技术对施工期排泥场的防渗及稳定安全进行综合处理。砂性土段主要通过布设快速泥水分离排水系统,解决施工期排泥场防渗及稳定安全问题,降低疏浚土松散系数以及增加排泥场的有效库容;淤土及黏性土段通过布设快速泥水分离排水系统,解决施工期排泥场防渗及稳定安全问题和增加排泥场有效库容。布置快速泥水分离排水系统的排泥场共计16个,其中砂性土段10个,淤土段1个,黏性土段5个。

(1)坡面防渗排水复合体工艺原理。

坡面防渗排水复合体施工工艺原理是:沿排泥场围堰内侧坡面上铺设专用的防渗排水复合体材料,其下端与坡脚排水管路连接,形成具有防渗、排水等多功能防护体,有效隔离水体浸入围堰体内,降低围堰渗流水头压力,达到围堰渗流稳定安全的目的。

(2)坡面防渗排水复合体施工流程。

① 坡面修整。

坡面防渗排水复合体铺设前对围堰内坡面进行人工整平,清除尖锐杂物,防止刺破防渗排水复合体。

② 防渗体铺设。

按实际围堰内坡长度确定单幅防渗体的长度。铺设顺序由堰顶至堰底方向顺坡铺设，单幅防渗体之间采用缝合法连接，铺设时保持防渗体松紧适度。

③ 排水体安装。

在已铺设好的单幅防渗体内安装排水体，由此形成坡面防渗排水复合体。

④ 排水管路铺设安装。

在围堰内坡脚铺设排水管路，材料为 ϕ110 mm PVC 管；管路基底密实、平整，保持管路铺设水平，连接密封、可靠。排水体与排水管路连接牢固。

⑤ 防渗排水复合体固定。

为防止防渗排水复合体在疏浚过程中漂浮、移位，需将防渗体与坡面进行固定。按一定间距采用压重的方式与坡面进行锚固。

2. 排泥场二、三期围堰施工方法

排泥场围堰视填筑高度不同考虑分期填筑，一期围堰填筑高度控制在 4.0 m 左右，顶宽 2.0 m，外坡 1∶3，内坡 1∶2；二、三期围堰填筑高度控制在 3.0 m 左右，顶宽 1.5 m，外坡 1∶2，内坡 1∶1.5。

一期围堰吹填至顶后，对堰内吹填土的固结强度进行检测，吹填土的承载力满足二、三期围堰所要求的地基承载力时，进行二、三期围堰填筑。二、三期围堰采用袋装土码砌。土料采用预挖堆放的土料，编织袋装土至 2/3，用麻绳多股封口，人工压紧挤淤，防止围堰底部渗漏和整体滑动，再逐渐垒高，上下左右互相错缝，填筑完成后，在内侧用防渗膜覆盖。排泥场分期围堰断面见图 3-4-1。

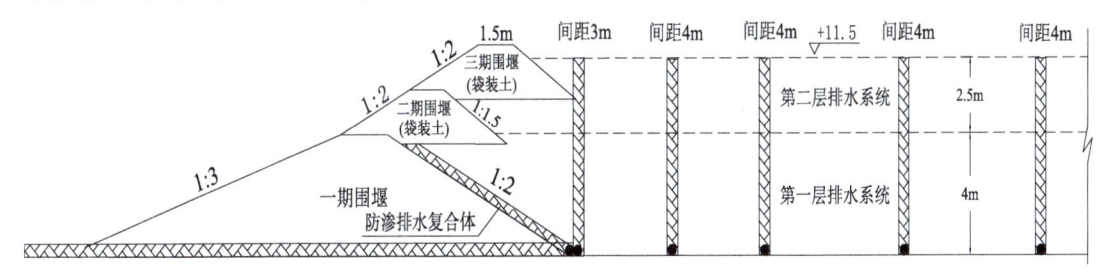

图 3-4-1　排泥场分期围堰断面示意图

3. 施工期排泥场风险控制措施及预案

本工程排泥场疏浚施工最主要的风险来自围堰的渗流稳定问题，而渗流稳定主要取决于场内的有效水头高度，因此，在疏浚施工过程中只要能掌控场内水头和围堰的压力水头，就能保证整个工程的渗流稳定安全。故在采取了快速泥水分离措施的前提下，仍需从以下几个方面予以控制。

（1）疏浚速率控制。

针对排泥场面积和排泥高度的不同，以及排泥场的土质条件，在疏浚施工过程中不断观测泥水面上升的速率，确保监测人员与疏浚船工作人员的沟通顺畅，当疏浚速率大于 0.5 m/d 时，及时通知疏浚船停止。防止因疏浚速率过快而导致的围堰水头压力过大，堰身内浸润线过快上升，导致围堰的渗流不稳定等安全问题。

（2）严格控制泄水口和穿堤管道埋设质量。

本工程泄水口和穿堤管道与围堰堰身接触段的施工是容易产生渗流的薄弱环节，因此在填筑过程中须严格按照设计和规范的要求进行施工，采取必要的防止渗漏措施，确保在疏浚施工过程中的渗流稳定安全。

（3）加强监测及现场巡查力度。

在疏浚施工过程中派专人定时、定点观测围堰沉降及变形情况，若产生沉降速率突变或变形加大的情况，及时分析，并组织人员对可能存在的问题及时处理，必要时进行汇报。

针对疏浚过程中的测压管水位变化情况，每天至少2次测试浸润线变化的情况，并不间断地巡查围堰坡脚等处，当浸润线产生突变或坡脚处产生渗漏、窨潮等情况时，立即通知相关人员停止疏浚，加大泄水口的退水强度，在最短时间内消除场地积水，并采取相应的处理措施。

（4）应急措施。

① 施工期间加强观测，现场配备土壤含水率测定仪，监测围堰边坡和平台的土壤含水率变化情况，并与浸润线变化情况做对比，判别围堰渗流情况，以此对围堰渗流安全提供预警。

② 现场配备一定量的编织袋、草袋、土工布及砂石等材料，当遇有窨潮、渗水等现象时，及时采用上述材料进行滤水、导渗、覆盖等措施处理，防止堰身出现渗漏破坏。

③ 在疏浚过程中定期检查排泥场泥水分离系统排水畅通情况，尤其在疏浚停止和重新开工的交接时间段，若产生淤堵，则采用专用的清洗系统对管路淤堵段进行疏通处理，保持管路的畅通，所有排水管路发挥最佳的排水作用。

④ 在各排泥场疏浚排泥高度接近设计排泥高度的阶段，适当提高测压管水位、沉降、土壤含水率等项目的监测频率，及时分析掌握排泥场的整体运行状况。

⑤ 在疏浚施工过程中，配备必要的机械设备及人员，在现场有不良情况发生时得到及时处理，确保排泥场的运行安全。

（二）软体沉排施工期间通航安全措施

本工程系混凝土块软体沉排施工需要占用大半幅河面，施工时必须采取相关措施确保通航安全。

1. 通航环境对工程水上交通的影响分析

为确保通航安全，船型尺度必须符合海事管理部门的控制船型尺度要求。

跨航道桥梁通航孔跨度和净空尺度均较小，部分桥梁、桥墩在河道内，因此运输船舶在通过施工河段、船舶交汇和通过跨航道桥梁时，必须减速航行。

2. 水上交通保障方案

（1）水上施工交通组织。

本工程水上施工船只主要有：挖泥船、运输船、巡逻船、沉排船。

水上施工任务主要有：疏浚施工、沉排施工。

编制的水上作业专项施工方案需经海事、航道有关部门审批后实施。

① 规定软体沉排作业方式。

系混凝土块软体沉排施工执行半幅施工、半幅封航，与疏浚船只严禁交错作业。

② 集中统一制订作业计划。

根据进度要求，编制月软体沉排船舶配置计划，提前告知月作业计划告示，通过时间信息安排计划。

③ 建立通信网络，设置指挥中心。

建立VHF甚高频无线电话通信网络和船舶AIS/GPS监控管理系统，设置指挥中心，各作业船只和指挥中心保持实时联系。组建一个水上巡逻小组，加强对运泥船队的检查与督导。

④ 建立沉排船固定编组，即每艘沉排船定点、定人、定船编组，便于有效管理。

⑤ 与航道、海事协作。主动与地方海事、航道部门沟通，在疏浚开挖及工程材料运输期间，落实船舶安全运输措施。

(2) 水上施工交通组织保障措施。

① 水上安全施工措施。

执行安全检查制度，工地坚持定期安全检查和专项安全检查。定期检查主要查安全制度执行情况、整改措施的落实情况及安全设备的完好情况，专项检查指结合季节性的工作特点进行的安全检查，包括"防抗热带气旋检查""雾季安全检查""安全用电检查""消防检查"等，重点检查有关计划、方案的制订、落实情况以及有关设备的完好情况。

② 施工避让。

施工船舶作业前，与港航监督部门共同研究施工船与航行船舶的干扰问题，制订相互避让措施，并由港航监督部门发布航行通告。施工船舶作业时，按规定悬挂灯号和信号，在通航水域设置指示灯。

施工船舶除用高频电话在施工频道保持联系外，还必须保证一台VHF甚高频无线电话用于船舶避让的专用通信设备，在规定的频道上24 h连续监听过往船舶的动态。

施工船舶在航行或施工作业时，驾驶员要加强瞭望，谨慎操作，遇有来船时主动用高频电话、声号、灯号与对方取得联系，商妥避让方法，采取正确的避让措施，确保航行安全。

③ 每500 m为一个施工段，在该段施工时按施工区域上下游外边线设置横向警示浮标，在顺水流方向设置纵向浮标，夜间设置警示灯。施工期，该段河道半幅通航，请海事部门派巡逻艇进行通航秩序维护。

④ 施工时沉排船需设置4根锚缆，控制工程船的移动，在船首船尾各抛设2个边锚，其中岸侧采用地垄桩栓钢丝缆的方法布设锚缆，河道中心线侧因通航需要无法设置跨河锚缆，只能采用抛锚的方式布置锚缆，锚缆布置在河道中心线外5 m位置，水下锚位均系上浮标。

(三) 船舶临时停靠点围堰稳定、降排水等问题的技术措施

砂土段船舶临时停靠点临排泥场侧施工基坑开挖深度高达11.5 m，临河侧引江河引水或排涝，对围堰冲刷影响较大，为确保围堰稳定，主要采取了降水与防冲措施。

1. 加强积渗水排除

临时停靠点处于渗透性较强的砂土区，且一侧临水，一侧处于排泥场侧，采取通常的轻型井点降水无法达到干式基础施工的要求，施工中根据西侧渗水强度的特点，在基坑两侧分别采用深井降水，临水侧井点间距6 m，临排泥场侧井点间距10 m，井深10 m，井径30 cm。从实施效果分析，深井降水有效地降低了基坑段地下水位，防止了边坡坍塌。

2. 防冲围堰填筑

针对砂土地质段，构筑水中围堰时采用砂土直填，易造成河道河床抬高，且临河侧易受冲刷。施工中围堰填筑时采用模袋吹填，免除了砂土在水下易散阻塞河床的风险，同时也减少了围堰临水侧堰体的防护，有力地保证了工程的安全措施。

（四）水下潜水员操作的安全措施

跨河桥梁处模袋延伸至主桥墩外20 m，施工时占用主航道，且一次施工从铺袋到浇筑约需8～10 h，必须有完善的安全措施。

(1) 施工前向地方海事部门报施工方案，经海事部门批准后按方案实施。

(2) 施工区域上下游搭设浮桥，作为混凝土输送管道栈桥，同时用于固定排布，在浮桥上设置警示标志，标明施工范围。在河道中心线位置设置纵向浮标，夜间设置警示灯。模袋施工期，该段河道半幅通航。

(3) 施工期间岸上有警示标牌，施工水域用浮标圈出，夜间浮标上设置警示红灯。

(4) 铺设模袋和水下浇筑混凝土时请海事部门对施工水域进行临时封航，保证水下施工潜水员的安全。

(5) 至少配备2名潜水员进行轮换作业，现场配备备用空压机和备用电源，确保对潜水员输送空气，空压机应有专人看管。

（五）河道疏浚潜管铺设安全措施

本工程受现场条件限制，排泥场多数布置在河西岸，施工基本为单侧排泥，必须使用潜管施工。

施工前对方案进行优化，统筹安排，尽量减少潜管的道数。采用挖槽设置，但必须同时满足潜管可以起浮的要求。

潜管在敷设、运用或拆除期间有碍通航时，向泰州海事部门提出临时性封航申请或申请临时通航管制，经批准后实施。

铺设前，对潜管铺设水域进行水深、流速和地形的测量，根据地形布置潜管，确定端点位置。

潜管节间采用柔性连接，拟采用钢管与橡胶管沿管线方向相间设置并采用法兰连接。潜管的起止位置设置浮体，配备排气、水设施、锚缆和管道封闭阀等，以操纵潜管下沉或上浮。

潜管沉放前，必须对潜管进行加压检验，各处均达到无漏气、漏水要求时，方可用于敷设。潜管的起止端设置呼吸阀，以操纵潜管下沉或上浮。

潜管沉放完毕，下锚固定，在其两端设置明显标志，严禁过往船舶在潜管作业区抛锚或拖锚航行。

拆除潜管，应由端点站向管内充气，使其逐节缓缓起浮。待潜管全部起浮后，拖运至水流平稳的水域内妥为置放。

（六）穿河管线段河道疏浚的安全措施

西气东输管道及国防光缆穿越河底，疏浚施工挖泥船定位桩可能触碰，应完善施工安全技术措施。

1. 国防光缆穿越河底段

在海陵大桥南50 m处有过河国防光缆，埋深不能满足疏浚施工要求，经建设局和泰州军分区沟通后,泰州军分区决定废弃原光缆,重新设置一根过河光缆,新过河光缆最深处高程-12.5 m,满足施工要求。

光缆完成并验收合格后,开始该段河道的疏浚施工,该段河道疏浚采用液压抓斗挖泥船施工,疏浚深度-6.0 m,施工时抓斗船定位桩需要插入河底3 m以上,考虑到过河光缆的安全,在跨光缆施工20 m范围内不用定位桩,采用抛锚定位。

该段河道纵向分条、顺流挖泥。而在每一条中采用横向排斗、依次前移的方法。采用2 m³液压抓斗挖泥船,分条宽度9 m。

施工船先驶入施工槽段,在船首船尾各抛设2个边锚,其中岸侧采用地垄桩栓钢丝缆的方法布设锚缆,河道中心线侧采用抛锚的方式布置锚缆,锚缆布置在河道中心线外5 m位置,水下锚位均系上浮标。锚缆长200 m。施工时,通过锚缆的收放来定位挖泥船。

2. 西气东输管道穿越河底段

泰州引江河河道桩号11+080~11+235的范围内,桩号约11+165处有一道ϕ1 016 mm的天然气管道、桩号11+145处有一根穿管光缆从河底穿越。经与中国天然气股份有限公司西气东输管道分公司苏北管理处联系,委托河南省啄木鸟地下管线检测有限公司对已埋穿河管道进行了探测,确定了天然气管道的埋深。为确保该河段顺利施工和天然气管道的安全,委托江苏中信安全环境科技有限公司对该段施工方案进行了安全评估。

(1) 天然气管道河段施工范围。

建设局与中国天然气股份有限公司西气东输管道分公司苏北管理处商定天然气管道疏浚河段施工范围为155 m,桩号11+080~11+235。

(2) 设备选型。

根据河南省啄木鸟地下管线检测有限公司2014年3月27日出具的探测报告,河道开挖线以内天然气管道埋深最浅处管道顶标高为-14.592 m,考虑压载土层为4倍管径,即1.016×4=4.04 m,压载土层顶高-10.552 m,考虑10%的探测误差17.99×10%=1.8 m,允许开挖的最低标高为-8.752 m。与二期工程的河道标高-6.0 m相差2.752 m。原疏浚方案采用的是350 m³绞吸船施工,因绞吸船定位桩下桩深度为2~5 m,施工中稍有不慎便会触及管道,另外在天然气管旁边还有一根穿管光缆,该光缆的位置标高无法探测。为确保施工中天然气管道及光缆的安全,宜选用具有五锚定位移动开挖的抓扬式挖泥船进行该施工段的疏浚。

(3) 河道疏浚施工。

因施工期不封航,疏浚施工分东西两幅进行。河道中心线以西抓斗挖泥船自西向东以挖宽8 m分条顺流开挖,中心线以东自东向西以挖宽8 m分条顺流开挖。

水上挖机前后采用抛八字锚定位,每只锚必须抛到施工范围以外50 m;挖泥船初定位完成后,通过电脑显示屏,把挖泥船准确定位在拟施工区的具体挖泥地点。根据建立好的施工区域小网格,每一抓的位置对应每一小网格,按分区、船位依次施工。

河道先开挖河坡再开挖河底,采用水上挖机施工,由水上挖机挖泥装入泥驳,运至排泥场岸边,由6台水力冲吸泥浆泵吹入排泥场。

(七) 不断航施工安全保障措施

(1) 向海事和航道部门申请发布航行和航道通告,设置施工助航标志,避免施工与通航互相干扰。

（2）施工期间加强施工船舶之间的联系。加强水域瞭望，并及时通报至周围各施工船组，提前做好避让的应对准备工作，必要时与过往船舶进行有效联系沟通，明确避让方案和各自船舶动向意图，确保航行和施工安全。

（3）夜间及多雾季节施工应满足交通部航行规则的规定，施工船舶及时收听、掌握气象情况，施工期间尽量避开船流高峰，准确掌握风向、水流动态，避免发生船舶碰撞事故。

（4）施工导标以及施工船舶需按规定悬挂讯号和灯色，夜间施工时要部分隐蔽照明灯光，以免影响船舶航行。

（5）施工船舶的锚泊位置和作业应尽量减小对过往船舶及周边的影响，锚碇位置设置浮桶，需要按规定悬挂施工旗号，挂设规定的灯色；夜间施工的探照灯不能射向航道一侧。

（6）潜管等特殊施工需要封航时，应申请临时封航，并做好现场警戒及巡查。

二、二线船闸工程

（一）不断航加固一线船闸，相邻结构连接要求高

1. 概述

二线船闸顺水流中心线距离一线船闸仅 70 m，施工中需在一线船闸不断航的情况下加固上下游西侧导航墙，并与二线船闸新建的上下游东侧导航墙一起组成 2 个船闸的共用导航墙。新的导航墙还作为二线船闸施工围堰的一部分，与钢板桩围堰形成连接，共同组成二线船闸的施工围堰。

2. 新老导航墙的连接

一线船闸上下游西侧导航墙为浆砌块石结构，共 6 节，其中 1~2 节墙后填土至墙顶，3~6 节墙后为局部填土。在与二线船闸上下游东侧导航墙连接成整体后，填土至墙顶高程，需对一线导航墙进行加固。而二线导航墙采用拉锚板墙结构，逆作法施工，导航墙上部为现浇胸墙结构，下部为地下连续墙。在其连接部位，由于结构形式、高程、施工方式均不一样，因此在一线和二线船闸的导航墙连接部位，需重点考虑结构的平顺连接、安全稳定、防渗止漏等诸多问题。

一线船闸上游西侧最末端导航墙为浆砌块石重力式挡土墙，其结构尺寸较小，设计考虑仅为局部挡土。加固方式为墙后增设空箱结构，桩基承载，空箱压顶置于块石墙顶，形成综合结构。而与其连接的二线船闸导航墙均为拉锚板桩墙结构，上部现浇胸墙，下部地下连续墙。考虑新老导航墙的连接平顺和工程美观，将连接部位设计成圆弧形，而现有地连墙施工尚不能做成弧形。因此，现场经过方案比较和优化，将连接部位的圆弧段采用套打灌注排桩来代替地下连续墙，形成裹头的圆形，也减少大型设备对一线导航墙的影响。在结构的安全稳定方面主要从灌注桩的桩径、桩长、配筋等方面考虑，而防渗止漏方面，在灌注排桩的接头后、灌注桩与一线船闸导航墙的接头后均增加了高压旋喷桩闭合，有效地解决了连接段圆弧的外形美观、结构稳定和防渗止漏等问题。

3. 导航墙与钢板桩围堰的连接

二线船闸施工期间需占用一线船闸的部分河道，并利用加固后的部分一线导航墙和新建的二线导航墙共同形成施工围堰，新建的导航墙作为围堰的一部分。围堰采用双排钢板

桩对拉、中间填土、顶部防护。该形式占用河道面积小，安全系数高。但由于钢板桩与导航墙是刚性连接，易造成填土与混凝土墙壁的分离，且连接部位的止水问题难以解决，特别是下游长江侧，在汛期高水位的作用下，最大水头差达9 m，施工期有较大的渗透隐患和安全风险。

在内排钢板桩与导航墙的接头处，对位的是套打灌注桩，也是刚性结构，不能形成有效止水。现场对连接处与钢板桩连接的一根套打灌注桩采用钢管灌注桩来代替，在钢管桩外侧焊有半根钢板桩，用来连接围堰内排钢板桩。施工中先采用振动沉管的方式将钢管桩施打到位，并在钢管桩中进行钻孔，形成套管灌注桩。而钢管桩与灌注桩不能套接，只能顺接。需在接缝处的桩后进行高喷补强，既解决了导航墙与围堰的连接，也保证了导航墙自身的防渗问题。在工程结束拆除围堰后，采用水下切割的方式将焊在钢管桩上的半根钢板桩切除。

4. 一线船闸加固过程中的通航管理

二线船闸施工中需对一线船闸上下游西侧的导航墙进行加固，拆除部分导航墙，并与新建导航墙连成整体。其中1~3号导航墙为直线段，施工中面临船只的频繁通航，而且船闸导航段是船只进出闸最易碰擦的部位，施工无论是拆除工作还是加固并新建工程，均存在较大的安全隐患。船闸上下游河道施工同样是在一线船闸不断航的条件下实施，挖泥船、运输船、输送管道等施工机械设备与过往船只交叉作业，水上管理难度很大。

一线船闸上游西侧连接段的加固相对简单，主要工作集中在墙后进行，仅拆除原块石挡墙压顶和新建空箱顶板外伸悬挑脚手架部分对通航有所影响。而下游西侧导航墙需拆除大部分挡墙，难度较大，同时新建工程量也较大，工期较长，影响一线船闸通航的时间较长，外伸悬挑脚手的宽度也相应较大，下游导航墙的拆除、加固对通航影响最大，时间最长，安全风险最高。

施工中与船闸管理部门取得联系，共同制订施工方案、防范预案、应急管理措施、施工期的管理条例等，让所有参建和管理单位都能达成共识，熟知目的、方法和手段。

首先，在进出门段的醒目位置进行导向标识，通过高频广播对每批进出闸的船只喊话提醒，指挥过往船只都靠东侧行驶，最大限度地避免与西侧墙体的碰擦。

其次，在外伸的悬挑脚手架上进行醒目标识，贴夜间反光条，悬挂警示红灯。夜间安排专人值班，手持红旗和高音喇叭进行喊话提醒，要求过往船只靠左行驶。

再次，合理安排施工时间，白天加紧作业，夜晚停止作业。作业期间安排专人监视和指挥，提醒船只和施工人员，发现异常情况及时通知作业人员撤离。

最后，施工脚手架的搭设和防护要到位，尽量减小外伸部分，尽可能小的占用航道空间，脚手架的外侧和底部均全封闭围护，防止异物坠落。在外侧的作业人员须穿戴救生衣、配系安全带等安全防护用品。预留多条上下通道，方便人员的迅速撤离。

施工过程中也曾发生因过往船只行驶不当，并与西侧导航墙发生碰擦，造成悬挑脚手架损坏的事故，但由于监视到位，提前预警，作业人员已经撤离，未发生人身安全事故，在接近60 d的加固过程中，顺利地完成了施工任务，同时也保证了一线船闸的正常通航。

（二）基础与防渗工程种类齐全，工程量大

1. 概述

泰州引江河二线船闸基础与防渗工程种类多，工程量大，包括了灌注桩、地连墙、钢板桩、搅拌桩、多头截渗墙、混凝土板桩、旋喷桩、摆喷桩等。本工程混凝土用量共135 000 m³，其中地连墙25 000 m³、灌注桩29 000 m³，仅基础与防渗结构的混凝土方量占工程混凝土总量近50%。而且同一钢筋混凝土结构下设有不同的桩型，不同桩型的施工顺序和衔接有着很高的要求，基础与防渗工程是最为重要的专业工程，因此在施工组织上需重点考虑、科学安排。

2. 选择科学的施工平面

本工程基础与防渗结构众多，分布在工程的各个区域，上下游长约3 km的施工范围均设有基础与防渗工程。各个部位的工程结构、施工方法、作业时间、地形地势、工期要求均不尽相同，因此在进行基础与防渗工程的施工时，应该根据现场条件选择合理的施工平面，既要保证大型设备的安全操作，又要保证各部位的工期要求。

闸室工程采用拉锚结构，逆作法施工，地连墙与锚碇桩面高程相差不大，因此将闸室段的基础与防渗工程的施工平面高程选择为2.0 m，即地连墙顶高程1.5 m，同时也是拉杆的安装高程。

上下闸首的基础与防渗工程分为两大部分，其中一部分埋深很大，即位于西侧的大开挖部位，地连墙顶高程为－4.1 m，灌注桩顶高程为－8.1 m。另一部分为支护结构，位于闸首东侧，地连墙顶高程1.5 m，灌注桩顶高程仍为－8.1 m，同时东侧还设有支护排桩，其顶高程为－1.0 m。按照正常的施工工艺要求，基础施工的平面一般高于桩顶高程1 m。但本区域基础与防渗结构种类较多，顶高程均不相同，且相差很大，而且支护地连墙和排桩均要有强度要求方可开挖，如果按常规来选择施工平面，将会给工期带来不利的影响。经综合考虑多方面的因素，兼顾多种桩型的施工，决定将闸首基础与防渗的施工平面选择为与闸室同高，即2.0 m，这样既有利于施工设备的统一调度，也有利于形成大面积基坑，方便降排水，更有利于混凝土的运输，提高施工效率。

下游西侧导航墙为拉锚桩墙结构，全长1 340 m，下设地下连续墙和锚碇灌注桩。其中地连墙位于原长江大堤的堤肩，灌注桩位于大堤后的原弃土区上，地连墙与灌注桩的水平距离约20 m。由于地连墙采用了大型液压抓斗进行施工，而灌注桩则采用了大型旋挖机进行钻孔，配套设备也都是大型履带吊车、混凝土罐车等重型设备。所以，在下游西侧导航墙部位的基础与防渗施工平面的选择上，本着方便工程施工，满足大型设备通过和充分利用现有条件的原则，将原长江大堤的道路和原弃土区表面多年形成的硬质地表作为施工平面，必须在基础和防渗结构施工中加强对顶部空打的控制，确保基础工程质量，并减少不必要的浪费。

3. 创造良好的施工条件

根据选择的施工平面，结合不同大型设备的施工要求，创造良好的施工条件，既促进了基础工程的快速连续施工，也保证了基础工程的施工质量。

闸首和闸室工程是整个工程的施工重点，是基础与防渗结构相对集中的地方，并且基坑已经进行了一期土方开挖，形成了软弱的施工平面。考虑主体工程结构尺寸要求高，而且地连墙本身也作为主体结构，在施工过程要按主体结构要求控制平面误差，而不是按基础工程的要求来控制。因此在闸首和闸室的基础与防渗工程施工时，结合地连墙导墙的施工，在闸室内布置了2条钢筋混凝土道路，闸首四周也环形布置钢筋混凝土道路，道路宽7 m，混凝土厚 20 cm，双向布置 φ12 钢筋网片。确保液压抓斗、履带吊车等大型设备在坚实的地基上行走和施工，减少施工误差，同时也保证了阴雨天气下混凝土的连续供应，加快了施工进度，也塑造了现场文明施工的形象。

下游西侧导航墙部位也是基础与防渗结构相对集中的地方。原长江大堤宽约 6 m，不能满足地连墙施工设备的要求，达不到混凝土罐车的行走要求。灌注桩部位是原弃土区，表面硬层可以满足履带式设备的行走，但不能满足重型轮胎式罐车行走。考虑地连墙与灌注桩的水平距离约 20 m，现有的混凝土泵车利用其中一条主干道便可以兼顾，因此，现场将原长江大堤作为施工主干道，对道路表面进行补强增宽，在道路后侧贴土加宽，以满足大型设备的交会通行和混凝土泵车的通行要求，利用工程拆除的建筑垃圾作为路基，表面铺设泥结石路面。灌注桩施工区域的原弃土区表面铺设建筑垃圾，满足大型设备的行走要求。

4. 配置先进的施工设备

考虑基础与防渗工程点多量大，而且是 24 h 不间断施工，施工战线长等诸多因素，现场对基础与防渗施工的设备保障能力进行了策划。其中首次在水利工程中采用多台新设备提高了施工效率，保证了施工质量，同时也检验了新设备的施工能力。

考虑现场地连墙和桩基工程不允许长时间保孔，重点考虑混凝土的供应方式。如果采用商品混凝土，施工管理上相对轻松，施工场地要求不高，人员投入较少，但其供应时间不受控制，容易发生现场成孔等料的情况，易造成地连墙或灌注桩质量问题。现场采用了自拌混凝土的方式进行供应。现场配置了 2 台套 75 m³ 的搅拌站，2 台 43 m 80 泵车，9 台 7 m³ 混凝土运输车，3 台固定式 80 泵，全面保证了基础与防渗施工期的混凝土全天候供应。施工现场搅拌站见图 3-4-2，泵车见图 3-4-3。

图 3-4-2 施工现场搅拌站

图 3-4-3　泵车图片

　　地下连续墙采用先进的液压抓斗设备（图 3-4-4），并配置自动推板调平装置。其移动方便，操作灵活，施工效率很高，4 h 平均开槽达三幅以上。自动推板装置为 4 块安装在配重块的液压顶推钢板，能够根据在开挖过程中的电脑监视和测量，取得垂直度的误差后，自动启动推板向内或外顶推或回缩，直到配重块相对垂直为止。开挖成型的地下连续墙垂直度有保证，墙面光滑平顺。考虑现场存在多种异形板块，投入了 3 台液压抓斗，配合地连墙施工履带式超重机 2 台，保证了异形板块的同时开槽，整体下笼，一次成型。

图 3-4-4　液压抓斗设备

灌注桩施工分为多种直径，分布在各个区域。其中，80 cm 以下的小直径灌注桩采用了常规的回旋转机进行施工，闸室锚碇灌注桩采用了中型旋挖机进行钻孔，下游西侧锚碇桩采用了大型旋机施工(现场旋挖机见图3-4-5)。与常规设备相比，旋挖设备施工效率很高，是普通设备的 5 倍以上，施工中可以连续成孔，一次浇筑，保证了施工效率和质量。同时旋挖设备也是履带式行走，能够满足现场多区域施工的随时调动，如本工程分为上游、闸室段、下游、引河段多个区域，而且经常发生设备长距离调动的情况，普通设备需经拆解、装车、运输、再安装的长时间过程，而旋挖设备只需几个小时即可到达现场进行施工，极大程度地满足了本工程跳跃式施工的需要，解决了施工战线"长"的特点和难点。

图 3-4-5　旋挖机

（三）地质情况复杂，降水困难很大

1. 概述

二线船闸闸址处土质多为淤泥质软土层，水源充足，含水量高。船闸上闸首基坑需开挖至高程－8.1 m(引江河水位高程 1.5 m，地面高程 6.0 m)，闸首要求水位降至建基面以下 0.5 m，在无水条件下干场施工。场地地下水类型按其埋藏条件分为孔隙性潜水、孔隙性承压水。孔隙性承压水主要分布于沙壤土、粉砂层中，孔隙性潜水主要分布于浅部填土裂隙或孔洞中以及沙壤土、粉砂层中。存在难点：布置深井降水，降低地下水位，淤泥质软土垂直渗透很小，降水速率很慢。施工降水过程中有塌孔现象，成井后出水率效果不好。

2. 降水的思路

工程地处长江下游冲积平原区，地下土层为极细粉砂与壤土、淤泥质土互夹。垂直渗透远远小于水平渗透，施工降水速率很慢。同时，由于与一线船闸的距离太近，大深度的施工降水有可能引起邻近建筑物特别是上、下闸首及门库、上下游导航墙等发生沉降或位移，给一线船闸的安全运行带来影响。所以，降水总体思路为内降外补、东浅西深、深浅分区。

3. 措施和对策

（1）分区降水。

船闸闸首基坑开挖至高程－8.3 m，20 cm 厚混凝土垫层，底板底高程－8.1 m。底板四周有地下连续墙围封，基坑开挖从地面高程6.0 m，挖至高程－8.3 m，总深度14.3 m。土层从高程1.0 m开始至高程－8.3 m，存在潜水和上层承压水，多为淤泥质重粉质壤土、淤泥质粉质黏土、夹沙壤土薄层。同时闸首基坑较大，上下游分别来自河道区域的地下补水，来水量较大。因此，在上下闸首部位的降水井设计时，考虑了单井最大出水量和闸首基坑的总涌水量，同时还要考虑闸首底板四周为地连墙围封，而底板内不宜设置降水井，所以降水曲线须穿过地下连续墙底，延伸到闸首底板内。综合上述因素，闸首部位的井底高程为－25.0 m，井距15 m。

闸室部位开挖最深处为－5.7 m，相对较浅，同时由于闸室底板本身设计为透水结构，因此，可以考虑在闸室内部施打降水井，加之闸室四周均有地下连续墙围封，没有侧向水补给，基坑总涌水量不大。因此，在闸室部位井底高程设计为－14.0 m，井距20 m。

闸室墙后施工降水前期考虑为基础和防渗施工创造条件，后期考虑为适当降低墙后水位，作为控制闸室墙位移的措施，按图纸要求墙后地下水位应保持在－5.0 m，因此墙后降水井设计底高程为－14.0 m，井距20 m。闸室墙混凝土贴面施工时，根据现有深井降水的效果、墙面渗水情况，利用东西两侧各8口排水检查井，降低墙后地下水。

上下游导航墙两侧深井，井距15 m，井底深－25.0 m。上下游护坦施工时，采用井点降水法，确保护坦干施工。下游西侧直立墙护面底高程－0.5 m，高程6.0 m以下墙后井点降水、高压旋喷封堵，完成墙面混凝土护面。上游靠船墩基础为灌注桩，底板面高程－4.0 m，西侧为1:4堤防土坡，采用井点降水保证施工机械能正常作业。

（2）分级降水。

二线船闸基坑距离一线船闸太近，进行大深度的降水将对一线船闸的安全运行带来影响，因此降水分为东西两侧两个层次。西侧进行大深度的降水，能深则深，降水曲线绕过地下连续墙底延伸到东侧，根据实测的地下水位，再开启东侧的降水进行补充；东侧降水的原则是能浅则浅。因此，东侧截渗墙前的降水井，底高程不得低于截渗墙底高程，以防浸润线越过截渗墙，对一线船闸造成影响。

根据深基础降水设计计算，首先将西侧井内的水位降至－23.0 m，抽排地下水7 d以后，观测闸首底内靠近东侧的水位计内的地下水位，如果不能满足底板施工要求，则开启东侧的降水管井，降低井内水位，并观测底板内的水位观测计水位，将井内水位以5 m作为一个等级下降，直到满足底板施工为止，使东西两侧井底高程一致。但井内水位东高西低，闸首底内的水位观测计内的水位也将呈现东高西低，以水位高者达到－9.0 m即可。

（3）分时降水。

二线船闸工程闸首部分结构和闸室所有结构均采用拉锚板桩墙结构，为逆作法施工。根据特定的施工流程，基坑分为两期开挖。第一期为2.0 m以上的土方开挖，主要目的是为基础和防渗工程提供操作面和施工平面。第二期开挖为2.0 m以下到各部位底板高程的土方开挖，主要是为各部位的底板施工创造条件，其间历时较长。本工程在2013年1月30日前完成了2.0 m以上的土方开挖，而2.0 m以下的土方开挖最早在2013年6月20日开始,历时 200 d。因此,在施工降水的考虑方面,也根据基坑开挖的进度,进行了分时降水。

根据基础开挖的工序安排,一期土方开挖至 2.0 m,进行基础与防渗结构的施工。地下水位要低于施工平面 1 m 以下,但根据类似工程的施工经验,结合引江河地区的地下土质情况,拟定在基础和防渗结构施工时,地下水位维持在基础及防渗工程施工平面 3 m 以下,更有利于施工质量。

二期土方开挖主要集中在上、下闸首和闸室部位,考虑闸首部位降水深度大、速率慢,因此在上下闸首进行基坑开挖前 10 d 开始全天候、不间断地满堂降水。先西侧降水井直接放至井底高程,进行强抽;东侧根据观测井水位进行缓降。闸室土方开挖顺序为由北向南,提前 7 d 开始抽排即可。

(4) 截渗补水。

考虑二线船闸施工期的深基坑降水将对一线船闸带来不利影响,在一、二线船闸之间设计多头水泥搅拌桩截渗墙,截断降水曲线,地下水位在截渗墙前后形成明显的水位差。同时,在截渗墙外利用一线船闸的检修井和新打的补水井,对一线船闸的墙后进行补水,使墙后水位维持在正常高度,基坑内降水与基坑外补水相结合,既保证了二线船闸深基坑的干地施工,也保证了一线船闸的安全运行。

截渗墙采用多头小直径水泥搅拌桩连续墙结构,最小有效厚度 22 cm。截渗围封的平面范围为东侧上下游全线。截渗的深度以截断地下透水层为准,阻止地下水的水平补充,减小基坑的涌水量,同时使截渗墙的地下水位维持在一定的高程。截渗墙与导航墙、截渗墙之间的施工接头等部位均采用高喷补强。截渗墙在穿越长江大堤处采用快速破堤施工,并迅速恢复长江大堤使得截渗墙成为一个完全封闭的结构。截渗墙现场施工见图 3-4-6,截渗墙完成图见图 3-4-7。

图 3-4-6 截渗墙现场施工图

图 3-4-7　截渗墙完成图片

二线船闸基坑降水前,首先观测一线船闸闸室墙后的原始地下水位,作为施工期一线船闸墙后的稳定水位,也是安全水位,将其上、下幅度 50 cm 作为报警水位。一线船闸西侧原有检修井 6 口,井内水位 2.5 m 左右。施工中施打补水井 5 口,相互之间采用透水软管相连,地下水连接支管分别连至检修井和补水井,保持小流量注入,根据注入量与下渗量的比较,最终确定每天的注入量。安排专人每天巡查,发现井中水位到达报警水位立即停止注入或加大注入量,以最短的时间恢复井内正常水位。

(四) 闸室结构新颖,位移控制要求高

1. 概述

二线船闸工程的闸室墙和上下游导航墙均采用拉锚地连墙结构,其上部为现浇钢筋混凝土胸墙,下部为地下连续墙兼作挡土、防渗结构,形成永久性的闸室结构(图 3-4-8)。施工中采用逆作法施工,即先施工上部胸墙和锚碇墙,安装拉杆形成组合结构后进行下部土方开挖,最后施工闸室底板等结构。作为地连墙结构,施工中最容易产生地连墙的位移。根据其他类似工程施工实践和经验,拉锚结构的位移往往会造成船闸结构净宽的不足、结构本身的失稳、影响工程外观和安全等问题。

2. 位移控制措施

(1) 合理安排工序。

拉锚地连墙结构对施工流程有严格的要求,同样的工程结构,不同的施工流程将会带来不一样的现场效果。就本工程而言,拉锚结构是一个由前墙、拉杆、锚碇墙组成的联合结构,是相对柔性的组合墙结构,采用自上而下的逆作法施工。组合墙体受多种条件的影响和控制,施工流程为:一期土方开挖至 2.5 m→地连墙和锚碇桩施工→胸墙和锚碇板施工→安装拉杆→墙后土方回填(张紧器后)→墙前土方开挖→撑梁施工→墙后土方回填(胸

图 3-4-8 闸室结构图

墙后)。

(2) 加强拉杆安装质量。

拉锚地连墙前土方开挖时形成的作用在地下连续墙上的主动土压力,通过钢拉杆传递给锚碇装置。而钢拉杆的传递是否及时、准确、有效是决定前墙会否发生位移的重要因素。

首先,保证拉杆安装的平整,当拉杆在施工中发生挠度时,自重引起拉杆内力的检测不准确,人为地减小了预施拉力,而且拉杆消挠就会首先带来部分位移。

其次,拉杆的预施工拉力要符合设计要求,并进行现场跟踪检测,特别是在最早进行拉杆安装的部位,要进行内力检测与现场的扭力试验,取得达到拉杆设计内力时的对应的扭力数据,用于后续施工的依据。

再次,拉杆的张紧器和螺杆均要做同等条件、同样标准的润滑,否则会引起扭力数据达到对应要求,而内力数据未达到设计要求的情况。

最后,拉杆的预张经过一段时间的观测后,有可能发生拉力松弛,此时要检查拉杆的安装条件是否发生变化,决定是否进行二次张拉,以达到设计要求的预施拉力。拉杆现场安装见图 3-4-9。

(3) 控制墙后土方回填顺序和质量。

墙后土方回填分为两个阶段,第一阶段是在拉杆安装完成后,在锚碇结构上方回填土方,增加压重,加大锚碇结构的水平摩擦力,作为锚碇灌注桩水平抗力的补强。但不能回填至胸墙后侧,因为填土相当于在墙后施工加主动土压力,会在墙前开挖过程中加大墙体的位移。第二阶段是在闸室撑梁完成并具备一定强度后,回填胸墙后的土方。此时墙前已经形成顶撑,多了支点,结构相对稳定,可以进行墙后回填。

要控制墙后回填土的质量。第一阶段回填主要是要控制胸墙后侧和锚碇结构前侧超挖部分的水泥土回填质量,形成拉杆安装平台。第二阶段回填土速度要慢,分层厚度要小,墙

图 3-4-9　拉杆现场安装

后压实到位,对前墙产生的主动土压力要小,特别是靠近墙后不能使用大型设备进行施工,而要采用人工平整和压实。

(4) 优化墙前挖土方案。

墙前土方的开挖方法是影响墙体发生位移的重要因素。从理论上说,拉锚地连墙结构是一个稳定的力学结构,和墙前的土方支撑并无多大的关系,但为了使墙体所受的墙后水土组合作用力有一个缓慢施加的过程,墙前的土方开挖不能一次到位。施工中沿深度方向平均分为 3 次开挖,前 2 次开挖后观测 12 h 以上。第三次开挖到位后要立即投入靠近墙体侧的闸室底板的施工,在最短的时间内形成对地连墙的顶撑。同时,要本着"前面做一段,后面挖一段"的原则,在前段底板完成,坞墙前顶撑受力点抬高以后,再进行后一段土方的开挖,不能使开挖线拉得过长,造成受力最不利工况的持续时间太长。

(5) 顶撑、降水等工序控制。

墙前土方开挖到位后要立即进行闸室撑梁的施工,尽量减少拉锚地连墙结构最不利工况的存在时间。撑梁与地连墙之间采用了涂抹沥青层的方法进行隔离,形成了硬撑,不留位移量。撑梁现场施工见图 3-4-10。

在进行墙前土方开挖前,要观测两侧的地下水位,墙前因两道地连墙形成封闭以后,闸室内的地下水主要来自土体垂直渗透,侧向没有补给水,很容易将地下水位降至很深,而墙外的地下水位则很高,水位差大,拉锚地连墙结构在水压力的作用下会发生向内位移。因此,施工中要实施梯级降水,控制闸室内的降水深度,满足底板施工(−5.5 m),在锚碇结构和闸室墙之间设二级降水井,将地下水控制在拉杆座点与下部支撑的中间(−3.5 m),这样的梯级降水控制了地下水位的高差,当闸室内的底板完成,形成顶撑,闸室停止降水后再逐

图 3-4-10 撑梁现场施工

步停止墙后的降水。

（五）闸门止水等细部项目施工措施

中缝、边缝及底止水的调整在闸门安装中是关键的工序，它直接关系到闸门止水效果和支承的可靠性，必须严格按规范要求进行控制。承压条的调试必须在门体跳动经过认真的调试、检测认可后进行。

中缝、边缝止水安装调整需在关门位置进行，首先门在全开状态时，以船闸中心线放出闸门中缝承压条边线，以两底枢中心连线至中缝止水板中心点的距离确定闸门中缝止水板中心点位置，左、右闸门应对称于闸室中心线布置，量取中缝各构件到中缝止水板线及中心的距离，做好记录，与设计图尺寸进行比较，确定中缝止水板位置。使闸门处于关门状态，进行中缝的止水板调整。

止水调整选择固定调试时间段进行，做好温差变化记录。复测的时间与调整时间段相同，且温度条件基本相同。

闸门与液压启闭机联动试运行后，再精确调整好闸门的跳动量，并控制在规范要求之内，将左右两扇闸门重新运转到关门位置安装门中止水垫板。安装好后进行防腐处理。边羊角与侧止水座、门中止水保证良好的接触，于中部形成一条止水。

（六）闸门安装精度的控制措施

闸门的安装精度最终体现在止水效果和跳动量上，对于闸门跳动量的调整，主要方法是先用专用扳手调整顶枢拉杆两花兰螺母，微量改变顶枢中心的位置，使顶底枢中心与蘑菇头中心重合，从而控制门体跳动量。检测方法：首先在闸门门叶中间上端面固定一根用来观测跳动量的铟钢尺，然后在基本等高处架设水准仪，分别观测闸门在开门位置、中间位置、关门位置的水平跳动量,通过调节花兰螺母,反复开关门叶,跟踪测量,掌握门叶跳动规律,直到闸门的水平跳动量达到规范要求为止。

闸门调试完毕后,复测边缝止水面的垂直度偏差,并做好记录,为后续的中缝间隙、边缝止水橡皮调整做好准备工作。

跳动量调整合格后,将花兰螺母和六角螺母点焊防止松动,同时用直径 30 mm 的圆钢将两个大螺母之间焊接固定,确保永不松动。

第五节　工程施工关键技术研究

一、河道工程

(一)河道工程疏浚、铺排不断航施工的管理与技术

(1)分段分幅施工。每段长约 500 m,施工时每段以航道中心线为界将航道分为东西两个区域,实际施工时先施工东侧航道,开放西侧通航,结束后再轮换。

(2)施工过程中应做到科学组织施工,并尽可能采用对通航安全影响较小的施工工艺和选用效率较高的施工设备进行施工,以缩短工期,尽量减小施工对通航影响的时间。

(3)加强自身的安全工作力度,完善施工船舶安全设施,并派专门巡逻船进行航道交通协调。

(4)施工期间尽量避开船流高峰,准确掌握风向、水流动态。

(5)施工点竣工后,应进行测量验收,验收合格后恢复施工点河段的正常通航,并撤除施工时临时抛设的施工浮标。

(6)施工过程中需加强与航道、海事部门的沟通、协调,加强管制,缓解工程施工对河道正常通航的影响。

(二)排泥场围堰渗流稳定技术措施

(1)加大围堰的断面尺寸。根据设计断面顶宽 2.0 m,外坡 1∶3,内坡 1∶2,实际施工时围堰顶宽根据现场土源情况加大到 4~10 m,坡比维持不变,相对增加了围堰的稳定性和渗透安全。

(2)加强围堰填筑压实。围堰填筑分层铺土碾压,施工时控制好层厚和含水量,确保围堰土体的压实度,增强围堰的抗渗性。

(3)采取泥水分离措施。使疏浚土体的泥、水快速分离,实现疏浚土体中的自由水体快速排出,消除了风浪超高,降低了疏浚土体含水量,缩小疏浚土体的体积,达到疏浚土体的快速固结,提高周边土体的承载力。围堰内侧满铺防渗 PE 膜。

(4)控制排泥场内的富余水深。疏浚施工时注意控制围堰内的富余水深,围堰内水位应控制在不高于泥面 50 cm。

(三)泥水快速分离与固结技术研究

1. 排泥场泥水分离技术实施

泥水分离系统的主要布设工艺包括:围堰施工、排架搭设、铺设底部排水管路、铺设垂直

排水系统、管路连接以及铺设边坡防渗排水复合体等。布设工艺如图3-5-1所示,现场施工照片如图3-5-2～图3-5-8所示。

```
        ┌──────────────┐
        │  排泥场施工  │
        └──────┬───────┘
               ↓
        ┌──────────────┐
        │   排架搭设   │
        └──────┬───────┘
               ↓
        ┌──────────────────┐  ┐
        │ 铺设底部排水管路 │  │
        └──────┬───────────┘  │
               ↓              │ 连接密封
        ┌──────────────────────┐│
        │铺设边坡防渗排水复合体│┘
        └──────┬───────────────┘
               ↓
        ┌──────────────────┐
        │  布设垂直排水系统│
        └──────┬───────────┘
               ↓
        ┌──────────────────────┐
        │ 底部排水管路连接退水口│
        └──────┬───────────────┘
               ↓
        ┌──────────────┐
        │  吹填、排水  │
        └──────────────┘
```

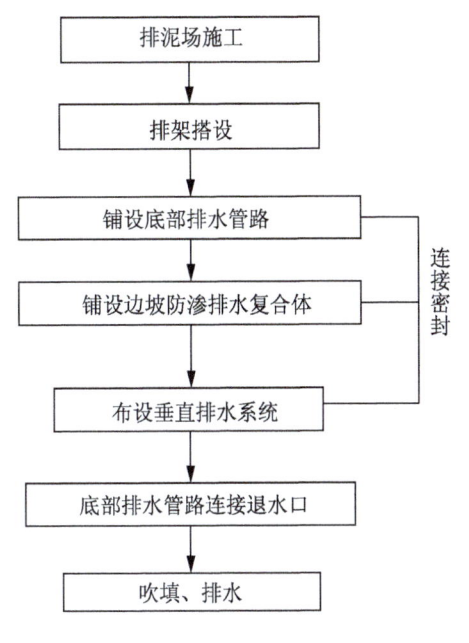

图 3-5-1　泥水分离技术施工工艺

图 3-5-2　围堰填筑

图 3-5-3　布设垂直排水系统

图 3-5-4　铺设边坡防渗排水复合体

图 3-5-5 布设底部排水系统(支管)

图 3-5-6 布设底部排水系统(主管)

图 3-5-7　排水系统布设完成全景图

图 3-5-8　排泥场退水口实景图

2. 技术实施效果

（1）围堰防渗效果。

① 砂土段排泥场。

采用泥水分离技术处理的砂土段排泥场，在整个吹填过程中，泥水分离系统一方面可以快速排出排泥场内的表面水以及疏浚土中的自由水分(图3-5-9～图3-5-10);另一方面,排泥场内边坡防渗排水复合体对围堰起到了保护作用,有效地阻隔了吹填泥浆对围堰边坡的冲刷,避免了砂土围堰在吹填泥浆冲刷作用下发生掏空、垮塌,保证了围堰安全(图3-5-11)。

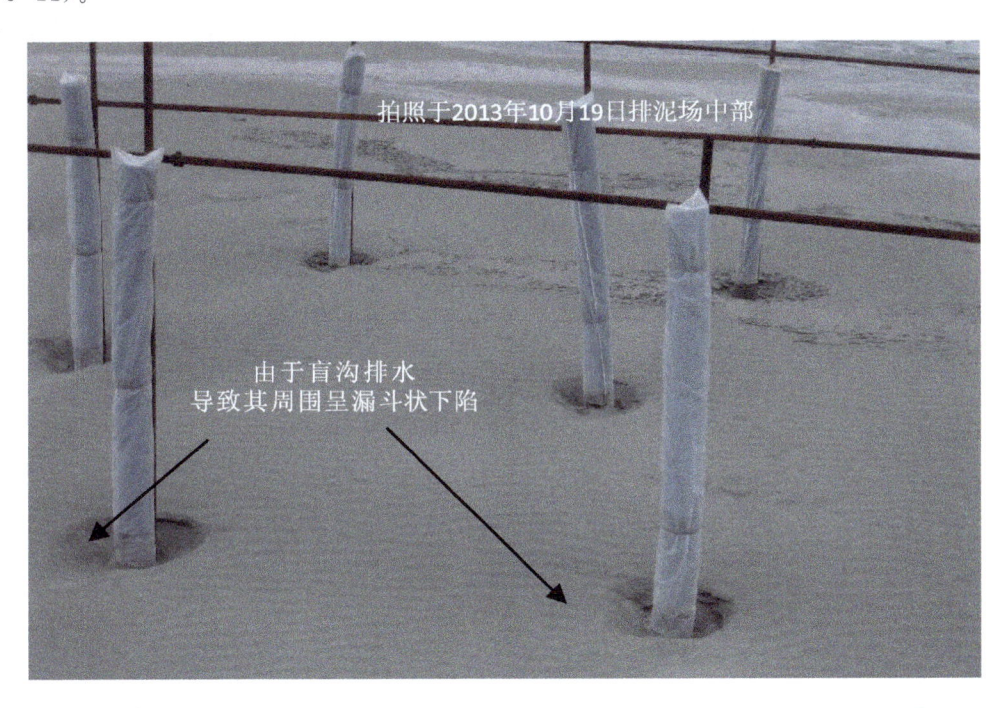

图3-5-9　砂土段排泥场(西6)泥水分离系统排除表面水效果图(排泥场中部)

图3-5-10　砂土段排泥场(西6)泥水分离系统排除表面水效果图(退水口附近)

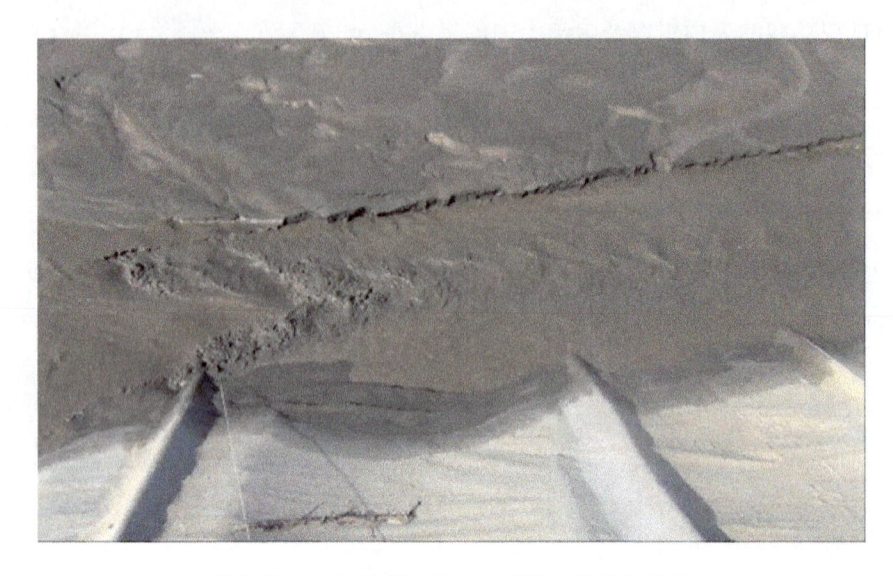

图 3-5-11　防渗排水复合体对边坡的保护作用

由于泥水分离系统的排水与防渗作用,排泥场内的水分主要通过排水系统排除,不发生明显向围堰方向的渗流,围堰堰身的浸润线相对较稳定(图 3-5-12),保证了围堰的渗流稳定安全。

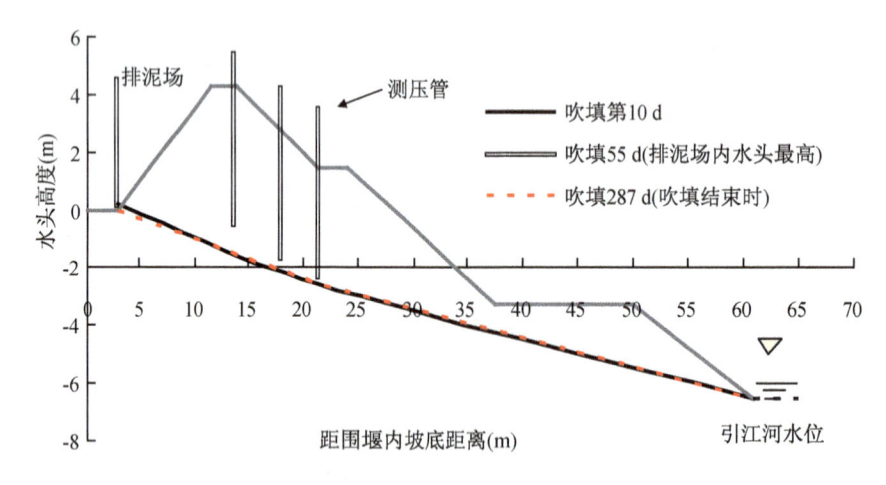

图 3-5-12　砂土段排泥场(西 6)某围堰断面浸润线随时间变化曲线

② 黏土段排泥场。

采用泥水分离技术处理的黏土段排泥场,在整个吹填过程中,围堰堰身的浸润线相对较稳定,抬升不显著,即使在排泥场水头高度最高的时候,围堰外坡角仍未发生水头高度上升,这表明了由于泥水分离的排水与防渗作用,排泥场围堰处于安全稳定状态(图 3-5-13)。

(2) 疏浚土含水率降低效果。

① 砂土段排泥场。

砂土段排泥场疏浚土在泥水分离系统的排水作用下发生了快速泥水分离,大量疏浚土

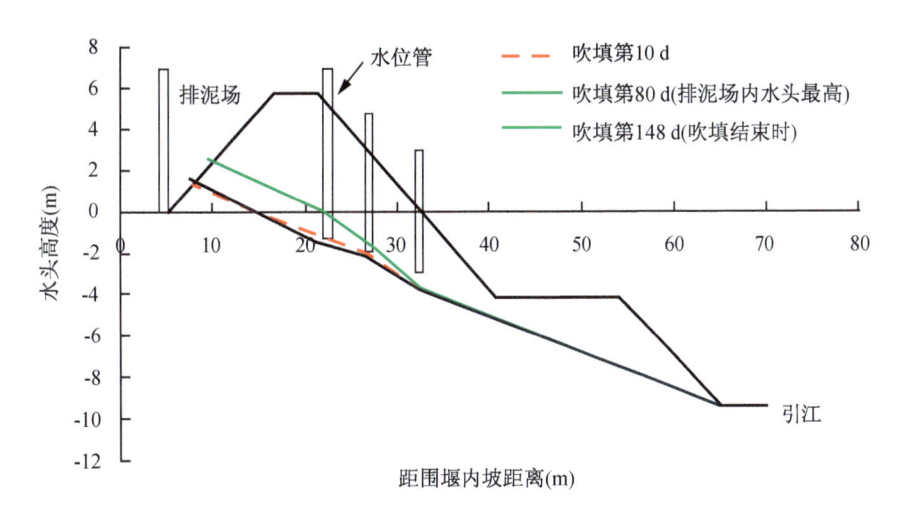

图 3-5-13 黏土段排泥场(西 13)退水口断面浸润线随时间变化曲线

中的水分通过排水系统排出,排泥场吹填间隙期间的取样结果显示(图 3-5-14):排泥场疏浚土的初始含水率为 300%～400%,经过泥水分离系统排水后,整个排泥场 80%的区域,疏浚土的含水率在 20%～35%,20%的区域含水率在 35%～55%。排泥场疏浚土含水率整体处于较低水平,且呈现出离吹填口越近含水率越低的分布特点。

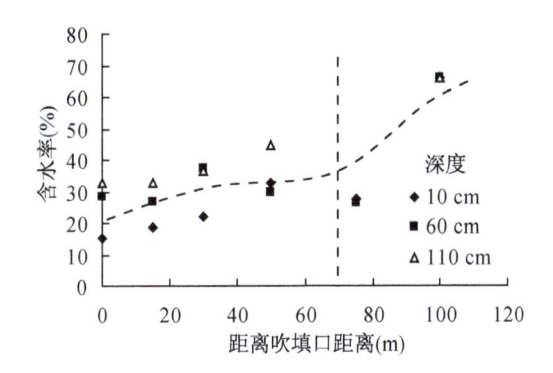

图 3-5-14 砂土段排泥场(西 6)疏浚土含水率空间分布关系

含水率的大幅度降低可以有效提高排泥场库容的利用率。砂土段排泥场在库容设计时采用了 1.1 的松散系数,通过取样测试得到的含水率进行换算,可以得到排泥场实际的松散系数(图 3-5-15)。结果表明,泥水分离技术处理后排泥场内平均松散系数为 1.0,明显低于 1.1 的设计松散系数,由此可见,通过泥水分离技术进行处理后,砂土段排泥场库容有效利用率满足了设计要求。

② 黏土段排泥场。

黏性土排泥场疏浚土以细颗粒为主,排水性能较差,随着排水时间的增长,泥水分离系统逐渐发挥对疏浚土的排水作用,在吹填后 3 个月左右,对排泥场进行了取样测试,结果表明(图 3-5-16):黏土排泥场疏浚土含水率呈"╭"形分布,即距离吹填口附近区域,含水率沿程从 30%增加至 45%;远离吹填口后,含水率沿程变化不大(保持在 50%～60%左右)。相

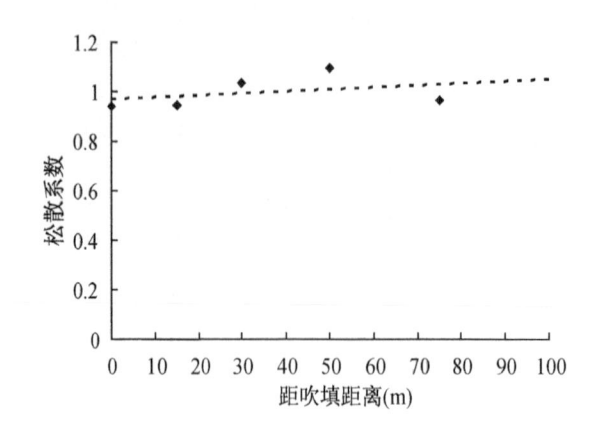

图 3-5-15 砂土段排泥场(西6)疏浚土松散系数空间分布

比疏浚土初始含水率高达300%以上,经过泥水分离系统排水后,黏性土排泥场疏浚土含水率发生了大幅度降低,有效提高了排泥场库容利用率。

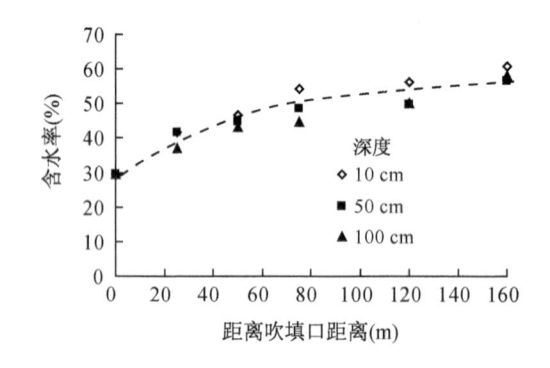

图 3-5-16 黏土段排泥场(西21)疏浚土含水率空间分布关系

(3) 排泥场地基承载力提高效果。

吹填结束后的排泥场地基承载力是泰州引江河第二期工程关注的一个重要问题。一方面,经泥水分离技术优化设计后,泰州引江河第二期工程沿线黏土段排泥场基本取消了二三期围堰,为充分利用砂土段排泥场的库容,砂土段共有8个排泥场需要二期或三期围堰的填筑,这需要排泥场疏浚泥有足够的地基承载力来满足二三期围堰填筑,以保证工程进度按计划进行;工程结束后的排泥场需要尽快恢复利用,而黏土排泥场通常因固结速率缓慢,长期难以利用。鉴于此,需要对泥水分离技术条件下的排泥场地基承载力进行分析,明确经过技术处理后排泥场地基承载力的变化规律,为砂土段排泥场二三期围堰的建设和工程竣工后排泥场的恢复利用提供技术支撑。

① 砂土段排泥场地基承载力。

为了明确排泥场吹填后地基承载力变化规律,在排泥场吹填结束后的不同时间对排泥场进行了十字板强度测试。图3-5-17给出了吹填结束后一周左右,砂土排泥场距离吹填口不同距离的疏浚泥不排水强度分布曲线。从图中可以看到,在泥水分离系统的作用下,砂土排泥场疏浚泥强度能够在短时间内得到快速增长,达到了15~90 kPa,具备了人员和普通农用设备进入场地的条件。同时从图中可以看出排泥场疏浚土的强度从吹填口向外呈现倒"S"的分布规律,主要是由于排泥场的颗粒分选作用,在离吹填口 90 m 范围内,强度相对较高,平均不排水强度超过 40 kPa,而远离吹填口的退水口区域是整个排泥场土体强度最弱的区域。

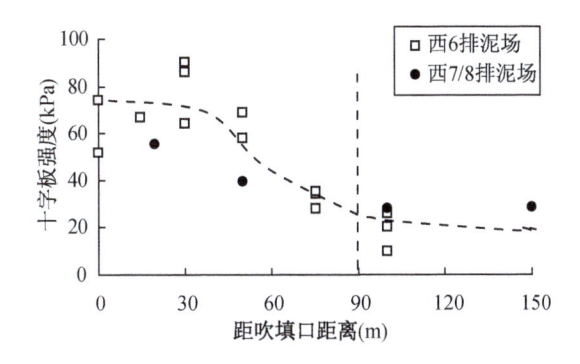

图 3-5-17 砂土段排泥场(西 6、7/8)距离吹填口不同距离的疏浚泥不排水强度分布曲线

根据《建筑地基基础设计规范》(GB 50007—2011),利用不排水强度计算得到的地基承载力特征值如图 3-5-18 所示,从图中可以看到,在距离吹填口 90 m 范围内,排泥场地基承载超过 9 t,达到了二三期围堰最高填筑 5 m 的承载力要求。为了了解远离吹填口区域的地基承载力随时间的增长规律,课题组进行了跟踪测试,测试结果如图 3-5-19 所示。

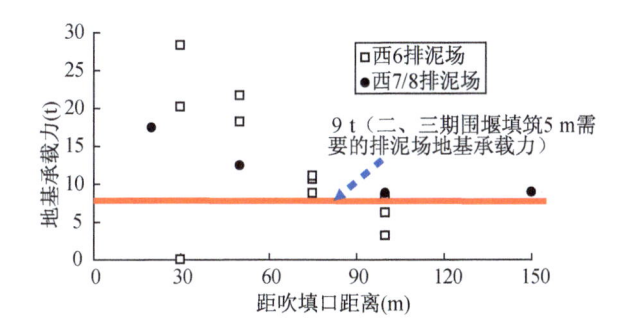

图 3-5-18 砂土段排泥场(西 6、7/8)距离吹填口不同距离的地基承载力分布

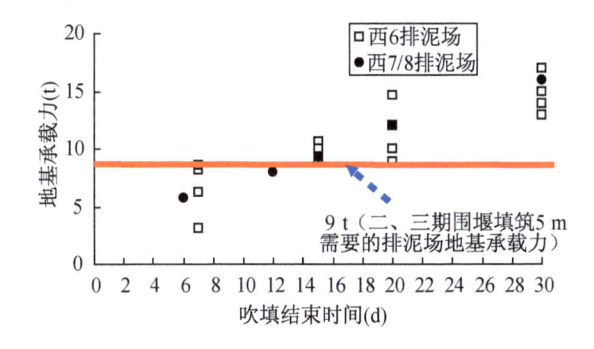

图 3-5-19 砂土段排泥场(西 6、7/8)吹填结束后地基承载力随时间的变化(远离吹填口区域)

从图3-5-19可知,吹填结束后,排泥场远离吹填口的区域的地基承载力逐渐增长,到了吹填后20 d,整个排泥场地基承载力均达到了9 t,满足了二三期围堰填筑的要求。因此,砂性土排泥场在一期围堰吹填结束20 d后,便可以进行二三期围堰的填筑施工。

② 黏土段排泥场地基承载力。

黏土排泥场由于颗粒分选作用,在离吹填口较远处,疏浚泥强度极低,几乎呈现流态状,尤其是在退水口区域,大量细颗粒富集于此,即使经过泥水分离系统的排水作用,吹填结束后的疏浚泥含水率仍然较高,为液限的2倍左右,几乎没有强度。但泥水分离系统具有持续排水的特点,在排泥场吹填期间可发挥其泥水分离作用,在排泥场吹填结束后,可以发挥对疏浚泥的固结作用,逐渐降低疏浚泥的含水率、提高其不排水强度。

图3-5-20和图3-5-21给出了在黏性土排泥场吹填后6个月测得的退水口区域疏浚泥含水率和不排水强度。测试位置包含了泥水分离系统处理区域和不处理区域,从图中可以看到,经过6个月泥水分离系统的排水作用,不同深度处的疏浚泥含水率降低至45%~75%,约为液限的0.85~1.2倍,对应的不排水强度为2~8 kPa;而没有泥水分离系统处理的区域范围内,不同深度处的疏浚泥含水率为60%~90%,不排水强度仅为0.3~4 kPa,仅为处理区域的一半。

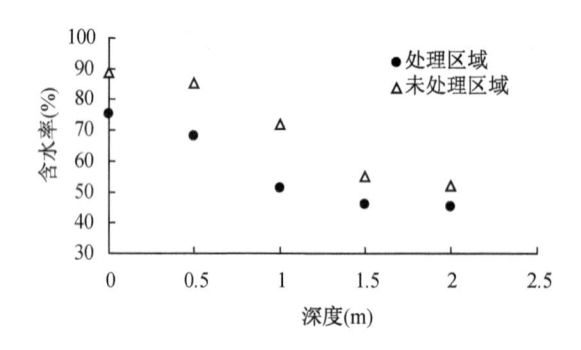

图3-5-20 黏土段排泥场(西13)吹填后6个月退水口区域疏浚泥含水率

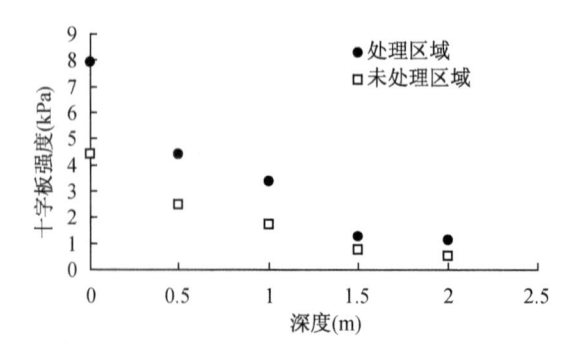

图3-5-21 黏土段排泥场(西13)吹填后6个月退水口区域疏浚泥不排水强度

原计划对西13排泥场进一步跟踪测试,了解排泥场退水口区域在吹填后9个月、1年不排水强度的增长情况,后因该排泥场被填土填平,不具备测试的条件而中止后续测试。但为了分析黏土排泥场地基承载力在吹填结束后的变化规律,采用"泰州引江河第二期工程排泥场快速泥水分离现场试验"课题的试验成果。

图 3-5-22 给出了中试黏土试验坑疏浚泥不排水强度随时间的变化,从图中可以看到,前期中试的黏土试验坑中,吹填结束后 6 个月疏浚泥不排水强度在 4～12 kPa,吹填后约 1 年时,疏浚泥不排水强度在 16～25 kPa。对比本次工程先前的测试结果可以发现,工程测得的吹填后 6 个月的强度数据和中试成果较为吻合。

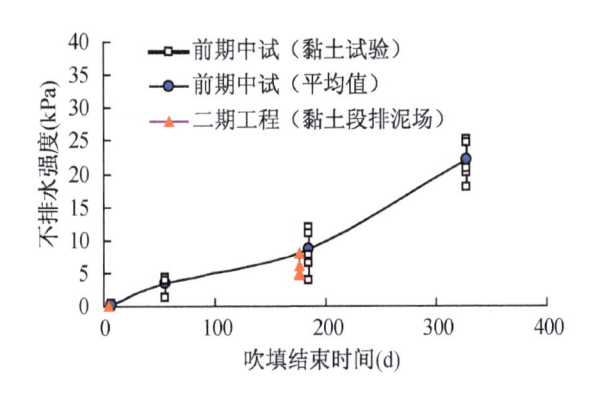

图 3-5-22　黏土段排泥场(西 13)和前期中试不排水强度和吹填结束时间的对比

根据不排水强度数据,图 3-5-23 进一步给出了地基承载力的对比关系,从图中可以看到,本次工程得到的疏浚泥地基承载力数据点基本落在了中试的地基承载力和吹填结束时间的关系曲线上。鉴于此可以基本判断,本次工程黏土排泥场的地基承载力随吹填结束时间的变化有相似的关系,以此可以推得在吹填后 1 年,排泥场地基承载力可以达到 6 t 左右,满足排泥场快速恢复利用的条件。

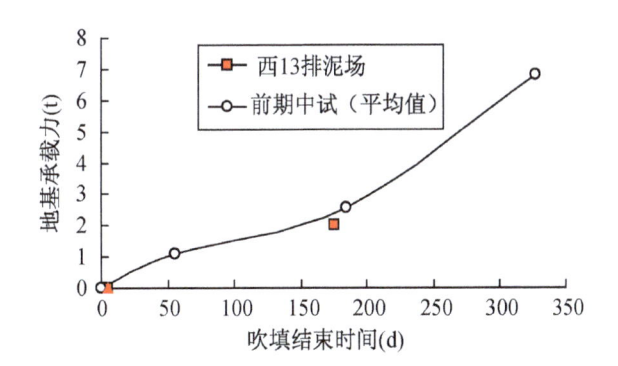

图 3-5-23　黏土段排泥场(西 13)和前期中试黏土试验坑地基承载力和吹填结束时间的对比

二、二线船闸工程

(一)基础与防渗施工新技术

1. 异形地连墙一次成型技术

(1)概述。

本工程在船闸闸首与上下游导航墙连接部位,闸室浮式系船柱部位均设有异形地连墙,分别为:闸首与闸室接头处为直角90°"T"型、闸室浮式系船柱为90°"L"型、闸首与导航墙连接处为101.31°"T"型。异形接头处高程各不相同,钢筋笼的配制也各不相同,成槽必须是整体,整体下钢筋笼,整块浇灌混凝土。同时还要解决地连墙墙面垂直度、平整度的问题。主要连接方式见图3-5-24。

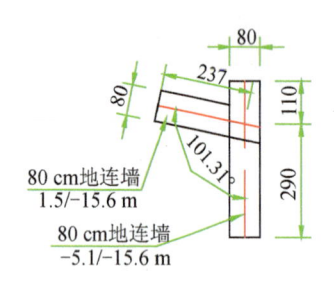

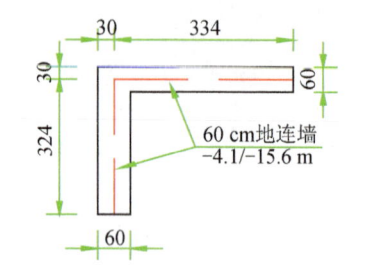

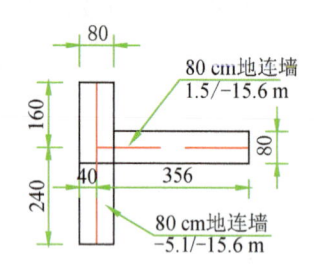

图3-5-24　地连墙主要连接方式

（2）优化导墙设计和施工。

施工作业面应进行场地整平,降水需降至作业面以下1.0～2.0 m,地连墙导墙顶高程比设计地连墙顶高0.5 m,以控制浮浆。施工现场土层都为粉砂,将导墙断面做成"┐ ┌"型。导墙采用C20混凝土浇筑,导墙顶面应高出地面,以防雨水流入槽内稀释及污染泥浆。导墙净间距为65 cm(85 cm),导墙深1.2 m。地连墙导墙见图3-5-25。

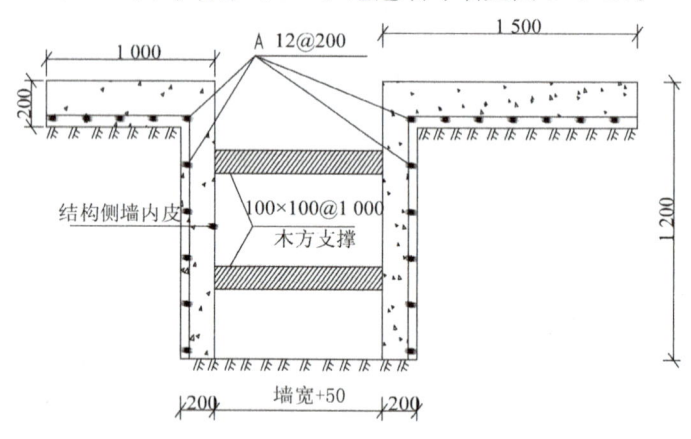

图3-5-25　地连墙导墙图

（3）发挥先进设备的优势。

异形墙部位要求一次成型,钢筋笼也为整体制作,一次吊放。因此,在施工中投入2台液压抓斗同时开槽,提高效率,防止施工时间过长引起槽壁坍塌;钢筋笼整体重量很大,采用2台吊车同时起吊的方式,一次性安放就位（图3-5-26）。

2. 护壁泥浆快速分离技术的应用

本工程基础与防渗结构工程量大,其中地连墙25 000 m³,灌注桩29 000 m³。这些地下工程均采用钻孔或开槽施工,施工过程中需泥浆护壁,因而产生大量的泥浆和废水。由于工程地下土质含粉砂,质地很细,在泥浆中呈悬浮状态,且工期较紧,因此在施工过程中得不到有效沉淀,这会造成护壁泥浆不能重复利用,既加大了施工成本,也造成了环境污染。

图 3-5-26　两台吊车同时起吊钢筋笼

在实际施工过程中,现场引进了一种新型的泥浆快速分离设备。其工作原理为泥浆在设备内被高速旋转,产生很大的离心力,其中质量较大的颗粒(如砂等)被率先分离出来,分离出来的砂颗粒呈干硬状态,便于清理。经过分离后的泥浆含砂率明显降低,可重复利用,各项指标均符合施工要求。泥沙分离设备见图 3-5-27。

图 3-5-27　泥沙分离设备

(二) 地连墙贴面混凝土施工技术

1. 概述

二线船闸闸室及上下游导航墙均采用拉锚地连墙结构,上部为现浇钢筋混凝土胸墙,下部为地下连续墙兼作闸室墙。由于地连墙为地下工程,其表面相对粗糙,达不到永久性工程的外观标准,因此设计在地连墙表面设有30 cm厚的贴面混凝土,与内部地下连续墙共同组成闸室墙结构。地连墙贴面施工见图3-5-28。

图 3-5-28　地连墙贴面施工

2. 施工难点分析

(1) 薄壁混凝土与地连墙的连接。

设计薄壁混凝土的厚度为30 cm,而且薄壁混凝土是施工过程的最后一道工序,如何使其上部与坞室墙连接,下部与坞室底板连接,中部与地下连续墙连接,形成一个整体,是薄壁混凝土施工能否成功的关键。

(2) 单向支模的支撑与稳定。

传统的支模方式为螺栓两侧对拉,而薄壁混凝土的内侧为已经施工完成的地下连续墙,上、下也均为已经完成的工程结构,施工中需一次性单向支模高度达6.5 m,模板的稳定和表面的平整,直接决定了薄壁混凝土的外观质量。

(3) 薄壁混凝土的质量控制。

对于厚度仅30 cm的薄壁混凝土,要考虑混凝土的入仓方式、振捣方式、混凝土的配合比等方面的技术措施,同时,薄壁混凝土与地下连续墙在施工的时间上不同,如何消除混凝土的不均匀收缩和薄壁混凝土自身抗收缩能力不足造成的裂缝,是薄壁混凝土施工的关键。

(4) 浇筑入口的修补。

作为"贴面"混凝土,其外观质量也是衡量薄壁混凝土施工成败的重要指标。对于顶部与坞室墙接触面的连接处理和混凝土入口的修补,也是施工中值得仔细研究的课题。

3. 薄壁混凝土与相邻结构的连接

(1) 地连墙接缝预处理。

薄壁混凝土是地连墙防止接缝渗漏的最后一道防线,但不是堵漏的结构。因此在薄壁混凝土施工前,应对地连墙接缝的渗漏情况逐一检查,绝不允许薄壁混凝土带水施工。对于已经发生的渗漏,可采取先引后堵、引堵结合的方式,将其封堵或临时引流,不从墙面溢出。

(2)地连墙表面处理。

地连墙施工采用水下导管浇筑混凝土的工艺,其表面比较光滑,达不到混凝土施工缝的粗糙要求,因此有必要对地连墙表面进行凿毛处理。地连墙下部为工程永久性结构,其承受水平力很大,凿毛过程中应严格禁止将受力钢筋暴露,从而影响地连墙的受力条件。因此,应该采用人工凿毛的方式,去掉表层泥皮和砂浆,形成糙面即可。

(3)种植连接钢筋。

根据设计要求,薄壁混凝土与地连墙间设有连接钢筋,可在地连墙施工时预留或事后植筋,设计要求双向布筋间距为 50×50 cm。施工中考虑模板支撑的要求,采取后植筋的方式,而且对钢筋的布置进行了优化。因为模板支撑要求的拉筋间距为 60×90 cm,所以经设计允许后,将植筋间距的布置改为 60×45 cm。在支模时竖向植筋全部利用,横向植筋间隔利用,即满足了设计要求,又给模板支撑提供了条件。

考虑地连墙的厚度较小,不宜进行深孔植筋,故打孔深度为 20 cm,选择化学植筋胶作为填充材料,其特点为强度高,粘结时间短。植筋完成后做抗拉试验,应满足设计和现场支模的要求。

(4)预留插筋。

为了保证薄壁混凝土与上、下结构的可靠连接,在上部坞室墙和下部的坞室底板施工时,要预留与薄壁混凝土的连接钢筋,使其在结构上形成一个整体。

薄壁混凝土与相邻结构的连接见图 3-5-29。

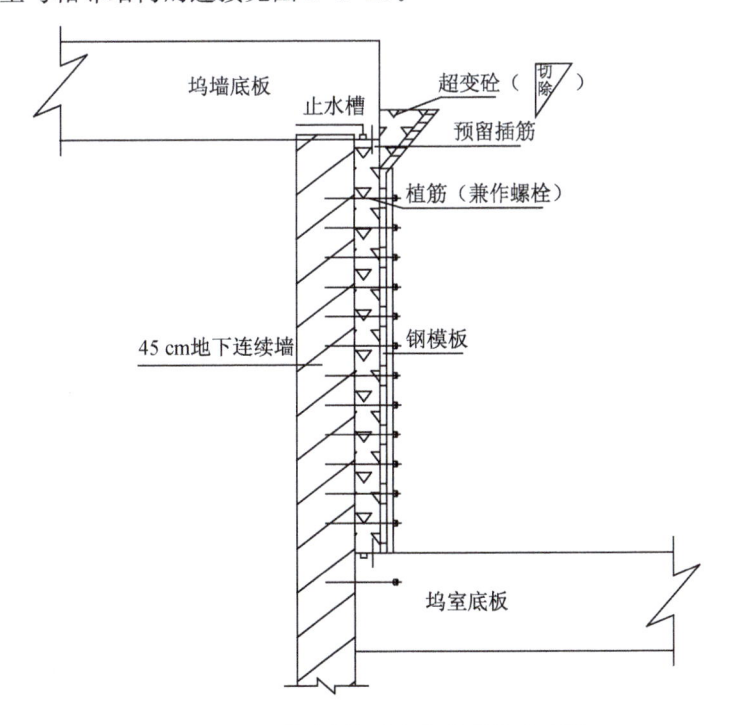

图 3-5-29 薄壁混凝土与相邻结构连接图

4. 单侧支模

（1）模板材料的选择。

由于薄壁混凝土厚度仅为 30 cm，局部更薄，且其高度很高，达 6.5 m，所以混凝土浇筑速度很难控制，有可能在短时间内混凝土面上升较快，对支撑模板形成很大的侧压力。同时，传统的插入式振捣器无法伸入混凝土内进行振捣，需采用附着式振捣器或振动模板使混凝土密实，所以模板的材料应选择强度较大的多肋钢模板。

（2）整体稳定。

由于只能采取单向支模，混凝土的侧压力较大，所以对模板支撑的要求很高。施工中采取拉、撑结合的方式，首先，充分利用墙面植筋来布置拉杆螺栓，这是抵抗混凝土侧压力的主要途径。其次，底部利用预埋在闸室底板上的地锚进行顶撑。最后，中部和顶部利用脚手架进行顶撑，脚手架外侧再用抛撑与地锚相连。另外，顶部与预留的闸室底板支模螺丝相连，形成四位一体的支撑体系。

（3）预留混凝土入口。

薄壁混凝土的厚度很小，高度很高，混凝土浇筑过程中，串筒无法进入仓内，如直接从顶部灌入则容易造成混凝土离析，使粗细骨料分离，甚至顶部堵截，中间形成空洞，因此应事先布设混凝土的入口。考虑混凝土的落差不大于 2 m，横向流动距离不大于 3 m，所以在高度方向布置 3 层混凝土入口，横向距离为 6 m。入口预留的方式为模板支撑完成后，拆除事先设计好的小块模板，随着混凝土面浇筑的上升再进行封堵。

顶部混凝土的入口采用斜向超高布置，斜向是为了方便混凝土入仓，超高是为了使薄壁混凝土与顶部的结构填充密实，确保连接质量。另外，在薄壁混凝土的顶部与闸室墙底板连接处，应预先设止水槽，薄壁混凝土在超高压力下挤入止水槽内，加强衬砌混凝土与闸墙底板混凝土的连接和防渗。

5. 混凝土配合比设计

（1）性能要求。

衬砌混凝土除要满足设计图纸所要求的强度、防渗性能外，还应该考虑满足施工的特殊性能要求。由于薄壁结构不具备仓内平整和插入振捣条件，因此混凝土应该保持一定的流动性，以保证混凝土在薄壁结构中的自流填充，同时要考虑一定的自密性能。

由于薄壁混凝土采用泵送法施工，砂率较大，单位水泥用量和用水量也较多，致使结构物产生裂缝的概率大为增加，因此应该考虑在混凝土强度增强过程中的抗裂补偿，故薄壁混凝土应按补偿收缩混凝土的要求进行施工。

（2）原材料选择。

① 水泥。薄壁混凝土的强度、耐久性和表面色调等很大程度上取决于水泥，因此要选择早期强度高、安定性好、干缩变形小的普通硅酸盐水泥。为了保证薄壁混凝土上下已完成结构的外观颜色一致，应该选用和已完成结构施工时所使用的同一厂家、同一强度等级的水泥。

② 骨料。细骨料选用质地坚硬、级配良好、颜色一致的江砂，其细度模数为 2.5～2.7（中砂），含泥量小于 1.5%。粗骨料选择连续级配良好、颜色一致、洁净的 5～31.5 石灰岩质碎石，压碎指标 11.5%，含泥量小于 1%，针片状颗粒小于 15%。

③ 掺合料。选用合适的掺合料作为辅助胶凝材料,不仅能改善混凝土的和易性,还可以减少混凝土的收缩、改善泌水性能,而且与外加剂配合使用,可以提高混凝土的外观质量。本工程选用Ⅰ级粉煤灰作为清水混凝土的掺合料。

④ 外加剂。考虑薄壁混凝土对混凝土性能的特殊要求,需要在混凝土中掺入适当的外加剂,既要保证混凝土的设计强度,又要采用较小的水灰比获得较大的坍落度,所以需在混凝土中掺入高效减水剂。高效减水剂的掺入可有效减少用水量,降低水灰比。

⑤ 特种材料。薄壁混凝土在硬化过程中,经常会发生体积收缩,从而使混凝土产生微裂缝。因此在混凝土中掺入适量的膨胀剂以产生适度的体积膨胀来限制混凝土的收缩,产生的膨胀在钢筋和邻位的限制下,以自应力的形式储存在混凝土中,用以抵消或消除混凝土后期由于干燥失水和降温引起的收缩,从而避免或减少混凝土的开裂渗水。本工程采用 UEA 作为膨胀材料。

(3) 混凝土配合比(表 3-5-1)。

表 3-5-1　混凝土配合比

强度等级	材料用量(kg)							水胶比	砂率
	水泥	砂	石	水	粉煤灰	减水剂	膨胀剂		
C30	360	725	1 005	205	54	5.4	33.2	0.48	0.42

6. 混凝土浇筑工艺

(1) 浇筑准备。

由于薄壁混凝土的厚度较小,在浇筑过程中容易产生失水风干现象。而薄壁混凝土的内侧为已经施工完成并长时间暴露的地下连续墙混凝土,在薄壁混凝土浇筑过程中对其产生较大的吸水作用,对薄壁混凝土的养生产生危害。而且干燥墙面的吸水对新浇的混凝土会产生吸附作用,不利于混凝土的入仓。因此在薄壁混凝土开始浇筑前,必须提前 24 h 对地连墙混凝土表面进行洒水,使之处于充分湿润状态,以确保其在薄壁混凝土浇筑过程中不产生吸水作用,并有利于混凝土的入仓。

(2) 混凝土入仓。

混凝土通过泵送的方式进入浇筑现场,入仓通道为已经准备好的模板预留洞。混凝土入仓的进口为自制的铁质漏斗,呈大小头形状,小头一侧比入仓口稍小,进入模板约 5 cm,混凝土通过入口进入仓内。浇筑过程中要控制混凝土的流量和速度,以防在入口处堵塞。

随着混凝土浇筑高度的上升,对底部浇筑混凝土的预留洞进行封堵。顶部入口处的混凝土进行超高浇注,以保证衬砌混凝土的顶部与坞墙混凝土的底部接触密实。

(3) 混凝土振捣。

薄壁混凝土厚度太薄,普通插入式振捣器无法伸入混凝土中进行振捣。施工过程中在钢模板上设计附着式振捣,在混凝土的入仓过程中进行振捣,以保证混凝土在仓内的流动,并确保混凝土的内实外光。

采用附着式振捣器进行混凝土振捣时,必须解决一个很关键的问题,就是模板的支撑系统在振动力的作用下不产生变化。因为在混凝土的侧压力作用下,拉结螺栓产生预应力,在振动力的作用下,很容易发生螺母的回丝现象,造成模板变形。因此,应该派专人随时对浇筑速度进行检查,并及时收紧螺母。

顶部入口处的混凝土在接近初凝时,要进行二次振捣,以补偿混凝土的泌水收缩,避免新浇注的混凝土与一期混凝土产生缝隙,造成渗漏。

7. 混凝土的养护

薄壁混凝土平面尺寸大、厚度小,在其增强和养生过程中极易干缩失水并产生收缩裂缝,给薄壁混凝土的防渗和美观造成不利影响,因此混凝土的养护工作尤为重要。

养护工作应在混凝土浇筑完成并终凝后开始,此时对模板进行喷水湿润,同时起到降温的效果。当混凝土达到一定强度后,对模板的拆除采用竖向按区域集中快速拆除的方法,减小混凝土的暴露时间。此时,采取挂帘湿水养护的方法,将土工布挂在拉结螺栓上,定时向墙面喷水,保持土工布的充分湿润,以弥补混凝土在早期养生时产生大量的水分蒸发,预防混凝土因失水干缩产生有害裂缝。

8. 顶部入口的处理

(1) 超高混凝土的切除。

顶部超高斜向混凝土在达到一定强度时须进行处理,采用人工凿除的方法,将突出竖向混凝土表面的多余混凝土凿除,并保留约 2 cm 厚的突出量,再采用手提砂轮机对表面进行打磨,将混凝土表面打磨到与上下结构表面一致。

(2) 混凝土表面修饰。

经过打磨的混凝土表面留有少量的气孔,而且原来位于混凝土内部而现在处于混凝土表面的细颗粒容易流失,也会形成混凝土表面的砂眼,因此对混凝土表面还应该进行处理。

对混凝土表面批刮水泥浆和有机胶水的混合料二道,以填充混凝土表面的砂眼。水泥采用普通水泥和白水泥按 1∶1 的比例混合而成,以改善混凝土表面的色泽。待混凝土表面达到一定强度后再用细砂纸轻轻打磨至平整。

9. 实施效果

本工程共有薄壁混凝土(20 m×7.5 m×0.3 m)58块,均采用上述方案进行施工。根据拆模后对混凝土表面的测量和 28 d 混凝土强度的检测可知,混凝土表面平整,内部密实,强度达标,外表美观。作为混凝土结构防渗的一道防线,同时也是地连墙表面的一道"饰面",地连墙表面的衬砌薄混凝土在工程的防渗和外观方面有着重要作用,而其结构位置特殊,与相邻结构的连接很多,在施工上有一定的难度。施工中对其进行了细致分析和周密计划,从细小处入手,强调措施,衬砌薄壁混凝土一次性浇筑到顶,不留接缝,使得其在结构上与相邻结构连接可靠;通过表面处理,在外观上与整体混凝土色调一致,浑然一体,取得了很好的工程效果。

(三) 地连墙接头渗漏防治技术

1. 概述

二线船闸工程的闸室墙采用逆作法施工,下部结构采用地下连续墙兼作挡土、承重、防水结构。地连墙采用液压抓斗成槽,泥浆护壁、水下导管浇灌混凝土等施工工艺。地连墙成槽幅宽为 6 m,接头采用钢制锁口管接头工艺。但是在建设过程中,当坞室下部土方开挖到位后,坞室下部前墙即地连墙全部暴露,拉锚结构发挥作用,根据施工中观测,地连墙的接头桩两侧均出现不同程度的渗漏情况。虽然对工程结构安全和正常使用没有影响,但局部渗漏会造成施工期工程外观质量的不足。地连墙施工在接头的处理上存在一定的不足,有必要对渗漏的原因进行分析,并制订出相应的对策,确保地连墙的施工质量。

2. 渗漏原因分析

(1) 接头清理不到位。

单号地连墙墙体浇灌完成后,在进行相邻槽段成槽时,液压抓斗在开挖紧靠墙体接头一侧的槽孔时,不可避免地会碰撞或啃坏单号墙体,使墙体接头凹凸不平,泥浆塞进了接头的凹坑之中。而在清孔时未能很好地处理接头桩的凹槽,吸附在接头桩混凝土表面的泥皮未洗刷干净,浇灌混凝土后使槽体与接头桩部位形成竖向"泥皮缝",当墙前土方开挖后,在墙后较大的水土压力作用下,逐步形成渗漏。

(2) 槽段幅宽过大或导管位置不当。

单元槽段宽度为 6 m,采用双导管浇灌混凝土,使导管的摊铺面积较大,如果导管布置不当,距离导管较远处(槽段的两侧)的混凝土顶替效果较差,导管处混凝土隆起过高,使处于流塑状的悬浮淤积物向低处集中,导致接头处夹有泥渣,影响了接头处的止水效果。

(3) 拉锚地连墙结构的位移造成墙体轻微错缝。

墙前土方开挖后,墙体向内有不同程度的位移,对于柔性接头,容易造成相邻槽段的相对位移,墙后虽设有高压旋喷,但在位移的作用下,仍会造成旋喷桩与地连墙的脱离,从而形成渗漏。

(4) 其他原因。

泥浆控制不到位,含泥量过高而孔底沉渣厚度太大;混凝土浇灌时间过长,造成悬浮物逐步淤积;混凝土配合比设计不当,流动性不够造成混凝土在水下的挤压力小;接头桩与孔壁接触不严密,先浇灌的混凝土漏浆,造成在相邻槽段形成死角等原因,都有可能造成地下连续墙在接头处形成渗漏。

3. 改进和预防措施

(1) 合理选用接头方式。

地下连续墙施工的接头构造形式有很多种,常见的有锁口管接头、工字形钢板接头等。本工程由于地连墙的厚度较大,达到了 80 cm,因此,在接头选择上宜选用钢制锁口管接头,这种半圆形的接头处理用于大厚度地连墙中,防渗能力更强。

(2) 加强接头处的清理。

不论采用何种接头方式,接头处的清理质量都是预防地连墙接头发生渗漏的关键工序之一。不同的接头方式选用不同的清理工具,对本例而言,应采用偏心铲和钢丝刷对接头进行清理。偏心铲为一个偏心的铁块,下端自制一个比双面凹槽内尺寸稍小的钢铲,利用铁块的偏心自重,使钢铲紧贴在接头桩的凹槽中上下滑动,去除吸附在接头桩表面的泥皮,最后用钢丝刷紧贴接头处进行上下拉动,对混凝土表面进行清理。

(3) 合理设计槽段幅宽和导管组数。

地连墙的单幅宽度和施工现场条件、施工机械能力、导管的组数等因素有关。对于双导管而言,根据有关规范,导管距接头不大于 1.5 m,导管之间的距离不大于 3.0 m,但对于本例,考虑接头处布有竖向钢筋,不利于混凝土的侧向流动,为了保证混凝土在两侧接头处的导管之间的顶替效果,导管与两侧的接头距离不大于 1.5 m,导管之间的距离不大于2.8 m,

本例采用双导管浇灌技术,地连墙的单幅净宽度为 1.5 m×2+2.8 m=5.8 m。

(4) 优化混凝土配合比设计。

地下连续墙施工一般都采取水下导管法浇灌混凝土。混凝土的配合比设计,不仅要满足设计强度,还要考虑水下混凝土的自密性和自流性,要选用尽量小的水灰比和尽量大的坍落度,一般水灰比不大于 0.6,施工坍落度为 18 cm 左右,而且要有一定的流动保持率。此外,还要使混凝土容易从导管中灌入,控制砂率和粗骨料的粒径,石子粒径可采用 0.5～31 mm,砂率控制在 43% 左右。

(5) 做好垂直度精度控制。

地连墙施工过程中,如果在垂直精度控制方面存在不足,则会引起相邻板块的墙体错缝,直接减小了墙体的搭接厚度从而减小了渗径。施工中首先要控制导墙的垂直度精度,因为导墙不仅控制地连墙的轴线精度,同时也对垂直精度有着重大的影响,因为在刚开始成槽时,抓斗是紧贴导墙靠设备自重向下开挖的,如果导墙的垂直度有偏差就直接导致地连墙在顶部产生倾斜。在成槽过程中,设备必须带有自动垂直度检测仪器,发现偏差及时调整。

(6) 加强各工序的质量控制。

地连墙接头渗漏的改进和预防与施工中各项工序的控制质量有很大的关系,如应控制泥浆的黏度在 25～30 s,黏度太低会引起槽孔失稳,黏度过高则容易造成泥浆吸附形成泥皮。单元槽段混凝土应该在 4～5 h 内浇灌完成,以防泥浆中的悬浮物时间过长形成淤积并流向低处。

地连墙上部发生渗漏的情况较多,一般是由地连墙的施工操作面太低,或者是在混凝土浇筑过程中料斗的高度太低,而造成混凝土在水下扩散的压力不够引起的。可适当提高施工操作面,在混凝土的收官浇筑时,不能以导管处的混凝土高度作为控制,要以离导管最远的两侧混凝土的高度作为控制标准。

(7) 控制闸室墙的位移。

施工中通过合理安排施工流程、加强拉杆的安装质量、优化墙前的开挖方案、辅助降水等施工措施,可最大限度地控制闸室墙体的位移,使地连墙接头处的高压旋喷桩与墙体始终形成整体,保证防渗效果。

4. 渗漏封堵技术

(1) 墙前处理。

墙前处理适用于轻微的渗漏处理。对于地连墙接头的轻微渗漏,可采用先引后排、引堵结合的方式进行封堵。首先沿地连墙竖向接头的混凝土表面,开凿出一条约 3 cm×3 cm 的凹槽,放入半圆形的 PVC 管,圆顶向外,此时渗水沿半圆槽向下渗漏,并无太大的压力,在表面用速效水泥进行封堵,形成混凝土内的渗水暗道。

当所有渗水经引水处理后,再进行地连墙表面的混凝土衬砌施工,当衬砌混凝土达到设计强度后,再对渗水暗道采用自底而上的反向双液注浆,快速填充渗水通道。

(2) 墙后处理。

对于渗水量较大的接头渗漏,采取墙前处理的方式难以见效,而且处理时间越长越容易引起墙后土体流失和地面塌陷。本工程采取逆作法施工,应该在墙前的土方开挖过程中加强观察,出现较大渗漏问题时立即处理。施工中可在墙后加强降水,临时降低墙后水位,减小接头处的渗漏流量。再从墙后沿接头两侧打孔,自上而下插入灌浆管,采用双液注浆的方法,对接头处的墙后进行局部的防渗加固,从源头截断渗漏通道。

(3) 双液注浆技术。

双液注浆技术是采用设备打孔至预定深度后注浆。浆液有两种,即 A 液和 B 液。两种浆液通过端头的浆液混合器充分混合。注浆时实施定向、定量、定压注浆,使土层孔隙间充满浆液并固化,改变了岩土层的性状。

本工程采取水玻璃加水泥浆的双液注浆法,水玻璃为速凝材料,可以起到快速凝结的作用。施工中要注意双液浆注入的先后顺序,应先注水泥浆后注水玻璃,而且要控制水玻璃的掺入量,掺入量过少起不到快速固结的效果,掺入量过大易造成局部快速固结而影响固结范围。

5. 现场实施效果

二线船闸工程地下连续墙结构众多,应用于工程的各个部位,施工中通过采用多种预防和改进措施,使地连墙接头渗漏问题在本工程得以有效控制。在少数发生轻微渗漏的部位,现场采用了墙前处理封堵技术,保证了在贴面混凝土施工之前地连墙的墙体绝对干燥,保证了贴面的施工质量。

(四) 后嵌法安装铜片止水工艺

1. 概述

二线船闸闸室墙采用地下连续墙防渗兼作挡土支护,闸首底板与地连墙之间设自由沉降缝,在高程-7.0 m 处设水平铜片止水(图 3-5-30)。水平止水"U"型凹槽"牛鼻子"深 5 cm,两侧飞翼各长 7 cm、1 cm,飞边 45°倒边,由于基坑较深,闸首防渗采用钢筋混凝土地连墙围封,支护开挖后进行闸首底板施工,水平止水和垂直止水要在地连墙上开槽安装(图 3-5-31)。传统的止水设计和安装均为嵌固在现浇混凝土结构中,施工中先施工的一侧将止水安装在模板上,随着混凝土的浇筑形成预埋。另一侧在拆模后清理、灌油,随着混凝土浇筑埋入相邻结构中,也就是目前公知的"预埋法"。在一些特殊部位或采用特殊方法进行施工的结构中,如城市地铁站、高层建筑的地下室、支护条件下的逆作法施工等,由于铜片止水无法预埋,目前只能采用膨胀橡胶安装于相邻结构的伸缩缝间,利用膨胀橡胶的膨胀来止水。其受现场条件、建筑物表面平整度、连接方法、自身强度和寿命等影响,很难有效解决渗漏问题。而采用"后嵌式"安装铜片止水的方法可有效解决上述问题。

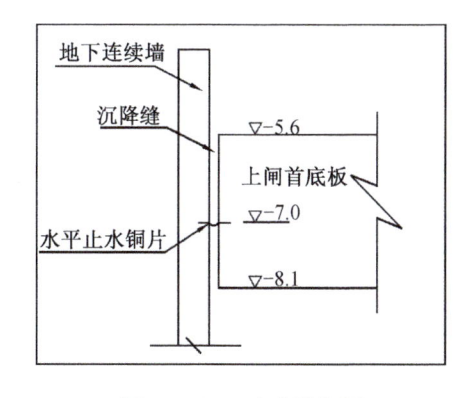

图 3-5-30 止水连接图

图 3-5-31　墙面开槽

2. 难点分析

本工程中,地下连续墙为早期施工的地下防渗结构,事先不可能形成横向水平止水的预埋。在基坑开挖后,对地连墙进行凿槽,采用后装法,将止水嵌固在地连墙上,才能进行闸首底板施工。闸首地下连续墙防渗兼作支护挡土,其施工期悬壁挡土高度达 4.1 m,在其内侧的混凝土受压区进行凿槽安装,槽宽槽深均不能过大,以保证地下连续墙结构的安全。在如此狭小的空间内进行止水安装,如何有效开展各道工序,保证止水与地连墙的连接质量,尤为关键。地下连续墙为地下防渗工程,其采用地下开挖、导管浇筑等工艺,其轴线、垂直度、钢筋保护层等均存在合理的施工误差,而铜片止水为相对刚性材料,如何消除地连墙施工误差带来的影响、保证止水与墙体的平顺连接,也是施工中的难题。

3. 技术方案

(1) 墙面凿槽。

在基坑开挖到位并完成封底后,将裸露的地连墙表面冲洗干净再风干。在地下连续墙上按止水设计高程弹上下两道水平线,用手提切割机沿线切深约 3 cm,再用风镐或电镐在两道线之间开槽,深度至地连墙竖向钢筋处,槽深约 7 cm,上下宽约 10 cm。基面糙化处理后,大面积区域可用电动工具或者高压风将混凝土表面的松动颗粒和粉尘清除干净,小面积区域可用钢丝刷或棕毛刷进行洁净处理。

(2) 基底找平和修正。

因为人工开凿的槽口凹凸不平,而且地连墙在轴线上也不平顺,不利于止水铜片与槽面的紧密连接。首先采用人工修正、修与补相结合的方法,找平地连墙侧面基槽表面,再采用环氧砂浆将基槽表面和侧面找平,砂浆标号为 M20,环氧掺入比为 5∶1,厚度约 2 cm。砂浆表面拉成毛面,以利于粘结牢固。环氧砂浆施工之前,基槽表面需保持干燥状态,对局部潮湿的部位可用喷灯烘干或自然风干。

(3) 环氧基液打底。

底层基液打底前,应再次用棕毛刷将槽内的表面浮尘清理干净,以保证基液的连续性能。将调制好的基液用毛刷均匀地涂在混凝土槽的表面上,尽量做到薄、透而均匀,不流淌,不漏刷(图 3-5-32)。基液应现拌现用,多人同时涂刷,以免时间过长影响涂刷质量,造成材料浪费。涂刷后的基槽自然静停,以手触有拉丝现象为标准,进行下一道工序的施工。如果出现固化现象,则需重新涂刷基液后方可进行下道工序施工。

图 3-5-32 基液打底

(4) 抹涂环氧胶泥。

环氧胶泥是以环氧树脂、固化剂和其他填充材料混合制作而成的高强度、抗冲蚀、耐磨损材料。其具有良好的抗老化和抗碳化性能,与混凝土粘结牢固。热膨胀系数与混凝土接近,故不易从被粘结基材上脱开,耐久性好。

在抹涂环氧胶泥前,对底层基液进行检查,当其表面不流动,触指有拉丝现象,即表明底液已经初凝,可以进行环氧胶泥的抹涂。用抹刀进行涂抹,厚度约 2 cm,固化时间根据天气和工序的持续时间选择,一般为 3～5 h。涂抹时要注意压实,边角部位要反复涂抹,表面要基本保持平整。

(5) 安装止水。

在止水下方搭设钢管脚手托架,沿止水"牛鼻"下方设横向方木,承受安装时的顶推力,保护止水不被破坏。安装时采用多人全线同时作业,敲动方木外侧的限位扣件,向内施加压力,将"牛鼻"紧紧贴在地连墙表面(图 3-5-33)。止水上部采用木塞进行挤压,施加向下压力,轻击止水铜片,以环氧胶泥从侧向和下方适当溢出为准,确保止水坐浆饱满,保证连接质量(图 3-5-34)。

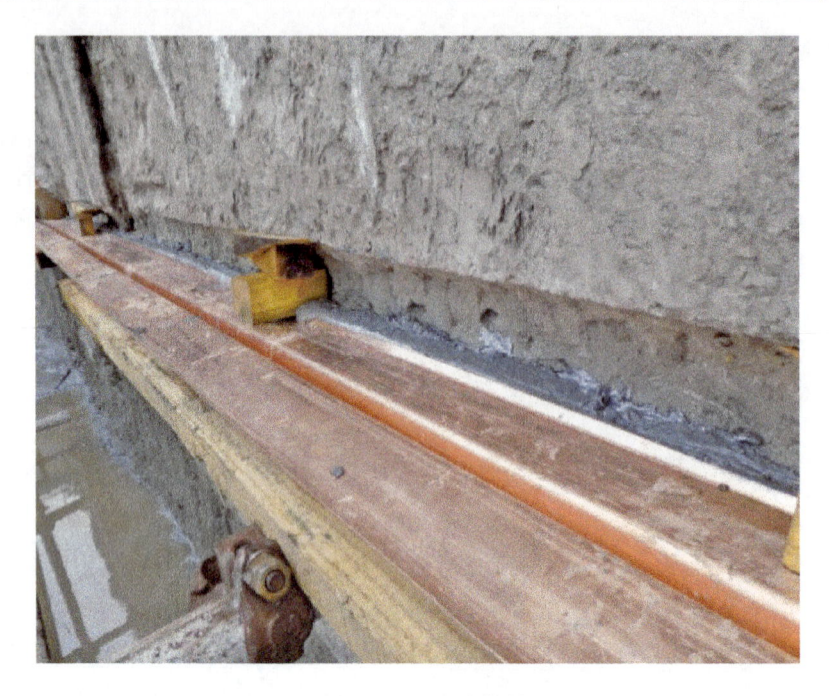

图 3-5-33　止水安装

图 3-5-34　止水坐浆效果

在止水分段拼装时，为了适应地连墙的轴向误差，需提前在基槽修正后，并在涂刷环氧打底前，将同一面上的铜片水止按现场的实际尺寸和误差，采用烘、压，甚至先割后焊的方式，将止水条预先加工成一个整体，临时安放在钢管托架上，以便于一次整体安装。

(6) 填塞砂浆。

在粘结材料达到强度后,用毛刷蘸水将基槽湿润,进行环氧砂浆填充。砂浆内掺入早强剂和微膨胀剂。采用人工捣实的方式,将干硬性砂浆分两次进行填充,待环氧砂浆初凝后去掉木楔,封堵木楔空洞将整个止水以上地连墙槽口用环氧砂浆粉刷平整;两次填充的间隔时间为6 h。填充完成6 h后,进行喷壶洒水养护。

(7) 面层封闭。

在填充砂浆达到一定强度后,拆除固定脚手托架,对砂浆表面和砂浆与止水、墙体的接头处刷环氧净浆两道,进一步封堵砂浆表面的气泡和孔隙,在其表面形成封闭层,加强填充砂浆的防渗效果,加强砂浆与止水的连接。

(8) 清理、灌油。

将铜片止水表面特别是"牛鼻"槽内的砂浆和浮皮、油漆、油渍、锈蚀等清理干净,矫正铜片止水的外形尺寸,在"牛鼻"槽内灌入溶化液态沥青,冷却后交付底板支模、扎筋施工。

4. 效果检验

(1) 模拟试验。

对于常规施工的铜片止水的现场质量检验,一般以铜片的材质和接头渗漏试验为主。对于本工程而言,更为关键的检验是铜片止水与填充物的连接质量。安装前取同质试样和环氧胶泥,在混凝土表面进行贴片试验,24 h后进行破坏性抗拉试验,结果铜片屈服变形,但粘结良好,表明所采用的连接材料符合设计要求。

(2) 现场检验。

现场检验主要是检查粘结材料的厚度、连接强度、止水与墙面的连接尺寸等。在拆除止水固定装置后,观察其上下的填充物是否饱满、表面的封闭是否存在气孔等,并适当进行补充。在闸首底板混凝土浇筑完成7 d后,逐步停抽外围的降水管井,地下水位抬高,经检查闸首底板与地连墙的沉降缝,未发现止水渗漏现象。

5. 应用改进

(1) 地连墙施工垂直度精度控制。

地下连续墙施工允许在轴线、垂直度等方面存在一定的偏差。在其作为防渗和支护结构时,适量的偏差不影响相邻部位的施工。但在本工程中,由于要进行凿槽安装相对刚性的铜片止水,所以要求精度很高。可以在先期施工地下连续墙时,在轴线精度控制上,通过保证导墙的精度来控制,同时导墙的超宽不宜过大,应该控制在2 cm(一般工程控制标准为4 cm)。另外,应采用带有自动调控装置的施工设备来进行地连墙施工,保证其竖向垂直度,这样有利于铜片止水与地连墙的连接。

(2) 加强钢筋保护层控制。

地下连续墙的保护层为7 cm,与其连接的铜片止水的宽度也为7 cm,理论上讲可以满足安装要求。但实际施工过程中,也存在局部保护层厚度偏小,止水安装尺寸不足的现象。因此在施工地连墙时,应事先测算好止水的安装位置,在此布置保护层垫块,并适当加密,以保证止水位置的连接尺寸,避免发生钢筋碰上止水的现象。

(3) 合理设置止水带长度。

随着止水制作工艺的提高,铜片止水的单节长度已由传统的1 m增加到6 m以上,减少了接头，增强了止水效果。但在本工程中，由于要适应局部地连墙的施工误差，止水带在加工时局部可适当减小单节长度，更好地适应轴线变形的要求。

（五）国产冷弯钢板桩在围堰工程中的应用

1. 概述

二线船闸工程施工采取双层钢板桩围堰结构，围堰总长近300 m。钢板桩是一种可重复使用的绿色环保型结构用钢材，其结合紧密、水密性好，施工速度快，适应性强。作为临时工程可以拔出回收、多次周转，在岸壁、防波堤、船坞、码头地基加固等永久性工程及围堰、基坑围护等临时性工程中得到广泛应用。但是由于钢板桩轧制要求很高、生产难度大、成材率很低，轧制成本也就高昂。受生产条件、技术和成本的限制，目前我国尚没有成熟固定的热轧钢板桩生产线，大多数工程所采用的热轧钢板桩均来自国外，主要为日本、韩国所生产的拉森型钢板桩。而在本工程建设过程中，根据实际情况和应用条件，积极求变，采用了一种更具优势的国产冷弯钢板桩，取得了良好的应用效果。

2. 应用条件分析

上下游围堰均位于软土地基上，基础比较软弱，在此地基上筑填大型土石围堰或沙袋围堰极易引起滑坡或自身坍塌。而且围堰外侧即为一线船闸航道和靠船墩。工程需经历长江两个主汛期，对自身的稳定性、耐久性和防汛防台要求极高。围堰内侧进行闸首护底大开挖施工，深度近10 m，而且受地形地势的限制，围堰内侧距离开挖线很近。工程采用双排钢板桩对拉填土围堰。围堰在平面上呈"L"型布置，采用双排钢桩对拉，堰体为吹填砂，堰宽15～18 m。围檩采用25♯槽钢，拉杆为φ45Q345圆钢。围堰工程共布置国产冷弯钢板桩共1 100根，桩长15～18 m。施工现场围堰见图3-5-35。

图3-5-35 钢板桩围堰施工现场

3. 材料性能比对和选材

（1）热轧、冷弯桩的特点。

热轧钢板桩制作精良，工艺独特，实现了在同一截面的不同厚度，更好发挥其力学性能。

而且其关键部位——锁口成形严密,具有良好的止水效果。但其生产成本较高,定尺长度和截面只有固定几种,应用到工程的选择余地不大。造价昂贵、依赖进口的现状造成热轧钢板桩的库存量不足,不能及时满足工程施工的需要。冷弯钢板桩由等厚的钢板通过冷弯机组连续滚压成形,加工成本相对较低,定尺长度可任意控制。可根据工程实际情况,选取最经济、合理的截面,实现工程设计上的最优化,比同性能热轧钢板桩节省材料10%~15%,极大地降低了施工成本。但因加工方式简陋,锁口部位形状难控制,存在连接处卡扣不严、止水效果不佳等缺点。

(2)定型选材。

本工程钢板桩用于围堰临时工程,采取双排对拉、中间填土的工艺,主要目的是用钢板桩来减小围堰断面。根据应用需要,选用国产冷弯钢板桩完全能够满足要求。选用专用MDB350特种钢板(图3-5-36),其强度远远优于Q345材质。经过"电化学耐腐蚀实验"和"力学检测实验"证明,其多项性能达到了STE355热轧钢板桩的要求。

(3)参数和性能。

经过对围堰工程的相关计算,定制WRU13-575型钢板桩,长度为18 m,宽度为575 mm,高度为360 mm,壁厚为10 mm。每桩单重74.5 kg/m,惯性矩为24 224 cm^4/m,截面模数

图3-5-36 钢板桩实物

为1 346 cm^3/m。选用的MDB350特种钢板为宝钢集团特制,作为国内冷弯钢板桩专用材料,其主要力学性能为:屈服强度≥350 MPa,抗拉强度为470~630 MPa,伸长率≥21%。

4. 应用控制要点

(1)锁口处理。

与传统的热轧拉森型钢板桩相比,国产冷弯钢板桩在锁口制作工艺上存在不足,造成相邻钢板桩连接时咬合不够严密,止水效果不佳。对此,在进行钢板桩施打前,应对锁口部位进行适当处理。

钢板桩在施打过程中,为了达到减小相邻两根桩在连接锁口部位的摩擦力,避免"卡桩"现象,一般都在锁口内充填黄油等润滑材料。结合本工程所使用的国产钢板桩的实际情况,现场使用了几种材料的混合填料,使其具有更好的黏性,吸附在钢板桩锁口上,在完成相邻板桩的插打以后,保证锁口内的填充物基本饱满,加强桩间防渗。填充物材料体积配合比黄油:干膨润土:干锯末为5:5:3。

(2)沉桩控制。

首先是合理选择沉桩设备。国产冷弯钢板桩制作时,其设计的腹高较大,加大了钢板桩的整体刚度。但其宽度也较大,不像拉森钢板桩那样设计宽度仅400 mm。带来的问题是在沉桩时,桩顶部位容易弯曲和撕裂。因此,不能采用大吨位的锤击设备,而是优先选用振动沉桩设备,减小冲击力,通过多频的小振幅的锤击来进行沉桩。

其次是定位和导向系统的设置。进行长度较大的钢板桩施工时，容易发生钢板桩沿锁口扭曲现象，造成钢板桩连续墙体不在同一直线上，影响整体受力，国产钢板桩因为宽度较大，更容易发生上述现象，因此必须设置导向和定位装置。先打定位桩，再利用定位桩设置水平导梁，导梁的间距比钢板桩的高度大 5~8 cm。这样钢板桩在两根导梁中进行施打，既有利于锁口的快速对接，也能保持准确性。如发生"带桩"现象，则将相邻的几根桩顶部适当点焊。

（3）异形桩加工。

围堰工程迎水面长度达到近 300 m，采用单宽 575 mm 的国产冷弯钢板桩，单排需要施打 530 根。由于国产钢板桩在锁口的制作方面存在不足，相邻钢板桩之间的自由度相对较大，在振动设备的作用下，每施打一段距离，就会出现钢板桩的顶端向前进方向倾斜的现象，施工中要尽量操持振动设备的夹具作用在靠近已经施打的钢板桩一侧。

对于已经出现的钢板桩倾斜现象，当倾斜度大于 2% 时，可以通过现场加工异形桩来进行调整纠正，将一根钢板桩从腹板中间截为两断，然后再与已经加工好的大小头钢板焊接，组成一个上下宽度不一的异形钢板桩，用以调正施工中的偏差。对于围堰的拐点，可以现场加工角桩，即先断后焊，改变钢板桩的锁口方向。总之，在一个连续的钢板桩墙体之间，确保不要出现自然搭接的现象，否则既影响钢板桩的整体受力，更不利于钢板桩的防渗效果。

（4）板缝加强。

本工程采用的双排钢板桩对拉填土围堰，填充材料为长江吹填砂。由于国产钢板桩在锁口制作上的不足造成防渗效果不佳，在长江水位变化区，堰内吹填的细砂颗粒会随着水流的变化和冲刷流失，易造成围堰下沉、整体失稳等现象，虽然已经在锁口内进行了充填物处理，但在沉桩过程中，有可能会有局部脱落，所以还应该进行加强。

迎水面的钢板桩长期处于水位变化区，潮涨潮落极易带走堰内土体。因此，在迎水面钢板桩的内侧，根据测量的水深，悬挂相应长度的土工布两层，发挥反滤作用。土工布接头采用人工缝合，自然接头加覆一层，保证其在水中的搭接长度。而拉杆也处于水位变化区，因此对拉杆穿过钢板桩的部位，采用人工在内侧塞填棉丝，确保不留流土隐患。

（5）回收和保养。

经过两年多时间的运行，因钢板桩长期浸泡在水中，在基坑开挖后，钢板桩在水、土压力的作用下，所有锁口都收紧，钢板桩、拉杆、围檩形成一个整体。拔桩时，先拆除拉杆、围檩等相关的附件，采用水上超重船配备振动锤进行拆除，尽量由一侧从头拔起；拔桩困难时可以先振动沉桩约 3 cm，再向上拉拔，如此反复。

回收的钢板桩用高压射水将其冲洗干净，对弯曲的部分进行调直，对拉杆洞进行补焊。对锁口进行清理，采用约 2~3 m 的同规格钢板桩做通过试验，可采用人力或卷扬机做牵引。

5. 应用效果

（1）围堰工程于 2013 年 1 月 15 日开始施打第一根钢板桩，到 4 月 30 日完成围堰的土方吹填和顶部防浪加固，历时 3 个多月。共施打国产冷弯钢板桩 1 100 根，回填土方 5 万 m³，也是第一次使用国产冷弯钢板桩，用桩量大、挡水高、历时长。工程历时两年，安全度过长江两个主汛期，运行平稳，安全可靠。

（2）国产冷弯钢板作为一种新兴的替代产品，自 2006 年在我国研制成功，已经在许多工程建设领域得以应用。相对于采用热轧工艺生产的拉森型钢板桩，其在锁口止水效果、桩身强度方面有所不足,在实际应用过程中,要根据结构的防渗要求、受力状况等进行合理选择。对其不足的性能,要采取相关措施进行补救和加强。本工程在钢板桩的施打、锁口处理和防渗加强等细节上精心实施,使用效果良好,充分发挥了冷弯钢板桩的优越性。

(3)国产冷弯钢板桩在实际使用中体现出诸多优越性,但其也有其制作工艺不足所带来的缺陷,应该对其进行必要的改进尝试:首先,要改进其锁口的冷弯工艺,可以适当加长锁口内的搭接长度,锁口的末端可以尝试超弯,而不是现在的平行布置;其次,钢板强度要进一步提升,以加大桩身强度,可以将国产钢板桩与钢管桩、型钢等组合使用,加大使用截面和桩身强度;另外,在施打和拔桩过程中,夹具施加的外力远大于结构受力,在桩顶部位容易产生变形和撕裂,可在桩顶部位双面加焊钢板补强。

(六)三角门安装工艺研究

1. 三角门空间桁架系杆件制作技术研究

弧形三角门空间桁架系,在平面图纸上,如斜片钢架布置图、自重钢架布置图、空间钢架布置图等都不是基本视图。虽然较大程度反映了多数杆件的真实形状,但少数杆件(如斜片钢架的斜支臂、空间钢架中的斜支杆等)图纸上不能反映杆件的真实形状。在以往施工放样过程中,这些少数杆件往往无法通过放样求得真实形状,只能通过现场实配的方式解决,不但劳动生产率低下,且不能很好地保证安装质量。本工程所用杆件利用添加辅助投影面的方法,不仅能够求得杆件的真实形状,保证工程质量,还可以大大提高铆工装配的工作效率。

(1)利用添加辅助投影面求斜支臂的真实形状的方法。

① 首先进行视图分析,认清结构的形状、尺寸和各部分之间的相对位置,并在头脑中形成实物的立体概念。斜支臂与端柱的连接在俯视图(图 3-5-37)、三角门自重钢架图(图

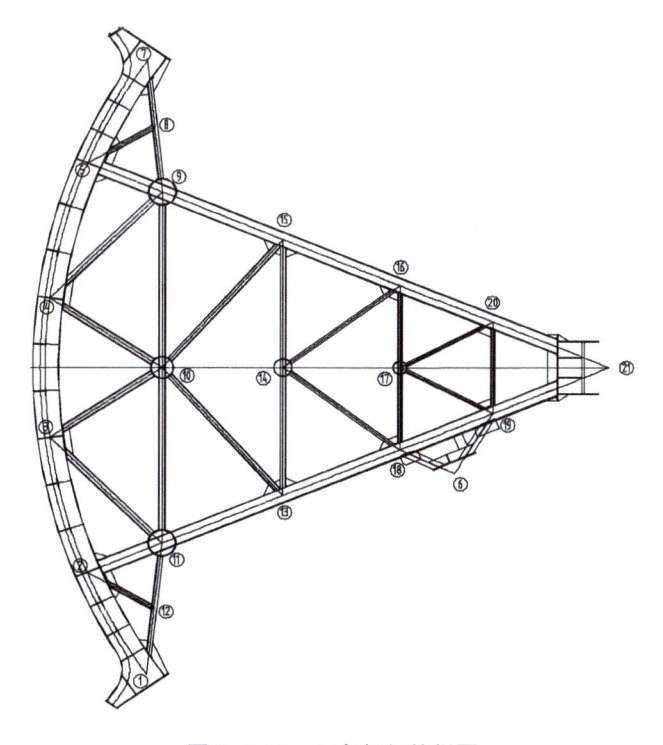

图 3-5-37 三角闸门俯视图

3-5-38)中均不反映其真实形状,依据正投影原理和物体上面、线、点的投影规律,必须找到一个能反映斜支臂实形的投影面,我们称其为辅助投影面。

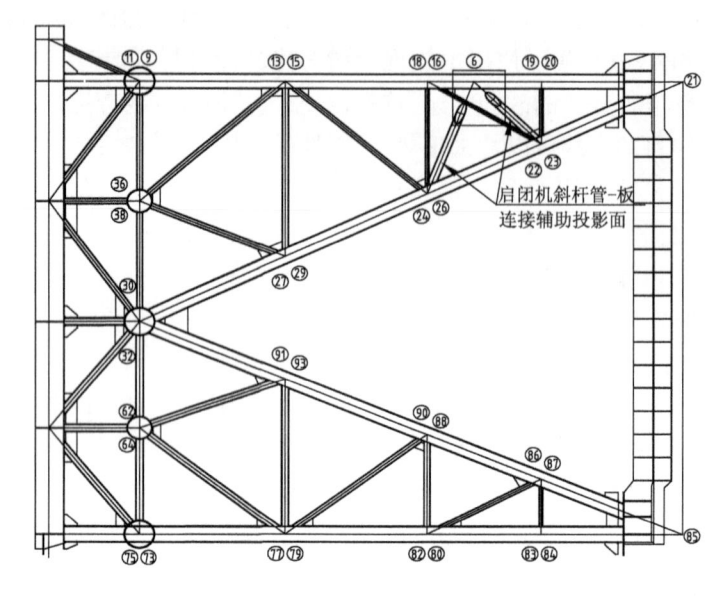

图 3-5-38　三角门自重钢架图

② 通过看图和绘图,绘出斜支臂与端柱连接的侧视图和主视图,其实质就是将空间物体和平面图形之间的关系相互转化,通过转化找出能反映三角门斜支臂实形的投影面(图3-5-39),求斜支臂与端柱在空间连接的实际形状。

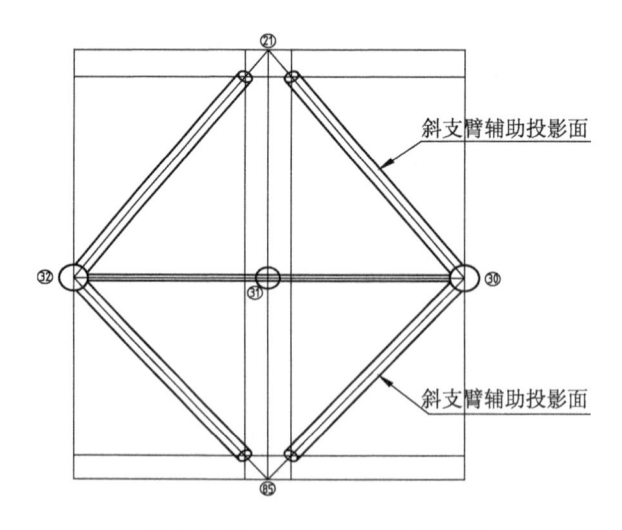

图 3-5-39　三角门斜支臂侧视图

③ 通过几何作图,求出相贯线、实长线、断面实形等,最后做出展开图,或者将相关数据录取给相贯线数控切割机,以供下料生产。

(2) 用添加辅助投影面求空间钢架的斜杆的真实形状的方法。

由空间钢架布置图可以看出,主支臂在门宽方向倾斜,斜支臂在门宽和门高方向都有倾斜,斜杆与其连接,是典型的一般位置管—管连接结构,要求出斜杆的真实形状,必须选择斜杆、主支臂、斜支臂共在的平面作为辅助投影面。空间桁架实物见图3-5-40。

图 3-5-40　空间桁架

2. 蘑菇头与承轴台安装技术研究

针对三角门运转的核心蘑菇头与承轴台的安装,进行了充分的技术研究,依据精确定位的控制大样,放置好承轴台安装支架,进行焊接定位并固定牢靠。用汽车吊吊装已装配好蘑菇头的承轴台放于承轴台支架上,交相测量,用支架上设置的调整螺丝进行调整,直到符合图纸尺寸和规范要求,进行临时固定。然后用全站仪测量到河道中心线的尺寸和旋转中心的尺寸。检验合格后,进行加强固定牢靠,并将其他埋件按图纸尺寸预埋到位,对蘑菇头进行覆盖防护。蘑菇头与承轴台安装见图3-5-41。

图 3-5-41　蘑菇头与承轴台安装

3. 顶底枢安装技术研究

针对三角门运转的关键部位顶底枢的安装,进行了充分的技术研究,依据图纸尺寸、蘑菇头中心位置及标高,测算出底枢拉杆坐标高,放出拉杆座中心标高控制线和位置大样,复查预埋件的偏差,并进行调整。用同样方法,放出顶枢定位控制大样。根据顶底枢大样并结合构件外形尺寸位置,搭设顶底枢安装支架,控制同一旋转枢两端高差不大于2 mm。符合要求后,将已组装好的底枢吊装到位,与大样复合,并与底拉杆轴孔同心,用三维仪与蘑菇头中心复核,临时固定;吊装顶枢组合件到位,与大样复核(注意顶底枢拉杆调节位置要预先设置),用三维仪调整顶底枢同轴度,顶底蘑菇头中心复核,进行顶枢临时固定。将全站仪架设于顶枢拉杆轴孔中心测量另一侧拉杆中心,复查中心距,符合图纸尺寸和规范要求后报验,验收合格后,进行加强并固定牢靠,进行覆盖防护。顶底枢安装见图3-5-42。

图 3-5-42　顶底枢安装

4. 端柱安装技术研究

针对三角门顶底枢连接构件端柱的安装,进行了充分的技术研究。在混凝土浇筑凝固达到设计要求后,对左右侧顶、底枢再复核一次中心距、同轴度,确定准确无误后,进行闸门端柱安装。

在厂内将顶枢支承座和底枢支承座装配在闸门端柱上,同轴度偏差不超过0.5 mm,是一件经验收合格的部件。用汽车吊配合将闸门端柱吊起,移至已安装好的顶、底枢位置,将端柱底枢支座蘑菇头钢帽放入蘑菇头后连接顶底枢,安装好后,拆除顶底枢拉杆支架,用全站仪架设于两顶枢拉杆轴中心位置,复核两顶枢中心距及到河道中心线距离的偏差,符合规范要求后进行闸门安装。端柱安装见图3-5-43。

5. 止水安装技术研究

针对三角门中缝和两道边缝止水的特性,在安装过程中进行了充分的技术研究。首先从各闸首闸室的中心线,放出闸门中缝止水及支承条的边线,左右对称布置。然后将闸门运行到关门位置,羊角边线相对于支承条边线,左右对称布置并固定。用全站仪(或线锤)测量羊角边线,并进行修正,达到设计尺寸后确定关门位置。关门位置确定后,进行支承条的安装,用全站仪将支承条上、下两点定位,用ϕ0.5钢丝,小花兰螺丝配合上下两点处垫等高铁。测量固定点尺寸,保证支承条的垂直度和直线度满足规范要求,支承条高程按图纸设计要求控制,符合规范要求后,定位焊接。

图 3-5-43　端柱安装

在关门位置，控制承压条中合线与闸室中心线一致，进行固定。安装墙上边羊角止水埋件，先将闸门边止水调正，以边止水作为埋件安装的基准，放出埋件安装控制线和中心线，埋件与中心线的偏移值应控制在规范范围之内，埋件接头平顺，底部高程按设计要求控制。

在关门位置时，控制承压条中合线对于闸室中心线一致，进行固定，将底止水调正，以底止水作为埋件安装的基准，放出底止水埋件安装控制线，高程按设计要求控制。止水安装见图 3-5-44。

图 3-5-44　止水安装

第四章　建设管理与工程监理

第一节　机构设置

2012年12月18日，泰州引江河第二期工程开工动员会议在二线船闸施工现场召开（图4-1-1）。时任江苏省副省长徐鸣指出，泰州引江河第二期工程是省委、省政府确定的沿海大开发战略中水利基础设施重点骨干工程，该工程的开工建设不仅有效扩大向沿海地区的供水规模，满足大规模沿海开发对水资源的增长需求，而且对提升里下河地区的防洪排涝能力，保障兴化地区城乡供水安全，完善沿江、沿海和里下河地区水运体系都具有重大意义，是一项意义重大、影响深远的经济发展工程、民生服务工程。

图4-1-1　开工动员会议现场

徐鸣副省长要求，泰州引江河第二期工程沿线的泰州、扬州市各级政府要切实加强组织协调，扎实做好征地拆迁补偿工作，为工程建设创造良好条件。省各有关部门要合理安排投资计划，及时拨付建设资金，严格质量安全监管，强化审计监督管理，高度重视廉政建设。工程沿线群众要大力支持工程建设，切实维护引江河生态环境。各级各方面要共同努力，真正把泰州引江河第二期工程建成优质工程、人民满意工程，把泰州引江河打造成为民生之河、生态之河、活力之河。开工动员会议的召开标志着泰州引江河第二期工程全面开工建设。

一、组建项目法人

为加强工程建设管理,在初步设计编制阶段,江苏省水利厅于2012年7月30日,下发了《关于成立江苏省泰州引江河第二期建设局的通知》(苏水基〔2012〕38号),明确江苏省泰州引江河第二期建设局(以下简称"二期建设局")作为泰州引江河第二期工程建设项目法人,负责工程建设管理,行使项目法人职责,同时接受项目主管部门的指导、监督和管理;明确主要负责人、技术负责人、财务负责人。

二期建设局聘请两位专家分别担任河道工程、船闸工程副总工,内设综合处、船闸工程建设处、河道工程建设处、财务处等四个处室。

二期建设局制订了"四个始终保持""四要""八不准"的工作人员守则,建立健全了工程建设资金内部控制管理制度、廉政建设制度、会议制度等相关规章制度,同时明确了公文管理办法、印章使用管理规定、档案管理规定等相关规定办法。

四个始终保持:始终保持头脑清醒;始终保持清正廉洁;始终保持饱满热情;始终保持团结协作。

四要:一要贯彻落实省水利厅的各项要求;二要严格执行工程建设的各项法规;三要积极协调工程建设的各方关系;四要认真执行党风廉政的各项规定。

八不准:不准收受礼物、礼金或有价证券、支付凭证;不准接受影响工程建设公正运行的宴请、休闲、娱乐、旅游等活动;不准在工程设计、施工、监理等参建单位报销应由个人支付的票据;不准利用职务便利介绍特定关系人参与工程项目谋取私利;不准在工程建设过程中违反职责、弄虚作假、徇私舞弊;不准涉足不健康场所,或参与各种形式的赌博活动;不准办事拖拉、敷衍塞责、推诿扯皮;不准未经同意擅自离开工程建设现场。

为加强泰州引江河第二期工程水文设施建设管理工作,有利于工程尽早发挥效益,二期建设局将水文设施工程委托江苏省水文水资源勘测局(以下简称"省水文局")实施。

二、成立建设专家组

为加强泰州引江第二期工程建设管理,进一步提高工程设计水平与施工质量,研究解决工程建设过程中重大技术难题,加强工程现场技术指导,江苏省水利厅成立了江苏省泰州引江河第二期工程建设专家组(《关于成立江苏省泰州引江河第二期工程建设专家组的通知》苏水基〔2012〕37号)。

在工程建设期间,专家组经常深入工程建设现场,听取工程建设情况汇报,研究解决工程建设过程中重大技术难题,进行现场技术指导,为工程顺利推进提供了强大的技术保障。2013年1月14日专家组成员对二线船闸第一批施工图进行审查;1月15日对河道工程招标设计进行审查;4月17日,对二线船闸施工期一线船闸安全监测、二线船闸施工降排水及施工总进度等3个方案进行审查;5月23日对二线船闸第二批、河道工程施工图进行审查;6月8日,对二线船闸上下闸首基坑开挖专项方案进行审查等。

三、成立服务协调机构

为做好泰州引江第二期工程建设的服务协调工作,泰州市政府成立泰州市泰州引江河第二期服务协调领导小组(泰政办发〔2012〕198号,《市政府办公室关于成立泰州市引江河二期工程服务协调小组的通知》),领导小组下设办公室。领导小组及其办公室(以下简称"二期服务办")积极协调施工范围内存在的征地拆迁(简称征迁)的矛盾和问题,为工程的顺利实施创造了条件。

在征迁过程中,二期服务办加大协调力度,积极开展工作,为工程顺利实施创造了良好的外部环境。一是组织设计单位对工程征地拆迁、移民补偿、树木砍伐等进行了核查拆账,与当地有关部门进行了多次对接,将核查内容、要求、注意事项一一列出,确保核查工作的准确无误;二是实行征迁工作监理制,充分发挥第三方的监督作用,加强监督检查,确保群众利益不受损;三是制订完善的资金管理制度,保证征迁资金严格管理,不克扣、不挪用,该给群众的一分不能少,该走的程序一步不能减,该办的手续一点不能缺,不折不扣地把资金安全可靠地兑付到群众手中。

在征迁过程中,二期服务办坚持"以人为本"的指导思想,并体现在核查、兑付、拆迁各个环节,贯穿征迁工作的各项具体工作中。为保证群众利益不受损,在制订征迁安置方案过程中,先后多次到村里征求意见,正确处理群众利益与国家利益的关系,群众利益与当前发展利益的关系,把维护好群众利益体现在具体政策中。如泰州引江河一期工程实施后,尚有部分水系调整问题未能实施到位,给沿线群众的生产生活带来许多不利影响。二期工程开工后,地方政府和群众反映强烈,二期服务办联合二期建设局配合泰州市水利局向江苏省水利厅编报了沿线水系调整规划方案,经江苏省水利厅批复后正式实施。

为保护好群众利益,二期服务办在征迁工作中坚持"刚性政策、亲情操作",补偿资金不到位不拆,当事人思想不通不拆,群众安置不妥当不拆,矛盾隐患不排除不拆。通过细致入微的工作,解除群众后顾之忧,创造和谐征迁、双方共赢的良好局面。一是帮助困难群众。对工程沿线涉及的乡村特困户,定期走访慰问,开展"走基层、送温暖"活动;二是以情感人、上门服务。发挥主观能动性,上门认真给群众讲解征迁政策,细心倾听群众心声,耐心解答群众疑问,积极帮助群众解决实际困难。在工程河道岸边有个农贸市场,农民商贩在农贸市场靠经营船民生意维持生计,因工程需要征用,二期服务办和二期建设局一一走访村组与商户,工程结束后对农贸市场进行恢复重建。

对于在工程中遇到的征迁矛盾,二期服务办在严格执行国家征迁安置政策的前提下,结合当地经济和社会发展实际,注重民利民生,用足用活政策,实现了无一处强行拆除,无一人越级上访,实现了和谐征迁、促进发展的良好局面。泰州引江河第二期工程征迁安置工作,通过紧密结合实际,用足用活政策,创新工作方法,既完成了工程建设任务,又最大限度地保护了群众利益。

第二节 总体实施方案

在工程开工之初,二期建设局与设计单位联合制订总体实施方案,设立"优质、安全、高效、创新、节约、廉政"总体目标,分析工程的技术难点,提出解决措施,拟定工期安排及投资计划,评估实施期间的安全隐患,为工程顺利实施奠定基础。

一、总体目标

制订的工程建设总体目标如下。

质量目标:确保工程质量优良,争创扬子杯优质工程奖和中国水利优质工程(大禹)奖。

安全目标:确保工程安全、干部安全、资金安全、生产安全。

工期目标:总工期控制在32个月以内。二线船闸工程2012年12月开工建设,2015年2月完成;河道工程2013年2月开工建设,2015年6月底完成。

创新目标:借鉴国内外先进经验,依靠科技进步,积极采用新技术、新工艺、新材料,实现关键技术突破,力争出一批创新成果。

投资控制目标:严格按批准概算控制工程总投资,努力节省费用,提高投资效益。

党风廉政目标:加强党风廉政建设,创先进党支部、工人先锋号、廉政文化工地示范点、省级文明工地。

二、分标方案

根据本工程的特点,考虑施工工期、施工方法、施工强度及施工技术等因素,本着便于建设管理、减少各专业之间的干扰,同时发挥各专业优势,节省工程投资的原则,编制分标初步方案,共分12个标段。其中,二线船闸工程施工标5个、材料采购标1个、监理标1个;河道工程施工标3个和监理标1个;考虑到水土保持植物措施专业性比较强,本次将河道和二线船闸工程水土保持的植物措施单独划分为1个标段。分标初步方案详见表4-2-1。

表 4-2-1 泰州引江河第二期工程分标初步方案

序号	标段名称	招标主要内容	招标方式	计划招标时间	上报概算(万元)	投标人主要资格条件
一、河道工程(划分为4个标)							
1	工程建设监理	河道工程建设所有项目的施工过程监理(含征迁)	国内公开招标	2012年12月	508	1. 具有水利部颁发的水利工程施工监理甲级资质的独立法人;2. 近5年内具有从事过同等或类似工程的监理工作经历且具有移民、桥梁、水工、测量、试验、造价等相关专业的监理人员;3. 具有移民安置监测评估工作的资源、能力和经验且具有移民、政策分析、社会调查经验的专业人员监测评估经历,如不具备,可分包;4. 总监理工程师应具有水利工程总监理工程师岗位证书,有类似工程监理经验

续表

序号	标段名称	招标主要内容	招标方式	计划招标时间	上报概算（万元）	投标人主要资格条件
2	河道工程1标	0+000—7+760段河道扩挖、船舶停靠点、系混凝土块软体排、损坏护砌维修、沿线跨河建筑物影响处理、水保工程措施等	国内公开招标	2013年2月	10 060	1. 投标人资质类别和等级：具有水利水电工程施工总承包一级或河湖整治专业承包一级或港口与航道工程施工总承包一级及以上资质；2. 投标项目经理资质和等级：具有水利水电专业一级或河湖整治专业一级或港口与航道专业一级资质；3. 生产能力：投标人投入本工程自有挖泥船（绞吸或斗轮）至少一艘，根据工程需要，不足部分可以租赁
3	河道工程2标	7+760—13+460段河道扩挖、船舶停靠点、系混凝土块软体排、损坏护砌维修、沿线跨河建筑物影响处理、水保工程措施等	国内公开招标	2013年2月	9 180	
4	河道工程3标	13+460—24+846段河道扩挖、船舶停靠点、系混凝土块软体排、损坏护砌维修、沿线跨河建筑物影响处理、水保工程措施等	国内公开招标	2013年2月	11 270	
二、二线船闸工程（划分为5个施工标、1个材料采购标和1个监理标）							
5	工程建设监理	船闸工程建设所有项目的施工过程监理（含征迁）	国内公开招标	2012年12月	485	1. 具有水利部颁发的水利工程施工监理甲级资质的独立法人；2. 近5年内具有从事过同等或类似工程的监理工作经历且具有移民、桥梁、水工、测量、试验、造价等相关专业的监理人员；3. 具有移民安置监测评估工作的资源、能力和经验且具有移民、政策分析、社会调查经验的专业人员监测评估经历，如不具备，可分包；4. 总监理工程师应具有水利工程总监理工程师岗位证书，有类似工程监理经验
6	材料采购	钢筋（含预应力钢筋）	国内公开招标	2012年12月	5 000	1. 具备独立法人资格，经营、业务范围包括钢筋采购供应或生产单位；2. 注册资金在500万元以上，且近5年内有直接向大中型工程供应钢筋经历（要求钢筋供应单项合同金额在500万元以上）

续表

序号	标段名称	招标主要内容	招标方式	计划招标时间	上报概算（万元）	投标人主要资格条件
7	土建施工及设备安装	土建(桥头堡除外)、电气及消防设备的采购与安装、金属结构安装、交通便桥制安、自动化预埋、观测设施、靠泊设施、上下游引航道疏浚、水保工程措施、高港水位站土建等	国内公开招标	2012年12月	21 260	1. 具有水利水电工程施工总承包一级资质,且近5年内有类似工程施工与安装经历;2. 拟任的项目经理应具备水利水电专业一级项目经理(或一级建造师)资格证书和安全生产考核合格证书,并具有类似工程的项目经理(或技术负责人)工作经历
8	房屋建筑工程	管理区布置、管理所房屋与装修(含船闸桥头堡)、管理区绿化与道路等	国内公开招标	2013年6月	337	1. 具有房屋建筑工程施工总承包二级及以上资质,且近5年内有类似工程施工经历;2. 投标人拟任项目经理应具备房屋建筑工程专业二级及以上建造师资格证书,并具有类似工程项目经理(或技术负责人)工作经历
9	金属结构	闸首三角门及输水廊道阀门制作	国内公开招标	2013年1月	1 026	1. 具有生产相应产品的营业执照和国家质量监督检验检疫总局颁发的生产许可证(中型或以上);2. 近三年内完成过类似工程的生产制造商
10	启闭设备	三角门启闭机、阀门启闭机及液压泵站与油路控制系统的制作安装	国内公开招标	2013年1月	344	具有水利部颁发的中型液压启闭机使用许可证,并在持有该许可证期间,有类似工程液压启闭设备的生产、制造、运行一年以上经验的独立法人单位
11	自动化综合管理系统	自动化控制系统、视频监控系统、收费与通讯系统的设备采购(含软件系统)及安装	国内公开招标	2013年6月	166	1. 经工商、税务登记注册,经营范围含计算机自动控制及监视系统设计及安装,具有独立法人资格的单位;2. 具有计算机信息系统集成或电子工程专业承包贰级及以上资质;3. 近五年内(2007年6月1日以后)有完成类似泵站监控工程的业绩
三、水土保持工程植物措施(划分为1个标)							
12	水土保持	二线船闸及河道水土保持工程的植物措施	国内公开招标	2013年6月	1005(198/807)	1. 具有园林绿化施工二级或以上资质的独立法人单位;2. 项目经理应具有建造师一级或以上证书,专业为市政工程或系园林专业或相关专业毕业且具有中级职称或以上证书且2009年以来有造价超过2 000万元的园林绿化项目经理(不含项目副经理)经历
合计					60 641	

三、工期安排

(一) 河道工程

根据河道工程排泥场相对狭小以及河道通航压力大的特点,特别是高港枢纽至宁通大桥河道段有大量船舶停泊,施工期协调难度非常大。河道工程施工计划工期29个月,拟于2013年2月开工,2015年6月底完工。

1. 施工顺序

河道工程主要内容为河道扩浚、新建河坡防护、增设船舶停靠点、现状护砌损坏维修、支河口影响处理、跨河建筑物影响处理等。

河道工程施工顺序为:①施工准备主要包含测量放样,完成房屋拆迁,排泥场范围内地表附着物进行清除,供电、供水工程及其他临时设施等准备工作;②排泥场围堰填筑(含隔埂填筑),同时进行退水口门、排泥场防渗处理措施等施工;③河道开挖、支河口拉坡处理施工;④河道开挖达设计标准后,进行系混凝土块软体沉排、船舶停靠点、跨河建筑物影响处理以及水土保持工程措施等施工。

2. 工期节点控制

具体详见表4-2-2。

表4-2-2 河道工程各标段工期节点控制汇总表

序号	节点工期(年月)	主要完成施工内容 河道工程Ⅰ标	主要完成施工内容 河道工程Ⅱ标	主要完成施工内容 河道工程Ⅲ标
1	2013.02	工程开工		
2	2013.03	西1~3排泥场一期围堰填筑(含隔埂及防渗措施)	西10排泥场土方预挖	排泥场一期围堰填筑(含隔埂及施工期防渗措施)
3	2013.07			西13、15、17、18排泥场土方预挖
4	2014.05	高港枢纽以北河道开挖	排泥场一期围堰填筑(含隔埂及施工期防渗措施)	
5	2014.06	东1、2排泥场一期围堰填筑(含隔埂及防渗措施)		
6	2014.10	现状损坏护砌维修	河道开挖	船舶停靠点
7	2015.02	跨河桥梁桥墩周边河床防护		河道开挖
8	2015.03	高港枢纽以南段河道开挖	现状损坏护砌维修	现状损坏护砌维修和跨河桥梁桥墩周边河床防护
9	2015.05	系混凝土块软体沉排、船舶停靠点、闸前河床抛石防护以及水土保持工程措施施工	系混凝土块软体沉排和水保工程措施	
10	2015.06	工程完工		

（二）二线船闸工程

为尽快发挥二线船闸航运效益，结合工程规模、水文特点及施工项目的具体情况，二线船闸工程施工计划工期27个月，拟于2012年12月底开工，2015年2月完工。

1. 施工顺序

二线船闸计划工期为27个月，其中上游围堰跨汛施工，下游围堰为非汛期标准。施工中遵照先深后浅、先主后次的原则，合理安排施工顺序。主要工序包括施工准备、围堰修筑、土方开挖、施工降水、基础及防渗工程施工、闸首结构、闸室结构、上下游导航墙、闸门安装、电气自动化设备安装、水土保持等。

2. 工期节点控制

具体详见表4-2-3。

表4-2-3　二线船闸工程工期节点控制表

序号	节点工期(年月)	主要完成施工内容
1	2012.12	工程开工
2	2013.02	临时设施搭建及门卫值班室、售票室等迁移
3	2013.04	上游钢板桩围堰施工及原一线导航墙的加固，具备挡水条件
4	2013.05	下游新建导航墙水上排桩施工
5	2013.06	下游西侧导航墙延伸段400 m
6	2013.10	上游闸首
7	2014.03	下游闸首
8	2014.04	闸室
9	2014.05	水下工程具备验收条件
10	2014.06	下游西侧导航墙1 200 m
11	2014.11	剩余下游西侧导航墙及墙后大堤填筑、护坡施工
12	2015.02	工程完工

四、投资计划

泰州引江河第二期工程总工期32个月，审核静态总投资69 583万元。计划2012年度完成投资1 797万元，2013年完成投资30 579万元，2014年完成投资28 386万元，2015年完成投资8 821万元。

泰州引江河第二期工程年度投资计划安排详见表4-2-4。

根据施工工期安排和工期节点控制要求,河道工程直接投资为30 449万元,主体工程施工期每月需完成投资705万~2 161万元;二线船闸工程直接投资为27 229万元,主体工程施工期每月需完成投资1 250万~1 820万元。

表4-2-4 泰州引江河第二期工程年度投资计划表

年份	月份	投资计划(万元)	年份	月份	投资计划(万元)
2012年	11月	500		3月	2 748
	12月	1 297		4月	2 657
2013年	1月	1 598		5月	2 388
	2月	2 279		6月	2 969
	3月	3 706	2014年	7月	2 789
	4月	4 128		8月	1 532
	5月	3 127		9月	1 532
	6月	2 508		10月	1 737
	7月	2 390		11月	2 005
	8月	2 207		12月	1 927
	9月	1 910		1月	1 919
	10月	2 074		2月	1 690
	11月	2 280	2015年	3月	1 675
	12月	2 371		4月	1 655
2014年	1月	2 899		5月	1 618
	2月	3 203		6月	265
合计			69 583(含预备费3 262万元)		

五、施工技术难点及措施

主要对河道工程施工中河道疏浚、系混凝土块软体沉排、沿线桥梁桥墩处河床开挖及模袋混凝土防护施工以及施工期间对通航的影响进行了分析,并提出了具体措施。对二线船闸工程施工中上下游围堰、围封截渗及降排水、基坑支护、地连墙施工、闸室墙位移控制等进行了研究,提出了具体措施。

六、安全隐患排查

为确保工程建设顺利开展,维护社会稳定,营造良好环境,二期建设局进行安全隐患排查、评估后,提出了一系列具体举措,主动向当地党委政府汇报,紧紧依靠当地水利部门,加强与当地海事、公安、供电等部门的沟通协调。与泰州市、扬州市江都区、江苏省泰州引江河管理处进行对接,协调解决征地拆迁工作中的矛盾,为工程顺利建设创造良好的施工环境。

第三节　建设管理

一、招投标管理

2012年11月1日,江苏省发展和改革委以《省发展改革委关于泰州引江河第二期工程初步设计的批复》(苏发改农经发〔2012〕1592号)批复初步设计后,二期建设局立即着手招标投标工作,并委托江苏省鸿源招标代理有限公司(以下简称"鸿源招标代理")代理招标。

(一)河道工程

河道工程浚深总长度为23.476 km,河底高程高港枢纽—鲍徐(桩号0+000—16+000)段—6.0 m,边坡1∶5,鲍徐—新通扬运河(桩号16+000—23+846)段—6.5 m,边坡1∶3,底宽均为70 m。沿线设置19个排泥场,5个集中堆土区,新建4 km船舶停靠点,铺设系混凝土块软体排,维修损坏护砌,进行跨河建筑物影响处理等。计划工期29个月,拟于2013年2月开工,2015年6月底完成工程全部内容。

1. 分标方案

河道工程设置了19个排泥场,5个集中堆土区,共24处,最大排高达12 m,最远排距达2.2 km。19个排泥场经分析计算,有15个渗流稳定不安全,24 km河道中有10 km以砂性土为主,土质杂乱,渗透系数较大,渗透性较强,再加上河道工程全线不断航施工,系混凝土软体沉排施工工序复杂等因素,增加了工程的复杂性和施工难度。河道工程共分5个标段:1个监理标、3个施工标(河道施工Ⅰ标、Ⅱ标、Ⅲ标),水土保持工程标(与二线船闸共同招标),国内公开招标。

2. 资格预审文件编制及评审结果

为提高投标人投标的针对性、积极性,减少评标阶段的工作量,缩短评标时间,提高评标的科学性、可比性,河道工程招标采用资格预审的办法。鸿源招标代理组织二期建设局、设计单位、部分工程专家等进行了招标文件审查,并于2013年2月1日发布招标公告。招标文件对申请人资质条件、能力和信誉提了如下要求。

申请人资质条件及业绩要求:投标人须具备水利水电工程施工总承包或港口与航道工程施工总承包一级及以上资质,近5年内(指2008年1月1日以来,时间以合同签订时间为准)具有类似河道疏浚工程(单项合同价在4 000万元及以上)的业绩。具有建设行政主管部门颁发的安全生产许可证。

拟任的项目经理及项目技术负责人资格:投标人拟任的项目经理应具备水利水电专业或港口与航道专业一级注册建造师资格证书,具有高级职称,有15年以上的工作经历和近5年内类似工程担任项目经理(或项目副经理或技术负责人)的业绩;拟任的项目技术负责人应具有高级职称,有15年以上的工作经历并具有类似工程施工经历。

其他要求:企业主要负责人、项目经理、专职安全员均应具有相应行政主管部门颁发的安全生产考核合格证。投标单位信用等级不低于江苏省水利厅"C一级(暂定C级)"标准。江苏省省外投标人须已在江苏省水利厅备案。经检察院全国联网查询(投标人和拟任项目经理)无行贿犯罪记录。本次招标不接受联合体投标。

2013年2月19日,河道工程施工Ⅰ标、Ⅱ标、Ⅲ标共有21家投标申请人参加了资格预审,经评审,共有11家通过资格预审。

3. 招标文件编制及评审结果

河道工程共有3个施工标,每个投标申请人可投3个标段,但最多只能中一个标段。如某个投标人在2个(或3个)标段均排名第一,则按大标优先的原则进行推荐。已经被推荐为第一中标候选人的投标人,不再参加其后合同的中标候选人推荐。

采用综合评估法。评标委员会对满足招标文件实质性要求的投标文件,按照规定的评分标准进行打分,评标积分为所有评委打分去掉最高打分和最低打分各一个后的算术平均值,并按得分由高到低顺序推荐中标候选人。综合评分相等时,以投标报价低的优先;投标报价也相等的,由评委会确定。

分值构成有:(1) 施工组织设计;(2) 项目管理机构;(3) 投标报价;(4) 项目经理答辩;(5) 信用等级及财务状况组成。其中施工组织设计评分35分(施工方案与技术措施24分、质量管理体系与措施1分、安全及文明工地管理体系与措施2分、工程进度计划与措施1分、施工人员配备1分、施工机具配置6分)、项目管理机构评分标准6分、投标报价评分50分、项目经理答辩3分、信用等级及财务状况6分。

招标文件中设立质量目标措施费。工程竣工验收时工程质量达到优良等级,则支付质量目标措施费,其费用为承包人合同价的0.5%。

鸿源招标代理向通过资格预审的共11家投标申请人发送了投标邀请书,各投标申请人以书面方式进行了投标确认,并购买了招标文件。

在规定的投标截止时间(2013年4月10日上午10:00)前,鸿源招标代理共收到投标单位递交的27份投标文件。经过专家评委共同评审,河道3个标段,施工Ⅰ标、Ⅱ标、Ⅲ标分别由江苏省水利建设有限公司、南京市水利建筑工程有限公司、扬州水利建筑工程公司中标。

(二) 二线船闸工程

二线船闸尺度为230 m×23 m×4 m,上下闸首均采用钢筋混凝土整体坞式结构,上下闸首均设检修门槽,工作闸门均为钢质三角门,采用液压直推式启闭机起闭,廊道阀门为钢质平板门,液压启闭机启闭。

1. 分标方案

考虑施工工期、施工方法、施工强度及施工技术等方面要求,本着便于建设管理、减少各专业之间的干扰,同时发挥市场各专业优势,节省工程投资的原则,共分8个标段:1个监理标、1个钢筋采购标、6个施工标(土建施工及设备安装标、钢闸门采购标、液压启闭机采购与安装标、自动化监控与视频监视系统标、附属设施工程标、水土保持工程标)。本书仅对土建施工及设备安装标进行阐述。

2. 土建施工及设备安装招标文件编制及评审结果

二线船闸土建施工及设备安装采用国内公开招标,对申请人资质条件、能力和信誉提了如下要求:

投标人须具备水利水电工程施工总承包或港口与航道工程施工总承包一级及以上资质,近5年内(指2008年以来,时间以合同签订时间为准)具有类似工程(指合同价在7 000万元以上的船闸、船坞、水闸、泵站)的业绩,具有建设行政主管部门颁发的安全生产许可证,并在人员、设备、资金等方面具有相应的施工能力。投标人拟任的项目经理应具备水利水电专业或港口与航道专业一级注册建造师资格证书,具有高级职称,有15年以上的工作经历和近5年内类似工程担任项目经理的业绩,拟任的项目技术负责人应具有高级职称、15年以上的水利水电工程施工经历。企业主要负责人、项目经理、专职安全员均应具有水行政主管部门颁发的安全生产考核合格证。投标单位信用等级须江苏省水利厅评审为暂定C级及以上。江苏省省外企业(单位)投标必须先通过江苏省水利厅备案。本次招标不接受联合体投标。资格审查采用资格后审的形式。

鸿源招标代理于2012年11月5日组织二期建设局、设计院、部分工程专家等进行了招标文件审查。

采用综合评估法。评标委员会对满足招标文件实质性要求的投标文件,按照规定的评分标准进行打分,评标积分为所有评委打分去掉最高打分和最低打分各一个后的算术平均值,并按得分由高到低顺序推荐中标候选人。综合评分相等时,以投标报价低的优先;投标报价也相等的,由评委会确定。

分值构成有:施工组织设计,项目管理机构,投标报价,信用等级,财务状况,项目经理答辩。其中,施工组织设计32分、项目管理机构8分、投标报价50分、信用等级3分、财务状况2分、项目经理答辩5分。

在规定的投标截止时间(2012年12月3日上午10:00)前,鸿源招标代理共收到投标单位递交的5份投标文件。经评审,江苏省水利建设有限公司中标。

(三) 水保招标

水土保持工程包括二线船闸和河道工程两部分。共分1个标段,计划从2015年3月中旬开工,工期为120 d。

1. 二线船闸工程的水土保持工程

利用白三叶和红三叶草坪覆盖裸露地面;沿二线船闸管理区范围道路间隔种植樱花、香樟;二线船闸调度中心和上下游远调站周边的植物措施以及管理区北侧一处弃土区的顶面防护。

2. 河道工程的水土保持工程

为减少弃土区扬尘,河道疏浚施工基本结束后,部分弃土区表面铺设了一层100 g/m² 的土工布。

(1) 顶高程3 m以下的船舶临时停靠点平台以及施工破坏的原有堤防植被铺植百慕大草皮,顶高程3 m以上的船舶临时停靠点平台以及施工破坏的原有堤防分片撒播白三叶和红三叶草。

(2) 沿河道西侧巡查道路间隔种植一排高秆女贞和紫薇,株距3 m。

(3) 弃土区对顶、坡面采取分片撒播白三叶和红三叶草进行防护,其中砂土段排泥场,在一期工程与二期工程围堰结合处坡面种植宽50 cm的麦冬,密度20株/m²,并在顶部种植意杨或高杆女贞林,行距5 m,株距6 m,其中重黏土段西15、西18、西21弃土区不种植草坪,仅对堤顶种植乔木。

3. 投标人须具备下述资格要求

(1) 资质要求:投标人应是具有园林绿化施工二级或以上资质的独立法人单位。

(2) 施工业绩要求:近5年内(2010年1月1日以来,时间以合同签订时间为准)有类似工程(指合同价500万元及以上的园林绿化工程,需同时提供中标通知书、合同协议书、完工验收证明,缺一不可)施工业绩且工程质量合格(含合格)等级以上。

(3)项目经理要求:拟任的项目经理应具有园林工程师中级及以上职称,且近5年内(2010年1月1日以来、时间以合同签订时间为准)有类似工程的项目经理业绩(须按类似工程要求提供相关证明原件)。

分值构成:施工组织设计30分、投标报价60分、信用等级5分、项目经理答辩及现场踏勘5分。

采用综合评估法。评标委员会对满足招标文件实质性要求的投标文件,按照规定的评分标准进行打分,评标积分为所有评委打分去掉最高打分和最低打分各一个后的算术平均值,并按得分由高到低顺序推荐中标候选人。综合评分相等时,以投标报价低的优先;投标报价也相等的,由评委会确定。

在规定的投标截止时间前,共29家投标,经评审,江苏清源绿化工程有限公司中标。

(四)服务标

水土保持监测、环境保护监测、质量检测3个服务标,两次招标均不足3家,招标失败,经报江苏省水利工程招标投标管理办公室批准由公开招标改为合同谈判。

主要标段招投标情况见表4-3-1。

表4-3-1　泰州引江河第二期工程主要标段招投标情况一览表

序号	标段名称	招标方式	中标单位	中标价(元)	签约日期	备注
1	船闸工程建设监理	公开招标	江苏省苏水工程建设监理有限公司	所监理工程结算价×1.65%	2012.12.12	甲级
2	土建施工及设备安装		江苏省水利建设工程有限公司	224 886 688.00	2012.12.12	一级
3	钢筋采购		江苏省防汛物资储备中心	41 262 140.00	2012.12.27	
4	钢闸门采购		江苏省水利机械制造有限公司	12 998 018.00	2013.03.05	
5	液压启闭机采购与安装		江苏武进液压启闭机有限公司	3 851 761.00	2013.03.05	
6	自动化监控、视频监视系统		合肥三立自动化工程有限公司	2 367 844.50	2014.02.18	
7	附属设施		江苏江博建设有限公司	11 217 101.42	2014.07.31	
8	水土保持工程标		江苏清源绿化工程有限公司	2 809 281.01	2015.03.11	
9	河道工程建设监理		盐城市河海工程建设监理中心	所监理工程结算价×1.65%	2012.12.12	甲级
10	河道工程施工Ⅰ标		江苏省水利建设工程有限公司	82 626 192	2013.04.23	一级
11	河道工程施工Ⅱ标		南京市水利建筑工程有限公司	101 673 140.82	2013.04.23	一级
12	河道工程施工Ⅲ标		扬州水利建筑工程公司	77 931 392.01	2013.04.23	一级

二、施工准备阶段

在做好招投标工作的基础上,二期建设局积极做好以下施工准备工作。

(一)加强施工图审查,督促做好设计技术交底工作

招标确定江苏省水利勘测设计研究院有限公司(以下简称"设计单位")承担本工程的设计工作。设计单位根据工程建设情况分批提交施工图纸,施工图共分8批提供。

第一批施工图:二线船闸土建第一批施工图,主要包括工程总体布置图;工程各部位结构布置与地基处理图;基坑开挖与支护布置图;地基防渗与结构止水结构布置图;上下闸首与闸室地连墙、锚碇结构及灌注桩基础配筋图;上下游东侧导航墙、翼墙及下游引航道结构配筋图以及上下游靠船辅助设施结构布置与大样图等。

第二批施工图:二线船闸三角门、阀门及浮式系船柱施工图等。

第三批施工图:二线船闸土建第二批施工图,主要包括上下闸首与闸室结构配筋图;闸上公路桥上部结构与墩台基础配筋图;上游西侧导航墙、翼墙及靠船墩配筋图以及上下游护坦配筋图等。

第四批施工图:河道工程三个施工标段施工图,主要包括河道工程平面布置图;河道开挖设计横断面图;船舶临时停靠点平面布置图、剖面布置图、钢筋图;系混凝土块软体沉排典型设计图;模袋混凝土防护设计代表断面图;排泥场退水口门典型设计图;临时弃土区水土保持工程措施典型设计图;永久弃土区水土保持工程措施典型设计图;河道工程永久弃土区排水系统示意图;船舶临时停靠点工程地质钻孔位置图、地质剖面图;排泥场泥水分离场地布置图和剖面图等。

第五批施工图:二线船闸土建第三批施工图,主要为上游售票临时停泊点结构布置与配筋图。

第六批施工图:二线船闸人行便桥施工图。

第七批施工图:主要为上下游远调房、上下闸首、调度中心等房屋建筑及附属设施等。

第八批施工图:主要为水土保持植物措施,二线船闸区、弃土区等管理范围内的植物防护等。

二期建设局委托江苏省水利工程科技咨询有限公司负责施工图纸的咨询任务,于2013年1月14、5月23日、10月21日、2014年8月14日等分批对施工图进行审查,及早发现问题,并将咨询意见及专家审查意见转发设计单位,要求设计单位及时完善工程设计,进一步优化设计图纸。二期建设局督促组织设计、监理、施工等单位进行技术交底,设计单位就工程设计的要求和施工注意事项及时与监理和施工单位沟通。

(二)委托第三方检测,办理质量、安全监督申请等申报手续

通过招标确定江苏省水利建设工程质量检测站对工程质量进行第三方检测,二期建设局与江苏省水利建设工程质量检测站签订了检测合同,检测内容和频次参照江苏省水利厅《关于印发〈江苏省水利工程建设项目法人委托质量检测实施办法(暂行)〉的通知》(苏水规〔2011〕2号)、《江苏省水利工程施工质量检验与评定标准》(送审稿)执行。

二期建设局及时向工程质量监督机构提出工程质量监督申请,主动接受工程质量监督(苏泰引建〔2012〕6号,《关于申请对泰州引江河第二期工程建设实施质量监督的请示》),江

苏省水利工程质量监督中心站成立巡查组(苏水质监〔2012〕70号,《关于对泰州引江河第二期工程实施质量监督的通知》)对工程全过程开展质量监督。

二期建设局主动申请江苏省水利工程建设局对工程开展安全监督工作(苏泰引建〔2012〕10号,《关于申请对泰州引江河第二期工程安全监督的请示》),省水利工程建设局及时进行批复,并专门成立工程安全监督项目组(苏水建安监〔2012〕10号,《关于对泰州引江河第二期工程安全监督的批复》),负责本工程施工期安全生产监督活动。

(三)配合有关单位做好征(占)地、拆迁等工作

工程永久占地合计3 415.94亩,均为一期工程已征国有水利用地;临时占地工587.08亩,均为农村集体土地。永久占地范围为弃土区永久征地及高港枢纽二线船闸征地;临时占地范围包括河道部分排泥场、施工场内交通道路占地、施工驻地占地、材料、设备仓库占地、退水沟及排泥管占地等。

为切实做好建设征(占)地拆迁和移民安置工作,维护移民合法权益,保障工程建设顺利进行,根据《大中型水利水电工程建设征地补偿和移民安置条例》(国务院第471号令)规定,二期建设局分别与江苏省泰州引江河管理处、泰州市水利局、泰州市海陵区人民政府、泰州市高港区人民政府、扬州市江都区人民政府等单位签订征(占)地及移民安置协议。

沿线政府和管理单位加强工程征(占)地拆迁和移民安置工作的组织领导,建立征(占)地拆迁工作领导小组及工作机构,具体组织实施境内征(占)地补偿和移民安置工作,落实包干责任制,做到包组织实施、包经费总额、包工程进度、包拆迁安置限期完成。编制年度征(占)地拆迁和移民安置计划。配合设计单位编制境内征(占)地补偿和移民安置工作实施方案,按时完成本协议规定的工作任务,层层落实责任制,做到部署明确、政策落实、宣传到位、工作细致、开展有序。按期完成境内的征(占)地拆迁及移民安置工作,具备进场施工条件。做好境内征(占)地拆迁工作中宣传教育、矛盾化解和突发事件调处,确保正常施工秩序和社会稳定。做好房屋、附属建筑物拆迁和人口安置工作;按时完成有关单位及企业的迁建和职工安置工作;及时实施有关水利、交通、电力、通信等专项设施的迁建;按照规定使用、管理好征(占)地拆迁和移民安置资金。建立健全征(占)地补偿和移民安置档案,一户一卡建立档案,及时统计、分类保管,确保档案资料完整、准确和安全。征迁安置机构定期向本级人民政府和主管部门及二期建设局报告工作,并加强与二期建设局联系和协调。征迁安置机构服从监理人员对征(占)地拆迁和移民安置工作的监理,对其提出的相关问题,及时纠正整改。征(占)地拆迁和移民安置工作结束后,征迁安置机构及时编制完成移民资金财务决算,提交政府审计,并及时做好总结报告,提出验收申请。

二期建设局对征地拆迁进行了排查,并提出了一系列具体举措,主动向当地党委政府汇报,紧紧依靠当地水利部门,加强与当地海事、公安、供电等部门沟通协调,积极协调施工范围内存在的征迁矛盾和问题,满足工程建设需要。同时,二期建设局对工程建设过程中存在的安全隐患进行了排查,二线船闸实现全封闭施工与当地公安部门进行警地合作,在工程现场设立治安管理办公室,为工程建设创造良好的施工环境,确保工程建设顺利开展。

(四)编制、上报项目年度建设计划和建设资金申请,配合有关部门落实年度建设资金

工程开工伊始,二期建设局结合工程招标及总体建设安排,编制完成了工程分年度用款

计划：2012年度3 000万元、2013年度34 697万元、2014年度31 886万元，以苏泰引建〔2013〕16号文上报江苏省水利厅。年度建设资金按计划顺利落实。

（五）制订工程质量与安全事故应急预案

为提高对工程发生重大质量与安全事故的快速反应能力，确保科学、及时、有效地应对工程重大质量与安全事故的处理，有效预防、及时控制事故的危害，最大限度地减少人员伤亡和财产损失，维护社会稳定，保证工程建设顺利进行，根据国家、水利部、省有关规定，结合工程的特点，二期建设局制订了《泰州引江河第二期工程重大质量与安全事故应急预案》。

重大质量与安全事故主要包括：施工中土石方塌方和结构坍塌安全事故；特种设备或施工机械安全事故；施工围堰坍塌安全事故；施工场地内道路交通安全事故；施工中水上交通安全事故；施工安装安全事故；施工中发生的各种重大质量事故；其他原因造成的水利工程建设重大质量与安全事故。

工程建设中发生的自然灾害（如台风、洪水、地震等）、公共卫生、社会安全等事件，依照国家和地方相应应急预案执行。

三、建设实施阶段

（一）办理开工备案手续

2012年12月13日，二期建设局向江苏省水利厅上报了工程开工申请报告。2012年12月15日，江苏省水利厅以《关于泰州引江河第二期工程开工申请的行政许可决定》（苏水许可〔2012〕190号）批复了工程开工申请，同意工程开工建设。

（二）严格质量管理，争创优质工程

二期建设局始终坚持"百年大计，质量第一"的方针，将工程质量作为重中之重。紧紧围绕创优目标，成立创优领导小组，编制质量创优规划。从设计到施工准备，从材料、设备的组织供应到工程开工、实施，直到分部工程评定验收，严格控制工程质量的各个环节，认真贯彻执行"项目法人负责、施工单位保证、监理单位控制和政府部门监督"的工程质量保证体系，严把工程材料关和施工过程检验关，各参建单位建立健全质量管理体系，严格执行"三检制度"，强化过程质量控制，确保已完成工程质量满足设计和规范要求。

1. 工程质量管理体系

成立质量管理领导小组。为切实加强工程质量管理工作的组织领导，规范工程建设质量管理行为，争创国家、省级优质工程，二期建设局成立省泰州引江河第二期工程质量管理领导小组（苏泰引建〔2013〕1号，《关于成立省泰州引江河第二期工程质量管理领导小组的通知》）。质量领导小组督促参建各方建立健全质量保证体系和质量责任人网络，层层落实质量管理责任制。根据工程建设进展，及时调整质量管理领导小组。从班组到作业队、项目经理部和监理部均建立质量网络。总监和项目经理均为各自单位的第一质量责任人，有关技术人员负技术责任。明确质量管理的职责，并把单位、分部、单元工程质量管理责任分解到各单位的责任人，按身份证登记、造册备案，同时还经常对质量网络运行情况进行检查，以保证质量责任网络真正发挥作用。

建立质量管理制度。为保障质量管理体系的正常运行，参建各方建立各项质量管理制度,明确质量管理责任,努力实现规范运作、科学管理,履行相应的质量管理职责。

争创优质工程。二期建设局成立了创优领导小组(苏泰引建〔2013〕18号,《关于成立省泰州引江河第二期工程创优领导小组的通知》)。领导小组组织参建各方编制工程质量创优规划,建立创优管理网络和保证体系。邀请质量管理方面的专家到现场讲课、到现场指导、到现场咨询,不定期召开质量管理工作会议,开展质量管理年活动,加强强制性条文学习,提高参建各方的质量管理意识和水平。为进一步明确工程创优目标、创优组织及创优措施,使创优工作顺利实施,最终实现工程的创优目标,二期建设局组织编制了《江苏省泰州引江河第二期工程创优规划》,并要求参建单位编制相应的创优规划,紧紧围绕创优目标,加强质量管理,严控工程质量,以确保工程建设成为优质工程。

2. 严格控制"六关"

严格控制人员设备关、原材料关、开工审批关、技术培训关、重大技术关、质量检测关。强化源头管理,强化质量控制,针对容易出现问题的环节、部位,提前研究控制措施,预防出现质量问题。

一是严格控制人员设备关。要求施工单位严格按投标书承诺配备技术人员,项目经理、技术负责、试验、测量人员必须落实到位,技术人员数量必须能满足施工需求,不得擅自变更或减少,如变更须履行相关手续,并必须保证变更人员技术水平不低于招标文件的要求。项目经理和技术负责人、试验负责人要常驻施工现场。监理组人员必须满足对施工单位各道工序全过程旁站监理的需要以及质量管理、合同管理的需要,监理组人员如需离开岗位,必须事前向二期建设局请假。要求施工单位应严格遵守投标文件中对机械设备、试验检测设备在数量质量上投入使用的承诺,根据施工项目的不同要求配置相应的施工机械设备,现场施工设备不能满足施工质量和进度需要的,必须无条件增加施工设备的投入。

二是严格控制原材料关。选择了实力较强的混凝土供应商,并要求其提交混凝土相关质量保证书。黄砂、石子实行专供专用,水泥进行封罐,并在浇筑前由监理见证取样并送检测单位检测,合格后方可使用。工程使用的钢筋均为大型企业产品,并得到建设、监理的认可。选择有实力的专业产品供应单位。产品供应单位招标过程中明确资质要求,确保单位实力。要求施工单位必须按照招标文件、设计文件规定的品质、规格选购水泥、黄砂、石子、沥青等原材料,做到每进必检,对每批次原材料进行100%频率质量检验。为缩短检测时间,监理组按规定频率可以与施工单位同时取样独立检测,同时必须对施工单位的每批次抽检实行100%旁站督检,凡不合格的原材料一律不准使用。

三是严格控制开工审批关。要求施工单位在每项工程开工前都要向监理单位上报施工方案,经监理审查后报二期建设局审核备案,经审查通过后方可施工。要求所有分部工程开工或下道工序施工必须遵守审批和验收程序,分部工程开工必须经监理和二期建设局检查批准后开工,下道工序必须经监理组对上道工序验收合格并签字认可后方可进入下道工序施工。

四是严格控制技术培训关。二期建设局在招标文件中明确相应的强制性条文,要求参建单位严格执行,并不定期考核强制性条文执行情况。工程建设过程中,为促进参建人员更好理解和执行强制性条文内容,二期建设局分发《工程建设标准强制性条文》给各参建单位,传达水利部、省水利厅关于强制性条文方面的文件精神,组织全体人员学习强制性条文内容,要求参建各方在工程建设过程中要严格执行强制性条文,积极参与强制性条文培训,并针对强制性条文组织考试学习。为熟练掌握水利工程施工质量检验与评定的新要求,规范、有序推进质量管理工作,确保工程质量,实现工程创优目标,多次召开《江苏省水利工程施工质量检验与评定标准》宣贯培训。主要分部工程开工前,监理组、施工单位必须组织详细的技术交底和施工监理人员的技术培训,监理人员和施工单位技术人员必须熟悉施工规范、施工工艺、施工工序的质量标准和控制要求。

五是严格控制重大技术关。二期建设局组织设计、施工、监理单位相关人员召开了施工组织设计审查会;邀请泰州引江河第二期工程建设专家组召开了二线船闸闸首深基坑开挖、大体积混凝土浇筑、二线船闸施工降排水及施工期一线船闸安全监测等专项方案审查会。要求设计单位根据本工程特点及地质条件,就本工程基坑支护及降排水对一线船闸安全影响进行分析研究,提出安全保障措施,并由施工单位制订相应预案。

六是严格控制质量检测关。在工程实施过程中,要求监理单位按照监理规范的要求,严格进行工程质量的抽样检测。与此同时,二期建设局还委托江苏省水利工程质量检测站对工程进行不定期质量检测。从2013年3月—2015年10月,检测站对工程原材料品质及实体工程施工质量进行了检测,共出具工程质量检测报告4份,主要检测内容包括:(1)工程原材料抽检,在工程现场原材料取样,送材料试验室检验。(2)土建工程实体,基桩桩身完整性、桩身承载力,混凝土强度检测,结构尺寸、结构立面垂直度、结构层面高程、结构表面平整度、钢筋保护层厚度,锚固筋拉拔;土方填筑干密度;堤防及河道断面测量;建筑物外观质量、裂缝情况及伸缩缝止水检查。(3)金属结构工程,锚杆制作,闸门、启闭机制作和安装,闸门启闭机联合试运行。

3. 积极配合质量监督和检查,组织工程质量等级评定

工程监理、施工单位,按照有关规定、规范及工程招标文件要求,结合工程的具体情况,编报工程质量项目划分,报质量监督机构审批。参建各方认真积极配合质量监督机构对工程质量的监督检查;对质量监督机构质量检查中提出的意见,二期建设局及时转发各监理、施工单位,并督促逐条落实整改,并将整改意见报送质量监督机构。对施工中的重大技术问题或缺陷,二期建设局主动邀请质量监督机构一起参加研究。

工程完工后,在施工单位自检自评的基础上,监理单位进行复检复评,检测单位进行抽检,项目法人最终提出工程质量等级建议意见,对已完的分部工程、单元工程质量等级在施工单位自评、监理单位复核(核定)、项目法人认定的基础上,二期建设局组织设计、监理、施工及运行管理等单位共同检查核定重要隐蔽单元工程、关键部位单元工程质量等级,并进行工程外观质量检验与评定,最终报质量监督机构核定。

2014年5月17日,水利部淮河水利委员在工程现场组织质量检查活动,对工程质量管理给予较高的评价。

4. 质量核备与核定

根据江苏省水利工程质量监督中心站的《泰州引江河第二期工程竣工验收质量监督报告》,质量核备与核定如下:依据《水利水电工程施工质量检验与评定规程》(SL 176—2007)、《水利工程施工质量检验与评定规范》(DB32/T 2334—2013)、《建筑工程施工质量验收统一标准》(GB 50300—2001)及有关规程、规范和技术标准,在施工单位自评,监理单位复评,项

目法人确认的基础上,结合质量监督检查、检测和工程实际运行情况,质量监督机构备案了分部工程施工质量,核定了单位工程施工质量。

二线船闸主体单位工程,共17个分部工程,施工质量全部合格。闸首段等16个分部工程按《水利工程施工质量检验与评定规范》进行质量检验与评定,质量全部合格,其中14个优良,分部工程优良率87.5%;1个桥梁分部工程按《公路工程质量检验评定标准》检验评定,质量合格。单位工程外观质量得分率为92.9%,单位工程混凝土耐久性能符合设计和规范要求,工程质量检验与评定资料齐全,工程初期运行正常。核定二线船闸主体单位工程施工质量合格,且为优良等级。

房屋建筑及附属设施单位工程,包括调度中心、传达室、上下游远调站、上下游闸首、室外工程等5个子单位工程,共27个分部工程,按《建筑工程施工质量验收统一标准》检验与评定,施工质量全部合格。按《水利工程施工质量检验与评定规范》评定单位工程外观质量,外观质量得分率为89.7%。工程质量检验与评定资料齐全,工程初期运行正常。核定房屋建筑及附属设施工程单位工程施工质量合格,且为优良等级。

河道工程Ⅰ标单位工程,包括河道疏浚、防护等8个分部工程,按《水利工程施工质量检验与评定规范》进行质量检验与评定,工程施工质量全部合格,其中7个优良,分部工程优良率87.5%。工程质量检验与评定资料齐全,工程初期运行正常。核定河道工程Ⅰ标单位工程施工质量合格,且为优良等级。

河道工程Ⅱ标单位工程,包括河道疏浚、防护等8个分部工程,按《水利工程施工质量检验与评定规范》进行质量检验与评定,工程施工质量全部合格,其中5个优良,分部工程优良率62.5%。工程质量检验与评定资料齐全,工程初期运行正常。核定河道工程Ⅱ标单位工程施工质量合格。

河道工程Ⅲ标单位工程,包括河道疏浚、防护等8个分部工程,按《水利工程施工质量检验与评定规范》进行质量检验与评定,工程施工质量全部合格,其中7个优良,分部工程优良率87.5%。工程质量检验与评定资料齐全,工程初期运行正常。核定河道工程Ⅲ标单位工程施工质量合格,且为优良等级。

水土保持单位工程,包括乔木种植等8个分部工程,按《水利工程施工质量检验与评定规范》检验与评定,工程施工质量全部合格,其中7个优良,分部工程优良率87.5%。工程质量检验与评定资料齐全,工程初期运行正常。核定水土保持单位工程施工质量合格,且为优良等级。

水文设施单位工程,由项目法人委托江苏省水文水资源勘测局泰州分局负责建设。该单位工程包括土建及附属工程等5个分部工程,其中土建及附属工程、外部供电、实验室环境改造等3个分部工程按《建筑工程施工质量验收统一标准》进行质量检验与评定,质量合格,泰州市建设工程质量监督站出具了《建设工程质量监督报告》;水文设备安装、缆道安装等2个分部工程按《水利工程施工质量检验与评定规范》进行质量检验与评定,质量优良。工程质量检验与评定资料齐全,工程初期运行正常。核定水文设施工程单位工程施工质量合格。

核定泰州引江河二线船闸主体单位工程施工质量优良,房屋及附属设施单位工程施工质量优良,河道工程Ⅰ标单位工程施工质量优良,河道工程Ⅱ标单位工程施工质量合格,河道工程Ⅲ标单位工程施工质量优良,水土保持单位工程施工质量优良,水文设施单位工程施工质量合格,单位工程优良率71.4%。

综上,核定泰州引江河第二期工程施工质量为优良等级。

（三）严格安全管理,确保工程安全

参建单位高度重视安全生产工作,始终坚持"安全第一,预防为主、综合治理"的方针,相继采取一系列有效措施,安全生产责任制及规章制度完善;制订针对性和操作性强的事故或紧急情况应急预案;实行定期安全生产检查制度;无重大安全事故,确保安全生产工作顺利开展,安全目标得以实现。

（1）健全组织机构,落实安全生产责任。为切实加强工程安全生产工作,二期建设局成立工程安全生产领导小组(苏泰引建〔2013〕2号,《关于成立省泰州引江河第二期工程安全生产领导小组的通知》)。领导小组按工程建设的总体要求,负责研究部署、指导、协调二期工程建设安全生产管理工作。分析二期工程建设安全生产形势,检查、督促工程建设安全生产,研究解决安全生产工作中的重大问题。指导和组织协调工程建设重特大生产安全事故及突发公共事件调查处理和应急救援工作。督促参建单位落实安全生产各项措施、成立相应安全生产领导小组,并对施工单位安全生产目标进行考核。督促参建单位按照安全监督要求,配合做好各阶段安全监督管理相关工作。二期建设局还与中标单位签订了安全生产合同,与监理、施工单位分别签订了安全生产目标责任书,并督促施工单位与各个科室班组分别签订了安全生产目标责任书。参建单位均成立了以主要负责人为第一责任人的安全生产领导小组,明确了安全生产专(兼)职人员,并将各分部、单元工程的安全责任落实到各单位的各级人员,责职分明,做到处处有人管,事事有人落实,特别是重要的危险源监控点均挂牌张贴了具体责任人。

（2）制订各项规章制度和操作规程,确保制度执行到位。二期建设局组织编制了《省泰州引江河第二期工程安全生产规章制度汇编》,并督促施工单位仔细研究本工程的特点,有针对性地编写各工种的岗位职责、员工安全手册、安全操作规程、安全技术交底制度、安全生产会议制度等相关制度,并将上述规章制度张贴到相应的工作岗位上。

（3）加强安全教育,强化安全生产意识。为了切实做好新进员工的岗前安全教育培训,确保不漏一人,二期建设局于开工之初即制订了《泰州引江河第二期工程安全教育培训计划》,并按照计划邀请省水利工程建设局安全监督处的有关专家进行了《水利工程建设安全突出问题及处理建议》安全生产知识讲座,组织参建各方参加培训。要求施工单位制订了"年度安全生产培训计划""岗前三级安全教育培训制度",并按照计划和制度进行培训考核,做好相关培训记录档案的整理工作,二期建设局定期对安全生产教育培训情况进行检查。二期建设局定期组织召开安全生产领导小组会议,学习安全法规、强制性条文或上级相关文件,丰富安全知识,提高安全意识。

（4）加大安全宣传力度,做到人人心中有安全。要求施工单位制订相应的安全生产管理制度、安全生产指导书。对工作人员进行安全教育和上岗登记,挂牌持证上岗。工地现场设立了醒目的安全警示标志和工地警务室。通过各种会议、宣传栏进行人性化的宣传,并通过组织质量安全月活动和安全生产知识问答竞赛等,加大宣传,营造良好的安全生产氛围。

（5）强化安全预案,确保工程安全。二期建设局督促施工单位根据工程的规模、结构、环境等实际情况，编制相应的安全生产保证计划、安全技术措施及作业指导书，重大危险源工程的施工编制专项施工方案（除相应的安全技术措施外，还包括监控措施、应急方案等内容）。监理部加强对各项施工方案中安全措施的审查和督促落实。对于重大的方案，如二线船闸闸首深基坑开挖、大体积混凝土浇筑、二线船闸施工降排水及施工期一线船闸安全监测等专项方案，二期建设局组织相关专家进行审查，确保工程安全。为确保二线船闸工程施工期间一线船闸的安全，根据二线船闸施工期一线船闸安全监测方案讨论会精神，二期建设局成立一线船闸安全监测协调小组。

（6）加大安全投入，确保专款专用。二期建设局组织编制了《安全生产费用保障制度》，有效保障了安全生产费用的投入并监督费用的使用。施工单位编制了安全生产费用计划，要求严格按照计划使用安全生产费，用于购置消防、安全帽、安全带、安全网等设施，并建立安全生产费统计表，确保安全生产费用做到专款专用，满足工程实际需要。施工单位还为施工人员办理了工伤保险和意外伤害险，完善施工人员的安全保障。

（7）加强安全生产目标考核，确保安全目标实现。二期建设局组织监理单位编制了《江苏省泰州引江河第二期工程二线船闸工程建设安全生产目标考核管理办法》《江苏省泰州引江河第二期工程河道工程建设安全生产目标考核管理办法》，并印发给各单位。工程设立安全生产目标保证金，由二期建设局按照合同价的1%在前六个月的工程进度款中等额预留。安全生产目标考核采取自查自评与组织考核相结合、年度考核与日常考核相结合的办法。安全生产检查每月至少进行一次，安全生产目标考核在施工期内分五次不定期考核。安全生产项目得分率是考核对象应当具备的安全生产指标，主要包括：安全管理、施工机具、施工用电、劳动防护用品、消防安全、模板工程、基坑支护等8个大项，考核采用合格制，合格标准为得分率85%。考核组织单位可以根据考核需要，经二期建设局同意适当调整考核项目。考评得分率达到85%时，在当月进度款中返还安全生产目标保证金的1/5。得分率低于85%的，项目部应按照监理单位处提出的整改要求，在规定期限内对不足的部位进行整改，并提交整改报告，经二期建设局和监理单位确认达到整改要求的，二期建设局在整改后的当月支付中返还保证金的1/5，如施工单位未在规定时间内整改或整改不到位的，由监理单位督促施工单位继续进行整改，直至二期建设局及监理单位认可，二期建设局在认可后的当月支付中按施工单位上次考核评分的百分比返还(百分数乘以保证金的1/5)，如施工单位拒绝整改，视为施工单位违约，则本次应返还的保证金，二期建设局不再返还施工单位，如工程范围内发生等级安全事故或造成人员伤亡事故，则扣罚中标人合同价的1%。

（8）开展安全生产检查，及时消除安全隐患。工程建设伊始，二期建设局组织对全线23.846 km河道进行了全面调研，对跨河桥梁、建筑及管线逐个排查，在排查中发现的问题及时进行整改。安全监督组在工程建设过程中开展了多次安全监督活动，对参建各方安全生产管理工作提出了明确要求，形成了《水利工程建设安全监督检查意见表》，二期建设局针对意见要求及时组织整改，并将整改情况及时反馈监督项目组。

二期建设局积极落实上级有关加强安全生产工作通知要求，组织开展工程安全检查、自查、自纠，强化安全措施，消除隐患，努力做到防患于未然。要求施工单位定期或不定期对施工现场进行安全生产检查，并建立隐患排查台账，对发现的安全隐患立即整改，并检查验收。建设、监理、施工巡查人员发现违规现象现场拍照，并由施工单位按相关规定进行处罚。建设、监理单位经常组织安全生产检查,并召开专题会议,针对检查中存在的问题,要求施工单位限期整改。二期建设局根据每月的安全检查情况,结合平时安全生产检查和考核情况,按时填报水利安全生产信息上报系统。

(9)主动协调外部关系,创造安全建设环境。二期建设局协调外部关系,与当地公安部门积极对接,保证了工程建设顺利开展。积极协调船闸交通桥侧面自来水管、网络线路及设备、有线电视线路、高压杆线等迁移工作,为拆除交通桥西边跨创造了条件。二线船闸施工临时道路经当地交警部门验收后投入运行。为防止行车运行影响周边人员的安全,专门购置了反光镜、限速带及警示标志牌,并安排专人值班。

(10)及时办理作业许可,确保施工安全。泰州引江河航运繁忙,来往船只较多,河道工程不断航施工,挖泥船、铺排船施工时占据水面较宽,影响过往船舶的通航安全和通航环境。施工单位进场后,根据相关规定,委托江苏中信安全环境科技有限公司进行了通航安全评估,并出具评估报告。同时建设局积极与海事部门沟通、协调,申请办理《水上水下活动许可证》,并发布航行通告。施工时,工程沿线设立警示标志,施工船只施工期间循环播放提示语音,确保了通航船只和施工船只的安全;在潜管敷设、桥下模袋混凝土施工等关键节点,提前与海事部门沟通,临时封航,并派海事艇维护通航安全。

根据江苏省水利工程建设局安全监督处《泰州引江河第二期工程竣工验收安全监督报告》,安全评价意见如下:泰州引江河第二期工程参建单位成立了安全生产组织机构,建立了安全生产责任制及安全生产规章制度、操作规程,组织开展职工安全教育培训,层层签订安全生产责任状,针对施工围堰、基坑支护及降水、脚手架及模板工程等危险性较大的工程,编制了安全专项施工方案;积极开展隐患排查治理工作,对排查出的一般事故隐患能及时整改到位。本工程作为我省水利安全生产标准化及《江苏省水利工程建设安全监督管理系统》首个试点项目,安全生产基础工作较为扎实,开工至今,未发现存在重大事故隐患,未发生等级以上生产安全事故。对历次安全监督检查意见中指出的问题,均能及时整改到位。

综上所述,泰州引江河第二期工程竣工验收安全评价等级为合格。

(四)加强现场管理,创建文明工地

(1)加强组织领导。为提高工程建设管理水平,加强工程建设的制度化、规范化、标准化,树立工程文明建设管理的形象,二期建设局成立了文明工地建设领导小组[《关于成立省泰州引江河第二期工程文明工地建设领导小组的通知》(苏泰引建〔2013〕3号)]。领导小组按照工程建设的总体要求,开展精神文明建设、生产施工区环境建设,注重营造创建氛围,注重规范化管理,注重文明施工,注重安全生产,注重维护施工人员权益,注重提升创建水平。督促各参建单位加强学习,结合各自特点和条件,制订切实可行的文明工地创建工作计划、成立相应的文明工地建设领导小组,努力做到全员参加、全过程进行、全方位展开。根据工程的实施进度情况,对参建单位创建文明工地活动开展检查和考核。

为深入开展劳动竞赛活动,进一步调动广大工程建设者在工程建设中的积极性、主动性、创造性,根据省水利厅《关于开展江苏水利系统治淮工程劳动竞赛活动的通知》(苏水建〔2015〕74号)的要求,二期建设局成立工程劳动竞赛领导小组。领导小组经常研究部署、指导、协调、检查工程的劳动竞赛活动工作。组织制订工程劳动竞赛活动方案。各参建单位都成立了以主要负责人为组长的文明工地创建领导小组,下发了关于开展文明工地创建活动的通知,制订了文明创建活动计划,为文明工地创建活动提供了组织保障和制度保障。各单位还定期召开工作联系会议,就文明工地创建工作进行专题研究。二期建设局在每月的工程建设例会上对创建情况进行考核,对考核中发现的问题,及时反馈,限期整改。

(2)落实创建措施,建立健全各项规章制度。二期建设局根据工程施工的实际情况,会同监理、施工单位建立和完善了各项管理制度,制订了《文明工地建设制度》《工程质量管理制度》《安全生产管理制度》《工作人员守则》《处室工作职责》等一系列规章制度,并上墙公示,为规范建设管理、文明施工提供了切实可行的制度依据。

(3)积极营造良好的生产生活环境。施工单位设置了有淋浴设备的浴室和卫生达标的职工食堂等生活必要设施。进场宽阔平整的硬化路面与生产、生活区混凝土道路连接,宽大的门楼及整齐的办公及生活用房、宽敞的停车场、高耸的旗杆、整齐的供电线路、清洁有序的卫生包干区等构成了美好的生产生活环境。建设现场办公、生活、工作场区,水电、道路设施,料场等集中布点、统一规划。现场道路做到平整、畅通,在天气干燥和灰尘大的情况下每天对施工道路洒水,保证工地的施工环境整洁;施工区内设立工程简介、施工总平面布置图和企业形象宣传等大型标牌;在基坑和高空作业等危险区域设有醒目的安全警示标志牌。施工现场的砂石材料、钢管、扣件、脚手的堆放做到整齐划一;做好施工区的排水,确保无严重积水现象;施工区的建筑垃圾集中堆放并及时清运,生活区垃圾购置了垃圾桶并集中处理;办公区空地和主要交通道路两旁栽花种草,美化环境。

(4)积极开展文体活动。施工单位通过制订岗位和劳动技能培训计划,积极开展职业道德、职业纪律、安全意识等教育,及时组织学习培训,做到各工种岗前培训,定期培训,持证上岗。为丰富广大职工业余文化生活,参建单位开通了数字电视、互联网,设立了乒乓球室、阅览室、篮球场等各种娱乐和学习设施,购买大量书籍,并在紧张的建设之余开展演讲、篮球、乒乓球、扑克牌比赛等形式多样、生动活泼的文体活动,丰富了工地生活,增进了参建单位之间的友谊,展示出良好的精神风貌。

图 4-3-1 二期建管局全体人员参加迎春活动

(5)加强学习,提高素质,确保文明创建有动力。工程参建单位将政治学习作为一项重要任务列入了每月工作计划。二期建设局成立了临时党支部,施工单位成立了党支部,制订了政治学习制度和培训计划,做到有计划、有内容、有安排、有落实。参建单位结合工地的实际情况,充分利用业余时间组织职工进行学习,组织参建单位党员干部学习了中国特色社会主义理论、科学发展观、十八大及十八届三中全会报告等材料,营造了浓厚的政治学习氛围,全体职工始终以饱满的政治热情投身到工程建设中。

(6)加强宣传,树立形象,确保文明创建深入人心。为营造浓烈的文明创建氛围,在工地门架、围墙上书写了振奋人心的口号,工地封闭围栏上及工地现场也悬挂质量、安全等宣传标语;项目部办公区及施工现场均插上有工程标识的彩旗,会议室、办公室均布置施工进度计划表、形象进度图、工程效果图以及质量、安全与文明创建体系等;走廊上各种宣传标语随处可见,教育氛围浓厚;施工现场设立了工程简介、施工总平面布置图、工程效果图和企业形象宣传等大型标牌。工地进口处立安全生产文化长廊,提醒每一位进入工地的人员。通过多种形式的宣传,使人一进工地就感受到奋发向上、苦干实干和文明施工的氛围。

为进一步激发全局工作人员学习动力、提高综合素质和工作能力,切实保障工程建设管理顺利推进,结合工程建设实际,二期建设局制订创建学习型工地实施方案,开展"读一本书、写一篇心得体会、做一次交流"活动,鼓励工作人员积极参加各级各类培训和资格考试,邀请相关专家走进工地进行授课,营造读书氛围和创造读书环境,培养团体精神,营造积极向上的良好氛围。

(五)加强党风廉政建设,创建廉政工程

为加强对党风廉政建设的领导,建立健全党风廉政建设领导体制与工作机制,做到有组织、有措施、有职责,确保党风廉政建设认识到位、组织到位、措施到位。二期建设局成立了省泰州引江河第二期工程党风廉政建设领导小组(苏泰引建〔2013〕32号,《关于成立省泰州引江河第二期工程党风廉政建设领导小组的通知》)。同时为保证党风廉政建设取得实效,二期建设局会同省纪委驻省水利厅对各参建单位党风廉政建设情况进行年终总结和考评。各监理、施工单位都按要求成立了相应的党风廉政建设组织领导机构,明确专人负责落实,确保工程安全、资金安全、干部安全、施工安全。二期建设局制订党风廉政建设实施方案,积极做好廉政文化工地的建设,按照与监理、施工单位分别签订的廉政合同要求,建立健全党风廉政建设各项制度,开展党风廉政建设宣传教育,加强对工作人员的监督检查,履行廉政建设方面的义务。

1. 深入开展廉政教育,筑牢拒腐防变思想道德防线

坚持把党风廉政教育作为党风廉政建设和反腐败斗争的一项经常性和基础性工作,不断增强参建人员党性观念和廉洁自律意识,进一步提高拒腐防变和抵御风险的能力。

坚持将建设、施工、设计、监理人员统一纳入教育范围,利用工程例会、检查考核、党风廉政座谈会等方式,经常性地组织开展理想信念、党风党纪、廉洁从政和艰苦奋斗教育。注重对党员领导干部的反腐倡廉教育,坚持上好工程开工前的廉政教育"第一课",督促党员领导干部自觉学习并严格遵守《党员领导干部廉政从政若干准则》。

坚持正面引导,注意发现、培养在工程建设中涌现的先进典型,用身边的事教育身边的人,使参建人员从中受到鼓舞,学习有榜样,赶超有目标;开展反面警示教育,采取观看电教片、参

观警示教育基地、开展案例剖析和通报等形式,使全体参建人员做到警钟长鸣、拒腐防变。

坚持"廉政"和"勤政"两手抓,切实加强作风建设。认真贯彻落实中央关于改进作风的"八项规定"精神和省委、水利厅党组以及省水利工程建设局的相关要求,切实转变思想作风和工作作风,严格执行中央提出的厉行勤俭节约、反对铺张浪费的相关规定,继承和发扬艰苦奋斗的传统;注重培养广大参建人员以"为民、务实、清廉"的水利精神和奉献意识投入到工程建设中去。

2. 推进廉政文化建设,发挥廉政文化示范导向作用

积极开展廉政文化"进工地"活动,力争创建廉政文化示范点。坚持以施工单位作为活动的责任主体,按照"立足教育、着眼防范"的原则,搭建教育平台,创新宣传载体,努力营造"以廉为荣、以贪为耻"的良好氛围。

环境示廉,增强感染力。在办公场所、会议室及楼道悬挂格言警句,提醒领导干部廉洁从政,时刻注意自己的言行举止;按照统一要求,施工现场在醒目位置树立廉政责任公示牌,悬挂廉政举报箱,自觉接受社会各界的监督;动员广大参建人员制作廉政桌牌或警示牌,营造出浓厚的党风廉政建设的文化氛围,使干部职工在潜移默化中受到教育和熏陶。

学习思廉,增强渗透力。结合实际,定期确立学习主题,组织各参建单位及参建人员学习法律法规及重要理论知识,并适时组织开展学习交流或知识竞赛答题等活动;订购与廉政文化相关的书籍、刊物,供广大参建人员学习阅读,结合实际,撰写学习心得体会。

活动促廉,增强吸引力。组织开展积极向上、有利于身心健康的文体活动,丰富参建人员的业余文化生活。结合文明工地创建,积极开展"六个一"活动,即上一堂廉政党课,看一部廉政影片,读一本廉政图书,听一次廉政讲座,办一次心得交流,参观一个教育基地等。

3. 切实加强制度建设,确保党风廉政建设顺利推进

根据党风廉政建设和反腐败工作的需要,建立健全各项内控制度,并督促监理、施工等各参建单位也订制与工程建设相关的规章制度,做到按制度管人、按制度办事。切实加强对制度执行情况的监督检查,保证各项制度的落实到位。

贯彻落实廉政建设责任制。严格执行中央《关于实行党风廉政建设责任制的规定》,按照二期建设局领导班子职责分工,主要负责同志作为党风廉政建设第一责任人,对二期建设局党风廉政建设负总责,其他领导成员按照分管工作范围承担相应责任,负责分管相关部门的廉政建设。认真做好党风廉政建设任务细化分解,明确责任部门和责任人,层层签订《党风廉政责任状》和《承诺书》,把党风廉政建设落到实处。

健全完善重大问题决策程序。不断完善二期建设局议事程序,对重大问题决策、重大项目安排、大额度资金使用、合同协议签订等事关工程建设的核心问题,制订科学合理的议事规则和决策程序,建立重大决策责任追究制度和防范风险调控机制,权责清晰,防止权力滥用。

坚持民主生活会制度。定期组织二期建设局临时党支部召开民主生活会,针对工程建设问题、职工生活问题、领导班子自身存在的问题以及群众提出的意见进行讨论,认真开展批评与自我批评,查找领导班子及个人实际存在的问题与不足,限期整改落实。

完善落实党风廉政监督制度。通过在工程建设、征迁管理机构和相关参建单位中聘请党风廉政监督员,进一步拓宽民主监督的渠道,健全党风廉政建设监督网络。定期召开党风廉政建设工作会议,对工程建设中党风廉政建设情况进行分析、通报,总结工作经验、分析形

势任务、查找问题不足,采取有针对性的措施抓好落实。

4. 加强建设监督管理,确保工程建设健康有序进行

根据工程建设特点,在抓好党风廉政宣传教育、完善制度建设的同时,针对工程招标投标、征地拆迁、质量安全、资金管理使用、重大设计变更等关键环节的同时,还进一步强化管理与监督检查,切实规范工程建设行为。

加强对工程招投标的管理。依据《中华人民共和国招标投标法》《水利工程建设项目施工招标投标管理规定》《江苏省招标投标条例》等相关法律法规,坚持公开、公平、公正的原则,科学、择优选择监理、施工单位及材料和设备供应商;严格执行水利工程建设招投标环节监察的"十项措施",自觉接受省纪委监察厅派驻省重点水利工程纪检监察工作组、省水利工程建设招标投标管理办公室对整个招标全过程(包括编标底、抽评委、开标、评标等)进行监督检查。

加强对征地拆迁和移民安置的监督管理。督促工程所涉及的市、县(区)政府落实征迁责任,逐级签订征迁责任状、协议书,制订移民安置规划和大纲;实行"一公开两公示"制度,做到征迁政策公开、征迁实物量和补偿标准公示,保障被征迁群众的知情权;严格资金监管,对个人补偿安置资金实行银行卡发放和公示制度,保证征迁资金足额到户,对集体补偿资金采取"专户存储、专款专用",防止截留、挪用。

强化施工过程质量安全管理。明确工程项目质量安全责任人,设立质量安全公示牌;建立履约诚信考评机制,严格按照投标文件及相关合同,对工期、质量等级、人员及设备机械到位等施工过程的履约情况进行考评和奖惩,情节严重者将建议有关部门取消其参与后续有关项目竞标资质;建立工程转分包监督检查机制,严肃查处非法转包和违规分包行为。

加强工程资金使用管理。根据《资金安全合同》规定,各参建单位在当地银行单独开设资金专户,实行专户存储、专账列支、专款专用,严禁出现截留、挤占或挪用工程款现象。严格资金拨付程序,强化内部监督制约机制,通过设立工程款支付的"五道关口",形成分权制约、环节监督、规范严谨的资金拨付流程。督促施工单位严格执行不拖欠民工工资承诺制、保证金制和银行卡支付制,切实保障群众利益。

严格对设计变更的管理。规范工程设计变更报批程序和批准权限,进行分类管理。对一般设计变更严格按照"施工单位申请、工程监理审核、建设局备案"的工作流程,加强程序监管。对重大设计变更,严格履行"原审批部门批准"的原则,由二期建设局统一组织开展相关报批程序和备案手续。

(六)党建工作

1. 加强临时党支部自身建设,为工程建设提供政治保障

加强组织领导。二期建设局共有党员14名,占人员总数的78%,为更好地加强工程建设一线党员管理,进一步增加凝聚力和战斗力,在二期建设局成立不久,经江苏省水利工程建设局机关党委同意设立了二期建设局临时党支部(苏水建机党〔2013〕2号,《关于成立江苏省泰州引江河第二期建设局临时党支部的批复》)。严格落实《基层党组织工作条例》和省水利工程建设局机关党委《临时党支部工作规定》开展党建工作,为二期工程的顺利实施提供坚强的思想和组织保障。

落实主体责任。认真落实省水利工程建设局机关党委《临时党支部工作规定》,履行支

部党建工作职责。认真落实好主体责任,在二期建设局组建之初,支部集体研究制订了"四个始终保持、四要、八不准"的工作人员守则,制订了各处室岗位职责、财务资金管理、行政后勤等一系列内部管理制度,并汇编成册,要求全体人员遵照执行。

严格遵守党建工作规定。局领导带头落实理论学习制度、党支部"三会一课"制度、支部工作制度和组织生活制度,始终坚持民主集中制,凡涉及工程建设中的重大问题都由局领导班子集体讨论决定,并听取党员职工的意见和建议,确保相关决策的民主性和科学性。

发挥组织统领作用。坚持"质量创优、科技创新、党建创先"导向,临时党支部作为党建工作责任主体,真正做到临时党支部党建工作不"临时"、工作责任不"临时"、工作方法不"临时"、工作热情不"临时",及时研究制订党建工作计划,贯彻落实省水利厅党组、机关党委及省水利工程建设局机关党委工作部署,扎实开展各项党建活动。

2. 坚持党建工作目标,全面提高干部职工综合素质

突出四项学习内容。一是着眼理想信念,突出政治理论学习。党支部注重发挥基层党组织作用,积极开展群众路线教育实践活动、"三解三促"、"三严三实"等主题教育实践活动。二是着眼建设管理,突出专业知识学习。采取集中学习与自学相结合的办法,购买相关的专业技术书籍及规范文本供干部职工学习,切实提高工程建设管理水平。三是着眼文明施工,突出安全生产、质量管理学习。组织开展安全生产知识讲座、防汛事故预案桌面演练、安全生产大检查、消防知识讲座、"安全生产月"等活动。四是着眼廉洁自律,突出党风廉政教育。贯彻厅党组、局分党组党风廉政建设工作要求,落实"两个责任"。对照《廉政风险防控手册》明确的关键环节、涉及对象、责任主体,在工程建设管理的全范围全过程全环节落实廉政风险防控工作。开展廉政文化进工地活动,上好开工廉政教育"第一课",督促党员领导干部自觉学习并严格遵守《党员领导干部廉政从政若干准则》和厅、局关于作风建设的各项规定。

搭建三大教育平台。一是营建专业性知识学习平台。充分利用各类会议、讲座、现场教学机会,通过组织参与招标文件审查会、施工图审查会、施工专项方案研讨会、工地例会、现场教学会、邀请各方专家开展培训讲座等方式,让广大干部职工更全面的了解工程建设的要点、难点,更广泛地接触到施工新方法、新工艺和新材料,更熟练地掌握工程建设的新规范和新要求,不断提高自身的专业技能水平。二是搭建读书学习交流平台。在办公区专门设立图书室,组织开展书目推荐活动,积极开展以"读一本书、写一篇心得体会、做一次交流"为主题的读书交流活动,分享书香,焕发参建热情。三是构建创新能力培养平台,成立专项课题小组,开展了《三角门空间结构应力计算研究》《高挡土板桩墙整体分析模型与验证》《快速泥水分离技术在泰州引江河第二期工程中的应用研究》等科研项目的研究。

3. 狠抓党建活动开展,促进党建工作落实

通过开展各类精神文明创建、劳动竞赛活动,强化思想引导、制度规范、习惯养成,努力营造积极向上、风清气正、和谐施工的良好氛围,培养广大干部职工以"为民、务实、清廉"的水利精神和自我奉献的意识,积极投入工程建设。

机制健全,组织有序。每年年初,组织工程参建人员围绕"如何提高个人自身素质、如何提高团队整体合力、如何提高建设管理水平"等三方面制订个人年度工作计划,把精神文明创建与工程建设同部署、同推进、同落实,在人力、物力、财力上不断加大投入,确保各项文明

创建工作规范化、制度化。

载体多样,活动丰富。先后开展了党风廉政、安全生产、水工专题、档案管理、规范讲解等多个专题学习教育活动,承办水利部华东片、淮委质量、安全观摩教学活动,举办了"我为二期工程作贡献"演讲比赛,组织观看廉政电教片、参观爱国主义教育基地、重温入党誓词、签订《党风廉政建设责任状》与《党风廉政承诺书》等。与泰州市公安局开展警地共建、"双走双学双促"活动,在所有项目部设立治安办公室,排查、化解社会矛盾,推进工程建设。与二线船闸所在村支部开展支部结对共建活动,助老助困,每年全体党员干部自发捐款救助白血病休学少年。

成果丰硕,彰显形象。工程建设以来,二期建设局先后获得了"全国水利建设工程文明工地""江苏省工人先锋号""江苏省水利工程建设文明工地""全省水利工程建设项目廉政文化示范点"等称号,较好地展现了工程凝心聚力促发展的良好形象以及广大党员干部献身水利的无私情怀。

(七)加强设计变更管理,履行设计变更手续

从方便管理、节省投资、确保工程安全等方面,不断优化设计方案,对工程局部进行设计变更。严格施工图及设计变更审查、有效控制工程投资。同时,二期建设局狠抓工程建筑设计方案研究,及时与设计单位沟通,设计出能体现江苏水利现代化特色风光的环境设计、建筑设计成果,力求把工程打造成民生之河、生态之河、活力之河。本工程主要设计变更如下。

1. 二线船闸工程

(1)为完善工程管理措施、方便船民登岸购票和确保船民人身安全,结合管理单位意见,在上游引航道西岸增加售票临时停泊点,距上闸首约 1 000 m,采用凹进式顺岸布置,拉锚板桩结构,总长 230 m。

(2)根据施工图审查意见,上、下闸首底板厚度由 3 m 调整为 2.5 m。

(3)为便于一二线船闸的运行管理,在二线船闸下闸首与一线船闸下闸首之间增设一座长 37.7 m、宽 2.7 m 的轻型钢桁架结构人行便桥。

(4)一线船闸公路桥西边跨拆除方案由保护性拆除调整为破坏性拆除,新增 5 片跨径 20 m 的预应力钢筋混凝土大空板。

(5)根据实际发生计列闸室浮式系船柱及其埋件工程量,相应增加防腐工程量。

(6)根据工程实际情况及运行管理需要,上下闸首桥头堡、上下游远调站、传达室等增加房屋建筑面积约 192 m^2。

2. 河道工程

河道工程设计变更主要为船舶临时停靠点,停靠点设计变更涉及招标阶段和实施阶段。招标阶段根据初设批复文件要求对船舶临时停靠点的设置位置和结构形式优化调整;实施阶段主要根据工程现场实际情况及地方政府要求,并结合与地方海事部门沟通协调的意见,优化调整部分停靠点位置和范围、施工Ⅰ标局部停靠点地基处理、施工Ⅲ标提高停靠点墙顶高程以及系船柱后移等。

(1)招标阶段。根据初设批复文件的要求,结合现场实际情况,并征求泰州市地方海事部门意见,对河道沿线船舶临时停靠点的设置位置和结构形式进行优化调整。优化调整后的船舶临时停靠点共设置 6 处,总长度为 3970 m。其中,河道东侧设置 3 处、长度为

1 500 m,河道西侧设置 3 处、长度为 2 470 m。通过对混凝土重力式、浆砌块石重力式、钢筋混凝土扶臂式 3 种结构形式的比选,在结构安全可靠的前提下,选择投资最节省的混凝土重力式挡墙方案,墙顶面及底板面高程等均维持不变。

(2) 实施阶段。主要变更有:部分停靠点位置调整、施工Ⅰ标淤泥质土层段增加搅拌桩处理、施工Ⅲ标停靠点墙顶高程提高、增加停靠点防撞护木、系船柱后移等。

① 停靠点位置调整。

施工Ⅰ标:东 1 船舶临时停靠点由招标的 500 m(桩号 3+820—4+320)调整为 445 m(桩号 3+820—4+265);西 1 船舶临时停靠点由招标的 1 720 m(桩号 3+820—5+540)调整为 1 692.5 m(桩号 3+847.5—5+540)。

施工Ⅱ标:东 2 船舶临时停靠点由招标的 500 m(桩号 14+300—14+800)调整为 305 m(桩号 13+985—14+290)。

施工Ⅲ标:东 3 船舶临时停靠点由招标的 500 m(桩号 22+950—23+450)调整为西 4 船舶临时停靠点 200 m(桩号 21+000—21+200)。

② 施工Ⅰ标淤泥质土层段停靠点增加搅拌桩处理。

东 1 和西 1 船舶临时停靠点的 3+820—5+212.5 段挡墙底板处在淤泥质土层上,土层地质条件较差,基坑开挖后,地基土出现上拱现象,为保证该段停靠点的地基稳定,采用水泥土搅拌桩对该段淤泥质地基进行加固处理,搅拌桩桩径 50 cm,呈梅花形布置,顺水流方向间距 120 cm,垂直水流方向间距 150 cm,桩底伸入好土层约 100 cm。地基处理后,原底板长度由 6.0 m 缩短至 5.5 m,底板下设置 6 cm 厚素混凝土垫层。

③ 施工Ⅲ标停靠点墙顶高程提高。

施工Ⅲ标船舶临时停靠点原设置在海阳桥以北东岸,长度为 500 m,实施阶段根据地方政府要求,并结合与地方海事部门沟通协调意见,调整至海陵大桥以北的西岸(桩号 21+000—21+200),考虑到该处临近泰州市区,兼顾地方经济发展,将调整后的停靠点挡墙墙身顶高程提高至 3.5 m。

④ 增加停靠点防撞护木。

为防止过往船舶顶靠时,撞坏停靠点墙身,在东 1、东 2、西 1、西 2、西 3 等 5 处船舶临时停靠点墙身上口外沿增设截面为 15×15 cm 的浸柏油硬木,设置高程为 2.35 m。

⑤ 系船柱后移。

泰州引江河航道等级为Ⅲ级限制性航道,船舶临时停靠点按 1 000 吨级货船标准设计,从实际使用情况看,超过航道规划设计标准的船舶较多,且存在多船系在同一个系船柱,甚至多船并排后再系在同一个系船柱的不规范停靠,荷载已远超设计标准,影响临时停靠点挡墙的稳定安全,故将系船柱与停靠点挡墙分开并移至挡墙后,系船柱下设独立基础,Ⅰ标段采用直径 80 cm 的灌注桩,Ⅱ标段采用混凝土扩大基础,系船柱沿河道长度方向间距 20 m。

(八) 加强档案管理,争创一流档案

为切实做好建设项目档案管理工作,有效保护和利用档案,服务工程建设、管理和运营,根据国家《档案法》和水利部、省水利厅基本建设项目(工程)档案管理的有关规定,结合工程建设实际,二期建设局制订了《江苏省泰州引江河第二期工程建设项目档案管理办法》,并要求各参建单位:(1)落实工程档案专(兼)职管理人员。各单位要明确工程档案专(兼)职管理人员，并将人员名单报送建设局。要督促档案管理人员认真履行工作职责，并为档案管理工作提供必要的经费保障。档案管理人员要认真履行岗位职责，积极开展业务工作，及时收集整理所属工程档案资料，确保工程档案质量。（2）严格规范档案管理行为。要认真执行《江苏省水利厅水利基本建设项目（工程）档案资料管理规定》（苏水办〔2003〕1号）。项目文件的收集、整理、归档、汇总、移交、验收等档案行为都要严格按照规范要求执行。（3）完善工程档案管理制度。各单位参照二期建设局提供的部分示范文本，建立健全档案保密、利用、立卷归档、保管、移交等一系列制度，确保档案管理工作有章可循。（4）建立档案定期检查通报制度。二期建设局每季度将进行一次检查，每半年进行一次档案管理情况通报。

（九）加强合同管理，规范使用工程资金

为规范工程财务行为，加强工程建设资金管理，防范财务风险，实现资金安全，提高投资效益，结合本工程实际情况，二期建设局制订了《江苏省泰州引江河第二期工程财务管理实施办法》《江苏省泰州引江河第二期工程建设资金内部控制管理制度》。

二期建设局将合同管理工作划归综合处管理，负责合同的签订、履行、收集、整理、归档等动态管理工作。所有合同签订采用合同办理单形式，综合合同直接由综合处拟定初稿，工程合同由工程技术人员拟定初稿，各处室进行会签，分管局长进行审核，局长进行审批。

合同主要包括：施工合同、监理合同、安全生产合同、廉政合同、资金安全合同和技术服务合同等六大类。工程建设过程中，合同的订立及履行均严格执行《合同法》及合同管理的有关规定。合同管理做到规范化、制度化、科学化。通过严格的合同管理，保证了工程建设的顺利进行。

（1）合同的订立。本工程施工、监理及设备采购合同在工程施工、监理及设备采购招标文件中均附有合同文本格式，施工、监理及设备采购单位通过公开招标选定。投标人中标后，发包人与承包人据此签订合同，对部分其他需特别载明的事项，通过双方协商，组织合同谈判，签订补充合同协议书。技术服务合同按照现行规范合同文本，经双方协商后订立。

（2）合同的履行。在施工合同执行过程中，为保证工程质量，二期建设局在招标文件中明确了禁止分包和变相分包的有关条款。要求施工单位自行完成施工任务，不得将其承包的主体工程肢解后进行分包。监理单位通过公开招标选定。技术服务合同主要有：勘测设计合同、技术咨询合同及其他技术服务合同。均按照现行规范合同文本，经双方协商后订立。为保证合同的规范、严密、准确，在合同办理过程中集体讨论研究，并采用合同办理单方式，最终合同双方共同签署。

（3）加强资金管理。在工程建设工程中，对工程资金实行专户储存，专款专用。二期建设局及时组织资金，保证工程建设需要。能严格按照合同规定办理价款结算，根据工程建设进度和实际完成工程量进行支付。首先由施工单位申报完成实际工程量，填报需求付款申请表，同时附有关质量合格和工程量计算证明材料，经监理工程师审核后签署计量支付意见，报船闸（河道）工程建设处复核，经财务审核和二期建设局分管局领导会签，主要负责人批准后支付。工程价款支付及时，没有因为支付问题而影响工程施工进度。二期建设局还定期或不定期组织纪检、财务人员对工程资金使用情况进行跟踪检查，保证了工程资金的使用安全。

（十）加强外围协调，确保工程建设

（1）西气东输管道位置确定。2013年4月，二期建设局通过招标确定了施工单位。与中标单位签订合同后,组织对全线 23.846 km 河道进行了全面调研,对跨河桥梁、建筑及管线逐个排查,在排查中,发现位于寺巷桥南约 1 km 处,有中石油西气东输管线从泰州引江河底部穿越。

据了解,中石油西气东输管线系国家发改委审批项目,在其实施之前,已向省水利厅履行了行政许可手续,后于 2012 年上半年建成。为确保施工安全,二期建设局及时与管线运行管理单位中国石油西气东输苏北管理处取得联系,并发函要求其提供相关资料,包括设计方案、批准手续、竣工资料等,以便了解该穿河管线的位置桩号和埋深等数据,制订安全可靠的施工方案。对方收函后,专门委托了河南省啄木鸟地下管线检测有限公司对该管线埋深进行了探测,并将探测成果连同其他相关资料提供给二期建设局。为慎重起见,二期建设局又委托了中铁第四勘察设计院集团有限公司对该管线位置及埋深数据进行了探测,与对方提供的数据进行比对。在确认两者数据相差不大的情况下,二期建设局要求河道施工单位编制了专项施工方案,并聘请有资质的专业安全评估机构编制了《泰州引江河第二期工程西气东输管道穿越段河道工程施工专项安全评价报告》,聘请有关专家,包括邀请泰州市安全主管部门和西气东输管道施工、监理、运行管理单位对该报告进行了评估。安全评估获得通过后,二期建设局向管道管理部门办理了施工申请,获得同意后,在地方安全主管部门进行了备案。

为确保万无一失,二期建设局又委托江苏省工程勘测研究院有限责任公司通过手摇钻方式对该管线位置及埋深进行探测,以进一步确认施工安全;同时二期建设局要求施工单位严格按照《泰州引江河第二期工程西气东输管道穿越段河道工程施工专项安全评价报告》中认可的专项方案施工执行。正式施工时,除了要求河道监理单位旁站监督外,还将通知西气东输管线运行管理部门派员在现场监督施工。

(2)军用光缆移址深埋。位于海陵大桥南侧的军用国防光缆系军民共建项目,产权为省军区所有,日常维护工作由泰州电信分公司负责,经现场查勘并查阅相关资料发现,其埋深不满足二期工程浚深要求。二期建设局及时与泰州军分区沟通协商,要求对该光缆移址深埋,并签署了光缆移址深埋协议,以满足河道施工要求,确保了施工安全。

(3)积极开展警地合作。为建立良好的警企关系,促进警企鱼水情,促进公安、水利各项工作协同发展,进一步树立水警新形象,更好地服务辖区水域,泰州市公安局水警支队以及二期建设局共同计划,开展"双走进、双促进"活动,通过开放警营,让辖区企事业单位全面了解高港水上警察在执勤执法、服务范围、服务项目、服务流程等方面的工作情况,加强民警与企业的沟通和交流,征求企业对公安工作的建议和意见,解决企业亟须办理的一些具体问题,让企业更加理解警察职业的内涵,了解公安机关建设成果,建立良好的警企关系。同时,让民警走进企业、走进工地,学习他们的管理模式,取其之长、补己之短。与水利职工交流,读一读四海为家的敬业精神,品一品舍小我、成大我的崇高品质。努力营造"警爱企,企拥警;警帮企,企助警"的良好工作和舆论氛围。

在工地现场设立治安管理办公室,配置专职保卫人员,佩戴袖章,24 小时值班。工作时间内坚守岗位,在警卫范围内,加强巡逻。严格管理暂住人口,短期合同工必须持有身份证、指定医疗机构出具的身体健康证明等相关证件后方可在本工地工作。组织参建单位技术人员参加的义务消防队,定期组织消防演练,同时聘请消防干警讲授专业知识,提高消防抢险的实战能力。协调解决征地征迁矛盾,妥善处理与周边群众的关系。

(4) 其他外部协调。二期建设局积极保持与当地党委政府和水利、海事、供电、交通等部门联系,正确协调处理与周边群众的关系,赢得了当地各级政府的支持、配合和周边群众的信任。施工区实行封闭式管理,共同建立了良好治安环境。开工以来,工地治安情况良好,未发生黄、赌、毒现象和打架斗殴等不良行为,为工程建设创造了良好的外部条件。二期建设局还注重协调好各参建单位的关系,坚持以合同为基础,以规范管理为手段,严格执行合同约定,现场监理、施工、设计单位之间配合密切,关系融洽,协调有力,为工程建设提供了和谐文明的建设氛围。

(十一) 加快工程建设,按时完成阶段验收工作

工程建设之初,二期建设局明确了工期安排,督促施工单位根据要求编制进度目标计划,确定进度控制点,监理单位协调控制工程进度。要求施工单位每月按时上报施工月报及进度计划,会同监理每月召开两次工地例会,对比工程进度情况和计划安排,分析完成情况,落实控制措施。根据实际情况不定期召开工程协调会,及时解决施工过程中遇到的问题、矛盾,消除影响进度目标实现的不利因素。

工程开工之际,二期建设局组织参建各方召开了工程开工动员会议,2013年5月20日,组织召开了二线船闸水下工程验收一周年倒计时"抓安全、保质量、促进度"动员宣誓大会,鼓舞了广大建设者的士气。2013年7月30日至8月3日,历时五天五夜,参建单位顶高温、冒酷暑,不等不靠,采取各种有效措施,昼夜连续施工,完成4 000 m³的上闸首底板浇筑任务,为按期完成建设目标打下了坚实基础。二线船闸工程于2014年5月20日完成水下工程,具备水下阶段验收条件,6月9日通过水下阶段验收;2015年6月具备投入使用条件,7月1日通过投入使用验收;2015年11月6日通过完工验收;2015年11月13日二线船闸工程通过合同工程完工验收。

图 4-3-2 上闸首底板浇筑夜景

河道工程施工Ⅰ标于2013年7月20日开工;河道工程施工Ⅱ标于2013年6月29日开工;河道工程施工Ⅲ标于2013年6月20日开工。河道工程3个标段于2015年12月29日通过投入使用验收暨完工验收。

主要工程开完工日期见表4-3-2。

表4-3-2　主要工程开完工日期

单位工程名称	序号	主要项目名称	开工时间（年月日）	完工时间（年月日）	备注
河道施工Ⅰ标	1	0+000~1+768.75河道疏浚	2013.08.28	2014.01.11	
	2	2+139~4+100河道疏浚	2014.09.04	2015.04.14	
	3	4+100~6+100河道疏浚	2014.08.28	2014.10.21	
	4	6+100~7+460河道疏浚	2014.05.20	2014.08.14	
	5	东侧河岸防护	2014.09.13	2015.06.30	
	6	西侧河岸防护	2014.09.13	2015.06.30	
	7	船舶停靠点	2013.11.20	2014.08.14	
	8	排泥场堆填	2013.07.20	2015.10.15	
河道施工Ⅱ标	1	7+460~9+460河道疏浚	2013.11.10	2014.02.28	
	2	9+460~11+460河道疏浚	2014.03.10	2014.06.28	
	3	11+460~13+460河道疏浚	2014.06.10	2014.09.28	
	4	13+460~14+800河道疏浚	2014.09.17	2015.05.07	
	5	东侧河岸防护	2014.07.24	2015.06.23	
	6	西侧河岸防护	2014.09.18	2015.06.21	
	7	船舶临时停靠点	2014.04.10	2014.12.30	
	8	排泥场堆填	2013.06.29	2015.05.17	
河道施工Ⅲ标	1	14+800~16+800河道疏浚	2013.12.15	2014.10.12	
	2	16+800~18+800河道疏浚	2014.03.08	2014.12.25	
	3	18+800~20+800河道疏浚	2014.06.13	2015.03.20	
	4	20+800~22+800河道疏浚	2013.09.02	2015.01.10	
	5	东岸河岸防护	2014.10.21	2015.09.10	
	6	船舶停靠点	2014.10.05	2015.10.18	
	7	西岸河岸防护	2014.12.10	2015.08.13	
	8	排泥场堆填	2013.07.20	2015.10.26	

续表

单位工程名称	序号	主要项目名称	开工时间（年月日）	完工时间（年月日）	备注
二线船闸主体工程	1	生产生活主要临时工程	2012.12.20	2013.01.30	
	2	闸塘土方开挖	2013.01.05	2013.03.20	
	3	上闸首底板大体积混凝土浇筑	2013.07.30	2013.08.03	
	4	上闸首墙体	2013.08.01	2013.10.13	4次浇筑
	5	下闸首底板大体积混凝土浇筑	2013.10.22	2013.10.24	
	6	下闸首墙体	2013.11.01	2013.12.17	4次浇筑
	7	闸室底板	2013.10.10	2014.03.04	
	8	闸室墙体	2013.06.01	2014.05.09	
	9	上游导航墙、翼墙	2013.06.11	2014.02.24	
	10	下游导航墙、翼墙	2013.04.22	2014.04.27	
	11	下游引航道、锚碇承台	2013.08.31	2015.01.22	
	12	三角门、阀门安装调试	2013.12.10	2014.05.19	
	13	浮式系船柱安装	2014.03.20	2014.05.17	
	14	上下游预制块生态护坡	2014.11.13	2015.03.16	
	15	上下游沥青混凝土道路	2014.11.15	2015.04.17	
	16	上游水下方开挖	2014.09.19	2015.06.06	
	17	下游水下施工	2014.10.21	2015.05.13	
	18	机电设备安装	2014.08.13	2015.06.12	
附属设施工程	19	上闸首启闭机房	2014.08.20	2015.04.23	
	20	下闸首启闭机房	2014.08.19	2015.04.23	
	21	上游远调站	2014.09.21	2015.04.21	
	22	下游远调站	2014.09.26	2015.04.21	
	23	调度中心	2014.10.08	2015.05.12	
	24	传达室	2014.12.10	2015.05.27	
水土保持工程	1	二线船闸地形构筑	2015.03	2016.04	
	2	二线船闸乔木种植	2015.04	2016.05	
	3	二线船闸灌木种植	2015.04	2016.05	
	4	二线船闸地被、草坪种植	2015.03	2016.04	
	5	河道排泥场乔木种植	2015.03	2016.05	
	6	河道排泥场灌木种植	2015.04	2016.05	
	7	河道地被、草坪种植	2015.04	2016.05	
	8	河道停靠点草坪	2015.04	2015.05	

四、工程验收阶段

1. 工程建设档案验收

工程于 2016 年 6 月 27 日通过省档案局组织的档案专项验收,共形成工程档案 724 卷,音像档案 15 卷,会计档案 71 卷;其中光盘档案 5 张,照片档案 663 张,竣工图 1 177 张,实现档案信息化管理,录入案卷级目录 739 条,文件级目录 7 472 条,数字化原文 2.38GB。总体评价为:泰州引江河第二期工程档案符合水利部《水利工程建设项目档案管理规定》,并在工程建设过程中发挥了良好作用,经综合考核评议达到优良等级。

2. 环境保护验收

2016 年 7 月 12 日,江苏省环境保护厅在泰州市组织对工程进行了竣工环境保护验收现场检查。2016 年 11 月 22 日省环保厅以《关于泰州引江河第二期工程竣工验收环境保护验收意见的函》(苏环验〔2016〕66 号)通过了本工程项目的环境保护专项验收,验收结论为:该工程在实施过程中基本落实了环境影响评价文件及其批复要求,配套建设了相应的环境保护措施,落实了相应的环境保护措施,经验收合格,同意工程正式投入运行。

3. 水土保持验收

2016 年 11 月 11 日,江苏省水利厅在南京市主持召开了水土保持竣工验收会议。验收结论为:建设单位依法编报了水土保持方案,开展了初步设计(专章),实施了水土保持方案确定的各项防治措施,完成了江苏省水利厅批复的防治任务;建成的水土保持设施质量总体优良,水土流失防治指标达到了水土保持方案确定的目标值,较好地控制和减少了工程建设中的水土流失;建设期间开展了水土保持监测、监理工作;运行期间的管理维护责任落实,符合水土保持设施竣工验收的条件,同意该工程水土保持设施通过竣工验收。

4. 征地拆迁验收

工程建设过程中二期建设局与江苏省泰州引江河管理处、泰州市水利局及各县市区政府签订包干协议,共签订包干协议 15 份计 21 893 202.46 元。二期建设局将征地补偿直接支付给各协议单位,由协议单位具体实施。经竣工决算审计,工程征地拆迁共完成投资 21 893 202.46 元。

5. 消防专项验收

2015 年 7 月 21 日,二线船闸附属设施工程通过泰州市公安消防支队水上大队组织的竣工验收消防备案。

2015 年 6 月 9 日,泰州水环境分中心工程通过泰州市公安消防支队医药高新区大队组织的竣工验收消防备案。

6. 工程审计

审计单位于 2014 年 9 月~2016 年 12 月 15 日审核了二期建设局实施的泰州引江河第二期工程竣工决算。省水利厅于 2016 年 12 月 15 日作出审计决定(苏水审决〔2016〕45 号)。工程批复概算投资 695 830 000.00 元,其中:建筑工程 514 075 200.00 元,机电设备及安装工程 6 573 800.00 元,金属结构设备及安装工程 19 055 000.00 元,临时工程 46 206 400.00 元,独立费用 76 939 000.00 元(含建设及施工场地占用费 21 803 400.00 元),预备费 32 980 600.00 元(含征迁预备费 1 624 300.00 元)。

送审决算价为 664 083 790.50 元,其中:建筑工程 503 071 821.09 元,机电设备及安装工程 15 693 518.46 元,金属结构设备及安装工程 19 383 665.21 元,临时工程 47 139 041.38 元,独立费用 78 795 744.36 元(含建设及施工场地占用费 21 893 202.46 元)。与批复概算投资相比,结余 31 746 209.50 元,占概算投资的 4.56%。本工程竣工财务决算是根据审定的工程造价编制的。

经审核,核定工程实际完成投资 663 355 760.56 元。其中:建筑工程 503 071 821.09 元,机电设备及安装工程 15 693 518.46 元,金属结构设备及安装工程 19 383 665.21 元,临时工程 47 139 041.38 元,独立费用 78 067 714.42 元[含移民征(占)地费 21 893 202.46 元]。与概算投资相比,结余 32 474 239.44 元,占概算投资的 4.67%。

7. 工程竣工验收

2016 年 12 月 21 日,江苏省水利厅在泰州市主持召开工程竣工验收会议。省发展和改革委员会、省档案局、省防汛防旱指挥部办公室、省水利工程建设局、省水文水资源勘测局、省河道管理局、省水利工程质量监督中心站、泰州市水利局、扬州市水利局、扬州市江都区水务局以及工程建设、设计、施工、监理、运管、检测等单位的代表参加了会议。竣工验收委员会通过查看工程现场,查阅工程资料,听取工程建管工作报告、质量监督报告、安全监督报告、档案和水土保持设施专项验收意见、竣工决算审计决定以及技术预验收工作报告,经认真讨论,形成竣工验收鉴定意见如下:泰州引江河第二期工程除少量尾工外已按批准的设计内容实施完成。工程标准、质量满足设计和规范要求,工程施工质量优良。财务管理较规范,投资控制较合理,竣工决算已通过审计,工程档案、环境保护和水土保持已通过专项验收。工程初期运行正常,效益有效发挥。同意泰州引江河第二期工程通过竣工验收。

8. 工程移交

二期建设局分别与江苏省泰州引江河管理处、扬州市江都区泰州引江河工程管理处、江苏省水文水资源勘测局泰州分局、泰州市引江河河道工程管理处等 4 家管理单位签订资产移交协议,共移交资产 663 355 760.56 元。

五、建设管理总结

在招标阶段,二期建设局就综合管理、质量管理、安全管理、廉政管理等目标提出具体要求;设立文明工地和廉政文化创建措施费、安全生产目标保证金、质量目标措施费。在施工阶段,二期建设局紧紧围绕工程建设总体目标,开展"质量创优、科技创新、党建创先",加强综合管理、招标管理、质量管理、安全管理、廉政管理、进度控制和投资控制,加强外围环境协调,推动各项目标实现。经过参建各方的共同努力,顺利完成了工程建设任务。工程先后获得"江苏省工人先锋号""全国水利建设工程文明工地""江苏省水利工程建设文明工地""江苏省水利工程建设项目廉政文化示范点"等称号。

(一)坚持质量创优,铸就优质工程

二期建设局成立创优领导小组,并组织参建单位编制工程质量创优规划,明确工程创优目标、创优组织及创优措施,邀请质量方面的专家到现场讲课、指导、咨询。成立质量管理领导小组,制订相关应急预案,不定期召开质量管理工作会议,开展质量管理年活动,加强强制性条文学习,提高参建各方质量管理意识和水平。严格控制"六关":人员设备关、原材料关、开工审批关、技术培训关、重大技术关、质量检测关。针对容易出现问题的环节、部位,提前研究控制措施,预防出现质量问题。二线船闸与一线船闸中心线相距仅 70 m,存在工程基础处理复杂、围封截渗及降排水及其困难等不利因素。在施工单位加强监测工作的基础上,二期建设局同时委托管理单位同步开展安全监测工作,结果表明,二线船闸施工期间一线船闸一直平稳、有序、安全运行。

（二）坚持科技创新,创造精品工程

二期建设局与参建单位联合科研院校积极开展科技创新研究,在工程现场设立"劳模创新工作室",积极推广应用新技术、新工艺、新材料、新设备。新技术:一是闸室结构采用逆作法施工;二是排泥场采用快速泥水分离技术;三是开展高挡土板桩墙整体分析模型与验证;四是进行三角门空间结构应力计算研究。新工艺:一是二线船闸闸室、上下游西侧导航墙贴面混凝土施工;二是二线船闸上下闸首止水安装;三是异形地连墙的整体成型;四是液压启闭机采用陶瓷喷涂活塞杆;五是软体沉排施工;六是船舶停靠点滑模施工。新材料:一是钢筋植筋采用保力特 MG 系列锚固卷;二是采用 UPVC 降水井管材料。新设备:一是地下连续墙施工采用先进、高效的液压抓斗成槽设备,所有"T"型、"L"型接头均采用整体连接;二是混凝土灌注桩施工采用大型旋挖钻机,提高施工质量和速度;三是基础及防渗工程施工采用泥沙分离新设备,控制泥浆中的泥沙含量,保证挖槽的连续作业,施工中适当补浆即可,减少废水废料产生;四是采用 3D 挖掘机引导系统配合抓斗挖掘机进行水下修坡,提高施工的精度和效率。其中,《三角门空间结构应力计算研究》《高挡土板桩墙整体分析模型与验证》《快速泥水分离技术在泰州引江河第二期工程中的应用研究》等科研项目均被列为江苏省水利科技项目。

（三）坚持党建创先,构建和谐工地

精心部署开展各项创建活动,成立二期建设局临时党支部及创建领导小组,强化自身建设,制订"四个始终保持、四要、八不准"的工作人员守则以及其他一系列规章制度,制订《创建学习型工地实施方案》《党风廉政建设实施意见》,积极开展"五个一"活动（每季度每人读一本书、写一篇读书心得体会、组织一次培训交流活动、开展一次爱国主义和集体主义教育、开展一次党风廉政警示教育）,与泰州市水警支队共同开展"警民共建"及"双走双促"活动,举办"我为工程作贡献"演讲比赛,积极开展文体活动,激发全体人员建设热情,有力地推动工程建设。定期交流思想,检查督促,签订年度党风廉政承诺书,增强廉洁自律意识。二期建设局领导班子带头加强党风廉政建设,以身作则,严于律己,自觉抵制各种不良风气,筑牢防腐拒变的防线。

（四）加强安全管理、进度控制和投资控制

成立以二期建设局为主的安全生产领导小组、安全监测协调小组,并配备了安全生产监督管理人员;结合工程特点,制订安全生产目标考核管理办法,定期对工程安全生产进行考核;定期组织召开安全生产工作会议,深入贯彻落实各项要求,加强安全生产宣传教育;制订安全生产专项预案、安全生产规章制度,建立安全事故应急处理机制;参建各方按照职责安排专职安全管理人员对关键环节、重要时段和易发生事故的部位进行重点检查,对发现存在的各类问题及时改正,实现工程建设"零事故"。

二期建设局制订了《工程建设总体实施方案》,明确了工期安排,督促施工单位根据要求编制进度目标计划,确定进度控制点,监理单位协调控制工程进度。要求施工单位每月按时上报施工月报及进度计划,并会同监理每月召开两次工地例会,对比工程进度情况和计划安排,分析完成情况,落实控制措施。根据实际情况不定期召开工程协调会,及时解决施工过程中遇到的问题、矛盾,消除影响进度目标实现的不利因素。

在工程实施过程中,二期建设局要求监理单位、施工单位严格执行工程量计量程序、设计变更程序。要求监理单位对施工单位上报的工程量及时到现场核实并根据设计图纸认真复查,最终工程量由三方联合复核。对于额外工程量实行三方签证。在每月的支付中对计划量与实际完成量、投资耗用情况进行对比分析,保证投资控制的及时和有效性。

(五)加强外围环境协调

在工程建设之初,二期建设局进行安全隐患排查、评估,提出一系列具体举措,主动向当地政府汇报,紧紧依靠当地水利部门,加强与交通、海事、公安、供电、西气东输等部门沟通协调。积极做好移民征(占)地的协调工作,分别与工程沿线相关单位签订征(占)地及移民安置协议。组织召开警地合作推进会,在工程现场设立治安管理办公室,为工程建设创造良好的施工环境。对河道全线排泥场进行逐一巡查,召开河道工程移民征(占)地座谈会,积极协调施工范围内存在的征迁矛盾和问题,满足工程建设需要。

按照《工程建设总体实施方案》要求,明确工期安排,严格按招投标文件及合同要求,加强机械设备、人员、材料及施工现场的管理,坚持定期召开工程建设例会,及时梳理和排查影响工程进度的关键因素,制订科学合理的纠偏措施,保证进度目标实现。2014年6月,二线船闸通过江苏省水利厅组织的水下阶段验收;2015年7月1日,二线船闸通过江苏省水利厅组织的投入使用验收,质量评定为优良;2015年7月2日,二线船闸通航,投入试运行。2015年12月29日,河道工程通过省水利厅组织的投入使用验收。2016年12月21日,泰州引江河第二期工程通过省水利厅组织的竣工验收,工程质量评定为优良。

第四节 工程监理

一、监理工作总体规划

(一)机构设置

泰州引江河第二期工程具有建设内容多、施工范围广、作业点分散、专业配合要求高、工程量大、工期较紧等特点,现场监理工作十分繁重,为便于监理工作有效开展,工程监理分为二线船闸与河道工程二个标。二线船闸现场监理机构配备了水工、造价、机电、金属结构、测量、试验、工民建、水保等专业监理工程师团队;河道现场监理机构除配备相关专业监理工程师外,根据战线长的特点在现场成立了3个监理组。监理机构采用加强项目监理目标控制的职能化分工,发挥职能机构的专业管理作用,提高工作效率的直线职能式组织机构对监理人员进行分工,并根据工程总体进度情况制订了详细的进场人员计划,满足了工程建设现场监理的需要,圆满地完成工程建设的监理目标。

(二)监理规划与细则编制

根据监理合同及规范要求,在监理大纲的基础上,进一步了解工程现场情况,熟悉施工图纸,并征求项目法人意见后,总监理工程师及时组织各专业监理工程师编制了具有指导监理工作全过程、全方位的监理规划,并在监理规划的基础上对新材料、新工艺、新技术、新设备应用,以及专业性较强、危险性较大的分部分项工程,根据工程各阶段实施的内容分批编制了更具实施性和操作性的监理实施细则,指导工程建设。

(三) 监理工作原则

(1) 坚持"守法、诚信、公正、科学"的原则,坚持维护国家利益,忠实为项目法人服务。

(2) 坚持"公正、独立、自主"的原则,开展监理工作,维护项目法人和承包人的合法权益。

(3) 坚持"严格监督控制、热情服务"的原则,促使承包人严格按设计和规范进行施工,全面地完成承建合同。

(4) 坚持按合同规定的监理职责和项目法人授予的权限,"认真、谨慎、勤奋、高效"地工作,与参加工程建设各方密切合作,全面实现工程的建设目标。

(四) 监理工作制度

为了规范监理工作,监理单位根据规范的要求,加强事前控制,重视事中检查,及时进行事后处理。通过制订图纸会审、技术交底、施工组织设计的审核、审批,原材料、半成品、构配件、工程设备质量检验、重要隐蔽工程、分部(项)工程质量验收、单位工程、单项工程中间验收,工程质量检验,关键工序质量控制,工地例会、现场协调会及会议纪要签发,设计变更处理,施工备忘录签发,紧急情况报告,合同内项目的计量付款签证,工程索赔签审,档案管理,监理工作日志,监理月报,监理机构内部责任等一系列制度并组织监理人员进行学习并在过程控制中掌握,使监理工作有章可循,便于操作。

(五) 监理工作方法

各监理单位通过发布文件、现场记录、旁站监督、巡视检查、跟踪检测、平行检测、组织协调等手段对工程现场施工进行有效控制。

(1) 发布文件。采用通知、指令、批复、签认等形式进行施工全过程的控制和管理。各监理机构按照《水利工程建设项目施工监理规范》(SL 288—2003),并结合工程特点,编制了施工单位用表和监理机构用表。坚持监理机构与施工单位之间的对话以书面形式进行,所有的正式文件均报送建设单位。

(2) 现场记录。本工程工序多、施工作业面多,监理单位对每天施工现场的人员、设备和材料、天气、施工环境以及施工中出现的各种情况均进行了完整记录,做到了工程施工的可追溯性。

(3) 旁站监理。按照招标文件和监理规范的要求,制订切实可行的旁站计划,对工程项目的重要部位、所有隐蔽工程和关键工序的施工,实行连续性的全过程检查、督促和管理。

(4) 巡视检查。对现场施工进行定期或不定期的检查、监督和管理。

(5) 跟踪检测及见证取样。在施工单位进行试样检测前,监理人员对其检测人员、仪器设备以及拟定的检测程序和方法进行审核;在施工单位对试样进行检测时,实施全过程的监督,确认其程序、方法的可靠性,并对该结果确认。对不能在工地实验室进行的检测项目,监理人员全程陪送试样,并对试样进行确认,见证取样主要项目有:原材料、混凝土拌和物、填筑土压实度、工艺性试验土源、配合比试验、主要建筑材料的全参数试验等。

(6) 平行检测。监理机构在施工单位对试样自行检测的同时,独立抽样进行检测,核实施工单位的检测结果。本工程监理平行检测主要项目有：原材料、混凝土拌和物、填筑土压实度等，均按抽检频率大于施工单位检测频率的10%，对施工每道工序均进行平行检测，现场平行检测记录。

（7）组织协调。对参建各方之间的关系以及工程施工过程中出现的问题和争议进行协调，协助发包人协调参建各方与地方、工程管理单位之间的关系。

（六）监理主要设备及检测方法

各监理单位在工地现场配置了全站仪、水准仪、混凝土回弹仪、闸门防腐测厚仪、土工试验等常规检测仪器设备。

质量检测是质量控制的主要手段，它贯穿于施工监理过程中的每个环节，对不同的检查内容，检测方法侧重点不同，监理机构对本工程质量进行全过程控制。本工程施工监理过程中，质量检测工作采用的方法有4种：

（1）目测法。主要用于现场巡视和旁站监理中的施工工艺控制。例如，施工缝处理检查，土方填筑工艺检查，砌体施工工艺检查以及施工现场安全文明生产检查等。

（2）实测法。主要用于现场船闸工程闸首、闸室、导航墙等结构断面测量和河道疏浚工程开挖断面测量，检测建筑物高程及结构尺寸、模板、钢筋、伸缩缝和工程实体的垂直、水平位移偏差等，对主要工序质量做现场检测记录，进行施工工序和单元质量评定并签署检测意见；工序验收检查有基础面处理、河道开挖断面、砌石、伸缩缝安装、立模、扎筋、混凝土浇筑、铺土层厚度、外形检测等。

（3）旁站法。主要用于现场混凝土浇筑、软体排铺设等质量控制，在施工现场对工程项目的重要部位和关键工序的施工，实施连续性的全过程检查、监督与管理。

（4）试验法。监理人员对原材料、中间产品、构配件，除检查出厂证明材料，督促承包人自检外，还进行了平行检测，具体检测方法是将砂、碎石、水泥、钢筋、混凝土试块等现场取样送至平行检测单位进行检测。检测周期为从工程开工到完工期间的全过程。

（七）工程项目划分

为便于项目的信息管理，确保工程质量，监理单位依据《水利水电工程施工质量检验与评定规程》(SL176—2007)、《水利工程施工质量检验与评定规范》(DB32/T 2334—2013)、《建筑工程施工质量验收统一标准》(GB 50300—2001)、《公路工程质量检验评定标准》(JTG F80/1—2004)等相关规范、标准及工程施工设计图主持编制了工程项目划分，并按照项目组成、投资切块和进度分解，按三个层次进行编码进行项目分解，将船闸工程划分为二线船闸主体工程、房屋建筑及附属工程及水土保持3个单位工程；河道工程划分为施工Ⅰ、Ⅱ、Ⅲ标3个单位工程，其中涉及水土保持4个分部工程。二线船闸主体工程共划分为17个分部工程，1 137个单元（分项）工程，房屋建筑及附属工程共划分为5个子单位工程，27个分部工程，193个分项工程，涉及水土保持工程4个分部工程，43个单元工程；河道工程施工Ⅰ标划分为8个分部工程，323个单元工程，施工Ⅱ标划分为8个分部工程，343个单元工程，施工Ⅲ标划分为8个分部工程，121个单元工程，涉及水土保持工程4个分部工程，41个单元工程。

二、项目监理过程控制

根据监理规范的要求，在整个施工过程中对施工质量、进度、投资进行全过程控制，对合同、过程信息进行综合管理,对施工过程中出现的各类问题进行及时协调处理,并履行法定的安全生产管理。对影响工程质量的各种因素加强预控和监控,督促承包人以先进、合理的施工工艺、科学的检测手段、完善的质保体系精心施工,确保工程质量优良。

（一）工程质量控制

质量控制做到:加强事前控制,重视事中检查,及时进行事后处理。通过巡视、旁站、测量、分析性复核、跟踪检测、平行检测等手段使工程在建设过程中其施工质量处于良好的受控状态。

事前控制主要是协助施工单位完善质量保证体系,组织对施工图纸进行技术交底,审核施工单位提交的施工组织设计和施工技术方案,对重要的施工组织设计和技术方案组织专题讨论。

事中控制主要是在施工过程中对施工质量进行控制。协助施工单位完善每道工序的质量控制体系,严格工序间交接检查、验收制度,上道工序完成后,在施工单位自检合格的基础上,监理人员复检,并填写平行检查表和平行试验,合格后方可进行下道工序的开工。混凝土浇筑监理人员坚持跟班旁站,明确工程质量目标和各自责任,对不合格工序坚决要求返工,同时定期或不定期组织召开现场会议,及时分析、通报工程的质量情况。

事后质量控制主要是对完成的单元(分项)、分部工程按规范要求进行检查验收、评定和督促施工单位对成品单元(分项)维护,利用检测设备对完成工程的质量进行检测。

（二）工程进度控制

（1）监理单位成立了进度控制组,编制了进度控制监理实施细则,加强对工程的施工进度控制。

（2）适时发布开工令。监理根据施工合同的要求及时签发了进场通知,监理根据现场各方准备情况,针对承包人的开工申请,对照施工单位投标书的承诺检查其人员和设备到位情况,符合开工条件后方可签发开工令。

（3）及时审批承包人的施工进度计划与调整施工进度计划。总监理工程师在施工阶段进度控制的依据,是合同文件规定的进度控制时间和在满足合同文件规定的条件下由承包人编制并经总监理工程师批准的工程进度计划。编制总进度计划时:要采用网络计划技术,按照网络图编制原则进行编制;要合理安排好分部、单元工程施工顺序和施工流水作业;要遵循紧前不紧后,留有余地的原则。施工单位在监理单位审查批准总进度计划的基础上编报月施工进度计划,要求承包人编制总进度计划、月进度计划,对不合理的部分提出调整意见,便于承包人及时安排施工。

监理单位对进度计划的检查和调整内容包括:定期地、经常地收集由施工单位提交的有关进度报表材料,并跟踪检查工程项目的实际进展情况,以此作为核发工程进度款的依据。检查方法采用对比法,通过检查分析,进度偏差较小的,分析其产生原因并采取有效措施,解决矛盾,排除障碍,继续执行原进度计划,如在交通桥断路过程中受到了附近居民地极力反对,未能按计划实现断路施工,监理单位通过对总进度计划的分析,合理利用自由时差,确保了原有计划的执行;如果经过努力,确实不能按原计划实现时,再考虑对原计划进行必要的调整,即适当延长工期或改变施工进度。对原有计划已不能适应实际情况的,为确保进度控制目标的实现,必须对原有进度计划进行调整,形成新的进度计划,作为进度控制的新依据。二线船闸工程共调整总进度计划2次。

（4）工地例会。每月15日、28日定期组织召开监理工地例会，会议由总监理工程师主持，会上除总结施工进展情况与解决有关问题外，还会对下阶段的进度计划进行讨论，存在不合理情况要进行调整，并帮助承包人解决实施过程中遇到的问题。

（5）协调各参建单位之间关系，确保工程顺利开展，如工程款及时支付、及时排除外界干扰、甲供材料及时到工等。

（6）及时对已完工序验收。在施工过程中监理人员工作上必须与承包人积极配合，做到前道工序承包人"三检"工作结束，就是监理检查开始之时，与承包人同步进行，保证一具备条件即批准施工，保证下道工序的及时开工。

（7）根据工程建设的特点，监理单位会同建设各方及时分析和研究了一些施工技术方案和施工工序安排等措施，以缩短工程工期，如土方调配、上下闸首灌注桩施工排序、地连墙施工的施打顺序等。

（8）督促设备生产进度。监理单位多次派监造人员到生产厂家检查生产进度，对照土建工程施工进度检查其生产进度是否满足要求。

（三）工程投资控制

本着客观、公正、严谨、科学的原则，在实施的工程中严格按工程的要求执行工程量计量程序、设计变更程序和工程洽商程序。对承包人上报工程量及时到现场核实并根据设计图纸认真复查。对于额外工程量实行三方签证。在每月的支付中对计划量与实际完成量，投资耗用情况进行对比分析，从而保证了投资控制的及时和有效性。

工程的计量支付是按合同文件工程量清单所列项目号，分别以总价和单价承包的方式进行支付，每月完成的工程量以施工图纸及实际发生的工程量，按月实际完成的合格单元工程进行计量支付。发生的额外工程量、设计变更产生的工程费用增减，均由承包人提出申请，经监理单位审核，报建设单位批准后支付。

1. 投资控制原则

投资控制是整个工程建设项目主要控制项目之一，也是保证整个工程顺利实施、按期完成是投资目标实现的关键。监理单位坚持"承包合同为依据，单元工程为基础，施工质量为保证，量测核定为手段"的支付原则，严格按合同支付结算程序，通过发包人授予监理工程师支付签证权的正确使用，促使工程承包合同的履行。

2. 投资控制主要工作内容

审核承包人完成的工程量和价款，签署付款意见。对设计和施工不合理或需优化的项目及时提出，并按照程序进行设计变更和施工方案调整。对合同变更或增加的项目，提出审核意见，报发包人批准实施。

3. 投资控制措施

在工程计量时，其投标书工程量清单中所列的工程量是招标时估算的工程量，不能作为承包人结算的工程量，经监理工程师复核计算后签证的工程量才能作为结算工程量。在工程建设过程中对已完工程，监理工程师均严格进行检查、量测和核算，签署计量签证单。

承包人按每月已完工程量进行申报，监理单位复核审查、签署意见报建设单位批准后支付。

为保证工程建设合同得到切实履行，凡未按设计要求完成，或开工、检验等手续不全，或施工质量不合格,或合同文件规定建设单位不另行予以支付的项目,监理单位坚决不予支付。

严格按照工程变更程序进行工程变更处理。本工程变更处理过程中,主要控制的内容有:审核变更的必要性、可行性及工程投资的影响;签发工程变更指令;收集有关变更工程的资料;审核工程变更项目的报价等。

本工程投资受到施工过程中施工方案变更、设计变更、合同增项等影响。由于严格控制工程变更、严格核算工程量、严格计量支付程序,保证了工程资金及时到位,促进了工程质量的提高,加快了工程进度。

(四) 安全生产和文明施工

履行法定的安全生产管理是工程建设顺利进展的有力保障,工程各参建单位始终坚持"安全第一,预防为主,综合管理"的指导思想,将安全生产工作放在第一位。监理单位根据《建设工程安全生产管理条例》规定的工程监理单位的安全责任,在施工监理过程中,按"纵向到底、横向到边"的原则要求施工单位全面落实安全文明施工和环境保护管理规定,并结合二线船闸工程施工面积大、施工条件复杂的特点对本工程安全生产管理内容进行了研究,主要包括工程质量、安全生产、综合管理、环境保护、宣传教育、卫生防疫、防火、防台、防汛等,针对诸多方面管理编写了《泰州引江河高港枢纽二线船闸工程安全生产管理监理实施细则》,成立了安全文明管理组。安全文明管理组由3人组成,配备1名专职安全员,在总监的授权下开展工程的安全监理工作,并做到现场每一位监理人员都有责任协助安全监理人员共同开展本工程的施工安全监理工作。开工伊始即要求施工单位以"无重大伤亡事故,创安全文明工地"为目标,牢固确立"文明施工、安全第一"的思想。坚持"谁承包,谁负责"的原则,充分调动承包人和分承包人的主观能动性,并以国家和地方有关安全文明施工的法律、法规和规定及招标文件对安全文明施工的有关规定为依据,要求施工单位编制施工安全技术措施,制订和落实安全文明施工保证体系,进行施工现场安全标准化管理。对安全文明施工保证体系、规章制度、安全设施、安全技术进行经常性督促和检查,对发现存在的安全隐患限期进行整改。

通过检查、巡视、旁站、检测和复核等手段使工程在建设过程中其安全生产始终处于良好的受控状态。监理人员尤其是专职安全监理工程师每天认真地进行现场巡视安全环境,检查安全隐患,并及时提醒施工单位改正,在单元工程开工前及隐蔽工程验收时将安全检查工作结合进行,检查作业人员的安全帽、安全带,检查现场安全护栏、安全网、施工用电、防火、易燃品等安全生产内容,发现违规及时纠正处理。监理单位认真审查施工单位安全生产保证体系和安全生产管理体系,审查施工组织设计(专项施工方案)中的安全技术措施,以及专项安全技术方案,督促施工单位建立安全技术交底制度、班组岗前安全培训制度、生产技术交底制度、定期检查制度和安全规章制度并检查落实情况。对进场施工设备的性能和安全性进行检查,符合要求的设备准予进场。对所有特殊工种人员要求持证上岗并进行核查,对安全隐患及危险源进行分析,确定安全生产重点防范区,明确责任到人,要求施工单位定期对广大职工进行安全教育和培训,要求施工现场配备专职安全员,负责工地现场的安全巡视,检查安全隐患,落实整改措施。

在抓安全生产的同时,也注重文明工地建设和施工环境的保护。监理单位认真审查了施工单位上报的施工环境管理和环境保护措施等技术文件,要求施工单位配备洒水车,对施工道路和生活区进行洒水降尘,以保"晴天不起尘",搞好环境保护。要求在施工现场的醒目位置悬挂横幅宣传标语，各种设备、材料分类整齐堆放，生活区清洁卫生。经常开展各种文娱活动，极大地丰富广大参建人员的业余文化生活，调动了职工的生产积极性。

（五）合同管理

合同管理是监理工作主要的核心。监理工程师在工作过程中遵循"守法、诚信、公正、科学"的工作准则，从投资控制、进度控制、质量控制的角度，解决合同执行中的问题，正确处理合同问题，既要考虑到承包人的合法利益，又不能让建设单位和国家利益受到损害，为工程顺利实施作好管理工作。通过对工程施工的质量、投资、进度的有效控制及对施工安全、环境保护等的监督，使工程施工在紧张有序的状态下进行。监理对合同的管理主要是通过审核承包人的申报，签发单位工程、分部工程开工令，签发施工图，审核设计变更，监理指令，工程检测等手段来进行。

1. 合同变更管理

施工过程中，监理合同管理的主要工作是处理工程变更。为做好以上工作，监理单位在学习合同、熟悉合同、准确理解合同的前提下，认真履行监理职责，做到两个"一"，即"一切按程序办事、一切凭数据说话"，以计划与进度控制为基础，抓住计量与支付这一核心，认真解决好管理跨度、工程变更这一难点。

单价合同中，承包人往往寄希望于通过变更工程单价来获取更多利润。监理工程师通过严格掌握变更工程单价的原则，公平合理地确定变更单价，有效保障建设单位的利益。

2. 计划与进度控制是合同管理的基础

对计划与进度的控制主要包括两方面内容：对承包人工程计划的审查和对进度计划执行情况的监督。监理工程师将在熟悉、掌握合同条款，熟悉工程的各道工序的前提下，利用合同所赋予的权力督促承包人按计划完成工程，对承包人的进度和计划进行有效的控制。

3. 计量与支付是合同管理的核心

计量与支付工作不仅是合同管理的核心，也是整个监理工作的核心。它是监理工程师行使权力和履行职责的根本保证，也是监理工作的最终成果。承包人的每一道工序、每一单元工程必须得到监理工程师的认可后才能给予计量与支付，监理机构要充分利用这一权力，严格执行计量与支付监理制度和程序，牢牢把握好月计量支付关，牢牢控制工程质量、进度和造价。

（六）信息管理

信息管理主要是辅佐监理工程师对项目实施主动的、动态的、及时的、有效的全过程目标管理的控制，是监理工作各项控制的基础和决策依据，通过先进的管理理念，本工程未发生任何合同纠纷及索赔事项，总结整个信息管理工作主要表现如下。

1. 制订管理办法，规范化档案管理

监理单位将档案工作纳入工程建设的全过程，按总监负责制、分级管理的原则，安排专人进行档案管理工作。

监理单位依据工程监理合同、工程承建合同，国家、部门颁发的工程建设管理法规、施工技术规程规范、工程验收规程、工程质量检验和评定标准等文件制订常用报表及格式，并发送承包人，要求在合同实施过程中，合同双方的一切联系、通知等，均以书面文字为准。

2. 监理资料的收集和整理

工程监理资料管理，由资料员负责并做到整理及时，与工程形象进度同步，真实齐全，分类有序。监理资料的收、发必须履行登记手续,资料签收后及时传递相关专业监理工程师进行审核处理,处理完毕后交资料员加盖公章分发各有关单位指定联系人并存放。对专项试验、方案措施计划、各单位下发文件、通知等资料,资料员先交各监理人员传阅,传阅后返回资料员整理、分类建立案卷盒,及时编目、存档,以便跟踪检索,这也为最后档案顺利通过验收提供了保障。

注重监理日志、监理月报、监理会议纪要等由相关监理工程师负责填写、整理、归档,通过记录监理日志(记)对每日的施工内容、地质情况、投入的人力和物力、计划完成情况、质量问题、温度、降水、洪水、试验、设备安装、工序检查、对承包人的指示、会议等情况进行详细的记录,做到有据可查。

3. 工程资料日常管理

建立健全工程资料管理制度,包括收文、发文制度。要求工程档案必须做到完整、准确、系统,并做到字迹清楚、图面整洁、签字手续完备,所有归档材料必须用黑色钢笔填写,做到及时进行收集、整理、归档、维护,定期对存档文件进行清理、汇总,编写卷内目录,直至立卷。并对于工程资料严格做好保密工作;同时要求承包人资料进行专人管理,文件资料进行合理编号。定期对承包人资料的归档情况进行监督、检查,保证资料的准确性、时效性。

(七)组织协调

监理单位总结工程建设过程中存在并参与的协调工作有:施工与地方政府、企业、百姓的矛盾;施工标之间的矛盾;土建施工单位与材料、设备采购及安装单位之间的矛盾;各专业之间的矛盾;分包单位和总施工单位之间的、设计单位与承包人之间的关系;施工单位与文物保护部门之间的矛盾等。监理单位通过采取如下原则与措施,做到游刃有余,才能圆满地完成了建设期间的各项协调工作。

1. 协调原则

在确保工程质量的条件下,推进工程施工进展;在确保工程施工安全的条件下,推进工程施工进展;在维护建设单位合同权益的同时,实事求是地维护承包人的合法权益,正确处理合同目标之间的矛盾。

2. 协调措施

协调的形式以会议协调为主。建立监理例会和专题会、协调会制度并重视外部矛盾的处理。例会按期召开,主要内容包括:对本期工程进展、施工进度、安全生产、工程形象、施工质量、资源供应、设计供图、工程支付以及外部条件等各项工作进行检查,对下期工作做出安排。专题会、协调会由总监理工程师根据工程进展情况不定期主持召开,主要研究解决施工中出现的涉及施工质量、施工方案、施工进度、工程变更、索赔、争议等方面的专门问题。由监理单位专人负责签到和记录,并于会后及时编报会议纪要,发送有关各方,会议所做出的决定,要求有关各方按规定予以执行。外部协调主要包括当地政府及相关部门、老百姓之间的关系处理,如施工单位进场后,虽征地拆迁工作已基本完成,仍会产生一些矛盾,特别是当地百姓,监理机构要协助建设单位协调好与当地政府之间的关系,取得当地政府的支持,耐心地做好当地老百姓的思想工作,为施工创造一个良好的施工环境。

本工程项目在施工过程中,监理单位运用监理协调权限,及时沟通信息,交换意见,积极进行协调工作。通过严格执行协调程序,经参建各方相互理解、密切配合,共同努力,工程得以顺利完成。

三、重点、难点及关键点的监理控制

(一) 二线船闸工程

1. 及时审核并签发施工图

监理单位积极参加项目法人组织的各批次施工图审查会,了解了设计意图。在收到施工设计图纸后,总监理工程师立即组织各专业监理工程师对图纸进行审核,将图纸上有疑问的地方书面联系设计单位,待监理单位初审后,总监理工程师在每张图纸上签字并加盖监理单位公章后分发至现场施工单位,并及时组织各批次设计图纸技术交底,未经监理签发的图纸不得用于工程现场建设。严格控制设计变更,对主要变更的内容、工程量、费用进行了分析统计,提出如何减少或不增加变更费用的优化意见。施工过程中发生的设计变更,监理都签发了变更指示,变更手续齐全。

2. 重视原材料质量控制

材料是工程质量控制的基础,严把材料复验关,为此监理单位配备了具有专业及见证员资格的人员任材料试验专业监理工程师。到工的各种原材料如水泥、砂、石、钢材等是否满足要求。监理单位依据规定的取样方法和取样频率与承包人共同取样后由工地试验室或江苏筑宇及省水利建设工程质量检测站(均具有水利检测甲级资质)检测。到工原材料按批次、规格、生产厂家等分开堆放并作检验合格的标志,对复验不合格的原材料坚决要求承包人在规定期限内清除出场,以确保所用原材料的质量符合规范及设计要求。监理单位首先确定工程大宗材料的源头,本工程石子采用安徽铜陵产的石子,水泥采用泰州海螺普通硅酸盐水泥(P.O42.5),粉煤灰采用国电泰州生产的Ⅰ级粉煤灰,钢材由江苏省水利物资总站中标进行供应,均采用投标承诺的南钢、沙钢、永钢、鞍钢、萍钢、新兴铸管等大型厂家生产的优质钢材钢筋。

对各种进场原材料认真进行全面质量检查,首先检查有无质保书、出厂合格证、化验单等书面资料,齐全后统一进场。材料进场后要求承包人严格按照有关规范规定的频率进行取样检测,监理人员进行见证取样并跟踪送检。承包人试验送至江苏引江建筑材料检测实验室进行检测。监理人员对施工单位原材料保存保管行为的规范性进行检查,检查原材料出库、入库工作,确保原材料去向清楚,来源可追溯。

3. 重点把控测量放样

测量控制依据发包人提供的控制点进行,二线船闸工程共有 D 级 GPS 控制点 8 个,三等水准点 8 个,监理单位以《监理通知》形式将建设局提供的测量基准点及时签发给承包人并要求及时进行复测、引测和现场施工测量控制网的布设,并将复测成果及控制网布设方案报监理单位审批,并组织专业工程师进行校核,并要求在布控点周围受扰动或 3 个月时间应及时校核修正,确保控制点的设置质量满足现场施工需求。本工程监理现场测量控制采用监理复测和联合测量相结合的方法,2013 年 2 月 22 日,监理单位联合船闸施工单位对二线船闸中心线进行了复测,并召开专题会议对中心线的测量成果进行确认。施工过程中,专业工程师对施工单位上报的每一个部位测量放样资料都进行了审核,并根据重要程度进行抽点复核,对施工控制网、船闸中心线等重要部位的坐标、高程的布控进行联合测量,并督促施工单位在没有外部扰动的情况下,对控制点每 3 个月进行一次校核测量,确保控制点精度,

对一般部位的高程控制测量采用现场监测,通过严格控制取得了较好的效果。

4. 重视沉陷位移观测,及时分析并指导施工

沉陷位移观测主要是二线船闸施工期间对一线船闸的安全观测及新建二线船闸建筑物的位移观测。

根据设计施工图显示,一线船闸中心线与新建二线船闸中心线相距仅70 m,且处于砂土层,渗透系数较大,且建设期间一线船闸不断航运行,因此二线船闸建设期间一线船闸的安全问题成为了二线工程施工的关键。上下闸首施工前建设单位组织相关专家对一线船闸安全监测方案进行了论证,监理单位结合论证成果进行了有针对性的批复,要求施工单位在上下闸首施工期间每日定时对一线船闸位移进行观测,特别是临边侧基坑开挖期间应进行加密测量,并邀请管理单位定期进行校核性测量。本工程因施工措施得当,双方实际测量数据均未发生陡变情况,老建筑物安全性能良好。

二线船闸共设置219个观测点,其中上、下闸首各4个,闸室48个,上游导航墙24个,下游导航墙25个,下游引航道直立墙114个;基底扬压力测压管12组,上、下闸首各6组。施工单位在混凝土浇筑完成后及时埋设位移观测点,监理单位专业测量工程师对观测点首次测量结果均进行复测,工程建设过程中及时督促施工单位做好定期观测,总监理工程师及时组织监理单位专业人员对上报观测成果进行分析,并作出具体批复,通过监测成果分析及时调整了施工工法,保证工程水平和垂直位移均较小,确保了工程安全。

5. 土方填筑的质量控制

本工程涉及的土方工程质量控制主要为墙后素土回填以及水泥土回填,监理单位派专人负责工程土方填筑工程。土方回填前对基面进行清理,监理单位在施工单位基面清理完成后及时组织有关单位进行隐蔽工程验收,形成验收签证。监理单位见证取土样进行击实试验,确定控制指标为沙壤土最大干密度为1.57 g/cm³,10%水泥土最大干密度为1.67 g/cm³。根据击实试验报告,试验工程师全程跟踪了现场碾压试验,确定了各项控制参数。根据地质报告显示,本处土质以重、轻粉质沙壤土为主,主要由0.01~2 mm的颗粒组成,颗粒之间没有黏聚力,结构非常松散,在高强度的碾压过程中砂性土易失水,导致表面易出现开裂、扬尘、基面不稳定等问题,在填筑过程中监理单位根据分析建议在最优含水率确定的前提下,对各层压实土及时进行洒水补水,并坚持巡视检查,水泥土回填时根据回填的方量确定水泥的用量,检查现场水泥的实际掺量及拌制工艺;每层碾压后监理工程师现场见证取样检测,并同时进行独立抽检,检测结果满足设计要求经监理单位同意后方进行下一层的填筑。

6. 加强上下游钢板桩围堰施工并做好抢险应急准备

工程设计上下游均采用钢板桩拉锚结构围堰,监理单位根据围堰长度、宽度、内外侧最不利水位、锚杆设置位置及安全系数设置等对方案中围堰稳定性计算进行了验算后批复,施工过程中,对已放样的施打部位加强清淤,合格后方可进行钢板桩的施工。钢板桩完成后,加快堰内土方的填筑,以防钢板桩上下内外受力不均匀导致移位,根据经验,因围堰外侧与河道毗邻,地下水头较高,要求承包人控制降水速度,在后续施工过程中施工单位定期对上下游施工围堰进行巡查及维护,尤其是对下游围堰迎水面采用砂浆进行了防护。监理单位重视汛期围堰的管护,专门就汛期发文,要求施工单位在汛期围堰承受较高水头时,除加强监测外,还要准备一批应急防汛物资,如块石、碎石、土料、土工布、草袋或麻袋、运输设备和

机械设备等，要求施工单位成立防汛抢险小组，关键时刻，均在围堰上组织日夜值班。

7. 根据工程特点重视基坑降排水及补水设计

为确保一线船闸的施工期安全，建议降水主要采用深井降水及防渗墙后设置补水井。根据现状地质报告显示，地下水均为孔隙性潜水及承压水，②$_2$及②$_4$层为粉质黏性土，垂直渗透系数$K=A\times10^{-7}\sim10^{-6}$ cm/s，透水性极微；②$_3$及②$_5$层为砂性土，垂直渗透系数$K=A\times10^{-4}\sim10^{-3}$ cm/s，具中等透水性。②$_2$及②$_4$层分别作为相对隔水顶底板。根据长年的监理经验，长江下游地区北岸长年淤积，土质非常特别，为特有的夹心状淤泥粉质黏土，砂土层含水率非常高，但上下均为低渗透性的粉质黏土，水分不能竖向排除，大大降低了降水效率，形成了整个土壤含水率高且不易降水的情况。结合本工程情况经研究同意引进欧洲新型UPVC管，该管采用密布激光砌缝，具有高强度、井壁透水性好、无须包裹滤布、施工简单等特点，监理单位对降排水方案中场地涌水量及单井出水量进行了计算复核，认为设置86口井完全满足要求，为保证一线船闸运行安全，同意在一线船闸及防渗墙间布置补水井。为确保安全，监理单位批示必须先进行试抽及试补确定相关抽补量，确保施工过程中一线船闸的运行安全，施工过程中监理派专人对管井的施工进行检查，检查了滤水管、滤料、井深等，投入使用后要求施工单位定期对降水井、补水井、观测井进行观测，并及时记录，遇到异常情况及时上报。降水井投入运行后，降水效果较好，地下水位能满足施工作业面下50 cm的要求，为基坑土方开挖提供条件。

8. 混凝土工程质量控制

混凝土的质量控制除了控制使用合格原材料外，更重要的是控制混凝土的内在质量和外观质量。内在质量主要控制混凝土的强度、抗冻、抗渗达到设计要求，外观质量主要控制混凝土结构的几何尺寸、高程、平整度、垂直度、色差满足规范要求。

重视对混凝土配合比试验。监理单位要求在保证混凝土具有良好工作性的前提下，应尽可能地降低混凝土的单位用水量，采用"低砂率、低坍落度、低水胶比，掺高抗裂多组分复合材料，掺高粉煤灰"的设计准则，生产出"高强、高韧性、中弹、低热和高极拉值"的抗裂混凝土。施工单位实验室负责人根据规范、设计要求、工程部位、质量等级、生产工艺水平及原材料质量等情况进行配合比设计，监理单位试验工程师全程参与混凝土配比试验，要求每种标号混凝土均采用三组进行对比选择，最终选择性能最优配合比进行生产，严禁拌合楼私自更改配合比设计，每日对现场原材料进行含水量测定，以调整拌合用水量，并经专业监理工程师批准后生产。

对混凝土拌和系统进行质量控制。承包人在施工现场建立了2台套混凝土拌和系统，拌和系统建立后由相关质量技术监督部门对计量系统进行了标定，出具计量认证证书。承包人在使用过程中按规范要求进行计量系统的校验，监理人员定期检查其台账。

（1）灌注桩工程质量控制。本工程钻孔灌注桩主要使用在上下闸首基础、闸室地连墙锚锭、上下游导航墙锚锭、下游引航道护岸工程锚锭、一线船闸导航墙加固、靠船墩及下游东侧导航墙水上部分等部位。监理人员在灌注桩施工前对各项准备工作进行检查，导管进行试水未发现渗漏，对施工单位上报的桩位测量资料进行审批，并对桩位进行了复测。桩机安装就位后，对桩机的垂直度、平整度、平台高程、钻杆与桩位的对中等进行检查，全部满足要求后同意进行钻孔施工。监理单位从第一根灌注桩施工开始实行24 h跟踪旁站值班，监理人员对每道工序均进行了检查和控制。经检查钻孔过程中泥浆比重在1.15～1.2，二次清孔后泥浆比重在1.10~1.15；浇筑过程中对导管的埋深、混凝土入仓坍落度等进行控制，每根桩预留1组试件待到达龄期时进行强度检测，监理单位同时进行了独立抽检。灌注桩全部进行了小应变检测。

（2）地连墙工程质量控制。混凝土地连墙施工前施工单位上报了施工方案，根据经验及本工程实际情况，对地连墙幅长重新进行了划分，并经设计单位认可后开始实施。施工过程中监理人员检查槽深、泥浆比重、黏度、刷壁、拔隔离桩时间等相关工序，在浇筑过程中抽测混凝土坍落度，抽查混凝土配合比等，严格控制施工质量。在地连墙接缝处高压摆喷封堵施工过程中，控制水泥浆水灰比、喷浆的提升速度、旋（摆）喷速度等重要工序，确保封堵质量达到防渗效果。

（3）研究大体积混凝土浇筑。大体积混凝土易产生温度裂缝、收缩裂缝，温度裂缝基本都是贯穿缝，收缩裂缝深度也经常超过钢筋保护层，这样的裂缝都是有害裂缝，降低混凝土的耐久性，因此防止产生有害裂缝是非常重要的。根据多年来的经验以及一些工程混凝土抗裂的研究结果：为防止混凝土出现裂缝，混凝土温控措施需要从设计、施工和混凝土材料诸方面采取综合措施进行控制，即在结构造型、原材料选择、混凝土抗裂能力、混凝土拌合物质量、温升控制、温度监测等方面采取措施，最重要的是提高混凝土抗裂能力，减少混凝土温降及收缩而引起的水平拉应力。

针对本工程结构尺寸大、混凝土工程体量大、大体积混凝土多等特点，监理工程师从原材料、混凝土配合比设计的审核，钢筋、模板的制作安装，浇筑旁站监督、督促检查养护工作等方面控制大体积混凝土有害裂缝的产生。

① 上下闸首底板施工监理措施。根据设计图纸显示，为确保大体积混凝土不出现或少出现裂缝，上下闸首底板分三块浇筑，混凝土浇筑前监理人员对止水、钢筋绑扎（包括插筋位置）、接地、阀门底槛等工序进行检查，浇筑过程中监理人员跟踪旁站，对混凝土坍落度、入仓温度、拌合物温度等进行检查，在混凝土浇筑过程中和完成后会同施工单位对其混凝土内部温度进行测量，掌握其温度变化，及时采取覆盖等措施，确保内外温差控制在28℃以内。

② 上下闸首廊道施工监理措施。上下闸首廊道施工在底板浇筑完成后开始，首先在四角和廊道转角混凝土体积较大的位置浇筑C20素混凝土芯墙，然后开始钢筋绑扎和立模施工，廊道模板施工根据模板放样图进行，监理对其放样图进行审核，同意后在加工场按放样图尺寸进行加工，运至现场拼装。廊道圆弧段采用竹胶板，转角、边角、贴角及找零处用木模配制，外模直线段用钢模板，阀门槽、闸门垂直止水、水平止水、底枢及顶枢部位预留二期。混凝土浇筑前监理人员认真进行了检查，尤其是新老混凝土结合面的凿毛施工，对钢筋保护层部位凿毛不到位的要求进行整改，符合要求后同意进行混凝土浇筑施工。下闸首廊道施工前根据上闸首廊道施工情况，监理单位组织召开了施工方案讨论会，决定采取在下闸首廊道墩墙易裂段适当增加水平钢筋，同时进一步优化混凝土配合比，降低混凝土水灰比，浇筑过程中将混凝土坍落度控制在15 cm以下，加强混凝土养护，适当延迟拆模时间等措施，从实际效果看上述措施有效降低了混凝土裂缝的产生。

③ 墩墙施工监理措施。本工程墩墙施工主要是闸室胸墙、上下游导航墙及翼墙、靠船墩、下游直立墙等部位。墩墙施工监理主要控制其混凝土表面平整度、墙身垂直度、钢筋保护层厚度等质量，在混凝土浇筑前监理人员认真检查其迎水面模板的垂直度和表面平整度，以及钢筋保护层厚度，符合要求方可开始混凝土浇筑，浇筑过程中监理人员旁站值班，检查

混凝土坍落度,严格控制混凝土分层厚度和浇筑速度,模板拆除后经检查,墩墙表面平整,垂直度偏差满足规范要求。

④ 铰缝施工质量控制。铰缝施工监理单位组织参建单位对施工单位上报的施工方案进行了讨论,提出了相关意见。设计要求封铰施工必须具备:一是上部空箱浇筑完成,底板混凝土浇筑 90 d;二是墙后填土高程达到 3.2 m;三是边墩沉降速率(连续 10 d 以上)昼夜平均值小于 0.1 mm。监理人员对上述条件进行检查,满足设计要求后方同意进行封铰施工。混凝土浇筑前,监理人员检查铰缝表面凿毛和清理是否到位,钢筋恢复及焊接是否到位,全部符合要求后才能进行混凝土浇筑。施工采用 C30 微膨胀混凝土,掺入 UEA-Ⅳ 低碱混凝土膨胀剂,掺量为水泥用量的 10%,浇筑过程中监理人员过程旁站值班,浇筑完成后表面覆盖土工布进行养护。

(4) 贴面施工监理措施。地连墙贴面施工前组织召开了施工技术方案讨论会,主要从以下几点对混凝土贴面施工质量进行控制:a. 植筋质量,施工前施工单位根据设计要求进行了植筋抗拔试验,以确定钢筋植入深度和锚固材料,根据抗拔试验结果确定钢筋植入深度为 30 cm,锚固材料采用植筋胶;b. 地连墙接缝处理,根据现场情况地连墙接缝处存在渗水和窨潮,施工单位对其进行了封闭处理,处理采用高压灌入浆料 PU 止水剂,处理完成后经监理检查无渗水和窨潮;c. 地连墙表面处理,在钢筋绑扎和立模之前监理对混凝土地连墙表面凿毛和清理进行检查,凿毛、清理到位后进行钢筋绑扎和立模施工;d. 混凝土浇筑质量,浇筑过程中监理人员对混凝土中掺入抗裂纤维量、混凝土坍落度等进行抽查,现场严格控制混凝土浇筑速度和分层厚度,同时加强振捣控制。从目前贴面的外观质量表面光滑光洁,未发现裂缝产生,总体效果良好。

(5) 护坡、护底监理措施。护坡、护底施工在土方开挖到位后监理人员对基面高程、砂石垫层厚度、土工布铺设等工序质量进行了检查,符合要求后进行混凝土浇筑施工,浇筑完成后要求对表面平整度进行控制,确保了护坡、护底外观质量。

图 4-4-1 二线船闸输水廊道

9. 金属结构设备监造

（1）三角门及阀门监造措施。

金属结构制造有上下闸首三角闸门及运转件、预埋件的制造、防腐；上下闸首阀门及运转件、预埋件制造、防腐；浮式系船柱及预埋件的制造、防腐；上闸首输水阀门吊装轨道梁及预埋件制造、防腐等。监理单位编制了《金属结构制作安装监理实施细则》，用以指导金属结构制作监造工作，明确了监造的内容、目的和范围，监造的依据、职责、方式方法及程序、质量要求，见证的重点和范围等。

（2）液压启闭机监造措施。

液压启闭机的制造有上下闸首三角门液压启闭机 4 套、输水廊道阀门液压启闭机 4 套、液压动力站、开度传感器、电控设备以及管路等附件。监理单位编制了《液压启闭机制造安装监理实施细则》，用以指导液压启闭机设备的监造工作，明确监造的内容、目的范围，监造的依据、职责、方式方法及程序、质量要求，见证的重点和范围等。

为更好地做好现场监造，及时对制造的关键点进行把控，监造工程师驻厂后，通过设置"H""W""R"制造阶段质量控制点，要求生产单位严格按照设施点要求通知相关单位进行验收，并及时提交相关资料，未经验收不得进行下道工序。本次工程中通过质量检查点的及时验收很好地控制了设备生产过程的质量，为设备运抵现场的安装提供了质量保证。钢闸门制造阶段质量控制点见表 4-4-1，启闭机制造阶段质量控制点见表 4-4-2。

表 4-4-1　钢闸门制造阶段质量控制点

序号	阶段	控制点名称	类别	控制内容	承包	监理	业主	设计
1	准备阶段	图纸会审	R	设计文件及图纸有效、完整、正确合理、可行	△	▲	▲	▲
2		人员资质审查	R	管理人员资格、特殊工种人员资格证书的有效性、真实性	△	▲		
3		原材料审查	R	厂家资质、型号规格、质量证明、外观质量、商检报告等	△	▲		
4		工艺审查	R	针对性、完整性、合理性、安全性、可行性	△	▲	▲	▲
5	制造阶段	材料下料	W	几何尺寸及精度是否符合设计要求	△	▲		
6		主要配件	W	辊轮、搁门器的铸造质量、几何尺寸、精度	△	▲		
7		拼装、焊接	W	拼装正确性、焊接工艺符合性、焊接质量、校直、补强、热处理、钝化处理（不锈钢）等情况	△	▲		
8		焊缝探伤检测	R	具备资质的检测单位的焊缝探伤报告	△	▲		
9		除锈	H	达到设计要求的除锈等级标准	△	▲		
10		防腐	W	厚度、均匀性、表面色泽一致性	△	▲		
11		成品检验	H	闸门尺寸、表面平整度、扭曲度、吊耳中心线偏差、主梁与顶、底梁平行度、边梁平行度、防腐	△	▲		
12	验收	出厂验收	W	工程施工资料、施工小结、监理提供评估	△	▲	▲	▲

表 4-4-2 启闭机制造阶段质量控制点

序号	阶段	控制点名称	类别	控制内容	承包	监理	业主	设计
1	准备阶段	图纸会审	R	设计文件及图纸有效、完整、正确合理、可行	△	▲	▲	▲
2		人员资质审查	R	管理人员资格、特殊工种人员资格证书的有效性、真实性	△	▲		
3		原材料审查	R	厂家资质、型号规格、质量证明、外观质量等	△	▲		
4		工艺审查	R	针对性、完整性、合理性、安全性、可行性	△	▲	▲	▲
5	制造阶段	材料下料	W	几何尺寸及精度是否符合设计要求	△	▲		
6		主要配件	W	机架、滑轮、联轴器、调速器等制造质量、几何尺寸、精度	△	▲		
7		拼装、焊接	W	拼装正确性、焊接工艺符合性、焊接质量、补强、热处理等情况	△	▲		
8		焊缝探伤检测	R	具备资质的检测单位的焊缝探伤报告	△	▲		
9		除锈	H	达到设计要求的除锈等级标准	△	▲		
10		防腐	W	厚度、均匀性、表面色泽一致性	△	▲		
11		成品检验	H	机架焊接、钢丝绳质量、滑轮绳槽两侧壁厚、联轴器组装、减速器结合面间的间隙、轴承间隙等	△	▲		
12	验收	出厂验收	W	工程施工资料、施工小结、监理提供评估	△	▲	▲	▲

其中,"H"代表停检点;"W"代表现场见证点;"R"表示文件见证点;△施工单位自检与报审;▲共检单位或监督单位。

10. 金属结构设备安装与调试

金属结构主要包括三角门、钢闸门、启闭机等,具有系统复杂、单件结构高大、工艺水平高、使用先进、调试难度大等特点。监理单位通过制订相关安装细则,专业监理工程师提前要求制造单位提供规格型号及埋件等参数,审查安装方案并及时做好施工过程土建及安装单位的协调,确保工程有序进行,另组织各安装单位推行样板工艺的方法,提高了各安装单位的安装质量,取得了较好的效果。

三角闸门安装质量主要从承轴台旋转中心的确定、端柱的顶底枢同轴度、两中缝支承止水垂直度、桁架与闸门端柱的焊接质量、浮箱的密闭试验、止水的安装等进行控制,重视总拼装支承台布置,加强闸门与桁架安装质量控制。液压启闭机安装质量主要从启闭机缸体、液压油缸、液压站、管道安装以及试运行调试等方面进行控制。全部达到设计规范要求后,进行液压启闭机与闸门行程调试,耐压密封性试验。经检查三角门液压启闭机的两只油缸同步,符合设计图纸规范要求,液压启闭机运行平稳,油缸活塞杆上下(三角门水平度)灵活,闸门无异常响声和振动现象,符合相关规范要求。

11. 电气设备采购及安装的监理措施

电气设备的制造质量是电气设备正常运行的重要保证,安装质量是二线船闸能否安全正常投入运行的关键所在,按照设计和规范要求,监理单位对电气设备的安装认真地进行质量控制。

为保证二线船闸工程电气设备和安装材料的采购质量,在施工单位考察的基础上,监理单位会同建设单位对电气设备和安装材料的生产厂家进行了实地考察,了解生产厂家的生

图 4-4-2　二线船闸大型弧形三角门

产工艺、质量控制、检测手段和管理水平,从而确定控制柜、操作箱、电缆、电缆桥架、消防设备等及材料器材的供货单位。

12. 自动化设备采购与安装的监理措施

首先对自动控制系统的二次设计图纸进行审查。监理单位电气专业工程师除参加建设单位组织召开的技术联络会外,还会同设计单位、建设单位对二次设计图纸的合理性、经济性和安全性进行审查,对设备成套所选用的元配件进行质量认定。在自控设备制造和成套过程中,按照设计和规范要求,赴厂进行跟踪检查,从而确保了自控设备的制造和成套质量。

在自控设备制造、成套和柜体完成后,监理单位会同建设单位、设计单位赴厂进行出厂前验收,各项技术指标达到设计和规范要求后,方同意产品出厂。

加强设备安装质量控制,着重对安装施工人员资格进行审查,加强设备安装现场质量控制,做好联合调试、试运行监理工作。

13. 闸门、启闭机联合调试的监理措施

水下验收前,监理单位组织各有关单位对闸门、启闭机无水联合调试验收,观察闸门、启闭机运转平稳,无抖动、跳动、异响等现象。经检查,闸门同步状况良好,止水结合紧密,符合规范和设计要求。

水下阶段验收后,在闸室注水过程中,通过对闸阀门止水效果观测,止水效果较好。在有水状态下,门、机、电有水联调工作组对闸阀门、电气、启闭机进行了门机电有水联合调试,调试时开启电源启动启闭机、闸阀门各运行3次,均能开足关紧。二线船闸上下游闸门运行平稳、控制精准、开关门到位;运行过程中无震动、无异响、无噪声;闸门中缝止水、两侧止水均未发现明显漏水现象,运转件、支承件、密封件工作性能达到规范和图纸要求。阀门运行过程平稳,无卡阻、抖动和异常响声,关门到位时工作状态下顶、侧止水无漏水情况,符合设计及规范要求。启闭机液压泵站工作正常,油缸油管无渗漏,噪音满足规范要求,PLC柜控制系统稳定可靠。计算机监控系统运行正常,视频监视系统图像清晰,通讯广播系统声音清晰无杂音。自此二线船闸闸阀门分部工程全部完成,经现场严格检测,质量评定为优良。二线船闸闸阀门已完成有水联调,并符合设计要求以及《水利工程施工质量检验与评定规范》(DB32/T 2334—2013)的要求,具备工程合同完工验收条件。

二线船闸运行电气闭锁与防误操作措施:

(1) 正常运行时上闸首的闸阀门全关行程开关信号接到下闸首控制回路中,能保证手动控制时不会误操作成通闸;

(2) PLC触摸屏上控制时,PLC受电气接点闭锁信号、水位信号判断是否满足开关本侧闸阀门条件;

(3) 计算机监控系统开关闸阀门,根据闸阀门位置信号、水位信号,判断是否满足开关闸阀门条件,如果条件不满足,计算机监控程序可拒绝误操作。

开通闸运行电气闭锁与防误操作措施:

(1) 当内外侧水位差小于30 cm时,先打开上闸首闸门,再打开下闸首闸门,指挥船只过通闸,如果水位差接近30 cm时,先关闸门再关阀门;

(2) PLC触摸屏上显示水位,提醒何时开始和结束通闸状态;

(3) 计算机控制开通闸时根据水位状态控制,如果水位差接近30 cm时,计算机会自动弹出结束通闸信号并报警,提示操作人员结束通闸流程。

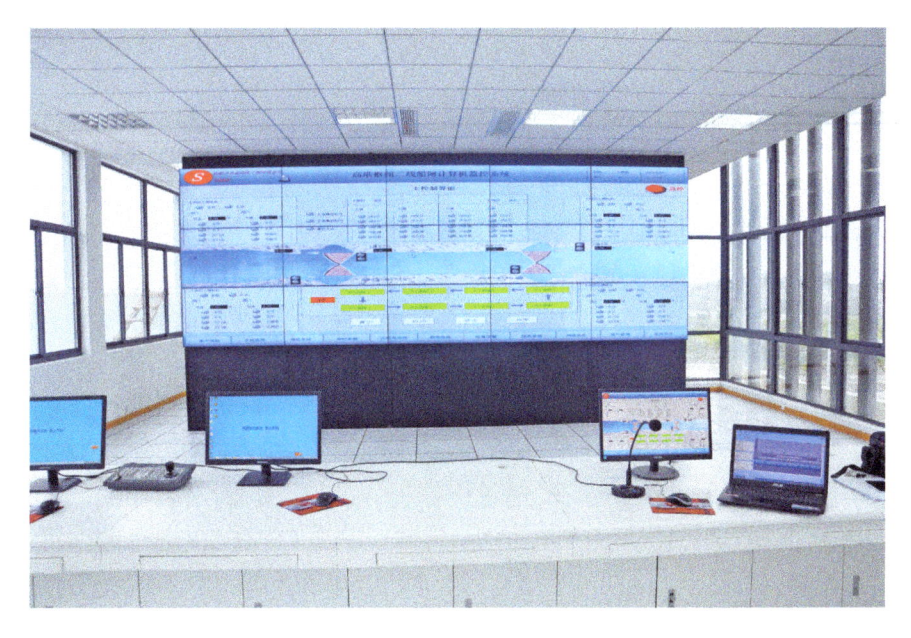

图 4-4-3 二线船闸调度中心中控室

14. 水土保持绿化质量控制

水土保持工程开工后,监理单位针对水土保持施工总体规划、料场防护及弃料处理、施工场地排水系统、植物种植和管理养护等要求施工单位制订详细的方案,并组织相关专业工程师对方案进行审查,确保方案可行,措施得力。本工程战线长,涉及植物种类多,需要多种季节适合种植的物种,故监理单位在绿化工程开始前,要求施工单位针对各种植物季节性特点,制订切实可行的植物进场计划,因季施种,提高植物的成活率及植物生长质量。监理单位督促植物种植应在规定时间(或适宜生长季节)和土壤条件适合时进行。

15. 强制性条文执行情况

审核施工组织设计、施工措施计划、专项施工方案、安全技术措施、度汛方案和灾害应急预案等文件中涉及强制性条文规范的部分。工程开工伊始,监理单位对《工程施工强制性条文执行计划表》《工程施工现场强制性条文执行计划表》进行审核,并督促或联合施工单位按照计划内容及时进行检查,并及时形成《工程施工强制性条文执行情况检查记录表》《工程施工现场强制性条文执行情况检查记录表》,重点组织学习了强制性条文中的有关规定,经检查其执行情况良好。对本工程重点检查的项目分列如下:

(1) 土方工程。

需符合《水工建筑物地下开挖工程施工规范》(SL 378—2007)、《堤防工程施工规范》(SL 260—98)。

基坑开挖自上而下分层进行,严禁上下垂直作业,开挖边坡用防渗土工布及砂浆进行覆盖加固,坡顶设置排水沟。下游侧江堤填筑采用分层回填、碾压。严禁不合格土及杂物混进填筑土料中。

(2) 基础工程。

需符合《水利水电工程混凝土防渗墙施工技术规范》(SL 174—96)。

原材料符合有关标准的规定,配合比由具有相关资质的检测单位出具,且配合比混凝土能满足设计所需的抗渗要求。

(3) 钢筋混凝土工程。

需符合《水工混凝土施工规范》(SDJ 207—82)。

对闸首、闸室、廊道等重要结构物的模板及承重模板都进行了模板方案设计,并进行审查,提出对材料制作安装使用及拆除工艺的具体要求。非预应力混凝土严禁采用冷拉钢筋,钢筋的安装位置间距、保护层及各部分钢筋的大小尺寸均能严格按设计图纸施工。

所有混凝土配合比通过试验、由具有相关资质的单位出具,经监理单位批准后使用。混凝土生产过程中,严格执行签发配料单制度。

浇筑过程中,严禁在仓内加水,当混凝土和易性较差时,采取加强振捣等措施以保证混凝土质量,不合格的混凝土严禁入仓,加强大体积混凝土温度的控制,定时检测并做好记录,采取切实可行的措施调整内外温差。

混凝土模板的拆除时间根据规范规定的已达到的混凝土强度及内外温差而定。冬季施工时,在模板拆除后可以用土工布及草包对混凝土进行覆盖保温。

(4) 劳动安全卫生。

需符合《水利水电工程劳动安全与工业卫生设计规范》(DL 5061—1996)、《水利水电工程施工组织设计规范》(SL 303—2004)、《水利水电工程施工通用安全技术规程》(SL 398—2007)、《水利水电工程土建施工安全技术规程》(SL 399—2007)、《水利水电工程金属结构与机电设备安装安全技术规程》(SL 400—2007)、《水利水电工程施工作业人员安全操作规程》(SL 401—2007)等相关规程。

施工单位能严格执行以上劳动安全卫生方面的相关条款,进行经常性检查巡视,并做好记录。对生产人员进行上岗前的安全培训与考核,特种作业人员持证上岗。

图 4-4-4　二线船闸闸室

(二) 河道工程

1. 土方调配方案审查

疏浚工程施工因征地情况影响,排泥场围堰用地与设计情况存在一定的差别,同时围堰直接关系到当地群众的生产、生活能否得到保障,为达到节约耕地、安全可靠的要求,需对土方调配方案进行严格审查,主要审查以下几点。

(1) 对河道断面进行复核,对排泥场范围内沟塘进行测量,以保开挖方量与排泥场容量基本达到平衡,排泥场容积按下式计算:

$$V_p = K_s \times V_w + (h_1 + h_2) \times A_p$$

式中:V_p——排泥区容积,m³;K_s——土壤松散系数,由试验确定,无试验资料时,细粒土可取 1.10~1.25,粗粒土可取 1.05~1.20;V_w——挖方量,m³;h_1——沉淀富裕水深,可取 0.5 m;h_2——风浪超高,风浪不大时可取 0.5 m;A_p——排泥区面积,m²。

(2) 排泥区围堰的布置及填筑应符合下列要求:围堰宜选在地面平整的地段,有条件时应充分利用高岗、土埂、老堤等地形地貌;围堰地基土质及填筑围堰用土应尽量选择黏性土。

(3) 围堰的断面形式宜为梯形,当分层、分期吹填时,围堰可相应分层、分期填筑,在分期加高围堰时,第二期堰体的外坡脚要落在第一期堰体的内坡面上,杜绝边吹填边加高围堰。

(4) 当堰高小于 4 m 时,堰顶宽度宜为 1~2 m,围堰边坡可参考表 4-4-3 选用。当堰高大于 4 m,或在超软基上填筑围堰时,宜分期填筑,其断面尺寸应通过稳定分析确定。围堰边坡限值见表 4-4-3。

表 4-4-3　围堰边坡限值表

	边坡 内	边坡 外	备注
混合土	1∶1.5	1∶2	即素填土
砂性土	1∶1.5～1∶2.0	1∶2.0～1∶2.5	袋装砂防护
黏性土	1∶1.5	1∶2	局部防护
袋装黏土	1∶0.5	1∶1	

　　(5) 挖方量与排距的乘积之和尽可能为最小。
　　(6) 区调配与全区调配相协调,避免破坏全局平衡。
　　(7) 选择恰当的调配路线、施工工序,避免排泥路线不当造成排距增长,施工工序不当出现吹填泥土回流,影响机械施工。
　　2. 挖泥船型选择
　　泰州引江河沿线地质情况多变,排泥场围堰堆土高度较高,局部地区达到 8.5 m,且河坡段多为淤泥质土与砂土,为保证河坡稳定及围堰安全,监理单位根据试挖情况,与施工单位一起对船型选择作了适当调整。
　　泰州引江河从南向北地质情况高程 −7.0 m 以上,分别为淤泥质黏性土、砂性土、一般黏性土,基本上分别对应施工Ⅰ、Ⅱ、Ⅲ标,导致 3 个标在船型选择上有所不同。
　　施工Ⅰ标:土质以淤泥质黏性土为主,同时该段因临时船舶停靠较长,河底生活垃圾较多,船型选择时用 1 艘 1 m³ 加长臂液压抓斗、1 艘 2 m³ 加长臂液压抓斗挖泥船对河底进行扫床、桥下土方开挖及对河坡进行整理;河道疏浚采用 500 m³/h,200 m³/h 绞吸式挖泥船各 1 艘,150 m³/h、350 m³/h 斗轮式挖泥船各 1 艘。
　　施工Ⅱ标:土质以砂性土为主,船型选择以绞吸式挖泥船为主。最早进场时选用 1 艘 800 m³/h 绞吸式挖泥船,因该船工作时下部水流较大,易造成边坡坍塌,后改用小型绞吸式挖泥船。船型选择时用 1 艘 350 m³/h,2 艘 200 m³/h 绞吸式挖泥船,1 艘 150 m³/h 斗轮式挖泥船。边坡修整、桥下土方及西气东输埋设管道处以 1 艘 1 m³ 加长臂液压抓斗、1 艘 2.6 m³ 加长臂液压反铲斗挖泥船组织施工。
　　施工Ⅲ标:土质以一般黏性土为主,船型选择以斗轮式挖泥船为主。共投入 4 艘斗轮式绞吸船(2 艘 300 m³/h,2 艘 200 m³/h),2 台长臂抓斗挖泥船(2 m³)。
　　3. 潜管铺设和拆除
　　工程施工为不断航施工,而引江河船流量较大,为保证通航安全,主要对潜管铺设和拆除过程加强监理。
　　(1) 潜管铺设前,对潜管进行加压试验,确保各处均无漏水、漏气,方可铺设。
　　(2) 敷设前,应对预定敷潜管的水域进行水深、流速和地形测量,根据地形图布置潜管,确定端点站位置。
　　(3) 潜管间的连接,采用柔性接头,即钢管与橡胶管沿管线方向相间设置并用法兰连接。
　　(4) 检查潜管的起止端端点站设置情况,充排气水设施、锚缆和管道封闭闸阀配备情况等,以操纵潜管下沉或上浮。

(5) 潜管沉放完毕,检查两端明显标志设置,严禁过往船舶在潜管作业区抛锚或拖锚航行。

(6) 潜管敷设前检查挖槽情况,保证潜管埋深不小于 50 cm,保证通航水深,及防止船舶拖锚航行。

(7) 拆除潜管,应由端点站向管内充气,使其逐节缓缓起浮。等潜管全部起浮后,拖运至水流平稳的区域内妥为放置。

(8) 潜管在敷设、运用或拆除期间有碍通航时,检查当地港航监督部门临时性封航批复,经批准后实施。

图 4-4-5 河道疏浚

4. 排泥场快速泥水分离

本工程采用了排泥场快速泥水分离技术,增加了施工期排泥场防渗及稳定安全系数、降低疏浚土松散系数以及增加排泥场的有效库容。

坡面防渗排水复合体施工工艺原理是:沿排泥场围堰内侧坡面上铺设专用的防渗排水复合体材料,其下端与坡脚排水管路连接,形成具有防渗、排水等多功能防护体,有效隔离水体浸入围堰体内,降低围堰渗流水头压力,达到围堰渗流稳定安全的目的。主要对坡面修整、防渗体铺设、排水体安装、排水管路铺设安装、防渗排水复合体固定进行控制,确保工程施工质量。

5. 施工期排泥场风险控制措施及预案

疏浚施工排泥场最主要的风险来自围堰的渗流稳定问题,而渗流稳定主要取决于场内的有效水头高度,因此,在疏浚施工过程中必须掌控场内水头和围堰的压力水头,保证整个工程的渗流稳定安全。在采取了快速泥水分离措施的前提下,从以下几个方面加强控制。

(1) 疏浚速率控制。

针对排泥场面积和排泥高度的不同,以及排泥场的土质条件,在疏浚施工过程中加强观测泥水面上升的速率,确保监测人员与疏浚船工作人员的沟通顺畅。当速率大于 0.5 m/d 时,及时通知疏浚船停止,以防止因速率过快而导致围堰水头压力过大,堰身内浸润线过快上升,导致产生围堰渗流不稳定等安全问题。

(2) 严格控制泄水口和穿堤管道埋设质量。

本工程泄水口和穿堤管道与围堰堰身接触段的施工是容易产生渗流的薄弱环节,因此在填筑过程中严格按照设计和规范要求进行施工,采取必要的防渗漏措施,确保在疏浚施工过程中的渗流稳定安全。

(3) 加强监测及现场巡查力度。

在疏浚施工过程中派专人定时定点观测围堰沉降及变形情况,若产生沉降速率突变或变形加大,及时分析,并组织人员对可能存在的问题及时处理。

(4) 针对疏浚过程中的测压管水位变化情况,每天至少两次测试浸润线变化情况,并不间断地巡查围堰坡脚等处,当浸润线产生突变或坡脚处产生渗漏、窨潮等情况时,立即通知停止疏浚,加大泄水口的退水强度,在最短时间内消除场地积水,并采取相应的处理措施。

(5) 完善应急措施。

① 施工期间加强观测,现场配备土壤含水率测定仪,监测围堰边坡和平台的土壤含水率变化情况,并与浸润线变化情况做对比,判别围堰渗流情况,以此对围堰渗流安全提供预警。

② 现场配备一定量的编织袋、草袋、土工布及砂石等材料,当遇有窨潮、渗水等现象时,及时采用上述材料进行滤水、导渗、覆盖等措施处理,防止堰身出现渗漏破坏。

③ 在疏浚过程中定期检查排场泥水分离系统排水畅通情况,尤其在疏浚停止和重新开工的交接时间段,若产生淤堵,则采用专用的清洗系统对管路淤堵段进行疏通处理,保持管路的畅通,以使所有排水管路发挥最佳的排水作用。

④ 在各排泥场疏浚排泥高度接近设计排泥高度时,应适当提高测压管水位、沉降、土壤含水率等项目的监测频率,以便及时分析掌握排泥场的整体运行状况。

⑤ 在疏浚施工过程中,配备必要的机械设备及人员,以便现场发生不良情况时能得到及时处理,确保排泥场的运行安全。

6. 河道疏浚

河道土方开挖主要采用绞吸式挖泥船,少量抓斗船辅助,开挖土方集中至排泥场中堆放。为保证工程顺利实施及通航安全,主要做好以下方面的监理工作。

(1) 施工期通航水域安全检查。

① 检查水上作业许可。工程开工前向海事部门提出申请,并组织评估和专项论证,由海事部门发布航行通告。

② 检查施工区域两头及支、叉河口警示牌及醒目状况,提醒过往船只进入施工区注意航行安全。

③ 检查施工船只是否按规定悬挂信号灯和信号标志,有无夜间加强观望和通过高频提醒过往船只注意措施。

④ 检查挖泥船、锚浮处设置警示灯情况,便于航行船只观望。

⑤ 旁站挖泥船跨航道施工时铺设自浮式潜管过程,并检查设立警示标志。

⑥ 检查挖泥船浮筒安装警示灯。

(2) 河道扫床。

开挖区障碍物是影响挖泥船正常施工的主要因素之一,施工前,对河床中已知或明显的障碍物进行检查、清除。清障的进度超前于挖泥船的施工进度。

① 对开挖区内集中的石块、垃圾和局部障碍物采用抓斗式挖泥船配泥驳清运。

② 清理的障碍物按指定的地点堆放。

（3）疏浚施工。

① 工程施工前，对河口控制线、水位标尺、围堰中心线、内外坡脚线进行复核。对施工人员情况、疏浚设备、管道布设、排泥场情况以及设备的试运行等进行详细检查，并在论证合格后办理工程开工手续。

② 疏浚施工过程中，检查施工单位技术人员、质检人员以及调度人员在施工现场跟班检查情况。

③ 施工期间，施工单位必须按月向监理单位报送详细的施工记录或原始施工记录复印件。

④ 对于施工中发生的质量事故，立即查明其范围、数量，填报质量事故报告单，分析产生质量事故的原因，提出处理措施，处理过程中，均须有详细的记录。

⑤ 本工程施工战线长，造成机械经常移动，因此事先要做好测放工作，尤其是河口线定位，要整体测放，防止造成疏浚河道中心线偏位。

⑥ 为防止欠挖和多挖的现象，加强控制，做到每单元完成后，用测深仪进行检测，并定期检测回淤量，防止淤积造成不达标。针对不同工段的情况，与承包人一起研究，以确保河床的稳定、安全，并达到设计的要求。

⑦ 检查排水口门的布置。水下施工是否顺利，排水口门的设计布置相当重要，根据各个排泥场不同的库容审核承包人的排水口门的布置尺寸。

⑧ 确定好水下方回笼水的排水出路，确保外排沟畅通，严禁泥浆下排，排水要经沉淀后才能排出，水流的泥浆浓度应控制在挖泥船设计泥浆浓度的10%以内。日常检测过程中，采用比重计对泥浆浓度进行检测。

⑨ 监督检查。落实专门人员对围堰、排水口门进行看护，定期、不定期地对排水口门进行检查，在每次的工程例会中进行安全教育，增强巡护人员的责任感。

⑩ 质量标准的控制。河道疏浚过程中，根据施工图纸的要求，定期测量河道的开挖尺寸，质量检查内容和质量标准按表4-4-4执行。

表4-4-4　河道疏浚质量检查内容和质量标准

序号	项目		质量标准（允许偏差）	检测频率	检测工具和方法
1	河底高程	河底两侧坡脚线1/4河底宽度范围	欠挖、超深值不大于30 cm	横断面每50 m至少检测1个断面；纵断面一般在河道中心线位置检测，河道较宽时应在中心线两侧1/4河宽处加测	横断面测量采用断面索法定位测量，水深小于5 m时采用带有足够接触面的测深杆测深，水深大于5 m时采用锤重2.5 kg的测深锤测深。测点间距：边坡及河底两侧1/4范围不大于2 m，河底其他范围（包括纵断面）不大于5 m。发现欠挖点时，应在纵横方向加密探测，以检测欠挖浅埂是否在允许值内
		中间部位	欠挖值不大于30 cm，超深值不大于50 cm		
2	横向浅埂长度		小于挖槽设计底宽的5%且不大于2 m		
3	纵向浅埂长度		小于2.5 m		
4	挖槽单侧超宽		不大于1.0 m		根据检测断面边线与设计边线对比，自河底至河口每2 m高取一数据，每边计算平均值
5	河坡超欠面积比		1～1.5		根据检测横断面边线与设计边线对比，每边计算面比

河道过水断面是疏浚工程的重点,监理单位采用GPS+测深仪对河道开挖断面进行测量,按照每2～3 m布点进行河道疏挖断面抽测。经检查,欠挖、超挖值均在规范允许范围内,纵横向浅埂长度、挖槽单侧超宽、河坡超欠面积比均在规范允许范围内,河道断面符合设计及规范要求。

7. 3D挖掘引导系统在河坡整理中运用

本工程施工Ⅰ、Ⅱ标河道多为淤土和砂土,绞吸船施工易造成河坡坍塌,为此在施工过程中要求施工单位改用挖掘机进行整坡。

施工前,进行施工区域内的水下测图,如发现有突出的尖状物则立即采取措施进行处理,防止排体遭受破坏。Ⅱ标施工单位引进了瑞士徕卡公司3D挖掘引导系统,Ⅰ、Ⅲ标采用常规挖掘机整坡。瑞士徕卡公司3D挖掘引导系统在水下修坡过程中,把不可视的水下修坡变成了"可视",大大提高了修坡精度,避免了漏挖现象,提高了施工效率。

8. 软体排铺设前质量控制要点

(1) 水下地形测量。由于险工段的水下地形变化较大,施工时的地形可能与设计资料有较大的差别,因此在正式施工时测量水下地形,并绘出平面图和断面图。

(2) 坡面处理。为使排体与地面接触良好,使之尽量平整,特别是在有陡坡或过大的坑洼时,可采取抽填土枕(袋)或不带刺尖的碎石。

(3) 备料。根据施工进度计划,备足排布和混凝土预制块,以免施工过程中因材料不足而停工。

(4) 沉排设备。准备专用沉排工程船1艘,控锚艇1艘,120 t平板铁机动船1艘以及其他施工、安全救生等设备若干。

9. 桥梁桩台防护控制要点

本工程范围内共有10座桥梁,模袋混凝土防护长度为上游侧15 m,下游侧20 m,宽度为内侧20 m,外侧15 m,模袋混凝土防护厚度0.2 m,充填混凝土强度为C20。因C20混凝土水泥用量小,充灌水下混凝土时易发生堵管,实际施工时混凝土提高2个等级,模袋采用500 g/m² 丙纶长丝机织模袋布。

(1) 模袋施工。

挖泥船开挖的边坡呈台阶状,在进行模袋混凝土护坡施工前必须要整坡。整坡先采用液压抓斗式挖泥船理坡,再进行复测,发现一些凹凸点后再利用潜水员进行人工修整。

模袋按6 m宽分缝,从岸边至主桥墩为顺桥梁中心线铺设,主桥墩到河道中心线部分模袋顺河道中心线铺设。

模袋布块与块之间搭接时,用针缝牢,以免造成缝隙,并保证块与块之间的密实度达到设计厚度的50%以上。

将已按设计缝制好的模袋布,平铺在坡面上然后用ϕ50 mm钢管穿入模袋布上预先缝好的穿管套内,再用绳子拉住钢管,挂在堤岸上预先找好的钢管桩上,临时固定在坡面上。模袋布的另一端拉向河面,接近设计底边时,调整模袋布,由潜水员就位锚定于坡脚处。

(2) 模袋混凝土充灌成型。

模袋混凝土采用商品混凝土模袋混凝土充灌,是整个施工过程的关键工序,做到混凝土搅拌、泵送、充灌一条龙作业,把握好充灌速度。

充灌时,潜水员将软管插入模袋口颈内 10～15 cm,然后袋口用扎带扎住,发出信号,袋口操作人员观察混凝土在模袋中流动是否畅通。软管只能顺坡充灌,不能顶坡充灌,防止管口顶住地面而堵塞。泵送混凝土时还应防止压力大而将模袋内吊绳拉断,造成鼓包现象。

袋口充灌从下向上依次进行。当下部充饱满后,注意布的松紧程度,如果布的张力过大,通过绳子及时调整,然后进行上部施工。完成一个单元后,再进行另一个单元的施工。

模袋充灌饱满后,由潜水员用锦纶绳扎紧袋口。

(3) 混凝土的养护。

混凝土灌输完成后同时进行护面混凝土的养护。一般养护期为 7 d,要求在此期间护坡表面处于润湿状态。

10. 安全生产

泰州引江河通行船舶较多,待港船舶更多,停靠点船舶临时停靠可达 2 km。施工期间为不断航施工,河道疏浚采用绞吸式(斗轮式)挖泥船施工,水上浮管最长可达 1 km 左右,且全线 24 个排泥场有 21 个集中于河道西侧,东侧大部分河床土方需通过埋设潜管疏至西侧排泥场,整个施工过程给航运安全以及施工船舶本身带来一定的安全隐患。

河道排泥场中有 15 个是建于原一期工程排泥场上的,土质绝大部分为砂性土,围堰挡土高度大,最大高差达 15 m,地面高程均值为 5.0 m,且有一半位于村庄附近,施工期间排泥场围堰安全极为重要。

系混凝土块软体沉排防护及跨河桥梁桥墩周边模袋混凝土河床防护施工期近 10 个月,沉排施工占用河道超过一半水面,对通航及施工均有一定影响。针对以上情况监理单位加强安全管理,采取了以下措施:

(1) 成立了安全生产领导小组。

建立健全安全生产保证体系,成立以总监为组长、现场监理人员为兼职安全员的安全生产小组,督促施工单位建立和完善各级安全生产责任制,明确各部门的安全职责,使保证体系与监督体系协调运转。

(2) 编制了安全生产实施细则。

为保证安全生产管理工作具有可操作性,监理单位进场以后编制了《安全生产实施细则》,明确了施工准备阶段的安全监理工作,专项施工方案审查要点,施工现场安全监管内容,项目监理机构的人员岗位安全职责,并制订有关安全保障措施。

(3) 参与编制安全生产目标考核管理办法。

为进一步强化安全生产目标管理,落实安全生产责任制,防止和减少生产安全事故,保证河道工程建设顺利进行,根据有关法律法规和规章制度及《泰州引江河第二期工程河道工程施工Ⅰ标、Ⅱ标、Ⅲ标招标文件》,协助项目法人编制安全生产目标考核管理办法。

(4) 参与或主持专项安全方案审查。

本工程因为不断航施工,施工过程中牵涉面较广,对于不同阶段均要求施工方编制相应的专项方案,对关键部位邀请有关专家讨论,并对专家意见进行集中学习,完善之前的方案。参与或主持的与安全生产方面的专项方案有:河道工程航道安全评估会、河道疏浚(包括土方调配、围堰设计及退水口门)、系混凝土块软体沉排及船舶临时停靠点专项方案审查会、排泥场快速泥水分离技术与应用研究专题会、潜管埋设方案评审会等,确保做到方案安全、可靠。

(5) 做好施工准备阶段安全检查。

① 审查施工单位施工组织设计中的安全技术措施和危险性较大的分部分项工程安全专项施工方案是否符合工程建设强制性标准要求。

② 审查施工单位的安全生产体系。检查施工单位对本项目的安全生产规章制度和安全监督机构的建立、健全及专职安全生产人员配备情况。施工单位的自检人员对保证安全施工起着重要作用。因此,要求施工单位的自检人员具有良好且比较全面的安全知识和职业道德,专职安全员必须持证上岗。安全监理人员必须在实施过程中随时对施工单位自检人员的工作进行抽检,掌握安全情况,检查自检人员的工作质量。

③ 施工单位的安全设施和设备在进入现场前的(如漏电开关、安全网、救生衣等)检验。

a. 施工单位应提供当地或外购安全设施的产地和厂家以及出厂合格证书,供安全监理工程师审查。

b. 安全监理人员可在施工初期根据需要对这些厂家的生产工艺设备等进行调查、了解。

c. 必要时可要求施工单位对安全设施取样试验,提供安全设施的有关图纸与设计计算书等资料,提供成品的技术性能等技术参数,以便安全监理工程师审查后确定该安全设施采用与否。

④ 检查施工单位进场施工机械。

a. 应对进场机械的数量、型号、规格、生产能力、完好率等认真检查和记录。

b. 当发现施工单位的进场机械和投标书上填写的不一致时,应查明原因,必要时要求施工单位补充。

c. 对施工机械的配套使用应做细致分析,以满足施工和安全要求。

d. 对施工单位直接用于网络计划关键线路工程的机械生产能力、效率、性能及周转情况应进行特别细致的检验。

e. 检查特种人员持证上岗情况。对特种人员(如电工、焊工、水上作业人员等)均进行检查,确保施工人员持证上岗。

f. 检查安全生产开展情况。要求施工单位项目部与机械操作人员签订安全生产责任状,对新进工人实施项目部、施工队、施工班组三级安全教育。增强新工人的安全意识,掌握安全生产技能,提高自我保护的能力。监理单位在日常会议与检查中均对安全生产工作提出具体要求。

(6) 加强施工过程检查。

施工过程中,监理单位对临时用电、基坑维护、高空作业、水上作业等进行日常检查。每季度项目法人与监理单位联合组织对各个项目部进行安全生产目标考核,对发现的问题及时通知进行整改,并要求各项目部安全人员不得离开工地,并每日对工地进行检查,做好安全日记。每个排泥场投入使用前,项目法人、监理单位组织联合验收,确保将隐患消除于萌芽状态;施工过程中要求项目部对每个排泥场安排不少于两人对排泥场围堰进行巡查,发现问题及时处理和上报,在排泥场四周设置醒目的警示标志,防止非施工人员进入排泥场施工范围。由于过往船舶较多,对水上排泥浮管和潜管设立警示标志和警示灯,提醒过往船舶注意;二期建设局多次邀请泰州市地方海事处与监理单位联合组织检查,至工程完工未发生一项安全事故。

四、监理效果

工程自开工建设以来监理单位做了大量工作,对工程质量、安全、进度、投资进行了认真控制,对工程合同进行有效的管理,对参建各方的关系进行及时协调,工程始终处于良好可控状态,未发生任何质量和安全事故。工程质量评定为优良。工程试运行符合规范和设计要求。

通过对二线船闸建筑物各观测点的观测表明,位移值和不均匀位移值均较小,各部位的位移满足规范要求。

施工单位委托河海大学在二线船闸施工期间对一线船闸进行安全监测,主要是上下闸首底板施工期间一线船闸的安全观测,观测结果表明二线船闸施工未对一线船闸安全运行产生影响。

五、监理工作现场管理总结

(一)总体构思,通盘考虑

(1)根据项目特点,进行监理工作总体策划。策划是监理工作的预演,对顺利完成监理工作非常重要。策划应总揽全局,简洁明了,可操作性强。在策划工作中首先明确各监理岗位的职责,强调监理工作纪律;其次,策划明确监理工作制度,如监理日志记录、见证取样送检、旁站监理、监理资料管理、例会制度、阅文制度等;再次,策划明确阶段性监理工作成果,如监理月报、评估报告等的编制要求。监理工作策划根据项目特点有的放矢地进行,不能千篇一律。通过策划,构建项目监理工作总体框架,使所有监理人员能对将来的工作心中有数。

(2)策划完成之后,总监理工程师进行详尽的技术交底,通过交底,将总监理工程师的想法传达给每位监理人员,而且通过交底会议上的沟通可以弥补策划的不足之处。交底对监理工作的顺利开展是必不可少的,是项目监理工作准备阶段的重要一环。

(3)建立完善的沟通机制,保持监理组织内部信息渠道的畅通。信息对于项目监理工作的重要性毋庸多言,而沟通可以保持信息畅通、共享,确保信息到达其应到之处,避免工作混乱,提高监理工作效率。在实践中采用阅文单、内部协调会等方法,可有效解决此问题。

(4)通过策划、交底,建立沟通机制,完善监理岗位职责,形成有机的项目监理组织,这是监理开展监理工作的前提。

(二)以人为本,创造和谐内部环境

(1)完善后勤管理,使监理人员无后顾之忧。工程监理流动性大,野外工作多,条件艰苦,总监理工程师将后勤管理:包括食、住、行等,当作头等大事来抓,进驻现场后应及时解决此类问题。在日常工作中总监理工程师注意发现后勤工作中存在的问题,及时解决,使监理人员安心工作。完善的后勤管理对监理工作本身具有乘数效应,其作用不可小视。

(2)在监理组织内部营造良好的学习气氛,树立积极向上的风气,督促监理人员加强业务学习,关心年轻监理工程师的职称晋升、执业资格考试、求学深造等,注重个人的发展,在实现个人发展的同时优异地完成监理工作,使个人目标与监理组织目标完美结合,在工作中产生不竭的动力。

(3) 总监理工程师严以律己,宽以待人,处处关心监理人员,深入了解监理人员实际存在的问题,努力帮助他们解决困难,使他们感受到组织的关爱,激发出高度的责任感和工作的积极性,使监理组织充满活力,而总监理工程师的工作正是这种活力的催化剂。在日常监理工作中总监理工程师应严格遵守制度,勤奋工作,起到楷模和示范的作用。

(4) 注重以人为本,创造和谐的监理组织内部环境,使每位监理人员心情舒畅,积极向上。

(三) 严格控制,提高监理工作实效

(1) 总揽全局的策划必须通过严格的控制方能落到实处。

(2) 建立合理的工作目标,努力实现此目标。目标可以起到向导作用,引导全体监理人员努力向前。

(3) 总监理工程师统揽全局,善于发现问题,善于寻找差距。在监理人员努力工作时加以表扬,向更高的层次引导;在监理人员工作松懈时加以督促,提高其工作热情。

(4) 控制过程是一个动态过程,总监理工程师应保持敏锐的洞察力。通过有效的控制、反馈,可以使监理工作水平螺旋式上升,向高层次递进。

(四) 热情服务,赢得业主全力支持

(1) 监理工程师为业主提供智力服务,业主的支持对顺利开展监理工作极为重要,离开业主的支持监理工程师将寸步难行。

(2) 作为总监理工程师要与各类业主产生工作交往,总监理工程师应根据其面对的业主的特点采取相应对策,与业主建立良好的工作关系,赢得业主对监理工作的支持。

(3) 总监理工程师要树立服务意识,想业主之所想,急业主之所急,对业主不熟悉的基建程序提供帮助,积极协助业主做好开工前的各项准备工作。

(4) 监理工作积极主动,总监理工程师周期性地向业主的项目主管进行面对面的汇报,使其掌握工程动态,了解监理工作情况。监理工作认真踏实,得到了业主的充分信任。

(五) 严格监理,建立良好监承关系

(1) 正确认识监理单位与施工单位之间的关系。监理单位与施工单位分别与业主签订监理服务合同和工程项目施工合同,两者之间的关系是通过服务合同与施工合同建立起来的监理与被监理的关系,两者都是建设市场的平等主体。正确认识监理单位与施工单位之间的关系,将两者之间的关系正确定位,对明确监理工作思路、顺利开展监理工作非常重要。

(2) 监理工程师与施工单位共同参与工程,几乎每日都发生面对面的工作交往,良好的监承关系对监理工作乃至项目的成功都很重要,如何处理好与施工单位的关系是每位总监理工程师必须思考的问题。建立良好的监承关系首先必须加强监理自身的工作,加强业务学习,加强现场控制,坚持原则,实事求是,严格按规范、程序办事,以科学严谨的态度对待工作,让施工单位信服;其次要注意监帮结合,对技术难题、施工组织管理等,适时地向施工单位提出意见或建议,若施工单位按监理意见操作而获得成功,必将加重监理在施工单位心目中的分量,使监理工作更顺利地开展;再次要采用灵活的工作方法,切忌本本主义和教条主义,施工现场情况复杂,应该具体问题具体对待,灵活处理。

（3）施工单位一般都有自己的经验、自己的工作习惯，对非原则的问题，监理工程师应充分尊重施工单位的意见，发挥其特长。对监理工程师确有把握而施工单位一时难以接受的意见，一般也不可强求，应让施工单位按其思路操作，监理工程师继续观察，待掌握足够的证据时总监理工程师可以正式向施工单位发出警告，让其认识到失误之处，加以改正，这样更具说服力。

（4）总监理工程师像裁判。高水平的裁判可以使比赛流畅进行，同时有效地控制比赛，高水平的总监理工程师应该使施工正常进行，同时有效地驾驭工程，使施工单位觉得监理工程师处处不在而又无处不在，此乃监理工作的最高境界。

第五章 技术研究成果及应用

第一节 课题研究

为提高工程建设的科技含量,二期建设局联合相关科研院校、设计单位等开展了"快速泥水分离技术在泰州引江河第二期工程中的应用研究""高挡土板桩墙整体分析模型与验证""三角门空间结构应力计算研究"等课题。

通过开展高挡土板桩墙整体分析模型与验证,可确保本工程施工过程安全、可控,并及时掌握施工过程关键部位的结构应力、变形变化过程,为二线船闸工程的顺利施工提供可靠的科学依据,及时掌握施工不同阶段工程结构的真实工作性态。

三角门空间结构应力计算研究的关键技术是三角闸门的浮箱非对称性布置,通过对二线船闸三角门进行整体有限元建模与优化分析进行研究,给如何布置浮箱提供技术参考。

快速泥水分离技术在泰州引江河第二期工程中的应用,在已有研究成果的基础之上,对技术做进一步深化研究,明确快速泥水分离技术、提高本工程排泥场有效库容的效果、提高排泥场渗流稳定性的效果以及提高排泥场地基承载力的效果,进一步优化施工工艺。

一、快速泥水分离技术研究

(一)主要研究内容

河湖疏浚泥堆场综合处置关键技术是围绕河湖疏浚泥堆场用地面积大、占地时间长等工程问题,涵盖技术、设计方法、材料、设备以及施工工艺的成套疏浚泥堆场处理技术体系,技术体系以快速泥水分离技术与快速固结技术为核心,实现提高疏浚泥堆场的存储效率、减少堆场用地面积以及疏浚泥堆场快速还耕和堆场土地循环利用的目的。快速泥水分离技术是根据疏浚泥的自然分选特性,在尾流部位布设垂直排水体,构成垂直排水系统,底部布设排水管道,构成水平排水系统,两者组装形成快速泥水分离系统,实现细颗粒的快速泥水分离。快速固结技术是根据疏浚泥的土性参数,确定最优起始真空度、最优真空加荷比、最优气流速率及最佳排水间距;场地整平,测量放样,排水板插设,水平排水管网铺设,场地密封;通过控制装置设定起始真空度和气流速率,按照最优真空加荷比分级真空预压加载,实现疏浚泥的快速固结。河湖疏浚泥堆场综合处置关键技术可根据工程情况灵活配套使用,为我国水利工程疏浚泥堆场的综合处置提供了整体解决方案。

(二)疏浚排泥场优化设计方案

1. 优化设计依据

根据渗流稳定复核计算,泰州引江河第二期工程 24 个排泥场中有 13 个存在渗流稳定安全不满足设计要求的问题;同时,砂性土段排泥场吹填高度一般为 6 m 左右,个别达到

8.7m;黏性土段一般为4m左右,个别达到7m。这些客观的工况条件给工程排泥场实施带来一定的安全隐患。为此,泰州引江河第二期工程初步设计审查意见要求:下阶段需进一步优化排泥场排泥高程,通过渗流流场和加快固结试验对防渗处理、河坡稳定和渗流观测、退水方式等提出具体要求。

为了有针对性地解决工程排泥场渗流稳定和合理降低排泥场围堰高度的问题,江苏鸿基水利建设工程有限公司在泰州引江河第一期工程排泥场砂性土段(西9)和黏性土段(西18)进行了疏浚土堆场快速泥水分离现场模拟试验研究,并形成了相应的试验研究成果,为本次优化设计提供了技术依据。疏浚土堆场泥水快速分离现场模拟试验研究于2012年10月23日通过成果验收,并形成验收意见。

砂性土段主要应用的试验成果为:(1)通过泥水快速分离处理砂土段,疏浚松散系数优化设计采用1.1。(2)快速泥水分离底部排水技术能够消除场地富余水,优化设计时利用了风浪超高0.5m。(3)通过泥水分离技术处理能够保证砂性土围堰的渗流稳定。(4)通过泥水分离技术处理可快速提高场地地基承载力,优化设计时考虑砂性土段二三期围堰具备填筑条件。

黏性土段主要应用的试验成果为:(1)快速泥水分离底部排水技术能够消除场地富余水,优化设计时利用了风浪超高0.5m。(2)通过泥水分离技术处理能够降低围堰内渗流水头高度,有利于渗流稳定。

2. 优化设计原则

排泥场优化设计在符合工程实际需求、土方调配节约的前提下,充分应用泥水快速分离试验成果。

砂性土段按照采用泥水快速分离技术处理后围堰不会发生渗流破坏,并将填土松散系数调整为1.1,对排泥场吹填高度及二三期围堰进行优化;排泥场泥水快速分离处理范围按照4倍水头高度进行布设,取消原有的防渗导渗措施;泥水快速分离处理主要目的是适当增加库容,分担黏性土段的疏浚工程量。

黏性土段以采用泥水快速分离技术处理后围堰不会发生渗流破坏为目的,从降低排泥场吹填高度的角度优化二三期围堰,避免填筑二三期围堰,降低施工难度;排泥场泥水快速分离处理范围按照削减堰内水头高度,保持围堰稳定的原则进行;取消原有的防渗导渗措施。

3. 快速泥水分离工程技术要求

(1)砂性土段。

① 砂性土段泥水快速分离处理的排泥场有西3、西4、西5、西6、西7/8、西9、西10、西12,其中西3、西7/8、西9、西12的排泥高度在6m以上,可采用二层处理的方式进行,沿排泥场周边布置。第一层处理高度4.0m,第二层处理高度在2.5~4m;第二层排水系统布设与第一层相同,应确保两层排水系统连接可靠,防止损坏,若有损坏应及时修复。西4、西5、西6、西10排泥高度在6m以内,可采用一层处理的方式进行,沿排泥场周边布设;经渗流验算,围堰稳定的西5、西10排泥场仅对沿河侧进行处理。

② 砂性土排泥场代表性断面排水系统布设按3排设置,其中围堰内坡脚排水体间距3m,其余部分排水体间距4m;排水体排距由围堰内坡脚向排泥场内部逐渐加大,一般

为4～6 m。

③ 为增强排泥场退水口附近区域疏浚土细颗粒区的快速泥水分离效果和排水体集中排水能力，按砂性土排泥场代表性断面向排泥场内侧增设两排排水体，其排距为6 m，跨距150 m，其他要求同代表性断面。

④ 为减少疏浚土排水渗入围堰，使用防渗排水复合体材料对围堰内坡进行防护。防渗排水复合体下端接入汇水管，并与排水总管连接，确保边坡渗流水体及时排出场区。对仅设置一期围堰的排泥场防护范围由围堰内坡脚至排泥顶高部位；存在二、三期围堰的排泥场防护范围由围堰内坡脚至一期围堰堰顶，并对一期围堰堰顶进行覆盖。

⑤ 围堰渗流计算稳定的西4、西5、西10排泥场，仅对沿河侧进行坡面防护和垂直排水泥水分离处理。

（2）黏性土段。

① 黏性土段泥水快速分离处理的排泥场有西1、西2、西13、西15、西17、西18、西21、东3，其中西1(一半)、西13、西21(局部)排泥高度在6 m以上，可采用二层处理的方式进行，沿排泥场周边布置，第一层处理高度4.0 m，第二层处理高度在2.5～4 m；第二层排水系统布设与第一层相同，应确保两层排水系统连接可靠，防止损坏，若有损坏应及时修复。西1(一半)、西2、西15、西17、西18、西21(局部)排泥高度在6 m以内，可采用一层处理的方式进行，沿排泥场周边布设；经渗流验算，围堰稳定的西1、西15排泥场仅对沿河侧进行处理。

② 黏性土排泥场代表性断面排水系统布设按2排设置，其中围堰内坡脚排水体间距3 m，其余部分排水体间距4 m。

③ 为增强排泥场退水口附近区域疏浚土细颗粒区的快速泥水分离效果和排水体集中排水能力，按黏性土排泥场代表性断面向排泥场内侧增设两排排水体，其排距为6 m，跨距150 m，其他要求同代表性断面。

④ 为减少疏浚土排水渗入围堰，采用防渗排水复合体材料对围堰内坡进行防护。防渗排水复合体下端接入汇水管，并与排水总管连接，确保边坡渗流水体及时排除场区。对仅设置一期围堰的排泥场防护范围由围堰内坡脚至排泥顶高部位；存在二、三期围堰的排泥场防护范围由围堰内坡脚至一期围堰堰顶，并对一期围堰堰顶进行覆盖。

⑤ 围堰渗流计算稳定的西1、西15排泥场，仅对沿河侧进行坡面防护和垂直排水泥水分离处理。

⑥ 西13和西18排泥场局部与堆土区连接，取消该部位的泥水分离措施。

（3）排水管网计算。

在泰州引江河现场试验吹填过程中，实测砂性土段底部排水最大值为38 m³/h，黏性土段26 m³/h，推算排水管道流速 $v_砂=2.39$ m/s，$v_黏=1.64$ m/s；每个试验场地各布设15组盲沟，测算得砂性土段盲沟最大通水量为2.53 m³/h，黏性土段盲沟最大通水量为1.73 m³/h；φ110 mm输水管道出水量，$Q_砂=81.7$ m³/h；$Q_黏=56.1$ m³/h。

φ110 mm输水管能够承担盲沟排水数量 $N_砂=81.7/2.53=32.3$ 组，$N_黏=56.1/1.73=32.4$ 组；盲沟间距3 m，管道长度97 m；盲沟间距4 m，管道长度129 m；综合场地盲沟排水系统布设间距取排水支管长度100～130 m。砂性土场内排水主管平均每道承担4道支管的排水量，黏性土场内排水主管平均每道承担3道支管的排水量，宜采用φ200 mm的

PVC管，堰内排水主管每道承担2道场内主管的排水量，宜采用ϕ325 mm的钢管。

退水能力$Q_{砂}=710$ m^3/h；$Q_{黏}=490$ m^3/h。

4．施工技术要求

（1）排水管网施工。

① 防渗排水复合体下端和垂直排水体底部用ϕ110 mm的PVC管作为汇水支管，汇水支管与防渗排水复合体和垂直排水体的连接采用三通接头套接，并用透水土工布包裹，防止土颗粒流入产生淤堵。

② 场区内的汇水支管通过变径三通与汇水主管连接，汇水主管采用ϕ200 mm的PVC管，靠近退水口部位的汇水主管接入退水井，其他部位的汇水主管采用预埋穿堤钢管排水。

③ 穿堤排水钢管直径不小于ϕ325 mm，壁厚大于4 mm；穿堤钢管埋设时应在中部设置翼板，并填筑水泥土；翼板采用1 m×1 m的钢板；水泥土填筑厚度高于穿堤管顶50 cm，水泥掺量不小于10%。

（2）排水体架设。

① 为防止垂直排水体在疏浚过程中漂浮和被水流冲损，应对每个垂直排水体进行固定，形成网架；网架立柱与垂直排水体应绑扎牢固，在疏浚过程中若有损坏应及时修复。

② 在排泥场疏浚过程中不得网架立柱，防止损坏垂直排水体。

（3）坡面防护。

① 坡面防护的防渗排水复合体铺设前应对相应范围的围堰坡面进行人工修整，清除尖锐物，并洒水润湿，防止刺破防渗排水复合体。

② 防渗排水复合体搭接部位可采用焊接或缝接，破损部位也可采用焊接或缝接修补。

③ 防渗排水复合体铺设应紧贴坡面，松紧适度，并配置足够的压重，防止漂浮。

（4）排水体材料。

① 排水体骨架：直径ϕ200 mm，高度为对应排泥场排泥高度超高20 cm；为有利于排泥场的复耕，骨架材料需采用可降解材料，且在疏浚工程完成后6个月完成降解。

② 反滤材料：应具有防淤堵效果。

（三）结论与意义

快速泥水分离技术在泰州引江河第二期工程河道疏浚工程中进一步优化，经济、环境、社会效益显著。

二、高挡土板桩墙关键技术研究及工程应用

（一）主要研究内容

根据板桩墙结构目前研究的现状，紧密结合泰州引江河二线船闸工程建设，围绕以下五个方面开展研究：

（1）高地连墙结构-地基土-拉杆-锚碇系统的相互作用机制研究。

（2）结合现场测试和类似工程试验资料分析，适合江苏沿海、沿江地区的竖向弹性地基梁中地基系数随土层变化规律研究。

（3）计算锚碇体系与板桩墙以及土体的相互作用的拉杆内力，施工期不同阶段拉杆内力变化及其对板桩墙体系内力和变形的影响。

(4) 拉锚位置对地连墙变形和内力影响,不同施工开挖和墙后填土顺序对板桩墙变形和内力影响。

(5) 施工期不同阶段船闸闸室撑梁内力变化,测试施工期不同阶段闸室撑梁内力变化,并分析对板桩墙体系内力和变形的影响。

(二) 主要研究成果

1. 研究结论

本项目对建设中的泰州引江河二线船闸工程地连墙板桩结构进行了全面的现场监测及系统的有限元分析模拟,通过对现场测试结果的分析处理及有限元法的分析计算,并将施工期不同阶段锚碇桩、地连墙的变位以及拉杆内力的现场实测结果与模拟结果进行对比分析,主要得出以下几点结论。

(1) 比较地连墙板桩结构整体模型的数值计算结果与设计单位(施工期相同工况下)设计计算成果得到:当粉砂土 m 值取反演结果(2 284 kN/m^4),并按设计单位方法进行计算时,拉杆内力和位移非常接近,且 m 取值对板桩墙位移有较大影响。设计阶段板桩墙体的 m 值取 3 000 kN/m^4(2 000~4 000 kN/m^4 的平均值),而实际上工程的 m 值根据反演研究结果为 2 284 kN/m^4(闸室处)和 2 278 kN/m^4(下游导航墙处),由于 m 取值的差异导致设计计算位移偏小 23%,拉杆内力和弯矩偏小 3%。但设计计算得到的地连墙内力、变形规律与二维(三维)计算结果的完全一致。

(2) 现场位移观测结果表明:在土体填筑和开挖过程中,闸室地连墙、下游引航道向中部弯曲,锚碇桩表现为顶部弯曲,闸室井字梁的浇筑有效地限制了墙体 -6.0~-4.0 m 高程区域的侧向位移。有限元分析结果表明:地连墙、锚碇桩整体向闸室侧变位,地连墙最大位移值达 2.76 cm,地连墙位移最大值发生在高程 -2.50 m 至 1.00 m 之间,锚碇桩最大位移值达 1.88 cm,发生在锚碇平台顶部,闸室土体的开挖过程对锚碇桩、地连墙变位的扰动较大。

(3) 现场拉杆内力实测结果表明:随着闸室内侧土体不断开挖,拉杆内力的增加幅度明显增大,井字梁的浇筑使拉杆内力的增大趋势在墙后土体再次回填时明显减弱,缓慢增长到 388.25 kN。有限元分析结果表明:拉杆内力的最大值为 403.46 kN,闸室土体的开挖过程是拉杆内力的一个迅速增长期,拉杆内力从开挖前的 9.82 kN 增加到开挖后的 315.05 kN。有限元数值模拟结果与实测规律吻合较好。

(4) 有限元分析结果显示:工况 3 计算得到的弯矩最大,不同工况下地连墙主拉应力最大值约发生在 -3.00 m 至 -2.00 m 高程范围内,即地连墙侧向变形及变形曲率较大处。板桩墙墙后土体的回填对地连墙主拉应力的影响较小,主拉应力的突然增大主要是由于闸室土体的开挖扰动。

(5) 土压力观测结果表明:随着闸室开挖墙后土压力变小,浇筑井字梁后,土压力开始增加;左侧闸墙的土压力测试结果可以很好地反应闸室结构的施工工序,闸室井字梁浇筑完成以后再填筑墙后土,可以很好地看出闸室井字梁的支撑效果。

(6) 通过对闸室墙和导航墙深层水平位移、内部钢筋应力和不同高程土压力观测结果分析,船闸注水后对闸室结构影响很小,说明本次注水很好地控制了内外水位差。同步模拟的注水期数值结果显示:地连墙及锚碇桩的侧向变形较小,与实测结果吻合,地连墙墙体的主拉应力也相对较小。数值模拟检修期的结果显示：地连墙墙体位移最大值达 2.95 cm；锚碇桩锚碇平台顶部的位移最大，最大值为 2.05 cm。水位变化对地连墙底部和顶部范围内的位移影响较大，在井字梁布置处附近，地连墙的位移几乎没有变化。注水期及检修期的结果说明了控制水位的重要性及水荷载对地连墙受力状态影响较大。

（7）三维模型计算得到的锚碇桩、地连墙变形规律与二维模型较为一致。三维模型计算得到的锚碇桩、地连墙位移最大值相比二维计算结果存在一定差别，主要是三维计算中对施工分级模拟进行了适当简化，而土体考虑了非线性，这种简化对计算结果是会有一定的影响，但二者总的规律和趋势是一致的。

2. 主要创新点

根据课题主要研究内容，通过现场实测、有限元分析计算以及 m 值反演对本工程地连墙板桩结构进行了系统的分析，课题研究的创新点主要体现在以下几个方面。

（1）建立了基于实测板桩墙体变形反演土层 m 值的力学模型，构建了求解 m 值的迭代格式，并从理论上证明了迭代的收敛性。研究得出长江下游粉砂土层 m 取值范围为 2 200~2 700 kN/m^4，粉质黏土 m 取值范围为 2 900~3 200 kN/m^4。弥补了现行规范在此类土层的 m 值取值的不足，为今后类似地区类似土层 m 值的选取提供了可靠依据。

（2）考虑地连墙结构-地基土-拉杆-锚碇相互作用的地连墙板桩结构整体模型更符合拉锚地连墙结构的受力和变形特点，计算结果更接近结构的真实状态。规范建议的传统计算模型高估了地连墙的弯矩，低估了地连墙的变形。本工程中，相比建议的整体式计算模型，传统计算模型地连墙弯矩计算值增加了约 5%，位移计算值减小了约 50%。

（3）拉杆布置位置（从墙顶向下的位置）建议为 $0.3H \sim 0.4H$（H 为泥面到墙顶高度），此时地连墙的受力和变形较为有利。若抬高拉杆的位置，地连墙的弯矩将增大，对于本工程，拉杆布置位置从 $0.39H$ 减小到 $0.28H$ 时，地连墙弯矩增大约 16%；若降低拉杆的位置，地连墙的位移最大值会增加，且最大值发生的位置会转移到墙顶。

（4）先开挖闸室土体再回填地连墙后土体的施工方式对地连墙的受力变形以及拉杆受力较为有利。相比先回填地连墙后土体再开挖闸室土体的施工方式，地连墙的变形减小了约 27%，拉杆内力减小了约 29%。

（5）建议类似工程锚碇桩布置成梅花形。实测结果表明：远离闸室侧布置的锚碇桩测得钢筋拉压应变只有内侧桩的 1/3~1/2。数值结果也显示：减少锚碇桩数量时，地连墙位移和应力以及拉杆内力的增加幅度很小，不影响地连墙体的稳定性。从工程投资的经济性和稳定性考虑，建议今后锚碇桩可布置成梅花形。

3. 经济效益与社会效益

本课题的完成为二线船闸工程的顺利施工提供了可靠的科学依据，及时掌握了施工期不同阶段工程结构的真实工作性态；同时，针对江苏沿海和沿江土质条件，采用理论分析、数值模拟和现场测试相结合的手段探讨了适合江苏沿海、沿江、内河软基条件的板桩墙结构及其 m 取值，搞清地连墙-地基土-拉杆-锚碇的相互作用机理，对提高我省的工程设计水平，提高相应工程的安全度，具有重要的科学意义，对有关规范的修订也起到重要的参考作用。

4. 推广应用价值

本课题结合建设中的二线船闸工程进行研究，研究成果弥补了江苏平原沿海或沿江地区高板桩墙结构整体分析方法的空白。通过研究，在板桩墙结构整体计算模型、基于实测板桩墙水平位移反演土体 m 值的分析模型以及墙-土-拉杆-锚碇相互作用机理等方面的研究整体达到了国际先进、部分国内领先的水平。研究成果可直接应用于我国沿海沿江地区类似工程结构的设计、分析，对节省工程投资及确保工程安全运行等方面具有重要作用，课题研究具有广阔的工程应用前景。

《高挡土板桩墙关键技术研究及工程应用》获2017年度江苏省水利科技进步二等奖。

三、大型三角门关键技术研究

（一）主要研究内容

根据二线船闸大型三角门结构设计要求，本课题完成了该工程中三角门的几项关键技术研究工作，主要是优化闸门浮箱结构，改善闸门受力特点；对比分析两种空间桁架杆件对闸门结构稳定性的影响；分析研究闸门底枢部件应力与变形规律；对比分析三角门应力检测结果与数值计算结果关联程度。通过深入总结分析，得到的研究成果可为大型三角门结构的设计提供理论依据，为闸门的安全运行提供日常维护方案，延长闸门使用寿命。另外，新型非对称浮箱结构的设计更是在闸门浮箱领域取得突破，为新型三角门结构的设计奠定了基础。

（二）三角门浮箱结构优化设计与结论

1. 三角门浮箱结构优化设计

船闸三角闸门受力特点：水平方向上，作用于闸门面板上的静水压力合力作用线通过闸门的旋转轴，水压力合力作用线偏心很小，因而闸门启闭力也较小；竖直方向上，闸门面板、梁格及空间钢架结构远离闸门旋转轴线，闸门的重心偏离旋转轴线较远，闸门倾覆与下垂现象明显。支撑门体的底枢及顶枢等结构在旋转过程中偏磨严重。为改善三角闸门在水体中的受力情况，可在闸门面板位置增设浮箱结构。最初三角闸门呈对称结构，结构重心在闸门几何对称中心线上，可设计对称浮箱结构减轻三角闸门在水体中的重量，改善闸门倾覆、底枢蘑菇头偏磨现象。对称浮箱特点：浮箱设置在闸门面板内侧，安放于闸门两条底主梁之间，浮箱各面板均焊接在空间钢管上，呈箱体结构（俯视类似于梯形），浮箱结构对称中心线与闸门对称中心线重合。

新型设计的三角闸门结构中，为了提高闸门防船舶等撞击的能力，很多工程都在闸门中羊角侧添加了防撞装置。由于三角闸门的重心远悬于门体的支座外，当添加防撞装置后，使得原闸门的重心偏离闸门对称中心线，形成偏心矩，在闸门启闭过程中加剧顶枢与底枢的磨损，降低了闸门的使用寿命。添加防撞板之后，使得闸门的偏心矩较大，故对闸门原有的对称浮箱结构进行修改，即设计非对称浮箱结构。非对称浮箱结构具体设计：将原对称浮箱结构沿防撞板一侧进行改造，延伸浮箱上、下面板至支臂主钢管，在高度上与原结构一致，为了不削弱支臂的刚度，原有的圆钢位置不变，在浮箱内部，对应的"T"型钢也延长，以提高浮箱的强度。

2. 三角门浮箱结构优化结论

通过 ANSYS 与 SolidWorks 软件对三角门建模与分析，对比了对称浮箱和非对称浮箱对三角门受力的影响。研究表明，新型非对称浮箱结构的设计是有效的。总体来说，非对称浮箱结构有以下优点。

(1) 非对称浮箱的设计,虽然在一定程度上增加门的自重,但可以有效地解决因防撞板设置而引起的偏心距问题。一方面,偏心矩减少可以有效地降低顶枢拉杆轴套所受的拉应力,并且可以改善拉杆轴套受力情况,使轴套内表面受力均匀;另一方面,增设非对称浮箱使闸门在水体中所受的浮力抵消一部分重力,二者合力更加靠近闸门旋转轴线,这让闸门的倾覆力矩更小,从而降低了对闸门底部蘑菇头的压应力。顶枢、底枢偏磨现象得到了很好的改善,最终提高了顶枢与底枢的使用寿命。

(2) 进一步分析,可以发现,三角门在存在较大偏心矩的作用下关闭时,中羊角上的止水不能有效的密封严实,在两扇闸门中缝处中段以下存在缝隙,缝隙大小随偏心距增大而增大,这会导致闸门在关闭时出现漏水现象,危害闸门的安全运行。因此,闸门增加防撞板后产生了较大偏心矩,设计的非对称浮箱可以有效改善竖直方向合力的偏心现象,矫正了闸门的倾覆现象,使闸门在关闭时能够密封严实,以防出现工程事故。

(3) 三角门在较大偏心矩影响下,会出现倾覆现象。这样会导致闸门的开启和关闭之时,摩擦力增大,进而导致启闭力增大。甚至,因重心偏移所成的力矩会导致三角门支铰的紧固螺栓的损坏,威胁闸门的正常运行。非对称浮箱结构同样有利于减小闸门的启闭力,改善启闭机活塞杆的受力情况,不至于对启闭机结构产生破坏。同样,减小偏心矩后,闸门顶枢和底枢与支铰连接的紧固螺栓组受力均匀,不会出现个别的损坏,危害闸门安全可靠运行。

(4) 对对称浮箱与非对称浮箱结构下闸门的偏心力矩进行计算,分析结果表明,非对称浮箱结构的设计,闸门由于安装防撞板后的偏心矩情况明显。浮箱完全浸没于水体中,对称浮箱结构闸门偏心矩与重力矩的比值大于90%,但非对称浮箱结构闸门偏心矩与重力矩的比值小于13%,即采用非对称浮箱结构闸门偏心矩仅为原对称浮箱结构闸门偏心距的15%或更小。除此之外,研究发现随着闸门浸没水位上升,浮箱结构改进后闸门偏心距降低越多,即闸门浸没深度越大,产生的浮力矩越大,偏心距越小,对闸门安全运行越有利。

非对称浮箱结构有效地减小了闸门偏心距,延长了闸门顶枢、底枢的使用寿命,维护了闸门的操作运行,因此非对称浮箱结构优化方案可行。

3. 三角门空间桁架杆件选择对比分析与结论

(1) 球节点桁架与节点板桁架对比分析。

空间桁架结构是三角门门叶的重要组成部分,作用是将面板承受的水压力较为均匀、合理的传递给顶枢和底枢。空间桁架由支臂桁架、竖向桁架、中间桁架几个构件组成。支臂桁架是由支臂杆和腹杆组成的三角形水平支承桁架,主要用来承受面板所受的水压力;竖向桁架由水平桁架的支臂、斜腹杆、竖腹杆和立柱组成,主要用来协调水平支臂桁架之间的受力;中间桁架由水平杆和竖直杆交叉组成,有效的增大空间桁架结构刚度,减小闸门受力作用下的扭曲。

大型三角门空间桁架结构杆件的设计,一般有两种形式:一种是采用空心钢管连接,各杆件交接处使用空心球焊接,称为球节点结构;另一种是采用型钢连接,各杆件交接处使用钢板焊接,称为节点板结构。三角门的空间桁架结构主要起到传递水压力的作用,各桁架杆在正常工作时处于压弯或拉弯状态,杆件稳定性需满足规范设计的要求。

两种不同桁架结构形式的闸门,在设计水位下桁架杆件的轴力、应力各不相同,初步分析比较两种结构杆件稳定性的大小,有以下结果。

① 两种不同桁架结构形式的闸门,压杆的稳定性计算结果相差较大,但均满足规范设计要求。分析下斜片主钢管稳定性结果表明,节点板结构杆件应力计算值大于球节点结构杆件应力计算值;底片主钢管结果中,两种桁架结构杆件计算结果相近。进一步研究表明,三角门两种桁架结构模型压杆稳定性计算结果差别较大,这种差异程度的大小与水头差有关,水头差越大,稳定性差异也越大;

② 两种不同桁架结构形式的闸门,空间杆件中大部分腹杆及中片钢架稳定性应力计算结果相差较大,造成差别的原因有几点:一是由于两者轴力和截面面积均不相同,二是节点板结构杆件在计算压杆稳定性时,需分别计算压杆平面内和平面外的失稳,从而导致稳定性计算结果存在差异。

③ 分析三角门两种不同桁架结构形式模型可知,在相同载荷和约束条件下,计算的轴力结果也不相同。球节点结构模型中几乎所有杆件轴力值均小于节点板模型对应的杆件轴力值,说明球节点结构杆件受力均匀,可以有效减小所承受的轴力,更有利于闸门整体的稳定性。

(2) 三角门空间桁架杆件选择的结论。

由轴心受压杆件稳定性的计算结果分析可知,球节点结构闸门杆件在大型三闸门设计使用中存在一定的优势,总结有以下几点。

① 当载荷和约束条件相同时,球节点结构闸门杆件稳定性的计算结果与节点板结构闸门杆件的计算结果基本相同,但是所对应的球节点结构杆件轴力均比节点板结构杆件轴力小,并且节点板结构杆件的截面面积均大于球节点结构杆件的截面面积。

② 计算分析三角门两种杆件结构模型的重量可以得出:上闸首闸门球节点结构模型空间钢架重量为 24.74 t,节点板结构模型空间钢架重量为 31.81 t;下闸首闸门球节点结构模型空间钢架重量为 25.11 t,节点板结构模型空间钢架重量为 31.43 t。上下闸首闸门节点板结构模型比球节点结构模型重量大 7 t 左右。这也说明了起相同抗失稳作用的杆件中,选用球节点结构杆件,可以有效地节约材料,设计的三角门也更加轻盈和经济,减小了投资,节约了成本。

③ 由上下闸首闸门的计算结果对比可知,承受闸门水压力的主要支撑杆件是底片钢架和下斜片钢架的主钢管,两者主钢管的轴力至少是其他空间桁架杆件轴力的 10 倍以上。校核闸门空间杆件稳定性时,主要是要计算二者主钢管稳定性的折算压应力大小,闸门设计时,一定要保证主钢管的设计和校核要求。

④ 由压杆稳定性计算结果可得,球节点结构闸门杆件中大部分腹杆稳定性折算应力值相差不大,受压作用均匀,而节点板结构闸门杆件中腹杆的折算应力值不尽相同,这也可以反映出球节点结构杆件参与承受水压力的程度比节点板结构闸门杆件要大,从而使各杆件受力分布均匀,整体轴力值较小。如此,球节点结构闸门的空间桁架各个杆件都能被有效地利用,使闸门整体的稳定性得到进一步提升。

因此,从杆件受压失稳、轴力大小、应力分布以及闸门轻型经济等角度分析,大型三角门设计使用球节点结构的桁空间架杆件比节点板结构的空间桁架杆件要合理。

4. 三角门底枢结构的分析与结论

作为三角门的主要承重和支撑部件,门枢对闸门的正常运转起着重要作用。受工作环境等方面的影响,底枢又是门枢中较易损坏的部件。在综合考虑重力、浮力、水压等主要因素作用下,课题结合有限元分析软件完成了三角门底枢结构的分析,计算出不同工况下底枢部件的应力、变形等,得出以下结论。

(1) 底枢部件在受拉工况下,各部件最大应力值存在较大区别。其中,轴、拉杆、蘑菇头局部最大应力比其他部件大很多,甚至超过屈服极限。但在受压工况下,底枢各部件最大应力值差别不大,均满足设计规范要求。另外,考虑风荷载与否对闸门底枢部件应力、变形大小及分布规律无明显影响。这表明,对闸门底枢、支座水平受压比水平受拉情况更有利。

(2) 底枢部件的最大应力多为接触应力,即使应力超出允许应力,当接触点发生塑性变形后,接触应力会迅速下降到屈服强度以内,短期内不会对整体结构造成破坏。从以往闸门的底枢破坏形式来看,损坏部位多是底枢蘑菇头部分。这是因为除了蘑菇头工作条件苛刻以外,当水平荷载和竖直荷载对底枢中心弯矩方向一致时,也会加大蘑菇头的磨损。因此建议,在闸门的正常工作环境中,应尽量减少闸室侧水位高于外侧水位的工况,尤其是要减少在此种工况下对闸门的开启,以免加大闸门底枢蘑菇头的磨损。

对三角门底枢进行分析研究,得出各工况下主要部件的应力与变形规律,较为客观真实地反映了底枢的受力状态,从理论上解释了底枢易受磨损的原因,可作为今后三角门底枢结构的设计借鉴,为后期闸门设计以及闸门日常维护,提供了数据参考。

5. 三角门主要构件应力检测与数值计算结果的对比分析与结论

(1) 主要构件应力检测与数值计算结果的对比分析。

闸门应力检测是在高港枢纽二线船闸试运行状况下进行,受外部不确定因素影响较大,在检测过程中,由于闸门受到环境、气温、水压力等影响,闸门少量漏水,导致多次关闭闸门,对闸门应力检测结果产生不同程度的影响,尤其对活塞杆与闸门连接附近的主钢管测点应力影响较大。此次检测主要针对浮箱处面板和闸门空间钢架主钢管进行研究,对比应力检测与数值计算有以下结果。

① 闸门绝大多数测点应力与水位差($\sigma_{zh} \sim H$)的关系趋势曲线近似为二次曲线,基本符合闸门在水压力作用下的受力特点。其次,下方主钢管实测应力趋势规律与计算规律相同,应力最大值也基本相同,实际检测符合数值计算结果。上方主钢管应力趋势规律绝大多数与计算结果相符,但是计算应力最大值一般高于实测值。

② 闸门面板测点最大折算应力分别为18.5 MPa、47.0 MPa,对应位置数值计算最大折算应力为15.43 MPa、47.41 MPa。随着水位上升,面板上测点的实测应力变化趋势与数值计算结果完全相同,数值计算符合实际测量。

③ 上下闸首水头差不同,上闸首水头差较小,空间桁架上方主钢管应力检测与数值计算结果差异明显;下闸首水头差较大,空间桁架上方主钢管应力检测与数值计算结果差异较小。这表明,应力检测结果的准确性与水头差存在一定的联系。

(2) 三角门应力检测与数值的计算研究结论。

大型三角门应力检测的目的在于为水工钢闸门设计提供一定的技术支撑,对比检测结果与计算结果可在一定程度上反应数值计算方法的准确性,其研究成果为大型三角门的设计、运行提供参考。根据应力实测与数值计算结果,对比分析研究可得以下结论。

① 浮箱位置面板应力实测值与数值计算结果相符,应力分布规律及应力变化趋势与水位差的关系均相同。三角门空间钢架下方主钢管的应力实测值与计算值基本相同,上方主钢管应力实测值与计算值大小存在一定差异,但变化规律相同。这表明,闸门结构设计可按照平面体系计算方法,并借助数值模拟进行分析计算,其结果可靠性较高,闸门结构尚有一定的安全裕度。

② 深入分析空间桁架主钢管受力特点可知,闸门主钢管均处于拉弯或压弯状态,即钢管整个圆周表面的应力分布差异较大,同一截面的不同位置可能是压应力,也有可能是拉应力。主钢管实测点和计算结果提取点存在不一致的情况,从而导致计算值与实测值存在差异,为了结构安全,建议闸门设计取主钢管最大应力进行校核。

③ 闸门应力检测是在运行状况下进行的,受外部不确定因素影响较大,在检测过程中,闸门所受水压力存在波动,另外温度、风力对闸门的应力也存在影响。研究表明,低水头作用下,闸门受这种影响情况明显;高水头作用下,闸几乎不受温度、风力等次要因素影响(针对泰州等内地区域),实测应力与数值计算结果相近。因此,闸门设计与校核可以仅考虑水压力和重力的作用,简化了计算,结果亦可靠。

④ 闸门下方主钢管各测点实测应力值与计算应力值接近,而上方主钢管各测点实测应力与计算应力不相符程度较大,这是由于上方主钢管受启闭力的影响明显,其实测应力值存在波动变化,故与计算值存在较明显的差异。这表明闸门运行时,空间桁架上方主钢管受力复杂,应力波动变化较大,尤其是连接启闭机位置,在结构设计时更需注意。

6. 大型三角门关键技术研究的总结与意义

本课题研究了大型三角门设计与维护中的四项关键技术,解决了闸门结构设计和运行过程中的实际问题。设计的新型非对称式浮箱结构,改善了闸门顶、底枢的受力情况,降低了底枢蘑菇头的压力,减轻了顶、底枢结构的磨损。除此之外,浮箱产生的浮力矩,矫正了闸门的倾覆现象,有利于减小闸门关闭时两扇闸门之间的缝隙,防止漏水。随着倾覆现象的矫正,闸门启闭力也随之减小,闸门可在运行过程中灵活启闭。另外,影响三角门空间桁架杆件类型的选择因素有很多,从闸门的制造性能、维修性能、防船舶撞击性能上看,节点板结构比球节点结构空间桁架更有利。但本课题研究结果表明,从杆件受压失稳、轴力大小、应力分布以及闸门轻型经济等角度分析,三角门设计使用球节点结构的桁空间架杆件比节点板结构的空间桁架杆件更合理。对三角门底枢进行分析研究,其结果较为真实客观地反映了底枢的受力状态,从理论上解释了底枢易受磨损的原因,可作为今后三角门底枢结构的设计借鉴,也为后期闸门日常维护提供了数据参考。闸门应力检测结果与数值计算结果基本规律相同,进一步验证了以平面体系计算方法设计并以数值模拟校核的设计方法可行,足够的安全裕度也保证了闸门设计的安全性。

三角门关键技术的研究成果,进一步完善了闸门结构设计方法,为三角门合理的结构设计提供了理论支撑,为闸门的安全运行与日常维护提供了数据参考,新型浮箱结构的创新、闸门空间桁架杆件的选择依据都为大型三角门结构的设计奠定了基础。课题关键技术点的研究结论填补了国内外关于三角门结构研究领域的空白,研究成果希望能给水工钢闸门设计者提供一定的借鉴和参考。

第二节 发明专利及实用新型专利

泰州引江河第二期工程参建单位积极开展技术攻关,针对闸首底板与支护结构的止水连接难题,开展了混凝土结构后嵌式安装铜片止水的研究,形成地下防水工程后嵌铜片止水的施工方法,获得国家发明专利;针对弃土区围堰堆高较高,达到8~10 m,疏浚泥在堆场内形成非常高的水头,易造成围堰渗流破坏的难题进行研究,形成高含水率疏浚泥堆场围堰空间排水防渗系统,获得国家发明专利;针对闸室拉锚地连墙结构开展技术研究,形成一种地连墙侧向土压力盒埋设装置,获得国家发明专利;针对大型三角门的安装进行了研究,形成了三角门门轴柱同轴度调整方法,获得国家发明专利。现场还分别对建筑物竖向位移测试仪器、水利施工物料混合输送装置、水利渠道坡面自动切削成型机、大直径圆形钢板桩围堰等进行了技术攻关,并获得一种建筑物竖向位移测试仪器系统、一种水利施工物料混合输送装置、一种水利渠道坡面自动切削成型机、一种水利施工大直径圆形钢板桩围堰装置等多项实用新型专利。多项发明专利、实用新型专利的获得,有效解决了工程建设过程中的技术难题和施工难点,保证了工程的顺利实施。

发明专利及实用新型专利汇总详见表5-2-1。

表 5-2-1　发明专利及实用新型专利汇总表

序号	发明专利或实用新型专利名称	专利号
1	地下防水工程后嵌铜片止水施工方法	ZL201410806627.6
2	高含水率疏浚泥堆场围堰空间排水防渗系统	ZL201410241043.9
3	一种地连墙侧向土压力盒埋设装置	ZL201510150336.0
4	三角门门轴柱同轴度调整方法	ZL201410150988.X
5	地下防水工程止水结构	ZL201420822463.1
6	一种水利施工物料混合输送装置	ZL201621358573.2
7	一种水利渠道坡面自动切削成型机	ZL201621352379.3
8	一种水利施工大直径圆型钢板桩围堰装置	ZL201621352388.2
9	一种配重式测深仪快速安置架	ZL201521112769.9

一、地下防水工程止水结构

(一)背景技术

现有的水利或其他地下防水工程施工中,其相邻结构均采用铜片嵌装进行止水,目前的施工方法都是"预埋法",即在混凝土浇筑前预埋铜片的一半、另一半留作相邻结构连接的方法。采用"预埋法"施工,先要开挖施工,开挖作业会对周围的地基造成不良影响,会导致周边建筑物不均匀沉降等问题;为克服该问题,现有技术中还有一种逆作法施工方法,即先从地面向下开挖一定深度的槽孔,相邻槽孔之间呈相接圆设置,钻孔完成后向所钻孔中灌注混凝土,固化后构成坚固的地下连续墙,地下连续墙一般围合成封闭的形状,构建完成后再进行开挖施工,可避免对周围建筑物的不良影响,其应用在地铁站、地下室、支护结构等建设中,其带来的问题是铜片止水无法预埋,目前只能采用膨胀橡胶安装于相邻结构的伸缩缝间,利用膨胀橡胶的膨胀来止水。其受现场条件、建筑物表面平整度、连接方法、自身强度和寿命等影响,很难有效解决渗漏问题。

(二)实用新型内容

本实用新型的目的是提供一种地下防水工程止水结构,旨在解决在已有混凝土结构上进行铜片止水安装的困难,以克服逆作法中橡胶止水件在防渗效果方面的不足。

本实用新型的目的是这样实现的:一种地下防水工程止水结构,包括地下连续墙和混凝土底板,地下连续墙和混凝土底板之间留有伸缩缝,所述地下连续墙上开凿有止水件安装槽;止水件安装槽底部涂刷有环氧树脂打底层;环氧树脂打底层上侧涂抹有环氧胶泥层,地下连续墙和混凝土底板之间设有铜片止水件,所述铜片止水件中部设有一折弯部,所述折弯部位于伸缩缝中,铜片止水件一侧连接在环氧胶泥层上,在所述的铜片止水件一侧上方设有环氧砂浆层,环氧砂浆层填满铜片止水件上侧的止水件安装槽,铜片止水件的另一侧埋置在混凝土底板内。

其进一步改进在于所述环氧砂浆层表面涂抹有封闭表层。

所述止水件安装槽的深度为 6～7 cm,止水件安装槽的高度为 10～12 cm。

本实用新型中,环氧树脂打底层可加强混凝土和环氧胶泥之间的连接性能;环氧胶泥是由环氧树脂和乙二胺固化剂组成,为塑性材料,其黏结能力强,固化时间易于控制,连接后水密性能好,能与铜片可靠连接;而环氧砂浆为干硬性材料,便于填塞。环氧砂浆初步固化后,在其表面涂抹一层环氧树脂涂料形成封闭表层可以填满环氧砂浆的气孔和缝隙,达到全面封闭的效果。最后,通过将铜片止水件的另一侧浇筑在相邻结构的混凝土内,在铜片止水件的另一侧也能达到良好的密封效果,铜片止水件的折弯部留在伸缩缝内,可补偿沉降差、收缩变形等情况,保证具有良好的密封防水效果。本结构用于逆作法地下防水工程的施工中,具有与预埋法同样的密封防水效果。

(三)附图说明

图 5-2-1 为本实用新型结构示意图。

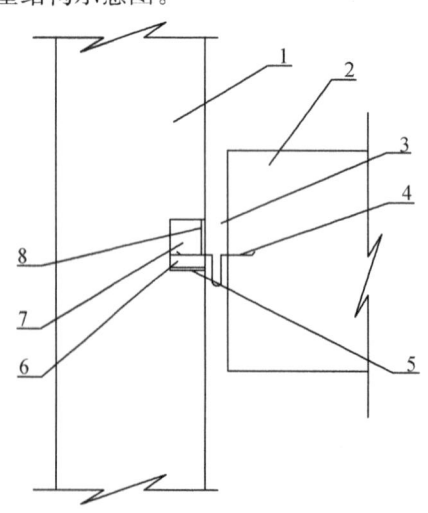

1—地下连续墙;2—混凝土底板;3—伸缩缝;4—铜片止水件;5—环氧树脂打底层;
6—环氧胶泥层;7—环氧砂浆层;8—封闭表层

图 5-2-1　实用新型结构示意图

二、高含水率疏浚泥堆场围堰空间排水防渗系统

（一）背景技术

河湖清淤以及港口、航道的建设工程不可避免产生大量的疏浚泥，国内的疏浚工程中通常采用绞吸等水力方式疏浚，疏浚出的淤泥含水率极高，呈稀泥浆状态。对这种高含水率疏浚泥的处置方法通常是就近征用土地，修筑围堰，排放到堆场中存储。由于疏浚泥高含水率的特点必然会给围堰的防渗安全带来隐患。一是由于土地资源紧张，为了多存泥，少征地，疏浚泥堆场的围堰往往建得很高，有些堆场堆高甚至达到 8～10 m，致使疏浚泥在堆场内形成非常高的水头，易造成围堰渗流破坏；二是堆场围堰在实际填筑时，土方压实往往很难达到设计要求，围堰中易存在渗流通道，同时为了取土方便，很多围堰还经常采用渗透性较好的粉质土填筑围堰，无疑增大了围堰渗流的不稳定性；三是疏浚泥中往往含有较多的细颗粒成分，其排水性能较差。实践表明，高含水率、高黏粒含量的疏浚泥堆场，即使经过 2～3 年的自然固结，仍呈沼泽地状，堆场围堰的渗流状态长时间威胁着当地群众的生命财产安全。综上，如何有效解决高含水率疏浚泥堆场围堰的渗流稳定问题是实际工程的迫切需要。

针对设计中不能满足围堰渗流安全的堆场，在实际工程中一般采用在围堰内边坡和底部铺设不透水的密封层来满足堆场围堰的渗流安全，但是这种方法在实际应用中存在以下几个问题，一是密封层在阻隔水分往围堰中渗流的同时，也关闭了堆场内疏浚泥向下排水的通道，使堆场成为一个底部密闭且高于地面的"泥池"，这种只注重防水、不注重排水的处理方法，使堆场围堰成为一个长期的安全隐患，没有根本解决堆场的渗流稳定问题；二是密封层通常采用的是 1～2 层很薄的塑料膜，在大面积施工条件下，现场工况一般比较复杂，密封层很难保证不被戳破形成渗水集中点。

通过对已有文献检索发现，垃圾填埋场为了做好防渗处理，一般在做好防渗的同时也兼顾到排水，通常是组合设置防渗衬垫、导流层，由于垃圾填埋场的特殊性，其防排系统包含了复杂的多层组合，使用的防渗、排水材料均为具有防腐蚀性的专用材料，不仅工艺复杂，且价格昂贵，不适用于大面积疏浚泥堆场围堰的防渗处理。

（二）发明内容

发明目的：本发明的目的在于针对上述现有技术存在的不足和缺陷，提供一种操作简单、能够起到"防排兼顾"的高含水率疏浚泥堆场围堰空间排水防渗方法，从根本性的解决堆场围堰渗流安全问题。

技术方案：本发明所述的高含水率疏浚泥堆场围堰空间排水防渗方法包括以下步骤。

（1）制备侧壁排水防渗复合体，将土工布和滤网热接于塑料密封膜的两面，并且滤网和密封膜在热接时间隔设置若干未粘带，在所述未粘带区域垂直于未粘带长度方向预留一定长度的滤网以形成管袋，并在所述管袋中插入多孔透水板以形成侧壁排水防渗复合体。

（2）沿着围堰侧壁铺设步骤（1）得到的侧壁排水防渗复合体，并在多孔透水板处设置铆钉固定所述的侧壁防水防渗复合体。

（3）在堆场内设置若干垂直排水体。

(4) 在堆场内设置连通所述多孔透水板底部的第一排水支管,在堆场内设置若干连通所述垂直排水体底部的第二排水支管,在堆场内设置有汇集第一排水支管和第二排水支管水流的主管。

进一步地,在步骤(1)中,设置未粘带时,在沿垂直于未粘带长度方向上,所述未粘带区域内的滤网的长度大于所述塑料密封膜的长度。

进一步地,在步骤(3)中所述的垂直排水体为包裹有透水滤膜的蜂窝状结构的塑料滤管。

进一步地,在步骤(3)中,所述的垂直排水体的顶部高程与所述围堰顶部高程之差为 $-10\sim10$ cm。

进一步地,在步骤(4)中,所述的主管,为钢管或硬质塑料管,每个根主管的汇水面积为 $500\sim2\,000$ m²,所述主管为自围堰内向围堰外排水的自流管。

由此方法得到的高含水率疏浚泥堆场围堰空间排水防渗系统包括侧壁排水防渗复合体、若干垂直排水体、第一排水支管和第二排水支管;所述的侧壁排水防渗复合体包括滤网、塑料密封膜、土工布和多孔透水板,土工布和滤网分别粘结至塑料密封膜的两面,滤网和密封膜的粘合面设置有未粘带,互相粘合的滤网和密封膜在未粘带处分离形成管袋,所述管袋中设置有多孔透水板;所述的垂直排水体竖直设置于堆场内;所述第一排水支管连通若干多孔透水板的底部;所述第二排水支管连通若干垂直排水体的底部。

进一步地,在沿垂直于未粘带长度方向上,所述未粘带区域内的滤网的长度长于所述塑料密封膜的长度。

进一步地,侧壁排水防渗复合体在多孔透水板处用铆钉固定在所述围堰的侧壁。

进一步地,垂直排水体为包裹有透水滤膜的蜂窝状结构的塑料滤管。

进一步地,还包括主管,所述第一排水支管和第二排水支管汇合连通至主管排水。

进一步地,垂直排水体由竹竿或者木桩竖直固定。

进一步地,多孔透水板的宽度为 $0.1\sim0.3$ m,相邻多孔透水板间的间距为 $0.5\sim1.5$ m。

进一步地,垂直排水体的顶部高程与所述围堰顶部高程之差为 $-10\sim10$ cm。

进一步地,垂直排水体自围堰四边向堆场中心布设,布设纵深为 $3\sim15$ m,相邻垂直排水体 9 的间距为 $3\sim5$ m,所述透水滤膜 10 孔径为 $60\sim200$ 目。

进一步地,主管为钢管或硬质塑料管,每个根主管的汇水面积为 $500\sim2\,000$ m²,所述主管为虹吸管或自围堰内向围堰外排水的自流管。

与现有技术相比,本发明采用了排水防渗复合体替代了传统的直接铺设防渗膜的方法,不仅可以起到围堰边坡防渗作用,而且对边坡附近疏浚泥可以起到固结排水作用,降低水头高度,有利于围堰的渗流稳定。同时,排水防渗复合体的两面分别采用了土工布和滤网,大大提高了对中间防渗膜的保护作用,避免局部出现刺破而产生渗流集中点。另外,为了加快围堰内周边疏浚泥的固结排水,提高靠近边坡疏浚泥的工程力学性质,使其和围堰共同发挥整体的防渗作用,本发明在靠近围堰的堆场内布设了垂直排水系统,和布设于边坡上的排水防渗复合体组成空间排水体系,对围堰附近疏浚泥进行立体式的固结排水,并可以及时排除堆场的表面水,有利于围堰的长期渗流稳定性;此外,本专利的排水系统下部设置了第一排水支管、第二排水支管和主管,且主管穿过了围堰底部,整个空间排水体系完全是利用自重和地势条件进行自排,可以全天候、不间断、不耗能的发挥排水作用,确保即使在暴雨等复杂天气条件下围堰的渗流依旧稳定安全。此外,在设置形成滤网、防渗膜复合结构时,选择性地让滤网适当延长形成管袋,这样尽管滤网会卷曲但是防渗膜保持了平整,从而减小防渗膜卷曲时导致强度变低或易于内挂扯而导致防渗膜破裂漏水;进一步地,通过设置侧壁排水防渗复合体在多孔透水板处用铆钉固定在所述围堰的侧壁固定侧壁排水防渗复合体,增大了复合体膜固定的受力面积,使得该复合体固定得更加牢固,避免了直接固定在防渗体膜上可能出现的膜撕扯破裂的问题。

(三)附图说明

图 5-2-2 为本发明高含水率疏浚泥堆场围堰空间排水防渗方法实施例 1 得到的高含水率疏浚泥堆场围堰空间排水防渗系统结构示意图。

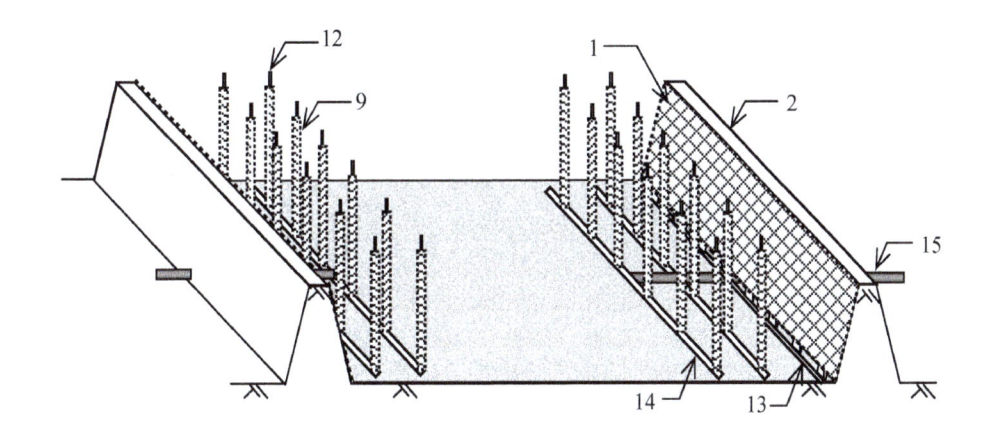

1—侧壁排水防渗复合体;2—围堰;9—垂直排水体;12—竹竿;
13—第一排水支管;14—第二排水支管;15—钢管主管

图 5-2-2　高含水率疏浚泥堆场围堰空间排水防渗系统结构示意图

图 5-2-3 为图 5-2-2 中的侧壁横断面示意图。

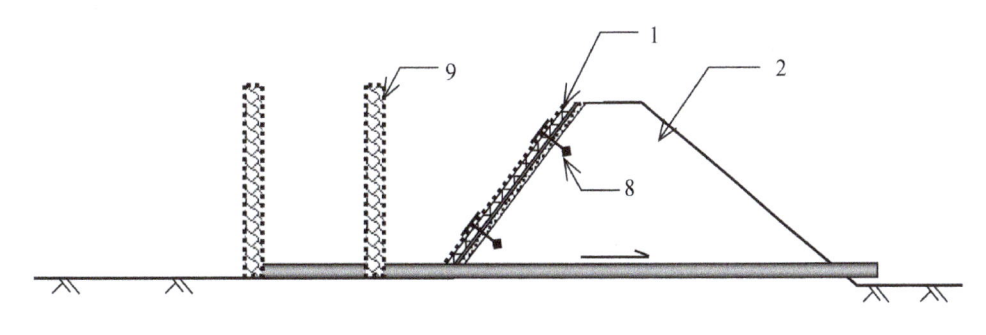

1—侧壁排水防渗复合体;2—围堰;8—铆钉;9—垂直排水体

图 5-2-3　侧壁横断面示意图

图 5-2-4 为图 5-2-2 中的侧壁排水防渗复合体断面结构示意图。

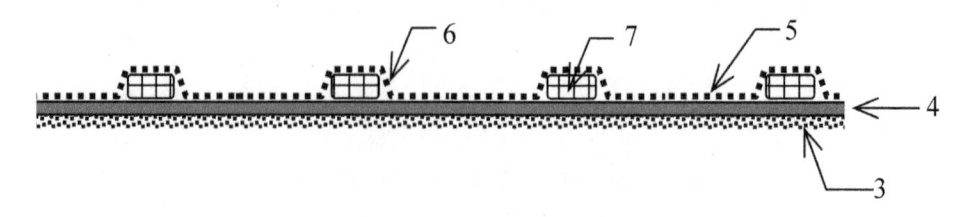

3—土工布；4—塑料密封膜；5—滤网；6—管袋；7—多孔透水板

图 5-2-4　侧壁排水防渗复合体断面结构示意图

图 5-2-5 为图 5-2-2 中的排水防渗复合体平面结构示意图。

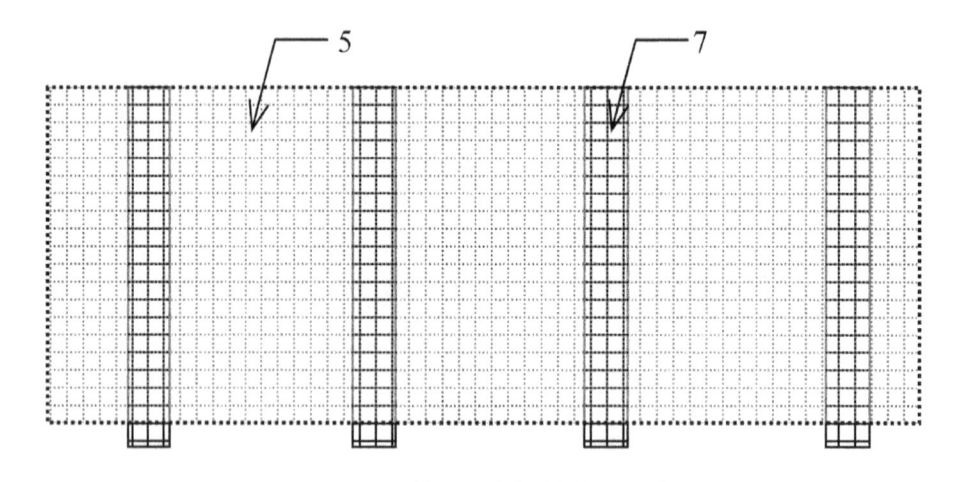

5—滤网；7—多孔透水板

图 5-2-5　排水防渗复合体平面结构示意图

图 5-2-6 为图 5-2-2 中的垂直排水体结构示意图。

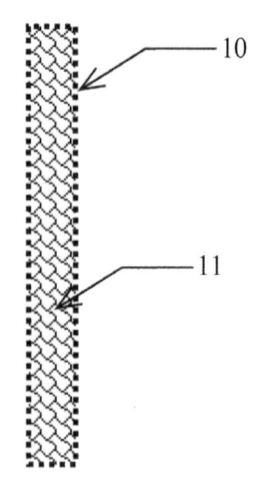

10—滤膜；11—塑料滤管

图 5-2-6　垂直排水体结构示意图

三、一种地连墙侧向土压力盒埋设装置

（一）背景技术

随着地下连续板桩墙（板桩墙）施工工艺的成熟，越来越多的水利工程（水闸、泵站和船闸等）和水运、造船工程（码头、船坞）均采用了这种结构形式，如南水北调睢宁二站、熔盛重工1—4号船坞、中铁宝桥、山桥港池码头及建成的高港枢纽二线船闸等。板桩墙不仅可以实现挡土和防渗等临时维护功能，而且可以用作永久承重基础结构，特别适用于土基，还可避免施工时大量开挖的情况，同时具有施工噪音小、震动小、场地小等优点。然而，板桩墙外侧土体产生的侧向土压力往往会使得板桩墙结构发生较大的侧向位移，有时甚至会造成墙体开裂。国内已有多个工程因地连墙结构出现裂缝发生渗漏的实例，如天津港南疆焦炭泊位卸车坑施工过程中地连墙结构槽段联结处出现渗漏，南通惠生船坞工程开挖坞室完成井点拆除后发现地连墙接头位置衬砌墙上有少量纵向裂缝并有渗水现象等，极大地影响了工程使用，也成为工程潜在的安全隐患。

地连墙结构、灌注桩锚碇均是地下隐蔽工程，一旦出现裂缝或发生较大变形，其检测、维修都很困难，不仅会给工程结构的正常使用带来很大影响，同时也给工程结构带来极大的安全隐患。为防止这些工程中的安全隐患，就必须对作用于地连墙外侧的主要荷载土压力进行监测，所以地下连续墙外侧不同深度的土压力变化是工程风险评估和控制的必测项目，一般采用土压力盒直接测量。然而，恶劣的现场工作环境使埋设的土压力盒成活率偏低，测得的数据失真，可信度难以保证，直接影响监测成果的准确性和可靠性的判别与评价。

究其原因，主要是因为目前还没有一种行之有效的土压力盒埋设装置。目前，侧向土压力盒的埋设主要有以下三种方法。

1. 钻孔法

在靠近地连墙的墙后土上进行钻孔，然后把率定好的土压力盒放入钻好的孔中，然后用细砂填实，该方法需要二次钻孔，施工成本比较高，并且钻孔会造成周围土体出现土拱效应，从而引起周围土体内部应力重新分布，把作用于拱后或拱上的土压力传递到拱脚及周围土体中，造成测试结果不准确。

2. 挂布法

将率定好的土压力盒固定在挂布上，下入槽壁处借助混凝土压力将土压力盒固定在墙体外壁上。该方法的缺点是在地连墙混凝土浇筑过程中混凝土中水泥浆很容易渗入土压力盒和墙后土之间，使土压力盒被水泥浆包裹而报废。

3. 气压力法

将率定好的土压力盒固定在气压件上再将其安置到钢架上，在混凝土浇灌前下入槽内，并且分别在每一仪器件上施加气压，使土压力盒固定在槽壁上待混凝土浇灌结束后再卸压，用混凝土压力使土压力盒永久固定在墙体外壁处。该方法操作复杂，气压件所能提供的顶推力有限。

（二）发明内容

1. 技术问题

针对现有地连墙侧向土压力盒埋设中所存在的技术问题，设计出一种能够满足不同宽

度的地连墙侧向土压力盒埋设装置。本发明不仅操作简单,且克服了气压顶推法中顶推压力不足的缺点,可显著提高地连墙侧向土压力盒的埋设效率,提高土压力盒测量数据的准确性。

2. 技术方案

该地连墙侧向土压力盒埋设装置,其特征在于包括土压力盒底座和套筒通过螺栓相连,然后在套筒上套上弹簧和圆形滑块,再将套筒套于固定在钢筋笼中的主轴上,最后在圆形滑块上装上斜撑。当钢筋笼放入坑槽后,张拉系于斜撑交点的钢丝拉线,使撑杆推动套于套筒上的圆形滑块压缩弹簧,弹簧推动土压力盒及套筒顶入地连墙侧面的土体中;撑杆末端的齿形块和锁定块组成了分级锁定装置,该锁定装置可使撑杆锁定与不同角度,从而满足不同要求的顶推距离。

3. 工作原理

通过钢拉线的张拉力改变撑杆夹角,使三角形的一条边变长,从而推动土压力盒顶入地连墙侧面的土体中。图 5-2-9 为该发明装置的工作原理图。假设撑杆交于 O 点的初始夹角为 α,在拉力 F 作用下,交于 O 点的撑杆夹角变为 β,图中各部件的受力和位移关系如下:

$$d = s - x$$

$$s = b\left[\sin\left(\frac{\beta}{2}\right) - \sin\left(\frac{\alpha}{2}\right)\right]$$

$$T_1 - T_0 = Kx$$

式中:d——土压力盒移动距离,s——圆形滑块前进距离,b——撑杆长度,T_0——左右撑杆在 O 点交角为 α 时弹簧的弹性恢复力,T_1——左右撑杆在 O 点交角为 β 时弹簧的弹性恢复力,K——弹簧的弹性系数。

本发明所设计的一个关键点是套筒上的弹簧,该弹簧的作用有两点:(1) 当土压力盒被顶入土体的过程中遇到坚硬土体而无法前进时,弹簧可以供微小的弹性变形满足分级锁定装置的锁定要求;(2) 弹簧本身所提供的弹性恢复力可让张拉力 F 卸去以后,图 5-2-9 中的三角形系统依然处于绷紧状态,从而保证了土压力盒不受随后的混凝土浇筑影响。

4. 有益效果

采用本发明布置地连墙侧向土压力盒,可让土压力盒很好地发挥作用,解决上文所提到地连墙侧向土压力盒埋设所碰到的各种问题。本发明由简单的钢导杆、连接土压力盒底座的套筒和撑杆组成,制作简单,成本低,安装便利。最重要的是借助该套装置,可在地连墙施工过程中完成土压力盒的埋设,无须烦琐的辅助浇筑,也无须等到整个施工结束后再开孔埋设,简单可行且节约时间。根据现场实测数值,使用这套装置安装地连墙侧向土压力盒测值准确,能够满足地连墙土压力监测的所有要求。装置设计合理,可在相关工程中推广使用。

(三) 附图说明

图 5-2-7 为本发明地连墙侧面土压力盒埋设装置实施时的正立面示意图。

1—土压力盒底座;2—钢套筒;3—弹簧;4—圆形滑块;5—钢导管;
6—撑杆;7—锁定块;8—齿形块;9—钢拉线

图 5-2-7 地连墙侧面土压力盒埋设装置实施时的正立面示意图

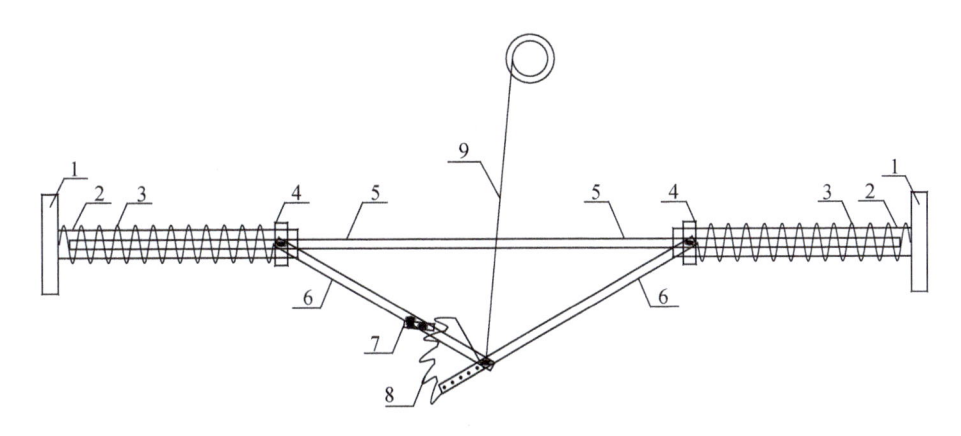

图 5-2-8 为本发明地连墙侧面土压力盒埋设装置实施时的俯视示意图。

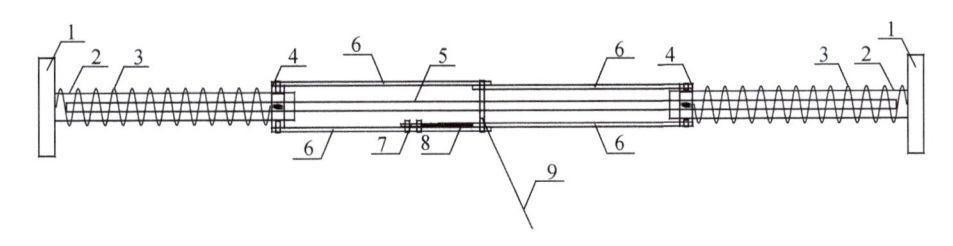

1—土压力盒底座;2—钢套筒;3—弹簧;4—圆形滑块;5—钢导管;
6—撑杆;7—锁定块;8—齿形块;9—钢拉线

图 5-2-8 地连墙侧面土压力盒埋设装置实施时的俯视示意图

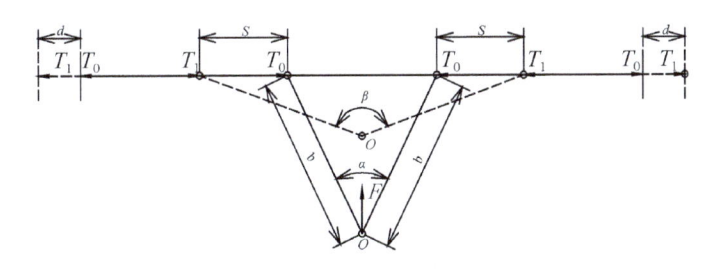

图 5-2-9 为本发明地连墙侧面土压力盒埋设装置的工作原理图。

图 5-2-9 地连墙侧面土压力盒埋设装置的工作原理图

四、三角门门轴柱同轴度调整方法

(一)背景技术

三角门门体固定在支臂上,支臂经端柱安装在门轴柱上,工作时,支臂绕门轴柱转动,带动门体转动实现闸门的开启和关闭。该装置包括用于安装支臂的端柱,在端柱上依次安装有上拉杆支座、下拉杆支座和底枢铰座,上拉杆支座上有两个门轴柱安装孔,下拉杆支座和底枢铰座上分别有一个门轴柱安装孔。其安装时,将上门轴柱安装在上拉杆支座上的门轴柱安装孔中,将下门轴柱安装在下拉杆支座和底枢铰座上的安装孔中,要求上述 4 个安装孔的轴线在一条直线上,同轴度误差不超过 0.5 mm;由于端柱尺寸较大,常会超过 10 m,要保证上拉杆支座、下拉杆支座和底枢铰座这 3 个部件安装后,其安装孔同轴度误差不超过 0.5 mm,具有相当大的难度。现有技术中,采用现场安装定位方式进行安装,现场放样难度大,精度冲压差,很难满足安装孔同轴度误差不超过 0.5 mm 的要求。

(二) 发明内容

本发明的目的是提供一种三角门门轴柱同轴度调整方法,使上拉杆支座、下拉杆支座和底枢铰座上的门轴柱安装孔能方便地调整到同一轴线上。

本发明的目的是这样实现的:一种三角门门轴柱同轴度调整方法,包括如下步骤。

(1) 将端柱水平放置,使端柱上用于安装上拉杆支座和下拉杆支座的安装面朝上;用水准仪测量,使端柱的上拉杆支座安装面和下拉杆支座的安装面处于同一水平面上。

(2) 在端柱上表面对称中心画出中心基准线,将底枢铰座安装在端柱一端,使底枢铰座上的安装孔轴线在端柱上表面的正投影与中心基准线重合。

(3) 将上拉杆支座和下拉杆支座搁置在端柱上表面的安装位置,使上拉杆支座、下拉杆支座上的安装孔轴线在端柱上表面的正投影与中心基准线重合。

(4) 车制阶梯圆盘两个,其中,第一圆盘的小径段直径与上拉杆支座上的安装孔相适配,第二圆盘的小径段直径与底枢铰座上的安装孔相适配;同时,在两个阶梯圆盘的回转中心分别开设有容钢丝穿过的圆孔。

(5) 将第一圆盘安放在上拉杆支座的最外侧的安装孔外,第一圆盘的小径段匹配插入上拉杆支座上最外侧的安装孔中;第二圆盘安放在底枢铰座的安装孔的孔口处,第二圆盘的小径段匹配插入底枢铰座的安装孔中;在第一圆盘和第二圆盘的中心穿接有钢丝,所述钢丝分别穿过下拉杆支座的安装孔和上拉杆支座的安装孔,下拉杆支座和第二圆盘的边缘之间设置有撑杆。

(6) 从第一圆盘外侧张紧钢丝;在上拉杆支座下侧增加不同厚度的垫片,用水准仪检测,使钢丝呈水平状态。

(7) 测量钢丝到各安装孔边缘的距离,微调角度或改变垫片厚度,使钢丝处于相应安装孔的中心;调整后反复测量,使各同轴度误差小于 0.5 mm。

(8) 调整完成后,将上拉杆支座和下拉杆支座以螺栓固定在端柱上。

本发明在通过第一圆盘确定上拉杆支座的一个安装孔的中心,通过第二圆盘确定底枢铰座上安装孔的中心,在该两个安装孔的中心拉一根钢丝,校准钢丝成水平状态,则提供了一个校准中心线的基准,其可方便地测量出钢丝与所穿过的各安装孔边缘的距离,通过垫片调整高度,校准后再固定。由于底枢铰座上的安装孔是盲孔,本发明通过撑杆将第二原盘支撑固定在底枢铰座上的安装孔的孔口位置,撑杆同时还作为下拉杆支座的轴向定位件,以保证下拉杆支座与底枢铰座之间的距离准确。该方法操作方便,能快速准确校准门轴柱同轴度,方便施工,可满足安装孔同轴度误差不超过 0.5 mm 的要求。

为便于将钢丝拉紧,所述上拉杆支座外侧设有支架,支架与第一圆盘之间设有花篮螺母,所述钢丝经花篮螺母连接在支架上。通过转动花篮螺母,可张紧钢丝,其操作简单方便。

为保证调整后的门轴柱同轴度具有足够的精度,所述钢丝的直径≤0.2mm。

(三)附图说明

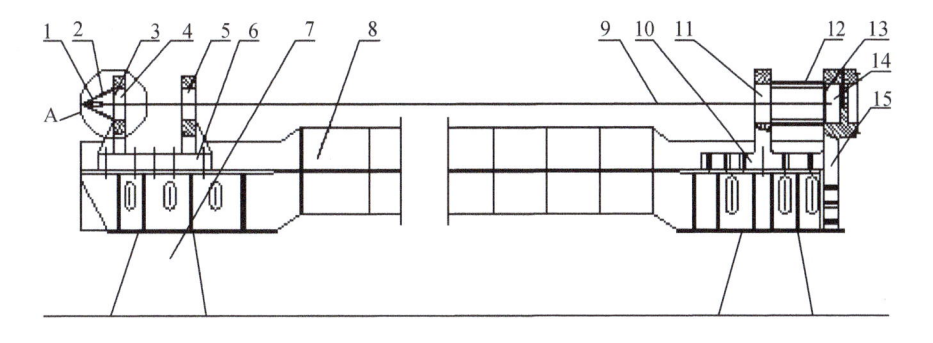

1—花篮螺母;2—支架;3—第一圆盘;4—第一安装孔;5—第二安装孔;6—上拉杆支座;7—支撑墩;
8—端柱;9—钢丝;10—下拉杆支座;11—第三安装孔;12—撑杆;13—第二圆盘;
14—第四安装孔;15—底枢铰座

图 5-2-10 本发明工作原理图

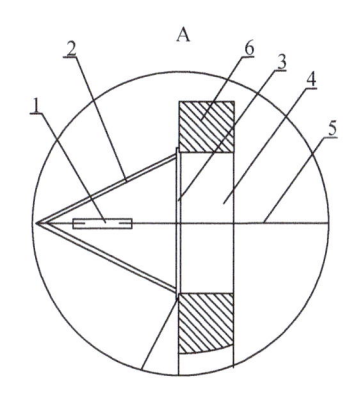

1—花篮螺母;2—支架;3—第一圆盘;4—第一安装孔;5—第二安装孔;6—上拉杆支座

图 5-2-11 图 5-2-10 中 A 的局部放大图

五、一种水利施工物料混合输送装置

(一)背景技术

在 2015 年 07 月 08 日公开的"一种水利施工物料混合输送装置"(公告号:CN 204456121 U),其搅拌腔的底部与混合腔之间贯通,混合腔内腔底部的下料板在搅拌物料的过程中处于水平状态,由于在停止搅拌后需要将楔子放置到下料板的底部用于提高下料板的倾斜度,因此下料板与螺旋叶片之间的距离较大,这样使得螺旋叶片周围的空间较大,在搅拌的过程中容易出现搅拌不均匀的情况,另外,由于下料板为活动连接结构,这样容易使混合腔内的混合物料出现泄漏的情况,造成物料的浪费,同时整个操作过程烦琐,使用起来极为不便。

（二）实用新型内容

本实用新型的目的在于提供一种水利施工物料混合输送装置，具备结构简单，使用方便，物料混合效果好和封闭性强的优点，解决了现有技术中水利工程施工物料混合输送装置在使用过程中操作烦琐、混合效果差和密封性差的问题。

为实现上述目的，本实用新型提供如下技术方案：

一种水利施工物料混合输送装置，包括底板和罐体，所述底板顶部的左侧通过固定台安装有罐体，所述罐体的内腔靠近底部的位置设有隔板，所述隔板的顶部为搅拌腔，其隔板的底部为输送腔，所述罐体的顶部设有封盖，所述封盖顶部的中央安装有搅拌电机，所述搅拌电机的底部安装有搅拌杆，所述搅拌杆贯穿封盖并延伸至搅拌腔的底部，所述搅拌杆的外表面安装有搅拌叶，所述罐体右侧的外壁安装有控制器，所述隔板右侧的中部设有开口，所述开口的内侧设有滑槽，所述滑槽的内侧滑动连接有栏板，所述栏板的一端贯穿罐体并延伸至罐体的外侧，所述输送腔位于搅拌腔底部的中央，所述输送腔的内腔横向水平安装有转杆，所述转杆的外表面设有螺旋叶片，所述转杆的右端贯穿罐体并延伸至罐体外侧，所述转杆的右端安装有输送电机，所述输送电机的底部通过电机固定台安装在底板上，所述输送腔左侧的底部设有出料管，所述出料管的中部安装有出料阀门，所述出料管的一端与输送腔相通。

优选的，所述搅拌叶为扇叶状结构，所述罐体左侧的顶部设有进料口，所述进料口的底端与搅拌腔相通。

优选的，所述控制器与搅拌电机和输送电机之间呈电性连接结构。

优选的，所述输送腔呈圆柱状结构，且螺旋叶片的外沿和输送腔的内壁相贴合。

优选的，所述底板的外侧设有移动轮，所述底板的顶部靠近外沿的位置设有把手。

与现有技术相比，本实用新型的有益效果如下：

本实用新型通过在底板的顶部安装罐体，配合罐体内部设置的隔板将罐体内部分为搅拌腔和输送腔两个部分。在配合隔板上设置的开口，以及在开口内侧设置的滑槽和栏板，再配合安装的搅拌电机和电机底部安装的搅拌杆，以及在搅拌杆外壁设置的搅拌叶，使得该物料混合输送装置在对物料进行混合搅拌时，能够在一个单独的搅拌腔对物料进行混合加工。同时由于搅拌叶呈扇叶状，使得搅拌叶对物料进行搅动时更加有效，同时由于搅拌腔呈竖直圆柱状，使得物料在搅拌的过程中，不断下沉，再不断被搅拌叶翻转，使得物料的混合更加彻底，有效地利用了搅拌腔内的空间。同时设置的输送腔，整体为半密封结构，且输送腔内依靠转杆和螺旋叶片进行输送，这样的结构并不需要采用提高角度的方法来提高输送效率，使得搅拌腔完全处于个稳定状态，有效避免了物料出现泄漏的情况，再配合设置的栏板和出料阀门，使得该水利施工物料混合输送装置，达到了结构简单，使用方便，物料混合效果好和封闭性强的效果，从而有效地解决了现有技术中水利工程施工物料混合输送装置在使用过程中操作烦琐、混合效果差和密封性差的问题。

（三）附图说明

图 5-2-12 为本实用新型结构示意图。

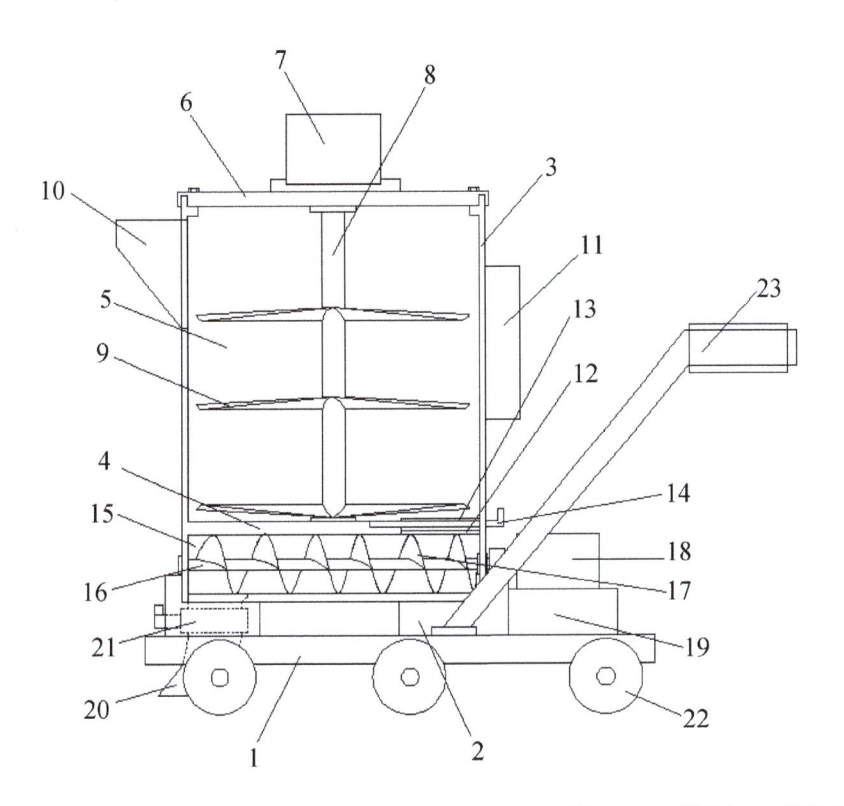

1—底板；2—固定台；3—罐体；4—隔板；5—搅拌腔；6—封盖；7—搅拌电机；8—搅拌杆；9—搅拌叶；10—进料口；11—控制器；12—开口；13—滑槽；14—栏板；15—输送腔；16—转杆；17—螺旋叶片；18—输送电机；19—电机固定台；20—出料管；21—出料阀门；22—移动轮；23—把手

图 5-2-12　结构示意图

六、一种水利渠道坡面自动切削成型机

（一）背景技术

削坡是水利工程中的在水土保持上的一种通过降低坡度防止不稳定坡面发生滑坡等重力侵蚀的沟坡防护工程，主要用于防止中小规模的土质滑坡、岩质斜坡崩塌、渠道坡面和水库大坝的修整，以减缓坡度、减小滑坡体体积、减少下滑力。

目前，在进行水利工程建设的削坡作业时主要是使用挖掘机来完成的。工作时，首先，划定上下坡线，把车的位置摆正，然后将铲斗放在上坡线的位置，用边齿贴着坡的边一下挖到底，再次，按着顺序重复往后挖至划线位置即可。这种削坡方式存在着很大的弊端，挖掘机在从上往下挖的过程中很难保证铲斗沿着既定的倾斜直线运动，一般都是弧线运动，且一次性挖掘泥土过多，很难对渠道坡面的斜度进行微调。针对上述问题，急需设计一种水利渠道坡面自动切削成型机。

（二）实用新型内容

本实用新型的目的在于提供一种水利渠道坡面自动切削成型机，以解决上述背景技术中提出的挖掘机削坡时很难保证铲斗沿着既定的倾斜直线运动，一般都是弧线运动，且一次性挖掘泥土过多,很难对渠道坡面的斜度进行微调的问题。

为实现上述目的,本实用新型提供如下技术方案:一种水利渠道坡面自动切削成型机,包括第一液压缸、从动卷盘、打磨抛光盘、切割齿轮、推土板和切割电机,所述第一液压缸通过活塞杆与提升装置相互连接,且提升装置的右侧设置有机架,所述从动卷盘位于机架的左端,且其通过钢丝绳与主动卷盘相互连接,所述主动卷盘的右端连接有驱动电机,所述机架的右端固定有第二液压缸,所述打磨抛光盘通过旋转盘与抛光电机相互连接,且旋转盘通过外侧的固定横梁与滑动轨道相互连接,所述切割齿轮位于打磨抛光盘的右侧,且其通过固定套筒与滑动轨道相互连接,所述切割电机通过转动轴与切割齿轮相互连接,所述推土板位于切割齿轮的右侧。

优选的,所述钢丝绳的另一端位于滑动轨道的内侧,且分别与固定横梁、推土板和固定套筒相互连接。

优选的,所述打磨抛光盘上以其圆心对称分布有8个打磨抛光叶片,且组成莲花状结构。

优选的,所述切割齿轮设置有五组,且等间距分布在固定套筒的外侧。

优选的,所述切割齿轮和打磨抛光盘为交错排列的顺序。

优选的,所述推土板位于滑动轨道最下端位置,且其底端的右侧为向外凸出的尖头结构。

与现有技术相比,本实用新型的有益效果是:该水利渠道坡面自动切削成型机,通过两端的液压缸来调节自身的倾斜角度,适用于各种倾斜角度坡面的切削,提高了适用性,同时整体的结构为倾斜直线,便于进行切削作业,先对泥土进行排石,再松散,最后抛光压平,使得切削后的坡面足够平整,削坡的效果好,整体的操作简单,成型速度快,且便于对渠道坡面的斜度进行调节。

(三)附图说明

图5-2-13为本实用新型结构整体示意图。

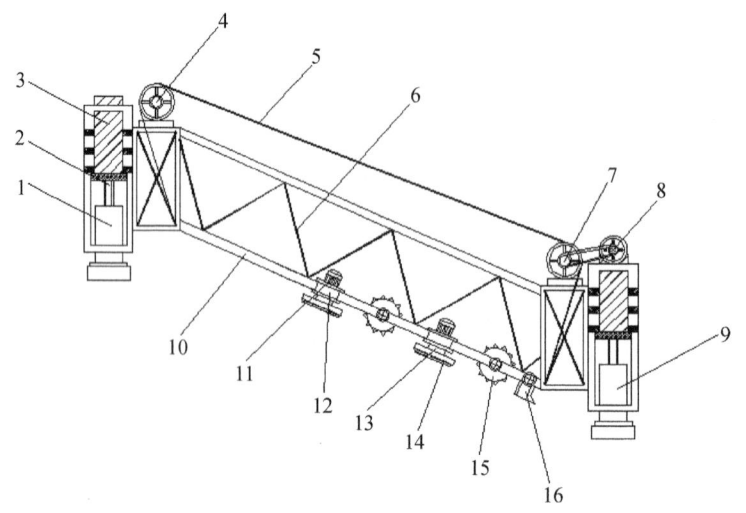

1—第一液压缸;2—活塞杆;3—提升装置;4—从动卷盘;5—钢丝绳;6—机架;7—主动卷盘;
8—驱动电机;9—第二液压缸;10—滑动轨道;11—抛光电机;12—固定横梁;13—旋转盘;
14—打磨抛光盘;15—切割齿轮;16—推土板

图5-2-13 本实用新型结构整体示意图

图 5-2-14 为本实用新型结构打磨抛光盘示意图。

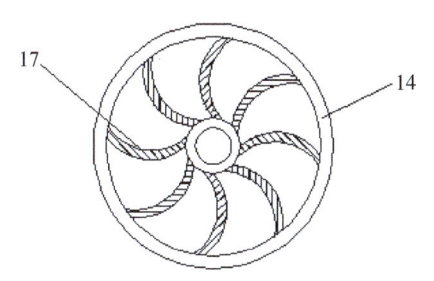

14—打磨抛光盘；17—打磨抛光叶片

图 5-2-14　打磨抛光盘示意图

图 5-2-15 为本实用新型结构切割机构示意图。

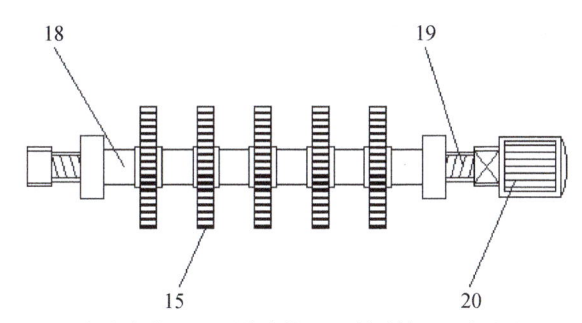

15—切割齿轮；18—固定套筒；19—转动轴；20—切割电机

图 5-2-15　切割机构示意图

七、一种水利施工大直径圆形钢板桩围堰装置

（一）背景技术

随着科技的发展，水利建设有了很大程度的发展，在水利设施的建设中，围堰装置是经常使用到的，它能够将水与工作场地隔开，便于人们施工。如今围堰装置也有了很大程度的发展，它的发展给人们在进行水利施工时带来了很大的便利，其种类和数量也正在与日俱增。目前市场上的围堰装置虽然种类和数量都比较多，但是大多数的围堰装置体型比较大，而且笨重，在使用和安装时较为不便，使用也不够灵活，这样就影响了水利施工的工程进度，同时也降低了工作效率。

（二）实用新型内容

本实用新型的目的在于提供一种水利施工大直径圆形钢板桩围堰装置，以解决上述背景技术中提出的目前市场上的围堰装置在使用时不够方便、灵活的问题。

为实现上述目的，本实用新型提供如下技术方案：一种水利施工大直径圆形钢板桩围堰装置，包括支撑套筒、钢板桩、固定螺栓、吸水口、过滤装置、密封胶块安装槽、滑轨、吸水管螺纹接头和密封胶块，所述支撑套筒底部安装有移动板，且移动板内侧固定有支撑柱，所述钢板桩左右两端设置有钢板桩连接头，所述固定螺栓外部连接有移动板和支撑柱，所述吸水口上方设置有吸水管，且吸水管外部固定有支撑柱，所述密封胶块安装槽底部连接有钢板桩，且钢板桩外侧固定有固定柱，所述固定柱下方设置有固定桩头，所述滑轨外部连接有移动板,所述吸水管螺纹接头下方安装有吸水管,所述密封胶块外部固定有密封胶块安装槽。

优选的,所述移动板与支撑柱滑动连接,且支撑柱与钢板桩的连接方式为焊接连接。

优选的,所述钢板桩左右两侧的钢板桩连接头外形尺寸相吻。

优选的,所述吸水口内部设置有过滤装置。

优选的,所述固定柱左右两侧共设置两个,且位置关于钢板桩左右对称。

与现有技术相比,本实用新型的有益效果是:该水利施工大直径圆形钢板桩围堰装置,设置有密封胶块安装槽和密封胶块,能够使整体的防水性能更好,并且设置有多功能的支撑柱,不仅能够支撑整体结构,而且其内部还设置有吸水管,吸水管顶部有螺纹接头,能够便于与其他管道进行连接,方便进行抽水作业,移动板与支撑柱滑动连接,且支撑柱与钢板桩的连接方式为焊接连接,能够使结构整体性更好,并能够方便的移动移动板,使用更为灵活方便,钢板桩左右两侧的钢板桩连接头外形尺寸相吻,能够将多个钢板桩进行拼装,使用更加便捷、灵活,固定柱左右两侧共设置两个,且位置关于钢板桩左右对称,能够使钢板桩被更容易的打入地下,并使钢板桩安装得更加牢固。

(三)附图说明

图 5-2-16 为本实用新型结构单个构件俯视图。

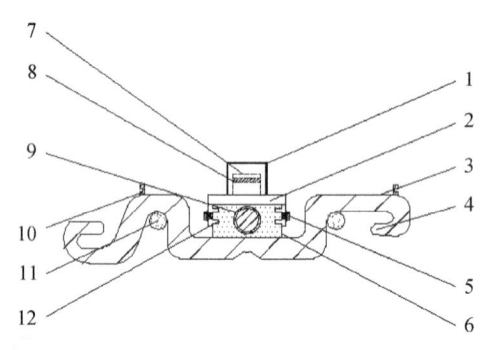

1—支撑套筒;2—移动板;3—钢板桩;4—钢板桩连接头;5—固定螺栓;6—支撑柱;7—吸水口;
8—过滤装置;9—吸水管;10—密封胶块安装槽;11—固定柱;12—滑轨

图 5-2-16　本实用新型结构单个构件俯视图

图 5-2-17 为本实用新型结构单个构件正视图。

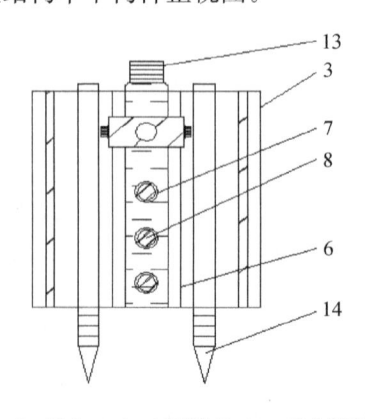

3—钢板桩;6—支撑柱;7—吸水口;8—过滤装置;13—吸水管螺纹接头;14—固定桩头

图 5-2-17　本实用新型结构单个构件正视图

图 5-2-18 为本实用新型结构两个构件连接示意图。

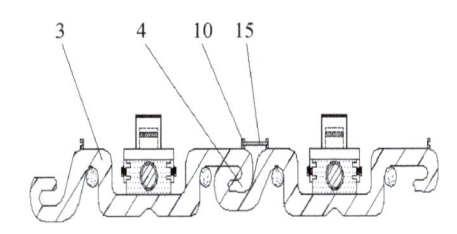

3—钢板桩；4—钢板桩连接头；10—密封胶块安装槽；15—密封胶块

图 5-2-18　本实用新型结构两个构件连接示意图

八、一种配重式测深仪快速安置架

（一）背景技术

近年来，各级政府对骨干河和中小河流进行着系列的轮动整治，无论是整治前的勘测，还是整治后的检测，或是日常的淤积监测均要求准确地提供河道的地形情况。目前回声探测技术相当成熟，在河道地形测量中应用非常广泛。该测深系统要求将换能器探头垂直置于一定水深中。

目前，在非专用测量船上，特别是临时租用的小型渔船、动力筏、小快艇上对换能器探头的固定主要采用捆绑法或实用新型专利装置（申请号 201320105403.3《一种测深仪声系统快速安装装置》）。

其中，捆绑法即采用伸缩性较小的绳索在换能器杆的上部和下部与船体进行相应的固定。实用新型专利装置（申请号 201320105403.3《一种测深仪声系统快速安装装置》）的技术方案为：采用横杆、竖杆组成桁架结构，通过伸缩杆来固定测深仪换能器杆，并采用配重板来增加桁架结构的重量，防止倾覆。

采用捆绑法对换能器探头进行固定的主要缺点包括：测量过程中探头受到水流和河道中杂物力的作用，会产生一定的倾斜，使得探测数据与实际有较大的误差。另外，探头的捆绑过程繁琐冗长，测量过程中垂直度难调，且遇到障碍物时无法将探头快速离开水面。

采用实用新型专利装置（申请号 201320105403.3《一种测深仪声系统快速安装装置》）的技术方案进行固定时的主要缺点包括：桁架结构装配拆卸繁琐，安装完成后再对探头的垂直度进行调整比较复杂，遇到障碍物无法将探头快速离开水面。

（二）实用新型内容

针对上述现有技术中存在的问题，本实用新型的目的在于提供一种可避免出现上述技术缺陷的配重式测深仪快速安置架，其具有结构简单可靠、适应性较强、操作方便、垂直度可调、固定方式多样、可快速离开水面等优点。

为了实现上述实用新型目的，本实用新型采用的技术方案如下。

一种配重式测深仪快速安置架，包括基座、横向杆件和竖向夹杆，其中：所述横向杆件和所述基座固定在一起，所述竖向夹杆与所述横向杆件固定在一起；所述基座包括长方形钢板基础 7，所述长方形钢板基础 7 下面黏贴有第三薄橡胶垫层 8，所述长方形钢板基础 7 的上方两侧焊有手提环 4。

进一步地,所述基座的上面中间分布有两个圆环套筒 3,所述圆环套筒 3 的内部为光面,所述圆环套筒 3 的顶部设置有第一快速紧固螺栓 2,所述基座的两边设置有多个缺口 6。

进一步地,所述横向杆件为圆形钢管,所述横向杆件有一呈内凹圆形的连接端,所述连接端的中间有内光面孔 9。

进一步地,所述竖向夹杆由竖杆和杆夹通过第一锁定销 14 固定组成,竖杆顶端有一对准气泡 13,竖杆的一侧上下有杆夹插孔和锁定销孔,另一侧中间焊接有圆环 11,所述圆环 11 的内侧带有螺纹。

进一步地,所述杆夹包括左半片和右半片,所述左半片的上部焊接的第一套筒 15 和所述右半片的上部焊接的第二套筒 20 通过第二锁定销 23 固定,所述右半片可绕所述第二锁定销 23 转动。

进一步地,所述杆夹的左半片的一端设置有一第二小孔 17,另一端设置有锁定口 16 和锁定止滑坎 18,左半片上还设置有第一套筒 15。

进一步地,所述右半片一端设置有第二套筒 20,另一端设置有第三套筒 21。

本实用新型提供的配重式测深仪快速安置架,具有结构简单可靠、适应性较强、操作方便、垂直度可调、固定方式多样、可快速离开水面等优点,可以很好地满足实际应用的需要。

(三)附图说明

图 5-2-19 为本实用新型的整体效果图;图 5-2-20 为基座的顶视图;图 5-2-21 为基座的立面图;图 5-2-22 为基座的侧面图;图 5-2-23(a)为横向杆件的立面图,图 5-2-23(b)为横向杆件的顶视图;图 5-2-24 为横向杆件与竖向夹杆安装点的顶视图;图 5-2-25 为竖向夹杆的立面图;图 5-2-26 为横向杆件与竖向夹杆安装后的立面图;图 5-2-27(a)为杆夹的左半片的顶视图,图 5-2-27(b)为杆夹的左半片的立面图;图 5-2-28(a)为杆夹右半片的顶视图,图 5-2-28(b)为杆夹右半片的立面图;图 5-2-29 为杆夹立面图;图 5-2-30 为杆夹锚固螺栓立面图。图中,1—船体,2—第一快速紧固螺栓,3—圆环套筒,4—手提环,5—第一小孔,6—缺口,7—长方形钢板基础,8—第三薄橡胶垫层,9—内光面孔,10—第一垫片,11—圆环,12—第二快速紧固螺栓,13—对准气泡,14—第一锁定销,15—第一套筒,16—锁定口,17—第二小孔,18—锁定止滑坎,19—第一薄橡胶垫层,20—第二套筒,21—第三套筒,22—第二薄橡胶垫层,23—第二锁定销,24—第三锁定销,25—锁定孔,26—第二垫片,27—丝杆,28—手拧螺栓,29—换能器杆。

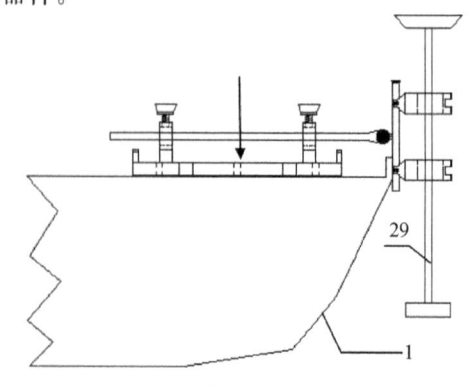

图 5-2-19　本实用新型整体效果图

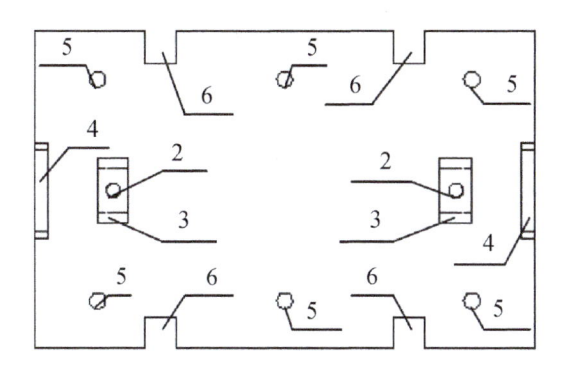

图 5-2-20　基座顶视图

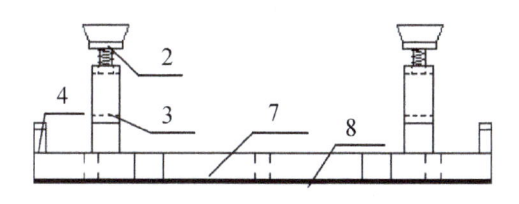

图 5-2-21　基座立面图

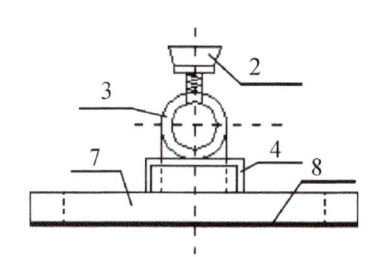

图 5-2-22　基座侧面图

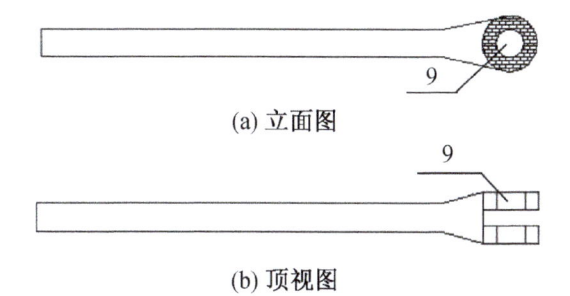

(a) 立面图

(b) 顶视图

图 5-2-23　横向杆件立面图和顶视图

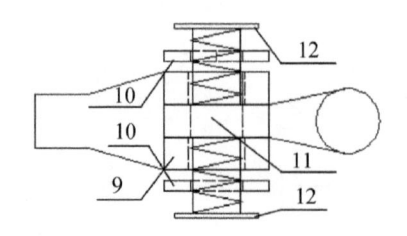

图 5-2-24　横向杆件与竖向夹杆安装点顶视图

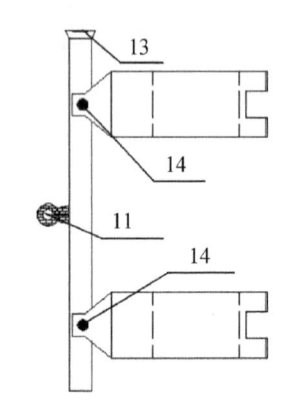

图 5-2-25　竖向夹杆立面图

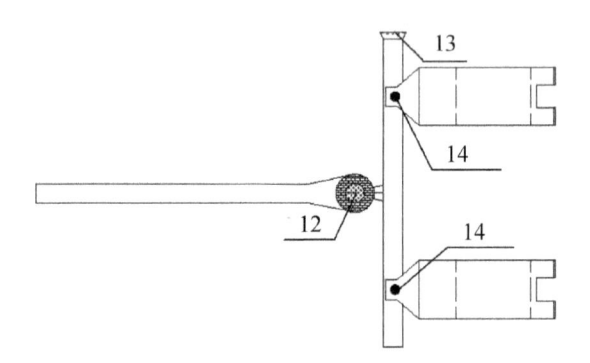

图 5-2-26　横向杆件与竖向夹杆安装后的立面图

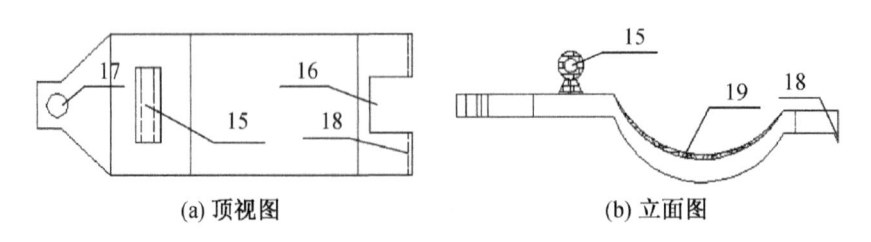

(a) 顶视图　　　(b) 立面图

图 5-2-27　杆夹左半片顶视图和立面图

(a) 顶视图　　　　(b) 立面图

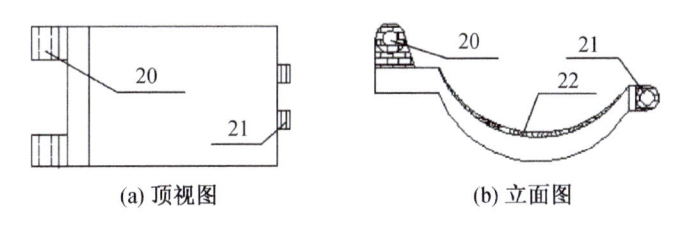

图 5-2-28　杆夹右半片顶视图和立面图

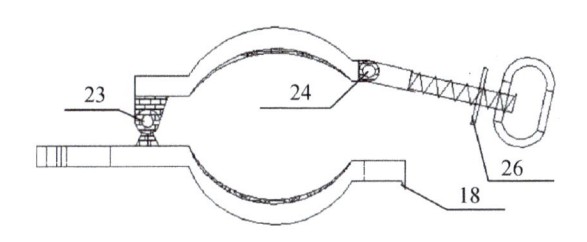

图 5-2-29　杆夹立面图

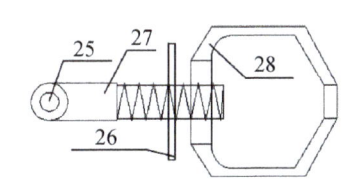

图 5-2-30　杆夹锚固螺栓立面图

第三节　补充编制预算定额

泰州引江河第一期工程为防止船行波对河坡的冲刷,仅护砌了河坡水位变动部位,运行十多年后经调查,沿线护砌损坏严重。第二期工程新建河道防护设计大部分采用系混凝土块软体沉排进行防护,这在内河航道中尚属首次采用。

系混凝土块软体沉排防护技术是内河河道工程中一种整体式新型护岸结构,该形式护岸具有防护整体性好,抗冲刷能力强的特点。主要适用于内河砂性土、粉质土等河坡自身稳定性差的地段,起到控制河势、防护河坡稳定的作用。该工艺成熟、施工效率高,安全质量易控制,社会经济效益显著,具有较好的应用前景。

河道疏浚结束后,应对疏浚河道边坡进行修整,方可进行软体沉排施工。目前,国内河道挖掘机水下整坡缺少引导控制手段,施工主要依赖于机手的操作经验,凭视觉、感觉和测量人员配合工作,施工质量不稳定,高程、坡度的控制需要大量人力完成,综合效率低,影响施工进度和质量。挖掘机配加 3D 引导系统后,较好解决了上述问题,提高了机械施工精度和效率,节约了综合施工成本。该工艺理论成熟、施工效率高,安全质量易控制,社会经济效益显著,具有较好的应用前景。

为给设计、施工及审计单位提供系混凝土块软体沉排护坡、挖掘机船组的水下土坡整理项目预算编制依据,以泰州引江河第二期工程的相关工程为基础,经过调研、统计、写实等方法,完成系结混凝土块软体沉排护坡和挖掘机船组水下整坡预算定额编制。

一、系结混凝土块软体沉排护坡预算定额编制

(一)泰州引江河第二期工程系结混凝土块软体沉排护坡结构设计

1. 防护上、下限

防护上限为常水位以上 1.8 m,防护下限至河底并外延至河坡坡脚外 5.0 m。

2. 排首锚固

软体排排首利用常水位上沟槽加以锚固,将软体排排垫伸入沟槽下面压实,伸入范围从沟槽内侧顶面开始。排首锚固槽位于河坡高程 1.8 m 处,即沿河坡 1.8 m 高程处开挖沟槽,槽内采用 C20 现浇混凝土系排梁锚固排首,沟槽开挖深度为 0.60 m,底宽为 0.60 m。

3. 排体材料性能及结构形式

系结混凝土块软体排排垫采用重量不小于 230 g/m^2 的丙纶长丝机织布和 150 g/m^2 丙纶短纤无纺布双层缝制而成,系结条长 1 m,宽 0.03 m。

每块排布顺水流方向长度 21 m,顺坡长 45 m。上下游排体的搭接宽度取 3.0 m。

4. 排面压载

排面压载体采用 C20 混凝土块体,结构设计尺寸 0.4 m×0.26 m×0.1 m(长×宽×高),为与排体系接方便,在两端长边设有两道缺口,凹槽宽度 3 cm,深度 6 cm,凹槽内与系结条接触处呈圆弧形。混凝土预制块间距均为 0.5 m。

(二)系结混凝土块软体沉排护坡工艺流程

1. 准备工作

(1)软体排采购。

按设计要求采购软体排(21 m×41.06 m),并运送到铺排船边。

(2)预制块采购。

按设计要求采购预制块(0.26 m×0.40 m×0.10 m),用运输船运至铺排船边。

(3)航道维护。

适当位置设置岸上标位,并辅以少量浮标,作为施工定位放样使用。为便于船只通航,设置水面浮标,以标示出施工作业区范围及施工船舶和河道航行船舶的航道。

(4)埋设地笼。

用原木埋设铺排船岸上固定点。

(5)人工打设钢管桩。

根据目前的施工工艺和有关设计规定,在系排梁位置人工打设钢管桩,间距 1 m。钢管 ϕ48 mm,壁厚 3.5 mm,每 m 重量为 3.06 kg,长(深)度为 1.5 m。

2. 铺设系结混凝土块软体沉排

(1)铺排船定位。

铺排船用水上自由行测量软件定位,并用 6 个锚稳定(4 个水中锚,2 个岸锚),移动船体、定位。铺排船定位示意,见图 5-3-1。

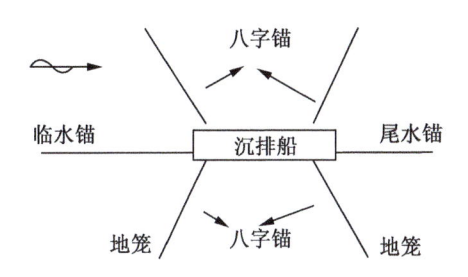

图 5-3-1 铺排船定位示意

(2) 卷排布、固定排首。

卷排布：利用吊机，把排布从运输船吊上铺排船。工人将排布展开，并将排尾拉环用活扣绳索系在滚筒上，启动滚筒开关卷入排布。

固定排首：将滑板吊平、排布展开后，根据样线，把排首加筋带扣环固定在钢管上。排首固定，排首固定见图 5-3-2。

图 5-3-2 排首固定

(3) 软体排展布、系混凝土块。

钢丝绳牵引铺排船后退，展开沉排布后，铺排船上吊机将混凝土块从运输船吊运到铺排船，工人将预制块搬运到位，并系牢绳结。

软体排展布见图 5-3-3，系混凝土块见图 5-3-4。

(4) 移船、软体排铺放。

待滑板上系结好预制块后，降低滑板至下倾 30°，启动卷筒，徐徐放排，同时在垂直水流方向同步移船。软体排铺放示意见图 5-3-5。

以上(3)和(4)为 1 个系结和沉排过程，1 块系结和沉排循环 4 次，待排体沉放到位时，抽出系于排尾的绳索。

第一块排沉放完成后，应预留 3 m 的搭接位置，以便进行第二块排的定位、铺放。

图 5-3-3　软体排展布

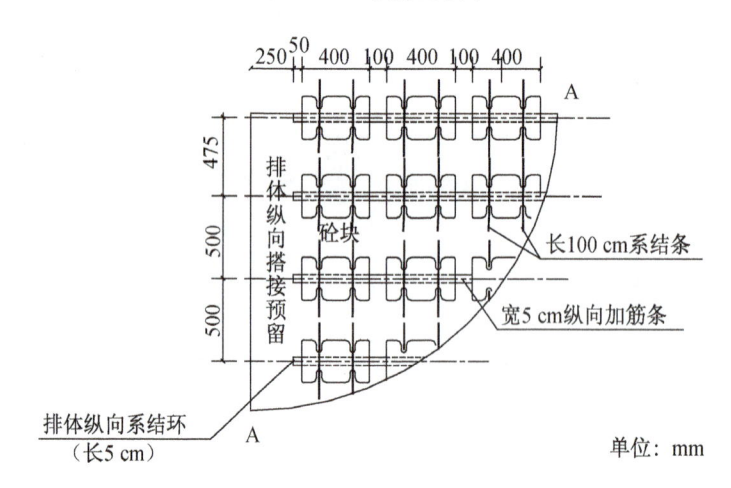

图 5-3-4　系混凝土块

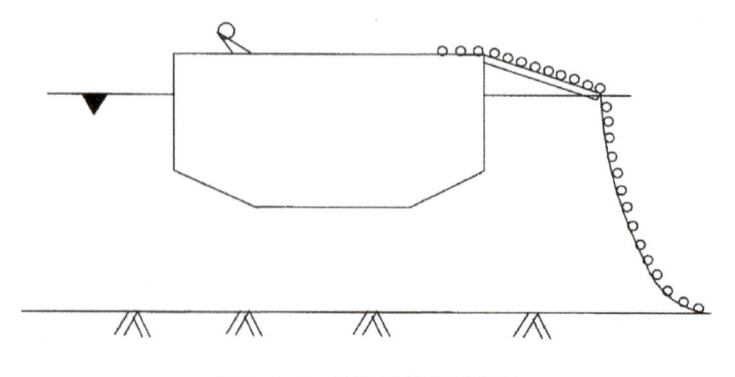

图 5-3-5　软体排铺放示意图

（三）系结混凝土块软体沉排护坡施工主要设备和人员配置

1. 主要设备

系结混凝土块软体沉排护坡施工船舶机械根据工艺要求进行配置，系结混凝土块软体沉排护坡工艺设备见表5-3-1。

表5-3-1 系结混凝土块软体沉排护坡工艺设备表

编号	设备名称	规格	数量	使用目的
1	铺排船	650 t,长44.2 m,宽10 m,型深2 m	1艘	铺设软体排
1.1	主发电机组	150 kW	1台	施工用电
	辅助发电机组	40 kW	1台	施工用电
1.2	船上吊机	10 t	1台	吊运混凝土块、排布
1.3	锚机	5 t	6组	沉排时移船、定位
1.4	滑板	22 m×6 m	1块	展放排布,系结混凝土块
1.5	卷筒	长22 m、直径1.2 m	1台	卷排布
1.6	卷扬机	22 kW	3台	升降滑板、收放卷筒
1.7	定位系统	RTK	1套	岸坡排首放样、铺排定位、移船
1.8	小舢板	13 kW	1艘	工人水上交通
2	起锚艇	88 kW	1艘	起锚、定位
3	拖轮	110 kW	1艘	拖船

2. 人员配备

系结混凝土块软体沉排护坡施工人员配备见表5-3-2。

表5-3-2 系结混凝土块软体沉排护坡施工人员配备表

序号	工种	数量	基本工作规格	工种
一	铺排船操作人员			
1	发电机工	1	操作2台发电机	中级工
2	卷扬机工	3	滑板2人、卷筒1人,操作6台锚机	中级工
3	吊机工	1	吊放排布、混凝土块	中级工
4	电工	1	供电设施及线路管养	中级工
5	船长	1	指挥铺排船	工长
二	沉排施工人员			
1	工长	1	施工现场指挥	工长
2	铺排工	24	打系排钢管、扣排、搬运、系混凝土块	中级工8人,初级工16人
3	岸锚普工	4	挖埋地垄、理缆、施打固定扁担梁的钢管	初级工
4	挂钩工	1	吊运混凝土块挂钩	初级工

(四)定额编制原则、依据和方法

1. 编制原则

反映社会平均水平,体现社会必要劳动量。

2. 编制依据

主要以泰州引江河第二期工程河道系结混凝土块软体沉排护坡工程的设计图纸、施工工艺、质量评定要求和安全操作规程为依据,以及现行的预算定额、材料预算价格及《水利水电工程土工合成材料应用技术规范》等有关文件规定等。

3. 编制方法

主要采用工作日写实法,按施工各阶段分类记录、统计观察对象在工作班内时间消耗量,以及完成产品数量,辅以统计法。

4. 子目设置

按系结混凝土块软体沉排护坡结构形式,设置1个子目。

5. 系结混凝土块软体沉排护坡预算定额

(1)定额数据表。

工作内容:地锚埋设,铺排工作船定位,卷布,打设排首固定桩梁,锚布,系混凝土块铺设。

表5-3-3　系结混凝土块软体沉排护坡预算定额数据表　　　　　1 000 m²

	电算编号	项目	单位	数量
人工	010011	工长	工时	7.96
	010012	高级工	工时	
	010013	中级工	工时	63.68
	010014	初级工	工时	167.16
	010010	合计	工时	238.80
材料		混凝土预制块 (260 mm×400 mm×100 mm)	m³	(45.30)
	090081	复合土工沉排布	m²	1 181.62
	030280	钢管	kg	152.81
	020010	原木	m³	0.04
	200010	其他材料费	％	0.5
机械	161300	铺排工作船	艘时	7.96
	160910	锚艇88 kW	艘时	3.98
	160800	拖轮110 kW	艘时	0.21
		定额编号		7—123

注:定额中不包括排首槽内混凝土浇筑工作内容。航道维护费用另行计列。

(2) 机械台时费用定额。

表 5-3-4　铺排工作船机械台时费用定额

电算编号	机械名称及型号规格	第一类费用(元)				第二类费用			第三类费用(元)	基价(元)
		折旧费(元)	修理及替换设备费(元)	安装拆卸费(元)	小计	中级工(工时)	柴油(kg)	小计元		
161300	铺排工作船 550 t	213.75	256.5		470.25	8.75	24.90	165.03	2.78	638.06

注：中级工人工预算工时单价按苏水基〔2015〕32 号文件标准，为 8.90 元/工时；柴油取定价按《江苏省水利工程施工机械台时费定额》中的标准，为 3.5 元/kg。

二、挖掘机船组水下整坡预算定额编制

（一）3D 引导系统挖掘机组成和工作原理

1. 3D 引导系统挖掘机组成

3D 引导系统挖掘机由 GPS 基准站、GPS 接收机、传感器、控制面板和挖掘机组成。

2. 工作原理

系统工作时，安装在挖掘机机尾 2 侧的 2 台 GPS 接收机和电台设备通过接收 GPS 信号和基站发送的差分信号获得挖掘机实时的三维位置，挖掘机车身、大臂、二臂杆和铲斗 4 个部位上的 4 个传感器实时反映挖掘机车身、大臂、二臂和铲斗的姿态，并将角度值传回控制系统，参与铲斗斗齿的三维坐标计算，实时计算出挖掘机铲斗精确的三维坐标，并将坐标信息传到安装在驾驶室里的控制箱，系统通过比较数字化三维设计基准模型与当前铲斗所处位置信息，以模拟图形、数值等多种方式，指示实际铲斗与目标工作面的相对位置，引导操作手精确施工。系统挖掘机安装部件见图 5-3-6。

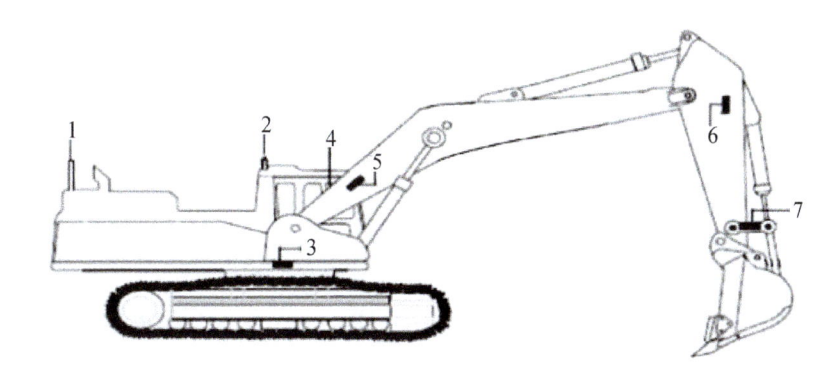

1—GPS 接收机 MS992；2—电台 SNR410；3—机身传感器 AS460；4—控制箱 CB450/CB460；
5—大臂角度传感器 AS450；6—二臂角度传感器 AS450；7—挖斗角度传感器 AS450

图 5-3-6　系统挖掘机安装部件示意图

(二)流程工艺

1. 施工准备

(1) 3D设备安装、调试。

(2) 开挖区域坐标、高程及坡比等设计断面参数导入3D挖掘引导系统。

(3) 水上挖掘机移至施工区域,操作手将3D引导系统显示屏调至开挖状态,下定位桩定位。

2. 施工过程

在3D系统引导下,根据系统控制面板上的显示屏,操作手控制水上挖掘机削坡顺向开挖,开挖的土方装船外运。

控制屏显示平面图、断面图、放大断面图三幅图,没有开挖的区域显示为红色,开挖至设计高程的区域显示为绿色,超挖区域显示为蓝色。操作手对照显示屏地毯式向前开挖,就能做到无欠挖、无漏挖、一次性开挖到位,显示屏指导操作手某点的开挖情况。3D系统引导参数显示屏见图5-3-7,操作手在系统引导下作业的情形见图5-3-8、图5-3-9。

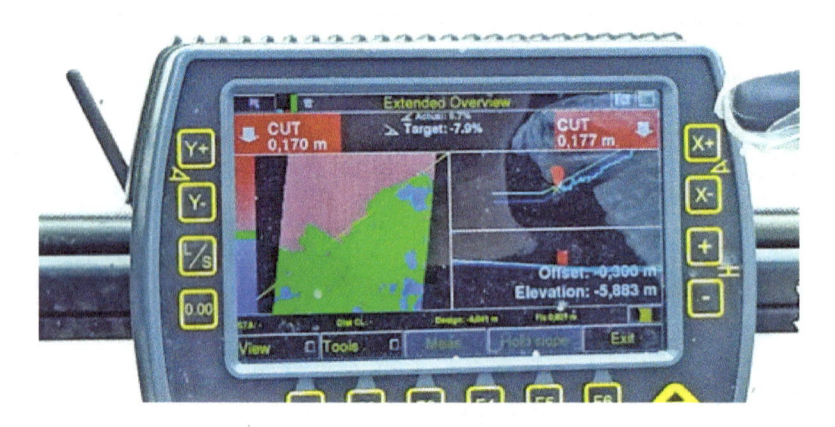

图5-3-7 3D引导系统控制屏

图5-3-8 操作手正在系统引导下作业

图 5-3-9　操作手正在系统引导下作业

(三)与传统施工方法对比

1. 施工质量

为了检验整坡质量,进行了对比施工,未使用 3D 引导系统一次施工后的测量断面图见图 5-3-10,可以看出一次挖掘后的坡面距设计标准存在较大差距。使用 3D 引导系统一次挖掘后的测量施工断面图见图 5-3-11,从图上可以看出,一次挖掘后坡面就达到设计标准。

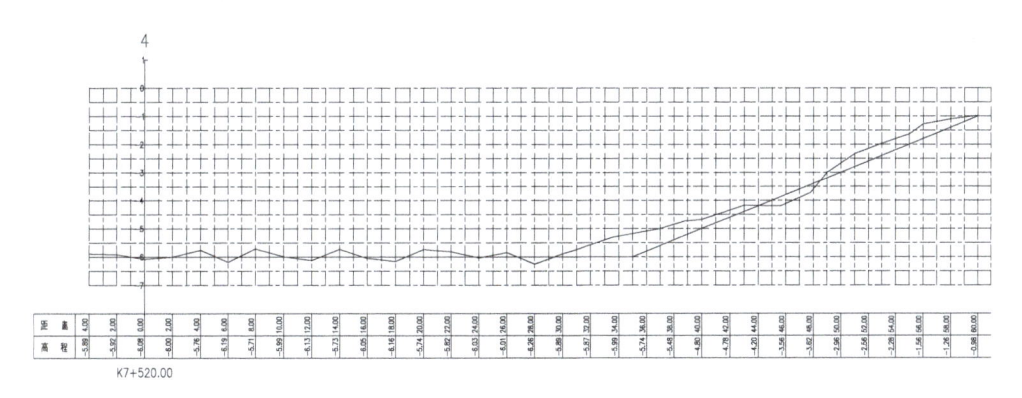

图 5-3-10　未使用 3D 引导系统一次挖掘后的施工断面图

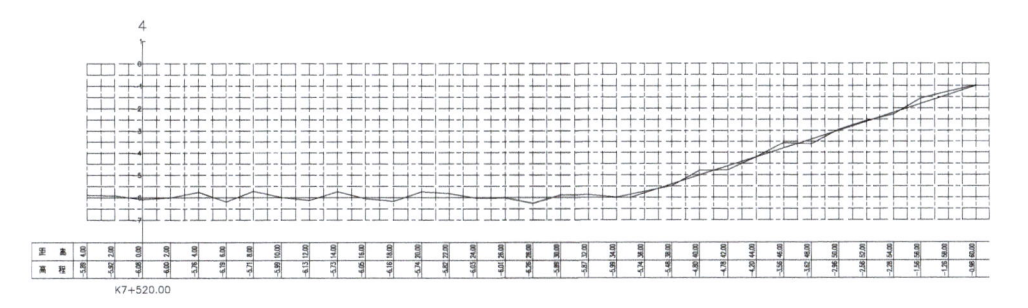

图 5-3-11　使用 3D 引导系统一次挖掘后的施工断面图

2. 整坡效率和人机投入

未使用3D引导系统挖掘机水下整坡是采用岸上设定位桩、水下设浮标,控制机臂上设刻度的方法施工,施工过程中,需要测量人员配合,还需要在相应位置设置水尺来标示水位等,检测强度大,对挖掘机操作手要求高。采用3D引导系统后,不需再投入其他设备和人员参与。改变了原来施工流程,提高了效率。质量和经济效益明显提高。

(四) 主要设备和人员配备

1. 主要设备

3D引导系统挖掘机水下土坡整理施工机械根据工艺要求进行配置,施工主要设备见表5-3-5。

表5-3-5　3D引导系统挖掘机水下土坡整理施工机械

编号	设备名称	规格	数量	使用目的
1	水上挖掘机船组		1艘	整坡,土层平均厚度0.5 m
1.1	工程船	200 t,33 m×10 m,型深2 m,定位桩长15 m	1艘	运载挖掘机,并定位
1.2	挖掘机	臂长17 m、斗容2.6 m³	1台	挖土
1.3	发电机	120 kW	1台	施工用电
1.4	3D引导系统	莱卡icom panel/gps 80	1台	引导操作
1.5	小舢板	13 kW	1艘	工人水上交通
2	拖轮	90 kW	1艘	拖船

2. 人员配备

水下整坡施工人员配备见表5-3-6。

表5-3-6　人员配备表

序号	工种	数量	工作内容	工种
一	水上挖掘机船组操作人员			
1	船长	1	指挥船	工长
2	机工	1	操作发电机、船维修保养	中级工
3	挖掘机工	1	操作挖掘机	中级工
二	施工人员			
1	辅助工	1	现场辅助工作	初级工

(五) 修编原则、思路、依据和方法

1. 编制原则

反映社会平均水平,体现社会必要劳动量。

2. 编制依据

主要有泰州引江河第二期工程河道 3D 引导系统挖掘机水下土坡整理施工的设计图纸、施工工艺、质量评定要求和安全操作规程，施工原始记录、机械台班运行记录、施工技术统计资料、施工作业指导书，有关造价文件，以及现行的预算定额、材料预算价格及《河道堤防施工规范》等有关文件规定。

3. 编制方法

主要采用工作日写实法，按施工各阶段分类记录、统计观察对象在工作班内时间消耗量以及完成产品数量。辅以统计法和经验估计法。

4. 子目设置

主要是水下土坡整理，设置 1 个子目。

（六）挖掘机船组水下整坡预算定额

1. 定额数据表

工作内容：数据导入（3D），船组定位，坡面整理，余土入驳，船组移位。

表 5-3-7　挖掘机船组水下整坡预算定额数据表　　　　　　1 000 m²

	电算编号	项目	单位	数量
人工	010011	工长	工时	
	010012	高级工	工时	
	010013	中级工	工时	
	010014	初级工	工时	6.90
	010010	合计	工时	6.90
机械	110091	挖掘船组	艘时	6.90
	160790	拖轮 90 kW	艘时	0.23
定额编号				1—1 122

注：定额不包括土方外运、航道维护工作内容。

2. 机械台时费用定额

表 5-3-8　挖掘机船组机械台时费定额

电算编号	机械名称及型号规格	第一类费用（元）				第二类费用			第三类费用（元）	基价（元）
		折旧费（元）	修理及替换设备费（元）	安装拆卸费（元）	小计	中级工（工时）	柴油（kg）	小计（元）		
110091	挖掘机船组 200 t、1 m³	117.18	104.32	5.35	226.85	5.00	30.62	151.67	1.57	380.09

注：中级工人工预算工时单价按苏水基〔2015〕32 号文件标准，为 8.90 元/工时；柴油取定价按《江苏省水利工程施工机械台时费定额》中的标准，为 3.5 元/kg。

第四节　QC 与工法

一、提高异形地连墙成墙质量

二线船闸闸室墙采用灌注桩拉锚地连墙结构，地连墙厚 80 cm，底高程 －15.0 m，顶高程 1.5 m。上下游导航墙为拉锚地连墙结构，地连墙厚 80 cm。

为提高异形地连墙质量，施工单位成立 QC 小组，自 2013 年 2 月 26 日—2013 年 11 月 20 日，组织攻关，确保异形地连墙符合设计、规范要求。

(一) 课题选择

1. 题目：提高异形地连墙成墙质量

2. 选题理由

异形地连墙用于闸首与上下游导航墙连接部位以及闸室浮式系船柱部位。异形地连墙有：闸首与闸室接头处为直角 90°"T"型、闸室浮式系船柱 90°"L"型、闸首与导航墙连接处 101.31°"T"型。异形接头处高程各不相同，钢筋笼的配制也各不相同，成槽必须是整体成槽，整体下钢筋笼，整块浇灌混凝土。

难点：正常的地连墙施工直墙较多，而船闸地连墙适应各部位结构需要，存在地连墙转角连接不同，闸室与闸首、闸首与导航墙不同部位高程不同，但必须是整体连接，还要解决地连墙墙面垂直度、平整度问题。

3. 活动形式及计划

船闸异形地连墙施工的总体安排为：船闸异形段地连墙配备 2 台套液压式抓斗成槽设备。地连墙标准施工槽幅宽度为 6 m，考虑到 6 m 宽的槽幅钢筋笼重量太重，下钢筋笼较为困难，将"T"型的接头改成 2.8 m 一幅，槽幅间采用钢管作为锁口桩。

根据施工的总体安排，QC 小组通过会议对异形地连墙施工进行研究，决定总体思路为在分析已建新地连墙的基础上，通过 QC 小组活动，先减小槽幅，加深导墙深度控制成槽时地连墙平整度、垂直度，并进行总结评价，根据结果指导或改进船闸异形地连墙质量。具体活动形式见表 5-4-1。

表 5-4-1　QC 小组活动计划安排一览表

项目	内容	形式	次数	时间
现状调查	对以往地连墙质量进行调查统计	内部分工	1	2013.2.28
原因分析	找出主要问题、确认要因	先分散后集中	1	2013.3.2
制订对策措施	针对要因，制订对策	集中讨论	1	2013.3.12
组织实施	根据对策措施具体实施	分工到位	4	2013.3.15—2013.11.10
检查总结	质量、效果	自检、第二方确认	2	2013.2.13—2013.05.3
制订标准、持续改进	根据 QC 活动效果，制订标准指导类似工程	集中讨论、第二方确认	1	2013.05.3—2013.05.25

(二) 现状调查

异形地连墙有闸首与闸室接头处为直角90°"T"型(图5-4-1)、闸室浮式系船柱为90°"L"型(图5-4-2)、闸首与导航墙连接处为101.31°"T"型(图5-4-3)。异形接头处地连墙底高程和顶高程各不相同,钢筋笼的配制也各不相同,成槽必须是整体成槽,整体下钢筋笼,整块浇灌混凝土。

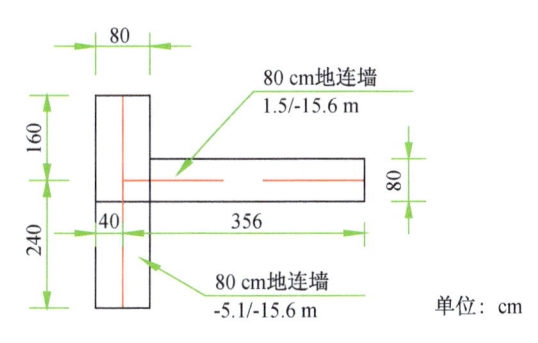

图5-4-1　闸首与闸室90°"T"型接头

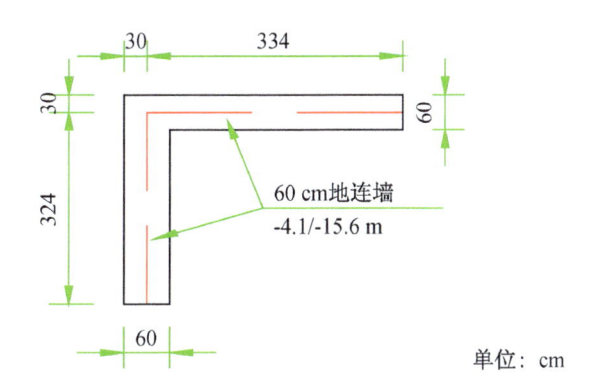

图5-4-2　闸室浮式系船柱90°"L"型接头

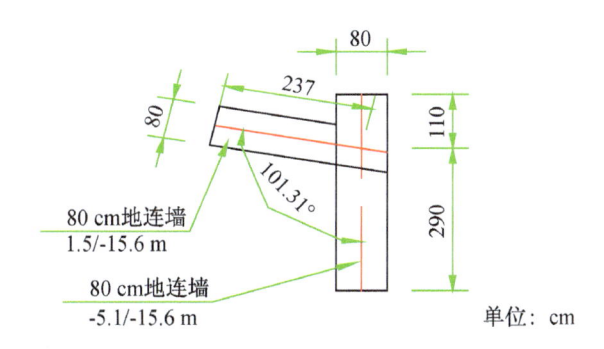

图5-4-3　闸首与导航墙连接处为101.31°"T"型

异形地连墙的设计厚度也不同,在"T"型接头处有80 cm厚的墙体连接60 cm厚的墙体。根据提供的地质资料显示,二线船闸工程所在场地地貌范围,主要成分为沙壤土。潜水和上层承压水水力联系比较密切。

结合以往工程中地连墙施工,通过调查发现,船闸异形地连墙的布置形式、钢筋笼制作、下笼方法、成槽深度等均很重要,为本小组活动提供了基础数据。通过对已实施的新时代船坞、东方船坞地连墙质量的专项调查,作出了异形地连墙质量缺陷数据统计表(表5-4-2)。

表 5-4-2 异形地连墙质量检查统计表

序号	项目	频数(处)	累计频率(处)	累计百分比(%)
1	墙体垂直度	16	16	57%
2	开挖侧表面平整度	6	22	78%
3	宽(厚)度	3	25	89%
4	角度	2	27	96%
5	轴线位置偏移	1	28	100%
合计		28		

利用排列图,对异形地连墙成墙质量问题进行分析,见图5-4-4。

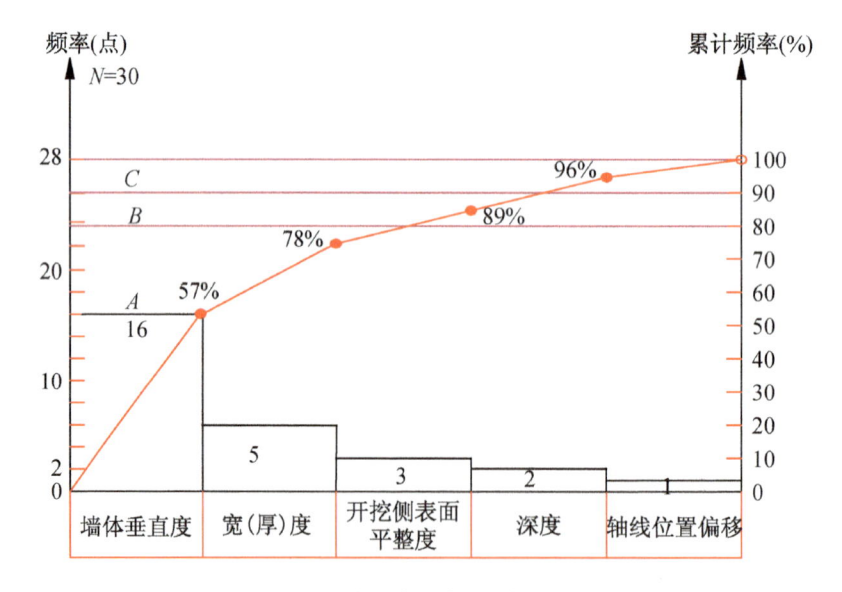

图 5-4-4 地连墙成墙质量偏差排列图

从排列图可以看出,成墙垂直度的累计频率达到了57%,是关键的少数项,是影响异形地连墙成墙质量的主要问题。

(三)课题目标及可行性分析

1. 目标值

为实现既定的质量目标,经讨论确定的目标值是将二线船闸工程的异形地连墙墙体垂直度控制在规范范围以内,测点合格率96%以上,单元工程达到优良率98%以上。

2. 可行性论证

(1)通过本小组的调查,异形地连墙在砂质地层受土体干扰较大、容易形成塌孔等因素影响，因此地连墙的平整度、垂直度较难控制。在调查中发现，东方船坞工程地下连续墙，质量控制较好，地连墙垂直度偏差控制在允许范围之内。由此可见实现目标具有可行性。

（2）本次船闸异形地连墙的作业人员，是项目部经过精选的具有多年施工经验的人员，对于开槽、下笼设备等机具配备比较先进，并且QC小组部分成员参加多项地连墙工程施工，具有较强的理论和实践经验。

（3）参建单位高度重视，并大力支持本小组开展活动，积极提供资源。

（四）原因分析

根据找出的主要质量问题，利用因果图，分析产生垂直度误差的原因（图5-4-5）。

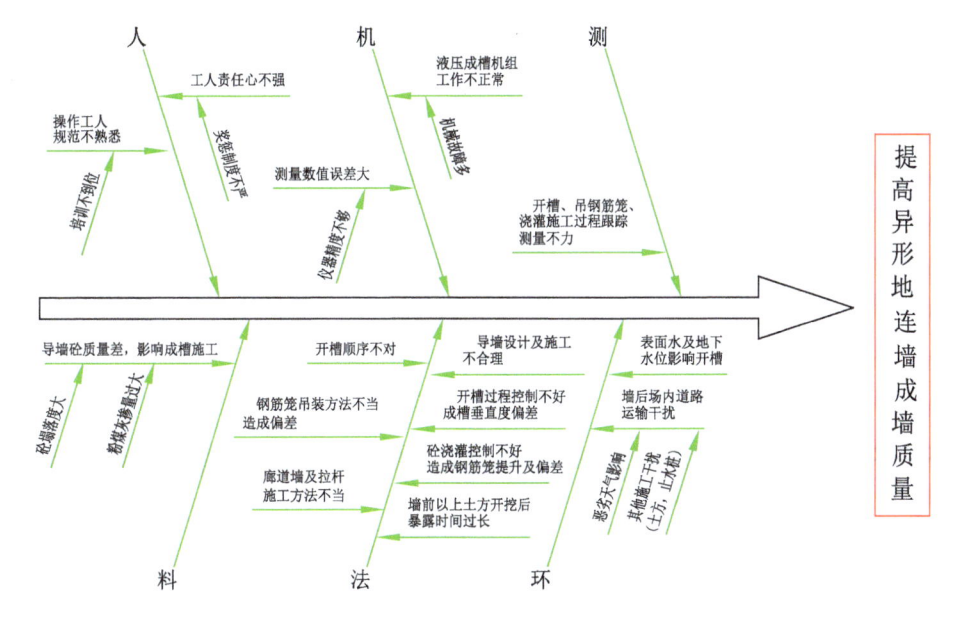

图 5-4-5 地连墙垂直度偏差因果分析图

（五）要因确认

根据因果图，可以看出影响异形地连墙质量因素共有13条，对此，进行分析要因，确认结果如表5-4-3。

表 5-4-3 要因确认表

序号	末端原因	确认方法	确认	是否要因
1	奖惩制度不严	讨论、分析	操作手质量意识淡薄，创优积极性不高	是
2	培训不到位	调查、分析	项目部有进场培训、技术交底等形式培训	否
3	仪器精度不够	调查、分析	查仪器校准报告，精度符合要求	否
4	机械故障多	现场验证	机械故障少，且能及时修复	否
5	开槽、吊钢筋笼、浇灌施工过程跟踪测量不力	调查、分析	监测措施不当，专业监测人员不足，质量不足	是

续表

序号	末端原因	确认方法	确认	是否要因
6	导墙混凝土质量差,深度不够,影响成槽施工	调查、分析	混凝土坍落度大,水泥质量不合格,粉煤灰掺量大,强度增加延缓,通过原材料进货控制及加强计量可以避免	否
7	护壁泥浆选用不当及质量差	调查、分析	护壁泥浆质量差造成槽孔局部破坏偏差	是
8	导墙设计及施工不合理	调查、分析	异形导墙会引起地连墙轴线位移偏差	是
9	开槽顺序不对	讨论、分析	事先编写施工顺序,指导施工	否
10	开槽过程土质较差造成蹋孔	调查、分析	因异形部位成槽施工方法不当,引起垂直度偏差	是
11	钢筋笼安放不当,造成偏位	调查、分析	安装方法及现场控制有待加强	否
12	混凝土浇灌控制不好	调查、分析	混凝土浇灌控制不好,造成"T"型部位下料不均匀,可以预先制订方案,现场加强指导	否
13	恶劣天气影响	调查、分析	气候恶劣,但通过具体施工时间安排,可以减小垂直度的影响	否

经过认真讨论和多方验证,确认影响船闸异形地连墙垂直度、平整度主要原因有:

成槽操作手责任心不强,奖惩制度不严,施工过程跟踪测量不力,护壁泥浆选用不当及质量差,异形导墙施工不规范,开槽过程控制不好造成塌孔。

(六)制订对策措施

根据确认的要因,QC小组成员经过认真讨论分析,制订了相应的对策措施(表5-4-4)。

表 5-4-4　对策表

序号	要因	目标	对策措施	时间	地点
1	操作手责任心不强,奖惩制度不严	增加责任心	1)加强培训,增强质量意识 2)落实质量管理制度 3)制订落实专项办法	2013.3.2—2013.3.4	项目部
2	施工过程跟踪测量不力	把好测量关,杜绝因测量造成的偏差	1)选用有经验测量人员及较先进的设备 2)加强测量三检复查 3)优化测量方法	2013.3.5—2013.6.25	现场
3	护壁泥浆配比不当及质量差	符合施工要求	1)优化配比 2)加强进货管理 3)加强配比施工管理	2013.3.6—2013.6.20	现场
4	异形导墙施工不合理	把好异形导墙关,为开槽提供定位保证	1)采用钢筋混凝土导墙 2)加强异形导墙施工质量控制	2013.1.28—2013.5.10	现场
5	成槽过程造成塌孔	避免塌孔及其他偏差	1)对照土质、土层掌握成槽速度 2)加强现场指挥及监督	2013.3.8—2013.4.20	现场

（七）组织实施

根据对策表所落实的责任人，分别对其要因所采取的对策进行组织实施。

1. 解决操作工责任心不强，奖惩制度不严

（1）加强培训，增强质量意识。

通过培训，增强作业人员的质量意识以及集体荣誉感，QC 小组于 2013 年 3 月 2 日，在工地会议室召开了异形地连墙施工主要作业人员技术交底会。会议上，不仅对施工作业进行岗前培训，而且还对质量方针、质量目标以及项目部的质量目标等相关规章制度进行了培训，让工人了解抓好本工程质量问题的必要性、重要性，加强了职工的质量意识。

（2）落实质量管理制度。

QC 小组于 2013 年 3 月 4 日组织召开了质量管理专题会议，会上组织学习了"引江河二线船闸工程质量管理制度"以及"引江河二线船闸工程质量管理奖惩办法"，同时通报了项目部对有关工种队，违反"质量管理奖惩办法"的罚款情况，使得工人明白项目部对抓好质量问题的重视以及决心，杜绝作业时懒散、不注重质量的情况，牢固树立"质量在我手中"的观念。

（3）制订落实专项办法。

针对异形地连墙施工作业中可能出现的具体情况，QC 小组会同项目部对地连墙施工制订了专门的管理办法，对施工过程可能出现的不听指挥、擅自作业等情况作出了规定，并于 2013 年 3 月 4 日组织施工作业班组进行了落实。

通过对以上措施的落实，QC 小组在 2013 年 3 月 4 日的小组会议，一致认为在异形地连墙施工过程中，作业人员的责任心都比较强，实现统一调度，基本做到一切行动听指挥。

2. 解决因施工过程跟踪测量不力造成垂直度偏差问题

（1）委派具有一定测量经验的 2 名测量工程师及测工 3 人，并对开槽操作人员进行测量培训交底，使用较为先进的带自动垂直监控的液压抓斗开槽机开槽。

（2）加强施工过程跟踪监测，各工序实行测量工程师及班组自检，质检工程师进行复测，监理工程师终检制度。

（3）优化测量方案：施工过程中直接利用显示器控制，同时应仔细观察机械设备监测系统。偏差超过允许值时，应立即进行纠偏。机械操作要求平稳。垂直度不大于 1/150，偏差超过允许值时，应立即进行纠偏。

3. 解决因导墙因素引起的垂直度偏差问题

异形导墙设计施工采用 π 型钢筋混凝土导墙，主要为液压抓斗成槽时起导向及维护泥浆护壁的作用，进行槽段划分，另外还承担了固定预制隔桩、钢筋笼及浇筑机械等作用。

（1）平面定位。

根据设计图纸测放异形地连墙轴线控制点，再根据地连墙轴线控制点测放异形导墙施工控制线，并经监理单位验收合格后方可施工，异形导墙施工时严格按照控制点施工。最后在施工好的异形导墙上用红漆标识出地下连续墙的槽段编号，以确保地下连续墙平面定位精度达到设计要求。

（2）异形导墙的结构与施工。

施工作业面的场地整平及降水需降至作业面以下 1.0～2.0 m，根据设计要求地连墙顶面高程，控制导墙顶比设计要求地连墙顶高 0.5 m，以控制浮浆。施工现场土层情况都为粉

砂，将导墙断面做成"⌐ ⌐"型。导墙采用C20混凝土浇筑，导墙顶面应高出地面，以防雨水流入槽内稀释及污染泥浆。导墙净间距为65 cm(85 cm)，导墙深1.2 m。

先用挖掘机开挖局部由人工进行沟槽修整后进行钢筋绑扎、立模板。绑扎钢筋与立好的模板要进行工序质量检验，确保导墙的净距准确以及垂直度满足施工要求。待工序质量验收合格后，再进行混凝土浇筑。

待导墙混凝土达到一定强度后，开始拆模板，同时每隔2～3 m在导墙内侧墙面用10 cm×10 cm×65 cm的木方上下对撑，以防止导墙内侧变形，影响成槽机的施工。在浇好的混凝土未达到设计强度之前，禁止任何重型机械和运输设备在旁边行驶，以免引起导墙变形。导墙结构见图5-4-6。

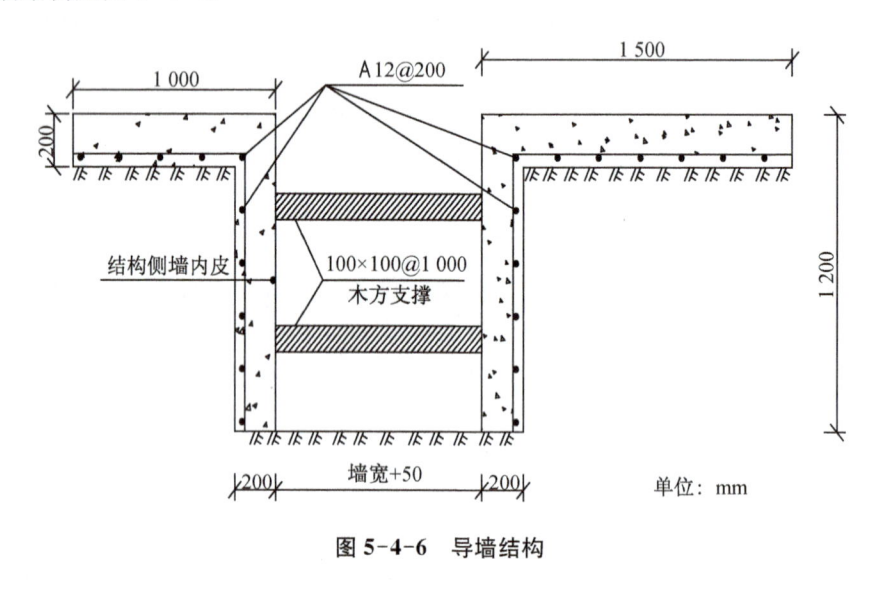

图5-4-6 导墙结构

4. 解决护壁泥浆配比选用及质量差问题

（1）泥浆配制。

在地连挖槽过程中，泥浆主要起护壁作用，其质量好坏直接影响到地连墙的质量与安全，泥浆储备量不小于200 m³。

（2）泥浆材料及配合比。

本工程为砂性土层，组成护壁泥浆的主要材料为：陶土粉、纯碱(Na_2CO_3)、羧甲基纤维素(CMC)，主要材料配比如表5-4-5，施工中将根据实际情况进行调整。

表5-4-5 泥浆配料表

序号	材料	规格	配比(%)
1	陶土粉	粉泥	7～8
2	纯碱(Na_2CO_3)	工业用	0.3～0.4
3	羧甲基纤维素(CMC)	高黏度	0.025～0.05
4	深井水		100

新制备泥浆及使用过的循环泥浆的性能检测将按表5-4-6进行。

表 5-4-6　泥浆性能检测方法

泥浆性能	新配制	循环泥浆	废弃泥浆	检验方法
比重(g/cm³)	1.06～1.08	<1.15	>1.35	比重法
黏度(s)	25～30	<35	>60	漏斗法
含砂率(%)	<4	<7	>11	洗砂瓶
pH 值	8～9	>8	>14	pH 试纸

（3）泥浆制备。

泥浆搅拌采用高速回转式制浆机。制浆顺序为：

水 → 陶土 → CMC → 纯碱

具体配制细节：先配制 CMC 溶液静置 5 h,按配合比在搅拌筒内加水,加陶土,搅拌 3 min 后,再加入 CMC 溶液。搅拌 10 min,再加入纯碱,搅拌均匀后,放入储浆池内,待 24 h 后,膨润土颗粒充分水化膨胀,泵入循环池备用。

（4）泥浆循环。

① 在挖槽过程中,泥浆由循环池注入开挖槽段,边开挖边注入,保持泥浆液面距离导墙面 0.2 m 左右,并高于地下水位 1 m 以上。

② 成槽过程中,采用泵吸反循环,泥浆由循环池泵入槽内,槽内泥浆抽到沉淀池,以物理处理后,返回循环池。

③ 混凝土灌注过程中,上部泥浆返回沉淀池,而混凝土顶面以上 4 m 内的泥浆排到废浆池,作为废浆处理。

（5）泥浆质量管理。

① 一般地层及工艺条件下,泥浆质量管理按如下要求进行：

a. 泥浆制作所用原料选用具有资质和信用的供货商,加强进货检验。

b. 泥浆制作中每班进行二次质量指标检测,新拌泥浆应存放 24 h 后方可使用,补充泥浆时须不断用泥浆泵搅拌。

c. 混凝土置换出的泥浆,应进行净化调整到需要的指标,与新鲜泥浆混合循环使用,不可调净的泥浆排放到废浆池,用泥浆泵运输出场。泥浆调整、再生及废弃标准见表 5-4-7。

表 5-4-7　泥浆调整、再生及废弃的标准

泥浆的试验项目	需要调整	调整后可使用	废弃泥浆
密度(g/cm³)	1.13 以上	1.1 以下	1.15 以上
含砂率(%)	8% 以上	6% 以下	10% 以上
黏度(s)	35	24～35	40
失水量(s)	25 以上	25 以下	35 以上
泥皮厚度(mm)	3.5 以上	3.0 以下	4.0 以上
pH 值	10.75 以上	8～10.5	7.0 以下或 11.0 以上

注：表内数字为参考数,应由开挖后的土质情况而定。

② 本工程均为砂性土层，易使槽孔中的泥浆比重过大，孔底沉淀厚度亦难以控制，影响成墙质量。为此采用泥沙分离器，对泥浆进行处理，确保泥浆质量既能满足孔壁稳定要求，又能满足钢筋的泥皮层厚度要求，保证钢筋混凝土墙体的浇筑质量。

5. 解决槽壁塌陷的问题

(1) 防止槽壁坍塌措施。

成槽过程中，因软土层和厚砂层易产生坍塌，针对此地质条件，制订以下措施：

① 减轻地表荷载。槽壁附近堆载不超过 20 kN/m²，起吊设备及载重汽车的轮缘距离槽壁不小于 3.5 m。

② 控制机械操作。成槽机械操作要平稳，不能猛起猛落，防止槽内形成负压区，产生槽坍。

③ 强化泥浆工艺。采用优质膨润土制备泥浆，并配以 CMC 增黏剂形成致密而有韧性的泥浆止水护壁，必要时并以重晶石适当提高泥浆比重，保持好槽内泥浆水头高度，并高于地下水位 1 m 以上。

④ 缩短裸槽时间。抓好工序间的衔接，使成槽至浇灌完混凝土时间控制在 24 h 以内。

⑤ 对于 T、"L"型槽段易塌的阳角部位，采用预先注浆处理。

(2) 塌槽的应急处理措施。

在施工中，一旦出现塌槽后，应及时填入砂土，用抓斗在回填过程中压实，并在槽内和槽外（离槽壁 1 m 处）进行注浆处理，待密实后再进行挖槽。

(八) 效果检查

(1) 地连墙从 2013 年 2 月 28 日开始施工，7 月 16 日完成 28 块异形地连墙，施工过程基本顺利，未出现问题；4 月 20 日该段进行船闸异形墙土方开挖后，施工单位会同监理单位对其地连墙质量进行检查评定，通过检测，地连墙各项质量指标均满足要求。参加检查的各方对地连墙质量给予了充分肯定，顺利获准进行下道工序的施工，说明 QC 小组取得了较为满意的成果，活动效果的对比直方图见图 5-4-7。

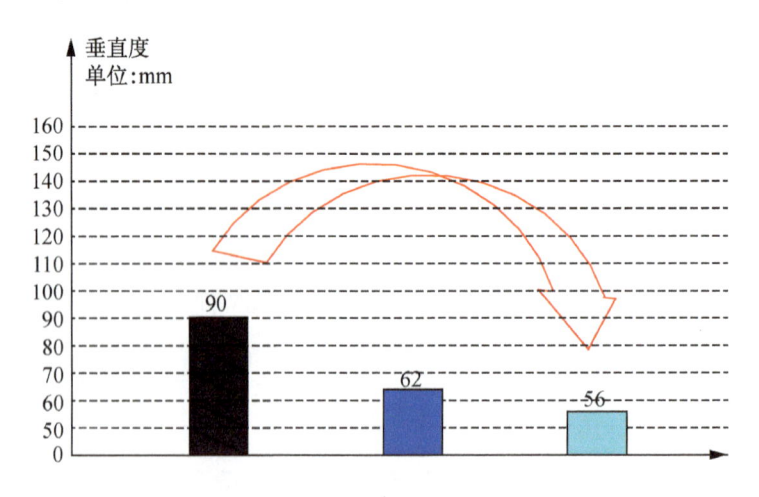

图 5-4-7 活动效果的对比直方图

(2) 通过 QC 小组的合理控制，以及活动过程的技术攻关，加快了地连墙的施工进度，节省了地连墙因偏移量过大和垂直度偏差过大，而采取的其他纠偏措施所花费的时间，为整个工期争取了时间。

（九）巩固措施

在总结已完成的异形地连墙施工经验的基础上，施工单位再利用二次 PDCA 循环，对船闸异形地连墙进行进一步的控制，于 2013 年 11 月 20 日全部完成。船闸异形全部开挖后，经过检测，质量均满足设计要求，垂直度测点合格率 98%，地连墙分项工程优良率 96.0%。

通过在本工程砂土基础上进行的异形地连墙 QC 小组活动，能保证开挖到位后满足设计要求且偏移量和垂直度偏差不大，取得了较好的控制效果。对整个活动过程进行了总结，选取比较有效的控制措施，施工单位形成了作业指导书，可以为以后类似工程的施工提供指导或借鉴。

二、提高软土地基深基坑降水效果

为提高软土地基深基坑降水效果，施工单位成立 QC 小组，自 2013 年 5 月 22 日—2013 年 8 月 20 日，在施工现场组织攻关，努力降低地下水位，确保各部位干法施工。

（一）课题选择

1. 题目：提高软土地基深基坑降水效果

2. 选题理由

二线船闸闸址处土质为淤泥质软土层，水源充足含水量高。船闸上闸首基坑需开挖至高程－8.3 m（引江河水位高程 1.5 m，地面高程 4.0 m），闸首要求水位降至建基面以下 0.5 m，在无水条件下干场施工。

存在难点：布置深井降水，降低地下水位，存在淤泥质软土垂直渗透很小，施工降水井过程中有塌孔现象，成井后出水率效果不好。

3. 活动形式及计划

船闸闸首基坑开挖至高程－8.3 m，20 cm 厚混凝土垫层，底板底高程－8.1 m。底板四周有地下连续墙围封，基坑开挖从地面高程 6.0 m，挖至高程－8.3 m，总深度 14.3 m，土层从高程 1.0 m 开始至高程－8.3 m，存在潜水和上层承压水，多为淤泥质重粉质壤土、淤泥质粉质黏土、夹沙壤土薄层。为使基坑能干场施工，最关键是在基坑四周打深井降水，将地下水位降至基建面以下为 0.5 m。

根据基坑实际情况和施工安排，QC 小组通过对基坑土质施工的研究，决定深井降水的思路为：在研究地质勘探报告的基础上，通过 QC 小组活动，对施工深井要解决塌孔、滤水层滤网包裹层、填充滤料等问题，并进行以往深井施工的经验总结，根据人为改进，提高深基坑降水效果。具体活动计划见表 5-4-8。

表 5-4-8　QC 小组活动计划安排一览表

项目	内容	形式	次数	时间
现状调查	对以往深井质量进行调查统计	内部分工	1	2013.5.25
原因分析	找出主要问题、确认要因	先分散后集中	1	2013.6.26

续表

项目	内容	形式	次数	时间
制订对策措施	针对要因,制订对策	集中讨论	1	2013.6.30
组织实施	根据对策措施具体实施	分工到位	4	2013.6.30—2013.7.21
检查总结	质量、效果	自检、第二方确认	2	2013.7.15—2013.8.2
制订标准、持续改进	根据 QC 活动效果,制订标准	集中讨论、确认	1	2013.7.15—2013.7.25

（二）现状调查

在闸首深基坑排水主要是打深井,根据土质情况不同的部位井深也不同,总体布置深井86口,闸首四周布置井14口,井深30 m左右（图5-4-8）。对打井的深度、井的直径、滤网的密度、滤料的粗细度、土层渗透情况,以及在成孔过程中井打多深会造成塌孔等有关联的事项进行调查,深井的滤网、滤料的密度对深井降水效果有很大影响。

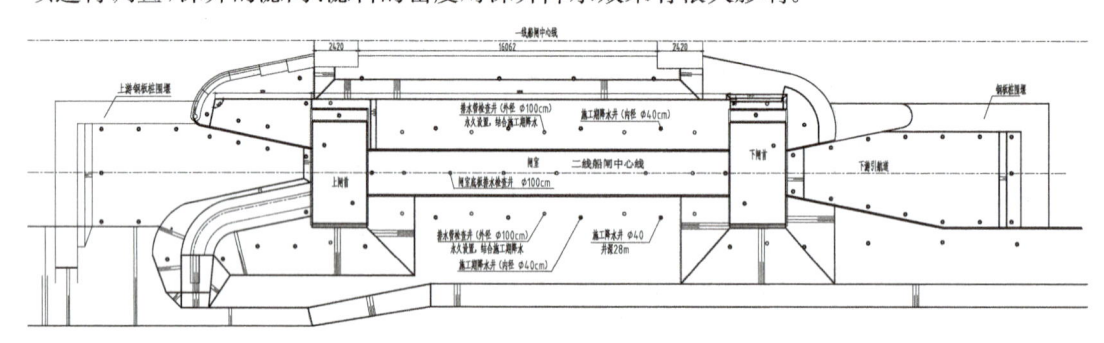

图 5-4-8　上下闸首深井降水井位布置图

结合以往工程中基坑降水深井施工经验,出现以上情况也是深井施工的通病,成井和降水效果在60%。这次基坑降水深井施工,主要还存在土质差,土层含水量很大,但垂直渗透系数小,起初的深井施工合格率也在70%左右。通过对以往深井降水情况的调查,经过不断改进使得成井和降水效果率在98%以上。针对以往深井降水情况,做出了基坑深井降水缺陷数据统计表5-4-9。

表 5-4-9　基坑降水深井检查统计表

序号	项目	频数（口）	累计频数（口）	累计百分比（%）
1	滤料粗细度	10	10	47%
2	滤网密度	6	16	69%
3	井的深度	4	20	89%
4	井管材料	2	22	96%
5	土质影响	1	23	100%
合计		23		

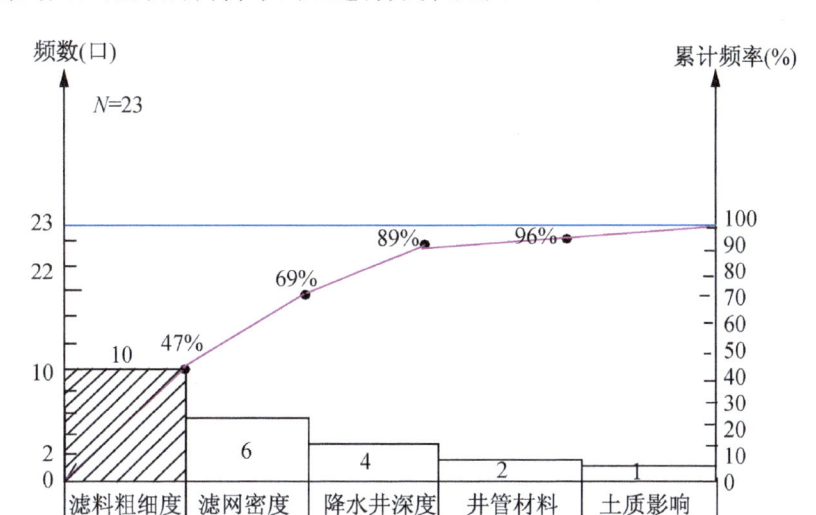

利用排列图,对基坑深井降水问题进行分析,见图5-4-9。

图 5-4-9　基坑深井降水偏差排列图

从排列图可以看出,深井滤料的累计频率达到了47%,是关键的少数项,是影响深井出水效果的主要问题。

(三)课题目标及可行性分析

1. 目标值

为提高企业声誉,实现既定的目标,经讨论确定的目标值是,将引江河二线船闸工程,基坑深井降水,对滤料、滤网、井深、井管进行彻底改进,大幅提高深井降水效果,使测点合格率达到98%。

2. 可行性论证

(1)通过本小组的调查,降水井壁四周滤料较差,影响降水效果,调查中发现,对滤料进行改进,更换所有滤料材料,使用粗砂加绿豆砂1∶1拌和好,在井四周同时下料,增加了滤料的粗粒度,这样实现目标是可行的。

(2)项目部精选具有多年施工经验的下滤料作业人员,同时配备比较先进的深井施工机具。QC小组全部成员通过跟踪观测检查,对降水深井施工有了较强的理论和实践经验。

(3)参建单位高度重视,并大力支持本小组开展活动,积极提供资源。

(四)原因分析

根据找出的主要问题,利用因果图,分析基坑深井降水误差的原因(图5-4-10)。

(五)要因确认

根据因果图,可以看出影响深井降水效果的因素共有8条,认真分析要因,确认结果如表5-4-10所示。

经过认真讨论和多方验证,确认影响深井降水效果问题主要原因有:

深井施工操作手责任心不强,奖惩制度不严,滤料粗粒径少,井管材料不符合要求,滤网密度太小,井深不够,土质较差等因素。

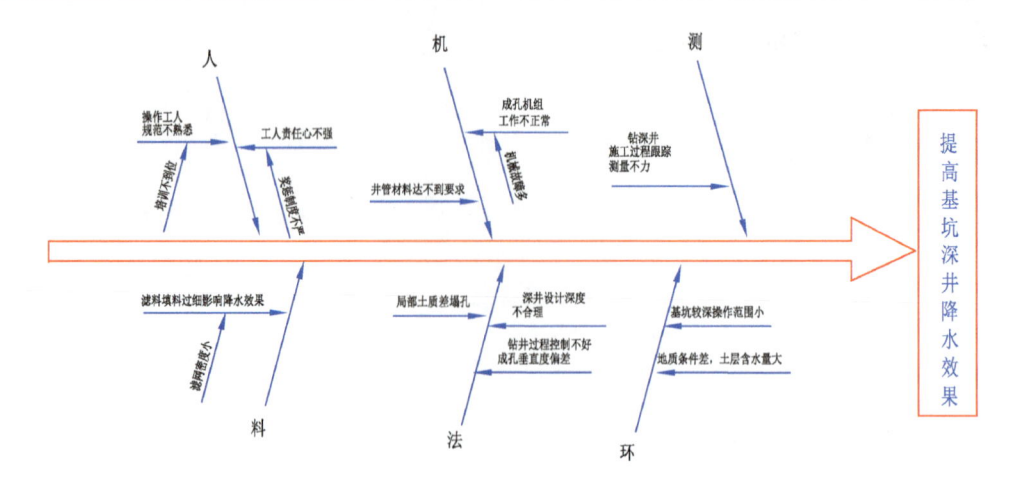

图 5-4-10　提高基坑深井降水效果偏差因果分析图

表 5-4-10　要因确认表

序号	末端原因	确认方法	确认	是否要因
1	奖惩制度不严	讨论、分析	地连墙施工,操作手质量意识淡薄,创优积极性不高	是
2	培训不到位	调查、分析	项目部没有进场培训、技术交底等	否
3	机械故障多	现场验证	机械故障少,且能及时修复	否
4	滤料不符合要求	调查、分析	滤料过细,滤水性能不好	是
5	井管材料不合格	讨论、分析	管壁较薄,承受不了软土塌孔的压力	是
6	滤网不符合要求	调查、分析	滤网太密,将100目改用80目	是
7	井深不够	现场验证	加深井长,使垂直降水坡比放陡	是
8	土质较差,影响成孔施工	调查、分析	土质差含水量大,成孔过程易造成塌孔	是

（六）制订对策措施

根据确认的要因,QC小组成员经过认真讨论分析,制订了相应的对策措施(表5-4-11)。

表 5-4-11　对策表

序号	要因	目标	对策措施	时间	地点
1	操作手责任心不强,奖惩制度不严	提高成井成功率	1)加强培训,增强责任心 2)落实管理制度 3)制订落实专项办法	2013.5.23—2013.5.25	项目部
2	改进滤料粒径	选用粗粒径滤料	1)选用有经验检查人员 2)加强三检复查 3)优化滤料方法	2013.5.28—2013.6.20	现场
3	更换井管材料	使用符合深井的井管材料	1)使用混凝土滤水井管,淘汰塑料管材 2)加强施工管理	2013.5.30—2013.6.30	现场

续表

序号	要因	目标	对策措施	时间	地点
4	选用目数大的滤网	滤网目数增大,提高降水率	将100目滤网改为80目,把双层改为单层	2013.5.30—2013.7.18	现场
5	加大井深	提高降水效果	井底深高程−20 m加深至−25 m,井深达到30 m	2013.6.10—2013.7.25	现场
6	土质较差做好护壁	减少塌孔	1) 创造好的施工环境 2) 研究土质变化情况,加大泥浆浓度	2013.5.25—2013.7.30	现场

(七) 组织实施

根据对策表所落实的责任人,分别对其要因所采取的对策进行组织实施。

1. 解决操作工责任心不强,奖惩制度不严

(1) 加强培训,增强责任心。

通过培训,增强作业人员的成井质量意识以及集体荣誉感,QC小组于2013年5月23日,在工地会议室召开了深基坑深井降水施工主要作业人员技术交底会。会议上不仅对施工作业进行了岗前培训,而且还强调了打好深井对深基坑降水问题的必要性、重要性,做好深基坑降水是对闸首能否顺利进行施工的质量保障。

(2) 落实质量管理制度。

QC小组于2013年5月25日组织召开了深井施工管理专题会议,会上组织学习了"二线船闸工程质量管理制度"以及"二线船闸工程质量管理奖惩办法",使得工人明白项目部对抓好基坑降水质量问题的重视以及决心,杜绝作业时懒散、不注重质量的情况,牢固树立"质量在我手中"的观念。

(3) 制订落实专项办法。

针对深基坑深井施工作业中可能出现的具体情况,QC小组会同项目部对地连墙施工制订了专门的管理办法,对施工过程可能出现的不听指挥、擅自作业等情况作出了规定,并于2013年3月4日组织施工作业班组进行了落实。

通过对以上措施的落实,QC小组一致认为在深井施工过程中,作业人员的责任心都比较强,实现统一调度,基本做到一切行动听指挥。

2. 改进滤料粒径问题

(1) 选用有经验检查人员。

对成井人员进行技术交底,改进滤料粒径,原来使用的细滤料改为粗滤料。

(2) 加强三检复查。

强化施工过程跟踪监测,各工序实行班组自检,质检工程师进行复检。

(3) 优化滤料方法。

对井管四周的滤料进行检查分析,认为滤料细颗粒含量较多,对滤水作用不大,选择一种绿豆砂之类的粗砂材料,与细砂料进行掺和,下料时四周同时能起到很好的效果。

3. 更换井管材料问题

(1) 使用混凝土滤水井管,淘汰塑料管材。

(2) 加强施工管理。

深井降水井管材料：井管原使用 UPVC 管，壁厚 6 mm，每节 4 m，管径 31.5 cm。透水管密布激光切缝，缝宽 2.0 mm，深井全部采用透水管，钻井成孔 60.0 cm，井管四周灌粗砂透水滤层到地面以下 1.0 m。开始出水效果良好，由于深基坑地段土质较差，抽水至一定深度后，水泵一旦抽水量减少，就会在井管内发生碰撞，撞坏井壁，井内渗泥沙、塌孔，那么这口井就基本报废，重新打井不仅经济上会有较大损失，对工期也有一定影响，针对这一问题 QC 小组进行了现场调查，做出最后决定：更换塑料管，仍用传统的混凝土透水管。

混凝土透水管内径 40 cm，钻井成孔仍为 60 cm，通过滤网、滤料的改进以达到降水的效果。

4. 选用目数大的滤网问题

井内抽水选用 QS 型深井潜水泵。根据单井的出水量，每口井采用 1 台 QS20—37/3-4 型潜水泵，电机功率为 4.0 kW，扬程为 36 m。

基坑降水由于土质问题，出水量较小，有的甚至不出水。QC 小组通过对现场调查，决定将 100 目滤网改为 80 目，把双层改为单层，起到一定的效果。

5. 加大井深问题

闸首基坑四周布置井数 14 口，其中底板东、西两侧各布置 4 口，闸室内、外侧各布置 3 口。闸首东侧 4 口井底高程 −20.0 m，潜水泵放高程 −16.0 m，闸首其他深井底高程为 −25.0 m，潜水泵安放高程 −18.0 m。

由于土质问题垂直渗透系数很小，而且土层在高程 −16.0 m 左右有一层隔水层，井的深度不够会影响出水效果。通过现场研究决定加深抽水井，由原来的高程 −20.0 m，全部加深到高程 −25.0 m，井深达到 30 m 左右，根据自然降水坡降，降水的效果很好。

闸首底板底高程 −8.1 m，垂直高度 8.9 m，东西两侧最大井距 70.0 m，经计算，降水垂直高度 4.5 m 即可，符合水位降至底板以下 0.5 m 的设计要求（图 5-4-11）。

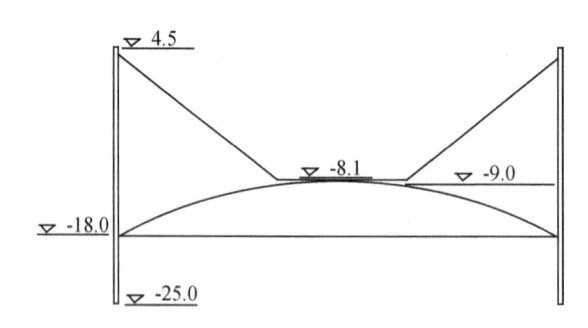

图 5-4-11　闸首底板高程图

6. 解决土质较差做好护壁问题

(1) 创造好的施工环境。

(2) 研究土质变化情况。

根据基坑段钻探资料反映，土层 ②$_3^\text{上}$ 层沙壤土、粉砂与壤土、粉质黏土互层，砂性土松散，室内测得平均垂直向渗透系数 $K = A \times 10^{-4} \sim 10^{-3}$ cm/s，具中等透水性。②$_3^\text{下}$ 室内测得其垂直向渗透系数 $K = A \times 10^{-4}$ cm/s，具中等透水性，深度高程为高程 −2.5 m 以下至高程

-18.30 m,其下至孔底为②$_5$,渗透系数 $K=A\times10^{-3}$ cm/s。

土质较差给成孔带来一定的难处,钻孔时用较慢的速度并做好护壁,保持孔壁不塌孔;下井管时做好垂直下管,使井管不碰孔壁,井下好后快速下填滤料;抽水时先抽一定时间后停机 2 h,然后再继续不停地抽,抽水时每天观测井内水位,使井内水泵正常工作以达到降水目的。

(八)效果检查

通过 QC 小组活动,对基坑深井降水效果起到一定作用,达到了预期的目的。

(1)由于工程地处长江边和一线船闸旁,加上地质条件很差,土体内含水量大,垂直渗透系数很小,根据一线船闸当时施工基坑情况,基坑降水不成功,基坑土方开挖难度很大。在总结一线船闸施工经验的基础上,二期建设局专门召开了专家会研究对策。

在多方的重视下,对深井降水做了较认真的总结、对比,施工过程中 QC 小组人员经过跟踪观测、检查,基坑深井降水取得了预期效果。

(2)通过 QC 小组的合理控制,以及活动过程的技术攻关,加快了深井施工的进度,每施工一口井都观测其降水情况和降水速度,基坑周围 14 口井每天安排技术人员观测井内水位变化情况,降水速率最终达到预期目的,为基坑开挖节省了时间,为整个工期争取了时间。

(3)通过对深井的观测,不断改进,一次成功率有所提高,降水成功就能大大提高经济效益。

(4)通过会议讨论、研究,专家会建议指导,一致认为基坑开挖降水是关键,而且很担心基坑内地下水降不下去,会影响工程进度,甚至会变成废塘,这样就会给国家和人民带来巨大损失,企业名誉也将受损失。通过 QC 小组活动,使得基坑深井成功率达到 98%,降水达到预期目的。

(九)巩固措施

在总结已完成的深井降水施工经验的基础上,施工单位再利用二次 PDCA 循环,对深基坑降水开挖进一步的控制,于 2013 年 8 月 20 日全部完成。基坑开挖后,地基土质降水很好,施工作业面无水,满足设计和干法施工要求。

通过本工程的软土基坑降水深井 QC 小组活动,能保证在软土地基施工深井降水井,来满足设计要求和基坑开挖需要,取得了较好的控制效果。施工单位对整个活动过程进行了总结,选取比较有效的控制措施,形成了作业指导书,为以后类似工程的施工提供了指导和借鉴。

三、低渗透高密实表层混凝土施工工法

泰州引江河第二期工程二线船闸工程采用各种标号混凝土,覆盖面广,现场混凝土拌制设备先进,混凝土原材料质量高,操作工人技术熟练,适合进行先期的混凝土试拌;同时在二线船闸下游引航道选择两节导航墙进行现场浇筑试验,取得了良好的效果。在二线船闸工程试验的基础上再至本省东部沿海如东刘埠水闸工程等地进行试验,达到了试验目的。

(一)缘由及意义

1. 工法形成原因

混凝土是使用最广泛的建筑材料,混凝土除了满足设计要求的力学性能外,还应具有良好的耐久性,以符合工程的安全性和使用寿命要求。然而,在众多的工程中,混凝土曾出现耐久性问题,造成严重的经济损失。全世界每年用于混凝土工程修复和重建的费用高达数

千亿美元,越来越多的混凝土工程进入修缮期,甚至拆除重建。就江苏水利工程而言,碳化、氯离子侵蚀、冻蚀、钢筋锈蚀是水工混凝土主要病害,而混凝土表层不密实是混凝土劣化速度快的主要内因。

现阶段水利工程大量使用 C25—C35 中低强度等级混凝土,混凝土用水量基本在175~200 kg/m³,水胶比 0.4~0.55,混凝土拌和用水量大,水胶比相对较高。在混凝土浇筑过程中,水泥、水和集料中的微细材料,容易在靠近模板或水平表面聚集,往往造成表层混凝土含水量高,水胶比大于内部混凝土;如果模板拼缝不严,常会产生漏浆、砂线等缺陷;混凝土浇筑过程中如果气泡不能及时排出来,拆模后混凝土表面会出现大量的气孔。

水利工程施工环境相对较差,施工进度较快,混凝土养护常不到位,养护时间常常不足,未能将养护视为一道重要施工工序,而现代混凝土中掺入了较多的矿物掺合料,因此更需要有良好的早期湿养护。由于混凝土缺少良好的早期湿养护,表层混凝土中的水分不断蒸发,强度增长放慢,混凝土中形成众多的孔隙,且孔径大于 100 nm 的多害孔、有害孔增多,而小于 100 nm 的无害孔、少害孔却相应减少,从而导致外界腐蚀因子易于向混凝土中渗透扩散,造成混凝土耐久性不良。

提高混凝土耐久性措施,主要有以下几方面:(1) 提高混凝土保护层厚度;(2) 使用优质矿物掺合料,采用低用水量、低水胶比等技术措施配制混凝土,提高混凝土密实性;(3) 采用透水模板布,在混凝土浇筑过程中排除表层的水分和气泡;(4) 混凝土表面实施封闭涂层;(5) 混凝土表面浸渍;(6) 阴极保护、掺入阻锈剂等。

在提高混凝土耐久性的诸多措施中,提高混凝土密实性至关重要,特别是提高钢筋保护层的密实性,本工法从上述提高耐久性措施中的(2)和(3)两个方面,从施工的角度实现表层混凝土低渗透高密实,从而提高混凝土耐久性。

2. 工法形成过程

(1) 研究开发单位。

由江苏省水利建设工程有限公司、南京市水利建筑工程有限公司、江苏省水利科学研究院和江苏盐城水利建设有限公司等单位联合开发与工程推广应用,江苏省水利科学研究院负责技术指导。

(2) 依托的科研项目。

2013 年江苏省水利科技基金资助项目"低渗透高密实表层混凝土施工技术研究及应用"(2013018 号)。

(3) 关键技术查新。

2017 年 3 月 8 日委托教育部科技查新工作站 N10(扬州大学查新工作站)对工法进行查新,查新结论为:"……提出提高沿海水工建筑物表层混凝土密实性的施工工法,即混凝土同时掺入粉煤灰、矿渣粉,严重腐蚀环境掺入超细矿物掺合料,低用水量低水胶比配制参数,施工过程针对水工混凝土施工风大以及沿海缺淡水的实际情况,适当延长带模养护时间,严重腐蚀环境的混凝土内衬透水模板布,在国内公开发表的中文文献中未见报道。"

3. 工法意义

本工法能够提高混凝土表层密实性、提高混凝土耐久性,延长了混凝土使用寿命,降低了年投资成本,减少运行期维修养护费用;同时消除了混凝土施工过程中表面气泡、砂眼、裂纹等施工缺陷,具有良好的技术经济效果。

(二)工法特点

1. 特点

(1)本工法研究了中低强度等级混凝土结构表层低渗透高密实施工方法,采取综合技术措施来提高混凝土表层密实性,即混凝土原材料优选、配合比优化、适当延长带模养护时间,同时根据工程具体情况选择常规模板、模板内衬透水模板布或保温保湿养护模板。

(2)优选混凝土原材料,选择高性能减水剂,优化骨料颗粒级配,掺入抗裂纤维,从材料层次为提高混凝土密实性打下基础。

(3)混凝土配合比采用低用水量、低水胶比、中等矿物掺合料配制技术,提高混凝土自身密实性。

(4)混凝土浇筑工艺上改进,使用透水模板布,在浇筑过程中排除混凝土中的水分和气泡,降低表层混凝土的水胶比。

(5)加强混凝土早期养护,延长带模养护时间,透水模板布吸收的水分以及通过模板上设置的注水孔补充的养护水,对混凝土起到良好的养护作用,能够提高混凝土养护质量。

(6)根据需要,本工法提出在模板上设置保温材料,对混凝土起到保温作用,防止混凝土早期受冻和产生温度收缩裂缝。

2. 技术经济方面的先进性与新颖性

(1)本工法提出低渗透高密实表层混凝土施工方法,混凝土配合比采用低用水量低水胶比配制技术,从整体上提高了混凝土的密实性,降低了混凝土的孔隙率。

(2)本工法提出根据工程所处环境条件、设计使用年限、混凝土性能要求,采取常规模板、内衬透水模板布和保温保湿养护模板。

模板布粘贴在常用的模板内侧,混凝土浇筑过程中混凝土表面的水分和空气通过模板布排出(图5-4-12、图5-4-13),降低了表层混凝土水胶比,提高了表层混凝土强度和密实性;解决了普通模板浇筑混凝土表面易产生气泡、砂线、收缩裂纹等缺陷,改善了混凝土表面色泽,提高了混凝土外观质量。

图5-4-12 混凝土浇筑水分顺模板流出(一)

图 5-4-13　混凝土浇筑水分顺模板流出(二)

（3）本工法提出采用双层模板，中间夹保温材料，有效解决了墩墙结构面积大、保温困难的问题。

（4）本工法在 5 个工程中得到应用，现场实体混凝土的表面密实性得到显著提高，混凝土抗碳化、抗氯离子侵蚀性能得到提高，混凝土耐久性得到保障与提升。

（三）适用范围

本工法适用于清水混凝土，设计使用年限 50 年、100 年及其以上的混凝土，有温度控制要求的混凝土，薄壁结构构件，有较高抗渗和抗冻要求的混凝土，以及施工条件比较恶劣、养护不易到位的混凝土。

（四）工艺原理

1. 混凝土配合比优化——低用水量、低水胶比混凝土配制

（1）本工法从材料层次提出提高混凝土密实性的材料选择和配合比设计方法。

在混凝土中使用优质水泥，水泥的标准稠度为用水量不大于 28%，复合掺入矿渣粉、粉煤灰等优质掺合料，掺入抗裂纤维、高性能减水剂、优化骨料颗粒级配，从原材料选择和配合比优化入手降低混凝土用水量和胶凝材料用量，按照低用水量、低水胶比原则设计混凝土，达到降低混凝土水化热、提高混凝土抗裂性以及改善混凝土孔结构、降低混凝土孔隙率、提高混凝土抗蚀能力等目的。

必要时在混凝土中掺入超细矿渣粉、硅粉等材料，以优化混凝土胶凝材料的颗粒组成，进一步填充混凝土内毛细孔隙，提高混凝土密实性。

（2）不同用水量的混凝土抗氯离子渗透能力比较。

试验制作 10 组 C35 混凝土，前 9 组为正交试验比较混凝土中不掺或掺入 5%、10% 的两种超细掺合料对氯离子扩散系数的影响，胶凝材料用量均为 390 kg/m³，S95 矿渣粉掺量为 47 kg/m³，粉煤灰掺量为 70 kg/m³，砂率为 42%，对比的第 10 组（最后 1 组、用水量为 181 kg/m³）的胶凝材料用量为 427 kg/m³，其中粉煤灰掺量为 67 kg/m³。10 组混凝土拌和物的坍落度控制在 230～250 mm。10 组混凝土水胶比，前 9 组在 0.36～0.4，对比的第 10 组为 0.424，10 组混凝土的 28 d 抗压强度基本接近，在 47.6～51.7 MPa。

10组混凝土16.5%盐水浸泡35 d、90 d和180 d的氯离子渗入深度比较见图5-4-14（计算氯离子渗入深度与用水量为181 kg/m³对比组的比值），虽然混凝土28 d抗压强度接近，也不考虑超细掺合料及其掺量对氯离子渗入深度的影响（第1组未掺入超细掺合料），但从用水量也可看出随着用水量的增加，混凝土抗氯离子渗透能力降低。

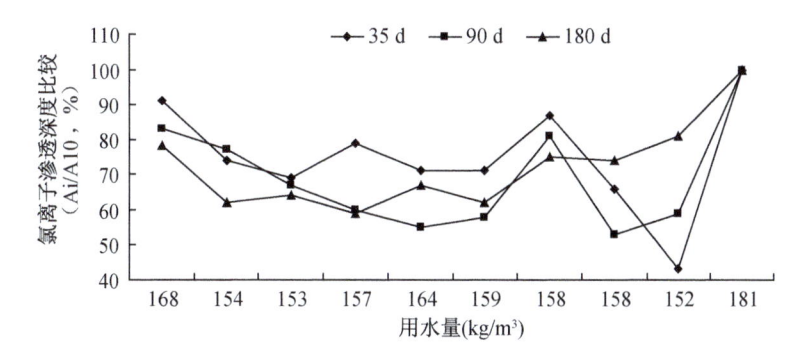

图5-4-14　混凝土用水量对盐水浸泡氯离子渗入深度的影响

2. 混凝土模板内衬透水模板布

（1）透水模板布排水、排气作用机理。

透水模板布是粘贴在与混凝土接触的模板内壁的一种有机衬里，模板布以高分子聚合纤维聚丙烯等为主要原料，采用热纺粘合表面二次辊压加工工艺制作的多层纤维结构，其成品质地柔软、有韧性，分为表层、中间层、黏附层，一般黏附层多为纤维毛面，表层多为平滑面。

模板布具有大量均匀分布的微小孔隙，混凝土表层（约20～25 mm）部分水、气泡穿过模板布的过滤层进入垫料层，气泡在垫料层中逸出，排出的水大部分沿模板布外沿渗出（图5-4-15），少部分积聚在垫料层中，而水泥、粉煤灰、矿渣粉等胶凝材料则被截留在模板布内侧混凝土面层，形成一层富含水化硅酸钙的致密硬化层。多余的水分排出后，混凝土表层水胶比从0.4～0.6降至0.25～0.3，提高了混凝土表层强度、硬度、密实性、耐磨性、抗裂、抗冻性，减少了混凝土渗透性，有效减少了砂眼、砂线、气泡、孔洞等混凝土表观缺陷。

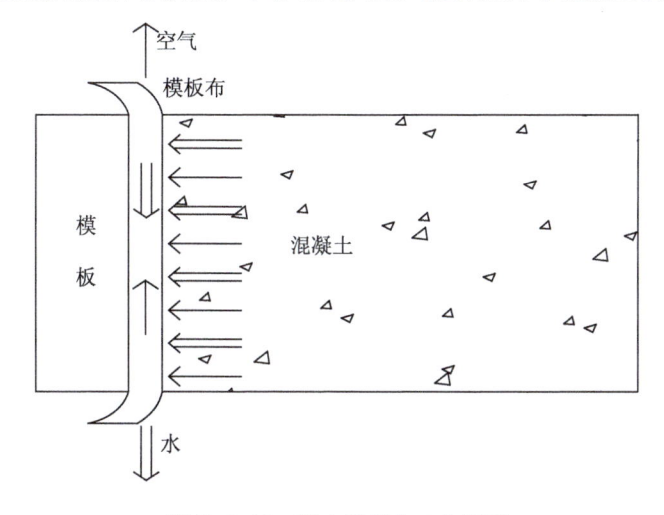

图5-4-15　透水模板布工作机理

(2) 模板布对混凝土的养护作用。

在混凝土养护阶段,布涵养的水分保持混凝土表面具有一定的湿度,可保证混凝土强度的发展,把裂缝风险降低到最低。

(3) 混凝土孔隙结构测试。

混凝土孔隙率是指混凝土中孔隙体积占总体积的比例,比孔容是指单位质量多孔固体所具有的细孔总容积,两者能更好地反映混凝土的密实程度。

在掘苴新闸下移工程的胸墙施工过程中制作了湿筛砂浆试件,并按标准养护了56 d,委托南京工业大学现代分析中心测试试样的孔容、孔径和孔隙率等。测试结果如表 5-4-12 所示,使用透水模板布后试件的孔隙率下降,比孔容降低,表层 10 mm 以内混凝土的孔隙率和比孔容约为胶合板侧的 40%,距表层 15～25 mm 混凝土的孔隙率和比孔容约为胶合板侧的 90%,透水模板布影响深度达到 25 mm 左右。

表 5-4-12 胸墙湿筛砂浆大板试件压汞试验结果

编号	模板类型	距表面距离 (mm)	表观密度 (g/cm³)	孔隙率 (%)	比孔容 (mL/g)	最可几孔径 (mm)
B0—B1	胶合板内衬透水模板布	0～6	2.26	5.65	0.025	8.5
B2—B3		10～13	2.10	11.95	0.057	8.7
B4—B5		17～25	2.07	11.97	0.058	8.4
F0—F1	胶合板	0～10	2.01	15.67	0.078	7.8
F2—F3		14～25	2.06	13.37	0.064	7.1

3. 保温保湿养护模板

(1) 混凝土保温保湿养护模板如图 5-4-16 所示,采用双层模板,中间夹保温材料,与混凝土接触的模板面粘贴透水模板布,模板上开设注水孔。

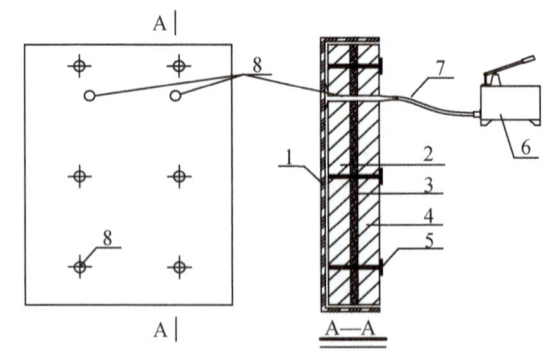

说明:1—透水模板布;2—模板;3—聚乙烯塑料薄膜等保温材料;
4—胶合板;5—连接螺钉;6—手揿式注水泵;7—注水管;8—注水孔

图 5-4-16 保温保湿养护模板示意图

(2) 模板排水透气作用。

模板内侧的模板布在混凝土浇筑过程中的排水透气作用,见"透水模板排水、排气作用机理"。

（3）模板保温作用。

根据需要，本工法提出在模板上设置保温材料，对混凝土起到保温作用，减少降温阶段混凝土的降温速率，避免产生温度收缩裂缝。

（4）补充养护水。

在模板上设置注水孔，在混凝土养护阶段通过手揿式注水泵注入适宜温度的养护水，养护水通过模板布分布于混凝土表面。

4. 延长混凝土带模养护时间

（1）江苏水工建筑物一般地处野外，常年平均风速在 3 m/s 左右，有的沿海的水工建筑物施工期间淡水资源紧张，延长带模养护时间，可以避免早拆模引起的混凝土表面湿度骤降、混凝土内外温差增加。室内试验也表明，混凝土在 10 d 左右拆模后 15 h 内会产生 50～70 个微应变，如推迟拆模，有利于减少因湿度变化引起的微应变，也让混凝土强度有较好的增长环境，有利于水泥的早期水化，减少混凝土内大的孔结构形成。

（2）模拟混凝土浇筑、养护情况，现场制作大板试件，混凝土模板分别为胶合板和胶合板内衬透水模板布，不同拆模时间对混凝土氯离子扩散系数、碳化深度的影响见图5-4-17、图 5-4-18。试验表明，无论是透水模板布侧还是胶合板侧，随着带模养护时间的延长，混凝土氯离子扩散系数和碳化深度总体上降低，14 d 拆模后的氯离子扩散系数、碳化深度与标准养护的基本接近；模板布侧混凝土的氯离子扩散系数和碳化深度比胶合板侧低。

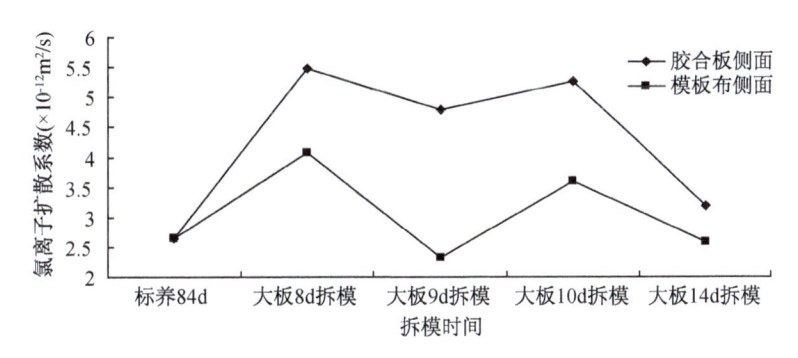

图 5-4-17　氯离子扩散系数影响

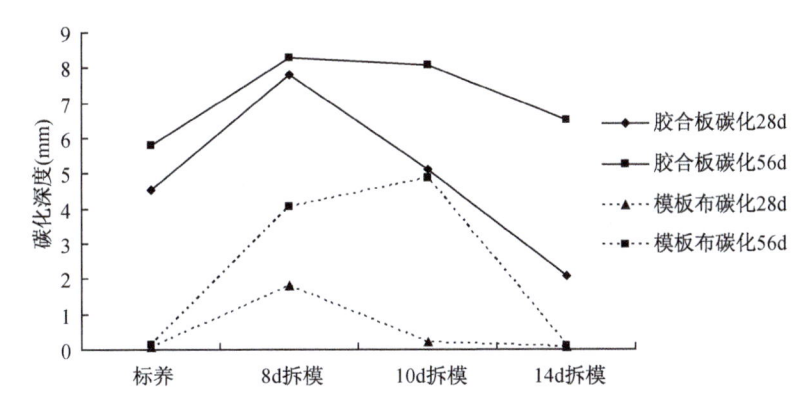

图 5-4-18　拆模时间对混凝土碳化深度影响

四、提高地连墙止水安装质量

为提高地连墙止水安装质量,施工单位成立了QC小组,自2013年4月28日—2013年7月30日,在施工现场组织攻关,研究对策,确保地连墙止水安装质量。

(一)课题选择

1. 题目:提高地连墙止水安装质量
2. 选题理由

地连墙与闸首底板之间在-7.0 m位置安装止水,地连墙预先做好,需要在地连墙墙面上开槽安装止水,四周地连墙止水安装好后再浇筑闸首底板。

3. 活动形式及计划

船闸闸首底板底高程-8.1 m,止水安装高程-7.0 m。底板四周为地下连续墙,止水的一半要伸入地连墙内,另一半浇筑在底板混凝土中,闸首、闸室连接设有垂直止水,垂直止水和水平止水的安装,均需在地连墙上开槽。地连墙混凝土设计强度等级为C30,钢筋保护层厚度为7 cm,止水的一半为7.12 cm,开槽深度正好是钢筋保护层厚度。

根据地连墙实际情况和施工总体安排,QC小组通过对地连墙施工的研究,决定止水安装思路为:在分析已建新地连墙的基础上,通过QC小组活动,先纠正地连墙垂直、平整度,并进行以往止水安装的经验总结,根据人为改进,对闸首四周地连墙止水安装进行质量控制。具体活动形式见表5-4-13。

表5-4-13　QC小组活动计划安排一览表

项目	内容	形式	次数	时间
现状调查	对以往地连墙质量进行调查统计	内部分工	1	2013.4.29
原因分析	找出主要问题、确认要因	先分散后集中	1	2013.5.2
制订对策措施	针对要因,制订对策	集中讨论	1	2013.5.8
组织实施	根据对策措施具体实施	分工到位	4	2013.5.10—2013.6.29
检查总结	质量、效果	自检、第二方确认	2	2013.6.29—2013.7.13
制订标准、持续改进	根据QC活动效果,制订标准	集中讨论、确认	1	2013.7.15—2013.7.25

(二)现状调查

在地连墙中开槽安装止水是首次,以往安装止水在现场安装,有模板支撑,船闸闸首底板止水安装,先在地连墙上开槽,地连墙的墙面质量对止水安装质量有很大影响。

以往工程中垂直、水平止水安装,出现的质量通病有:接头不顺直、加工的倒边不一致、焊缝不光滑美观,这次止水安装面临的问题主要为地连墙墙面平整度不好、地连墙转角处不规则(钝角、锐角都有)。通过对以往止水安装的对比和地连墙现实情况检测,做出了止水安装质量缺陷数据统计表(表5-4-14)。

表 5-4-14　地连墙止水安装质量检查统计表

序号	项目	频数（点）	累计频数（点）	累计百分比(%)
1	墙面平整度	18	18	60%
2	接头不顺直	5	23	77%
3	加工倒边不一致	3	26	87%
4	地连墙转角不规则	3	29	97%
5	焊缝不美观	1	30	100%
合计		30		

利用排列图,对地连墙止水安装质量问题进行分析,见图5-4-19。

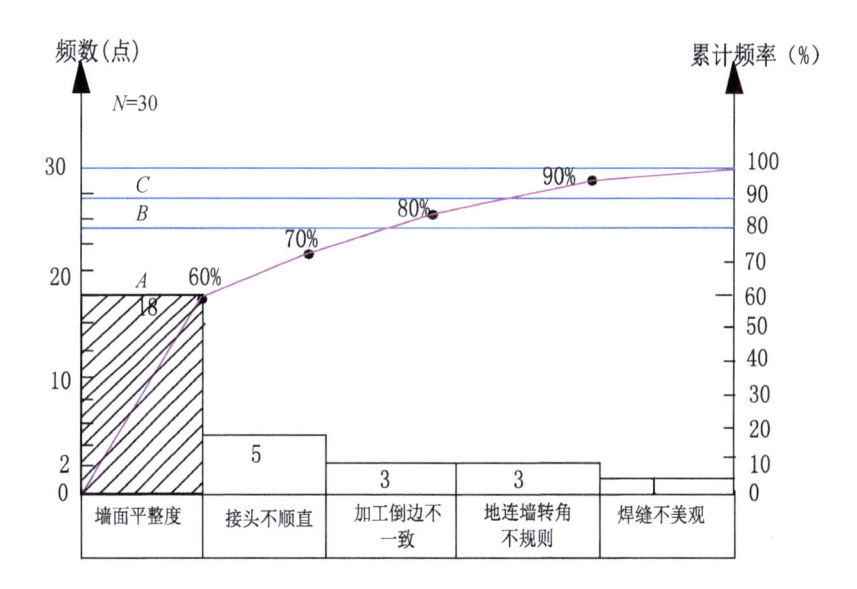

图 5-4-19　止水安装质量偏差排列图

从排列图可以看出,墙面平整度的累计频率达到了60%,是关键的少数项,是影响止水安装质量的主要问题。

(三) 课题目标及可行性分析

1. 目标值

为实现既定的质量目标,经讨论确定的目标值是将引江河二线船闸工程止水安装地连墙墙面垂直度进行人为修整,使测点合格率达到98%以上。

2. 可行性论证

(1) 通过本小组的调查,地连墙墙面平整度较差,止水不能顺利安装,调查中发现,对墙面人为改进地连墙平整度偏差控制在允许范围之内,实现目标是可行的。

（2）对墙面进行修饰的地连墙平整度作业人员,是项目部经过精选的具有多年施工经验的人员。同时项目部开槽、安装等机具配备比较先进,QC小组全部成员参加地连墙止水安装施工,具有较强的理论和实践经验。

（3）参建单位高度重视,并大力支持小组开展活动,积极提供资源。

（四）原因分析

根据找出的主要质量问题,利用因果图,分析止水安装误差的原因(图5-4-20)。

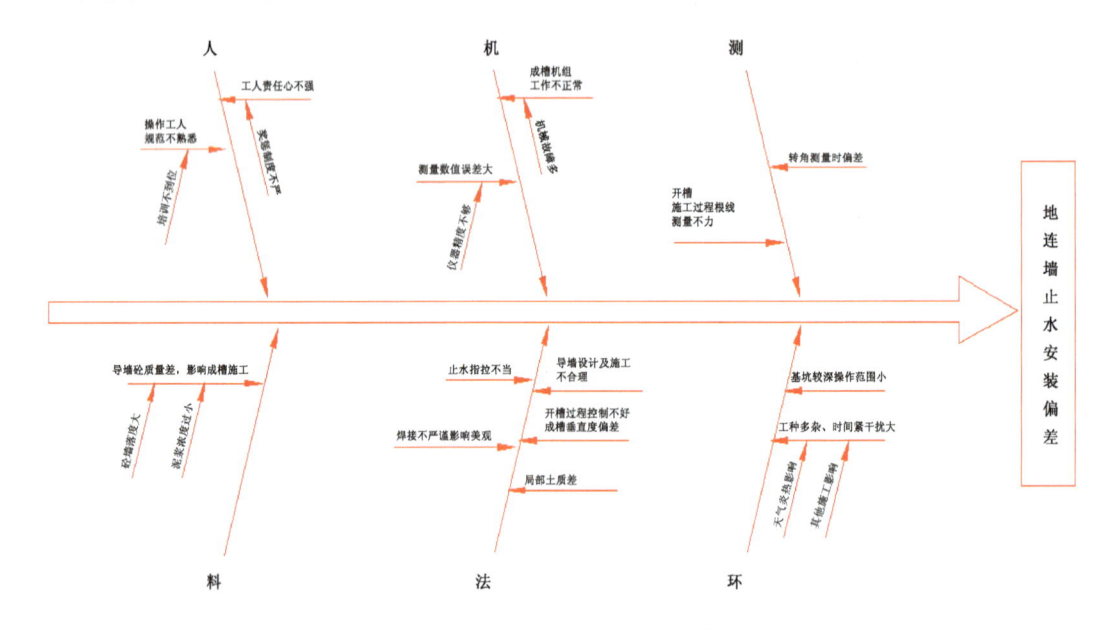

图 5-4-20　止水安装误差的因素

（五）要因确认

根据因果图,可以看出影响地连墙止水质量的因素共有10条,认真分析,确认结果如表5-4-15所示。

表 5-4-15　要因确认表

序号	末端原因	确认方法	确认	是否要因
1	奖惩制度不严	讨论、分析	地连墙施工,操作人员质量意识淡薄,创优积极性不高	是
2	培训不到位	调查、分析	项目部没有进场培训、技术交底等形式的培训	否
3	仪器精度不够	调查、分析	查仪器校准报告,精度符合要求	否
4	机械故障多	现场验证	机械故障少,且能及时修复	否
5	接头不顺直	调查、分析	地连墙长边较长,接头较多	是

续表

序号	末端原因	确认方法	确认	是否要因
6	导墙混凝土质量差,影响成槽施工	调查、分析	混凝土坍落度大,外加课剂掺量大,强度增加延缓,通过原材料进货控制及加强计量可以避免	否
7	地连墙成槽顺序不对	讨论、分析	事先编写施工顺序指导施工	否
8	地连墙转角多,成槽过程控制不好	调查、分析	因成槽施工方法不当引起垂直度偏差	是
9	止水加工局部不符合要求	现场验证	加工设备校正,能及时改进	是
10	焊接接头不严谨	现场验证	受场地影响造成	是

经过认真讨论和多方验证,确认影响止水安装质量问题主要原因有以下五点:
(1) 墙面平整度差,成槽操作人员责任心不强,奖惩制度不严;
(2) 接头不顺直;
(3) 地连墙转角不规则;
(4) 加工倒边不一致;
(5) 接缝焊接不美观。

(六) 制订对策措施

根据确认的要因,QC小组成员经过认真讨论分析,制订了相应的对策措施(表5-4-16)。

表 5-4-16 对策表

序号	要因	目标	对策措施	时间	地点
1	操作人员责任心不强,奖惩制度不严	增强地连墙平整度	1) 加强培训,增强质量意识 2) 落实质量管理制度 3) 制订落实专项办法	2013.4.28—2013.5.12	项目部
2	改进加工止水设备	接缝严密顺直,倒边一致	1) 选用有经验的测量人员及较先进的设备 2) 加强测量三检复查 3) 优化测量方法	2013.4.28—2013.6.25	现场
3	地连墙成槽控制不好	地连墙转角符合要求	1) 做好导墙 2) 加强泥浆浓度 3) 加强配比施工管理	2013.5.3—2013.6.30	现场
4	机械加工不严格	倒边不一致	减少加工机械故障	2013.5.23—2013.7.8	现场
5	焊缝符合设计要求	提高外观质量	1) 创造好的施工环境 2) 研究提高焊接技术	2013.7.25—2013.7.26	现场

(七) 组织实施

闸首范围内土方开挖结束,地面高程 6.0 m,闸首底板底高程 －8.1 m。浇筑 20 cm 厚 C25 混凝土垫层,在高程 －7.0 m 位置放好高程点,安装止水,组织实施顺序如下。

(1) 人工清理地连墙墙面泥土。

闸首基坑土方开挖后,地连墙面层粘结的泥土由人工铲除,用钢丝刷清理干净。

(2) 凿除因土质较软塌方后超出地连墙多余部分混凝土。

由于闸首位置处在粉质砂土层中,地连墙成槽过程中局部塌孔,造成地连墙混凝土局部凸出墙面,凸出墙面的混凝土必须凿除,否则会影响止水和伸缩缝的安装。

(3) 在止水高程 －7.0 m 的位置,上下方 10 cm 宽处弹两条墨线,弹线切割保证止水安装顺直。

(4) 用手提切割机沿墨线切缝,缝深 7 cm(地连墙保护层厚度);

水平止水按设计要求,"U"型凹槽牛鼻子长 5 cm,两侧飞翼各长 7.25 cm,1 cm 高 45°倒边,因此槽口水平宽保证在 7 cm,止水的一侧飞翼用环氧砂浆埋在槽口内。

(5) 在墨线范围内进行人工凿除开槽,周长 169.52 m,槽深 7 cm;墨线弹好后人工凿除两条墨线内的混凝土。墙面平整度凿除修整,将凹槽部位用 1∶2.5 水泥砂浆粉刷、找平。

根据对策表所落实的责任人,分别对其要因所采取的对策进行组织实施。

1. 实施一 解决操作人员责任心不强,奖惩制度不严问题

(1) 加强培训,增强质量意识。

在针对地连墙安装止水这一问题上,预测到地连墙墙面的平整度是一大难题,通过培训,增强作业人员的质量意识,QC 小组于 2013 年 4 月 28 日,在工地会议室召开了地连墙施工主要作业人员技术交底会。让工人了解抓好地连墙质量问题的必要性、重要性,加强了职工的质量意识。

(2) 落实质量管理制度。

QC 小组召开了质量管理专题会议,使施工人员明白项目部对抓好质量问题的重视,杜绝作业时懒散、不注重质量的情况,牢固树立"质量在我手中"的观念。

① 用带环氧胶的 1∶2.5 水泥砂浆粉刷槽口下方,使槽口平整、相应顺直。

闸首基坑四周共分 32 块成槽灌入混凝土成墙,块与块之间不可能在同一垂直平面上,止水槽开好后在槽口下方出现凹凸不平面层,要保证槽口宽在 7 cm,将槽口用 1∶2.5 带环氧胶水泥砂浆修补找平。

② 待槽口砂浆初凝后,沿周长 169.52 m 搭设钢管脚手架。

脚手架高 1.05 m,宽 1.2 m,上铺脚手板、木枋条,木枋条架在钢管上,板面高度正好与混凝土槽底口同高。

③ 槽口平面涂刷环氧胶。

止水铜片架设在脚手架上,用配制好的环氧胶涂刷槽口面、止水铜片背面各一遍;在槽口水平 7 cm 宽平面上涂刷一层 5 mm 厚环氧胶,止水铜片背面涂刷一层 3 mm 厚环氧胶,让其能与下一道工序环氧纯浆牢固的粘结。

④ 槽口平面上粉刷环氧纯浆。

用配制好的 2∶1(水泥∶环氧胶)环氧纯浆,在槽口上方 7 cm 平面上均匀涂刷 3 cm 厚。

⑤ 用人工集体抬起水平止水铜片,安放在涂刷好的环氧纯浆上。

2. 实施二 解决接头不顺直问题

(1) 选用有经验的测量人员及较先进的设备。

(2) 加强测量三检复查。

(3) 优化测量方法。

由于地连墙长边为 53.8 m,止水接头较多,在现场焊接时先搭设支架,铺上木板,止水在一个平面操作,解决不顺直问题。

按长度、宽度的周长尺寸,焊接加工好的水平止水铜片;止水在加工厂焊接成 6 m 一根,运到工地安装,按长、宽尺寸焊接,转角处焊接好半成品,再接成通长整体。

3. 实施三 解决地连墙转角不规则问题

(1) 做好导墙。

(2) 加强泥浆浓度。

(3) 加强配比施工管理。

① 地连墙转角处不规则,4 个角有钝角、有锐角,止水接头根据现场情况,临时加工转角接头。

② 刷好环氧胶的止水由人工抬入槽内,先用人工施压,然后每隔 0.8~1.0 m 用木楔将止水铜片楔压紧。

③ 再用 1∶2.5 环氧砂浆堵塞槽口 5 cm,把止水铜片压埋在槽口内,待砂浆初凝后再在 5 cm 面上粉刷 2 cm 环氧砂浆,共两遍成活。

④ 待环氧砂浆初凝后去掉木楔,封堵木楔空洞。将整个止水以上地连墙槽口,用环氧砂浆粉刷平整。

⑤ 待环氧砂浆凝固后,再在止水铜片上方用在材料结构试验室配制好的环氧胶满刷一遍,使其整体封闭、固化。

⑥ 拆除钢管脚手架,用吊车吊出基坑。

⑦ 清除止水铜片上油污、杂物,止水"U"型槽内灌热沥青。

4. 实施四 解决加工倒边不一致、局部加工不合理问题

因倒边只有 1 cm 高,呈 45°,加工时很难控制,加之机械有小问题倒边的角度不一致,高度参差不齐,加强机械制作过程跟踪检查,发现问题立即纠正。减少加工机械故障,对加工的机械设备进行改进,加强质量控制、检查。

现场安装过程中各工序实行班组自检,质检工程师进行复测,监理工程师终检制度。

① 安装好止水铜片,垂直止水两侧用环氧砂浆封堵。

② 安放沥青盒,内灌热沥青。

③ 安放混凝土预制沥青槽,并将其用膨胀螺栓焊接固定好,在沥青槽内灌入热沥青。

泡沫板采用低发泡聚乙烯闭孔泡沫板,泡沫板密度 $p > 120$ kg/m³,复原率不小于 95%。原材料符合施工图纸规定的要求,表面平整,伸缩缝所使用的材料满足设计要求。清除地连墙面泥土,凿除并修补地连墙墙面,按止水铜片上下尺寸将泡沫板裁好,用 5 cm 长水泥钢钉,把泡沫板钉牢在地连墙上。

5. 实施五　解决焊缝不美观问题

（1）创造好的施工环境。

（2）研究提高焊接技术。

（八）效果检查

在地连墙墙面上开槽安装止水，经过了多道工序衔接施工，安装过程基本顺利，未出现过其他意外因素。项目部会同建设单位、设计单位、监理单位对地连墙墙面止水安装质量进行检查评定。通过检测，地连墙上安装的止水各项质量指标均满足要求，合格率为98%，达到在现场安装的质量标准，参加检查的各方对地连墙上安装止水的质量给予了充分肯定，顺利获准进行下道工序的施工，说明QC小组取得较为满意的成果。

（九）巩固措施

施工单位在总结已完成的地连墙上安装止水施工经验的基础上，再利用二次PDCA循环，对地连墙施工进行进一步的控制。对今后类似止水的安装充满信心，通过本工程QC小组的活动，能保证在类似工程中取得较好的控制效果，彻底消除了事先顾虑的很多问题。活动时间虽然不长，但取得了满意的效果，对整个活动过程进行总结，选取比较有效的控制措施，形成了作业指导书，指导或给予借鉴以后类似工程的施工。

参考文献

[1] 钱宁.泥沙运动基本理论[M].北京:科学出版社,1985.
[2] 武汉水利电力学院河流泥沙工程学教研室.河流泥沙工程学[M].北京:中国水利水电出版社,1980.
[3] 张瑞瑾.河流泥沙动力学[M].北京:中国水利水电出版社,1989.
[4] 李保如.泥沙起动流速的计算方法[J].泥沙研究,1959(1):73-79.
[5] 窦国仁.再论泥沙起动流速[J].泥沙研究,1999(6):1-9.
[6] 王兴奎,张仁,陈稚聪.宽浅明渠横向取水的试验研究[J].水动力学研究与进展(A辑),1995(4).
[7] 李昌华.河工模型试验[M].北京:人民交通出版社,1983.
[8] 岳建平.港渠口门回流淤积概化模型试验和研究[J].泥沙研究,1986(2):43-52.
[9] 米持平,钟作武,董建军,等.沉排法[M].北京:中国水利水电出版社,2006.
[10] 张晓松,周珺,车金玲,等.泰州引江河口门区淤积成因及防淤减淤措施[J].中国水利,2015(20).
[11] 张晓松,童晔,车金玲,等.泰州引江河二期工程河道防护的必要性分析[J].江苏水利,2015(B12):20-22.
[12] 王玉,张晓松,李辉.高沙土地区河道施工围堰防渗处理方案探讨[J].江苏水利,2014(7).
[13] 郝经国,刘丽华,吕继涛.软体沉排在松干堤防护岸固脚工程中的应用[J].黑龙江水利科技,2002,30(3):136-137.
[14] 齐江澎.软体排在长江江新洲堤岸加固工程中的应用[J].江西水利科技,2002(3):140-143.
[15] 许淑红,任树坤.软体沉排在护岸工程中的应用[J].水利科技与经济,2002,8(2):100-100.
[16] 刘永友.探讨堤防河道护岸中软体沉排的应用[J].中国水运,2012(7):150-150.
[17] 王善海,张德臣.软体沉排在堤防河道护岸的应用[J].黑龙江水利科技,2005,33(6).
[18] 曹秀成,王峰.软体沉排施工方法探讨[J].科学技术创新,2011(16):265-265.
[19] 夏细禾,余明,孙建国.长江中下游护岸工程新材料新技术的应用[J].水利水电快报,2001,22(1):2-5.
[20] 顾明如,田俊.拉锚式结构干船坞工程坞墙位移的分析和控制[J].船海工程,2007(5):146-148.

[21] 陈勤，顾明如，宋冀赟，等. 地下连续墙表面衬砌薄壁混凝土施工技术[J]. 建设工程混凝土应用新技术，2009.
[22] 顾明如. 后嵌式安装铜片止水新工艺[J]. 施工技术，2015(21):104-106.
[23] 顾明如. 泰州引江河二线船闸工程施工关键技术研究和实践[J]. 城市建筑，2016(12):323-323.
[24] 泰州引江河第二期工程可行性研究报告. 20100300
[25] 泰州引江河第二期工程初步设计报告. 20120800
[26] 关于成立江苏省泰州引江河第二期工程建设专家组的通知. 苏水基〔2012〕37号
[27] 关于成立江苏省泰州引江河第二期工程建设局的通知. 苏水基〔2012〕38号
[28] 关于印发《江苏省泰州引江河第二期工程建设局局领导分工、内设机构及其主要职责》的通知. 苏泰引建〔2012〕3号
[29] 关于泰州引江河第二期工程开工申请的行政许可决定. 苏水许可〔2012〕190号
[30] 关于对泰州引江河第二期工程实施质量监督的通知. 苏水质监〔2012〕70号
[31] 关于印发《泰州引江河第二期工程重大质量与安全事故应急预案》的通知. 苏泰引建〔2013〕24号
[32] 关于印发《泰州引江河第二期工程创优规划》的通知. 苏泰引建〔2013〕46号
[33] 关于对泰州引江河第二期工程安全监督的批复. 苏水建安监〔2012〕11号
[34] 关于印发省泰州引江河第二期工程安全生产规章制度汇编的通知. 苏泰引建〔2012〕11号
[35] 关于印发《江苏省泰州引江河第二期工程二线船闸工程建设安全生产目标考核办法》的通知. 苏泰引建〔2013〕10号
[36] 关于印发《江苏省泰州引江河第二期工程建设项目档案管理办法》的通知. 苏泰引建〔2013〕49号
[37] 关于进一步加强泰州引江河第二期工程档案管理工作的通知. 苏泰引建〔2015〕13号
[38] 关于印发《省泰州引江河第二期工程建设局创建学习型工地实施方案》的通知. 苏泰引建〔2013〕36号
[39] 泰州引江河第二期工程建设统计月报
[40] 泰州引江河第二期工程大事记
[41] 泰州引江河第二期工程船闸工程水下阶段验收工作报告. 20140600
[42] 泰州引江河第二期工程船闸工程投入使用验收工作报告. 20150600
[43] 泰州引江河第二期工程河道工程投入使用验收工作报告. 20151200
[44] 泰州引江河第二期工程竣工验收鉴定书

凤凰引江赋

　　祥泰蔚霞,阳海之洲。凤凰熙岸之滨,引江河筑梦其上。引甘霖和风齐鸣,牵清泉来凰相迎。开启引江,鸾凤呈祥。时空穿越,依水绵长。凤凰腾起引江源,清流致远谐水乡。翼动海江涌无际,寅荡激流飞扬。凤舞淮远鼎春秋,润泽中土厚壤。鸟瞰烟雨江南,太湖绮丽水乡;远眺东方大港,连云相连北上。跨域调水黎民福,南水北调有引江。富国裕民溯本源,江淮吞吐不由天。

　　浩瀚引江,丹凤朝阳。回眸奇迹当年,群英治水创业坚。流水随心翻作练,牵来江水绿如蓝。翘首今朝又新篇,追梦远征驶前边。劈浪擎涛无返顾,新闸横空奇迹叹。"近、深、长"有其艰,"全、新、险"莫畏难。攻坚克阻劲且遒,浪下云帆望一线。苏北水低引江补,盐连地亢玉浆灌。维航放舸千吨过,供水排涝一肩担。玉露金风今常是,诗卷长留天地间。

　　大美引江,凤舞溢光。双闸凌空如双翼,泵房美丽似凤冠。腾展引江云霞袅,俏首苍穹星璀璨。"二十四水"连月夜,凤尾灵动波光闪。清漪加蝶起飞鸥,碧涛卷起千堆雪。桃园别样人面红,梅花堤畔柳含烟。书院文脉承周孔,琴瑟同声俱激昂。海陵凤顶筑"谐园",水利长虹雕廊间。晴光波影接青云,回澜飞亭引凤娇。谐和引江,百凤随凰。一笼烟雨两岸碧,花开引江景尤迷。李树红叶尽染,东亚气象万千,沃野平原骏驰,凤凰和仪呈祥。追梦卓越引江人,旭日引江大道畅。

　　凤凰引江,泽善东方……

江淮居士